내신을 위한 강력한 한 권!

 # 기초 코칭, 개념 코칭, 집중 코칭
세 가지 방식의 학습법으로 개념 학습 완성

2022 개정
교육과정
2026년 중2부터 적용

개념 동영상 수록

MATHING

매쓰 개념

중학 수학

2·2

개념북

동아출판

기본이 탄탄해지는 **개념 기본서**
수매씽 개념

▶ 개념북과 워크북으로 개념 완성

수매씽 개념 중학 수학 2·2

발행일	2024년 9월 30일
인쇄일	2024년 9월 20일
펴낸곳	동아출판㈜
펴낸이	이욱상
등록번호	제300-1951-4호(1951. 9. 19.)
개발총괄	김영지
개발책임	이상민
개발	김인영, 권혜진, 윤찬미, 이현아, 김다은, 양지은
디자인책임	목진성
디자인	송현아
대표번호	1644-0600
주소	서울시 영등포구 은행로 30 (우 07242)

수 매씨

MATHING

개념

중학 수학

2·2

개념북

개념북

한눈에 볼 수 있는 상세한 개념 설명과 세분화된 개념 설명(기초, 개념, 집중)을 통해 개념을 쉽게 이해할 수 있습니다. 또, 개념 확인 문제부터 단계적으로 제시한 문제들을 통해 실력을 한 단계 높일 수 있습니다.

확실한 개념 이해

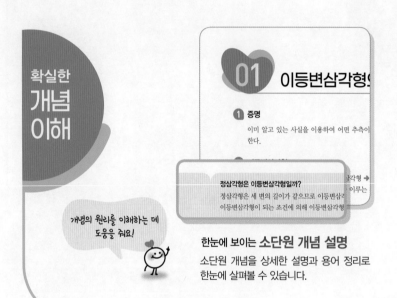

한눈에 보이는 소단원 개념 설명
소단원 개념을 상세한 설명과 용어 정리로 한눈에 살펴볼 수 있습니다.

개념의 원리를 이해하는 데 도움을 줘요!

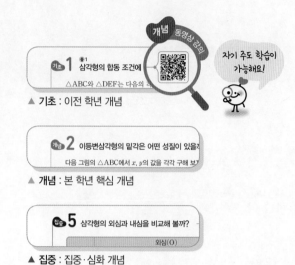

자기 주도 학습이 가능해요!

▲ 기초 : 이전 학년 개념

▲ 개념 : 본 학년 핵심 개념

▲ 집중 : 집중·심화 개념

기본을 다지는 문제 적용

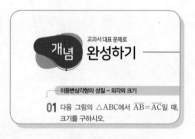

교과서 대표 문제로 개념 완성하기
교과서에서 다루는 대표 문제를 모아 대표 유형으로 구성하였습니다.

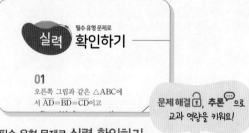

필수 유형 문제로 실력 확인하기
학교 시험에 잘 나오는 문제를 선별하였습니다. 또, 〈한걸음 더〉를 통해 사고력을 향상시킬 수 있습니다.

문제 해결🔒, 추론💬으로 교과 역량을 키워요!

실력을 다지는 마무리 점검

실전에 대비하는 서술형 문제
학교 시험에 잘 나오는 서술형 문제로 구성하여 서술형 내신 대비를 할 수 있습니다.

배운 내용을 확인하는 실전! 중단원 마무리
학교 시험에 대비할 수 있도록 중단원 대표 문제로 구성하여 실전 연습을 할 수 있습니다.

시험 출제 빈도가 높은 교과서에서 쏙 빼온 문제
교과서 속 특이 문제들을 재구성한 문제로 학교 시험에 대비할 수 있습니다.

워크북

개념북의 각 코너와 1 : 1로 매칭시킨 문제들을 통해
앞에서 공부한 내용을 다시 한번 확인하고, 스스로
실력을 다질 수 있습니다.

한번 더 개념 확인문제

개념북에서 학습한 개념에 대한 기초 문제
를 다시 한번 복습하여 기초 개념을 다질 수
있습니다.

한번 더 개념 완성하기

〈개념 완성하기〉에서 풀어 본 문제를 다시
한번 연습하여 유형 학습의 집중도를 높일
수 있습니다.

한번 더 실력 확인하기

〈실력 확인하기〉에서 풀어 본 문제를 다시
한번 연습하여 기본 실력을 완성할 수 있습
니다.

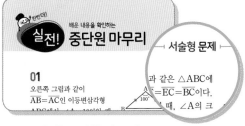

한번 더 실전! 중단원 마무리

〈실전! 중단원 마무리〉에서 풀어 본 문제를
다시 한번 연습하여 자신의 실력을 확인할
수 있습니다.

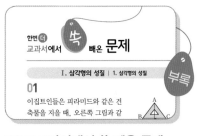

한번 더 교과서에서 쏙 빼온 문제

〈교과서에서 쏙 빼온 문제〉 외의 다양한 교
과서 특이 문제를 한번 더 경험하며 실력을
한 단계 높일 수 있습니다.

차례

기본이 탄탄해지는 **개념 기본서**
수매씽 개념

I

삼각형의 성질

1. 삼각형의 성질
2. 삼각형의 외심과 내심

이 단원을 배우면 이등변삼각형의 성질을 이해하고,
설명할 수 있어요.
또, 삼각형의 외심의 성질과 내심의 성질을 이해하고,
설명할 수 있어요.

이등변삼각형의 성질

1 증명

이미 알고 있는 사실을 이용하여 어떤 추측이 항상 성립함을 보이는 수학적 과정을 **증명**이라 한다.

2 이등변삼각형

이등변삼각형 : 두 변의 길이가 같은 삼각형 ➡ $\overline{AB}=\overline{AC}$

(1) 꼭지각 : 길이가 같은 두 변이 만나 이루는 각 ➡ ∠A

(2) 밑변 : 꼭지각의 대변 ➡ $\overline{BC}$

(3) 밑각 : 밑변의 양 끝 각 ➡ ∠B, ∠C

꼭지각, 밑변은 이등변 삼각형에서만 사용하는 용어이다.

3 이등변삼각형의 성질

(1) 이등변삼각형의 두 밑각의 크기는 같다.

➡ ∠B=∠C

(2) 이등변삼각형의 꼭지각의 이등분선은 밑변을 수직이등분한다.

➡ $\overline{BD}=\overline{CD}$, $\overline{AD}\perp\overline{BC}$

증명 $\overline{AB}=\overline{AC}$인 이등변삼각형 ABC에서 ∠A의 이등분선과 $\overline{BC}$의 교점을 D라 하면

△ABD와 △ACD에서

$\overline{AB}=\overline{AC}$, ∠BAD=∠CAD, $\overline{AD}$는 공통이므로 △ABD≡△ACD(SAS 합동)

∴ ∠B=∠C ◀── 이등변삼각형의 성질 (1)

또, $\overline{BD}=\overline{CD}$이고, ∠ADB=∠ADC, ∠ADB+∠ADC=180°이므로 ∠ADB=∠ADC=90°

└── 이등변삼각형의 성질 (2)

∴ $\overline{AD}\perp\overline{BC}$ ◀── 이등변삼각형의 성질 (2)

이등변삼각형에서
(꼭지각의 이등분선)
＝(밑변의 수직이등분선)
＝(꼭지각의 꼭짓점에서 밑변에 내린 수선)
＝(꼭지각의 꼭짓점과 밑변의 중점을 이은 선분)

4 이등변삼각형이 되는 조건

두 내각의 크기가 같은 삼각형은 이등변삼각형이다.

➡ △ABC에서 ∠B=∠C이면 $\overline{AB}=\overline{AC}$

└─▶ 이등변삼각형의 성질 (1)을 거꾸로 한 것이다.

증명 ∠B=∠C인 삼각형 ABC에서

∠A의 이등분선과 $\overline{BC}$의 교점을 D라 하면 △ABD와 △ACD에서

∠BAD=∠CAD ······ ㉠

$\overline{AD}$는 공통 ······ ㉡

삼각형의 세 내각의 크기의 합은 180°이고, ∠B=∠C, ∠BAD=∠CAD이므로

∠ADB=∠ADC ······ ㉢

㉠, ㉡, ㉢에서 △ABD≡△ACD(ASA 합동) ∴ $\overline{AB}=\overline{AC}$

중 1

삼각형의 합동 조건
(1) SSS 합동
세 변의 길이가 각각 같을 때
(2) SAS 합동
두 변의 길이가 각각 같고, 그 끼인각의 크기가 같을 때
(3) ASA 합동
한 변의 길이가 같고, 그 양 끝 각의 크기가 각각 같을 때

정삼각형은 이등변삼각형일까?

정삼각형은 세 변의 길이가 같으므로 이등변삼각형의 뜻에 의해 이등변삼각형이다. 또, 세 내각의 크기가 같으므로 이등변삼각형이 되는 조건에 의해 이등변삼각형이다. 따라서 정삼각형은 이등변삼각형의 성질을 모두 만족시킨다.

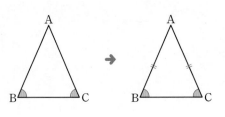

기초 1 · 중 1 삼각형의 합동 조건에 대하여 복습해 볼까?

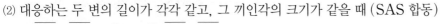

△ABC와 △DEF는 다음의 각 경우에 서로 합동이다.

(1) 대응하는 세 변의 길이가 각각 같을 때 (SSS 합동)
→ $\overline{AB}=\overline{DE}$, $\overline{BC}=\overline{EF}$, $\overline{AC}=\overline{DF}$

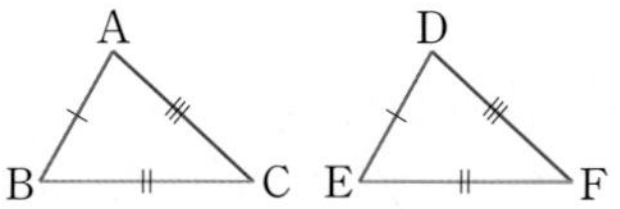

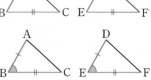

(2) 대응하는 두 변의 길이가 각각 같고, 그 끼인각의 크기가 같을 때 (SAS 합동)
→ $\overline{AB}=\overline{DE}$, $\angle B=\angle E$, $\overline{BC}=\overline{EF}$

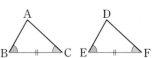

(3) 대응하는 한 변의 길이가 같고, 그 양 끝 각의 크기가 각각 같을 때 (ASA 합동)
→ $\angle B=\angle E$, $\overline{BC}=\overline{EF}$, $\angle C=\angle F$

주의 두 도형의 합동을 기호 ≡를 사용하여 나타낼 때는 두 도형의 꼭짓점을 대응하는 순서로 쓴다.

1 오른쪽 그림과 같은 사각형 ABCD에서 $\overline{AB}=\overline{CB}$, $\overline{AD}=\overline{CD}$일 때, 서로 합동인 두 삼각형을 찾아 기호를 사용하여 나타내고, 그때의 합동 조건을 구하시오.

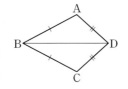

1-1 오른쪽 그림과 같은 사각형 ABCD에서 $\overline{AB}/\!/\overline{DC}$, $\overline{AD}/\!/\overline{BC}$일 때, 서로 합동인 두 삼각형을 찾아 기호를 사용하여 나타내고, 그때의 합동 조건을 구하시오.

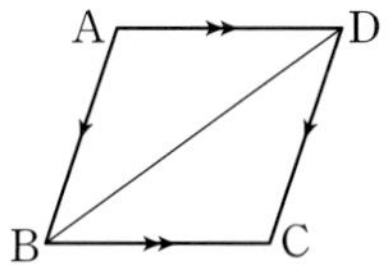

개념 2 이등변삼각형의 밑각은 어떤 성질이 있을까?

다음 그림의 △ABC에서 x, y의 값을 각각 구해 보자.

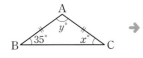 → 이등변삼각형의 두 밑각의 크기는 같다. →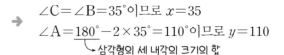

$\angle C=\angle B=35°$이므로 $x=35$
$\angle A=180°-2\times35°=110°$이므로 $y=110$
↳ 삼각형의 세 내각의 크기의 합

2 다음 그림의 △ABC에서 $\overline{AB}=\overline{AC}$일 때, $\angle x$의 크기를 구하시오.

(1)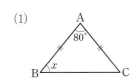 (2)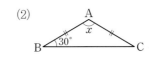

2-1 다음 그림의 △ABC에서 $\overline{AB}=\overline{AC}$일 때, $\angle x$의 크기를 구하시오.

(1)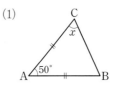 (2)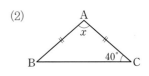

개념 3 이등변삼각형의 꼭지각의 이등분선은 어떤 성질이 있을까?

다음 그림의 △ABC에서 x, y의 값을 각각 구해 보자.

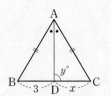

→ 이등변삼각형의 꼭지각의 이등분선은 밑변을 수직이 등분한다.

→ $\overline{BD}=\overline{CD}$이므로 $x=3$
$\angle ADB=\angle ADC=90°$이므로 $y=90$

3 다음 그림의 △ABC에서 $\overline{AB}=\overline{AC}$일 때, x의 값을 구하시오.

(1) 　(2)

(3) 　(4)

3-1 다음 그림의 △ABC에서 $\overline{AB}=\overline{AC}$일 때, x의 값을 구하시오.

(1) 　(2)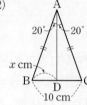

(3) 　(4)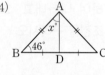

개념 4 이등변삼각형이 되는 조건은 무엇일까?

다음 그림의 △ABC에서 x의 값을 구해 보자.

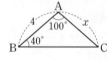

→ $\angle C=180°-(100°+40°)=40°$

→ 두 내각의 크기가 같은 삼각형은 이등변삼각형이다.

→ $\overline{AB}=\overline{AC}$이므로 $x=4$

4 다음 그림의 △ABC에서 x의 값을 구하시오.

(1) 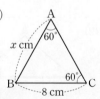　(2)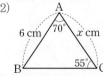

4-1 다음 그림의 △ABC에서 x의 값을 구하시오.

(1) 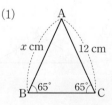　(2)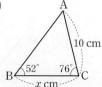

개념 완성하기

교과서 대표 문제로

이등변삼각형의 성질 – 외각의 크기

01 다음 그림의 △ABC에서 $\overline{AB}=\overline{AC}$일 때, $\angle x$의 크기를 구하시오.

(1)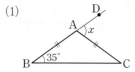

(2)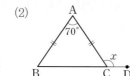

02 다음 그림의 △ABC에서 $\overline{AB}=\overline{AC}$일 때, $\angle x$의 크기를 구하시오.

(1)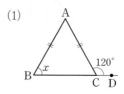

(2)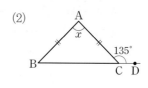

이등변삼각형의 성질 – 밑각의 이등분선 중요⭐

03 오른쪽 그림에서 △ABC는 $\overline{AB}=\overline{AC}$인 이등변삼각형이다. ∠C의 이등분선이 $\overline{AB}$와 만나는 점을 D라 하고 ∠B=70°일 때, $\angle x$의 크기를 구하시오.

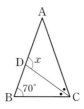

04 오른쪽 그림에서 △ABC는 $\overline{AB}=\overline{AC}$인 이등변삼각형이다. ∠B의 이등분선이 $\overline{AC}$와 만나는 점을 D라 하고 ∠A=80°일 때, $\angle x$의 크기를 구하시오.

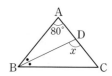

이등변삼각형의 성질 – 길이가 같은 변

05 오른쪽 그림에서 △ABC는 $\overline{AB}=\overline{AC}$인 이등변삼각형이다. $\overline{AD}=\overline{BD}$이고 ∠C=65°일 때, $\angle x$의 크기를 구하시오.

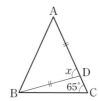

06 오른쪽 그림에서 △ABC는 $\overline{AB}=\overline{AC}$인 이등변삼각형이다. $\overline{BC}=\overline{BD}$이고 ∠C=70°일 때, $\angle x$의 크기를 구하시오.

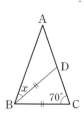

이등변삼각형의 성질 – 이웃한 이등변삼각형 중요⭐

07 오른쪽 그림에서 $\overline{AB}=\overline{AC}=\overline{CD}$이고 ∠BAC=100°일 때, $\angle x$의 크기를 구하시오.

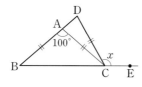

08 오른쪽 그림에서 $\overline{AB}=\overline{AC}=\overline{CD}=\overline{DE}$이고 ∠B=15°일 때, $\angle x$의 크기를 구하시오.

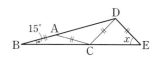

개념 **완성하기** 교과서 대표 문제로

이등변삼각형의 성질 – 꼭지각의 이등분선

09 오른쪽 그림과 같이
$\overline{AB}=\overline{AC}$인 이등변삼각형
ABC에서 ∠A의 이등분선이
$\overline{BC}$와 만나는 점을 D라 하자.
$\overline{BD}=3$ cm, ∠C=50°일 때,
$x+y+z$의 값을 구하시오.

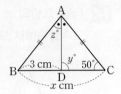

10 오른쪽 그림과 같이
$\overline{AB}=\overline{AC}$인 이등변삼각형
ABC에서 $\overline{AD}\perp\overline{BC}$이다.
$\overline{BC}=10$ cm, ∠B=55°일 때,
$x+y-z$의 값을 구하시오.

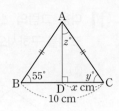

이등변삼각형이 되는 조건 중요🗨

11 오른쪽 그림에서 △ABC는
∠C=90°인 직각삼각형이
다. $\overline{AD}=\overline{CD}$이고
$\overline{AC}=4$ cm, ∠B=30°일
때, $\overline{AB}$의 길이를 구하시오.

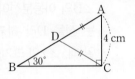

12 오른쪽 그림과 같이 $\overline{AB}=\overline{AC}$인 이
등변삼각형 ABC에서 ∠B의 이등분
선과 $\overline{AC}$의 교점을 D라 하자.
$\overline{BC}=10$ cm, ∠C=72°일 때, $\overline{AD}$
의 길이를 구하시오.

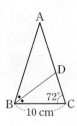

종이접기

13 오른쪽 그림과 같이 직사각형
모양의 종이를 접었다.
$\overline{AC}=7$ cm, $\overline{BC}=8$ cm일 때,
$\overline{AB}$의 길이를 구하시오.

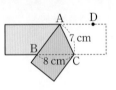

 Plus

∠BAC=∠DAC (접은 각),
∠DAC=∠BCA (엇각)
➔ ∠BAC=∠BCA이므로
△ABC는 이등변삼각형이다.
➔ $\overline{BA}=\overline{BC}$

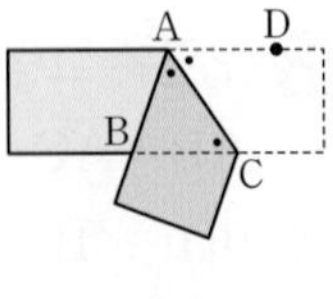

14 오른쪽 그림과 같이 직사각형
모양의 종이를 접었다.
$\overline{AB}=6$ cm, $\overline{BC}=4$ cm일
때, $\overline{AC}$의 길이를 구하시오.

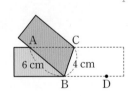

02 직각삼각형의 합동 조건

1 직각삼각형의 합동 조건

두 직각삼각형 ABC와 DEF는 다음의 각 경우에 서로 합동이다.

(1) 빗변의 길이와 한 예각의 크기가 각각 같을 때(RHA 합동)

➡ $\angle C=\angle F=90°$, $\overline{AB}=\overline{DE}$, $\angle A=\angle D$이면

$\triangle ABC \equiv \triangle DEF$ (RHA 합동)

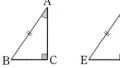

증명 $\triangle ABC$와 $\triangle DEF$에서

$\angle C=\angle F=90°$, $\angle A=\angle D$이므로

$\angle B=90°-\angle A=90°-\angle D=\angle E$

또, $\overline{AB}=\overline{DE}$이므로 $\triangle ABC \equiv \triangle DEF$ (ASA 합동)

참고 두 직각삼각형에서 한 예각의 크기가 같으면 다른 한 예각의 크기도 서로 같다.

➡ $\angle A=\angle D$, $\angle C=\angle F$이면 $\angle B=\angle E$

(2) 빗변의 길이와 다른 한 변의 길이가 각각 같을 때(RHS 합동)

➡ $\angle C=\angle F=90°$, $\overline{AB}=\overline{DE}$, $\overline{AC}=\overline{DF}$이면

$\triangle ABC \equiv \triangle DEF$ (RHS 합동)

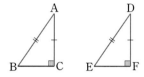

증명 $\triangle ABC$와 $\triangle DEF$에서 길이가 같은 두 변 AC와 DF를 서로

겹치도록 놓으면

$\angle ACB+\angle DFE=90°+90°=180°$

이므로 세 점 B, C(F), E는 한 직선 위에 있다.

이때 $\overline{AB}=\overline{DE}$에서 $\triangle ABE$는 이등변삼각형이므로 $\angle B=\angle E$

$\therefore \triangle ABC \equiv \triangle DEF$ (RHA 합동)

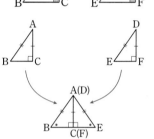

용어

• R(Right angle)
  : 직각
• H(Hypotenuse)
  : 빗변
• A(Angle) : 각
• S(Side) : 변

직각삼각형에서 직각의
대변을 빗변이라 한다.

2 각의 이등분선의 성질

(1) 각의 이등분선 위의 한 점에서 그 각을 이루는 두 변
까지의 거리는 같다.

➡ $\angle AOP=\angle BOP$이면 $\overline{PC}=\overline{PD}$

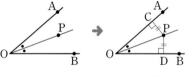

(2) 각의 두 변으로부터 같은 거리에 있는 점은 그 각의
이등분선 위에 있다.

➡ $\overline{PC}=\overline{PD}$이면 $\angle AOP=\angle BOP$

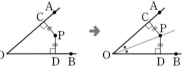

중1

직선 l 위에 있지 않은
점 P와 직선 l 사이의
거리는 점 P에서 직선
l에 내린 수선의 발 H
까지의 거리이다.

➡ $\overline{PH}$의 길이

직각삼각형에서는 직각삼각형의 합동 조건만 이용할 수 있을까?

오른쪽 그림과 같이 빗변이 아닌 다른 변의 길이와 한 예각의 크기가 같은
두 직각삼각형 ABC와 DEF에서 $\angle A=90°-\angle C=90°-\angle F=\angle D$이므로
$\triangle ABC \equiv \triangle DEF$ (ASA 합동)이다.

따라서 직각삼각형에서는 직각삼각형의 합동 조건인 RHA 합동, RHS 합동뿐만 아니라 삼각형의 합동 조건인
SAS 합동, ASA 합동도 이용할 수 있다.

개념 1 직각삼각형의 합동 조건은 무엇일까?

다음 두 직각삼각형이 서로 합동임을 기호를 사용하여 나타내고, 그때의 합동 조건을 구해 보자.

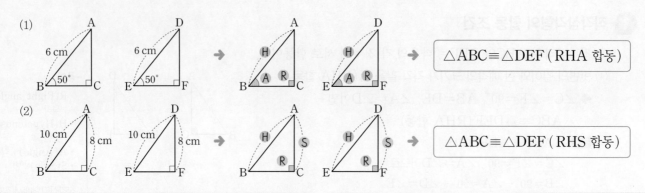

1 다음 그림과 같은 두 직각삼각형에 대하여 물음에 답하시오.

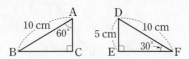

(1) 두 직각삼각형이 서로 합동임을 증명하는 과정에서 □ 안에 알맞은 것을 써넣으시오.

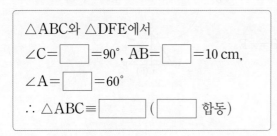

△ABC와 △DFE에서
∠C=□=90°, $\overline{AB}$=□=10 cm,
∠A=□=60°
∴ △ABC≡□ (□ 합동)

(2) $\overline{AC}$의 길이를 구하시오.

1-1 다음 그림과 같은 두 직각삼각형에 대하여 물음에 답하시오.

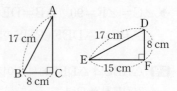

(1) 두 직각삼각형이 서로 합동임을 증명하는 과정에서 □ 안에 알맞은 것을 써넣으시오.

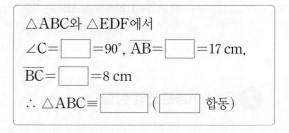

△ABC와 △EDF에서
∠C=□=90°, $\overline{AB}$=□=17 cm,
$\overline{BC}$=□=8 cm
∴ △ABC≡□ (□ 합동)

(2) $\overline{AC}$의 길이를 구하시오.

2 다음 중 오른쪽 **보기**의 △ABC와 합동인 삼각형을 찾아 기호를 사용하여 나타내고, 그때의 합동 조건을 구하시오.

┌─보기─┐

└────┘

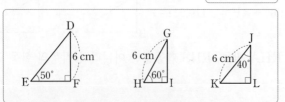

2-1 다음 중 오른쪽 **보기**의 △ABC와 합동인 삼각형을 찾아 기호를 사용하여 나타내고, 그때의 합동 조건을 구하시오.

┌─보기─┐
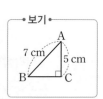
└────┘

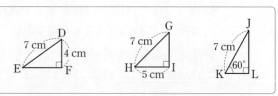

개념 2 각의 이등분선에는 어떤 성질이 있을까?

다음 그림에서 x의 값을 구해 보자.

(1) ∠O의 이등분선 위의 한 점 P에서 ∠O의 두 변에 내린 수선의 발을 각각 A, B라 하면

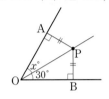 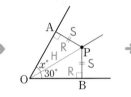

> 각의 이등분선 위의 한 점에서 그 각을 이루는 두 변까지의 거리는 같다.

$\overline{PA}=\overline{PB}=2$ cm
∴ $x=2$

△AOP≡△BOP (RHA 합동)

(2) ∠O의 두 변 OA, OB로부터 같은 거리에 있는 점 P에 대하여

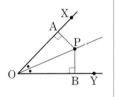

> 각의 두 변으로부터 같은 거리에 있는 점은 그 각의 이등분선 위에 있다.

∠AOP=∠BOP=30°
∴ $x=30$

△AOP≡△BOP (RHS 합동)

---

3 다음은 '각의 이등분선 위의 한 점에서 그 각을 이루는 두 변까지의 거리는 같다.'를 증명하는 과정이다. ☐ 안에 알맞은 것을 써넣으시오.

> ∠XOY의 이등분선 위의 한 점 P에서 $\overrightarrow{OX}$, $\overrightarrow{OY}$에 내린 수선의 발을 각각 A, B라 하면
>
> △AOP와 △BOP에서
>
> ∠PAO=☐=90°,
>
> ☐는 공통, ∠POA=☐
>
> 따라서 △AOP≡△BOP(☐ 합동)이므로
>
> $\overline{PA}$=☐

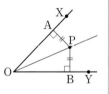

3-1 다음은 '각의 두 변으로부터 같은 거리에 있는 점은 그 각의 이등분선 위에 있다.'를 증명하는 과정이다. ☐ 안에 알맞은 것을 써넣으시오.

> $\overrightarrow{OX}$, $\overrightarrow{OY}$로부터 같은 거리에 있는 점을 P라 하면
>
> △AOP와 △BOP에서
>
> ∠PAO=∠PBO=☐,
>
> $\overline{OP}$는 공통, $\overline{PA}$=☐
>
> 따라서 ☐≡△BOP(☐ 합동)이므로
>
> ∠AOP=☐
>
> 즉, 점 P는 ∠XOY의 이등분선 위에 있다.

---

4 다음 그림에서 x의 값을 구하시오.

(1)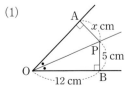

(2)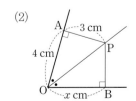

4-1 다음 그림에서 x의 값을 구하시오.

(1)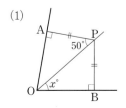

(2)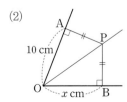

직각삼각형의 합동의 활용 – RHA 합동 중요🐾

01 오른쪽 그림과 같이
∠BAC=90°이고
$\overline{AB}=\overline{AC}$인 직각이등변
삼각형 ABC에서 꼭짓
점 A를 지나는 직선 l을 긋고 두 점 B, C에서 직선
l에 내린 수선의 발을 각각 D, E라 하자.
$\overline{CE}=3\,cm$, $\overline{BD}=4\,cm$일 때, $\overline{DE}$의 길이를 구하
시오.

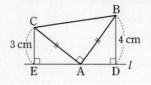

코칭 Plus

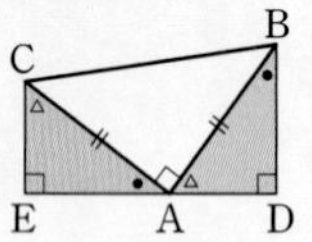

(1) •+△=90° ➡ •=90°−△
(2) △CEA≡△ADB (RHA 합동)

02 오른쪽 그림과 같이
∠BAC=90°이고
$\overline{AB}=\overline{AC}$인 직각이등변
삼각형 ABC에서 꼭짓점
A를 지나는 직선 l을 긋고 두 점 B, C에서 직선 l에
내린 수선의 발을 각각 D, E라 하자. $\overline{BD}=8\,cm$,
$\overline{CE}=4\,cm$일 때, 사각형 DBCE의 넓이를 구하시오.

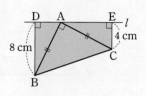

직각삼각형의 합동의 활용 – RHS 합동 중요🐾

03 오른쪽 그림과 같이 ∠B=90°
인 직각삼각형 ABC에서
$\overline{AB}=\overline{AE}$, $\overline{AC}\perp\overline{DE}$이고
∠C=40°일 때, ∠x의 크기
를 구하시오.

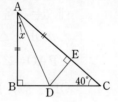

04 오른쪽 그림과 같이 ∠C=90°인
직각삼각형 ABC에서 $\overline{DC}=\overline{DE}$,
$\overline{AB}\perp\overline{DE}$이고 ∠B=50°일 때,
∠x의 크기를 구하시오.

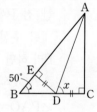

각의 이등분선의 성질

05 오른쪽 그림에서 $\overline{PA}=\overline{PB}$이고
∠PAO=∠PBO=90°일 때,
다음 중 옳지 <u>않은</u> 것은?

① $\overline{AO}=\overline{BO}$
② $\overline{PO}=\overline{BO}$
③ ∠APO=∠BPO
④ ∠AOP=∠BOP
⑤ △AOP≡△BOP

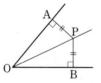

06 오른쪽 그림과 같이 ∠B=90°
인 직각삼각형 ABC에서 ∠A
의 이등분선이 $\overline{BC}$와 만나는
점을 D라 하자. $\overline{AC}=20\,cm$,
$\overline{BD}=6\,cm$일 때, △ADC의
넓이를 구하시오.

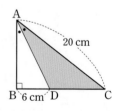

필수 유형 문제로
실력 확인하기

워크북 7쪽 | 정답 및 풀이 3쪽

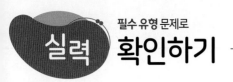

01

오른쪽 그림과 같은 △ABC에서 $\overline{AD}=\overline{BD}=\overline{CD}$이고 $\angle B=40°$일 때, $\angle x-\angle y$의 크기를 구하시오.

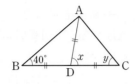

02

오른쪽 그림과 같이 $\overline{BA}=\overline{BC}$인 이등변삼각형 ABC에서 ∠B의 이등분선과 ∠C의 외각의 이등분선의 교점을 D라 하자. $\angle A=70°$일 때, $\angle x$의 크기를 구하시오.

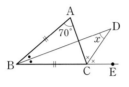

03

오른쪽 그림에서 △ABC는 $\overline{AB}=\overline{AC}$인 이등변삼각형이다. $\overline{AD}$는 ∠A의 이등분선이고 점 P는 $\overline{AD}$ 위의 한 점일 때, **보기**에서 옳은 것을 모두 고르시오.

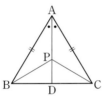

보기

ㄱ. $\overline{BD}=\overline{CD}$　　ㄴ. $\overline{AP}=\overline{BP}$

ㄷ. ∠ABP=∠ACP　　ㄹ. △PBD≡△PCD

04

오른쪽 그림과 같이 ∠B=∠C인 △ABC의 $\overline{BC}$ 위의 점 P에서 $\overline{AB}$, $\overline{AC}$에 내린 수선의 발을 각각 D, E라 하자. $\overline{AB}=12$ cm이고 △ABC의 넓이가 54 cm^2일 때, $\overline{PD}+\overline{PE}$의 길이를 구하시오.

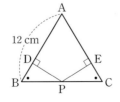

05

오른쪽 그림과 같이 △ABC의 두 꼭짓점 B, C에서 $\overline{AC}$, $\overline{AB}$에 내린 수선의 발을 각각 D, E라 하자. $\overline{BE}=\overline{CD}$이고 $\angle A=52°$일 때, ∠DBC의 크기를 구하시오.

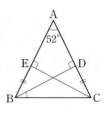

한걸음 더

06 추론

오른쪽 그림과 같이 $\overline{AB}=\overline{AC}$인 이등변삼각형 ABC에서 ∠B와 ∠C의 이등분선의 교점을 D라 할 때, 다음 물음에 답하시오.

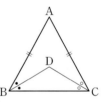

(1) ∠DBC=∠DCB임을 증명하시오.

(2) △DBC는 이등변삼각형임을 증명하시오.

07 문제해결

오른쪽 그림과 같이 $\angle B=90°$인 직각삼각형 ABC에서 ∠A의 이등분선이 $\overline{BC}$와 만나는 점을 D라 하자. △ADC의 넓이가 30 cm^2일 때, $\overline{BD}$의 길이를 구하시오.

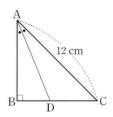

1

오른쪽 그림에서 △ABC와
△BCD는 각각 $\overline{AB}=\overline{AC}$,
$\overline{CB}=\overline{CD}$인 이등변삼각형이다.
∠ABD=∠DBC이고
∠A=56°일 때, ∠x의 크기를 구하시오. [6점]

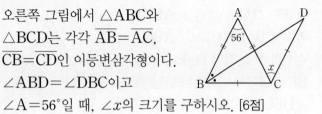

풀이

채점 기준 1 ∠ABC, ∠ACB의 크기 각각 구하기 … 2점

채점 기준 2 ∠DBC의 크기 구하기 … 1점

채점 기준 3 ∠x의 크기 구하기 … 3점

답

한번 더!

1-1

오른쪽 그림에서 △ABC와
△BCD는 각각 $\overline{AB}=\overline{AC}$,
$\overline{CB}=\overline{CD}$인 이등변삼각형이다.
∠ACD=∠DCE이고
∠A=44°일 때, ∠x의 크기를
구하시오. [6점]

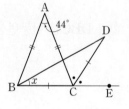

풀이

채점 기준 1 ∠ACB의 크기 구하기 … 1점

채점 기준 2 ∠ACD의 크기 구하기 … 2점

채점 기준 3 ∠x의 크기 구하기 … 3점

답

2

오른쪽 그림과 같이
$\overline{AB}=\overline{AC}$인 이등변삼각형
ABC에서 ∠A의 이등분선이
$\overline{BC}$와 만나는 점을 D라 하자. △ABC의 넓이가
45 cm²일 때, $\overline{AD}$의 길이를 구하시오. [5점]

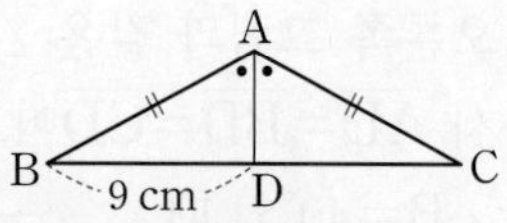

풀이

답

3

오른쪽 그림에서
$\overline{AB}=\overline{AC}=\overline{CD}=\overline{DE}$이
고 ∠B=14°일 때, ∠x의
크기를 구하시오. [6점]

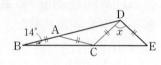

풀이

답

4

오른쪽 그림과 같은 △ABC에서 $\overline{BC}$의 중점을 M이라 하고 점 M에서 $\overline{AB}$, $\overline{AC}$에 내린 수선의 발을 각각 D, E라 하자. $\overline{MD}=\overline{ME}$이고 $\overline{AD}=6$ cm, $\overline{CE}=2$ cm일 때, $\overline{AB}$의 길이를 구하시오. [5점]

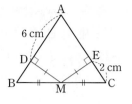

 풀이

채점 기준 1 △DBM≡△ECM임을 알기 ⋯ 3점

채점 기준 2 $\overline{AB}$의 길이 구하기 ⋯ 2점

답

 한번 더!

4-1

오른쪽 그림과 같은 △ABC에서 $\overline{BC}$의 중점을 M이라 하고 점 M에서 $\overline{AB}$, $\overline{AC}$에 내린 수선의 발을 각각 D, E라 하자. $\overline{MD}=\overline{ME}$이고 ∠EMC=35°일 때, ∠A의 크기를 구하시오. [6점]

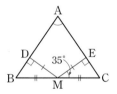

풀이

채점 기준 1 ∠C의 크기 구하기 ⋯ 1점

채점 기준 2 △DBM≡△ECM임을 알기 ⋯ 3점

채점 기준 3 ∠A의 크기 구하기 ⋯ 2점

답

5

오른쪽 그림과 같은 사각형 ABCD에서 △AED는 ∠E=90°인 직각이등변삼각형이다. ∠B=∠C=90°일 때, 사각형 ABCD의 넓이를 구하시오. [7점]

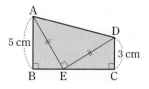

풀이

답

6

오른쪽 그림과 같이 ∠C=90°인 직각삼각형 ABC에서 ∠B의 이등분선이 $\overline{AC}$와 만나는 점을 D라 하고 $\overline{AB}$의 중점을 M이라 하자. $\overline{DC}=4$ cm이고 △MBD의 넓이가 14 cm²일 때, $\overline{AB}$의 길이를 구하시오. [7점]

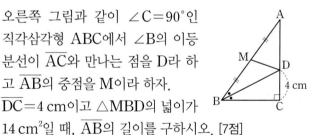

풀이

답

01

오른쪽 그림과 같이 $\overline{AB}=\overline{AC}$인 이등변삼각형 ABC에서 ∠A=2∠B일 때, ∠B의 크기를 구하시오.

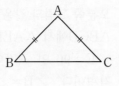

02

오른쪽 그림에서 △ABC는 $\overline{AB}=\overline{AC}$인 이등변삼각형이다. $\overline{AD}/\!/\overline{BC}$이고 ∠BAC=64°일 때, ∠$x$의 크기는?

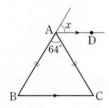

① 56°　　② 58°

③ 60°　　④ 62°

⑤ 64°

03

오른쪽 그림과 같이 $\overline{AB}=\overline{AC}$인 이등변삼각형 ABC에서 $\overline{BC}$의 연장선 위에 ∠ADC=20°가 되도록 점 D를 잡았다. ∠B=50°일 때, ∠CAD의 크기는?

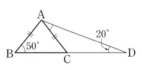

① 28°　　② 30°　　③ 32°

④ 34°　　⑤ 36°

04

오른쪽 그림과 같이 한 직선 위에 있는 세 점 B, C, E에 대하여 $\overline{AB}=\overline{AC}$, $\overline{DC}=\overline{DE}$이고 ∠A=50°, ∠D=30°일 때, ∠ACD의 크기는?

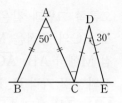

① 25°　　② 30°　　③ 35°

④ 40°　　⑤ 45°

05 중요♥

오른쪽 그림과 같이 $\overline{AB}=\overline{AC}$인 이등변삼각형 ABC에서 ∠C의 이등분선이 $\overline{AB}$와 만나는 점을 D라 하자. ∠A=72°일 때, ∠ADC의 크기는?

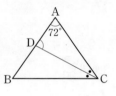

① 81°　　② 82°　　③ 83°

④ 84°　　⑤ 85°

06 중요♥

오른쪽 그림에서 $\overline{AB}=\overline{AC}=\overline{CD}$이고 ∠B=25°일 때, 다음 중 옳지 않은 것은?

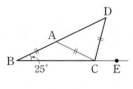

① ∠ACB=25°　　② ∠CAD=50°

③ ∠CDA=50°　　④ ∠ACD=80°

⑤ ∠DCE=80°

07

오른쪽 그림에서 $\overline{AB}=\overline{BC}$, $\overline{AC}=\overline{CD}$, $\angle EAD=75°$일 때, $\angle B$의 크기는?

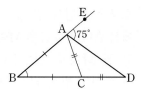

① 35°　　② 40°

③ 45°　　④ 50°

⑤ 55°

08

오른쪽 그림과 같은 △ABC에서 $\angle B=\angle C$, $\angle BAD=\angle CAD$일 때, 다음 중 옳지 <u>않은</u> 것은?

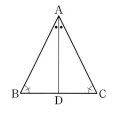

① $\overline{AB}=\overline{AC}$　　② $\overline{AD}=\overline{BC}$

③ $\overline{AD}\perp\overline{BC}$　　④ $\overline{BD}=\overline{CD}$

⑤ $\angle ADB=\angle ADC$

09

오른쪽 그림과 같이 $\overline{BA}=\overline{BC}$인 이등변삼각형 ABC에서 $\angle B$의 이등분선과 $\angle C$의 외각의 이등분선의 교점을 D라 하자.

$\angle A=48°$일 때, $\angle x$의 크기를 구하시오.

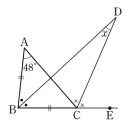

10 중요♡

오른쪽 그림과 같이 $\angle B=90°$인 직각삼각형 ABC에서 $\overline{AC}=16$ cm이고 $\angle BAD=\angle ABD=40°$일 때, $\overline{CD}$의 길이를 구하시오.

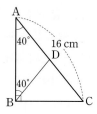

11

오른쪽 그림과 같이 직사각형 모양의 종이를 접었다. $\overline{AC}=14$ cm, $\overline{BC}=10$ cm일 때, △ABC의 둘레의 길이는?

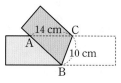

① 32 cm　　② 34 cm　　③ 36 cm

④ 38 cm　　⑤ 40 cm

12 중요♡

다음 중 오른쪽 삼각형과 합동인 삼각형을 모두 고르면? (정답 2개)

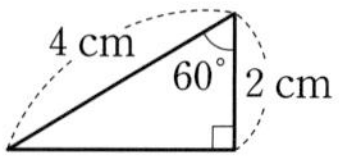

① 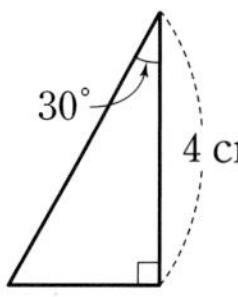 　② 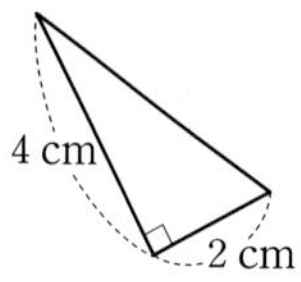 　③

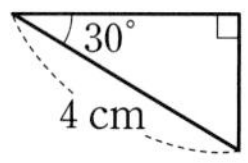

④ 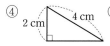　⑤

13

다음 중 오른쪽 그림과 같이 ∠C=∠F=90°인 두 직각삼각형 ABC와 DEF가 합동이 되는 조건이 __아닌__ 것은?

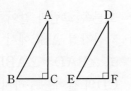

① $\overline{AB}=\overline{DE}$, $\overline{BC}=\overline{EF}$
② $\overline{AC}=\overline{DF}$, $\overline{BC}=\overline{EF}$
③ $\overline{AC}=\overline{DF}$, ∠A=∠D
④ $\overline{AB}=\overline{DE}$, ∠B=∠E
⑤ ∠A=∠D, ∠B=∠E

14

오른쪽 그림과 같이 ∠A=90°이고 $\overline{AB}=\overline{AC}$인 직각이등변삼각형 ABC의 두 꼭짓점 B, C에서 꼭짓점 A를 지나는 직선 l에 내린 수선의 발을 각각 D, E라 하자. $\overline{BD}=9\,cm$, $\overline{CE}=5\,cm$일 때, $\overline{DE}$의 길이를 구하시오.

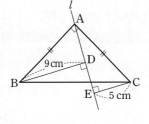

15 중요♥

오른쪽 그림과 같이 ∠C=90°인 직각삼각형 ABC에서 $\overline{AB}\perp\overline{DE}$이고 $\overline{AC}=\overline{AE}$, ∠BAD=25°일 때, ∠$x$의 크기는?

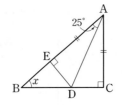

① 40°
② 45°
③ 50°
④ 55°
⑤ 60°

16

오른쪽 그림과 같은 △ABC에서 $\overline{AC}$의 중점을 M이라 하고 점 M에서 $\overline{AB}$, $\overline{BC}$에 내린 수선의 발을 각각 D, E라 하자. $\overline{MD}=\overline{ME}$, ∠C=25°일 때, ∠$x$의 크기는?

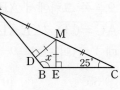

① 120°
② 125°
③ 130°
④ 135°
⑤ 140°

17

오른쪽 그림과 같이 ∠AOB의 이등분선 위의 한 점 P에서 $\overrightarrow{OA}$, $\overrightarrow{OB}$에 내린 수선의 발을 각각 C, D라 할 때, 다음 중 **보기**에서 옳은 것을 모두 고른 것은?

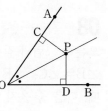

┌ 보기 ┐
ㄱ. $\overline{PC}=\overline{PD}$ ㄴ. $\overline{CO}=\overline{PO}$
ㄷ. △COP≡△DOP   ㄹ. ∠CPO=∠DPO
└────────────────────┘

① ㄱ, ㄴ
② ㄱ, ㄷ
③ ㄴ, ㄹ
④ ㄱ, ㄷ, ㄹ
⑤ ㄴ, ㄷ, ㄹ

18

오른쪽 그림과 같이 ∠C=90°인 직각삼각형 ABC에서 $\overline{AD}$는 ∠A의 이등분선이고 $\overline{AB}\perp\overline{DE}$, $\overline{CD}=4\,cm$, ∠B=45°일 때, △BDE의 넓이를 구하시오.

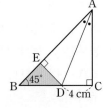

1

다음은 지혜와 서준이의 대화이다. ㉠~㉣에서 잘못된 부분을 찾아 바르게 고치시오.

지혜
> 이등변삼각형은 참 재미있는 도형이야. ㉠두 변의 길이가 같으면 두 밑각의 크기도 같다는 게 너무 신기해.

> 맞아! 게다가 ㉡두 내각의 크기가 같으면 두 변의 길이도 같잖아.

서준

지혜
> 또 있어! ㉢세 내각의 이등분선이 각각 마주 보는 변과 수직이라는 것도 재미있는 사실 같아!

> 난 ㉣꼭지각의 이등분선이 밑변의 중점을 지난다는 것이 가장 흥미로운데!

서준

2

행글라이더는 헝겊을 씌운 삼각형의 날개를 몸체에 붙인 글라이더로, 사람이 몸체에 매달려 언덕이나 비탈면에서 활주하여 하늘을 날 수 있게 만든 스포츠 기구이다. 행글라이더의 날개는 좌우가 균형을 이루도록 이등변삼각형 모양으로 만드는 경우가 많다. 다음 그림에서 두 이등변삼각형은 합동이고, $\angle BAD = 112°$일 때, $\angle BCD$의 크기를 구하시오.

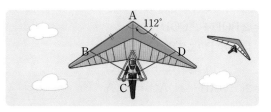

3

오른쪽 그림과 같이 강의 폭 $\overline{AB}$의 길이를 구하기 위해 $\overline{AB}$의 연장선 위에 점 C를 잡고 $\angle DBC = 60°$, $\angle ADB = 30°$가 되는 지점을 점 D로 놓았더니 $\overline{DB} = 8$ m이었다. 이때 강의 폭 $\overline{AB}$의 길이는 몇 m인지 구하시오.

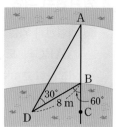

4

오른쪽 그림과 같은 정사각형 $ABCD$에서 꼭짓점 B를 지나는 직선과 $\overline{CD}$의 교점을 E라 하자. 두 꼭짓점 A, C에서 $\overline{BE}$에 내린 수선의 발을 각각 F, G라 하면 $\overline{AF} = 8$ cm, $\overline{CG} = 6$ cm일 때, $\triangle AFG$의 넓이를 구하시오.

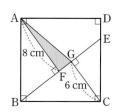

워크북 86쪽~87쪽에서 한번 더 연습해 보세요.

 삼각형의 외심

2. 삼각형의 외심과 내심

1 삼각형의 외심

(1) 외접원과 외심

△ABC의 모든 꼭짓점이 원 O 위에 있을 때, 원 O는 △ABC에 **외접**한다고 하며, 이 원 O를 △ABC의 **외접원**이라 한다. 또, 외접원의 중심 O를 △ABC의 **외심**이라 한다.

(2) 삼각형의 외심의 성질

① 삼각형의 세 변의 수직이등분선은 한 점(외심)에서 만난다.

② 외심에서 삼각형의 세 꼭짓점에 이르는 거리는 모두 같다.

➡ $\overline{OA}=\overline{OB}=\overline{OC}$ (외접원의 반지름의 길이)

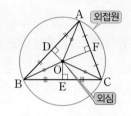

용어

- **외접원**(바깥 外, 접할 接, 둥글 圓) 도형의 바깥으로 접하는 원
- **외심**(바깥 外, 마음 心) 외접원의 중심
- **외심 O** Outer center의 첫 글자

2 삼각형의 외심의 위치

(1) 예각삼각형

➡ 삼각형의 내부

(2) 직각삼각형

➡ 빗변의 중점

(3) 둔각삼각형

➡ 삼각형의 외부

참고 직각삼각형에서 외심은 빗변의 중점과 일치하므로

(직각삼각형의 외접원의 반지름의 길이)$=\dfrac{1}{2}\times$(빗변의 길이)

중1 $\overline{AB}$의 수직이등분선 위의 점 P에서 두 점 A, B에 이르는 거리는 같다.

3 삼각형의 외심의 응용

점 O가 △ABC의 외심일 때

(1) $\angle x+\angle y+\angle z=90°$

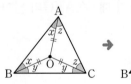

증명 $\overline{OA}=\overline{OB}=\overline{OC}$이므로

△ABC에서

$\angle A+\angle B+\angle C=2(\angle x+\angle y+\angle z)$

$=180°$

$\therefore \angle x+\angle y+\angle z=90°$

(2) $\angle BOC=2\angle A$

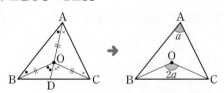

증명 $\overline{AO}$의 연장선과 $\overline{BC}$의 교점을 D라 하면

$\angle BOC=\angle BOD+\angle COD$

$=(\angle OAB+\angle OBA)$

$+(\angle OAC+\angle OCA)$

$=2(\angle OAB+\angle OAC)=2\angle A$

점 O가 △ABC의 외심이면 △OAB, △OBC, △OCA는 모두 이등변삼각형이다.

삼각형의 외접원은 항상 존재할까?

삼각형의 세 변의 수직이등분선은 항상 한 점에서 만나므로 외심이 존재한다. 즉, 삼각형의 외접원은 항상 존재한다.

22 I. 삼각형의 성질

개념 1 삼각형의 외심은 어떤 성질이 있을까?

점 O가 △ABC의 외심일 때

(1) $\overline{AD}=\overline{BD}$, $\overline{BE}=\overline{CE}$, $\overline{AF}=\overline{CF}$

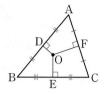

(2) $\overline{OA}=\overline{OB}=\overline{OC}$ ➡ 외접원의 반지름의 길이

←△OAB, △OBC, △OCA는 모두 이등변삼각형

참고 점 O가 △ABC의 외심일 때,

△OAD≡△OBD (SAS 합동)

△OBE≡△OCE (SAS 합동)

△OAF≡△OCF (SAS 합동)

같은 색의 삼각형끼리 합동이야.

삼각형의 외심
➡ 외접원의 중심
➡ 세 변의 수직이등분선의 교점

1 다음 그림에서 점 O가 △ABC의 외심일 때, x, y의 값을 각각 구하시오.

(1)

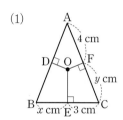

(2)

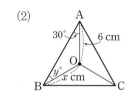

1-1 다음 그림에서 점 O가 △ABC의 외심일 때, x, y의 값을 각각 구하시오.

(1)

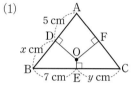

(2)

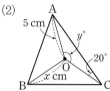

개념 2 직각삼각형의 외심의 위치는 어디일까?

점 O가 직각삼각형 ABC의 외심일 때, △ABC의 외접원의 반지름의 길이를 구해 보자.

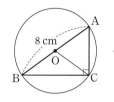

➡ 직각삼각형의 외심은 빗변의 중점이다. ➡

(직각삼각형 ABC의 외접원의 반지름의 길이)

$=\overline{OA}=\overline{OB}=\overline{OC}$

$=\dfrac{1}{2}\overline{AB}=\dfrac{1}{2}\times 8=4\,(cm)$

└→ 빗변의 길이

2 오른쪽 그림과 같이 ∠A=90°인 직각삼각형 ABC에서 점 D가 $\overline{BC}$의 중점일 때, 다음을 구하시오.

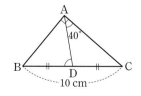

(1) $\overline{AD}$의 길이

(2) ∠ADB의 크기

2-1 오른쪽 그림과 같이 ∠C=90°인 직각삼각형 ABC에서 점 D가 $\overline{AB}$의 중점일 때, 다음을 구하시오.

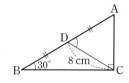

(1) $\overline{AB}$의 길이

(2) ∠ADC의 크기

개념 **3** 삼각형의 외심을 이용하여 각의 크기를 어떻게 구할까? (1)

점 O가 △ABC의 외심일 때, ∠x의 크기를 구해 보자.

 →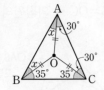

∠A+∠B+∠C=180°이므로
2(∠x+35°+30°)=180°

∠x+35°+30°
=90°
∴ ∠x=25°

점 O가 △ABC의 외심일 때

➡ ∠x+∠y+∠z=90°

---

3 다음 그림에서 점 O가 △ABC의 외심일 때, ∠x의 크기를 구하시오.

(1)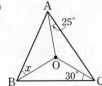

(2)

3-1 다음 그림에서 점 O가 △ABC의 외심일 때, ∠x의 크기를 구하시오.

(1)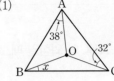

(2)

개념 **4** 삼각형의 외심을 이용하여 각의 크기를 어떻게 구할까? (2)

점 O가 △ABC의 외심일 때, ∠x의 크기를 구해 보자.

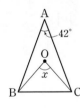 →

∠BOC=∠BOD+∠COD
이므로 ∠x=2(●+×)

∠x=2∠A
=2×42°=84°

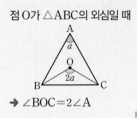

점 O가 △ABC의 외심일 때

➡ ∠BOC=2∠A

---

4 다음 그림에서 점 O가 △ABC의 외심일 때, ∠x의 크기를 구하시오.

(1)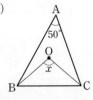

(2)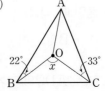

4-1 다음 그림에서 점 O가 △ABC의 외심일 때, ∠x의 크기를 구하시오.

(1)

(2)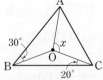

개념 완성하기

교과서 대표 문제로

삼각형의 외심 (1)

01 오른쪽 그림에서 점 O가 △ABC의 외심일 때, 다음 중 **보기**에서 옳은 것을 모두 고른 것은?

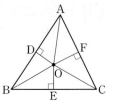

┌─ 보기 ─────────────────────┐
ㄱ. $\overline{AD}=\overline{BD}$ ㄴ. $\overline{OA}=\overline{OB}$

ㄷ. $\overline{OD}=\overline{OF}$ ㄹ. $\angle OAC=\angle OCA$

ㅁ. $\triangle OAD\equiv\triangle OAF$
└──────────────────────────┘

① ㄱ, ㄴ   ② ㄱ, ㄹ   ③ ㄷ, ㅁ

④ ㄱ, ㄴ, ㄹ   ⑤ ㄴ, ㄷ, ㅁ

02 오른쪽 그림에서 점 O가 △ABC의 외심일 때, 다음 중 옳지 <u>않은</u> 것을 모두 고르면?

(정답 2개)

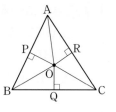

① 점 P는 $\overline{AB}$의 중점이다.

② $\overline{BO}$는 $\angle ABC$의 이등분선이다.

③ 점 O에서 세 꼭짓점 A, B, C에 이르는 거리는 모두 같다.

④ 점 O에서 세 변 AB, BC, CA에 이르는 거리는 모두 같다.

⑤ $\triangle OBQ$와 $\triangle OCQ$는 합동이다.

삼각형의 외심 (2)

03 오른쪽 그림에서 점 O는 △ABC의 외심이다. $\overline{BD}=11$ cm, $\overline{CE}=9$ cm, $\overline{CF}=8$ cm일 때, △ABC 의 둘레의 길이를 구하시오.

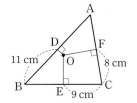

04 오른쪽 그림에서 점 O는 △ABC의 외심이다. $\overline{AC}=11$ cm이고 △AOC의 둘레의 길이가 25 cm일 때, △ABC의 외접원의 반지름의 길이를 구하시오.

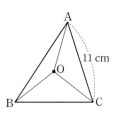

직각삼각형의 외심   중요✍

05 오른쪽 그림과 같이 $\angle A=90°$인 직각삼각형 ABC에서 점 D는 $\overline{BC}$의 중점이다. $\overline{AB}=3$ cm, $\overline{BC}=5$ cm, $\overline{CA}=4$ cm일 때, △ABC의 외접원의 둘레의 길이를 구하시오.

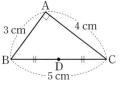

06 오른쪽 그림에서 점 O는 $\angle C=90°$인 직각삼각형 ABC의 외심이다. $\angle B=30°$, $\overline{AC}=8$ cm일 때, $\overline{AB}$의 길이를 구하시오.

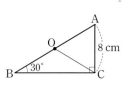

개념 완성하기

삼각형의 외심의 응용 (1) 중요⭐

07 오른쪽 그림에서 점 O는
△ABC의 외심이다.
∠OBA=30°, ∠OCB=20°일
때, ∠BAC의 크기를 구하시오.

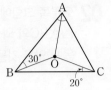

08 오른쪽 그림에서 점 O가
△ABC의 외심일 때, ∠x의
크기를 구하시오.

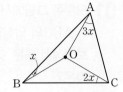

삼각형의 외심의 응용 (2) 중요⭐

09 오른쪽 그림에서 점 O는
△ABC의 외심이다.
∠B=52°일 때, ∠x의 크기를
구하시오.

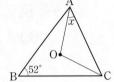

10 오른쪽 그림에서 점 O는
△ABC의 외심이다.
∠OAB=44°일 때, ∠x의
크기를 구하시오.

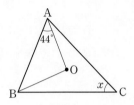

삼각형의 외심의 응용 (3) – 각의 크기의 비

11 오른쪽 그림에서 점 O는
△ABC의 외심이다.
∠BAC : ∠ABC : ∠ACB
=3 : 4 : 5
일 때, ∠AOB의 크기를 구하시오.

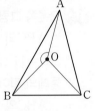

> **코칭 Plus**
>
> △ABC에서 ∠A : ∠B : ∠C=a : b : c일 때,
>
> ∠A=$180° \times \dfrac{a}{a+b+c}$, ∠B=$180° \times \dfrac{b}{a+b+c}$,
>
> ∠C=$180° \times \dfrac{c}{a+b+c}$

12 오른쪽 그림에서 점 O는
△ABC의 외심이다.
∠BAC : ∠ABC : ∠ACB
=4 : 5 : 6
일 때, ∠BOC의 크기를 구하시오.

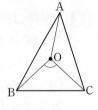

삼각형의 외심의 응용 (4) – 보조선 긋기

13 오른쪽 그림에서 점 O는
△ABC의 외심이다.
∠OBC=30°일 때, ∠A의
크기를 구하시오.

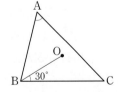

14 오른쪽 그림에서 점 O는
△ABC의 외심이다.
∠C=50°일 때, ∠ABO의 크
기를 구하시오.

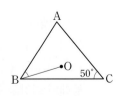

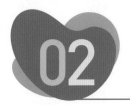

02 삼각형의 내심

1 삼각형의 내심

(1) **원의 접선과 접점** : 어떤 원과 직선이 한 점에서 만날 때, 직선이 원에 **접한다**고 한다. 이때 원에 접하는 직선을 원의 **접선**이라 하고, 접선이 원과 만나는 점을 **접점**이라고 한다.
→ 원의 접선은 접점을 지나는 반지름과 수직이다.

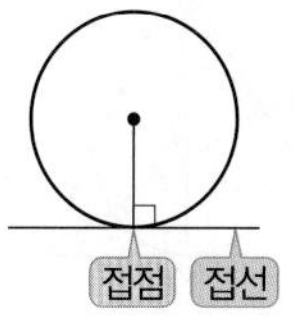

(2) **내접원과 내심** : 원 I가 △ABC의 세 변에 모두 접할 때, 원 I는 △ABC에 **내접**한다고 하며, 이 원 I를 △ABC의 **내접원**이라 한다. 또, 내접원의 중심 I를 △ABC의 **내심**이라 한다.

(3) **삼각형의 내심의 성질** → 모든 삼각형의 내심은 삼각형의 내부에 있다.
① 삼각형의 세 내각의 이등분선은 한 점(내심)에서 만난다.
② 내심에서 삼각형의 세 변에 이르는 거리는 모두 같다.
→ $\overline{ID}=\overline{IE}=\overline{IF}$ (내접원의 반지름의 길이)

용어
- **내접원**(안 內, 접할 接, 둥글 圓)
  도형의 안으로 접하는 원
- **내심**(안 內, 마음 心)
  내접원의 중심
- **내심 I**
  Inner center의 첫 글자

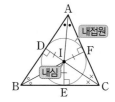

중 2
각의 이등분선 위의 한 점에서 그 각을 이루는 두 변까지의 거리는 같다.

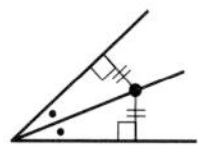

2 삼각형의 내심의 응용

점 I가 △ABC의 내심일 때

(1) $\angle x+\angle y+\angle z=90^\circ$

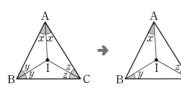

증명 △ABC에서
$\angle A+\angle B+\angle C=2(\angle x+\angle y+\angle z)$
$=180^\circ$
$\therefore \angle x+\angle y+\angle z=90^\circ$

(2) $\angle BIC=90^\circ+\frac{1}{2}\angle A$

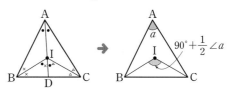

증명 $\overline{AI}$의 연장선과 $\overline{BC}$의 교점을 D라 하면
$\angle BIC$
$=\angle BID+\angle CID$
$=(\angle IBA+\angle IAB)+(\angle ICA+\angle IAC)$
→ 90°, → $\frac{1}{2}\angle A$
$=90^\circ+\frac{1}{2}\angle A$

3 삼각형의 내심과 내접원

점 I가 △ABC의 내심이고, 내접원의 반지름의 길이가 r일 때

(1) $\triangle ABC=\frac{1}{2}r(\overline{AB}+\overline{BC}+\overline{CA})$

(2) $\overline{AD}=\overline{AF}$, $\overline{BD}=\overline{BE}$, $\overline{CE}=\overline{CF}$

증명 (1) $\triangle ABC=\triangle IAB+\triangle IBC+\triangle ICA=\frac{1}{2}r\overline{AB}+\frac{1}{2}r\overline{BC}+\frac{1}{2}r\overline{CA}$
$=\frac{1}{2}r(\overline{AB}+\overline{BC}+\overline{CA})$

(2)에서
△IAD≡△IAF (RHA 합동),
△IBD≡△IBE (RHA 합동),
△ICE≡△ICF (RHA 합동)
이므로 $\overline{AD}=\overline{AF}$, $\overline{BD}=\overline{BE}$, $\overline{CE}=\overline{CF}$

이등변삼각형의 외심과 내심의 위치는 어디일까?

삼각형의 내심은 내각의 이등분선 위에, 외심은 밑변의 수직이등분선 위에 있다. 이때 이등변삼각형의 꼭지각의 이등분선과 밑변의 수직이등분선은 같으므로 이등변삼각형의 내심과 외심은 모두 꼭지각의 이등분선 위에 있다.

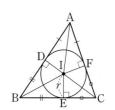

개념 1 삼각형의 내심은 어떤 성질이 있을까?

점 I가 △ABC의 내심일 때

(1) ∠IAD=∠IAF, ∠IBD=∠IBE, ∠ICE=∠ICF (2) $\overline{ID}=\overline{IE}=\overline{IF}$ → 내접원의 반지름의 길이

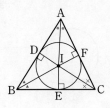

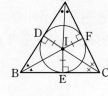

참고 점 I가 △ABC의 내심일 때,

△IAD≡△IAF (RHA 합동)

△IBD≡△IBE (RHA 합동)

△ICE≡△ICF (RHA 합동)

같은 색의 삼각형끼리 합동이야.

삼각형의 내심
→ 내접원의 중심
→ 세 내각의 이등분선의 교점

---

1 다음 그림에서 점 I가 △ABC의 내심일 때, x, y의 값을 각각 구하시오.

(1)

(2)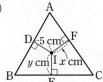

1-1 다음 그림에서 점 I가 △ABC의 내심일 때, x, y의 값을 각각 구하시오.

(1)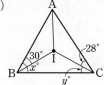

(2)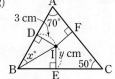

개념 2 삼각형의 내심을 이용하여 각의 크기를 어떻게 구할까? (1)

점 I가 △ABC의 내심일 때, ∠x의 크기를 구해 보자.

 →

∠A+∠B+∠C=180°이므로

2(∠x+35°+25°)=180°

∠x+35°+25°
=90°

∴ ∠x=30°

점 I가 △ABC의 내심일 때

→ ∠x+∠y+∠z=90°

---

2 다음 그림에서 점 I가 △ABC의 내심일 때, ∠x의 크기를 구하시오.

(1)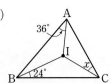

(2)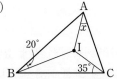

2-1 다음 그림에서 점 I가 △ABC의 내심일 때, ∠x의 크기를 구하시오.

(1)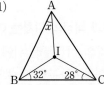

(2)

개념 3 **삼각형의 내심을 이용하여 각의 크기를 어떻게 구할까? (2)**

점 I가 △ABC의 내심일 때, ∠x의 크기를 구해 보자.

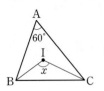 →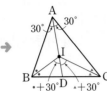

∠BIC=∠BID+∠CID이므로
∠x=(•+30°)+(▲+30°)

∠x
=(•+30°+▲)+30°
=90°+30°=120°
$\frac{1}{2}$∠A

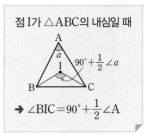

점 I가 △ABC의 내심일 때

→ ∠BIC=90°+$\frac{1}{2}$∠A

---

3 다음 그림에서 점 I가 △ABC의 내심일 때, ∠x의 크기를 구하시오.

(1)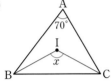

(2)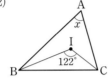

3-1 다음 그림에서 점 I가 △ABC의 내심일 때, ∠x의 크기를 구하시오.

(1)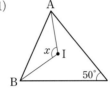

(2)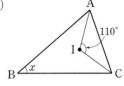

개념 4 **삼각형의 넓이를 이용하여 내접원의 반지름의 길이를 어떻게 구할까?**

점 I가 직각삼각형 ABC의 내심일 때, △ABC의 내접원의 반지름의 길이 r을 구해 보자.

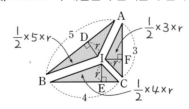

$\frac{1}{2}$×r×(5+4+3)=6
이므로

6r=6   ∴ r=1

△ABC=$\frac{1}{2}$×4×3=6

△ABC=△IAB+△IBC+△ICA
=$\frac{1}{2}$×r×(5+4+3)

△ABC의 내접원의 반지름의 길이가 r일 때

→ △ABC=$\frac{1}{2}r(\overline{AB}+\overline{BC}+\overline{CA})$

---

4 오른쪽 그림에서 점 I는 ∠C=90°인 직각삼각형 ABC의 내심일 때, △ABC의 내접원의 반지름의 길이를 구하시오.

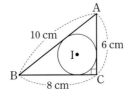

4-1 오른쪽 그림에서 점 I는 ∠C=90°인 직각삼각형 ABC의 내심이고, 점 D는 내접원과 $\overline{BC}$의 접점이다. $\overline{ID}$의 길이를 구하시오.

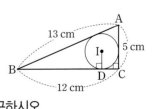

집중 5 삼각형의 외심과 내심을 비교해 볼까?

		외심(O)	내심(I)
뜻		외접원의 중심 ➔ 세 변의 수직이등분선의 교점	내접원의 중심 ➔ 세 (1) 의 이등분선의 교점
성질		외심에서 삼각형의 세 꼭짓점에 이르는 거리는 모두 같다. ➔ $\overline{OA}=\overline{OB}=\overline{OC}$ 　　=(외접원의 반지름의 길이)	내심에서 삼각형의 세 변에 이르는 거리는 모두 같다. ➔ $\overline{ID}=\overline{IE}=$ (2) 　　=(내접원의 반지름의 길이)
합동인 삼각형		$\triangle OAD \equiv \triangle OBD$ (SAS 합동) $\triangle OBE \equiv$ (3) (SAS 합동) $\triangle OAF \equiv \triangle OCF$ (SAS 합동)	$\triangle IAD \equiv \triangle IAF$ (RHA 합동) $\triangle IBD \equiv \triangle IBE$ (RHA 합동) (4) $\equiv \triangle ICF$ (RHA 합동)
위치		삼각형의 종류에 따라 위치가 다르다. ・예각삼각형　・직각삼각형　・둔각삼각형 삼각형의 내부　빗변의 (5)　삼각형의 외부	모든 삼각형의 내부에 위치한다.
		・이등변삼각형 : 외심과 내심이 꼭지각의 이등분선 위에 있다.	・정삼각형 : 외심과 내심이 일치한다.
각의 크기		➔ $\angle x + \angle y + \angle z =$ (6) ➔ $\angle BOC =$ (7)	➔ $\angle x + \angle y + \angle z =$ (8) ➔ $\angle BIC =$ (9) $+ \dfrac{1}{2}\angle A$

5 위의 **집중 5**의 표에서 빈칸에 알맞은 것을 써넣으시오.

삼각형의 내심 (1)

01 오른쪽 그림에서 점 I가 △ABC의 내심일 때, 다음 중 옳은 것을 모두 고르면?

(정답 2개)

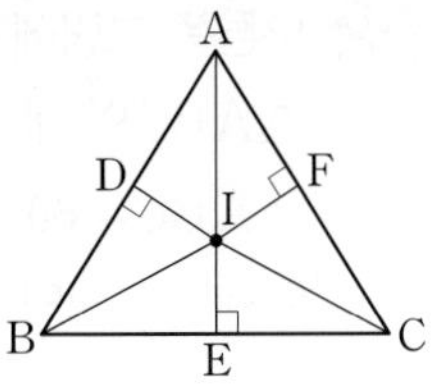

① $\overline{AD}=\overline{BD}$

② ∠IBE=∠ICE

③ △ICE≡△ICF

④ $\overline{IA}=\overline{IB}=\overline{IC}$

⑤ $\overline{ID}=\overline{IE}=\overline{IF}$

02 오른쪽 그림에서 점 I가 △ABC의 내심일 때, 다음 중 **보기**에서 옳은 것을 모두 고른 것은?

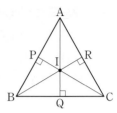

┌ 보기 ┐
ㄱ. $\overline{CQ}=\overline{CR}$
ㄴ. ∠AIP=∠AIR
ㄷ. $\overline{BI}$는 ∠B의 이등분선이다.
ㄹ. 점 I에서 세 꼭짓점에 이르는 거리는 같다.

① ㄱ, ㄴ　　　② ㄱ, ㄷ　　　③ ㄴ, ㄹ
④ ㄱ, ㄴ, ㄷ　　⑤ ㄴ, ㄷ, ㄹ

삼각형의 내심 (2)

03 오른쪽 그림에서 점 I는 △ABC의 내심이다. ∠IBA=30°, ∠ICA=25°일 때, ∠BIC의 크기를 구하시오.

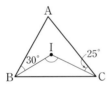

04 오른쪽 그림에서 점 I는 △ABC의 내심이다. ∠IAC=32°, ∠ABC=70°일 때, ∠AIB의 크기를 구하시오.

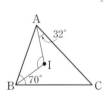

삼각형의 내심과 평행선　　　중요 ✍

05 오른쪽 그림에서 점 I는 △ABC의 내심이고, $\overline{DE}$ ∥ $\overline{BC}$ 이다. $\overline{DE}$=6 cm일 때, $\overline{DB}+\overline{EC}$의 길이를 구하시오.

 코칭 Plus

점 I가 △ABC의 내심이고, $\overline{DE}$ ∥ $\overline{BC}$일 때,
∠DBI=∠IBC=∠DIB (엇각),
∠ECI=∠ICB=∠EIC (엇각)
➡ △DBI, △EIC는 각각 이등변삼각형이다.
➡ $\overline{DB}=\overline{DI}$, $\overline{EC}=\overline{EI}$

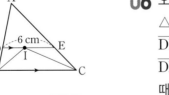

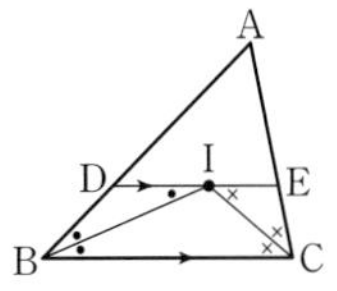

06 오른쪽 그림에서 점 I는 △ABC의 내심이고, $\overline{DE}$ ∥ $\overline{BC}$이다. $\overline{DB}$=5 cm, $\overline{EC}$=3 cm일 때, $\overline{DE}$의 길이를 구하시오.

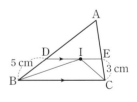

삼각형의 내심의 응용 (1) 중요 ☆

07 오른쪽 그림에서 점 I는 △ABC의 내심이다. ∠IBA=34°, ∠ICB=26°일 때, ∠BAC의 크기를 구하시오.

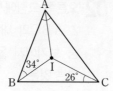

08 오른쪽 그림에서 점 I는 △ABC의 내심이다. ∠ABC=60°, ∠IAC=35° 일 때, ∠x의 크기를 구하시오.

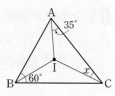

삼각형의 내심의 응용 (2) 중요 ☆

09 오른쪽 그림에서 점 I는 △ABC의 내심이고 ∠BIC=125°일 때, ∠x의 크기를 구하시오.

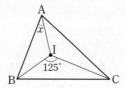

10 오른쪽 그림에서 점 I는 △ABC의 내심이다. ∠IBC=38°일 때, ∠x의 크기를 구하시오.

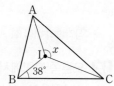

삼각형의 내심의 응용 (3) – 각의 크기의 비

11 오른쪽 그림에서 점 I는 △ABC의 내심이다. ∠BAC : ∠ABC : ∠ACB =4 : 3 : 2 일 때, 다음을 구하시오.

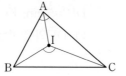

(1) ∠BAC의 크기

(2) ∠BIC의 크기

12 오른쪽 그림에서 점 I는 △ABC의 내심이다. ∠AIB : ∠BIC : ∠AIC =10 : 9 : 11 일 때, ∠ABI의 크기를 구하시오.

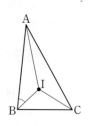

삼각형의 넓이와 내접원의 반지름의 길이　중요⛄

13 오른쪽 그림에서 점 I는
△ABC의 내심이다.
△ABC의 넓이가 48 cm²일
때, △ABC의 내접원의 둘
레의 길이를 구하시오.

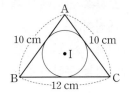

> **코칭 Plus**
> △ABC의 내접원의 반지름의 길이
> 를 r이라 하면
> ➔ $\triangle ABC = \dfrac{1}{2}r(\overline{AB}+\overline{BC}+\overline{CA})$
>
>

14 오른쪽 그림에서 점 I는
△ABC의 내심이고, 내접원의
반지름의 길이는 3 cm이다.
△ABC의 넓이가 45 cm²일 때,
△ABC의 둘레의 길이를 구하
시오.

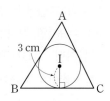

삼각형의 내접원과 선분의 길이

15 오른쪽 그림에서 점 I는
△ABC의 내심이고, 세 점
D, E, F는 접점이다.
$\overline{AB}=10$ cm, $\overline{BE}=7$ cm
일 때, $\overline{AF}$의 길이를 구하시오.

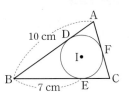

16 오른쪽 그림에서 점 I는
△ABC의 내심이고, 세 점
D, E, F는 접점이다.
$\overline{AB}=8$ cm, $\overline{BE}=5$ cm,
$\overline{CE}=6$ cm일 때, $\overline{AC}$의 길이를 구하시오.

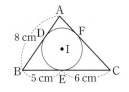

삼각형의 외심과 내심　중요⛄

17 오른쪽 그림에서 두 점 O, I는
각각 △ABC의 외심과 내심이
다. ∠BOC=100°일 때, 다음
을 구하시오.

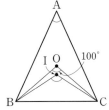

(1) ∠A의 크기

(2) ∠BIC의 크기

> **코칭 Plus**
> 점 O가 △ABC의 외심이고, 점 I가
> △ABC의 내심일 때
> (1) ∠BOC=2∠A
> (2) ∠BIC=90°+$\dfrac{1}{2}$∠A
>
>

18 오른쪽 그림에서 두 점 O, I는 각
각 △ABC의 외심과 내심이다.
∠BIC=110°일 때, ∠x의 크기
를 구하시오.

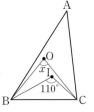

01

오른쪽 그림에서 점 O는
∠C=90°인 직각삼각형 ABC의
외심이다. $\overline{AB}$=10 cm,
$\overline{BC}$=8 cm, $\overline{CA}$=6 cm일 때,
△OCA의 둘레의 길이를 구하시오.

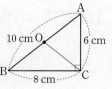

02

오른쪽 그림에서 점 O는 △ABC
의 외심이다. ∠AOB=100°,
∠OCB=30°일 때, ∠x의 크기
는?

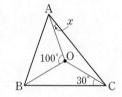

① 10°   ② 15°

③ 20°   ④ 25°

⑤ 30°

03

오른쪽 그림에서 점 O는 △ABC
의 외심이다. ∠ABO=30°,
∠ACO=25°일 때, ∠x+∠y의
크기를 구하시오.

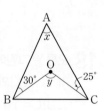

04

오른쪽 그림에서 점 I는 △ABC
의 내심이다. $\overline{AB}$=5 cm,
$\overline{BC}$=6 cm, $\overline{CA}$=5 cm이고
△ABC의 넓이가 12 cm²일 때,
△IBC의 넓이를 구하시오.

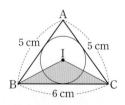

05

오른쪽 그림에서 점 I는 △ABC의
내심이고, 점 I′은 △IBC의 내심
이다. ∠A=52°일 때, ∠BI′C의
크기를 구하시오.

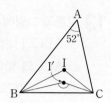

한걸음 더

06 문제해결 🔒

오른쪽 그림에서 두 점 O, I는
각각 △ABC의 외심과 내심이
다. ∠BIC=125°일 때, ∠x의
크기를 구하시오.

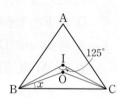

07 문제해결 🔒

오른쪽 그림에서 두 점 O, I는
각각 ∠B=90°인 직각삼각형
ABC의 외심과 내심이다.
$\overline{AB}$=6 cm, $\overline{BC}$=8 cm,
$\overline{CA}$=10 cm일 때, △ABC의
외접원과 내접원의 넓이의 합을 구하시오.

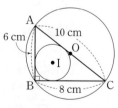

1

오른쪽 그림과 같이 ∠A=90°인 직각삼각형 ABC에서 점 O는 빗변 BC의 중점이다. ∠BAO : ∠OAC=5 : 4일 때, ∠AOC의 크기를 구하시오. [5점]

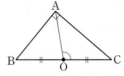

 풀이

채점 기준 1 ∠OAC의 크기 구하기 ⋯ 2점

채점 기준 2 ∠AOC의 크기 구하기 ⋯ 3점

답

한번 더!

1-1

오른쪽 그림과 같이 ∠B=90°인 직각삼각형 ABC에서 점 O는 빗변 AC의 중점이다. ∠AOB : ∠BOC=3 : 2일 때, ∠C의 크기를 구하시오. [5점]

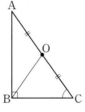

 풀이

채점 기준 1 ∠BOC의 크기 구하기 ⋯ 2점

채점 기준 2 ∠C의 크기 구하기 ⋯ 3점

답

2

오른쪽 그림에서 점 O는 △ABC의 외심이다. ∠BAO=24°, ∠AOC=118°일 때, ∠x의 크기를 구하시오. [5점]

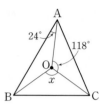

풀이

답

3

오른쪽 그림에서 점 O는 △ABC의 외심이고, 점 O′은 △AOC의 외심이다. ∠B=32°일 때, ∠O′CA의 크기를 구하시오. [6점]

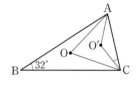

 풀이

답

서술형 문제
실전에 대비하는

4

오른쪽 그림에서 원 I는
△ABC의 내접원이고, 세 점
D, E, F는 접점이다.
$\overline{AB}=9$ cm, $\overline{EC}=6$ cm,
$\overline{AF}=4$ cm일 때, △ABC의
둘레의 길이를 구하시오. [5점]

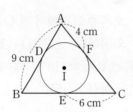

풀이

채점 기준 1 $\overline{BE}$, $\overline{CF}$의 길이 각각 구하기 ⋯ 3점

채점 기준 2   △ABC의 둘레의 길이 구하기 ⋯ 2점

답

한번더!

4-1

오른쪽 그림에서 원 I는
△ABC의 내접원이고, 세
점 D, E, F는 접점이다.
$\overline{AB}=6$ cm, $\overline{BC}=11$ cm,
$\overline{CA}=7$ cm일 때, $\overline{CE}$의 길이를 구하시오. [6점]

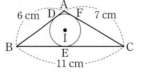

풀이

채점 기준 1 $\overline{CE}=x$ cm로 놓고 방정식 세우기 ⋯ 4점

채점 기준 2   방정식을 풀고, $\overline{CE}$의 길이 구하기 ⋯ 2점

답

5

오른쪽 그림에서 점 I는 △ABC
의 내심이다. $\overline{AI}$의 연장선과 $\overline{BC}$
가 만나는 점을 D라 하고,
∠ABC=50˚, ∠ACB=70˚일 때,
∠BID의 크기를 구하시오. [6점]

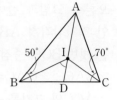

풀이

답

6

오른쪽 그림에서 두 점 O, I는
각각 ∠A=90˚인 직각삼각형
ABC의 외심과 내심이다. 색칠
한 부분의 넓이를 구하시오.

[7점]

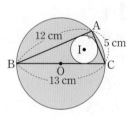

풀이

답

01

다음 중 삼각형의 외심에 대한 설명으로 옳지 <u>않은</u> 것은?

① 삼각형의 외접원의 중심이다.
② 직각삼각형의 외심은 빗변의 중점이다.
③ 삼각형의 세 변의 수직이등분선의 교점이다.
④ 둔각삼각형의 외심은 삼각형의 외부에 있다.
⑤ 외심에서 삼각형의 세 변에 이르는 거리는 모두 같다.

02

오른쪽 그림에서 점 O는 △ABC의 외심이다. ∠AOC의 이등분선이 $\overline{AC}$와 만나는 점을 D라 하고 $\overline{AC}=12$ cm일 때, $\overline{AD}$의 길이는?

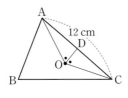

① 5 cm
② $\dfrac{11}{2}$ cm
③ 6 cm
④ $\dfrac{13}{2}$ cm
⑤ 7 cm

03

오른쪽 그림에서 점 O는 △ABC의 외심이다. $\overline{BC}=8$ cm이고, △OBC의 둘레의 길이가 18 cm일 때, △ABC의 외접원의 둘레의 길이는?

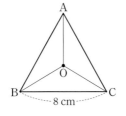

① 10π cm
② 12π cm
③ 14π cm
④ 16π cm
⑤ 18π cm

04 중요♥

오른쪽 그림과 같이 △ABC의 외심 O가 변 AC 위에 있다. ∠A=60°일 때, ∠OBC의 크기를 구하시오.

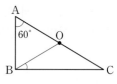

05

오른쪽 그림에서 점 O는 ∠B=90°인 직각삼각형 ABC의 외심이다.
$\overline{AB}=5$ cm, $\overline{BC}=12$ cm, $\overline{CA}=13$ cm일 때, △OBC의 넓이를 구하시오.

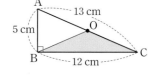

06 중요♥

오른쪽 그림에서 점 O는 △ABC의 외심이다. ∠AOB=132°일 때, ∠x+∠y의 크기는?

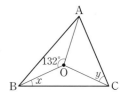

① 48°
② 52°
③ 58°
④ 62°
⑤ 66°

07

오른쪽 그림에서 점 O가 △ABC의 외심일 때, ∠x의 크기를 구하시오.

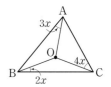

08 중요♥

오른쪽 그림에서 점 O는 △ABC의 외심이다. ∠ABC=58°, ∠BOC=116°일 때, ∠ACB의 크기를 구하시오.

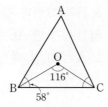

09

오른쪽 그림에서 점 O는 △ABC의 외심이다.
∠AOB : ∠BOC : ∠COA =2 : 3 : 4
일 때, ∠ABC의 크기는?

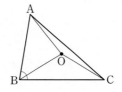

① 60° ② 65° ③ 70°

④ 75° ⑤ 80°

10

오른쪽 그림과 같이 △ABC의 외심 O와 내심 I가 일치할 때, ∠A의 크기를 구하시오.

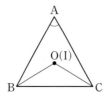

11 중요♥

다음 중 점 I가 △ABC의 내심인 것을 모두 고르면?

(정답 2개)

⑤

12

오른쪽 그림에서 점 I는 △ABC의 내심이다. ∠IBA=20°, ∠ICA=34°일 때, ∠A의 크기를 구하시오.

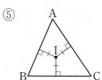

13

오른쪽 그림에서 점 I는 △ABC의 내심이고, $\overline{DE}$ // $\overline{BC}$이다.
$\overline{AD}$=11 cm, $\overline{AE}$=8 cm, $\overline{DE}$=10 cm일 때, $\overline{AB}$+$\overline{AC}$의 길이는?

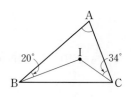

① 27 cm ② 28 cm ③ 29 cm

④ 30 cm ⑤ 31 cm

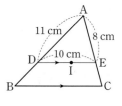

14

오른쪽 그림에서 점 I는
△ABC의 내심이다. ∠A=80°,
∠ICA=30°일 때, ∠x의 크기
를 구하시오.

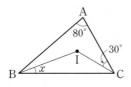

17

오른쪽 그림에서 점 I는
△ABC의 내심이고, 세 점
D, E, F는 접점이다.
$\overline{AB}$=8 cm, $\overline{AC}$=5 cm,
$\overline{BC}$=9 cm일 때, $\overline{BD}$의 길
이는?

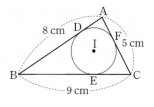

① 4 cm   ② $\frac{9}{2}$ cm   ③ 5 cm

④ $\frac{11}{2}$ cm   ⑤ 6 cm

15

오른쪽 그림에서 점 I는 △ABC의
내심이다. ∠AIB=130°일 때, ∠x
의 크기는?

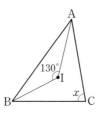

① 74°   ② 76°
③ 78°   ④ 80°
⑤ 82°

18

오른쪽 그림에서 점 I는
∠C=90°인 직각삼각형 ABC
의 내심이고, 세 점 D, E, F
는 접점이다. $\overline{AB}$=17 cm,
$\overline{IE}$=3 cm일 때, 직각삼각형 ABC의 둘레의 길이를
구하시오.

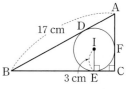

16

오른쪽 그림과 같이 세 변의
길이가 각각 12 m, 15 m,
9 m인 직각삼각형 모양의
땅에 원형 분수대를 가능한
한 크게 만들려고 한다. 이
때 원형 분수대의 반지름의 길이를 구하시오.

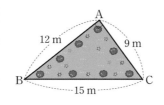

19 중요♡

오른쪽 그림에서 △ABC는
$\overline{AB}$=$\overline{AC}$인 이등변삼각형이다. 두 점
O, I는 각각 △ABC의 외심과 내심
이고, ∠BOC=80°일 때, ∠IBC의 크
기를 구하시오.

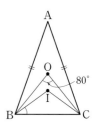

1

오른쪽 그림과 같이 원 모양의 유물의 일부가 발견되어 이를 복원하려고 한다. 원의 중심을 찾으려고 할 때, 이 원의 중심으로 가장 알맞은 것은?

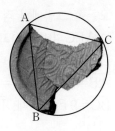

① $\overline{BC}$의 중점
② ∠B, ∠C의 이등분선의 교점
③ ∠A의 이등분선과 $\overline{BC}$의 교점
④ $\overline{AB}$, $\overline{BC}$의 수직이등분선의 교점
⑤ 점 A에서 $\overline{BC}$에 내린 수선의 발

2

다음 그림에서 점 O는 △ABC의 외심이다. ∠ABC=15°, ∠ACB=50°일 때, ∠OAB의 크기를 구하시오.

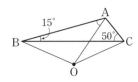

3

다음 그림에서 점 I는 △ABC의 내심이다. $\overline{AI}$의 연장선과 $\overline{BC}$의 교점을 D, $\overline{BI}$의 연장선과 $\overline{AC}$의 교점을 E라 하자. ∠C=40°일 때, ∠ADB+∠AEB의 크기를 구하시오.

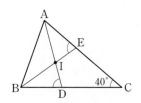

4

다음 그림은 학교 강당에 있는 계단 밑 창고 공간을 나타낸 것이다. 계단 밑 창고 공간에 공을 한 개 보관하려고 할 때, 보관할 수 있는 공의 반지름의 최대 길이를 구하시오. (단, 계단의 폭은 충분히 넓다.)

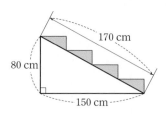

워크북 88쪽~89쪽에서 한번 더 연습해 보세요.

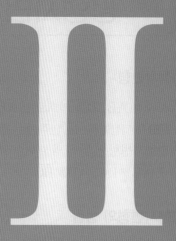

Ⅱ

사각형의 성질

1. 평행사변형의 성질
2. 여러 가지 사각형

이 단원을 배우면 평행사변형의 성질과 평행사변형이 되는 조건을 알 수 있어요. 또, 여러 가지 사각형의 성질을 이해하고 설명할 수 있어요.

01 평행사변형의 성질

1 평행사변형

(1) 사각형 ABCD를 기호로 □ABCD와 같이 나타낸다.

참고 사각형에서 서로 마주 보는 변을 대변, 서로 마주 보는 각을 대각이라 한다.

(2) 평행사변형은 두 쌍의 대변이 각각 평행한 사각형이다.

→ $\overline{AB} /\!/ \overline{DC}$, $\overline{AD} /\!/ \overline{BC}$

중1
삼각형에서
• **대변** : 한 각과 마주 보는 변
• **대각** : 한 변과 마주 보는 각

2 평행사변형의 성질

(1) 두 쌍의 대변의 길이는 각각 같다.　　→ $\overline{AB} = \overline{DC}$, $\overline{AD} = \overline{BC}$

(2) 두 쌍의 대각의 크기는 각각 같다.　　→ $\angle A = \angle C$, $\angle B = \angle D$

(3) 두 대각선은 서로 다른 것을 이등분한다. → $\overline{OA} = \overline{OC}$, $\overline{OB} = \overline{OD}$

평행사변형에서 두 쌍의 대변이 각각 평행하므로 이웃하는 두 내각의 크기의 합은 180°이다.
→ $\angle A + \angle B = 180°$

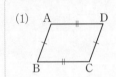 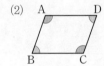 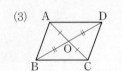

3 평행사변형이 되는 조건

□ABCD가 다음 조건 중 어느 하나를 만족시키면 평행사변형이다.

(1) 두 쌍의 대변이 각각 평행하다.　　　　→ $\overline{AB} /\!/ \overline{DC}$, $\overline{AD} /\!/ \overline{BC}$

(2) 두 쌍의 대변의 길이가 각각 같다.　　　→ $\overline{AB} = \overline{DC}$, $\overline{AD} = \overline{BC}$

(3) 두 쌍의 대각의 크기가 각각 같다.　　　→ $\angle A = \angle C$, $\angle B = \angle D$

(4) 두 대각선이 서로 다른 것을 이등분한다. → $\overline{OA} = \overline{OC}$, $\overline{OB} = \overline{OD}$

(5) 한 쌍의 대변이 평행하고, 그 길이가 같다. → $\overline{AB} /\!/ \overline{DC}$, $\overline{AB} = \overline{DC}$
　　　　　　　　　　　　　　　　└→ 또는 $\overline{AD} /\!/ \overline{BC}$, $\overline{AD} = \overline{BC}$

중1
평행선의 성질
평행한 두 직선과 다른 한 직선이 만날 때 생기는 동위각과 엇각의 크기는 각각 같다.

4 평행사변형과 넓이

(1) 평행사변형 ABCD에서

① 평행사변형의 넓이는 한 대각선에 의하여 이등분된다.

　→ $\triangle ABC = \triangle BCD = \triangle CDA = \triangle DAB = \dfrac{1}{2} \square ABCD$

② 평행사변형의 넓이는 두 대각선에 의하여 사등분된다.

　→ $\triangle ABO = \triangle BCO = \triangle CDO = \triangle DAO = \dfrac{1}{4} \square ABCD$

(2) 평행사변형의 내부의 임의의 한 점 P에 대하여

　$\triangle PAB + \triangle PCD = \triangle PBC + \triangle PDA = \dfrac{1}{2} \square ABCD$

$\triangle ABC \equiv \triangle CDA$
$\triangle ABD \equiv \triangle CDB$
$\triangle ABO \equiv \triangle CDO$
$\triangle BCO \equiv \triangle DAO$

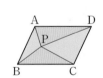

평행사변형이 되는 조건 ⑸에서 반드시 평행한 대변의 길이가 같아야 평행사변형이 될까?

오른쪽 그림과 같이 □ABCD에서 $\overline{AD} /\!/ \overline{BC}$, $\overline{AB} = \overline{DC}$이면 평행사변형이 되지 않는다.

따라서 평행사변형이 되려면 반드시 평행한 대변의 길이가 같아야 한다.

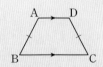

개념 1 평행사변형의 성질은 무엇일까?

다음과 같은 평행사변형 ABCD에서 x, y의 값을 각각 구해 보자. (단, 점 O는 두 대각선의 교점이다.)

(1) 두 쌍의 **대변**의 길이는 각각 **같다**.

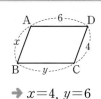

➡ $x=4$, $y=6$

(2) 두 쌍의 **대각**의 크기는 각각 **같다**.

➡ $x=100$, $y=80$

(3) 두 **대각선**은 서로 다른 것을 **이등분**한다.

➡ $x=5$, $y=3$

---

1 다음 그림과 같은 평행사변형 ABCD에서 x, y의 값을 각각 구하시오.

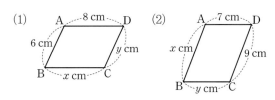

1-1 다음 그림과 같은 평행사변형 ABCD에서 x, y의 값을 각각 구하시오.

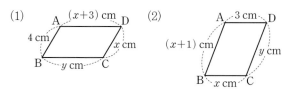

2 다음 그림과 같은 평행사변형 ABCD에서 $\angle x$, $\angle y$의 크기를 각각 구하시오.

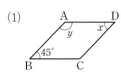
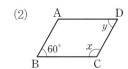

2-1 다음 그림과 같은 평행사변형 ABCD에서 $\angle x$, $\angle y$의 크기를 각각 구하시오.

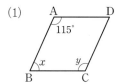
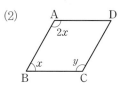

3 다음 그림과 같은 평행사변형 ABCD에서 x, y의 값을 각각 구하시오.
(단, 점 O는 두 대각선의 교점이다.)

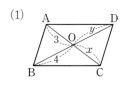
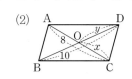

3-1 다음 그림과 같은 평행사변형 ABCD에서 x, y의 값을 각각 구하시오.
(단, 점 O는 두 대각선의 교점이다.)

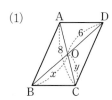
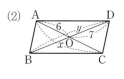

개념 **2** 평행사변형이 되는 조건은 무엇일까?

□ABCD가 평행사변형이 되는 조건을 알아보자.

(1)
> 두 쌍의 대변이 각각
> 평행하다.

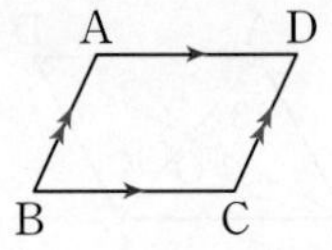

→ $\overline{AB} /\!/ \overline{DC}$, $\overline{AD} /\!/ \overline{BC}$

(2)
> 두 쌍의 대변의 길이가
> 각각 같다.

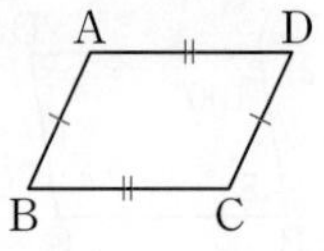

→ $\overline{AB} = \overline{DC}$, $\overline{AD} = \overline{BC}$

(3)
> 두 쌍의 대각의 크기가
> 각각 같다.

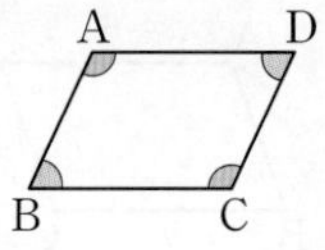

→ $\angle A = \angle C$, $\angle B = \angle D$

(4)
> 두 대각선이 서로 다른
> 것을 이등분한다.

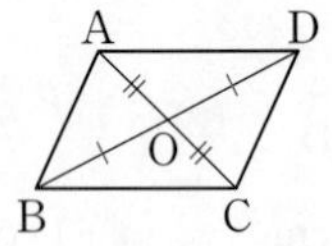

→ $\overline{OA} = \overline{OC}$, $\overline{OB} = \overline{OD}$

(5)
> 한 쌍의 대변이 평행하고,
> 그 길이가 같다.

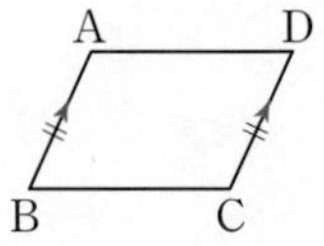

→ $\overline{AB} /\!/ \overline{DC}$, $\overline{AB} = \overline{DC}$ 또는 $\overline{AD} /\!/ \overline{BC}$, $\overline{AD} = \overline{BC}$

이 중에서 어느 한 조건만 만족시켜도 평행사변형이 돼!

---

4 다음은 오른쪽 그림과 같은 □ABCD가 평행사변형이 되기 위한 조건이다. □ 안에 알맞은 것을 써넣으시오. (단, 점 O는 두 대각선의 교점이다.)

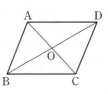

(1) $\overline{AB} /\!/ \overline{DC}$, $\overline{AD} /\!/$ ☐

(2) $\overline{AB} =$ ☐, $\overline{AD} = \overline{BC}$

(3) $\angle BAD =$ ☐, $\angle ABC = \angle ADC$

(4) $\overline{OA} = \overline{OC}$, $\overline{OB} =$ ☐

(5) $\overline{AD} /\!/ \overline{BC}$, $\overline{AD} =$ ☐

4-1 오른쪽 그림과 같은 □ABCD가 다음을 만족시킬 때, 평행사변형이 되는 조건을 쓰시오. (단, 점 O는 두 대각선의 교점이다.)

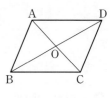

(1) $\angle BAD = 110°$, $\angle ABC = 70°$, $\angle BCD = 110°$, $\angle ADC = 70°$

(2) $\overline{AB} = 5\ cm$, $\overline{DC} = 5\ cm$, $\overline{AB} /\!/ \overline{DC}$

(3) $\overline{AB} = 4\ cm$, $\overline{BC} = 7\ cm$, $\overline{CD} = 4\ cm$, $\overline{AD} = 7\ cm$

(4) $\overline{OA} = 6\ cm$, $\overline{OB} = 8\ cm$, $\overline{OC} = 6\ cm$, $\overline{OD} = 8\ cm$

---

5 다음 그림과 같은 □ABCD가 평행사변형이 되도록 하는 x, y의 값을 각각 구하시오.

(1)
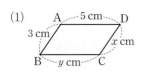

(2)
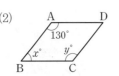

5-1 다음 그림과 같은 □ABCD가 평행사변형이 되도록 하는 x, y의 값을 각각 구하시오. (단, 점 O는 두 대각선의 교점이다.)

(1)
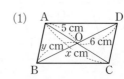

(2)
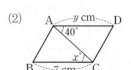

개념 3 두 대각선 또는 임의의 한 점에 의하여 평행사변형의 넓이는 어떻게 될까?

평행사변형 ABCD에서

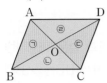

→ ㉠=㉡=㉢=㉣

→ $\triangle ABO = \triangle BCO = \triangle CDO = \triangle DAO$

$\qquad = \dfrac{1}{4} \square ABCD$

평행사변형 ABCD에서

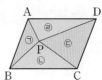

→ ㉠+㉢=㉡+㉣

→ $\triangle PAB + \triangle PCD = \triangle PBC + \triangle PDA$

$\qquad = \dfrac{1}{2} \square ABCD$

참고 평행사변형 ABCD의 내부의 임의의 한 점 P에 대하여 점 P를 지나고 $\overline{AB}$, $\overline{AD}$에 각각 평행한
두 직선을 그으면 넓이가 같은 삼각형을 찾을 수 있다.

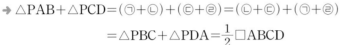

→ $\triangle PAB + \triangle PCD = (㉠+㉡) + (㉢+㉣) = (㉡+㉢) + (㉠+㉣)$

$\qquad = \triangle PBC + \triangle PDA = \dfrac{1}{2} \square ABCD$

---

6 다음 그림과 같은 평행사변형 ABCD의 넓이가
48 cm²일 때, 색칠한 부분의 넓이를 구하시오.
(단, 점 O는 두 대각선의 교점이다.)

(1)
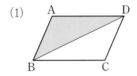

(2)
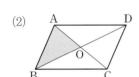

(3)
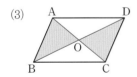

6-1 오른쪽 그림과 같은 평행사변
형 ABCD에서 $\triangle ABC$의 넓
이가 28 cm²일 때, 다음 도형
의 넓이를 구하시오.
(단, 점 O는 두 대각선의 교점이다.)

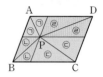

(1) $\square ABCD$

(2) $\triangle ABD$

(3) $\triangle ABO$

(4) $\triangle OBC$

---

7 오른쪽 그림과 같은 평행사변
형 ABCD의 넓이가 32 cm²
이고, 점 P가 $\square ABCD$의 내
부의 한 점일 때, 색칠한 부분
의 넓이를 구하시오.

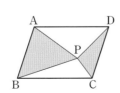

7-1 오른쪽 그림과 같은 평행사변
형 ABCD의 넓이가 54 cm²
이고, 점 P는 $\square ABCD$의 내
부의 한 점이다. $\triangle PDA$의 넓
이가 10 cm²일 때, $\triangle PBC$의 넓이를 구하시오.

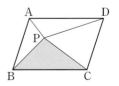

평행사변형의 성질의 활용 – 대변　　　중요 ♡

01 오른쪽 그림과 같은 평행사변형 ABCD에서 $\overline{AE}$는 ∠A의 이등분선이다. $\overline{AB}=8$ cm, $\overline{AD}=12$ cm일 때, $\overline{EC}$의 길이를 구하시오.

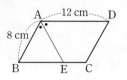

> **교청 Plus**
> 엇각의 크기가 같음을 이용하여 이등변삼각형을 찾는다.

02 오른쪽 그림과 같은 평행사변형 ABCD에서 $\overline{BE}$는 ∠B의 이등분선이다. $\overline{BC}=16$ cm, $\overline{CD}=12$ cm일 때, $\overline{DE}$의 길이를 구하시오.

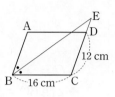

평행사변형의 성질의 활용 – 대각 (1)

03 오른쪽 그림과 같은 평행사변형 ABCD에서 ∠A : ∠B = 3 : 2 일 때, ∠D의 크기를 구하시오.

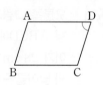

> **교청 Plus**
> 이웃하는 두 내각의 크기의 합이 180°임을 이용한다.

04 오른쪽 그림과 같은 평행사변형 ABCD에서 ∠A = 3∠B일 때, ∠C의 크기를 구하시오.

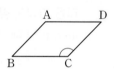

평행사변형의 성질의 활용 – 대각 (2)　　　중요 ♡

05 오른쪽 그림과 같은 평행사변형 ABCD에서 $\overline{AE}$는 ∠A 의 이등분선이고, ∠D = 50° 일 때, ∠x의 크기를 구하시오.

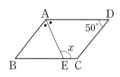

06 오른쪽 그림과 같은 평행사변형 ABCD에서 $\overline{CE}$는 ∠C의 이등분선이고, ∠AEC = 125°일 때, ∠x의 크기를 구하시오.

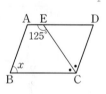

평행사변형의 성질의 활용 – 대각선

07 오른쪽 그림과 같은 평행사변형 ABCD에서 $\overline{AB}=8$ cm, $\overline{AC}=10$ cm, $\overline{BO}=6$ cm일 때, △OCD의 둘레의 길이를 구하시오. (단, 점 O는 두 대각선의 교점이다.)

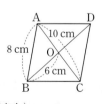

08 오른쪽 그림과 같은 평행사변형 ABCD에서 $\overline{AC}=14$ cm, $\overline{BD}=16$ cm이고, △ABO의 둘레의 길이가 21 cm일 때, $\overline{AB}$의 길이를 구하시오.

(단, 점 O는 두 대각선의 교점이다.)

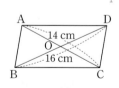

평행사변형이 되는 조건 중요♥

09 다음 사각형 중 평행사변형이 <u>아닌</u> 것은?

①
②
③
④
⑤

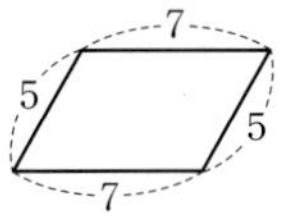

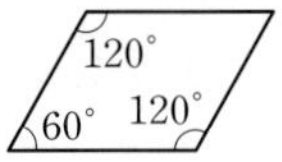

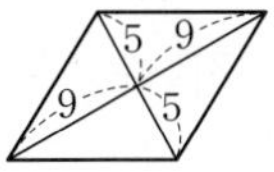

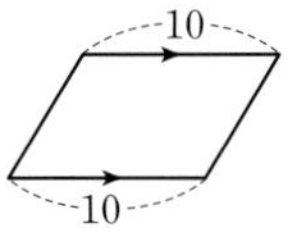

10 다음 **보기**에서 □ABCD가 평행사변형인 것을 모두 고르시오.

┌─ 보기 ─────────────────────┐
ㄱ. $\overline{AB}$∥$\overline{DC}$, $\overline{AD}=\overline{BC}=8$
ㄴ. ∠A=70°, ∠B=110°, ∠C=70°
ㄷ. $\overline{AB}=\overline{DC}=3$, $\overline{AD}=\overline{BC}=6$
ㄹ. ∠A=130°, ∠B=50°, ∠C=50°
└────────────────────────────┘

평행사변형이 되는 조건의 활용

11 다음은 평행사변형 ABCD에서 $\overline{AD}$, $\overline{BC}$의 중점을 각각 M, N이라 할 때, □MBND가 평행사변형임을 증명한 것이다. (개)~(대)에 알맞은 것을 구하시오.

┌──────────────────────────────┐
$\overline{AD}$∥$\overline{BC}$이므로 $\overline{MD}$∥ (개)

$\overline{AD}=$ (내) 이므로 $\overline{MD}=$ (대)

따라서 □MBND는 평행사변형이다.
└──────────────────────────────┘

12 오른쪽 그림과 같은 평행사변형 ABCD에서 ∠A, ∠C의 이등분선이 $\overline{BC}$, $\overline{AD}$와 만나는 점을 각각 E, F라 하자. $\overline{AB}=10$ cm, $\overline{BC}=14$ cm, ∠B=60°일 때, □AECF의 둘레의 길이를 구하시오.

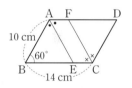

평행사변형과 넓이 – 대각선

13 오른쪽 그림과 같은 평행사변형 ABCD에서 △ABO의 넓이가 16 cm²일 때, 색칠한 부분의 넓이를 구하시오. (단, 점 O는 두 대각선의 교점이다.)

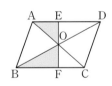

14 오른쪽 그림과 같은 평행사변형 ABCD에서 색칠한 두 삼각형의 넓이의 합이 18 cm²일 때, 평행사변형 ABCD의 넓이를 구하시오. (단, 점 O는 두 대각선의 교점이다.)

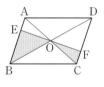

평행사변형과 넓이 – 내부의 한 점

15 오른쪽 그림과 같은 평행사변형 ABCD의 내부의 한 점 P에 대하여 △PAB의 넓이가 10 cm², △PCD의 넓이가 5 cm²일 때, □ABCD의 넓이를 구하시오.

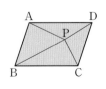

16 오른쪽 그림과 같은 평행사변형 ABCD의 내부의 한 점 P에 대하여 색칠한 부분의 넓이를 구하시오.

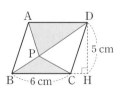

01

오른쪽 그림과 같은 평행사변형 ABCD에서 두 대각선의 교점을 O라 할 때, 다음 중 옳은 것은?

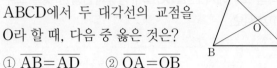

① $\overline{AB}=\overline{AD}$ ② $\overline{OA}=\overline{OB}$
③ $\overline{OB}=\overline{OD}$ ④ $\angle ABC=\angle BCD$
⑤ $\angle ACB=\angle ACD$

02

오른쪽 그림과 같은 평행사변형 ABCD에서 $\overline{CD}$의 중점을 E라 하고 $\overline{AE}$의 연장선이 $\overline{BC}$의 연장선과 만나는 점을 F라 할 때, $\overline{AD}$의 길이를 구하시오.

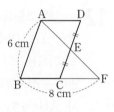

03

오른쪽 그림과 같은 평행사변형 ABCD에서 $\angle A$의 이등분선이 $\overline{DC}$의 연장선과 만나는 점을 E라 할 때, $x+y$의 값을 구하시오.

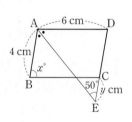

04

오른쪽 그림과 같은 평행사변형 ABCD에서 점 O는 두 대각선의 교점이고, $\overline{AC}=12\,\text{cm}$, $\overline{AD}=10\,\text{cm}$, $\overline{BD}=16\,\text{cm}$일 때, $\triangle OBC$의 둘레의 길이를 구하시오.

05

오른쪽 그림과 같은 평행사변형 ABCD의 두 대각선의 교점 O를 지나는 직선이 $\overline{AD}$, $\overline{BC}$와 만나는 점을 각각 E, F라 하자.
$\overline{EF}\perp\overline{BC}$, $\overline{BF}=\overline{EF}=4\,\text{cm}$이고, $\triangle ABO$의 넓이가 $6\,\text{cm}^2$일 때, $\overline{AE}$의 길이를 구하시오.

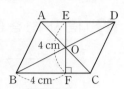

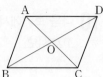 한걸음 더

06 추론💬

오른쪽 그림과 같은 평행사변형 ABCD의 두 꼭짓점 B, D에서 대각선 AC에 내린 수선의 발을 각각 E, F라 하자. $\angle DEC=40°$일 때, $\angle EBF$의 크기는?

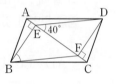

① $40°$ ② $45°$ ③ $50°$
④ $55°$ ⑤ $60°$

07 문제해결🔒

오른쪽 그림과 같이 평행사변형 ABCD에서 $\overline{BC}$, $\overline{DC}$의 연장선 위에 $\overline{BC}=\overline{CE}$, $\overline{DC}=\overline{CF}$가 되도록 두 점 E, F를 잡았다. $\triangle AOD$의 넓이가 $4\,\text{cm}^2$일 때, 다음 중 옳지 않은 것은? (단, 점 O는 두 대각선의 교점이다.)

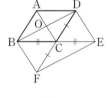

① $\triangle BCD=8\,\text{cm}^2$ ② $\square ABCD=16\,\text{cm}^2$
③ $\triangle CED=8\,\text{cm}^2$ ④ $\square ABFC=24\,\text{cm}^2$
⑤ $\square BFED=32\,\text{cm}^2$

1

오른쪽 그림과 같은 평행사변형 ABCD에서 ∠A, ∠D의 이등분선이 $\overline{BC}$와 만나는 점을 각각 E, F라 하자. $\overline{AB}=6$ cm, $\overline{AD}=8$ cm일 때, $\overline{EF}$의 길이를 구하시오. [6점]

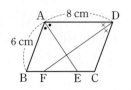

풀이

채점 기준 1 $\overline{BE}$의 길이 구하기 ⋯ 2점

채점 기준 2 $\overline{CF}$의 길이 구하기 ⋯ 2점

채점 기준 3 $\overline{EF}$의 길이 구하기 ⋯ 2점

답

한번 더!

1-1

오른쪽 그림과 같은 평행사변형 ABCD에서 ∠A, ∠B의 이등분선이 $\overline{CD}$의 연장선과 만나는 점을 각각 E, F라 하자. $\overline{AB}=8$ cm, $\overline{AD}=10$ cm일 때, $\overline{EF}$의 길이를 구하시오. [6점]

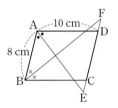

풀이

채점 기준 1 $\overline{DE}$의 길이 구하기 ⋯ 2점

채점 기준 2 $\overline{CF}$의 길이 구하기 ⋯ 2점

채점 기준 3 $\overline{EF}$의 길이 구하기 ⋯ 2점

답

2

오른쪽 그림과 같은 평행사변형 ABCD의 둘레의 길이가 42 cm이고, $\overline{AB}:\overline{BC}=3:4$일 때, $\overline{AB}$와 $\overline{BC}$의 길이의 차를 구하시오. [5점]

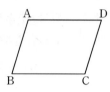

풀이

답

3

오른쪽 그림과 같은 평행사변형 ABCD에서 $\overline{AP}$는 ∠A의 이등분선이고, ∠APB=90°, ∠D=50°일 때, ∠ABP의 크기를 구하시오. [5점]

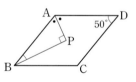

풀이

답

4

다음 그림과 같은 평행사변형 ABCD에서 점 O는 두 대각선의 교점일 때, $\overline{BD}$의 길이를 구하시오. [5점]

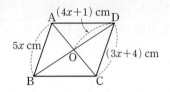

풀이

답

5

오른쪽 그림과 같은 평행사변형 ABCD에서 ∠A, ∠C의 이등분선이 $\overline{BC}$, $\overline{AD}$와 만나는 점을 각각 E, F라 하자. $\overline{AB}=8$ cm, $\overline{BC}=12$ cm, $\overline{DH}=6$ cm일 때, □AECF의 넓이를 구하시오. [6점]

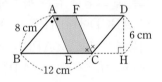

풀이

답

6

오른쪽 그림과 같은 평행사변형 ABCD에서 두 대각선의 교점 O를 지나는 직선이 $\overline{AD}$, $\overline{BC}$와 만나는 점을 각각 E, F라 하자. □ABCD의 넓이가 40 cm²일 때, 색칠한 부분의 넓이를 구하시오. [6점]

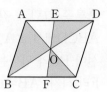

풀이

답

7

오른쪽 그림과 같이 평행사변형 ABCD에서 $\overline{BC}=\overline{CE}$, $\overline{DC}=\overline{CF}$가 되도록 $\overline{BC}$, $\overline{DC}$의 연장선 위에 두 점 E, F를 각각 잡았다. □ABCD의 넓이가 24 cm²일 때, □BFED의 넓이를 구하시오. [6점]

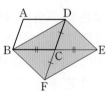

풀이

답

실전! 배운 내용을 확인하는

중단원 마무리

워크북 24쪽~25쪽 | 정답 및 풀이 16쪽

01

다음 그림과 같은 평행사변형 ABCD에서 $x-y$의 값을 구하시오.

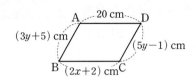

02 중요

오른쪽 그림과 같은 평행사변형 ABCD에서 $\overline{AO}=6$ cm이고, $\angle ABC=60°$, $\angle ACB=35°$일 때, 다음 중 옳지 <u>않은</u> 것은? (단, 점 O는 두 대각선의 교점이다.)

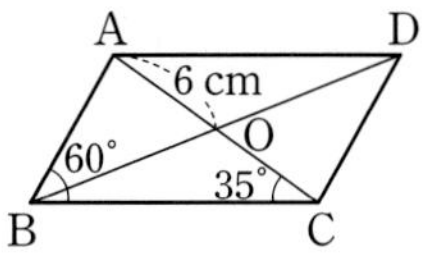

① $\overline{OC}=6$ cm
② $\overline{OB}=\overline{OD}$
③ $\angle BAD=120°$
④ $\angle ACD=95°$
⑤ $\angle DAC=35°$

03

오른쪽 그림과 같이 $\overline{AD}=10$ cm, $\overline{DC}=8$ cm인 평행사변형 ABCD에서 $\angle A$의 이등분선이 $\overline{BC}$와 만나는 점을 E라 할 때, $\overline{EC}$의 길이는?

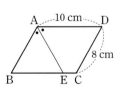

① 2 cm
② $\frac{5}{2}$ cm
③ 3 cm
④ $\frac{7}{2}$ cm
⑤ 4 cm

04 중요

오른쪽 그림과 같은 평행사변형 ABCD에서 $\overline{BC}$의 중점을 E라 하고 $\overline{AE}$의 연장선이 $\overline{DC}$의 연장선과 만나는 점을 F라 하자. $\overline{AB}=6$ cm, $\overline{AD}=10$ cm일 때, $\overline{DF}$의 길이는?

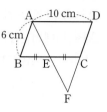

① 10 cm
② 11 cm
③ 12 cm
④ 13 cm
⑤ 14 cm

05

오른쪽 그림과 같은 평행사변형 ABCD에서 $\overline{DE}$는 $\angle D$의 이등분선이고, $\angle DEC=32°$일 때, $\angle x$의 크기를 구하시오.

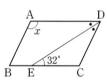

06

오른쪽 그림과 같은 평행사변형 ABCD에서 $\angle A$, $\angle B$의 이등분선이 $\overline{BC}$, $\overline{AD}$와 만나는 점을 각각 E, F라 하자. $\angle BFD=150°$일 때, $\angle AEC$의 크기는?

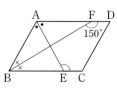

① 110°
② 115°
③ 120°
④ 125°
⑤ 130°

07

오른쪽 그림과 같은 평행사변형 ABCD에서 $\overline{AD}=12$ cm, $\overline{BD}=18$ cm이고, △AOD의 둘레의 길이가 26 cm일 때, $\overline{AC}$의 길이를 구하시오. (단, 점 O는 두 대각선의 교점이다.)

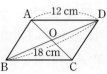

08 중요♥

다음 중 오른쪽 그림과 같은 □ABCD가 평행사변형이 되는 조건이 <u>아닌</u> 것은? (단, 점 O는 두 대각선의 교점이다.)

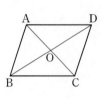

① $\overline{AB}/\!/\overline{DC}$, $\overline{AB}=\overline{DC}$

② $\overline{AO}=\overline{CO}$, $\overline{BO}=\overline{DO}$

③ $\overline{AD}=\overline{BC}$, $\angle DAB+\angle ABC=180°$

④ $\angle DAB=\angle ABC$, $\angle BCD=\angle CDA$

⑤ $\angle BAC=\angle DCA$, $\angle ADB=\angle CBD$

09

다음 중 □ABCD가 평행사변형일 때, 색칠한 사각형이 평행사변형이 <u>아닌</u> 것은?

(단, 점 O는 두 대각선의 교점이다.)

① 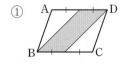 ②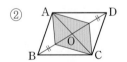

③ 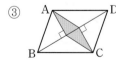 ④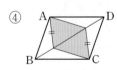

⑤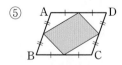

10

오른쪽 그림과 같은 평행사변형 ABCD의 두 대각선의 교점 O에서 $\overline{AB}$에 내린 수선의 발을 E라 하자. $\overline{DC}=10$ cm, $\overline{EO}=8$ cm일 때, □ABCD의 넓이를 구하시오.

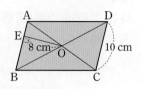

11

오른쪽 그림과 같은 평행사변형 ABCD의 내부의 한 점 P에 대하여 색칠한 부분의 넓이를 구하시오.

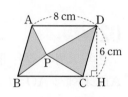

12

A, B, C, D 4명의 학생이 다음 조건을 만족시키도록 평행사변형 모양의 테이블을 칠하려고 한다. A가 칠해야 하는 부분의 넓이를 구하시오.

⑴ 평행사변형 모양의 테이블 내부에 한 점 P를 잡고, 네 꼭짓점과 연결하여 테이블을 네 부분으로 나눈다.

⑵ A, B, C, D 4명이 각각 한 부분씩 겹치지 않게 칠하는데, A는 D가 칠해야 하는 부분과 마주 보는 부분을 칠하고, B와 C는 나머지 두 부분을 각각 하나씩 칠한다.

⑶ B는 17 m², C는 8 m², D는 10 m²를 칠한다.

1

다음 그림과 같은 평행사변형 ABCD에서 두 대각선의 교점 O를 지나는 직선과 두 변 AB, CD의 교점을 각각 E, F라 하자. $\overline{AB}$=14 cm, $\overline{DF}$=6 cm, $\overline{OC}$=9 cm일 때, $\overline{AO}$와 $\overline{AE}$의 길이를 각각 구하시오.

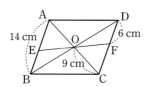

2

다음 그림과 같은 평행사변형 ABCD에서 $\overline{AB}$=$\overline{BE}$, $\overline{EC}$=$\overline{CF}$일 때, ∠x의 크기를 구하시오.

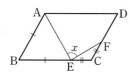

3

오른쪽 그림은 어느 놀이공원에 있는 놀이 기구로, 위치는 변하지만 항상 평행을 유지하도록 만든 것이다. □ABCF와 □FCDE가 평행사변형이고, 세 점 A, F, E와 세 점 B, C, D가 각각 한 직선 위에 있을 때, □ABDE도 평행사변형임을 증명하시오.

4

다음 그림에서 △PBA, △QBC, △RAC는 △ABC의 세 변을 각각 한 변으로 하는 정삼각형이다. ∠ACB=60°, ∠BAC=85°일 때, ∠PQR의 크기를 구하시오.

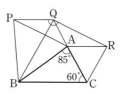

워크북 90쪽에서 한번 더 연습해 보세요.

여러 가지 사각형

1 직사각형

 네 내각이 모두 직각인 사각형
(1) 뜻 : 네 내각의 크기가 모두 같은 사각형 ➡ ∠A=∠B=∠C=∠D

참고 직사각형은 두 쌍의 대각의 크기가 각각 같으므로 평행사변형이다.

(2) 성질 : 두 대각선은 길이가 같고, 서로 다른 것을 이등분한다.

➡ $\overline{AC}=\overline{BD}$, $\overline{AO}=\overline{BO}=\overline{CO}=\overline{DO}$

(3) 평행사변형이 직사각형이 되는 조건

① 한 내각이 직각이다. ➡ ∠A=90°   ② 두 대각선의 길이가 같다. ➡ $\overline{AC}=\overline{BD}$

└ ∠A=90°이면 평행사변형의 성질에 의해
∠A=∠B=∠C=∠D=90°

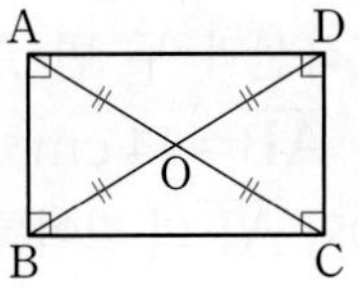

△OAB≡△OCD,
△ODA≡△OBC이고
△OAB, △OCD,
△ODA, △OBC는
모두 이등변삼각형이다.

2 마름모

(1) 뜻 : 네 변의 길이가 모두 같은 사각형 ➡ $\overline{AB}=\overline{BC}=\overline{CD}=\overline{DA}$

참고 마름모는 두 쌍의 대변의 길이가 각각 같으므로 평행사변형이다.

(2) 성질 : 두 대각선은 서로 다른 것을 수직이등분한다.

➡ $\overline{AC}\perp\overline{BD}$, $\overline{AO}=\overline{CO}$, $\overline{BO}=\overline{DO}$

(3) 평행사변형이 마름모가 되는 조건

① 이웃하는 두 변의 길이가 같다. ➡ $\overline{AB}=\overline{BC}$ →$\overline{AB}=\overline{BC}$이면 평행사변형의 성질에 의해
$\overline{AB}=\overline{BC}=\overline{CD}=\overline{DA}$
② 두 대각선이 서로 수직이다. ➡ $\overline{AC}\perp\overline{BD}$

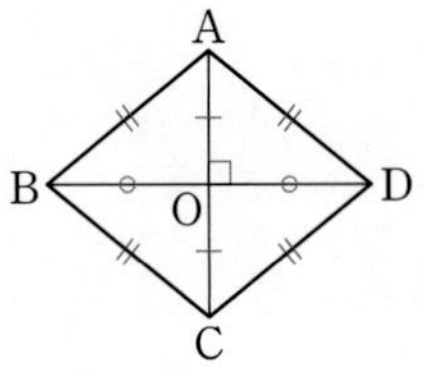

△ABO, △CBO,
△ADO, △CDO는
모두 합동인 직각삼각
형이다.

3 정사각형

(1) 뜻 : 네 변의 길이가 모두 같고, 네 내각의 크기가 모두 같은 사각형

➡ $\overline{AB}=\overline{BC}=\overline{CD}=\overline{DA}$, ∠A=∠B=∠C=∠D

참고 정사각형은 네 변의 길이가 모두 같으므로 마름모이고, 네 내각의 크기가 모두
같으므로 직사각형이다.
└ 직사각형의 성질
(2) 성질 : 두 대각선은 길이가 같고, 서로 다른 것을 수직이등분한다.

➡ $\overline{AC}=\overline{BD}$, $\overline{AC}\perp\overline{BD}$, $\overline{AO}=\overline{BO}=\overline{CO}=\overline{DO}$ └ 마름모의 성질

(3) 직사각형이 정사각형이 되는 조건

① 이웃하는 두 변의 길이가 같다. ➡ $\overline{AB}=\overline{BC}$

② 두 대각선이 서로 수직이다. ➡ $\overline{AC}\perp\overline{BD}$

(4) 마름모가 정사각형이 되는 조건

① 한 내각이 직각이다. ➡ ∠A=90°

② 두 대각선의 길이가 같다. ➡ $\overline{AC}=\overline{BD}$

△ABO, △BCO,
△CDO, △DAO는
모두 합동인 직각이등
변삼각형이다.

4 등변사다리꼴

(1) 뜻 : 아랫변의 양 끝 각의 크기가 같은 사다리꼴

➡ $\overline{AD}\,/\!/\,\overline{BC}$, ∠B=∠C
└ 한 쌍의 대변이 서로 평행한 사각형
(2) 성질

① 평행하지 않은 한 쌍의 대변의 길이가 같다. ➡ $\overline{AB}=\overline{DC}$

② 두 대각선의 길이가 같다. ➡ $\overline{AC}=\overline{BD}$

직사각형과 정사각형
은 등변사다리꼴이지
만 마름모는 등변사다
리꼴이 아니다.

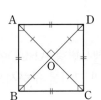
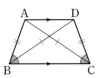

개념 1 직사각형의 성질은 무엇일까?

$\overline{BD}=8$인 직사각형 ABCD에서 $\overline{AC}$, $\overline{AO}$의 길이를 각각 구해 보자.

→ 두 대각선은 길이가 같고,
서로 다른 것을 이등분한다.

→ $\overline{AC}=\overline{BD}=8$

$\overline{AO}=\overline{BO}=\overline{CO}=\overline{DO}=\dfrac{1}{2}\times 8=4$

참고 평행사변형이 직사각형이 되는 조건

 $\dfrac{\angle A=90°}{\text{또는}}$ $\overline{AC}=\overline{BD}$

직사각형은 네 내각의 크기가
모두 같은 사각형이다.

---

1 다음 그림과 같은 직사각형 ABCD에서 x, y의 값을 각각 구하시오. (단, 점 O는 두 대각선의 교점이다.)

(1) 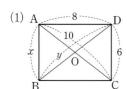 (2)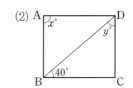

1-1 다음 그림과 같은 직사각형 ABCD에서 x, y의 값을 각각 구하시오. (단, 점 O는 두 대각선의 교점이다.)

(1) 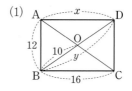 (2)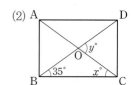

개념 2 마름모의 성질은 무엇일까?

$\angle BAO=60°$이고 $\overline{AC}=8$인 마름모 ABCD에서 $\overline{AO}$의 길이와 $\angle ABO$의 크기를 구해 보자.

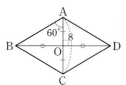

→ 두 대각선은 서로 다른 것을
수직이등분한다.

→ $\overline{AO}=\overline{CO}=\dfrac{1}{2}\times 8=4$

$\overline{AC}\perp\overline{BD}$이므로
$\angle ABO=180°-(90°+60°)=30°$

참고 평행사변형이 마름모가 되는 조건

 $\dfrac{\overline{AB}=\overline{BC}}{\text{또는}}$ $\overline{AC}\perp\overline{BD}$

마름모는 네 변의 길이가
모두 같은 사각형이다.

---

2 다음 그림과 같은 마름모 ABCD에서 x, y의 값을 각각 구하시오. (단, 점 O는 두 대각선의 교점이다.)

(1) 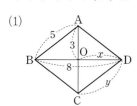 (2)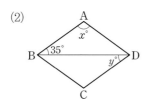

2-1 다음 그림과 같은 마름모 ABCD에서 x, y의 값을 각각 구하시오. (단, 점 O는 두 대각선의 교점이다.)

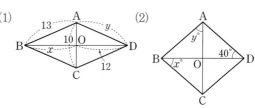

개념 3 정사각형의 성질은 무엇일까?

$\overline{DO}=8$인 정사각형 ABCD에서 $\overline{AO}$의 길이와 $\angle OAD$의 크기를 구해 보자.

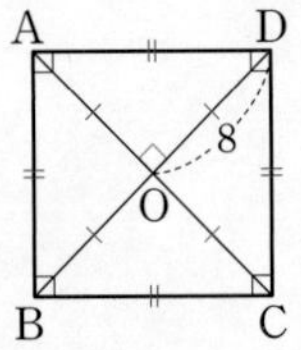

→ 두 대각선은 길이가 같고, 서로 다른 것을 수직이등분한다. →

$\overline{AO}=\overline{BO}=\overline{CO}=\overline{DO}=8$
$\overline{AC}\perp\overline{BD}$이므로 $\angle OAD=\angle ODA=45°$

참고 직사각형이나 마름모가 정사각형이 되는 조건

 $\dfrac{\overline{AB}=\overline{BC}}{\text{또는}}$ $\overline{AC}\perp\overline{BD}$ → ← $\dfrac{\angle A=90°}{\text{또는}}$ $\overline{AC}=\overline{BD}$

정사각형은 네 변의 길이가 모두 같고, 네 내각의 크기가 모두 같은 사각형이다.

3 오른쪽 그림과 같은 정사각형 ABCD에서 다음을 구하시오.

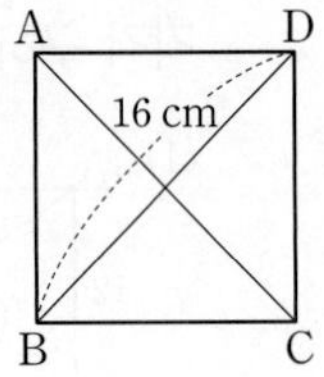

(1) $\overline{AC}$의 길이

(2) $\angle ADC$의 크기

3-1 오른쪽 그림과 같은 정사각형 ABCD에서 다음을 구하시오. (단, 점 O는 두 대각선의 교점이다.)

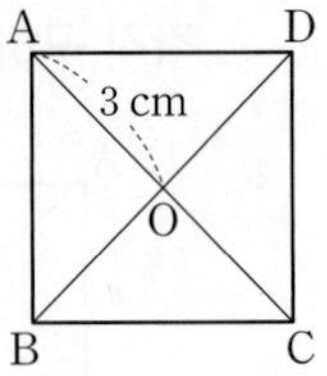

(1) $\overline{BD}$의 길이

(2) $\angle OBC$의 크기

개념 4 등변사다리꼴의 성질은 무엇일까?

$\overline{AB}=5$, $\overline{AC}=8$인 등변사다리꼴 ABCD에서 $\overline{DC}$, $\overline{DB}$의 길이를 각각 구해 보자.

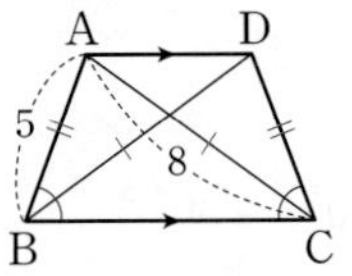

→ ① 평행하지 않은 한 쌍의 대변의 길이가 같다. ② 두 대각선의 길이가 같다. →

$\overline{DC}=\overline{AB}=5$
$\overline{DB}=\overline{AC}=8$

참고 $\overline{AD}/\!/\overline{BC}$인 등변사다리꼴 ABCD에서

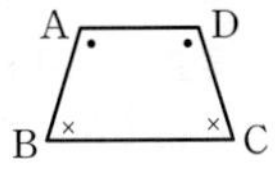

→ $\angle A+\angle B=\angle C+\angle D=180°$

등변사다리꼴은 아랫변의 양 끝 각의 크기가 같은 사다리꼴이다.

4 다음 그림과 같이 $\overline{AD}/\!/\overline{BC}$인 등변사다리꼴 ABCD에서 x의 값을 구하시오.

(1)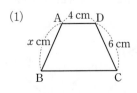

(2)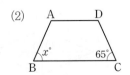

4-1 다음 그림과 같이 $\overline{AD}/\!/\overline{BC}$인 등변사다리꼴 ABCD에서 x의 값을 구하시오. (단, 점 O는 두 대각선의 교점이다.)

(1)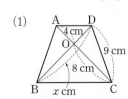

(2)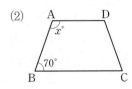

개념 완성하기

직사각형의 뜻과 성질 중요 ☆

01 오른쪽 그림과 같은 직사각형 ABCD에서 점 O는 두 대각선의 교점일 때, x, y의 값을 각각 구하시오.

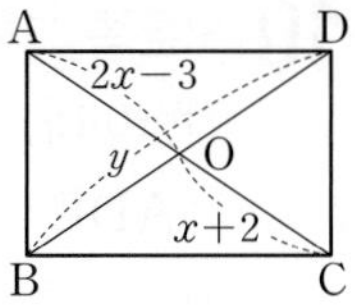

02 오른쪽 그림과 같은 직사각형 ABCD에서 점 O는 두 대각선의 교점이다. ∠OBC=34°일 때, ∠x−∠y의 크기를 구하시오.

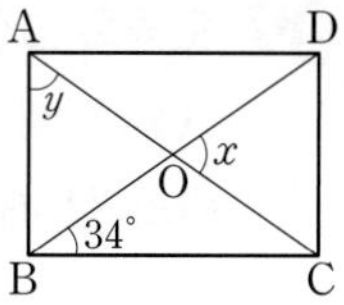

평행사변형이 직사각형이 되는 조건

03 다음 중 오른쪽 그림과 같은 평행사변형 ABCD가 직사각형이 되는 조건이 아닌 것은? (단, 점 O는 두 대각선의 교점이다.)

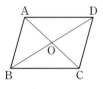

① ∠B=90° ② $\overline{OA}=\overline{OB}$

③ ∠AOB=90° ④ $\overline{AC}=\overline{BD}$

⑤ ∠OAB=∠OBA

04 오른쪽 그림과 같은 평행사변형 ABCD에서 $\overline{AD}$의 중점을 M이라 할 때, $\overline{MB}=\overline{MC}$이면 □ABCD는 어떤 사각형인가?

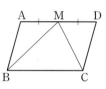

① 마름모 ② 직사각형 ③ 정사각형

④ 사다리꼴 ⑤ 등변사다리꼴

마름모의 뜻과 성질 중요 ☆

05 오른쪽 그림과 같은 □ABCD가 마름모일 때, 다음 중 옳지 않은 것은? (단, 점 O는 두 대각선의 교점이다.)

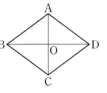

① $\overline{AB}=\overline{BC}$ ② $\overline{AD}=\overline{BC}$

③ ∠AOD=90° ④ $\overline{AO}=\overline{BO}$

⑤ $\overline{BO}=\overline{DO}$

06 오른쪽 그림과 같은 마름모 ABCD에서 ∠ABC=56°일 때, ∠y−∠x의 크기를 구하시오. (단, 점 O는 두 대각선의 교점이다.)

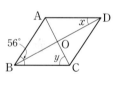

평행사변형이 마름모가 되는 조건

07 다음 중 오른쪽 그림과 같은 평행사변형 ABCD가 마름모가 되는 조건을 모두 고르면? (정답 2개)

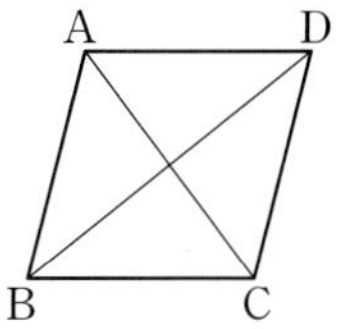

① $\overline{AB}=\overline{BC}$ ② $\overline{AC}=\overline{BD}$

③ ∠B=90° ④ $\overline{AC}\perp\overline{BD}$

⑤ ∠A=∠D

08 오른쪽 그림과 같은 평행사변형 ABCD에서 ∠DAO=58°, ∠OBC=32°일 때, ∠BDC의 크기를 구하시오. (단, 점 O는 두 대각선의 교점이다.)

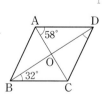

정사각형의 뜻과 성질 중요⭐

09 오른쪽 그림과 같은 정사각형 ABCD에서 두 대각선의 교점을 O라 할 때, 다음 중 옳지 <u>않은</u> 것은?

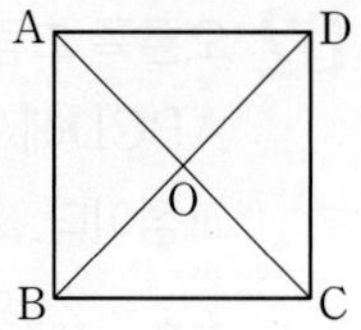

① $\overline{AB}=\overline{BC}$ ② $\overline{OC}=\overline{OD}$

③ $\angle COD=90°$ ④ $\angle OAD=\angle ODA$

⑤ △OBC는 정삼각형이다.

10 오른쪽 그림에서 □ABCD는 정사각형이다. $\overline{AD}=\overline{AE}$이고 $\angle ADE=65°$일 때, $\angle ABE$의 크기를 구하시오.

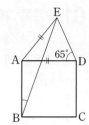

정사각형이 되는 조건

11 오른쪽 그림과 같은 직사각형 ABCD에서 두 대각선의 교점을 O라 할 때, 다음 중 □ABCD가 정사각형이 되는 조건이 <u>아닌</u> 것을 모두 고르면? (정답 2개)

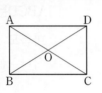

① $\overline{AB}=\overline{AD}$ ② $\overline{AC}=\overline{BD}$

③ $\overline{AC}\perp\overline{BD}$ ④ $\overline{OB}=\overline{OD}$

⑤ $\angle OBC=45°$

12 다음 중 오른쪽 그림과 같은 마름모 ABCD가 정사각형이 되는 조건이 <u>아닌</u> 것은? (단, 점 O는 두 대각선의 교점이다.)

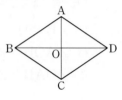

① $\overline{AB}=\overline{AD}$ ② $\angle A=90°$

③ $\overline{AC}=\overline{BD}$ ④ $\overline{OA}=\overline{OD}$

⑤ $\angle A=\angle B$

등변사다리꼴의 성질의 응용

13 오른쪽 그림과 같이 $\overline{AD}\,/\!/\,\overline{BC}$인 등변사다리꼴 ABCD의 두 점 A, D에서 $\overline{BC}$에 내린 수선의 발을 각각 E, F라 하자. $\overline{AD}=8$ cm, $\overline{BE}=3$ cm일 때, $\overline{BC}$의 길이를 구하시오.

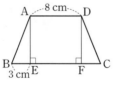

14 오른쪽 그림과 같이 $\overline{AD}\,/\!/\,\overline{BC}$인 등변사다리꼴 ABCD에서 $\overline{AB}=7$ cm, $\overline{AD}=5$ cm, $\angle B=60°$일 때, $\overline{BC}$의 길이를 구하시오.

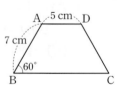

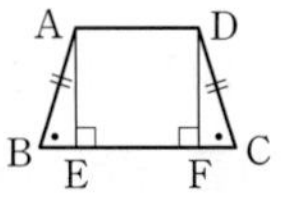

> **코칭 Plus**
>
> $\overline{AD}\,/\!/\,\overline{BC}$인 등변사다리꼴 ABCD에서
>
> (1)   (2)
>
> → □ABED는 평행사변형,   → △ABE≡△DCF
> △DEC는 이등변삼각형   (RHA 합동)

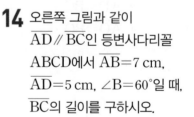

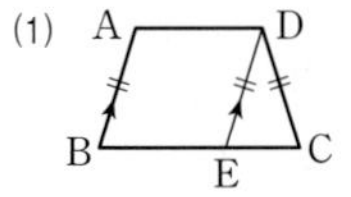

여러 가지 사각형 사이의 관계

1 여러 가지 사각형 사이의 관계

(1) 여러 가지 사각형 사이의 관계

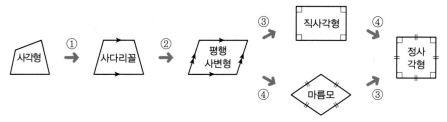

① 한 쌍의 대변이 평행하다.

② 다른 한 쌍의 대변이 평행하다.

③ 한 내각이 직각이거나 두 대각선의 길이가 같다.

④ 이웃하는 두 변의 길이가 같거나 두 대각선이 서로 수직이다.

(2) 여러 가지 사각형의 대각선의 성질

① **평행사변형** : 두 대각선은 서로 다른 것을 이등분한다.

② **직사각형** : 두 대각선은 길이가 같고, 서로 다른 것을 이등분한다.

③ **마름모** : 두 대각선은 서로 다른 것을 수직이등분한다.

④ **정사각형** : 두 대각선은 길이가 같고, 서로 다른 것을 수직이등분한다.

⑤ **등변사다리꼴** : 두 대각선은 길이가 같다.

> (평행사변형이 직사각형이 되는 조건)
> ＝(마름모가 정사각형이 되는 조건)
> (평행사변형이 마름모가 되는 조건)
> ＝(직사각형이 정사각형이 되는 조건)

2 사각형의 각 변의 중점을 연결하여 만든 사각형

주어진 사각형의 각 변의 중점을 연결하면 다음과 같은 사각형이 만들어진다.

(1) 사각형 ➡ 평행사변형   (2) 평행사변형 ➡ 평행사변형   (3) 직사각형 ➡ 마름모

(4) 마름모 ➡ 직사각형   (5) 정사각형 ➡ 정사각형   (6) 등변사다리꼴 ➡ 마름모

3 평행선과 넓이

(1) 두 직선 l과 m이 평행할 때, $\triangle ABC$와 $\triangle DBC$는 밑변 BC가 공통이고 높이가 h로 같으므로 그 넓이가 서로 같다.

➡ $l /\!/ m$이면 $\triangle ABC = \triangle DBC$

(2) 높이가 같은 두 삼각형의 넓이의 비는 밑변의 길이의 비와 같다.

➡ $\triangle ABC : \triangle ACD = \overline{BC} : \overline{CD}$

$\left(\frac{1}{2} \times \overline{BC} \times h\right) : \left(\frac{1}{2} \times \overline{CD} \times h\right)$

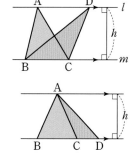

> 평행선 사이의 거리는 항상 일정하다.
>
> 점 C가 $\overline{BD}$의 중점이면 $\triangle ABC = \triangle ACD$

등변사다리꼴이 직사각형이 되려면 어떤 조건이 필요할까?

 ➡   등변사다리꼴이 직사각형이 되려면 한 내각이 직각이거나 평행한 두 대변의 길이가 같아야 한다.

개념 1 여러 가지 사각형 사이에는 어떤 관계가 있을까?

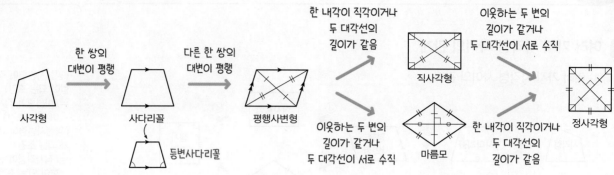

1 다음 그림과 같이 어떤 사각형에 조건을 추가하면 다른 모양의 사각형이 된다. ㈎, ㈏에 알맞은 조건을 **보기**에서 모두 고르시오.

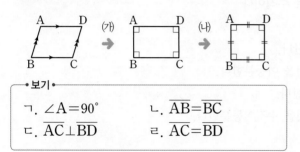

> • 보기 •
>
> ㄱ. ∠A＝90°   ㄴ. $\overline{AB}=\overline{BC}$
> ㄷ. $\overline{AC}\perp\overline{BD}$ ㄹ. $\overline{AC}=\overline{BD}$

1-1 다음 그림과 같이 어떤 사각형에 조건을 추가하면 다른 모양의 사각형이 된다. ㈎, ㈏에 알맞은 조건을 **보기**에서 모두 고르시오.

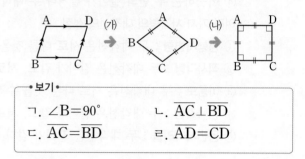

> • 보기 •
>
> ㄱ. ∠B＝90°   ㄴ. $\overline{AC}\perp\overline{BD}$
> ㄷ. $\overline{AC}=\overline{BD}$ ㄹ. $\overline{AD}=\overline{CD}$

개념 2 여러 가지 사각형의 대각선의 성질은 무엇일까?

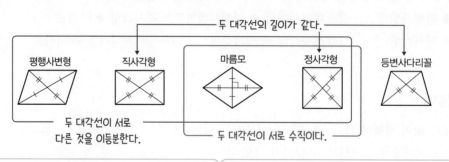

2 다음 성질을 만족시키는 도형을 **보기**에서 모두 고르시오.

> • 보기 •
>
> ㄱ. 평행사변형   ㄴ. 직사각형
> ㄷ. 마름모   ㄹ. 정사각형
> ㅁ. 등변사다리꼴

⑴ 두 대각선의 길이가 같다.

⑵ 두 대각선은 서로 다른 것을 이등분한다.

2-1 다음 표는 여러 가지 사각형과 대각선의 성질을 나타낸 것이다. 옳은 것에는 ○표, 옳지 않은 것에는 ×표를 빈칸에 써넣으시오.

사각형의 종류 대각선의 성질	등변사 다리꼴	평행 사변형	직사 각형	마름모	정사 각형
서로 다른 것을 이등분한다.	×				
길이가 같다.	○				
서로 수직이다.	×				

집중 3 사각형의 각 변의 중점을 연결하면 어떤 사각형이 될까?

주어진 사각형의 각 변의 중점을 연결하여 만들어지는 사각형의 모양을 알아보자.

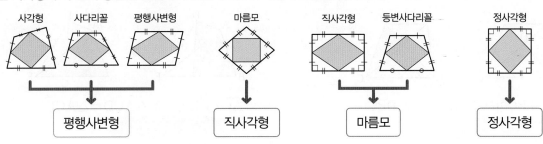

3 오른쪽 그림과 같이 직사각형 ABCD의 네 변의 중점을 각각 E, F, G, H라 할 때, 다음 물음에 답하시오.

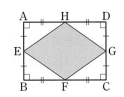

(1) △AEH와 합동인 삼각형을 모두 구하시오.

(2) $\overline{EH}$와 길이가 같은 선분을 모두 구하시오.

(3) □EFGH는 어떤 사각형인지 구하시오.

3-1 오른쪽 그림과 같이 마름모 ABCD의 네 변의 중점을 각각 E, F, G, H라 할 때, 다음 물음에 답하시오.

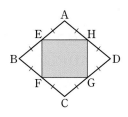

(1) △AEH와 합동인 삼각형을 구하시오.

(2) △BFE와 합동인 삼각형을 구하시오.

(3) □EFGH는 어떤 사각형인지 구하시오.

개념 4 평행선 사이에 있는 밑변의 길이가 같은 두 삼각형의 넓이는 같을까?

다음 그림에서 $l /\!/ m$이고 △ABC의 넓이가 $24\ cm^2$일 때, △DBC의 넓이를 구해 보자.

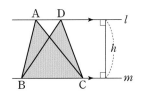

$\Rightarrow$

$\triangle ABC = \dfrac{1}{2} \times \boxed{\overline{BC}} \times \boxed{h}$

$\triangle DBC = \dfrac{1}{2} \times \boxed{\overline{BC}} \times \boxed{h}$

밑변 공통　높이 같음

$\Rightarrow$

$\triangle ABC = \triangle DBC$이므로

$\triangle DBC = 24\ cm^2$

> 밑변이 공통이고 높이가 같은 두 삼각형의 넓이는 같다.

4 오른쪽 그림에서 $l /\!/ m$이고 $\overline{AH}=5\ cm$, $\overline{BC}=6\ cm$일 때, 다음 도형의 넓이를 구하시오.

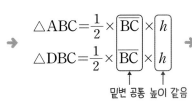

(1) △ABC

(2) △DBC

4-1 오른쪽 그림과 같이 $\overline{AD} /\!/ \overline{BC}$인 사다리꼴 ABCD에서 $\overline{AH} \perp \overline{BC}$이고 $\overline{AH}=8\ cm$, $\overline{BC}=10\ cm$일 때, 다음 도형의 넓이를 구하시오.

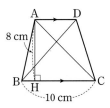

(1) △ABC

(2) △DBC

개념 5 넓이가 같은 삼각형을 어떻게 찾을 수 있을까?

• △ABO와 넓이가 같은 삼각형을 찾아보자.

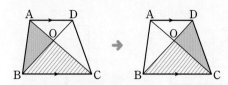

$\overline{AD}/\!/\overline{BC}$이므로 △ABC=△DBC

➡ △ABO=△DOC

↳ △ABO=△ABC−△OBC=△DBC−△OBC=△DOC

• □ABCD와 넓이가 같은 삼각형을 찾아보자.

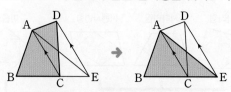

$\overline{AC}/\!/\overline{DE}$이므로 △ACD=△ACE

➡ □ABCD=△ABE

↳ □ABCD=△ABC+△ACD=△ABC+△ACE=△ABE

---

5 오른쪽 그림과 같이 $\overline{AD}/\!/\overline{BC}$인 사다리꼴 ABCD에서 점 O는 두 대각선의 교점이고, △ABO의 넓이가 21 cm²일 때, △DOC의 넓이를 구하시오.

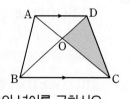

5-1 오른쪽 그림과 같이 $\overline{AD}/\!/\overline{BC}$인 사다리꼴 ABCD에서 점 O는 두 대각선의 교점이고, △ABO, △OBC의 넓이가 각각 14 cm², 28 cm²일 때, △DBC의 넓이를 구하시오.

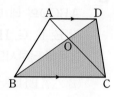

6 오른쪽 그림에서 $\overline{AC}/\!/\overline{DE}$이고, △ABC=18 cm², △ACE=8 cm²일 때, 다음 도형의 넓이를 구하시오.

(1) △ACD   (2) □ABCD

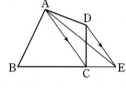

6-1 오른쪽 그림에서 $\overline{AC}/\!/\overline{DE}$이고, △ABC=20 cm², △ACD=10 cm²일 때, △ABE의 넓이를 구하시오.

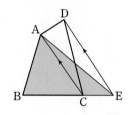

개념 6 높이가 같은 두 삼각형의 넓이의 비는 어떻게 구할까?

△ABC와 △ACD의 넓이의 비를 구해 보자.

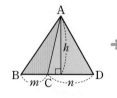 ➡   ➡

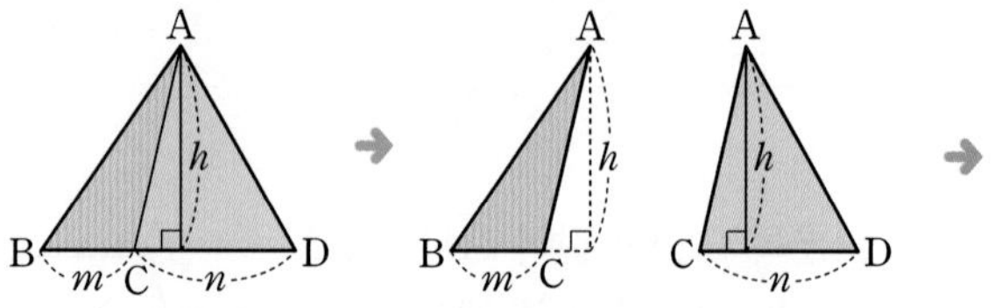

$\overline{BC}:\overline{CD}=m:n$이면

△ABC : △ACD=$m:n$

↳ $=\left(\dfrac{1}{2}\times m\times h\right):\left(\dfrac{1}{2}\times n\times h\right)=m:n$

> 높이가 같은 두 삼각형의 넓이의 비는 밑변의 길이의 비와 같다.

---

7 오른쪽 그림과 같은 △ABC의 넓이가 28 cm²이고, $\overline{BD}:\overline{DC}=2:5$일 때, △ADC의 넓이를 구하시오.

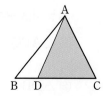

7-1 오른쪽 그림과 같은 △ABC의 넓이가 45 cm²이고, $\overline{BD}:\overline{DC}=3:2$일 때, △ABD의 넓이를 구하시오.

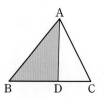

개념 완성하기

교과서 대표 문제로

여러 가지 사각형 사이의 관계 중요⭐

01 아래 그림은 사다리꼴에 조건이 하나씩 추가되어 여러 가지 사각형이 되는 과정을 나타낸 것이다. 다음 중 ①~⑤에 알맞은 조건으로 옳은 것은?

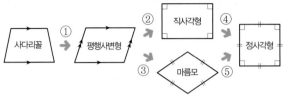

① 이웃하는 두 변의 길이가 같다.
② 한 내각의 크기가 90°이다.
③ 두 대각선의 길이가 같다.
④ 이웃하는 두 내각의 크기가 같다.
⑤ 두 대각선이 서로 수직이다.

02 다음 설명 중 옳지 <u>않은</u> 것을 모두 고르면? (정답 2개)

① 두 대각선의 길이가 같은 평행사변형은 직사각형이다.
② 한 내각의 크기가 90°인 평행사변형은 직사각형이다.
③ 두 대각선이 서로 수직인 평행사변형은 정사각형이다.
④ 이웃하는 두 변의 길이가 같은 직사각형은 정사각형이다.
⑤ 한 내각의 크기가 90°인 마름모는 평행사변형이다.

여러 가지 사각형의 대각선의 성질 중요⭐

03 다음 **보기**에서 두 대각선이 서로 수직인 사각형을 모두 고르시오.

┌─ 보기 ─────────────────────┐
│ ㄱ. 평행사변형   ㄴ. 직사각형 │
│ ㄷ. 마름모   ㄹ. 정사각형 │
│ ㅁ. 등변사다리꼴   │
└────────────────────────────┘

04 다음 조건을 만족시키는 □ABCD는 어떤 사각형인지 구하시오.

┌──────────────────────────┐
│ (가) $\overline{AB}=\overline{DC}$, $\overline{AB}/\!/\overline{DC}$ │
│ (나) $\overline{AC}=\overline{BD}$, $\overline{AC}\perp\overline{BD}$ │
└──────────────────────────┘

사각형의 각 변의 중점을 연결하여 만든 사각형

05 다음 사각형 중 각 변의 중점을 연결하여 만든 사각형이 직사각형인 것은?

① 마름모   ② 사각형   ③ 평행사변형
④ 직사각형   ⑤ 등변사다리꼴

06 다음 중 오른쪽 그림과 같이 평행사변형 ABCD의 각 변의 중점 E, F, G, H를 연결하여 만든 □EFGH에 대한 설명으로 옳은 것을 모두 고르면? (정답 2개)

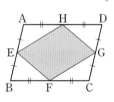

① $\overline{EH}=\overline{EF}$ ② $\overline{EH}=\overline{FG}$
③ ∠HGF=90°   ④ $\overline{EG}\perp\overline{HF}$
⑤ $\overline{EF}/\!/\overline{HG}$

평행선과 삼각형의 넓이 중요 ✍

07 오른쪽 그림에서 $\overline{AC} \parallel \overline{DE}$이고,
□ABCD의 넓이가 30 cm²,
△ABC의 넓이가 18 cm²일 때,
△ACE의 넓이를 구하시오.

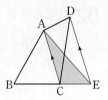

코칭 Plus

$\overline{AC} \parallel \overline{DE}$일 때,

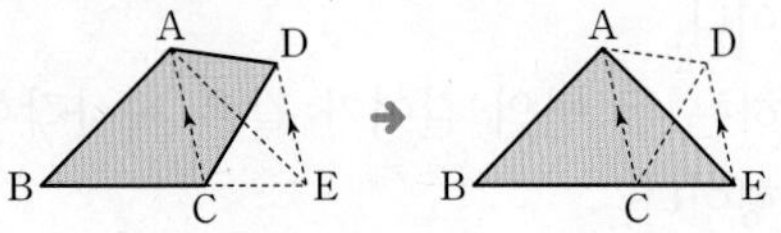

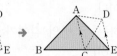

△ACD=△ACE이므로 □ABCD=△ABE

08 오른쪽 그림에서 $\overline{AC} \parallel \overline{DE}$,
$\overline{AH} \perp \overline{BC}$이고, $\overline{AH}=5$ cm,
$\overline{BC}=4$ cm, $\overline{CE}=2$ cm일 때,
□ABCD의 넓이를 구하시오.

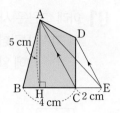

높이가 같은 두 삼각형의 넓이

09 오른쪽 그림과 같은 △ABC에서
$\overline{AD} : \overline{DC}=1 : 3$이고,
△ABD의 넓이가 8 cm²일 때,
△ABC의 넓이를 구하시오.

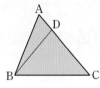

코칭 Plus

△ABC에서 $\overline{BD} : \overline{DC}=m : n$이면

(1) △ABD : △ADC=$m : n$

(2) △ABD=$\dfrac{m}{m+n} \times$△ABC

△ADC=$\dfrac{n}{m+n} \times$△ABC

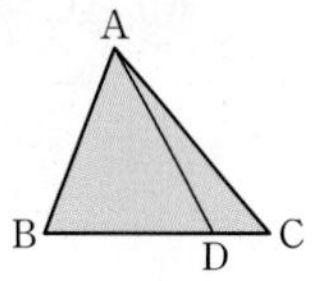

10 오른쪽 그림과 같은 △ABC에서
점 D는 $\overline{AC}$의 중점이다.
$\overline{BE} : \overline{ED}=2 : 3$이고,
△ABC의 넓이가 30 cm²일 때,
△DEC의 넓이를 구하시오.

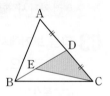

평행사변형에서 높이가 같은 두 삼각형의 넓이

11 다음 중 오른쪽 그림과 같은 평
행사변형 ABCD에서 △AEC
와 넓이가 같은 삼각형은?

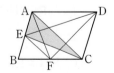

① △ABF ② △AED ③ △EBC
④ △EFD ⑤ △FCD

12 오른쪽 그림과 같이 넓이가
60 cm²인 평행사변형 ABCD에
서 $\overline{BC}$ 위의 점 E에 대하여
$\overline{BE} : \overline{EC}=1 : 4$일 때, △DEC의
넓이를 구하시오.

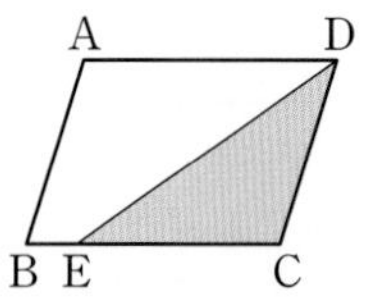

01

오른쪽 그림과 같은 마름모 ABCD에서 ∠ABO=30°, $\overline{AD}$=12 cm일 때, △ABC의 둘레의 길이를 구하시오. (단, 점 O는 두 대각선의 교점이다.)

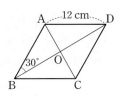

02

오른쪽 그림과 같이 정사각형 ABCD의 대각선 AC 위에 한 점 E가 있다. ∠CED=65°일 때, ∠ABE의 크기는?

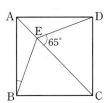

① 15°　　　② 18°
③ 20°　　　④ 22°
⑤ 25°

03

오른쪽 그림과 같이 정사각형 ABCD의 $\overline{AD}$, $\overline{BC}$ 위에 $\overline{AE}=\overline{CF}$가 되도록 두 점 E, F를 각각 잡고, $\overline{AC}$가 $\overline{BE}$, $\overline{DF}$와 만나는 점을 각각 G, H라 하자. ∠ABE=25°일 때, ∠x의 크기는?

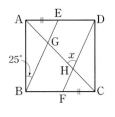

① 50°　　　② 55°　　　③ 60°
④ 65°　　　⑤ 70°

04

다음 중 오른쪽 그림과 같은 평행사변형 ABCD가 정사각형이 되는 조건이 아닌 것은? (단, 점 O는 두 대각선의 교점이다.)

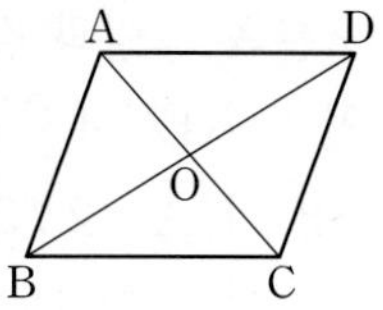

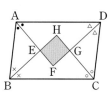

① $\overline{AB}=\overline{AD}$, ∠ABC=90°
② $\overline{AB}=\overline{BC}$, ∠BAD=∠ABC
③ $\overline{AC}=\overline{BD}$, $\overline{AC}\perp\overline{BD}$
④ $\overline{AO}=\overline{BO}$, $\overline{AC}\perp\overline{BD}$
⑤ $\overline{AO}=\overline{CO}$, $\overline{AC}\perp\overline{BD}$

05

오른쪽 그림과 같이 평행사변형 ABCD의 네 내각의 이등분선의 교점을 각각 E, F, G, H라 할 때, 다음 중 □EFGH의 성질이 아닌 것은?

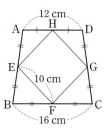

① 두 대각선의 길이가 같다.
② 두 쌍의 대변의 길이가 각각 같다.
③ 네 내각의 크기가 모두 같다.
④ 두 대각선이 서로 수직이다.
⑤ 두 대각선은 서로 다른 것을 이등분한다.

06

오른쪽 그림과 같이 등변사다리꼴 ABCD의 각 변의 중점 E, F, G, H를 연결하여 □EFGH를 만들었다. $\overline{AD}$=12 cm, $\overline{BC}$=16 cm, $\overline{EF}$=10 cm일 때, □EFGH의 둘레의 길이를 구하시오.

한걸음 더

07

오른쪽 그림과 같이 넓이가 80 cm^2
인 △ABC에서 $\overline{BD} : \overline{DC} = 1 : 3$,
$\overline{BE} : \overline{EA} = 2 : 3$일 때, △AED의
넓이를 구하시오.

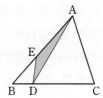

08

오른쪽 그림과 같은 평행사변형
ABCD에서 점 O는 두 대각선
의 교점이다. $\overline{AE} : \overline{EB} = 2 : 1$
이고, □ABCD의 넓이가
60 cm^2일 때, △AEO의 넓이를 구하시오.

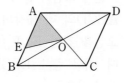

09

오른쪽 그림과 같이 $\overline{AD} /\!/ \overline{BC}$인
사다리꼴 ABCD에서 점 O는 두
대각선의 교점이다.
$\overline{AO} : \overline{OC} = 1 : 2$이고, △OBC의
넓이가 40 cm^2일 때, △DOC의
넓이를 구하시오.

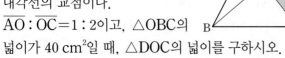

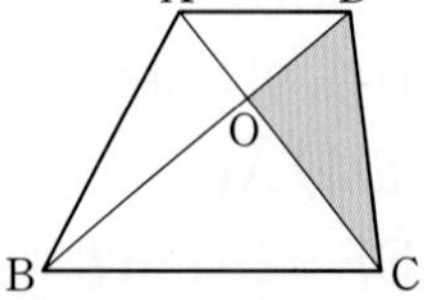

10 문제해결🔒

오른쪽 그림과 같은 마름모
ABCD에서 대각선 BD 위에
$\overline{BE} = \overline{DF}$가 되도록 두 점 E,
F를 잡았다. $\overline{AE} = \overline{BE}$이고,
∠EAF=64°일 때, ∠x의 크기를 구하시오.

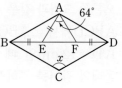

11 문제해결🔒

오른쪽 그림과 같이 $\overline{AD} /\!/ \overline{BC}$인
등변사다리꼴 ABCD에서
$\overline{AB} = \overline{AD}$, $\overline{AD} : \overline{BC} = 1 : 2$일
때, ∠A－∠C의 크기를 구하
시오.

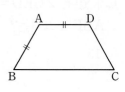

12 추론💬

오른쪽 그림에서 $\overline{AE} /\!/ \overline{DB}$이
고, $\overline{EB} : \overline{BC} = 1 : 2$이다.
□ABCD의 넓이가 27 cm^2
일 때, △ABD의 넓이를 구하
시오.

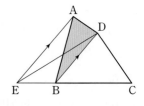

1

오른쪽 그림과 같은 정사각형 ABCD에서 $\overline{BC}$와 $\overline{CD}$ 위에 $\overline{BE}=\overline{CF}$가 되도록 두 점 E, F를 각각 잡았다. ∠FBC=22°일 때, ∠AEC의 크기를 구하시오. [6점]

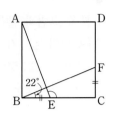

풀이

채점 기준 **1**   합동인 두 삼각형 찾기 ⋯ 3점

채점 기준 **2**   ∠EAB의 크기 구하기 ⋯ 1점

채점 기준 **3**   ∠AEC의 크기 구하기 ⋯ 2점

답

1-1

오른쪽 그림과 같은 정사각형 ABCD에서 $\overline{BC}$와 $\overline{CD}$ 위에 $\overline{BE}=\overline{CF}$가 되도록 두 점 E, F를 각각 잡았다. ∠BFD=110°일 때, ∠DAE의 크기를 구하시오. [6점]

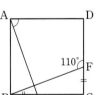

풀이

채점 기준 **1**   합동인 두 삼각형 찾기 ⋯ 3점

채점 기준 **2**   ∠AEB의 크기 구하기 ⋯ 1점

채점 기준 **3**   ∠DAE의 크기 구하기 ⋯ 2점

답

2

오른쪽 그림과 같은 마름모 ABCD에서 $\overline{AE}\perp\overline{BC}$이고, ∠C=110°일 때, ∠AFD의 크기를 구하시오. [5점]

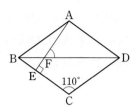

풀이

답

3

오른쪽 그림에서 □ABCD와 □OEFG는 합동인 정사각형이고, 점 O는 □ABCD의 두 대각선의 교점이다. $\overline{AB}=6$ cm일 때, □OHCI의 넓이를 구하시오. [6점]

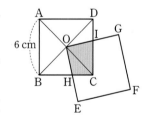

풀이

답

4

오른쪽 그림과 같이 $\overline{AD} /\!/ \overline{BC}$인 사다리꼴 ABCD에서 점 O는 두 대각선의 교점이다. $\overline{BO} : \overline{OD} = 3 : 2$이고, △DOC의 넓이가 36 cm²일 때, △AOD의 넓이를 구하시오. [6점]

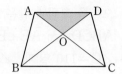

채점 기준 1   △ABO의 넓이 구하기 … 2점

채점 기준 2   △ABO : △AOD 구하기 … 2점

채점 기준 3   △AOD의 넓이 구하기 … 2점

답

한번 더!

4-1

오른쪽 그림과 같이 $\overline{AD} /\!/ \overline{BC}$인 사다리꼴 ABCD에서 점 O는 두 대각선의 교점이다. $\overline{AO} : \overline{OC} = 1 : 3$이고, △DOC의 넓이가 10 cm²일 때, △OBC의 넓이를 구하시오. [6점]

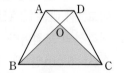

채점 기준 1   △ABO의 넓이 구하기 … 2점

채점 기준 2   △ABO : △OBC 구하기 … 2점

채점 기준 3   △OBC의 넓이 구하기 … 2점

답

5

오른쪽 그림과 같은 평행사변형 ABCD의 넓이가 48 cm²이고, $\overline{BE} : \overline{EC} = 3 : 5$일 때, △FBE의 넓이를 구하시오. [5점]

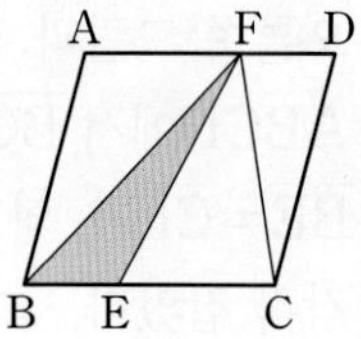

답

6

오른쪽 그림과 같은 평행사변형 ABCD에서 $\overline{BD} /\!/ \overline{EF}$이고, △ABE의 넓이가 15 cm²일 때, △AFD의 넓이를 구하시오. [6점]

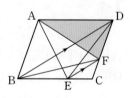

답

실전! 중단원 마무리
배운 내용을 확인하는

01
오른쪽 그림과 같은 직사각형 ABCD에서 $x+y$의 값은? (단, 점 O는 두 대각선의 교점이다.)

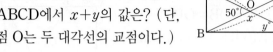

① 20 　　　 ② 25 　　　 ③ 30

④ 35 　　　 ⑤ 40

02 중요♡
오른쪽 그림과 같은 직사각형 ABCD에서 $\overline{AE}$는 ∠BAC의 이등분선이고, $\overline{AE}=\overline{EC}$일 때, ∠AEC의 크기를 구하시오.

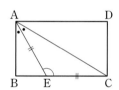

03
오른쪽 그림과 같은 마름모 ABCD에서 대각선 BD의 삼등분점을 각각 E, F라 하자. $\overline{AE}=\overline{BE}$일 때, ∠BAE의 크기를 구하시오.

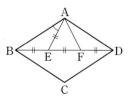

04
오른쪽 그림과 같은 평행사변형 ABCD에서 두 대각선의 교점을 O라 할 때, 다음 중 □ABCD가 마름모가 되는 조건을 모두 고르면? (정답 2개)

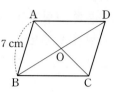

① ∠A=90° 　　　 ② ∠AOD=90°

③ $\overline{AC}=\overline{BD}$ 　　　 ④ $\overline{AC}=7$ cm

⑤ $\overline{AD}=7$ cm

05 중요♡
오른쪽 그림에서 □ABCD는 정사각형이고, $\overline{AC}=\overline{AE}$, ∠CAE=24°일 때, ∠DCE의 크기는?

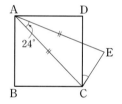

① 31° 　　　 ② 32°

③ 33° 　　　 ④ 34°

⑤ 35°

06
오른쪽 그림과 같이 야구장 ABCD의 내야는 정사각형 모양이고, 1루(D)에서 2루(A)로 달리고 있는 주자를 E라 하자. $\overline{CE}$가 ∠ACD의 이등분선일 때, ∠AEC의 크기를 구하시오.

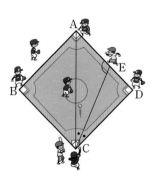

07

오른쪽 그림에서 □ABCD는 정사각형이고, △EBC는 정삼각형일 때, ∠BDE의 크기를 구하시오.

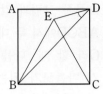

08

오른쪽 그림과 같이 $\overline{AD}$∥$\overline{BC}$인 등변사다리꼴 ABCD에서 두 대각선의 교점을 O라 할 때, 다음 중 옳지 <u>않은</u> 것은?

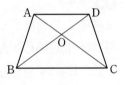

① $\overline{AC}=\overline{BD}$　　② $\overline{BC}=\overline{BD}$
③ $\overline{OB}=\overline{OC}$　　④ ∠ABC=∠DCB
⑤ ∠BAC=∠BDC

09

오른쪽 그림과 같이 $\overline{AD}$∥$\overline{BC}$인 등변사다리꼴 ABCD에서 ∠B=60°, $\overline{AB}$=7 cm, $\overline{BC}$=12 cm일 때, $\overline{AD}$의 길이를 구하시오.

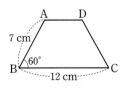

10 중요♡

오른쪽 그림과 같은 직사각형 ABCD에서 $\overline{OB}=\overline{OD}$, $\overline{BD}⊥\overline{EF}$이다. $\overline{AD}$=12 cm이고, $\overline{CF}$=4 cm일 때, $\overline{BE}$의 길이는?

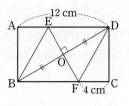

① 6 cm　　② 7 cm　　③ 8 cm
④ 9 cm　　⑤ 10 cm

11 중요♡

평행사변형 ABCD에 대하여 다음 설명 중 옳은 것을 모두 고르면? (정답 2개)

① $\overline{AC}=\overline{BD}$인 평행사변형 ABCD는 마름모이다.
② $\overline{AB}⊥\overline{BC}$인 평행사변형 ABCD는 마름모이다.
③ ∠A=∠B인 평행사변형 ABCD는 직사각형이다.
④ $\overline{AC}⊥\overline{BD}$, $\overline{AB}=\overline{BC}$인 평행사변형 ABCD는 정사각형이다.
⑤ $\overline{AC}⊥\overline{BD}$, ∠A=90°인 평행사변형 ABCD는 정사각형이다.

12

다음 중 두 대각선이 서로 다른 것을 이등분하지 <u>않는</u> 것은?

① 마름모　　　　② 직사각형
③ 정사각형　　　④ 평행사변형
⑤ 등변사다리꼴

13

다음 중 마름모의 각 변의 중점을 차례로 연결하여 만든 사각형의 성질을 모두 고르면? (정답 2개)

① 네 변의 길이가 모두 같다.
② 네 내각의 크기가 모두 같다.
③ 두 대각선의 길이가 같다.
④ 두 대각선은 서로 수직이다.
⑤ 이웃하는 두 변의 길이가 같다.

14

오른쪽 그림과 같이 $\overline{AD} /\!/ \overline{BC}$ 인 사다리꼴 ABCD에서 두 대각선의 교점을 O라 하자. △ABC의 넓이가 12 cm², △OBC의 넓이가 9 cm²일 때, △DOC의 넓이를 구하시오.

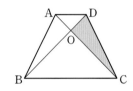

15 중요♥

오른쪽 그림에서 $\overline{AE} /\!/ \overline{DB}$ 이고, ∠C=90°, $\overline{EB}=3$ cm, $\overline{BC}=5$ cm, $\overline{DC}=4$ cm일 때, □ABCD의 넓이를 구하시오.

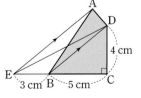

16

오른쪽 그림에서 $\overline{AC} /\!/ \overline{DF}$ 이고, $\overline{BE} : \overline{EC}=2 : 3$이다. △DBE의 넓이가 12 cm²일 때, □ADEF의 넓이는?

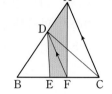

① 12 cm² ② 14 cm²
③ 15 cm² ④ 16 cm²
⑤ 18 cm²

17

오른쪽 그림과 같은 △ABC에서 점 M은 $\overline{AC}$ 의 중점이고, $\overline{BM}$ 위의 한 점 P에 대하여 $\overline{BP} : \overline{PM}=2 : 1$이다. △ABC의 넓이가 24 cm²일 때, △ABP의 넓이를 구하시오.

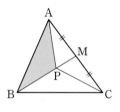

18

오른쪽 그림과 같은 평행사변형 ABCD에서 점 O는 두 대각선의 교점이고, 점 P는 $\overline{OD}$ 의 중점이다. △PBC의 넓이가 6 cm²일 때, □ABCD의 넓이를 구하시오.

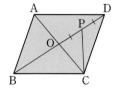

1

오른쪽 그림은 높은 곳에서 작업하기 편리하게 만든 구조물인 고소 작업대이다. 이 고소 작업대에서 □ABCD는 마름모이고, $l \perp m$이다. 점 E, F는 $\overline{BC}$, $\overline{DC}$의 연장선이 직선 m과 각각 만나는 점이고, ∠CFE=34°일 때, ∠CAD의 크기를 구하시오.

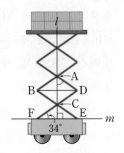

2

다음 (1)~(5)에 가장 알맞은 사각형의 이름을 **보기**에서 고르시오.

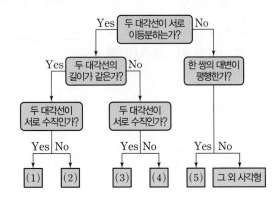

보기
평행사변형, 직사각형, 마름모, 정사각형, 사다리꼴

3

불규칙한 모양의 토지의 넓이를 측정할 때에 평행선을 이용할 수 있다. 다음 그림과 같은 오각형 모양의 화단의 넓이를 측정하려고 한다. $\overline{AC} /\!/ \overline{BP}$, $\overline{AD} /\!/ \overline{EQ}$이고, $\overline{PQ}$=15 m, 점 A에서 직선 l까지의 거리가 12 m일 때, 화단의 넓이를 구하시오.

(단, 화단 테두리는 생각하지 않는다.)

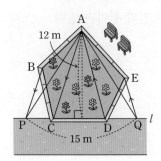

4

다음 그림과 같이 꺾인 선 ABC를 경계로 하는 두 땅이 있다. 원래의 두 땅의 넓이는 변함이 없도록 하면서 점 A를 지나는 직선 모양의 새로운 경계선을 만드는 방법을 설명하시오.

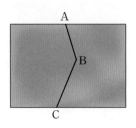

워크북 91쪽~92쪽에서 한번 더 연습해 보세요.

Ⅲ

도형의 닮음과 피타고라스 정리

1. 도형의 닮음
2. 닮음의 활용
3. 피타고라스 정리

이 단원을 배우면 도형의 닮음의 의미와 삼각형의 닮음 조건을 이해할 수 있어요. 또, 평행선 사이의 선분의 길이의 비를 알고, 피타고라스 정리를 이해하고 설명할 수 있어요.

01 닮은 도형

1 도형의 닮음

(1) **닮음** : 한 도형을 일정한 비율로 확대하거나 축소한 도형이 다른 도형과 합동일 때, 이 두 도형은 서로 닮음인 관계에 있다고 한다.

(2) **닮은 도형** : 서로 닮음인 관계에 있는 두 도형

　참고 서로 합동인 두 도형은 서로 닮은 도형이다.

(3) **닮음의 기호** : △ABC와 △DEF가 서로 닮은 도형일 때, 이것을 기호를 사용하여 △ABC∽△DEF와 같이 나타낸다.

　참고 기호 ∽는 닮음을 뜻하는 영어 Similar의 첫 글자 S를 옆으로 뉘어서 쓴 것이다.

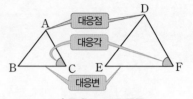

△ABC∽△DEF
대응점의 순서를 맞추어 쓴다.

- 대응점 : 점 A와 점 D, 점 B와 점 E, 점 C와 점 F
- 대응변 : $\overline{AB}$와 $\overline{DE}$, $\overline{BC}$와 $\overline{EF}$, $\overline{AC}$와 $\overline{DF}$
- 대응각 : ∠A와 ∠D, ∠B와 ∠E, ∠C와 ∠F

2 평면도형에서의 닮음의 성질

서로 닮은 두 평면도형에서

(1) 대응변의 길이의 비는 일정하다.

　➡ $\overline{AB}:\overline{DE}=\overline{BC}:\overline{EF}=\overline{CA}:\overline{FD}$

(2) 대응각의 크기는 각각 같다.

　➡ ∠A=∠D, ∠B=∠E, ∠C=∠F

　주의 도형을 일정한 비율로 확대 또는 축소를 하더라도 각의 크기는 변하지 않는다.

(3) **닮음비** : 서로 닮은 두 평면도형에서 대응변의 길이의 비 →원의 닮음비는 반지름의 길이의 비이다.

　참고 서로 합동인 두 도형의 닮음비는 1 : 1이다.

　참고 항상 닮음인 평면도형 : 두 원, 변의 개수가 같은 두 정다각형, 꼭지각의 크기가 같은 두 이등변삼각형, 한 각의 크기가 같은 두 마름모, 중심각의 크기가 같은 두 부채꼴, …

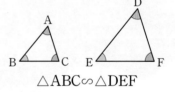

△ABC∽△DEF

일반적으로 닮음비는 가장 간단한 자연수의 비로 나타낸다.
예 3 : 9=1 : 3
　$\dfrac{1}{2}:\dfrac{3}{4}=2:3$

3 입체도형에서의 닮음의 성질

서로 닮은 두 입체도형에서

(1) 대응하는 모서리의 길이의 비는 일정하다.

　➡ $\overline{AB}:\overline{A'B'}=\overline{AC}:\overline{A'C'}=\overline{AD}:\overline{A'D'}=\overline{BC}:\overline{B'C'}$
　　$=\overline{BD}:\overline{B'D'}=\overline{CD}:\overline{C'D'}$

(2) 대응하는 면은 서로 닮은 도형이다.

　➡ △ABC∽△A′B′C′, △ACD∽△A′C′D′, △ABD∽△A′B′D′, △BCD∽△B′C′D′

(3) **닮음비** : 서로 닮은 두 입체도형에서 대응하는 모서리의 길이의 비 →구의 닮음비는 반지름의 길이의 비이다.

　참고 항상 닮음인 입체도형 : 두 구, 면의 개수가 같은 두 정다면체

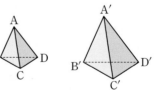

중1
정다면체는 정사면체, 정육면체, 정팔면체, 정십이면체, 정이십면체의 5가지뿐이다.

4 서로 닮은 두 평면도형의 둘레의 길이의 비와 넓이의 비

서로 닮은 두 평면도형의 닮음비가 $m:n$이면

(1) 둘레의 길이의 비는 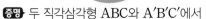 $m:n$

(2) 넓이의 비는 $m^2:n^2$

증명 두 직각삼각형 ABC와 A′B′C′에서

(1) ($\triangle$ABC의 둘레의 길이)$=ma+mb+mc=m(a+b+c)$

($\triangle$A′B′C′의 둘레의 길이)$=na+nb+nc=n(a+b+c)$

따라서 두 삼각형의 둘레의 길이의 비는 $m(a+b+c):n(a+b+c)=m:n$

(2) $\triangle$ABC$=\dfrac{1}{2}\times mb\times mc=\dfrac{1}{2}m^2bc$, $\triangle$A′B′C′$=\dfrac{1}{2}\times nb\times nc=\dfrac{1}{2}n^2bc$

따라서 두 삼각형의 넓이의 비는 $\dfrac{1}{2}m^2bc:\dfrac{1}{2}n^2bc=m^2:n^2$

예 닮음비가 $2:3$인 서로 닮은 두 삼각형에서

(1) 둘레의 길이의 비 ➔ $2:3$

(2) 넓이의 비 ➔ $2^2:3^2=4:9$

참고 서로 닮은 두 평면도형의 닮음비가 $m:n$일 때, 대응변의 길이의 비는 모두 $m:n$이다.

(1) 밑변의 길이의 비, 높이의 비 ➔ $m:n$

(2) 반지름의 길이의 비, 지름의 길이의 비, 호의 길이의 비 ➔ $m:n$

서로 닮은 두 평면도형에서 둘레의 길이의 비는 닮음비와 같다.

5 서로 닮은 두 입체도형의 겉넓이의 비와 부피의 비

서로 닮은 두 입체도형의 닮음비가 $m:n$이면

(1) 겉넓이의 비는 $m^2:n^2$

(2) 부피의 비는 $m^3:n^3$

증명 두 직육면체 (가)와 (나)에서

(1) (직육면체 (가)의 겉넓이)$=2(m^2ab+m^2bc+m^2ac)$

$=2m^2(ab+bc+ac)$

(직육면체 (나)의 겉넓이)$=2(n^2ab+n^2bc+n^2ac)$

$=2n^2(ab+bc+ac)$

따라서 두 직육면체의 겉넓이의 비는

$2m^2(ab+bc+ac):2n^2(ab+bc+ac)=m^2:n^2$

(2) (직육면체 (가)의 부피)$=ma\times mb\times mc=m^3abc$

(직육면체 (나)의 부피)$=na\times nb\times nc=n^3abc$

따라서 두 직육면체의 부피의 비는 $m^3abc:n^3abc=m^3:n^3$

서로 닮은 두 기둥의 닮음비가 $m:n$일 때, 옆넓이의 비와 밑넓이의 비는 모두 $m^2:n^2$이다.

도형에서 사용하는 기호 $=$, $\equiv$, $\backsim$는 각각 언제 사용할까?

두 삼각형 ABC와 DEF에 대하여

① 두 삼각형의 넓이가 같을 때 ➔ $\triangle$ABC$=\triangle$DEF

② 두 삼각형이 합동일 때 ➔ $\triangle$ABC$\equiv\triangle$DEF

③ 두 삼각형이 닮음일 때 ➔ $\triangle$ABC$\backsim\triangle$DEF

개념 **1** 닮은 두 도형에서 대응점, 대응변, 대응각은 무엇일까?

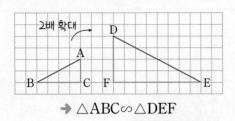

→ △ABC∽△DEF

대응점	→	점 A와 점 D, 점 B와 점 E, 점 C와 점 F
대응변	→	$\overline{AB}$와 $\overline{DE}$, $\overline{BC}$와 $\overline{EF}$, $\overline{AC}$와 $\overline{DF}$
대응각	→	∠A와 ∠D, ∠B와 ∠E, ∠C와 ∠F

△ABC와 △DEF가
서로 닮은 도형일 때,
△ABC∽△DEF

대응점의 순서 맞추기

---

1 아래 그림에서 □ABCD∽□EFGH일 때, 다음을 구하시오.

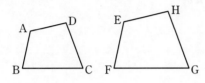

(1) 점 D의 대응점

(2) ∠B의 대응각

(3) $\overline{AB}$의 대응변

1-1 아래 그림에서 △ABC∽△DEF일 때, 다음을 구하시오.

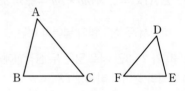

(1) 점 C의 대응점

(2) ∠B의 대응각

(3) $\overline{AC}$의 대응변

개념 **2** 어떤 도형들이 항상 닮은 도형일까?

(1) 두 원, 두 구

(2) 변의 개수가 같은 두 정다각형,
면의 개수가 같은 두 정다면체

(3) 중심각의 크기가 같은 두 부채꼴,
꼭지각의 크기가 같은 두 이등변삼각형

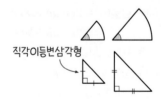

직각이등변삼각형

---

2 다음 **보기**에서 항상 닮은 도형인 것을 모두 고르시오.

• 보기 •
ㄱ. 두 평행사변형   ㄴ. 두 정육각형
ㄷ. 두 직육면체   ㄹ. 두 원기둥
ㅁ. 두 부채꼴   ㅂ. 두 구
ㅅ. 두 직각이등변삼각형

2-1 다음 중 항상 닮은 도형이라 할 수 있는 것에는 ○표, 할 수 없는 것에는 ×표를 하시오.

(1) 두 반원   (   )

(2) 두 정사각형   (   )

(3) 반지름의 길이가 같은 두 부채꼴   (   )

개념 3 서로 닮은 두 평면도형은 어떤 성질을 가질까?

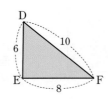

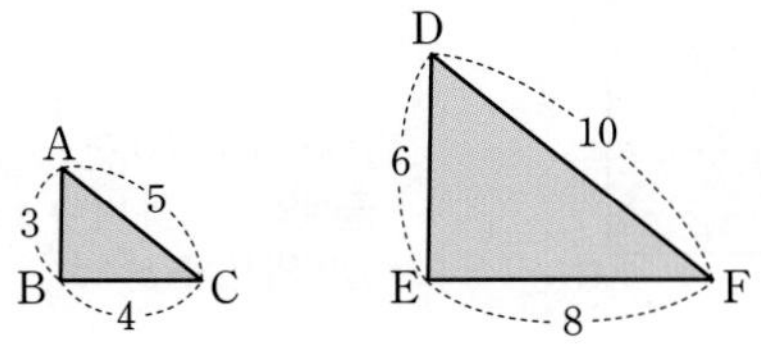

△ABC∽△DEF

(1) $3:6=4:8=5:10=1:2$
→대응변의 길이의 비는 일정하다.

(2) $\angle A=\angle D$, $\angle B=\angle E$, $\angle C=\angle F$
→대응각의 크기는 각각 같다.

(3) 닮음비 ➡ $1:2$
대응변의 길이의 비

3 아래 그림에서 △ABC∽△DEF일 때, 다음을 구하시오.

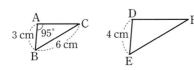

(1) △ABC와 △DEF의 닮음비

(2) $\overline{EF}$의 길이　　(3) ∠D의 크기

3-1 아래 그림에서 □ABCD∽□EFGH일 때, 다음을 구하시오.

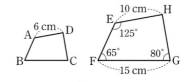

(1) □ABCD와 □EFGH의 닮음비

(2) $\overline{BC}$의 길이　　(3) ∠D의 크기

개념 4 서로 닮은 두 입체도형은 어떤 성질을 가질까?

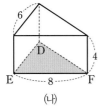

삼각기둥 (가) ∽ 삼각기둥 (나)

(1) $3:6=2:4=4:8=1:2$
→대응하는 모서리의 길이의 비는 일정하다.

(2) 대응하는 면은 닮은 도형이다.
→△ABC∽△DEF

(3) 닮음비 ➡ $1:2$
대응하는 모서리의 길이의 비

4 아래 그림의 두 삼각기둥은 서로 닮은 도형이고, $\overline{AB}$에 대응하는 모서리가 $\overline{PQ}$일 때, 다음을 구하시오.

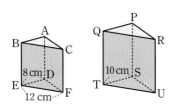

(1) 면 ADFC에 대응하는 면

(2) 두 삼각기둥의 닮음비

(3) $\overline{TU}$의 길이

4-1 아래 그림의 두 직육면체는 서로 닮은 도형이고, □ABCD∽□A′B′C′D′일 때, 다음을 구하시오.

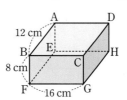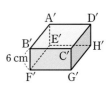

(1) 두 직육면체의 닮음비

(2) $\overline{F'G'}$의 길이

(3) $\overline{A'B'}$의 길이

개념5 닮은 두 평면도형에서 닮음비를 이용하여 둘레의 길이 또는 넓이의 비를 어떻게 구할까?

두 정사각형 ABCD와 EFGH에서
(1) 닮음비 ➜ $1:2$
(2) 둘레의 길이의 비 ➜ $(4 \times 1):(4 \times 2)=1:2$
(3) 넓이의 비 ➜ $(1 \times 1):(2 \times 2)=1^2:2^2=1:4$

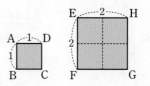

닮음비가 $a:b$이면
• 둘레의 길이의 비 ➜ $a:b$
• 넓이의 비 ➜ $a^2:b^2$

---

5 아래 그림에서 △ABC ∽ △DEF일 때, 다음을 구하시오.

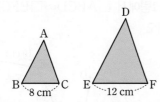

(1) △ABC와 △DEF의 닮음비

(2) △ABC와 △DEF의 둘레의 길이의 비

(3) △ABC의 둘레의 길이가 28 cm일 때, △DEF의 둘레의 길이

5-1 아래 그림에서 □ABCD ∽ □A′B′C′D′일 때, 다음을 구하시오.

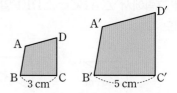

(1) □ABCD와 □A′B′C′D′의 닮음비

(2) □ABCD와 □A′B′C′D′의 넓이의 비

(3) □A′B′C′D′의 넓이가 25 cm²일 때, □ABCD의 넓이

개념6 닮은 두 입체도형에서 닮음비를 이용하여 겉넓이 또는 부피의 비를 어떻게 구할까?

두 정육면체 ㈎와 ㈏에서
(1) 닮음비 ➜ $1:2$
(2) 겉넓이의 비 ➜ $(6 \times 1^2):(6 \times 2^2)=1^2:2^2=1:4$
(3) 부피의 비 ➜ $(1 \times 1 \times 1):(2 \times 2 \times 2)=1^3:2^3=1:8$

㈎ ㈏

닮음비가 $a:b$이면
• 겉넓이의 비 ➜ $a^2:b^2$
• 부피의 비 ➜ $a^3:b^3$

---

6 아래 그림의 두 정육면체 ㈎, ㈏에 대하여 다음을 구하시오.

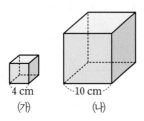

㈎ ㈏

(1) 두 정육면체 ㈎, ㈏의 닮음비

(2) 두 정육면체 ㈎, ㈏의 겉넓이의 비

(3) 두 정육면체 ㈎, ㈏의 부피의 비

6-1 아래 그림의 두 구 O, O′에 대하여 다음을 구하시오.

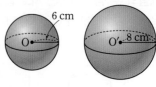

(1) 두 구 O, O′의 닮음비

(2) 두 구 O, O′의 겉넓이의 비

(3) 두 구 O, O′의 부피의 비

닮은 도형

01 다음 그림에서 △ABC∽△DEF일 때, $\overline{AC}$의 대응변과 ∠E의 대응각을 차례로 구하면?

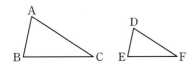

① $\overline{DE}$, ∠A ② $\overline{DF}$, ∠A ③ $\overline{DF}$, ∠B
④ $\overline{EF}$, ∠B ⑤ $\overline{EF}$, ∠C

02 다음 그림에서 □ABCD∽□EFGH일 때, $\overline{AD}$의 대응변과 ∠C의 대응각을 차례로 구하면?

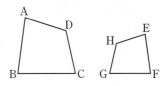

① $\overline{EF}$, ∠G ② $\overline{EF}$, ∠F ③ $\overline{GF}$, ∠H
④ $\overline{EH}$, ∠G ⑤ $\overline{EH}$, ∠F

평면도형에서의 닮음의 성질 중요 ✿

03 다음 그림과 같은 두 직사각형 ABCD, EFGH에 대하여 □ABCD∽□EFGH일 때, □EFGH의 둘레의 길이를 구하시오.

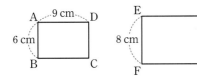

📢 코칭 Plus
서로 닮은 두 평면도형의 대응변의 길이의 비는 일정하다.

04 다음 그림에서 △ABC∽△DEF일 때, $x+y$의 값을 구하시오.

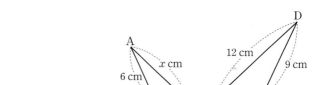

입체도형에서의 닮음의 성질

05 다음 그림의 두 사각뿔은 서로 닮은 도형이고, $\overline{AB}$에 대응하는 모서리가 $\overline{A'B'}$일 때, $x+y$의 값을 구하시오.

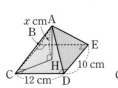 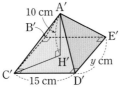

06 다음 그림의 두 원기둥 (가), (나)가 서로 닮은 도형일 때, 원기둥 (나)의 밑면의 반지름의 길이를 구하시오.

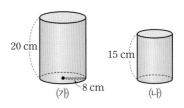

닮은 두 평면도형의 넓이의 비

07 오른쪽 그림에서
$\triangle ABC \backsim \triangle DEF$이고,
$\overline{BC}=9$ cm, $\overline{EF}=15$ cm
이다. $\triangle ABC$의 넓이가
72 cm²일 때, $\triangle DEF$의
넓이를 구하시오.

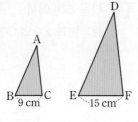

08 반지름의 길이의 비가 $1:3$인 두 원 O, O′에 대하여
원 O의 넓이가 16π cm²일 때, 원 O′의 넓이는?

① 32π cm²   ② 48π cm²   ③ 96π cm²

④ 144π cm²   ⑤ 192π cm²

닮은 두 입체도형의 겉넓이와 부피의 비 (1)

09 오른쪽 그림의 두 원기
둥 ㈎, ㈏는 서로 닮은
도형이다. 원기둥 ㈎의
겉넓이가 180π cm²일
때, 원기둥 ㈏의 겉넓이
를 구하시오.

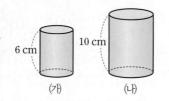

10 서로 닮은 두 직육면체 ㈎, ㈏의 닮음비가 $4:5$이고,
직육면체 ㈎의 부피가 128 cm³일 때, 직육면체 ㈏의
부피를 구하시오.

닮은 두 입체도형의 겉넓이와 부피의 비 (2)   중요♡

11 겉넓이의 비가 $9:16$인 두 정육면체 ㈎, ㈏에 대하여
정육면체 ㈏의 부피가 320 cm³일 때, 정육면체 ㈎의
부피는?

① 90 cm³   ② 105 cm³   ③ 120 cm³

④ 135 cm³   ⑤ 150 cm³

 Plus

겉넓이의 비나 부피의 비가 주어지면 이를 이용하여 닮음비
를 먼저 구한다.

12 두 구 O, O′의 부피의 비가 $27:8$이고, 구 O의 겉넓
이가 648π cm²일 때, 구 O′의 겉넓이를 구하시오.

01

오른쪽 그림에서
△ABC∽△A′B′C′일 때,
다음 중 옳지 않은 것은?

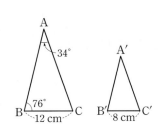

① ∠A=∠A′
② $\overline{AC}=\overline{A'C'}$
③ $\overline{AB} : \overline{A'B'}=3 : 2$
④ ∠C′=70°
⑤ △ABC와 △A′B′C′의 닮음비는 3 : 2이다.

02

다음 그림의 두 삼각기둥은 서로 닮은 도형이고, $\overline{AD}$에
대응하는 모서리가 $\overline{A'D'}$일 때, $x+y$의 값을 구하시오.

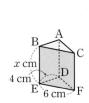 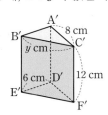

03

오른쪽 그림과 같이 중심이 같은 두
원의 반지름의 길이의 비가 1 : 2일
때, 작은 원과 색칠한 부분의 넓이
의 비는?

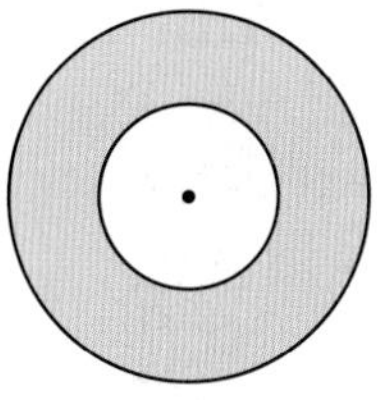

① 1 : 2   ② 1 : 3
③ 1 : 4   ④ 2 : 3
⑤ 4 : 9

04

서로 닮은 두 원기둥 모양의 상자 ㈎, ㈏의 밑면의 반
지름의 길이가 각각 6 cm, 8 cm이다. 상자 ㈎의 겉면
을 모두 칠하는 데 81 mL의 페인트가 필요할 때, 상
자 ㈏의 겉면을 모두 칠하는 데 몇 mL의 페인트가 필
요한지 구하시오. (단, 필요한 페인트의 양은 상자의
겉넓이에 정비례한다.)

05 추론

오른쪽 그림에서 □ABCD와
□EFDA는 각각 직사각형이고,
□ABCD∽□EFDA이다.
$\overline{AD}=20$ cm, $\overline{AE}=12$ cm일 때,
$\overline{BE}$의 길이를 구하시오.

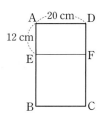

06 문제해결

오른쪽 그림과 같은 원뿔 모양의 그릇
에 일정한 속력으로 물을 채우고 있
다. 전체 높이의 $\frac{1}{3}$만큼 물을 채우는
데 20분이 걸렸다면 이 그릇에 물을
가득 채울 때까지 몇 분이 더 걸리는
지 구하시오. (단, 그릇의 두께는 생각하지 않는다.)

02 삼각형의 닮음 조건

1 삼각형의 닮음 조건

두 삼각형이 다음 조건 중 어느 하나를 만족시키면 서로 닮은 도형이다.

(1) SSS 닮음 : 세 쌍의 대응변의 길이의 비가 같다.

→ $\underline{a:a'=b:b'=c:c'}$
       └→ 닮음비

(2) SAS 닮음 : 두 쌍의 대응변의 길이의 비가 같고, 그 끼인각의 크기가 같다.

→ $\underline{a:a'=c:c'}$, $\angle B=\angle B'$
     └→ 닮음비

(3) AA 닮음 : 두 쌍의 대응각의 크기가 각각 같다.

→ $\angle B=\angle B'$, $\angle C=\angle C'$

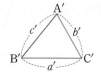

중1

삼각형의 합동 조건
① 대응하는 세 변의 길이가 각각 같다.
  (SSS 합동)
② 대응하는 두 변의 길이가 각각 같고, 그 끼인각의 크기가 같다. (SAS 합동)
③ 대응하는 한 변의 길이가 같고, 그 양 끝 각의 크기가 각각 같다. (ASA 합동)

2 삼각형의 닮음 조건의 응용

(1) SAS 닮음의 응용 ┌→ 공통인 각을 끼인각으로 하고, 두 쌍의 대응변의 길이의 비가 같으면 두 삼각형은 서로 닮은 도형이다.

$\overline{AB}:\overline{EB}=\overline{BC}:\overline{BD}$, $\angle B$는 공통

→ $\triangle ABC \backsim \triangle EBD$ (SAS 닮음)

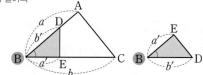

(2) AA 닮음의 응용 ┌→ 공통인 각을 갖는 두 삼각형에서 한 내각의 크기가 같으면 두 삼각형은 서로 닮은 도형이다.

$\angle B$는 공통, $\angle ACB=\angle EDB$

→ $\triangle ABC \backsim \triangle EBD$ (AA 닮음)

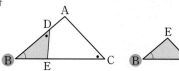

두 삼각형이 겹쳐진 경우에는 공통인 각을 기준으로 두 삼각형이 같은 모양이 되도록 분리, 회전시켜 놓고, 대응점을 찾는다.

3 직각삼각형의 닮음

$\angle A=90°$인 직각삼각형 ABC에서 $\overline{AH} \perp \overline{BC}$일 때,
$$\triangle ABC \backsim \triangle HBA \backsim \triangle HAC \text{ (AA 닮음)}$$

(1) $\triangle ABC \backsim \triangle HBA$에서 $\overline{AB}:\overline{HB}=\overline{BC}:\overline{BA}$
   ∴ $\overline{AB}^2=\overline{BH} \times \overline{BC}$

(2) $\triangle ABC \backsim \triangle HAC$에서 $\overline{BC}:\overline{AC}=\overline{AC}:\overline{HC}$ ∴ $\overline{AC}^2=\overline{CH} \times \overline{CB}$

(3) $\triangle HBA \backsim \triangle HAC$에서 $\overline{BH}:\overline{AH}=\overline{AH}:\overline{CH}$ ∴ $\overline{AH}^2=\overline{HB} \times \overline{HC}$

참고 $\triangle ABC=\dfrac{1}{2} \times \overline{AB} \times \overline{AC}=\dfrac{1}{2} \times \overline{BC} \times \overline{AH}$이므로 $\overline{AB} \times \overline{AC}=\overline{BC} \times \overline{AH}$

한 예각의 크기가 같은 두 직각삼각형은 AA 닮음이다.

겹쳐진 두 삼각형에서 공통인 각이 있을 때, 닮음 조건 찾기

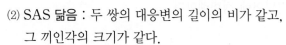

공통인 각 찾기 → 공통인 각을 끼인각으로 하는 두 쌍의 대응변 찾기 → SAS 닮음

공통인 각 찾기 → 크기가 같은 다른 한 각 찾기 → AA 닮음

1 삼각형의 닮음 조건을 이용하여 서로 닮음인 삼각형을 어떻게 찾을까?

삼각형의 합동 조건 △ABC≡△DEF
① 완전히 포개어진다.
② 대응변의 길이가 각각 같고, 대응각의 크기가 각각 같다.
③ SSS 합동, SAS 합동, ASA 합동

삼각형의 닮음 조건 △ABC∽△DEF
① 확대하거나 축소해서 완전히 포개어진다.
② 대응변의 길이의 비가 같고, 대응각의 크기가 각각 같다.
③ SSS 닮음, SAS 닮음, AA 닮음

---

1 다음 그림에서 두 삼각형은 서로 닮은 도형일 때, ☐ 안에 알맞은 것을 써넣으시오.

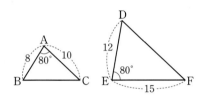

$\overline{AB} : \boxed{} = 8 : 12 = 2 : 3$

$\angle A = \boxed{} = 80°$

$\overline{AC} : \boxed{} = 10 : 15 = \boxed{} : \boxed{}$

∴ △ABC∽ $\boxed{}$ ($\boxed{}$ 닮음)

1-1 다음 그림에서 두 삼각형은 서로 닮은 도형일 때, ☐ 안에 알맞은 것을 써넣으시오.

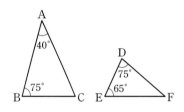

$\angle A = \boxed{} = 40°$

$\angle B = \boxed{} = 75°$

∴ △ABC∽ $\boxed{}$ ($\boxed{}$ 닮음)

---

2 다음 **보기**에서 서로 닮은 삼각형을 모두 찾아 기호를 사용하여 나타내고, 그때의 닮음 조건을 구하시오.

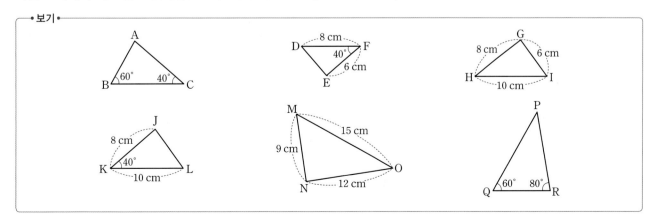

개념 2 두 삼각형이 겹쳐진 도형에서 서로 닮음인 삼각형을 어떻게 찾을까?

(1) SAS 닮음

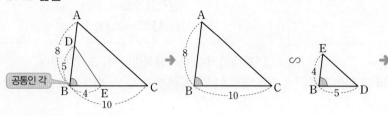

$\overline{AB}:\overline{EB}=\overline{BC}:\overline{BD}=2:1$,
∠B는 공통
∴ △ABC∽△EBD (SAS 닮음)

(2) AA 닮음

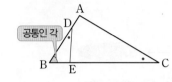

∠B는 공통, ∠ACB=∠EDB
∴ △ABC∽△EBD (AA 닮음)

3 오른쪽 그림의 △ABC에 대하여 다음 물음에 답하시오.

(1) 서로 닮은 삼각형을 찾아 기호를 사용하여 나타내고, 그때의 닮음 조건을 구하시오.

(2) $\overline{AB}$의 길이를 구하시오.

3-1 오른쪽 그림의 △ABC에 대하여 다음 물음에 답하시오.

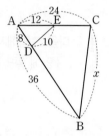

(1) 서로 닮은 삼각형을 찾아 기호를 사용하여 나타내고, 그때의 닮음 조건을 구하시오.

(2) x의 값을 구하시오.

4 오른쪽 그림의 △ABC에 대하여 다음 물음에 답하시오.

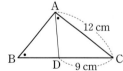

(1) 서로 닮은 삼각형을 찾아 기호를 사용하여 나타내고, 그때의 닮음 조건을 구하시오.

(2) $\overline{BC}$의 길이를 구하시오.

4-1 오른쪽 그림의 △ABC에 대하여 다음 물음에 답하시오.

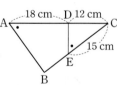

(1) 서로 닮은 삼각형을 찾아 기호를 사용하여 나타내고, 그때의 닮음 조건을 구하시오.

(2) $\overline{BC}$의 길이를 구하시오.

집중 3 직각삼각형 속의 닮음 관계를 이용하여 변의 길이를 어떻게 구할까?

∠A=90°인 직각삼각형 ABC의 꼭짓점 A에서 빗변 BC에 내린 수선의 발을 H라 하면

(1) △ABC∽△HBA(AA 닮음)이므로

$\overline{AB}:\overline{HB}=\overline{BC}:\overline{BA}$

∴ $\overline{AB}^2=\overline{BH}\times\overline{BC}$

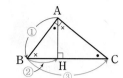

(2) △ABC∽△HAC(AA 닮음)이므로

$\overline{BC}:\overline{AC}=\overline{AC}:\overline{HC}$

∴ $\overline{AC}^2=\overline{CH}\times\overline{CB}$

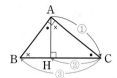

(3) △HBA∽△HAC(AA 닮음)이므로

$\overline{BH}:\overline{AH}=\overline{AH}:\overline{CH}$

∴ $\overline{AH}^2=\overline{HB}\times\overline{HC}$

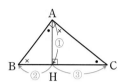

참고 위의 세 그림에서 ①²=②×③이 성립한다.

---

5 다음 그림에서 x의 값을 구하시오.

(1)
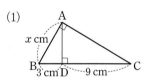

(2)
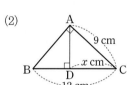

(3)
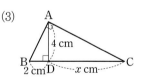

5-1 다음 그림에서 x의 값을 구하시오.

(1)
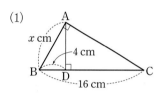

(2)
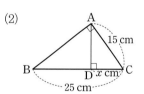

(3)
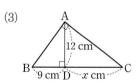

---

6 오른쪽 그림의 △ABC에 대하여 다음을 구하시오.

(1) $\overline{DC}$의 길이

(2) △ABC의 넓이

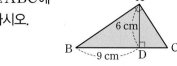

6-1 오른쪽 그림의 △ABC에 대하여 다음을 구하시오.

(1) $\overline{DB}$의 길이

(2) △ABC의 넓이

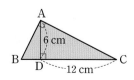

개념 4 축소된 모형과 실제 사물의 닮음을 이용하여 실제 거리를 어떻게 구할까?

축소된 그림　　　실제 사물

△ABC∽△DEF이므로
① 닮음비 구하기　　➔ $\overline{BC} : \overline{EF} = 1.2 : 6 = 1 : 5$
② 나무의 높이(h) 구하기　➔ $1 : h = 1 : 5$
　　　　　　　　　∴ $h = 5(\text{m})$

(1) **축도** : 어떤 도형을 일정한 비율로 줄인 그림
(2) **축척** : 축도에서 실제 도형을 줄인 비율

➔ (축척) $= \dfrac{(축도에서의 길이)}{(실제 길이)}$, (실제 길이) $= \dfrac{(축도에서의 길이)}{(축척)}$,

(축도에서의 길이) $=$ (실제 길이) $\times$ (축척)

지도(축도)　　　실제 거리

① 축척이 $\dfrac{1}{10000}$　➔ 닮음비는 $1 : 10000$

② 실제 거리(l) 구하기 ➔ $2 : l = 1 : 10000$
　　　　　∴ $l = 20000 \text{ cm} = 200 \text{ m} = 0.2 \text{ km}$
　　　또는 $l = 2 \div \dfrac{1}{10000} = 2 \times 10000 = 20000(\text{cm})$

주의 1 m $=$ 100 cm, 1 km $=$ 1000 m임을 이용하여 알맞은 단위로 변형한다.

---

7 키가 1.6 m인 현화가 운동장에 있는 나무의 높이를 구하려고 한다. 오른쪽 그림과 같이 나무의 그림자의 끝과 현화의 그림자의 끝이 일치하도록 섰을 때, 다음 물음에 답하시오.

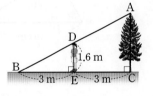

(1) 서로 닮은 삼각형을 찾아 기호를 사용하여 나타내고, 그때의 닮음 조건을 구하시오.

(2) 나무의 높이인 $\overline{AC}$의 길이를 구하시오.

7-1 오른쪽은 강의 폭을 구하기 위해 필요한 거리를 측정하여 나타낸 것이다. 다음 물음에 답하시오.

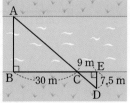

(1) 서로 닮은 삼각형을 찾아 기호를 사용하여 나타내고, 그때의 닮음 조건을 구하시오.

(2) 강의 폭인 $\overline{AB}$의 길이를 구하시오.

8 축척이 $\dfrac{1}{50000}$인 지도에 대하여 다음 물음에 답하시오.

(1) 실제 거리가 20 km일 때, 지도에서의 길이는 몇 cm인지 구하시오.

(2) 지도에서의 길이가 5 cm일 때, 실제 거리는 몇 km인지 구하시오.

8-1 지도에서의 길이가 6 cm인 두 지점 사이의 실제 거리가 9 km일 때, 다음 물음에 답하시오.

(1) 지도의 축척을 구하시오.

(2) 지도에서의 길이가 8 cm인 두 지점 사이의 실제 거리는 몇 km인지 구하시오.

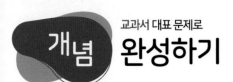

교과서 대표 문제로

개념 완성하기

워크북 41쪽~42쪽 | 정답 및 풀이 26쪽

삼각형의 닮음 조건

01 아래 그림의 $\triangle ABC$와 $\triangle DEF$가 서로 닮은 도형이 되려면 어떤 조건을 추가해야 하는지 **보기**에서 고르시오.

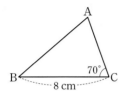

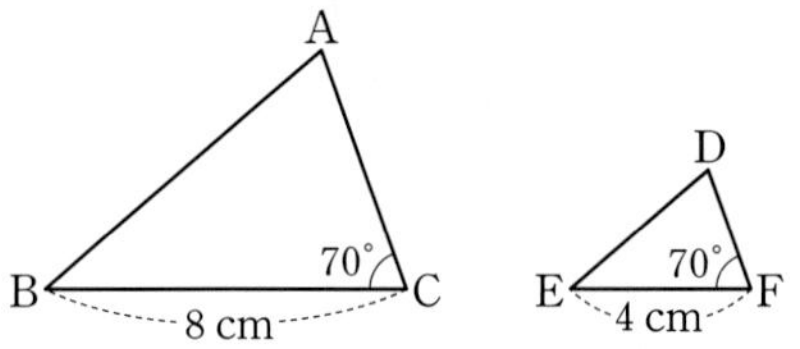

보기

ㄱ. $\overline{AB}=10$ cm, $\overline{DE}=5$ cm

ㄴ. $\overline{AC}=6$ cm, $\overline{DF}=3$ cm

ㄷ. $\angle A=70°$, $\angle E=50°$

ㄹ. $\angle B=30°$, $\angle D=70°$

02 아래 그림에서 $\triangle ABC \backsim \triangle DFE$가 되려면 다음 중 어떤 조건을 추가해야 하는가?

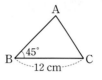

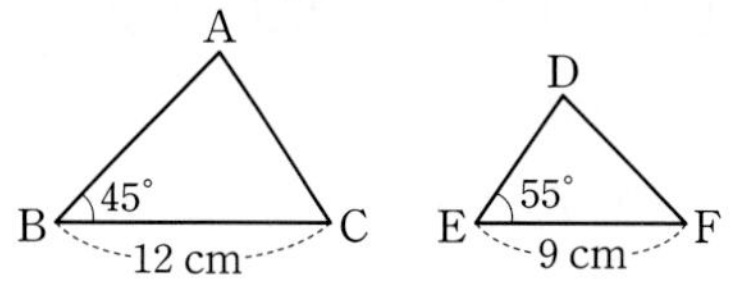

① $\overline{AC}=4$ cm, $\overline{DF}=3$ cm

② $\overline{AB}=8$ cm, $\overline{DF}=6$ cm

③ $\overline{AC}=6$ cm, $\overline{DE}=2$ cm

④ $\angle A=80°$, $\angle F=45°$

⑤ $\angle C=70°$, $\angle F=70°$

SAS 닮음의 응용

03 오른쪽 그림과 같은 $\triangle ABC$에서 $\overline{BD}$의 길이는?

① 7 cm ② 8 cm

③ 9 cm ④ 10 cm

⑤ 11 cm

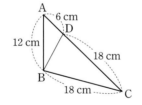

04 오른쪽 그림에서 $\overline{AE}$와 $\overline{BD}$의 교점을 C라 할 때, $\overline{DE}$의 길이를 구하시오.

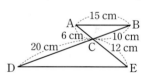

AA 닮음의 응용

중요

05 오른쪽 그림과 같은 $\triangle ABC$에서 $\angle ABC=\angle ACD$일 때, $\overline{AD}$의 길이를 구하시오.

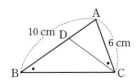

06 오른쪽 그림에서 $\overline{AB} /\!/ \overline{DE}$일 때, $x+y$의 값을 구하시오.

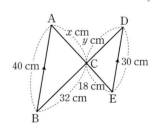

직각삼각형의 닮음

07 오른쪽 그림과 같이 ∠A=90°인 직각삼각형 ABC에서 $\overline{DE}\perp\overline{BC}$이고, $\overline{BE}$=18 cm, $\overline{DC}$=15 cm, $\overline{EC}$=12 cm일 때, $\overline{AD}$의 길이를 구하시오.

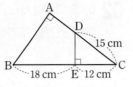

코칭 Plus

한 예각의 크기가 같은 두 직각삼각형은 서로 닮은 도형이다.

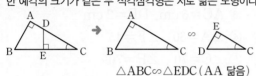

△ABC∽△EDC (AA 닮음)

08 오른쪽 그림과 같이 ∠A=90°인 직각삼각형 ABC에서 점 M은 $\overline{BC}$의 중점이고, $\overline{DM}\perp\overline{BC}$이다. $\overline{AB}$=24 cm, $\overline{AC}$=18 cm, $\overline{BC}$=30 cm일 때, $\overline{DM}$의 길이는?

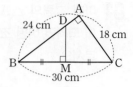

① 11 cm ② $\dfrac{45}{4}$ cm ③ $\dfrac{23}{2}$ cm

④ $\dfrac{47}{4}$ cm ⑤ 12 cm

직각삼각형의 닮음의 응용 중요 ☆

09 오른쪽 그림과 같이 ∠A=90°인 직각삼각형 ABC에서 $\overline{AH}\perp\overline{BC}$이고, $\overline{AB}$=20 cm, $\overline{BH}$=16 cm 일 때, $x+y$의 값을 구하시오.

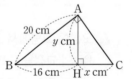

10 오른쪽 그림과 같이 ∠A=90°인 직각삼각형 ABC에서 $\overline{AD}\perp\overline{BC}$이고, $\overline{BD}$=8 cm, $\overline{CD}$=2 cm일 때, △ABC의 넓이를 구하시오.

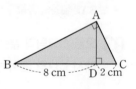

실생활에서의 활용

11 오른쪽 그림과 같이 어느날 같은 시각에 빌딩과 길이가 3 m인 막대의 그림자의 길이를 각각 재었더니 16 m, 2.4 m였다. 이때 빌딩의 높이를 구하시오.

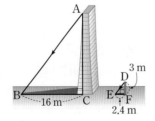

12 홍대입구역과 여의도역 사이의 거리가 4 km일 때, 축척이 $\dfrac{1}{200000}$인 지도에서의 두 지점 사이의 길이는?

① 1 cm ② 2 cm ③ 5 cm

④ 8 cm ⑤ 10 cm

01

오른쪽 그림에서 서로 닮은 삼각형과 그 닮음 조건을 바르게 짝 지은 것은?

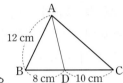

① $\triangle ABC \backsim \triangle DBA$, SSS 닮음

② $\triangle ABC \backsim \triangle DBA$, SAS 닮음

③ $\triangle ABC \backsim \triangle DBA$, AA 닮음

④ $\triangle ABC \backsim \triangle DAC$, SAS 닮음

⑤ $\triangle ABC \backsim \triangle DAC$, AA 닮음

02

오른쪽 그림에서 $\angle ADE = \angle ACB$일 때, $\overline{BC}$의 길이를 구하시오.

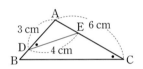

03

오른쪽 그림에서 $\overline{AB} /\!\!/ \overline{DE}$, $\overline{AD} /\!\!/ \overline{BC}$일 때, $\overline{CE}$의 길이를 구하시오.

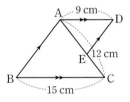

04

오른쪽 그림과 같은 $\triangle ABC$에서 $\overline{AB} \perp \overline{CD}$, $\overline{AC} \perp \overline{BF}$일 때, 다음 중 나머지 넷과 닮은 삼각형이 아닌 것은?

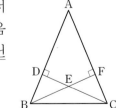

① $\triangle ABF$ ② $\triangle ACD$

③ $\triangle ECF$ ④ $\triangle EBD$

⑤ $\triangle BCD$

05

오른쪽 그림과 같은 직사각형 ABCD에서 $\overline{AH} \perp \overline{BD}$, $\overline{BH} = 9$ cm, $\overline{CD} = 15$ cm일 때, $x+y$의 값을 구하시오.

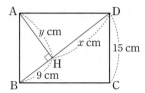

06

실제 넓이가 0.5 km^{2}인 공원이 있다. 축척이 $\dfrac{1}{5000}$인 지도에서 이 공원의 넓이는 몇 cm^{2}인지 구하시오.

한걸음 더

07 문제해결🔒

오른쪽 그림과 같이 정삼각형 ABC를 $\overline{DE}$를 접는 선으로 하여 꼭짓점 A가 $\overline{BC}$ 위의 점 F에 오도록 접었다. $\overline{DB} = 16$ cm, $\overline{DF} = 14$ cm, $\overline{FC} = 20$ cm일 때, $\overline{CE}$의 길이를 구하시오.

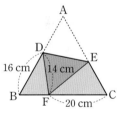

08 추론💬

오른쪽 그림과 같은 $\triangle ABC$에서 $\overline{AC} /\!\!/ \overline{DE}$이고, $\overline{BE} = 4$ cm, $\overline{CE} = 6$ cm이다. $\triangle DBE$의 넓이가 8 cm^{2}일 때, $\triangle ABC$의 넓이를 구하시오.

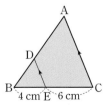

1

다음 그림에서 △ABC∽△DEF이고, $4\overline{AC}=3\overline{DF}$
이다. △DEF의 둘레의 길이가 24 cm일 때, △ABC
의 둘레의 길이를 구하시오. [5점]

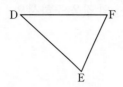

풀이

채점 기준 1   △ABC와 △DEF의 닮음비 구하기 ⋯ 2점

채점 기준 2   △ABC의 둘레의 길이 구하기 ⋯ 3점

답

한번 더!

1-1

다음 그림에서 □ABCD∽□EFGH이고,
$5\overline{BC}=8\overline{FG}$이다. □ABCD의 둘레의 길이가 40 cm일
때, □EFGH의 둘레의 길이를 구하시오. [5점]

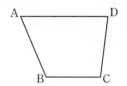

풀이

채점 기준 1   □ABCD와 □EFGH의 닮음비 구하기 ⋯ 2점

채점 기준 2   □EFGH의 둘레의 길이 구하기 ⋯ 3점

답

2

오른쪽 그림과 같이 원뿔의 높이를 삼등
분하여 밑면에 평행하게 잘랐다. (개) 부분
의 부피가 3π cm³일 때, (대) 부분의 부피
를 구하시오. [6점]

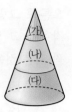

풀이

답

3

오른쪽 그림과 같은 원뿔 모양의 그릇
에 일정한 속력으로 물을 채우고 있다.
전체 높이의 $\dfrac{1}{4}$만큼 물을 채우는 데
3초가 걸렸다면 이 그릇에 물을 가득
채울 때까지 몇 초가 더 걸리는지 구하시오. [6점]
(단, 그릇의 두께는 생각하지 않는다.)

풀이

답

4

오른쪽 그림과 같은 △ABC
에서 ∠ACB=∠ADE이고,
$\overline{AB}$=6 cm, $\overline{AE}$=2 cm이
다. △ABC의 넓이가 27 cm²
일 때, △ADE의 넓이를 구하시오. [6점]

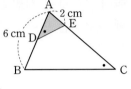

풀이

채점 기준 1 닮음인 두 삼각형 찾기 … 2점

채점 기준 2 닮은 도형의 넓이의 비 구하기 … 2점

채점 기준 3 △ADE의 넓이 구하기 … 2점

답

4-1

오른쪽 그림과 같은 △ABC에서
∠ACB=∠BDE이고,
$\overline{AB}$=8 cm, $\overline{BE}$=4 cm이다.
△DBE의 넓이가 7 cm²일 때,
△ABC의 넓이를 구하시오. [6점]

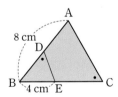

풀이

채점 기준 1 닮음인 두 삼각형 찾기 … 2점

채점 기준 2 닮은 도형의 넓이의 비 구하기 … 2점

채점 기준 3 △ABC의 넓이 구하기 … 2점

답

5

오른쪽 그림과 같은 평행사
변형 ABCD에서 $\overline{AE}$의 연
장선과 $\overline{DC}$의 연장선의 교점
을 F라 할 때, $\overline{BE}$의 길이를
구하시오. [6점]

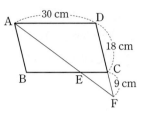

풀이

답

6

동훈이는 다음 그림과 같이 바닥에 거울을 놓고 입사
각과 반사각의 크기가 같음을 이용하여 조각상의 높이
를 구하려고 한다. 동훈이의 눈높이는 1.6 m, 거울과
동훈이 사이의 거리는 2 m, 거울과 조각상 사이의 거
리는 5 m일 때, 조각상의 높이는 몇 m인지 구하시오.
(단, 거울의 두께는 생각하지 않는다.) [6점]

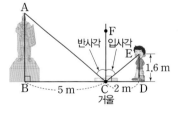

풀이

답

01

오른쪽 그림에서
$\triangle ABC \backsim \triangle DEF$일
때, $\overline{BC}$의 대응변과
$\angle C$의 대응각을 차례
로 구한 것은?

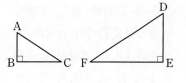

① $\overline{DE}$, $\angle D$　　② $\overline{DE}$, $\angle F$　　③ $\overline{DF}$, $\angle F$

④ $\overline{EF}$, $\angle D$　　⑤ $\overline{EF}$, $\angle F$

02

다음 **보기**에서 항상 닮은 도형인 것은 모두 몇 개인지
구하시오.

> ·보기·
>
> ㄱ. 두 직사각형　　　ㄴ. 두 직각이등변삼각형
>
> ㄷ. 두 정팔각형　　　ㄹ. 두 원기둥
>
> ㅁ. 두 마름모　　　　ㅂ. 두 등변사다리꼴

03

오른쪽 그림과 같이 직사각형 모양의
A4 용지를 반으로 접을 때마다 생기는
사각형을 각각 A5 용지, A6 용지, …
라 하고, 이 용지들은 각각 서로 닮은
도형이다. A4 용지와 A8 용지의 닮음
비를 구하시오.

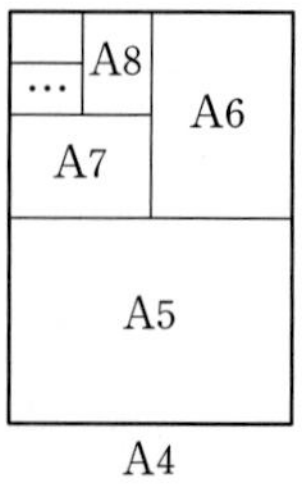

04 중요♥

아래 그림의 두 사면체는 서로 닮은 도형이고, $\triangle ABC$
에 대응하는 면이 $\triangle A'B'C'$일 때, 다음 중 옳지 <u>않은</u>
것은?

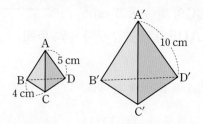

① $\overline{A'B'} = 2\overline{AB}$　　　　② $\overline{B'C'} = 8$ cm

③ $\angle ACD = \angle A'C'D'$　　④ $\overline{BD} : \overline{B'D'} = 2 : 1$

⑤ $\triangle BCD \backsim \triangle B'C'D'$

05

두 원 O, O′의 닮음비가 3 : 4이고, 원 O의 둘레의 길이
가 24π cm일 때, 원 O′의 반지름의 길이를 구하시오.

06

오른쪽 그림과 같은 모양의 그릇에 물
을 부어 그릇 높이의 $\dfrac{3}{5}$을 채웠을 때,
수면의 반지름의 길이를 구하시오.
(단, 그릇의 두께는 생각하지 않는다.)

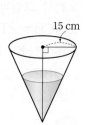

07

오른쪽 그림과 같이 중심이 일치하
는 세 원이 있다. $\overline{OA} = \overline{AB} = \overline{BC}$일
때, 세 원으로 잘려지는 세 부분 (개),
(내), (대)의 넓이의 비를 가장 간단한
자연수의 비로 나타내시오.

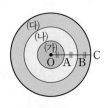

08 중요♥

두 구 O, O'의 겉넓이의 비가 4 : 9이고, 구 O의 부피가 48π cm³일 때, 구 O'의 부피를 구하시오.

09

다음 중 오른쪽 그림의 △ABC와 닮은 삼각형을 모두 고르면?

(정답 2개)

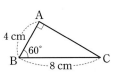

①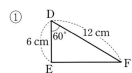

②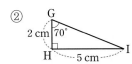

③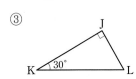

④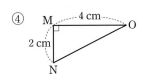

⑤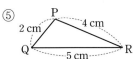

10

오른쪽 그림과 같은 △ABC와 △DEF가 서로 닮은 도형이 되려면 다음 중 어떤 조건을 추가해야 하는가?

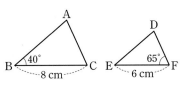

① $\overline{AB}=8$ cm, $\overline{DE}=6$ cm
② $\overline{AB}=12$ cm, $\overline{DF}=9$ cm
③ $\overline{AC}=6$ cm, $\overline{DF}=\dfrac{9}{2}$ cm
④ ∠A=75°, ∠E=40°
⑤ ∠C=70°, ∠D=70°

11

오른쪽 그림과 같은 △ABC에서 $\overline{AC}$의 길이는?

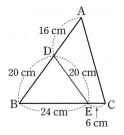

① 26 cm　② 28 cm
③ 30 cm　④ 32 cm
⑤ 34 cm

12 중요♥

오른쪽 그림과 같은 △ABC에서 ∠ABC=∠ACD일 때, $\overline{CD}$의 길이를 구하시오.

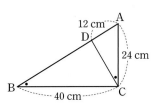

13

오른쪽 그림에서 $\overline{AC}\perp\overline{BD}$, $\overline{BE}\perp\overline{AD}$, $\overline{BC}=\overline{CD}=6$ cm, $\overline{AD}=10$ cm일 때, $\overline{ED}$의 길이는?

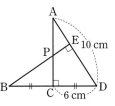

① 7 cm　② $\dfrac{36}{5}$ cm
③ $\dfrac{29}{4}$ cm　④ $\dfrac{22}{3}$ cm
⑤ $\dfrac{15}{2}$ cm

14

오른쪽 그림과 같이 $\overline{AD} /\!/ \overline{BC}$인 사다리꼴 ABCD에서 점 O는 두 대각선의 교점이다. $\overline{AD}=9$ cm, $\overline{BC}=12$ cm이고, △AOD의 넓이가 18 cm²일 때, △OBC의 넓이를 구하시오.

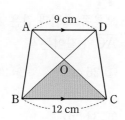

15

오른쪽 그림과 같은 평행사변형 ABCD에서 $\overline{AC}$와 $\overline{BE}$의 교점을 P라 하자. $\overline{CE}:\overline{ED}=3:5$일 때, △ABP와 △CEP의 넓이의 비는?

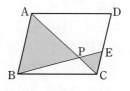

① 3 : 1
② 10 : 3
③ 16 : 9
④ 25 : 9
⑤ 64 : 9

16

오른쪽 그림은 직사각형 ABCD를 대각선 BD를 접는 선으로 하여 접은 것이다. $\overline{AD}$와 $\overline{BC'}$의 교점을 E라 하고 점 E에서 $\overline{BD}$에 내린 수선의 발을 F라 할 때, $\overline{EF}$의 길이를 구하시오.

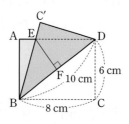

17 중요♥

오른쪽 그림과 같이 ∠A=90°인 직각삼각형 ABC에서 점 M은 $\overline{BC}$의 중점이고, $\overline{AD}\perp\overline{BC}$, $\overline{DH}\perp\overline{AM}$일 때, $\overline{DH}$의 길이를 구하시오.

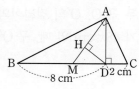

18

다음 그림은 강의 폭인 $\overline{AB}$의 길이를 구하기 위해 △ABC와 닮은 도형인 △A'B'C'을 그린 것이다. 실제 강의 폭은 몇 m인지 구하시오.

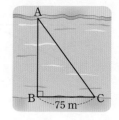

19

영희와 민수는 친구들과 수박을 사기 위해 마트에 왔다. 수박의 가격은 수박의 부피에 정비례할 때, 다음 대화에서 수박 (나)의 가격을 구하시오.
(단, 수박은 구 모양이고, 껍질의 두께는 생각하지 않는다.)

교과서에서 쏙 빼온 문제

1

다음 그림과 같이 가로, 세로의 길이가 각각 20 cm, 16 cm인 직사각형 모양의 액자가 있다. 이 액자 프레임의 폭이 2 cm로 일정할 때, □ABCD와 □EFGH는 서로 닮은 도형인지 말하고, 그 까닭을 설명하시오.

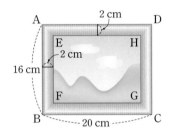

2

다음 그림과 같이 정사각형을 9등분하고 한가운데 정사각형을 지운다. 남은 8개의 정사각형도 같은 방법으로 각각 9등분하고 한가운데 정사각형을 지운다. 이와 같은 과정을 반복할 때, 물음에 답하시오.

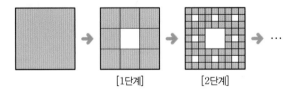

[1단계]　　[2단계]

(1) 처음 정사각형과 [1단계]에서 지운 정사각형의 닮음비를 구하시오.

(2) 처음 정사각형과 [2단계]에서 지운 한 정사각형의 닮음비를 구하시오.

3

그림자는 빛의 직진하는 성질과 불투명한 물체를 통과하지 못하는 성질 때문에 생긴다. 다음 그림과 같이 바닥으로부터 15 cm 떨어진 지점에 바닥과 평평하게 반지름의 길이가 8 cm인 원 모양의 종이가 있고, 이 종이로부터 10 cm 떨어진 지점에서 전등으로 비추었을 때, 바닥에 생기는 그림자의 넓이를 구하시오. (단, 종이의 두께와 전등의 크기는 생각하지 않는다.)

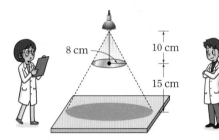

4

다음 그림과 같이 건물 외벽에서 4 m 떨어진 위치에 높이가 5 m인 나무가 심어져 있다. 이 나무의 그림자가 건물 외벽에 의해 꺾인 일부분의 길이가 3 m일 때, 건물 외벽이 없다면 나무의 그림자의 전체 길이는 몇 m인지 구하시오.

(단, 지면과 건물 외벽은 수직이다.)

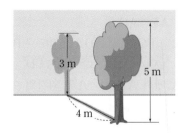

워크북 93쪽~94쪽에서
한번 더 연습해 보세요.

01 삼각형과 평행선

1 삼각형에서 평행선과 선분의 길이의 비

$\triangle ABC$에서 $\overline{AB}$, $\overline{AC}$ 또는 그 연장선 위에
각각 점 D, 점 E가 있을 때

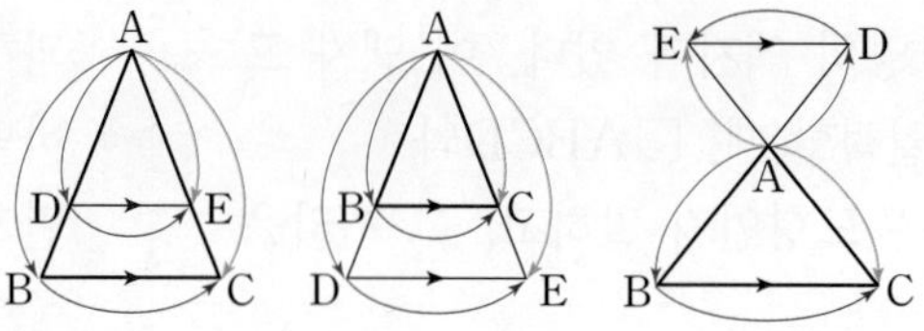

(1) $\overline{BC} /\!/ \overline{DE}$이면

$$\overline{AB}:\overline{AD}=\overline{AC}:\overline{AE}=\overline{BC}:\overline{DE}$$

참고 $\overline{AB}:\overline{AD}=\overline{AC}:\overline{AE}=\overline{BC}:\overline{DE} \rightarrow \overline{BC} /\!/ \overline{DE}$

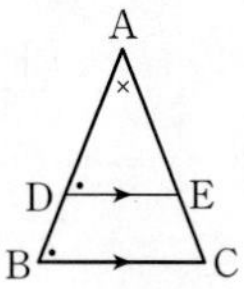

증명 $\triangle ABC$와 $\triangle ADE$에서

$\angle ABC = \angle ADE$ (동위각), $\angle A$는 공통

$\therefore \triangle ABC \backsim \triangle ADE$ (AA 닮음)

$\rightarrow \overline{AB}:\overline{AD}=\overline{AC}:\overline{AE}=\overline{BC}:\overline{DE}$

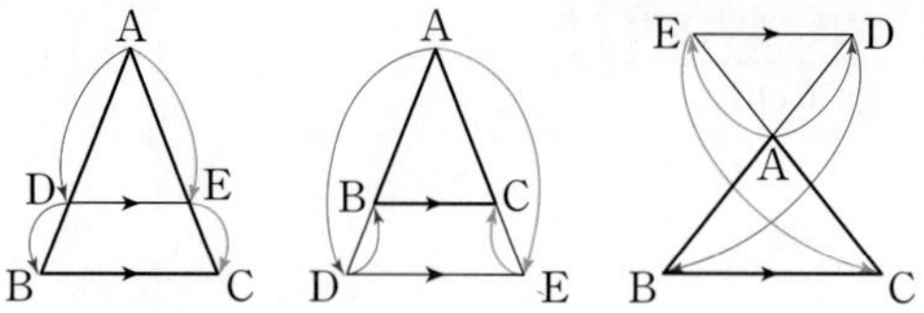

(2) $\overline{BC} /\!/ \overline{DE}$이면

$$\overline{AD}:\overline{DB}=\overline{AE}:\overline{EC}$$

참고 $\overline{AD}:\overline{DB}=\overline{AE}:\overline{EC} \rightarrow \overline{BC} /\!/ \overline{DE}$

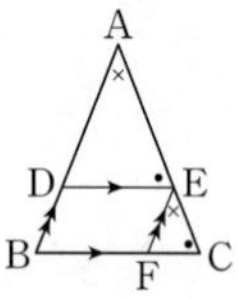

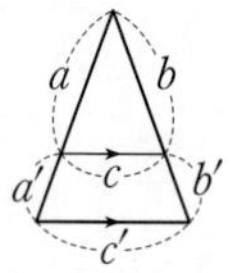

$a:a'=b:b' \neq c:c'$
임에 주의한다.

증명 오른쪽 그림과 같이 점 E를 지나고 $\overline{AB}$에 평행한 $\overline{EF}$를 그으면

$\triangle ADE$와 $\triangle EFC$에서

$\angle AED = \angle ECF$ (동위각), $\angle DAE = \angle FEC$ (동위각)

$\therefore \triangle ADE \backsim \triangle EFC$ (AA 닮음)

$\rightarrow \overline{AD}:\overline{DB}=\overline{AE}:\overline{EC}$

$\llcorner$ $\square DBFE$는 평행사변형이므로 $\overline{EF}=\overline{DB}$

2 삼각형의 각의 이등분선

(1) $\triangle ABC$에서 $\overline{AD}$가 $\angle A$의 이등분선이면

$$\overline{AB}:\overline{AC}=\overline{BD}:\overline{CD} \quad \llcorner \angle BAD=\angle CAD$$

증명 오른쪽 그림과 같이 점 C를 지나고 $\overline{AD}$에 평행한
직선을 그어 $\overline{BA}$의 연장선과 만나는 점을 E라 하면

$\angle BAD = \angle AEC$ (동위각),

$\angle DAC = \angle ACE$ (엇각)

즉, $\angle ACE = \angle AEC$이므로 $\triangle ACE$는 이등변삼각형이다.

$\therefore \overline{AE}=\overline{AC}$ ...... ㉠

또, $\triangle BCE$에서 $\overline{AD} /\!/ \overline{EC}$이므로 $\overline{BA}:\overline{AE}=\overline{BD}:\overline{DC}$ ...... ㉡

㉠, ㉡에서 $\overline{AB}:\overline{AC}=\overline{BD}:\overline{CD}$

중1
- **내각**(안 內, 뿔 角)
  다각형에서 안쪽에
  있는 각으로 간단히
  각이라고도 한다.
- **외각**(바깥 外, 뿔 角)
  다각형에서 바깥쪽에
  있는 각

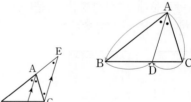

(2) $\triangle ABC$에서 $\overline{AD}$가 $\angle A$의 외각의 이등분선이면

$$\overline{AB}:\overline{AC}=\overline{BD}:\overline{CD} \quad \llcorner \angle CAD=\angle EAD$$

증명 오른쪽 그림과 같이 점 C를 지나고 $\overline{AD}$에 평행한
직선을 그어 $\overline{AB}$와 만나는 점을 F라 하면

$\angle EAD = \angle AFC$ (동위각),

$\angle DAC = \angle ACF$ (엇각)

즉, $\angle AFC = \angle ACF$이므로 $\triangle AFC$는 이등변삼각형이다.

$\therefore \overline{AF}=\overline{AC}$ ...... ㉠

또, $\triangle ABD$에서 $\overline{FC} /\!/ \overline{AD}$이므로 $\overline{BA}:\overline{AF}=\overline{BD}:\overline{DC}$ ...... ㉡

㉠, ㉡에서 $\overline{AB}:\overline{AC}=\overline{BD}:\overline{CD}$

$\overline{AB}:\overline{AC} \neq \overline{BC}:\overline{CD}$
임에 주의한다.

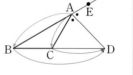

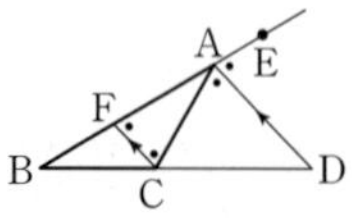

개념 1 삼각형에서 평행선과 선분의 길이의 비 사이에는 어떤 관계가 있을까? (평행선 포함)

△ABC에서 $\overline{AB}$, $\overline{AC}$ 또는 그 연장선 위에 각각 점 D, 점 E가 있을 때

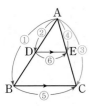 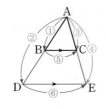 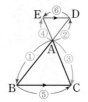

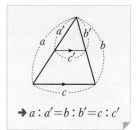

$\boxed{\overline{BC} /\!/ \overline{DE}}$ $\xrightarrow[\text{AA 닮음}]{△ABC \backsim △ADE}$ $\boxed{\overline{AB}:\overline{AD}=\overline{AC}:\overline{AE}=\overline{BC}:\overline{DE}}$

↳ ① : ② = ③ : ④ = ⑤ : ⑥

참고 $\overline{AB}:\overline{AD}=\overline{AC}:\overline{AE}=\overline{BC}:\overline{DE}$ ➡ $\overline{BC} /\!/ \overline{DE}$

➡ $a:a'=b:b'=c:c'$

---

1 다음 그림에서 $\overline{BC} /\!/ \overline{DE}$일 때, x의 값을 구하시오.

(1)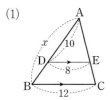

(2)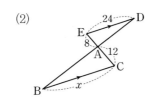

1-1 다음 그림에서 $\overline{BC} /\!/ \overline{DE}$일 때, x의 값을 구하시오.

(1)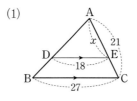

(2)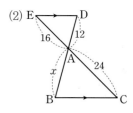

개념 2 삼각형에서 평행선과 선분의 길이의 비 사이에는 어떤 관계가 있을까? (평행선 제외)

△ABC에서 $\overline{AB}$, $\overline{AC}$ 또는 그 연장선 위에 각각 점 D, 점 E가 있을 때

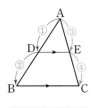 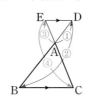

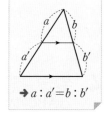

$\boxed{\overline{BC} /\!/ \overline{DE}}$ $\longrightarrow$ $\boxed{\overline{AD}:\overline{DB}=\overline{AE}:\overline{EC}}$

↳ ① : ② = ③ : ④

참고 $\overline{AD}:\overline{DB}=\overline{AE}:\overline{EC}$ ➡ $\overline{BC} /\!/ \overline{DE}$

➡ $a:a'=b:b'$

---

2 다음 그림에서 $\overline{BC} /\!/ \overline{DE}$일 때, x의 값을 구하시오.

(1)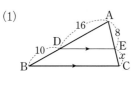

(2)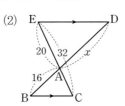

2-1 다음 그림에서 $\overline{BC} /\!/ \overline{DE}$일 때, x의 값을 구하시오.

(1)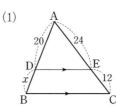

(2)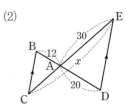

2. 닮음의 활용 **97**

개념 3 삼각형의 한 내각의 이등분선을 그었을 때, 선분의 길이의 비는 어떻게 될까?

△ABC에서 $\overline{AD}$가
∠A의 이등분선

↓

$\overline{AB} : \overline{AC} = \overline{BD} : \overline{CD}$

↳ ① : ② = ③ : ④

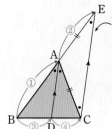

$\overline{AD} / \! / \overline{EC}$이므로 △BCE에서 평행선과 선분의 길이의 비를 이용한다.

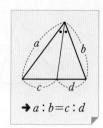

➜ $a : b = c : d$

3 오른쪽 그림과 같은 △ABC에서 $\overline{AD}$가 ∠A의 이등분선일 때, 다음은 $\overline{BD}$의 길이를 구하는 과정이다. □ 안에 알맞은 것을 써넣으시오.

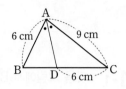

$\overline{AB} : \overline{AC} = \overline{BD} : \boxed{}$ 에서

$6 : 9 = \overline{BD} : \boxed{}$ ∴ $\overline{BD} = \boxed{}$ (cm)

3-1 오른쪽 그림과 같은 △ABC에서 $\overline{AD}$가 ∠A의 이등분선일 때, x의 값을 구하시오.

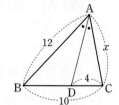

개념 4 삼각형의 한 외각의 이등분선을 그었을 때, 선분의 길이의 비는 어떻게 될까?

△ABC에서 $\overline{AD}$가
∠A의 외각의 이등분선

↓

$\overline{AB} : \overline{AC} = \overline{BD} : \overline{CD}$

↳ ① : ② = ③ : ④

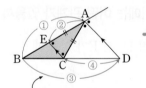

$\overline{AD} / \! / \overline{EC}$이므로 △ABD에서 평행선과 선분의 길이의 비를 이용한다.

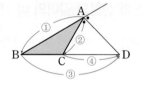

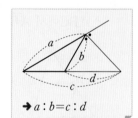

➜ $a : b = c : d$

4 오른쪽 그림과 같은 △ABC에서 $\overline{AD}$가 ∠A의 외각의 이등분선일 때, 다음은 $\overline{CD}$의 길이를 구하는 과정이다. □ 안에 알맞은 것을 써넣으시오.

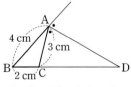

$\overline{AB} : \overline{AC} = \boxed{} : \overline{CD}$ 에서

$4 : 3 = (\boxed{} + \overline{CD}) : \overline{CD}$

∴ $\overline{CD} = \boxed{}$ (cm)

4-1 오른쪽 그림과 같은 △ABC에서 $\overline{AD}$가 ∠A의 외각의 이등분선일 때, x의 값을 구하시오.

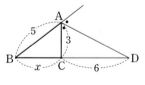

> **삼각형에서 평행선과 선분의 길이의 비 (1)**　　중요♡

01 오른쪽 그림과 같은 △ABC에서 $\overline{BC}\,/\!/\,\overline{DE}$일 때, $x+y$의 값을 구하시오.

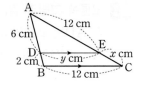

02 오른쪽 그림과 같은 △ABC에서 $\overline{BC}\,/\!/\,\overline{DF}$일 때, x, y의 값을 각각 구하시오.

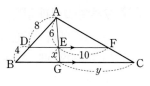

> **삼각형에서 평행선과 선분의 길이의 비 (2)**　　중요♡

03 오른쪽 그림에서 $\overline{BC}\,/\!/\,\overline{DE}$일 때, $x+y$의 값을 구하시오.

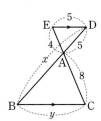

04 오른쪽 그림에서 $\overline{BC}\,/\!/\,\overline{DE}\,/\!/\,\overline{GF}$일 때, x, y의 값을 각각 구하시오.

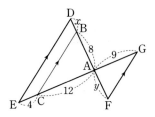

> **삼각형에서 평행선 찾기**

05 다음 **보기**에서 $\overline{BC}\,/\!/\,\overline{DE}$인 것을 모두 고르시오.

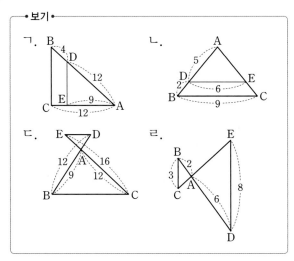

06 오른쪽 그림과 같은 △ABC에서 다음 중 옳은 것을 모두 고르면?

(정답 2개)

① $\overline{AB}\,/\!/\,\overline{FE}$

② $\overline{BC}\,/\!/\,\overline{DF}$

③ $\overline{AC}\,/\!/\,\overline{DE}$

④ △ABC∽△ADF

⑤ △ABC∽△FEC

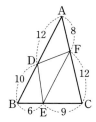

삼각형의 내각의 이등분선 중요♥

07 오른쪽 그림과 같은 △ABC에서 $\overline{AD}$는 ∠A의 이등분선일 때, $\overline{AB}$의 길이를 구하시오.

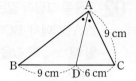

08 오른쪽 그림과 같은 △ABC에서 $\overline{AD}$는 ∠A의 이등분선이고, $\overline{AC} /\!\!/ \overline{ED}$일 때, 다음을 구하시오.

(1) $\overline{AC}$의 길이

(2) $\overline{DE}$의 길이

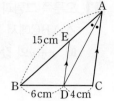

삼각형의 외각의 이등분선

09 오른쪽 그림과 같은 △ABC에서 $\overline{AD}$는 ∠A의 외각의 이등분선일 때, $\overline{AC}$의 길이는?

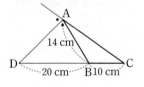

① 20 cm ② 21 cm ③ 22 cm

④ 23 cm ⑤ 24 cm

10 오른쪽 그림과 같은 △ABC에서 $\overline{AD}$는 ∠A의 외각의 이등분선일 때, $\overline{BD}$의 길이를 구하시오.

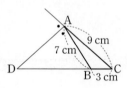

각의 이등분선과 넓이

11 오른쪽 그림과 같은 △ABC의 넓이가 36 cm²이고, ∠BAD=∠CAD일 때, △ABD의 넓이를 구하시오.

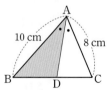

┤코칭 Plus ├

△ABC에서 ∠BAD=∠CAD이면

$△ABD : △ADC = \frac{1}{2}a'h : \frac{1}{2}b'h$

$= a' : b' = a : b$

→ $△ABD : △ACD = \overline{BD} : \overline{CD} = \overline{AB} : \overline{AC}$

12 오른쪽 그림과 같은 △ABC에서 $\overline{AD}$는 ∠A의 외각의 이등분선이다. △ABD의 넓이가 32 cm² 일 때, △ACD의 넓이를 구하시오.

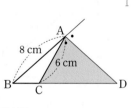

02 평행선 사이의 선분의 길이의 비

1 삼각형의 두 변의 중점을 연결한 선분의 성질

(1) $\triangle ABC$에서 $\overline{AM}=\overline{MB}$, $\overline{AN}=\overline{NC}$이면

$\overline{MN}/\!/\overline{BC}$, $\overline{MN}=\dfrac{1}{2}\overline{BC}$

(2) $\triangle ABC$에서 $\overline{AM}=\overline{MB}$, $\overline{MN}/\!/\overline{BC}$이면

$\overline{AN}=\overline{NC}$

(3) 사다리꼴에서 두 변의 중점을 연결한 선분의 성질

$\overline{AD}/\!/\overline{BC}$인 사다리꼴 ABCD에서 두 점 M, N이 각각 $\overline{AB}$, $\overline{DC}$의 중점일 때

① $\overline{AD}/\!/\overline{MN}/\!/\overline{BC}$

② $\overline{MN}=\overline{MP}+\overline{PN}=\dfrac{1}{2}(\overline{AD}+\overline{BC})$

③ $\overline{PQ}=\overline{MQ}-\overline{MP}=\dfrac{1}{2}(\overline{BC}-\overline{AD})$ (단, $\overline{BC}>\overline{AD}$)

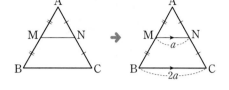

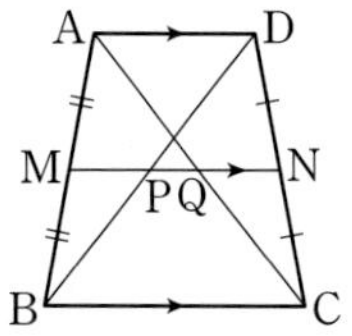

> (2)에서 $\overline{AM}=\overline{MB}$,
> $\overline{MN}/\!/\overline{BC}$이면
> $\overline{AN}=\overline{NC}$이므로
> (1)의 성질에 의해
> $\overline{MN}=\dfrac{1}{2}\overline{BC}$이다.

2 평행선 사이의 선분의 길이의 비

세 개의 평행선이 서로 다른 두 직선과 만나서 생긴 선분의 길이의 비는 같다.

→ $l/\!/m/\!/n$이면 $a:b=a':b'$ 또는 $a:a'=b:b'$

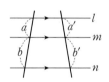
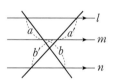

3 사다리꼴에서 평행선과 선분의 길이의 비

$\overline{AD}/\!/\overline{BC}$인 사다리꼴 ABCD에서 $\overline{EF}/\!/\overline{BC}$일 때,

$\overline{EF}=\dfrac{an+bm}{m+n}$

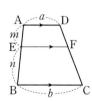

방법1 평행선 이용

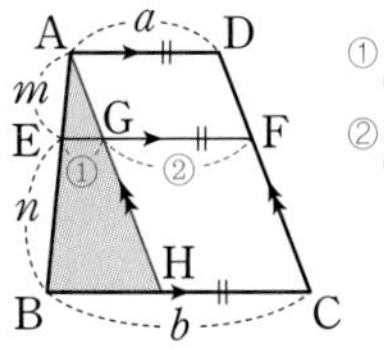

$\triangle ABH$에서

① $\overline{EG}:\overline{BH}=m:(m+n)$

② $\overline{GF}=\overline{HC}=\overline{AD}=a$

→ $\overline{EF}=\overline{EG}+\overline{GF}$

방법2 대각선 이용

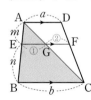

$\triangle ABC$에서

① $\overline{EG}:\overline{BC}=m:(m+n)$

$\triangle ACD$에서

② $\overline{GF}:\overline{AD}=n:(n+m)$

→ $\overline{EF}=\overline{EG}+\overline{GF}$

4 평행선과 선분의 길이의 비의 응용

$\overline{AC}$와 $\overline{BD}$의 교점을 E라 할 때, $\overline{AB}/\!/\overline{EF}/\!/\overline{DC}$이면

(1) $\overline{EF}=\dfrac{ab}{a+b}$

(2) $\overline{BF}:\overline{FC}=a:b$

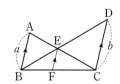

> $\overline{EF}:\overline{AB}=\overline{CE}:\overline{CA}$
> $=b:(b+a)$
> $\overline{EF}:\overline{DC}=\overline{BE}:\overline{BD}$
> $=a:(a+b)$

개념 1 삼각형의 두 변의 중점을 연결한 선분의 길이는 어떻게 구할까?

• 삼각형의 두 변의 중점을 연결한 선분의 성질 (1)

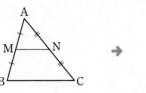 →

$\overline{AM}=\overline{MB}$, $\overline{AN}=\overline{NC}$ → $\overline{MN} /\!/ \overline{BC}$, $\overline{MN}=\dfrac{1}{2}\overline{BC}$

• 삼각형의 두 변의 중점을 연결한 선분의 성질 (2)

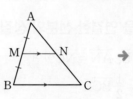 →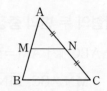

$\overline{AM}=\overline{MB}$, $\overline{MN} /\!/ \overline{BC}$ → $\overline{AN}=\overline{NC}$

1 다음 그림과 같은 △ABC에서 x의 값을 구하시오.

(1) 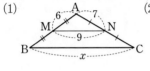   (2)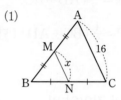

1-1 다음 그림과 같은 △ABC에서 x의 값을 구하시오.

(1) 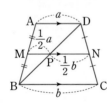   (2)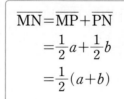

개념 2 사다리꼴에서 두 변의 중점을 연결한 선분의 길이는 어떻게 구할까? (1)

사다리꼴 ABCD에서 $\overline{AD} /\!/ \overline{BC}$이고 $\overline{AM}=\overline{MB}$, $\overline{DN}=\overline{NC}$일 때

△ABD와 △DBC에서 $\overline{MP}=\dfrac{1}{2}a$, $\overline{PN}=\dfrac{1}{2}b$ → $\overline{MN}=\overline{MP}+\overline{PN}$ $=\dfrac{1}{2}a+\dfrac{1}{2}b$ $=\dfrac{1}{2}(a+b)$

$\overline{AD} /\!/ \overline{BC}$이고 점 M, N이 각각 $\overline{AB}$, $\overline{DC}$의 중점이면 → $\overline{AD} /\!/ \overline{MN} /\!/ \overline{BC}$

2 오른쪽 그림과 같이 $\overline{AD} /\!/ \overline{BC}$인 사다리꼴 ABCD에서 $\overline{AB}$, $\overline{DC}$의 중점을 각각 M, N이라 할 때, 다음을 구하시오.

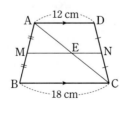

(1) $\overline{ME}$의 길이

(2) $\overline{EN}$의 길이

(3) $\overline{MN}$의 길이

2-1 오른쪽 그림과 같이 $\overline{AD} /\!/ \overline{BC}$인 사다리꼴 ABCD에서 $\overline{AB}$, $\overline{DC}$의 중점을 각각 M, N이라 할 때, 다음을 구하시오.

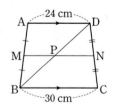

(1) $\overline{MP}$의 길이

(2) $\overline{PN}$의 길이

(3) $\overline{MN}$의 길이

개념 3 사다리꼴에서 두 변의 중점을 연결한 선분의 길이는 어떻게 구할까? (2)

사다리꼴 ABCD에서 $\overline{AD} /\!/ \overline{BC}$이고 $\overline{AM}=\overline{MB}$, $\overline{DN}=\overline{NC}$일 때

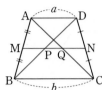

$\triangle$ABC와 $\triangle$ABD에서
$\overline{MQ}=\dfrac{1}{2}b$, $\overline{MP}=\dfrac{1}{2}a$

➡

$$\overline{PQ}=\overline{MQ}-\overline{MP}$$
$$=\dfrac{1}{2}b-\dfrac{1}{2}a$$
$$=\dfrac{1}{2}(b-a)\ (\text{단, } b>a)$$

3 오른쪽 그림과 같이 $\overline{AD} /\!/ \overline{BC}$인 사다리꼴 ABCD에서 $\overline{AB}$, $\overline{DC}$의 중점을 각각 M, N이라 할 때, 다음을 구하시오.

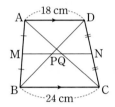

(1) $\overline{MQ}$의 길이

(2) $\overline{MP}$의 길이

(3) $\overline{PQ}$의 길이

3-1 오른쪽 그림과 같이 $\overline{AD} /\!/ \overline{BC}$인 사다리꼴 ABCD에서 $\overline{AB}$, $\overline{DC}$의 중점을 각각 M, N이라 할 때, 다음을 구하시오.

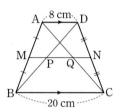

(1) $\overline{MQ}$의 길이

(2) $\overline{MP}$의 길이

(3) $\overline{PQ}$의 길이

개념 4 평행선과 선분의 길이의 비 사이에는 어떤 관계가 있을까?

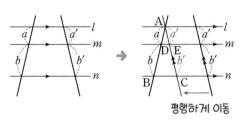

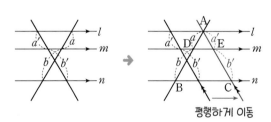

| $l /\!/ m /\!/ n$ | $\xrightarrow[\text{AA 닮음}]{\triangle ABC \backsim \triangle ADE}$ | $a:b=a':b'$ 또는 $a:a'=b:b'$ |

4 다음 그림에서 $l /\!/ m /\!/ n$일 때, x의 값을 구하시오.

(1)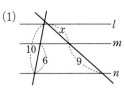

(2)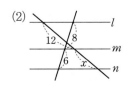

4-1 다음 그림에서 $l /\!/ m /\!/ n$일 때, x의 값을 구하시오.

(1)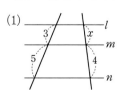

(2)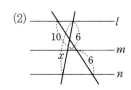

개념 5 사다리꼴에서 평행선과 선분의 길이의 비를 이용하여 선분의 길이를 어떻게 구할까?

사다리꼴 ABCD에서 $\overline{AD} /\!/ \overline{EF} /\!/ \overline{BC}$일 때, $\overline{EF}$의 길이를 구해 보자.

| **방법 1** $\overline{AH} /\!/ \overline{DC}$인 보조선 AH 긋기 | **방법 2** 보조선 AC 긋기 |

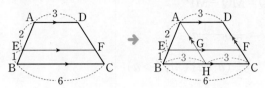

$\overline{GF} = \overline{HC} = \overline{AD} = 3$
$\triangle ABH$에서 $2:3 = \overline{EG}:3$ ∴ $\overline{EG} = 2$
→ $\overline{EF} = \overline{EG} + \overline{GF} = 2 + 3 = 5$

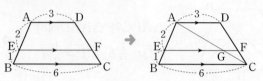

$\triangle ABC$에서 $2:3 = \overline{EG}:6$ ∴ $\overline{EG} = 4$
$\triangle ACD$에서 $1:3 = \overline{GF}:3$ ∴ $\overline{GF} = 1$
→ $\overline{EF} = \overline{EG} + \overline{GF} = 4 + 1 = 5$

5 오른쪽 그림과 같은 사다리꼴 ABCD에서 $\overline{AD} /\!/ \overline{EF} /\!/ \overline{BC}$ 이고, $\overline{AH} /\!/ \overline{DC}$일 때, x, y의 값을 각각 구하시오.

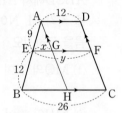

5-1 오른쪽 그림과 같은 사다리꼴 ABCD에서 $\overline{AD} /\!/ \overline{EF} /\!/ \overline{BC}$일 때, x, y의 값을 각각 구하시오.

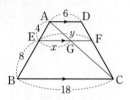

개념 6 평행선과 선분의 길이의 비와 삼각형의 닮음을 이용하여 선분의 길이를 어떻게 구할까?

다음 그림에서 $\overline{AC}$와 $\overline{BD}$의 교점을 E라 하고 $\overline{AB} /\!/ \overline{EF} /\!/ \overline{DC}$일 때

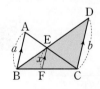

$\triangle BFE \backsim \triangle BCD$
(AA 닮음)
→ $\triangle BCD$에서
$\overline{EF}:\overline{DC} = \overline{BE}:\overline{BD}$이므로
$x:b = a:(a+b)$
→ $x = \dfrac{ab}{a+b}$

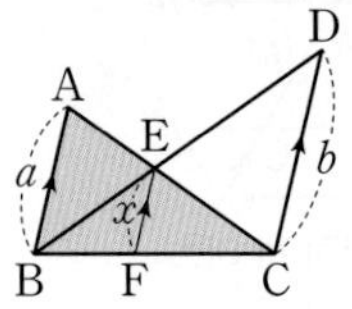

$\triangle CEF \backsim \triangle CAB$
(AA 닮음)
→ $\triangle CAB$에서
$\overline{EF}:\overline{AB} = \overline{CE}:\overline{CA}$이므로
$x:a = b:(a+b)$
→ $x = \dfrac{ab}{a+b}$

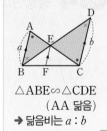

$\triangle ABE \backsim \triangle CDE$
(AA 닮음)
→ 닮음비는 $a:b$

6 오른쪽 그림에서 $\overline{AB} /\!/ \overline{EF} /\!/ \overline{DC}$일 때, 다음 물음에 답하시오.

(1) $\overline{BE}:\overline{DE}$를 가장 간단한 자연수의 비로 나타내시오.

(2) $\overline{EF}$의 길이를 구하시오.

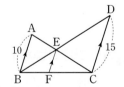

6-1 오른쪽 그림에서 $\overline{AB} /\!/ \overline{EF} /\!/ \overline{DC}$일 때, 다음 물음에 답하시오.

(1) $\overline{AE}:\overline{CE}$를 가장 간단한 자연수의 비로 나타내시오.

(2) $\overline{EF}$의 길이를 구하시오.

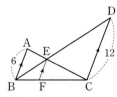

개념 완성하기

교과서 대표 문제로

삼각형의 두 변의 중점을 연결한 선분의 성질 중요👀

01 오른쪽 그림과 같은 △ABC에서 $\overline{\text{AM}}=\overline{\text{MB}}$, $\overline{\text{MN}} /\!/ \overline{\text{BC}}$이고, $\overline{\text{AC}}=10$ cm, $\overline{\text{BC}}=12$ cm 일 때, $x+y$의 값을 구하시오.

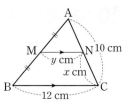

02 오른쪽 그림에서 △ABC는 $\overline{\text{AB}}=\overline{\text{AC}}$인 이등변삼각형이다. 점 M은 $\overline{\text{AB}}$의 중점이고, $\overline{\text{MN}} /\!/ \overline{\text{BC}}$, $\overline{\text{AC}}=12$ cm, $\overline{\text{BC}}=8$ cm일 때, △AMN의 둘레의 길이를 구하시오.

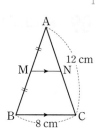

삼각형의 두 변의 중점을 연결한 선분의 성질의 응용 – 삼등분점

03 오른쪽 그림과 같은 △ABC에서 $\overline{\text{AE}}=\overline{\text{EF}}=\overline{\text{FB}}$, $\overline{\text{BD}}=\overline{\text{DC}}$이고, $\overline{\text{EG}}=4$ cm일 때, $\overline{\text{CG}}$의 길이를 구하시오.

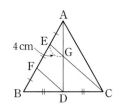

04 오른쪽 그림과 같은 △ABC에서 $\overline{\text{AB}}$의 중점을 D라 하고, $\overline{\text{AC}}$의 삼등분점을 각각 E, F라 하자. $\overline{\text{BF}}=24$ cm일 때, $\overline{\text{GF}}$의 길이를 구하시오.

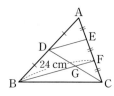

삼각형의 세 변의 중점을 연결한 삼각형

05 오른쪽 그림과 같은 △ABC에서 $\overline{\text{AB}}$, $\overline{\text{BC}}$, $\overline{\text{CA}}$의 중점을 각각 D, E, F라 할 때, △DEF의 둘레의 길이를 구하시오.

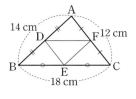

06 오른쪽 그림과 같은 △ABC에서 $\overline{\text{AB}}$, $\overline{\text{BC}}$, $\overline{\text{CA}}$의 중점을 각각 D, E, F라 할 때, △ABC의 둘레의 길이를 구하시오.

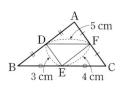

사다리꼴의 두 변의 중점을 연결한 선분의 성질

07 오른쪽 그림과 같이 $\overline{\text{AD}} /\!/ \overline{\text{BC}}$인 사다리꼴 ABCD에서 $\overline{\text{AB}}$, $\overline{\text{DC}}$의 중점을 각각 M, N이라 하자. $\overline{\text{AD}}=12$ cm, $\overline{\text{PQ}}=4$ cm일 때, $\overline{\text{BC}}$의 길이를 구하시오.

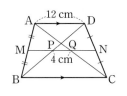

08 오른쪽 그림과 같이 $\overline{\text{AD}} /\!/ \overline{\text{BC}}$인 사다리꼴 ABCD에서 두 점 M, N은 각각 $\overline{\text{AB}}$, $\overline{\text{DC}}$의 중점이고, $\overline{\text{MP}}=\overline{\text{PQ}}=\overline{\text{QN}}$이다. $\overline{\text{AD}}=8$ cm일 때, $\overline{\text{BC}}$의 길이를 구하시오.

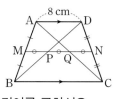

09 다음 그림에서 $l /\!/ m /\!/ n$일 때, $x+y$의 값을 구하시오.

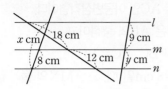

10 다음 그림에서 $l /\!/ m /\!/ n$일 때, $x+y$의 값을 구하시오.

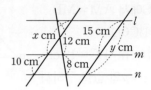

11 오른쪽 그림과 같은 사다리꼴 ABCD에서 $\overline{AD} /\!/ \overline{EF} /\!/ \overline{BC}$ 일 때, $x+y$의 값을 구하시오.

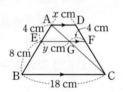

코칭 Plus

사다리꼴 ABCD에서 $\overline{EF}$의 길이 구하기
❶ 보조선이 없으면 $\overline{AC}$를 긋는다.
❷ $\overline{EF} = \overline{EG} + \overline{GF}$임을 이용한다.

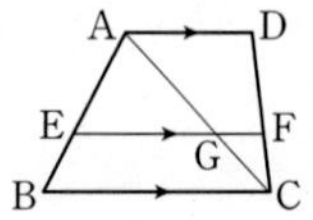

12 오른쪽 그림과 같은 사다리꼴 ABCD에서 $\overline{AD} /\!/ \overline{EF} /\!/ \overline{BC}$일 때, 다음을 구하시오.

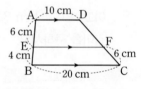

(1) $\overline{DF}$의 길이

(2) $\overline{EF}$의 길이

13 오른쪽 그림에서 $\overline{AB} /\!/ \overline{EF} /\!/ \overline{DC}$이고, $\overline{AB} = 6$ cm, $\overline{EF} = 4$ cm일 때, $\overline{DC}$의 길이를 구하시오.

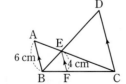

14 오른쪽 그림에서 $\overline{AB}$, $\overline{EF}$, $\overline{DC}$가 모두 $\overline{BC}$에 수직이고, $\overline{EF} = 3$ cm, $\overline{DC} = 12$ cm 일 때, $\overline{AB}$의 길이는?

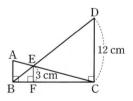

① 3 cm
② $\dfrac{10}{3}$ cm
③ 4 cm

④ $\dfrac{14}{3}$ cm
⑤ 5 cm

01

오른쪽 그림과 같은 △ABC에서
$\overline{BC}$∥$\overline{DE}$이고, $\overline{DE}$=15 cm,
$\overline{BF}$=6 cm, $\overline{FC}$=12 cm일 때,
$\overline{DG}$의 길이는?

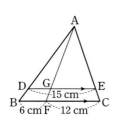

① $\dfrac{11}{3}$ cm   ② 4 cm

③ $\dfrac{13}{3}$ cm   ④ $\dfrac{14}{3}$ cm

⑤ 5 cm

02

오른쪽 그림과 같은 △ABC
에서 $\overline{AB}$, $\overline{BC}$, $\overline{CA}$의 중점을
각각 D, E, F라 하자.
△ABC의 둘레의 길이가
26 cm일 때, △DEF의 둘레의 길이를 구하시오.

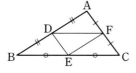

03

오른쪽 그림과 같은 직사각형
ABCD에서 네 점 E, F, G, H는
각각 $\overline{AB}$, $\overline{BC}$, $\overline{CD}$, $\overline{DA}$의 중점
이다. $\overline{AC}$=20 cm일 때,
□EFGH의 둘레의 길이를 구하시오.

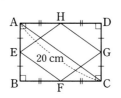

04

오른쪽 그림과 같은 사다리꼴
ABCD에서 $\overline{AD}$∥$\overline{EF}$∥$\overline{BC}$이고,
$2\overline{AE}$=$\overline{BE}$일 때, $\overline{EF}$의 길이를 구
하시오.

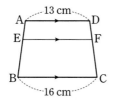

05

오른쪽 그림에서 $\overline{AB}$, $\overline{EF}$,
$\overline{DC}$가 모두 $\overline{BC}$에 수직이
다. $\overline{AB}$=4 cm,
$\overline{BC}$=10 cm, $\overline{DC}$=6 cm
일 때, △EBC의 넓이를
구하시오.

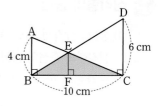

한걸음 더

06 추론💬

오른쪽 그림과 같은 △ABC에서
$\overline{DE}$∥$\overline{BC}$이고, $\overline{DF}$∥$\overline{BE}$이다.
$\overline{AE}$=28 cm, $\overline{EC}$=21 cm일 때,
$\overline{AF}$의 길이는?

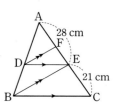

① 13 cm   ② 14 cm

③ 15 cm   ④ 16 cm

⑤ 17 cm

07 문제해결🔓

오른쪽 그림과 같은 △ABC에서
$\overline{BA}$의 연장선 위에 $\overline{AB}$=$\overline{AD}$가
되도록 점 D를 잡고, $\overline{AC}$의 중점
을 E, $\overline{DE}$의 연장선과 $\overline{BC}$의 교
점을 F라 하자. $\overline{AG}$∥$\overline{BC}$이고,
$\overline{BC}$=12 cm일 때, $\overline{BF}$의 길이를
구하시오.

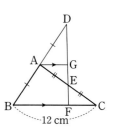

03 삼각형의 무게중심

1 삼각형의 중선

(1) **중선** : 삼각형의 한 꼭짓점과 그 대변의 중점을 이은 선분

(2) **삼각형의 중선의 성질**

삼각형의 한 중선은 그 삼각형의 넓이를 이등분한다.

→ $\triangle ABC$에서 $\overline{AD}$가 중선이면 $\triangle ABD = \triangle ACD = \dfrac{1}{2}\triangle ABC$

└→ 두 삼각형은 밑변의 길이와 높이가 각각 같다.

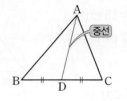

용어
• **중선**(가운데 中, 줄 線)
삼각형에서의 가운데 선

한 삼각형에는 3개의 중선이 있다.

2 삼각형의 무게중심

(1) **무게중심** : 삼각형의 세 중선이 만나는 점

(2) **삼각형의 무게중심의 성질**

① 삼각형의 세 중선은 한 점(무게중심)에서 만난다.

② 삼각형의 무게중심은 세 중선의 길이를 각 꼭짓점으로부터 각각 2 : 1로 나눈다.

→ $\triangle ABC$의 무게중심을 G라 하면 $\overline{AG} : \overline{GD} = \overline{BG} : \overline{GE} = \overline{CG} : \overline{GF} = 2 : 1$

(3) **삼각형의 무게중심과 넓이**

① 삼각형의 세 중선에 의하여 삼각형의 넓이는 6등분된다.

→ $\triangle GAF = \triangle GBF = \triangle GBD = \triangle GCD$

$= \triangle GCE = \triangle GAE = \dfrac{1}{6}\triangle ABC$

② 삼각형의 무게중심과 세 꼭짓점을 이어서 생기는 세 삼각형의 넓이는 같다.

→ $\underline{\triangle GAB = \triangle GBC = \triangle GCA} = \dfrac{1}{3}\triangle ABC$

└→ 넓이는 같지만 합동은 아니다.

일반적으로 무게중심 (center of gravity)은 G로 나타낸다.

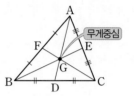

$\triangle GAF$
$= \dfrac{1}{3}\triangle CAF$
$= \dfrac{1}{3} \times \dfrac{1}{2}\triangle ABC$
$= \dfrac{1}{6}\triangle ABC$

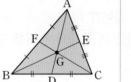

$\triangle GAB$
$= \dfrac{2}{3}\triangle ABD$
$= \dfrac{2}{3} \times \dfrac{1}{2}\triangle ABC$
$= \dfrac{1}{3}\triangle ABC$

3 평행사변형에서 삼각형의 무게중심

평행사변형 ABCD에서 두 점 M, N이 각각 $\overline{BC}$, $\overline{CD}$의 중점일 때

(1) 두 점 P, Q는 각각 $\triangle ABC$, $\triangle ACD$의 무게중심이다.

(2) $\overline{BP} = \overline{PQ} = \overline{QD} = \dfrac{1}{3}\overline{BD}$

(3) $\overline{MN} = \dfrac{1}{2}\overline{BD}$

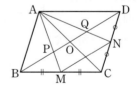

$\overline{BP} : \overline{PO} = \overline{DQ} : \overline{QO}$
$= 2 : 1$
이므로 $\overline{BP} = \overline{PQ} = \overline{QD}$

정삼각형과 이등변삼각형의 무게중심, 외심, 내심은 각각 어디에 위치할까?

정삼각형의 무게중심, 외심, 내심은 모두 일치한다.

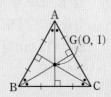

이등변삼각형의 무게중심, 외심, 내심은 모두 꼭지각의 이등분선인 $\overline{AH}$ 위에 있다.

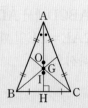

개념 1 삼각형의 중선과 넓이 사이에는 어떤 관계가 있을까?

$\overline{AD}$가 $\triangle ABC$의 중선일 때

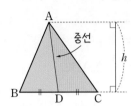

$\triangle ABD = \dfrac{1}{2} \times \overline{BD} \times h$

$\triangle ADC = \dfrac{1}{2} \times \overline{DC} \times h$

→ $\overline{BD} = \overline{DC}$이므로

$$\triangle ABD = \triangle ADC = \dfrac{1}{2} \triangle ABC$$

→ 중선은 삼각형의 넓이를 이등분한다.

1 오른쪽 그림에서 $\overline{AD}$는 $\triangle ABC$의 중선이고, $\triangle ABC$의 넓이가 30 cm²일 때, $\triangle ADC$의 넓이를 구하시오.

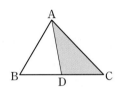

1-1 오른쪽 그림에서 $\overline{AD}$는 $\triangle ABC$의 중선이고, $\triangle ABD$의 넓이가 14 cm²일 때, $\triangle ABC$의 넓이를 구하시오.

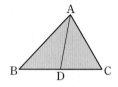

개념 2 삼각형에서 무게중심은 각 중선의 길이를 어떻게 나눌까?

점 G가 $\triangle ABC$의 무게중심일 때, x의 값을 구해 보자.

(1)

점 G가 무게중심이면 $\overline{AD}$는 중선이다.

→ $\overline{BD} = \overline{CD}$이므로 $x = 12$

(2)

무게중심 G는 $\overline{AD}$를 꼭짓점으로부터 2 : 1로 나눈다.

→ $14 : x = 2 : 1$에서

$2x = 14$ ∴ $x = 7$

2 다음 그림에서 점 G가 $\triangle ABC$의 무게중심일 때, x, y의 값을 각각 구하시오.

(1)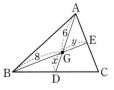

(2)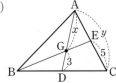

2-1 다음 그림에서 점 G가 $\triangle ABC$의 무게중심일 때, x, y의 값을 각각 구하시오.

(1)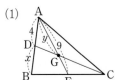

(2)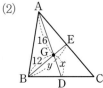

개념 3 세 중선으로 나누어진 삼각형의 넓이는 어떤 관계가 있을까?

점 G가 △ABC의 무게중심일 때

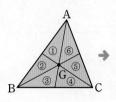

→ ①＝②＝③＝④＝⑤＝⑥ ＝$\frac{1}{6}$△ABC

└→ 삼각형의 넓이는 삼각형의 세 중선에 의하여 6등분된다.

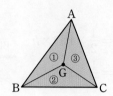

→ ①＝②＝③ ＝$\frac{1}{3}$△ABC

└→ 무게중심과 세 꼭짓점을 이어 생기는 3개의 삼각형의 넓이는 같다.

3 다음 그림에서 점 G는 △ABC의 무게중심이고, △ABC의 넓이가 54 cm²일 때, 색칠한 부분의 넓이를 구하시오.

(1)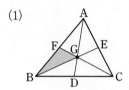

(2)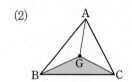

3-1 오른쪽 그림에서 점 G가 △ABC의 무게중심일 때, 다음을 구하시오.

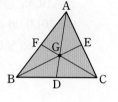

(1) △GBD의 넓이가 8 cm²일 때, △ABC의 넓이

(2) △GCA의 넓이가 12 cm²일 때, △ABC의 넓이

집중 4 평행사변형에서 삼각형의 무게중심을 어떻게 활용할까?

평행사변형 ABCD에서 $\overline{BC}$, $\overline{CD}$의 중점을 각각 M, N이라 할 때

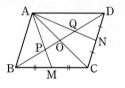 ➡ 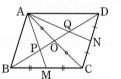 ➡ 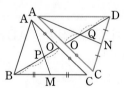 ➡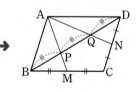

평행사변형의 두 대각선은 서로 다른 것을 이등분한다. → $\overline{AO}=\overline{CO}$ ➡ 두 점 P, Q는 각각 △ABC, △ACD의 무게중심이다. ➡ $\overline{BP}=\overline{PQ}=\overline{QD}$

└→ $\overline{PO}=\frac{1}{3}\overline{BO}=\frac{1}{3}\overline{DO}=\overline{QO}=\frac{1}{6}\overline{BD}$

4 오른쪽 그림과 같은 평행사변형 ABCD에서 두 대각선의 교점을 O라 하고, $\overline{BC}$, $\overline{CD}$의 중점을 각각 M, N이라 하자. $\overline{PQ}=9$ cm일 때, $\overline{BD}$의 길이를 구하시오.

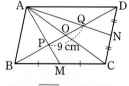

4-1 오른쪽 그림과 같은 평행사변형 ABCD에서 두 대각선의 교점을 O라 하고, $\overline{AD}$, $\overline{BC}$의 중점을 각각 M, N이라 하자. $\overline{AC}=12$ cm일 때, $\overline{PQ}$의 길이를 구하시오.

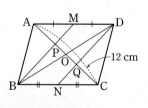

개념 완성하기
교과서 대표 문제로

삼각형의 중선

01 오른쪽 그림에서 $\overline{AD}$는 △ABC의 중선이고, $\overline{CE}$는 △ADC의 중선이다. △ABC의 넓이가 $52\,cm^2$일 때, 다음을 구하시오.

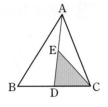

(1) △ADC의 넓이

(2) △EDC의 넓이

02 오른쪽 그림에서 $\overline{BD}$는 △ABC의 중선이고, $\overline{DE}$는 △DBC의 중선이다. △DBE의 넓이가 $6\,cm^2$일 때, △ABC의 넓이는?

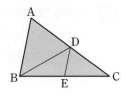

① $18\,cm^2$ ② $21\,cm^2$ ③ $24\,cm^2$

④ $27\,cm^2$ ⑤ $30\,cm^2$

삼각형의 무게중심의 응용 (1)   중요 ☆

03 오른쪽 그림에서 점 G는 △ABC의 무게중심이고, $\overline{DE}\,/\!/\,\overline{BC}$이다. $\overline{BC}=12\,cm$일 때, $\overline{DG}$의 길이를 구하시오.

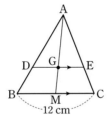

┌ 코칭 **Plus** ┐
△ADG∽△ABM(AA 닮음)
➜ $\overline{AG}:\overline{AM}=2:3$이므로 닮음비는 $2:3$이다.

04 오른쪽 그림에서 점 G는 △ABC의 무게중심이고, $\overline{DE}\,/\!/\,\overline{BC}$일 때, xy의 값을 구하시오.

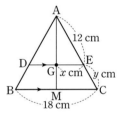

삼각형의 무게중심의 응용 (2)

05 오른쪽 그림에서 점 G는 △ABC의 무게중심이다. $\overline{AD}\,/\!/\,\overline{FE}$이고, $\overline{AG}=12\,cm$일 때, $x+y$의 값을 구하시오.

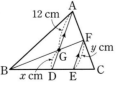

┌ 코칭 **Plus** ┐
(1) 점 G가 △ABC의 무게중심이므로 $\overline{AD}=3\overline{GD}$
(2) △ADC에서 $\overline{AF}=\overline{FC}$, $\overline{AD}\,/\!/\,\overline{FE}$이므로 $\overline{FE}=\dfrac{1}{2}\overline{AD}$

06 오른쪽 그림에서 점 G는 △ABC의 무게중심이다. $\overline{BF}=\overline{FD}$이고, $\overline{EF}=12\,cm$일 때, $\overline{AG}$의 길이를 구하시오.

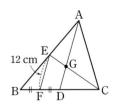

직각삼각형의 무게중심

07 오른쪽 그림에서 점 G는
∠A=90°인 직각삼각형
ABC의 무게중심이다.
$\overline{AB}$=12 cm,
$\overline{BC}$=20 cm, $\overline{AC}$=16 cm
일 때, $\overline{AG}$의 길이를 구하시오.

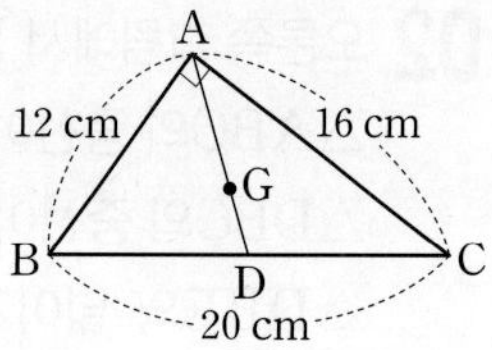

> **코칭 Plus**
>
> 점 G가 직각삼각형 ABC의 무게중심이면 점 D는 △ABC
> 의 외심이다. → $\overline{AD}=\overline{BD}=\overline{CD}$

08 오른쪽 그림에서 점 G는
∠B=90°인 직각삼각형
ABC의 무게중심이다.
$\overline{GD}$=10 cm일 때, $\overline{AC}$의 길
이를 구하시오.

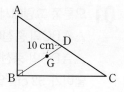

두 삼각형의 무게중심

09 오른쪽 그림에서 두 점 G, G'
은 각각 △ABC, △GBC의
무게중심이다. $\overline{AD}$=27 cm일
때, $\overline{GG'}$의 길이는?

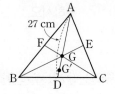

① 3 cm　　　② 4 cm　　　③ 5 cm

④ 6 cm　　　⑤ 7 cm

10 오른쪽 그림에서 두 점 G, G'
은 각각 △ABC, △GBC의
무게중심이다. $\overline{GG'}$=4 cm일
때, $\overline{AD}$의 길이를 구하시오.

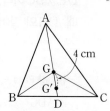

삼각형의 무게중심과 넓이의 응용 (1)　중요☆

11 오른쪽 그림과 같은 △ABC
에서 $\overline{BC}$와 $\overline{AC}$의 중점을 각
각 D, E라 하고 $\overline{AD}$와 $\overline{BE}$
의 교점을 G라 하자.
△AGE와 △GBD의 넓이의
합이 7 cm²일 때, △ABC의 넓이를 구하시오.

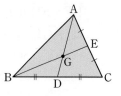

12 오른쪽 그림에서 두 점 G, G'
은 각각 △ABC, △GBC의
무게중심이다. △ABC의 넓
이가 36 cm²일 때, △GBG'
의 넓이를 구하시오.

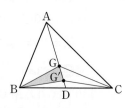

삼각형의 무게중심과 넓이의 응용 (2)

13 오른쪽 그림에서 점 G는 △ABC의 무게중심이고, △DGE의 넓이가 6 cm²일 때, △GBC의 넓이를 구하시오.

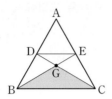

코칭 Plus

점 G가 △ABC의 무게중심일 때
→ △DGE : △EGC = $\overline{DG}$: $\overline{GC}$ = 1 : 2
→ △EGC : △GBC = $\overline{EG}$: $\overline{GB}$ = 1 : 2

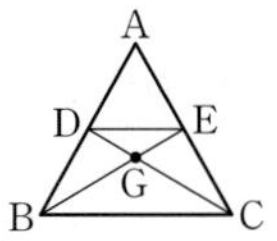

14 오른쪽 그림에서 점 G는 △ABC의 무게중심이고, △ABC의 넓이가 60 cm²일 때, △GDE의 넓이를 구하시오.

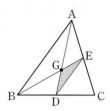

평행사변형에서 삼각형의 무게중심의 응용 (1) 중요☆

15 오른쪽 그림과 같은 평행사변형 ABCD에서 두 점 M, N은 각각 $\overline{BC}$, $\overline{CD}$의 중점이다. $\overline{PQ}$ = 12 cm일 때, $\overline{MN}$의 길이를 구하시오.

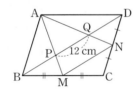

16 오른쪽 그림과 같은 평행사변형 ABCD에서 두 대각선의 교점을 O, $\overline{BC}$의 중점을 M이라 하자. $\overline{OD}$ = 15 cm일 때, $\overline{BP}$의 길이를 구하시오.

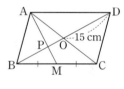

평행사변형에서 삼각형의 무게중심의 응용 (2)

17 오른쪽 그림과 같은 평행사변형 ABCD에서 두 대각선의 교점을 O, $\overline{BC}$의 중점을 M이라 하자. □ABCD의 넓이가 96 cm²일 때, △APO의 넓이를 구하시오.

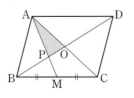

18 오른쪽 그림과 같은 평행사변형 ABCD에서 $\overline{AB}$, $\overline{BC}$의 중점을 각각 M, N이라 하자. △AMP의 넓이가 3 cm²일 때, □ABCD의 넓이를 구하시오.

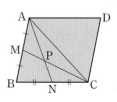

01

오른쪽 그림에서 점 G는 ∠C=90°인 직각삼각형 ABC의 무게중심이다. $\overline{AC}$=16 cm, $\overline{BC}$=12 cm일 때, △GDC의 넓이는?

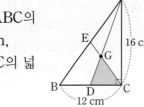

① 16 cm²   ② 18 cm²

③ 20 cm²   ④ 22 cm²

⑤ 24 cm²

02

오른쪽 그림과 같은 △ABC에서 점 D는 $\overline{BC}$의 중점이고, 두 점 G, G'은 각각 △ABD, △ADC의 무게중심이다. $\overline{BC}$=36 cm일 때, $\overline{GG'}$의 길이는?

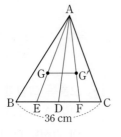

① 12 cm   ② 14 cm   ③ 16 cm

④ 18 cm   ⑤ 20 cm

03

오른쪽 그림에서 점 G는 △ABC의 무게중심이고, $\overline{EF}$∥$\overline{BC}$이다. $\overline{AD}$=6 cm일 때, $\overline{GF}$의 길이는?

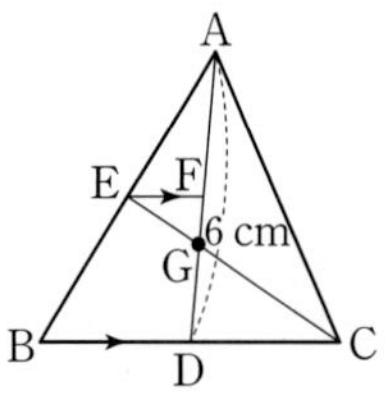

① $\frac{1}{2}$ cm   ② $\frac{2}{3}$ cm

③ 1 cm   ④ $\frac{4}{3}$ cm

⑤ $\frac{3}{2}$ cm

04

오른쪽 그림에서 점 G는 △ABC의 무게중심이고, 점 G를 지나고 $\overline{BC}$에 평행한 직선이 $\overline{AB}$, $\overline{AC}$와 만나는 점을 각각 D, E라 하자. △ABC의 넓이가 48 cm²일 때, △GFE의 넓이는?

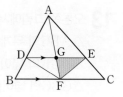

① 5 cm²   ② $\frac{16}{3}$ cm²   ③ $\frac{11}{2}$ cm²

④ $\frac{17}{3}$ cm²   ⑤ 6 cm²

05

오른쪽 그림과 같은 평행사변형 ABCD에서 $\overline{AD}$의 중점을 M, $\overline{AC}$와 $\overline{BM}$의 교점을 P라 하자. △ABP의 넓이가 24 cm²일 때, □ABCD의 넓이를 구하시오.

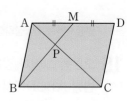

한걸음 더

06 문제 해결 🔓

오른쪽 그림과 같이 $\overline{AB}$=$\overline{AC}$인 이등변삼각형 ABC에서 ∠A의 이등분선이 $\overline{BC}$와 만나는 점을 D라 하자. 두 점 G, G'은 각각 △ABC, △GBC의 무게중심이고, $\overline{BC}$=20 cm, $\overline{GG'}$=6 cm일 때, △ABC의 넓이를 구하시오.

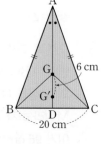

1

오른쪽 그림과 같이 $\overline{AD}$ ∥ $\overline{BC}$ 인 사다리꼴 ABCD에서 $\overline{AB}$, $\overline{DC}$의 중점을 각각 M, N이라 하자. $\overline{AD}=12$ cm, $\overline{BC}=20$ cm 일 때, $\overline{PQ}$의 길이를 구하시오. [6점]

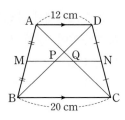

풀이

채점 기준 1 $\overline{MQ}$의 길이 구하기 … 2점

채점 기준 2 $\overline{MP}$의 길이 구하기 … 2점

채점 기준 3 $\overline{PQ}$의 길이 구하기 … 2점

답

1-1

오른쪽 그림과 같이 $\overline{AD}$ ∥ $\overline{BC}$ 인 사다리꼴 ABCD에서 $\overline{AB}$, $\overline{DC}$의 중점을 각각 M, N이라 하자. $\overline{BC}=16$ cm, $\overline{PQ}=4$ cm 일 때, $\overline{AD}$의 길이를 구하시오. [6점]

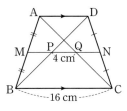

풀이

채점 기준 1 $\overline{MQ}$의 길이 구하기 … 2점

채점 기준 2 $\overline{MP}$의 길이 구하기 … 2점

채점 기준 3 $\overline{AD}$의 길이 구하기 … 2점

답

2

오른쪽 그림에서 $\overline{GF}$ ∥ $\overline{BC}$ ∥ $\overline{DE}$ 일 때, xy의 값을 구하시오. [5점]

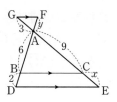

풀이

답

3

오른쪽 그림의 △ABC에서 ∠BAD=∠CAD=45°이고, $\overline{AB}=10$ cm, $\overline{AC}=15$ cm일 때, △ADC의 넓이를 구하시오. [5점]

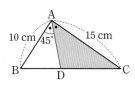

풀이

답

4

오른쪽 그림에서 두 점 G, G′은 각각 △ABC, △GBC의 무게중심이다. $\overline{AG}=12$ cm일 때, $x+y$의 값을 구하시오. [5점]

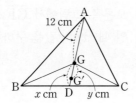

풀이

채점 기준 1 x의 값 구하기 … 2점

채점 기준 2 y의 값 구하기 … 2점

채점 기준 3 $x+y$의 값 구하기 … 1점

답

4-1

오른쪽 그림에서 두 점 G, G′은 각각 △ABC, △GBC의 무게중심이다. $\overline{G'D}=3$ cm일 때, $x+y$의 값을 구하시오. [5점]

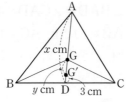

풀이

채점 기준 1 y의 값 구하기 … 2점

채점 기준 2 x의 값 구하기 … 2점

채점 기준 3 $x+y$의 값 구하기 … 1점

답

5

오른쪽 그림에서 점 G는 △ABC의 무게중심이고, 두 점 D, E는 각각 $\overline{BG}$, $\overline{CG}$의 중점이다. △ABC의 넓이가 24 cm²일 때, 색칠한 부분의 넓이를 구하시오. [6점]

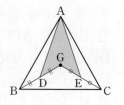

풀이

답

6

오른쪽 그림의 평행사변형 ABCD에서 $\overline{BC}$와 $\overline{CD}$의 중점을 각각 M, N이라 하고, $\overline{AM}$과 $\overline{AN}$이 대각선 BD와 만나는 점을 각각 P, Q라 하자. □ABCD의 넓이가 45 cm²일 때, 오각형 PMCNQ의 넓이를 구하시오. [6점]

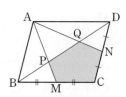

풀이

답

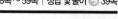
01 중요♡

오른쪽 그림과 같은 △ABC에서
$\overline{DE} /\!/ \overline{BC}$일 때, $x-y$의 값은?

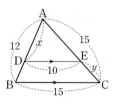

① 3 　　　　② 4

③ 5 　　　　④ 6

⑤ 7

02

오른쪽 그림과 같은 △ABC에서 $\overline{AD}$는 ∠A의 외각의 이등분선이다. $\overline{AB}=8\,$cm, $\overline{BC}=4\,$cm, $\overline{AC}=5\,$cm일 때, $\overline{CD}$의 길이는?

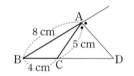

① 6 cm 　　　② $\dfrac{19}{3}$ cm 　　　③ $\dfrac{13}{2}$ cm

④ $\dfrac{20}{3}$ cm 　　　⑤ 7 cm

03

오른쪽 그림과 같은 △ABC에서 ∠BAD=∠CAD이고, $\overline{AB}=15\,$cm, $\overline{AC}=12\,$cm이다. △ADC의 넓이가 28 cm²일 때, △ABD의 넓이를 구하시오.

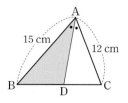

04

오른쪽 그림과 같은 △ABC에서 $\overline{AE}=\overline{EF}=\overline{FB}$이고, $\overline{BD}=\overline{DC}$이다. $\overline{GC}=9\,$cm일 때, $\overline{EG}$의 길이를 구하시오.

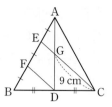

05 중요♡

오른쪽 그림과 같은 △ABC에서 $\overline{BA}$의 연장선 위에 $\overline{AB}=\overline{AD}$가 되도록 점 D를 잡고, $\overline{AC}$의 중점을 E, $\overline{DE}$의 연장선과 $\overline{BC}$의 교점을 F라 하자. $\overline{BF}=26\,$cm일 때, $\overline{FC}$의 길이를 구하시오.

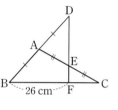

06

오른쪽 그림과 같은 △ABC에서 $\overline{AB}$, $\overline{BC}$, $\overline{CA}$의 중점을 각각 D, E, F라 하자. $\overline{AB}=9\,$cm, $\overline{AC}=5\,$cm이고, △DEF의 둘레의 길이가 11 cm일 때, $\overline{BC}$의 길이는?

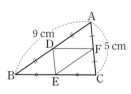

① 6 cm 　　　② $\dfrac{13}{2}$ cm 　　　③ 7 cm

④ $\dfrac{15}{2}$ cm 　　　⑤ 8 cm

07

오른쪽 그림과 같은 □ABCD에서 네 점 P, Q, R, S는 각각 네 변 AB, BC, CD, DA의 중점이다. $\overline{AC}=10$ cm, $\overline{BD}=14$ cm일 때, □PQRS의 둘레의 길이는?

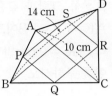

① 24 cm   ② 25 cm   ③ 27 cm

④ 28 cm   ⑤ 30 cm

08 중요♥

오른쪽 그림과 같이 $\overline{AD}\,/\!/\,\overline{BC}$인 사다리꼴 ABCD에서 두 점 E, F는 각각 $\overline{AB}$, $\overline{DC}$의 중점이다. $\overline{EF}=12$ cm, $\overline{BC}=15$ cm일 때, $\overline{AD}$의 길이는?

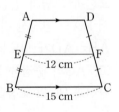

① 7 cm   ② 8 cm   ③ 9 cm

④ 10 cm   ⑤ 11 cm

09 중요♥

오른쪽 그림에서 $p\,/\!/\,q\,/\!/\,r\,/\!/\,s$일 때, x, y의 값은?

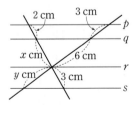

① $x=2$, $y=3$

② $x=3$, $y=4$

③ $x=3$, $y=\dfrac{9}{2}$

④ $x=4$, $y=4$

⑤ $x=4$, $y=\dfrac{9}{2}$

10

오른쪽 그림과 같은 사다리꼴 ABCD에서 $\overline{AD}\,/\!/\,\overline{EF}\,/\!/\,\overline{BC}$일 때, $\overline{AD}$의 길이는?

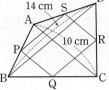

① 3 cm   ② $\dfrac{13}{4}$ cm

③ $\dfrac{7}{2}$ cm   ④ $\dfrac{15}{4}$ cm

⑤ 4 cm

11

오른쪽 그림과 같이 $\overline{AD}\,/\!/\,\overline{EF}\,/\!/\,\overline{BC}$인 사다리꼴 ABCD에서 $\overline{EF}$는 두 대각선의 교점 O를 지난다. $\overline{AD}=4$ cm, $\overline{BC}=6$ cm일 때, $\overline{EF}$의 길이를 구하시오.

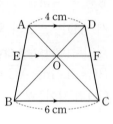

12

오른쪽 그림에서 $\overline{AB}\,/\!/\,\overline{EF}\,/\!/\,\overline{DC}$이고, $\overline{AB}=18$ cm, $\overline{DC}=12$ cm일 때, $\overline{EF}$의 길이는?

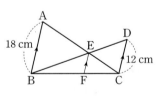

① $\dfrac{34}{5}$ cm   ② 7 cm   ③ $\dfrac{36}{5}$ cm

④ $\dfrac{37}{5}$ cm   ⑤ $\dfrac{38}{5}$ cm

13

오른쪽 그림에서 $\overline{AM}$은
△ABC의 중선이고,
$\overline{AP}=\overline{PQ}=\overline{QM}$이다. △ABC
의 넓이가 30 cm²일 때,
△PBQ의 넓이를 구하시오.

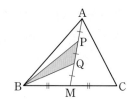

16

오른쪽 그림과 같은 △ABC
에서 점 M은 $\overline{BC}$의 중점이고,
두 점 G, G'은 각각 △ABC,
△AMC의 무게중심이다. 이때
$\overline{GG'}$의 길이를 구하시오.

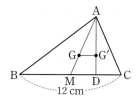

14

오른쪽 그림에서 점 G는
∠C=90°인 직각삼각형 ABC
의 무게중심이다. $\overline{GC}$=6 cm일
때, $\overline{AB}$의 길이는?

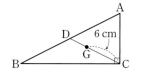

① 17 cm   ② 18 cm   ③ 19 cm

④ 20 cm   ⑤ 21 cm

17

오른쪽 그림에서 점 G는 △ABC
의 무게중심이고, 점 D는 $\overline{AG}$의
중점이다. △ABC의 넓이가
42 cm²일 때, △DGC의 넓이는?

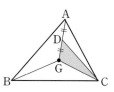

① 5 cm²   ② 6 cm²   ③ 7 cm²

④ 8 cm²   ⑤ 9 cm²

15   중요♡

오른쪽 그림에서 두 점 G, G'은
각각 △ABC, △GBC의 무게중
심이다. $\overline{AD}$=36 cm일 때, $\overline{AG'}$
의 길이를 구하시오.

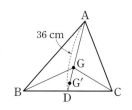

18   중요♡

오른쪽 그림과 같은 평행사변
형 ABCD에서 두 대각선의 교
점을 O라 하고, $\overline{BC}$, $\overline{CD}$의 중
점을 각각 M, N이라 하자.
$\overline{MN}$=42 cm일 때, $\overline{PQ}$의 길이를 구하시오.

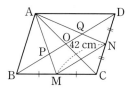

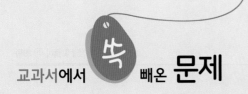
1

다음 그림과 같은 삼각형 모양의 공원에서 길 $\overline{AC}$와 평행한 길 $\overline{DE}$가 있을 때, B 지점에서 D 지점까지의 거리는 몇 m인지 구하시오.

(단, 길의 폭은 생각하지 않는다.)

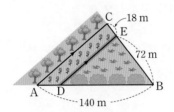

2

오른쪽 그림과 같이 평행하고 간격이 일정한 줄이 있는 공책 위에 $\overline{AB}=12\,cm$인 정사각형 모양의 색종이를 올려 놓았다. 두 점 A, B가 공책의 2번째, 8번째 줄과 각각 만날 때, 공책의 4번째, 6번째 줄과 만나는 곳을 각각 C, D라 하자. 이때 $\overline{CD}$의 길이를 구하시오.

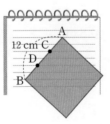

3

오른쪽 그림과 같이 일정한 간격으로 다리가 놓여 있는 사다리에서 밑에서 세 번째 다리가 파손되어 새로 만들어야 한다. 이때 새로 만들어야 할 다리의 길이를 구하시오. (단, 사다리의 다리들은 서로 평행하고, 다리의 두께는 생각하지 않는다.)

4

다음 그림과 같은 평행사변형 ABCD에서 $\overline{BC}$, $\overline{CD}$의 중점을 각각 M, N이라 하고, $\overline{BN}$과 $\overline{DM}$이 만나는 점을 E라 하자. △BME의 넓이가 $6\,cm^2$일 때, □ABED의 넓이를 구하시오.

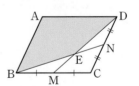

워크북 95쪽~96쪽에서 한번 더 연습해 보세요.

01 피타고라스 정리

1 피타고라스 정리

피타고라스 정리 : 직각삼각형에서 직각을 낀 두 변의 길이를 각각 a, b라 하고, 빗변의 길이를 c라 하면

$$a^2+b^2=c^2 \longrightarrow$$ 직각을 낀 두 변의 길이의 제곱의 합은 빗변의 길이의 제곱과 같다.

이 성립한다.

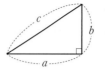

용어

피타고라스 정리는 이를 처음으로 밝힌 것으로 알려진 고대 그리스의 수학자 피타고라스 (Pythagoras, B.C. 580?~B.C. 500?)에서 그 이름이 유래되었다.

2 피타고라스 정리의 증명

(1) 유클리드의 방법

오른쪽 그림과 같이 직각삼각형 ABC의 각 변을 한 변으로 하는 세 정사각형 ACDE, AFGB, BHIC를 그리면

① □ACDE=□AFML, □BHIC=□LMGB

② □AFML+□LMGB=□AFGB이므로

$\overline{AC}^2+\overline{BC}^2=\overline{AB}^2$ ➔ $a^2+b^2=c^2$

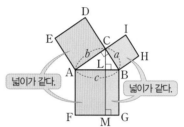

넓이가 같다. 넓이가 같다.

중2

$l /\!/ m$이면
$\triangle ABC = \triangle DBC$

 증명

　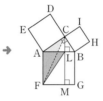　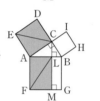　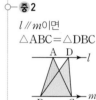

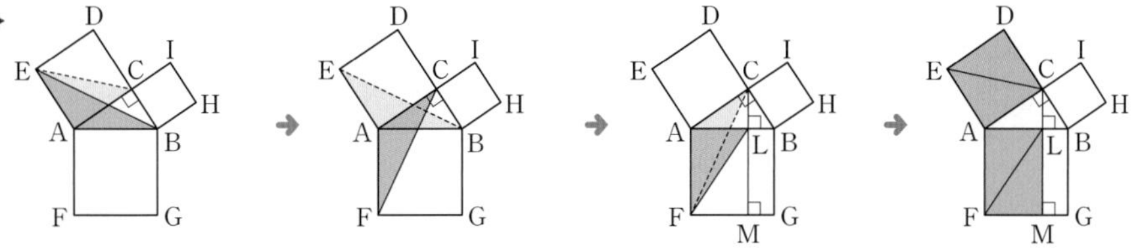

| $\overline{EA} /\!/ \overline{DB}$이므로 $\triangle ACE = \triangle ABE$ | $\triangle ABE \equiv \triangle AFC$ (SAS 합동)이므로 $\triangle ABE = \triangle AFC$ | $\overline{CM} /\!/ \overline{AF}$이므로 $\triangle AFC = \triangle AFL$ | 즉, $\triangle ACE = \triangle AFL$ 이므로 □ACDE=□AFML |

위와 같은 방법으로 $\triangle BHC = \triangle BHA = \triangle BCG = \triangle BLG$이므로 □BHIC=□LMGB

따라서 □ACDE+□BHIC=□AFML+□LMGB=□AFGB이므로 $\overline{AC}^2+\overline{BC}^2=\overline{AB}^2$

(2) 피타고라스의 방법

오른쪽 그림에서 사각형 ABCD와 사각형 IJKL은 한 변의 길이가 $a+b$인 정사각형이다. 사각형 ABCD와 사각형 IJKL에서 각각 합동인 직각삼각형 4개를 뺀 부분의 넓이는 서로 같으므로

□EFGH=□MJNQ+□PQOL

➔ $c^2 = a^2 + b^2$

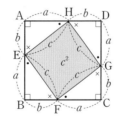　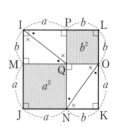

각 정사각형 안에 있는 직각삼각형 4개는 두 변의 길이가 a, b이고 그 끼인각의 크기가 90°이므로 모두 합동이다.

유클리드의 방법과 피타고라스의 방법 이외에 피타고라스 정리의 증명 방법이 있을까?

피타고라스 정리는 고대 그리스 시대부터 수많은 사람들이 증명하려 했고, 현재도 증명 방법을 연구하고 있다. 유클리드의 방법과 피타고라스의 방법은 대표적인 증명 방법이고 이외에도 증명하는 방법은 400가지가 넘는다고 한다.

01 피타고라스 정리

③ 직각삼각형이 되는 조건

세 변의 길이가 각각 a, b, c인 △ABC에서 $a^2+b^2=c^2$이면 이 삼각형
은 빗변의 길이가 c인 직각삼각형이다. →c는 가장 긴 변의 길이

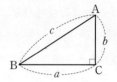

> 피타고라스 정리 $a^2+b^2=c^2$을 만족시키는 세 자연수 a, b, c를 피타고라스의 수라 하고, 이를 (a, b, c)로 나타내면 다음과 같은 수들이 있다.
> $(3, 4, 5)$, $(5, 12, 13)$, $(6, 8, 10)$, $(7, 24, 25)$, $(8, 15, 17)$, …

④ 피타고라스 정리의 활용

(1) 직각삼각형에서의 활용

∠A$=90°$인 직각삼각형 ABC에서 점 D, E가 각각 $\overline{AB}$, $\overline{AC}$
위에 있을 때,

$$\overline{DE}^2+\overline{BC}^2=\overline{BE}^2+\overline{CD}^2$$

증명 $\overline{DE}^2+\overline{BC}^2=(\overline{AD}^2+\overline{AE}^2)+(\overline{AB}^2+\overline{AC}^2)$
$=(\overline{AE}^2+\overline{AB}^2)+(\overline{AD}^2+\overline{AC}^2)$
$=\overline{BE}^2+\overline{CD}^2$

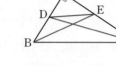

(2) 두 대각선이 직교하는 사각형에서의 활용

□ABCD에서 두 대각선이 직교할 때,

$$\overline{AB}^2+\overline{CD}^2=\overline{AD}^2+\overline{BC}^2$$ →두 대변의 길이의 제곱의 합은 서로 같다.

증명 $\overline{AB}^2+\overline{CD}^2=(\overline{AO}^2+\overline{BO}^2)+(\overline{CO}^2+\overline{DO}^2)$
$=(\overline{AO}^2+\overline{DO}^2)+(\overline{BO}^2+\overline{CO}^2)=\overline{AD}^2+\overline{BC}^2$

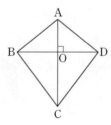

⑤ 직각삼각형의 세 반원 사이의 관계

(1) 직각삼각형의 세 반원 사이의 관계

직각삼각형 ABC에서 직각을 낀 두 변을 각각 지름으로 하는 두 반원의
넓이를 각각 P, Q라 하고, 빗변을 지름으로 하는 반원의 넓이를 R이라
할 때,

$$R=P+Q$$

증명 $P+Q=\dfrac{1}{2}\times\pi\times\left(\dfrac{c}{2}\right)^2+\dfrac{1}{2}\times\pi\times\left(\dfrac{b}{2}\right)^2=\dfrac{1}{8}\pi(b^2+c^2)=\dfrac{1}{8}\pi a^2$
→$a^2=b^2+c^2$

$R=\dfrac{1}{2}\times\pi\times\left(\dfrac{a}{2}\right)^2=\dfrac{1}{8}\pi a^2$

∴ $R=P+Q$

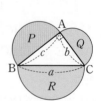

> 직각삼각형의 세 변을 각각 지름으로 하는 세 반원 또는 세 변을 각각 한 변으로 하는 세 정다각형의 넓이 사이에는 다음과 같은 관계가 항상 성립한다.
> (가장 큰 도형의 넓이)
> $=$(다른 두 도형의 넓이의 합)

(2) 히포크라테스의 원의 넓이

직각삼각형 ABC의 세 변을 각각 지름으로 하는 반원에서

$$(\text{색칠한 부분의 넓이})=\triangle ABC=\dfrac{1}{2}bc$$ →히포크라테스의 원이라 한다.

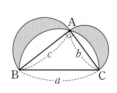

증명 ∠A$=90°$인 직각삼각형 ABC에서 $\overline{AB}$, $\overline{AC}$, $\overline{BC}$를 지름으로 하는 반원
의 넓이를 각각 P, Q, R이라 하면 $R=P+Q$이므로

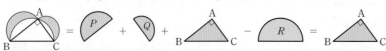

(색칠한 부분의 넓이)$=P+Q+\triangle ABC-R$
$=R+\triangle ABC-R=\triangle ABC$

개념 1 직각삼각형에서 두 변의 길이를 알 때, 나머지 한 변의 길이를 어떻게 구할까?

직각삼각형 ABC에서 x의 값을 구해 보자.

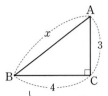

➡ $x^2 = 4^2 + 3^2 = 25$
이때 $x > 0$이므로 $x = 5$

↳ 직각삼각형에서 빗변의 길이의 제곱은
나머지 두 변의 길이의 제곱의 합과 같다.

피타고라스 정리

직각삼각형 ABC에서
➡ $a^2 + b^2 = c^2$

---

1 다음 직각삼각형에서 x의 값을 구하시오.

(1)

(2)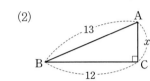

1-1 다음 직각삼각형에서 x의 값을 구하시오.

(1)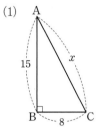

(2)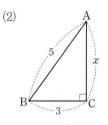

개념 2 유클리드가 증명한 피타고라스 정리는 무엇일까?

오른쪽 그림과 같이 직각삼각형 ABC의 각 변을 한 변으로
하는 세 정사각형을 그리면
(1) □ACDE=□AFML, □BHIC=□LMGB
(2) □ACDE+□BHIC=□AFGB
  ➡ $a^2 + b^2 = c^2$
  ➡ $\overline{AC}^2 + \overline{BC}^2 = \overline{AB}^2$

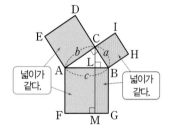

넓이가 같다. 넓이가 같다.

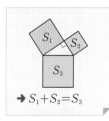

➡ $S_1 + S_2 = S_3$

---

2 오른쪽 그림은 ∠C=90°인
직각삼각형 ABC의 세 변
을 각각 한 변으로 하는 세
정사각형을 그린 것이다.
□ACDE=18 cm²,
□BHIC=32 cm²일 때,
□AFGB의 넓이를 구하시오.

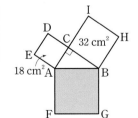

2-1 오른쪽 그림은 ∠C=90°인 직
각삼각형 ABC의 세 변을 각
각 한 변으로 하는 세 정사각형
을 그린 것이다. $\overline{AC}$=4 cm,
$\overline{BC}$=3 cm일 때, 다음을 구
하시오.

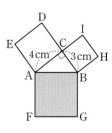

(1) $\overline{AB}$의 길이

(2) □AFGB의 넓이

개념 3 피타고라스가 증명한 피타고라스 정리는 무엇일까?

한 변의 길이가 $a+b$인 정사각형을 그림과 같이 두 가지 방법으로 나타내면

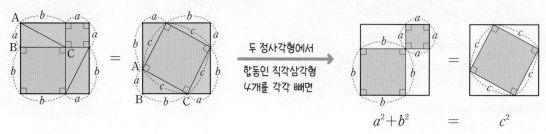

두 정사각형에서 합동인 직각삼각형 4개를 각각 빼면

$$a^2+b^2 = c^2$$

3 오른쪽 그림과 같은 정사각형 ABCD에서 다음을 구하시오.

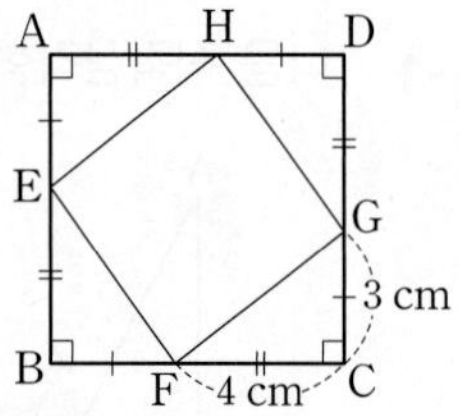

(1) $\overline{FG}$의 길이

(2) 사각형 EFGH의 둘레의 길이

3-1 오른쪽 그림과 같은 정사각형 ABCD에서 다음을 구하시오.

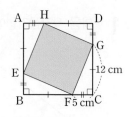

(1) $\overline{FG}$의 길이

(2) □EFGH의 넓이

개념 4 삼각형의 세 변의 길이로 어떻게 직각삼각형인지 아닌지 알 수 있을까?

$\triangle ABC$에서 $\overline{AB}=c$, $\overline{BC}=a$, $\overline{CA}=b$이고 c가 가장 긴 변의 길이일 때

$c^2 < a^2+b^2$이면 $\angle C < 90°$ → 예각삼각형	$c^2 = a^2+b^2$이면 $\angle C = 90°$ → 직각삼각형 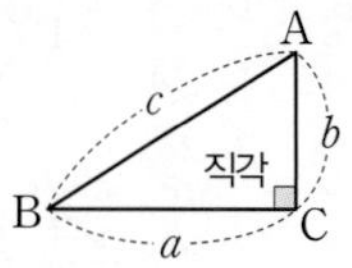	$c^2 > a^2+b^2$이면 $\angle C > 90°$ → 둔각삼각형 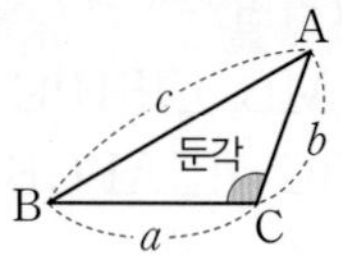

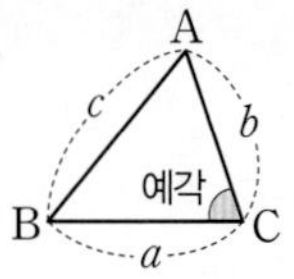

주의 c가 가장 긴 변의 길이가 아니면 $\angle C$는 예각이지만 다른 두 각 $\angle A$, $\angle B$ 중 한 각은 둔각일 수도 있으므로 c가 가장 긴 변의 길이라는 조건이 반드시 있어야 한다.

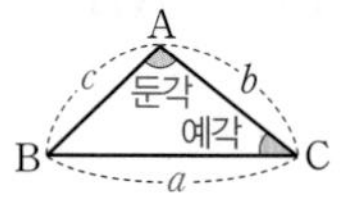

4 세 변의 길이가 각각 다음과 같은 삼각형은 어떤 삼각형인지 말하시오.

(1) 4, 5, 6

(2) 6, 8, 10

(3) 4, 4, 7

4-1 세 변의 길이가 각각 다음과 같은 삼각형은 어떤 삼각형인지 말하시오.

(1) 3, 4, 6

(2) 6, 9, 10

(3) 8, 15, 17

개념 5 직각삼각형에서 피타고라스 정리를 활용해 볼까?

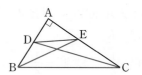

∠A=90°인 직각삼각형 ABC에서 점 D, E가 각각 $\overline{AB}$, $\overline{AC}$ 위에 있을 때

➡ $\overline{DE}^2+\overline{BC}^2=\overline{BE}^2+\overline{CD}^2$

증명 $\overline{DE}^2+\overline{BC}^2=\underset{\triangle ADE}{(\overline{AD}^2+\overline{AE}^2)}+\underset{\triangle ABC}{(\overline{AB}^2+\overline{AC}^2)}$

$=\underset{\triangle ABE}{(\overline{AE}^2+\overline{AB}^2)}+\underset{\triangle ADC}{(\overline{AD}^2+\overline{AC}^2)}$

$=\overline{BE}^2+\overline{CD}^2$

5 오른쪽 그림과 같이 ∠A=90°인 직각삼각형 ABC에서 $\overline{BE}=6$, $\overline{DC}=7$, $\overline{BC}=8$일 때, $\overline{DE}^2$의 값을 구하시오.

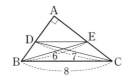

5-1 오른쪽 그림과 같이 ∠A=90°인 직각삼각형 ABC에서 $\overline{DE}=5$, $\overline{BC}=10$일 때, $\overline{BE}^2+\overline{CD}^2$의 값을 구하시오.

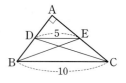

개념 6 두 대각선이 직교하는 사각형에서 피타고라스 정리를 활용해 볼까?

□ABCD에서 두 대각선이 직교할 때

➡ $\overline{AB}^2+\overline{CD}^2=\overline{AD}^2+\overline{BC}^2$ ← 두 대변의 길이의 제곱의 합은 서로 같다.

증명 $\overline{AB}^2+\overline{CD}^2=\underset{\triangle OAB}{(\overline{AO}^2+\overline{BO}^2)}+\underset{\triangle OCD}{(\overline{CO}^2+\overline{DO}^2)}$

$=\underset{\triangle ODA}{(\overline{AO}^2+\overline{DO}^2)}+\underset{\triangle OBC}{(\overline{BO}^2+\overline{CO}^2)}$

$=\overline{AD}^2+\overline{BC}^2$

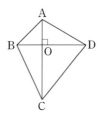

6 오른쪽 그림의 □ABCD에서 $\overline{AC}\perp\overline{BD}$이고, $\overline{AB}=4$, $\overline{AD}=6$, $\overline{CD}=8$일 때, $\overline{BC}^2$의 값을 구하시오.

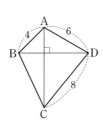

6-1 오른쪽 그림의 □ABCD에서 $\overline{AC}\perp\overline{BD}$이고, $\overline{AB}=6$, $\overline{CD}=5$일 때, $\overline{AD}^2+\overline{BC}^2$의 값을 구하시오.

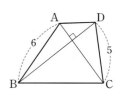

개념 7 직각삼각형의 세 반원 사이의 관계를 알아볼까?

직각삼각형 ABC의 세 변을 각각 지름으로 하는 반원의 넓이를 P, Q, R이라 할 때

➡ $P+Q=R$

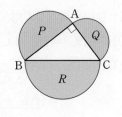

예 $P+Q=\dfrac{1}{2}\times(\pi\times4^2)+\dfrac{1}{2}\times(\pi\times3^2)=8\pi+\dfrac{9}{2}\pi=\dfrac{25}{2}\pi$

$R=\dfrac{1}{2}\times(\pi\times5^2)=\dfrac{25}{2}\pi$

∴ $P+Q=R$

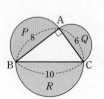

7 오른쪽 그림과 같이 ∠A=90°인 직각삼각형 ABC에서 $\overline{AB}$, $\overline{AC}$를 지름으로 하는 두 반원의 넓이가 각각 9 cm², 24 cm²일 때, $\overline{BC}$를 지름으로 하는 반원의 넓이를 구하시오.

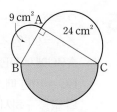

7-1 오른쪽 그림과 같이 ∠C=90°인 직각삼각형 ABC에서 $\overline{AB}$, $\overline{BC}$를 지름으로 하는 두 반원의 넓이가 각각 18 cm², 10 cm²일 때, $\overline{AC}$를 지름으로 하는 반원의 넓이를 구하시오.

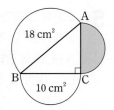

개념 8 히포크라테스의 원의 넓이는 무엇일까?

직각삼각형 ABC의 세 변을 각각 지름으로 하는 반원을 그렸을 때

➡ (색칠한 부분의 넓이)=△ABC=$\dfrac{1}{2}bc$

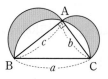

증명

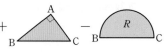

(색칠한 부분의 넓이) = $P+Q$ + △ABC − R

히포크라테스의 원의 넓이 = R + △ABC − R

= △ABC $P+Q=R$

8 오른쪽 그림과 같이 ∠A=90°인 직각삼각형 ABC의 세 변을 각각 지름으로 하는 세 반원을 그렸다. $\overline{AB}$=6 cm, $\overline{AC}$=8 cm일 때, 색칠한 부분의 넓이를 구하시오.

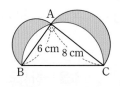

8-1 오른쪽 그림과 같이 ∠A=90°인 직각삼각형 ABC의 세 변을 각각 지름으로 하는 세 반원을 그렸다. $\overline{AB}$=5 cm, $\overline{AC}$=12 cm일 때, 색칠한 부분의 넓이를 구하시오.

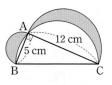

집중 9 피타고라스 정리를 이용하여 입체도형에서의 최단 거리는 어떻게 구할까?

입체도형의 겉면 위의 한 점에서 겉면을 따라 다른 한 점 또는 다시 그 점에 이르는 최단 거리는 전개도에서
두 점을 잇는 선분의 길이와 같다.

(1) **직육면체에서의 최단 거리**

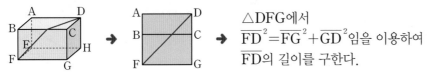

△DFG에서
$\overline{FD}^2 = \overline{FG}^2 + \overline{GD}^2$임을 이용하여
$\overline{FD}$의 길이를 구한다.

(2) **원기둥에서의 최단 거리**

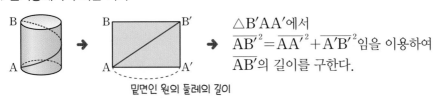

밑면인 원의 둘레의 길이

△B′AA′에서
$\overline{AB'}^2 = \overline{AA'}^2 + \overline{A'B'}^2$임을 이용하여
$\overline{AB'}$의 길이를 구한다.

> **입체도형에서 최단 거리 구하기**
> ❶ 입체도형에서 선이 지나는 면의 부분의 전개도를 그린다.
> ❷ 선이 지나는 시작점과 끝 점을 선분으로 연결한다.
> ❸ 피타고라스 정리를 이용하여 선분의 길이를 구한다.

---

9 다음 그림과 같이 직육면체의 꼭짓점 B에서 출발하여 겉면을 따라 $\overline{CG}$를 지나 꼭짓점 H에 이르는 최단 거리를 주어진 전개도에 표시하고, □ 안에 알맞은 수를 써넣으시오.

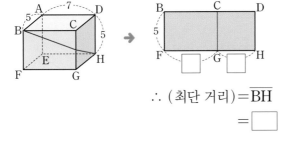

$\therefore$ (최단 거리)$= \overline{BH}$

$= \boxed{}$

9-1 오른쪽 그림과 같은 직육면체의 꼭짓점 A에서 출발하여 겉면을 따라 $\overline{CD}$를 지나 꼭짓점 G에 이르는 최단 거리를 구하시오.

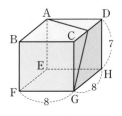

---

10 다음 그림과 같이 원기둥의 밑면인 원 위의 점 A에서 출발하여 옆면을 따라 한 바퀴 돌아 점 B에 이르는 최단 거리를 주어진 전개도에 표시하고, □ 안에 알맞은 수를 써넣으시오.

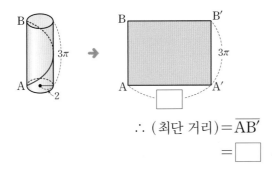

$\therefore$ (최단 거리)$= \overline{AB'}$

$= \boxed{}$

10-1 오른쪽 그림과 같은 원기둥의 밑면인 원 위의 점 A에서 출발하여 옆면을 따라 한 바퀴 돌아 점 B에 이르는 최단 거리를 구하시오.

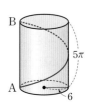

삼각형에서의 피타고라스 정리 　중요♡

01 오른쪽 그림에서 x, y의 값을 각각 구하시오.

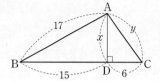

02 오른쪽 그림에서 x, y의 값을 각각 구하시오.

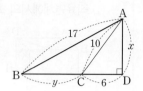

사각형에서의 피타고라스 정리

03 오른쪽 그림과 같이 $\angle A = \angle B = 90°$인 사다리꼴 ABCD에서 $\overline{AD} = 8$ cm, $\overline{AB} = 12$ cm, $\overline{DC} = 15$ cm 일 때, $\overline{BC}$의 길이를 구하시오.

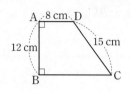

04 오른쪽 그림과 같이 $\angle B = \angle C = 90°$인 사다리꼴 ABCD에서 $\overline{AB} = 13$ cm, $\overline{AD} = 10$ cm, $\overline{BC} = 8$ cm일 때, 사다리꼴 ABCD의 둘레의 길이를 구하시오.

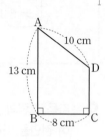

유클리드의 증명 　중요♡

05 오른쪽 그림은 $\angle A = 90°$인 직각삼각형 ABC의 세 변을 각각 한 변으로 하는 세 정사각형을 그린 것이다. 두 정사각형 P, R의 넓이가 각각 6 cm², 15 cm²일 때, $\overline{AC}$의 길이를 구하시오.

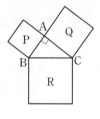

06 오른쪽 그림은 $\angle C = 90°$인 직각삼각형 ABC의 세 변을 각각 한 변으로 하는 세 정사각형을 그린 것이다. $\square ACDE = 16$ cm², $\square BHIC = 9$ cm²일 때, $\square AFML$의 넓이를 구하시오.

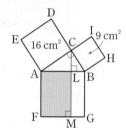

피타고라스의 증명

07 다음 그림에서 $\square ABCD$와 $\square IJKL$은 정사각형이고, $\triangle EBF$와 $\triangle NQO$는 합동인 직각삼각형이다. $\square EFGH = 100$ cm², $\square MJNQ = 64$ cm²일 때, $\square PQOL$의 넓이를 구하시오.

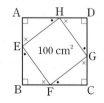 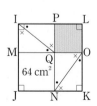

08 오른쪽 그림과 같은 정사각형 ABCD에서 $\square EFGH$의 넓이를 구하시오.

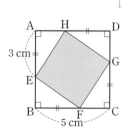

직각삼각형이 되는 조건 중요 ☆

09 세 변의 길이가 다음과 같은 삼각형 중에서 직각삼각형인 것은?

① 2, 4, 5   ② 3, 6, 7   ③ 4, 5, 6
④ 6, 8, 10   ⑤ 8, 11, 12

10 세 변의 길이가 다음 **보기**와 같은 삼각형 중에서 직각삼각형이 <u>아닌</u> 것을 모두 고르시오.

> • 보기 •
> ㄱ. 5, 6, 9   ㄴ. 6, 7, 9
> ㄷ. 5, 12, 13   ㄹ. 8, 15, 17

피타고라스 정리의 활용 (1)

11 오른쪽 그림과 같이 직사각형 ABCD의 내부의 한 점 P에 대하여 $\overline{AP}=4$, $\overline{BP}=5$, $\overline{DP}=6$일 때, $\overline{CP}^2$의 값을 구하시오.

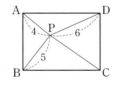

> • 코칭 Plus •
> 직사각형 ABCD의 내부의 임의의 한 점 P에 대하여
> ➡ $\overline{AP}^2+\overline{CP}^2=\overline{BP}^2+\overline{DP}^2$
>

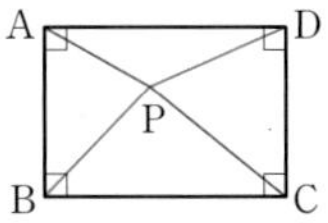

12 오른쪽 그림과 같이 직사각형 ABCD의 내부의 한 점 P에 대하여 $\overline{BP}=9$, $\overline{DP}=7$일 때, $\overline{AP}^2+\overline{CP}^2$의 값을 구하시오.

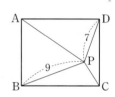

피타고라스 정리의 활용 (2) 중요 ☆

13 오른쪽 그림과 같이 $\angle A=90°$인 직각삼각형 ABC에서 $\overline{AB}$, $\overline{AC}$를 지름으로 하는 두 반원의 넓이를 각각 S_1, S_2라 할 때, S_1+S_2의 값을 구하시오.

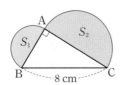

14 오른쪽 그림과 같이 $\angle A=90°$인 직각삼각형 ABC의 세 변을 각각 지름으로 하는 세 반원을 그렸을 때, 색칠한 부분의 넓이를 구하시오.

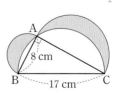

01

오른쪽 그림에서 각 삼각형은 직각
삼각형이고,
$\overline{OA}=\overline{AB}=\overline{BC}=\overline{CD}=1$일 때,
$\overline{OD}$의 길이를 구하시오.

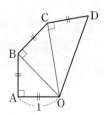

02

오른쪽 그림과 같이 가로, 세로의
길이가 각각 5 cm, 4 cm인 직사
각형 ABCD의 대각선을 한 변
으로 하는 정사각형의 넓이를 구
하시오.

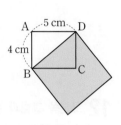

03

오른쪽 그림과 같은 사다리꼴
ABCD에서 $\overline{AD}=8$ cm,
$\overline{AB}=17$ cm, $\overline{BC}=16$ cm일 때,
사다리꼴 ABCD의 넓이를 구하시
오.

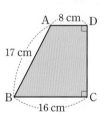

04

오른쪽 그림과 같이 $\overline{AB}=\overline{AC}$인
이등변삼각형 ABC에서
$\overline{BC}=6$ cm이고, △ABC의 넓이
가 12 cm²일 때, △ABC의 둘레
의 길이를 구하시오.

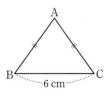

05

오른쪽 그림은 ∠C=90°인 직각
삼각형 ABC의 세 변을 각각 한
변으로 하는 세 정사각형을 그린
것이다. □ACDE=64 cm²,
□BHIC=36 cm²일 때, 다음
을 구하시오.

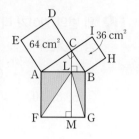

(1) △AFL의 넓이

(2) △BLG의 넓이

(3) $\overline{AB}$의 길이

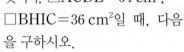

한걸음 더

06 문제해결🔒

오른쪽 그림과 같이 ∠A=90°
인 직각삼각형 ABC에서
$\overline{AD}=5$, $\overline{AE}=3$, $\overline{DB}=7$일
때, $\overline{BC}^2-\overline{CD}^2$의 값을 구하
시오.

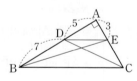

07 문제해결🔒

오른쪽 그림과 같이 ∠A=90°
인 직각삼각형 ABC의 세 변을
각각 지름으로 하는 세 반원을
그렸다. $\overline{AC}=15$ cm,
$\overline{BC}=17$ cm일 때, 색칠한 부분의 넓이를 구하시오.

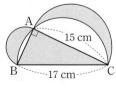

1

오른쪽 그림에서
△ABE≡△ECD이고, 세 점 B,
E, C는 한 직선 위에 있다.
$\overline{EC}$=7 cm이고, △AED의 넓이
가 37 cm²일 때, 사다리꼴 ABCD의 넓이를 구하시
오. [6점]

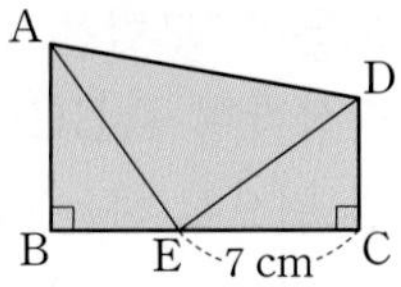

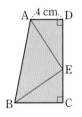

풀이

채점 기준 1 $\overline{DE}^2$의 값 구하기 … 2점

채점 기준 2 $\overline{CD}$의 길이 구하기 … 2점

채점 기준 3 사다리꼴 ABCD의 넓이 구하기 … 2점

답

한번더!

1-1

오른쪽 그림에서 △AED≡△EBC이
고, 세 점 D, E, C는 한 직선 위에 있다.
$\overline{AD}$=4 cm이고, △ABE의 넓이가
26 cm²일 때, 사다리꼴 ABCD의 넓이
를 구하시오. [6점]

풀이

채점 기준 1 $\overline{AE}^2$의 값 구하기 … 2점

채점 기준 2 $\overline{DE}$의 길이 구하기 … 2점

채점 기준 3 사다리꼴 ABCD의 넓이 구하기 … 2점

답

2

세 변의 길이가 각각 4, 7, x인 삼각형이 직각삼각형
이 되도록 하는 모든 x^2의 값의 합을 구하시오. [5점]

풀이

답

3

오른쪽 그림과 같은 □ABCD에서
두 대각선 AC, BD가 점 O에서 수
직으로 만날 때, x^2+y^2의 값을 구하
시오. [5점]

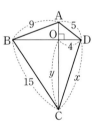

풀이

답

01

오른쪽 그림과 같이 ∠A=90°인
직각삼각형 ABC에서
$\overline{AB}=\overline{AC}=4$ cm일 때, x^2의 값
을 구하시오.

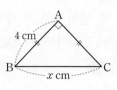

02 중요♡

오른쪽 그림의 □ABCD에
서 ∠B=∠ACD=90°이고,
$\overline{AB}=4$ cm, $\overline{BC}=3$ cm,
$\overline{CD}=12$ cm일 때, $\overline{AD}$의
길이를 구하시오.

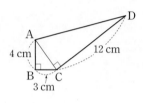

03

오른쪽 그림에서 두 사각형
ABCD와 CEFG는 정사각형이고,
$\overline{AD}=6$ cm, $\overline{AE}=10$ cm일 때,
$\overline{CE}$의 길이를 구하시오.

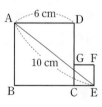

04

오른쪽 그림과 같이 $\overline{AD}/\!/\overline{BC}$
인 등변사다리꼴 ABCD에서
$\overline{AB}=\overline{DC}=20$ cm,
$\overline{AD}=11$ cm, $\overline{BC}=35$ cm일
때, $\overline{AH}$의 길이를 구하시오.

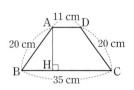

05

오른쪽 그림은 ∠C=90°인 직
각삼각형 ABC의 세 변을 각각
한 변으로 하는 세 정사각형을 그
린 것이다. □ACDE의 넓이가
22 cm², □AFGB의 넓이가
60 cm²일 때, □BHIC의 넓이
를 구하시오.

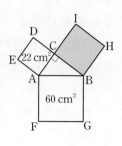

06 중요♡

오른쪽 그림은 ∠A=90°인 직각
삼각형 ABC의 세 변을 각각 한
변으로 하는 세 정사각형을 그린
것이다. 다음 중 넓이가 나머지
넷과 <u>다른</u> 하나는?

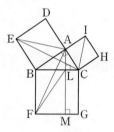

① △AEB   ② △EBC
③ △ABF   ④ △BCI
⑤ △BFL

07

오른쪽 그림과 같은 정사각형
ABCD에서 4개의 직각삼각형은
모두 합동이다. $\overline{AE}=2$ cm이고,
□EFGH의 넓이가 9 cm²일 때,
□ABCD의 넓이는?

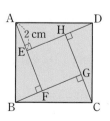

① 25 cm²   ② 26 cm²   ③ 27 cm²
④ 28 cm²   ⑤ 29 cm²

08 중요❥

다음 중 3개의 수를 골라 그 수를 세 변의 길이로 하는 삼각형을 만들려고 할 때, 만든 삼각형이 직각삼각형이 되는 세 수를 구하시오.

> 7,   19,   24,   25

09

$\overline{AB}=5$, $\overline{BC}=9$, $\overline{CA}=7$인 삼각형 ABC에 대하여 다음 중 옳은 것은?

① 예각삼각형이다.
② ∠A=90°인 직각삼각형이다.
③ ∠B=90°인 직각삼각형이다.
④ ∠A>90°인 둔각삼각형이다.
⑤ ∠B>90°인 둔각삼각형이다.

10

오른쪽 그림과 같이 ∠B=90°인 직각삼각형 ABC에서 $\overline{AB}=5$, $\overline{BC}=6$, $\overline{DE}=4$일 때, $\overline{AE}^2+\overline{CD}^2$의 값은?

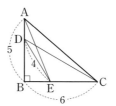

① 76   ② 77
③ 78   ④ 79
⑤ 80

11

오른쪽 그림의 □ABCD에서 $\overline{AC}\perp\overline{BD}$이고, $\overline{BC}=5$, $\overline{CD}=7$, $\overline{AD}=6$일 때, $\overline{AB}^2$의 값을 구하시오.

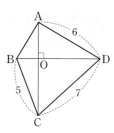

12 중요❥

오른쪽 그림과 같이 ∠A=90°인 직각삼각형 ABC에서 $\overline{AB}$, $\overline{AC}$를 지름으로 하는 두 반원의 넓이를 각각 S_1, S_2라 하자.
$S_1=32\pi$ cm², $S_2=18\pi$ cm²일 때, $\overline{BC}$의 길이를 구하시오.

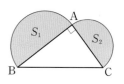

13

오른쪽 그림과 같은 직육면체의 꼭짓점 A에서 출발하여 겉면을 따라 $\overline{BC}$를 지나 꼭짓점 G에 이르는 최단 거리는?

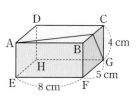

① 10 cm   ② 11 cm   ③ 12 cm
④ 13 cm   ⑤ 14 cm

교과서에서 쏙 빼온 문제

1

땅으로 떨어지는 번개를 벼락이라 한다. 지면 위에 똑바로 서 있던 나무가 벼락을 맞아 오른쪽 그림과 같이 부러졌다. 지면에서부터 부러진 부분까지의 높이가 3 m이고, 나무 밑에서 쓰러진 지점까지의 거리가 4 m일 때, 부러지기 전 나무의 높이는 몇 m인지 구하시오.

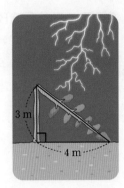

2

다음 그림과 같은 직각삼각형 ABC에서 $\overline{AD}=17$ cm, $\overline{BD}=8$ cm, $\overline{DC}=12$ cm일 때, $\overline{AC}$의 길이를 구하시오.

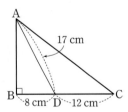

3

다음 그림과 같이 A, B, C, D 네 건물이 있다. A 건물과 C 건물 사이의 직선 도로가 B 건물과 D 건물 사이의 직선 도로와 수직으로 만날 때, C 건물과 D 건물 사이의 거리는 몇 km인지 구하시오.

(단, 도로의 폭은 생각하지 않는다.)

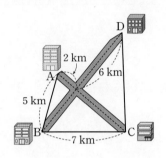

4

다음 그림과 같이 폭이 3 km로 일정한 강의 양쪽에 두 건물 A, B가 있다. 강을 가로지르는 다리인 $\overline{CD}$는 두 건물을 잇는 경로 A→C→D→B의 거리가 최소가 되는 지점에 있다고 할 때, A 건물에서 B 건물까지의 최단 거리를 구하시오.

(단, $\overline{CD} /\!/ \overline{EB}$이고, 다리의 너비는 생각하지 않는다.)

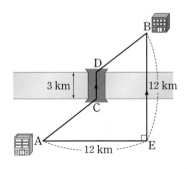

워크북 97쪽에서 한번 더 연습해 보세요.

IV

경우의 수와 확률

1. 경우의 수
2. 확률

이 단원을 배우면 경우의 수를 구할 수 있어요. 또, 확률의
개념과 그 기본 성질을 이해하고, 확률을 구할 수 있어요.

경우의 수

❶ 사건과 경우의 수

(1) **사건** : 동일한 조건에서 반복할 수 있는 실험이나 관찰의 결과

(2) **경우의 수** : 사건이 일어나는 가짓수

경우의 수를 구할 때는
① 순서대로
② 중복되지 않게
③ 빠짐없이
구하도록 한다.

실험·관찰	한 개의 주사위를 던진다.	
사건	홀수의 눈이 나온다.	3의 배수의 눈이 나온다.
경우		
경우의 수	3	2

참고 경우의 수를 구할 때, 나뭇가지 모양의 그림(수형도)이나 표를 이용하면 편리하다.

❷ 사건 A 또는 사건 B가 일어나는 경우의 수

사건 A와 사건 B가 동시에 일어나지 않을 때, 사건 A가 일어나는 경우의 수가 m이고, 사건 B가 일어나는 경우의 수가 n이면

$$(사건\ A\ \boxed{또는}\ 사건\ B가\ 일어나는\ 경우의\ 수)=m+n$$

└→ 일반적으로 '또는', '~이거나'와 같은 표현이 있으면 각 사건이 일어나는 경우의 수를 더한다.

예 한 개의 주사위를 던질 때
- 3 이하의 눈이 나오는 경우 ➜ 1, 2, 3의 3가지
- 6 이상의 눈이 나오는 경우 ➜ 6의 1가지
- 3 이하 또는 6 이상의 눈이 나오는 경우의 수 ➜ 3+1=4
  └→ 동시에 일어날 수 없다.

'사건 A와 사건 B가 동시에 일어나지 않는다.'는 것은 사건 A가 일어나면 사건 B가 일어날 수 없고, 사건 B가 일어나면 사건 A가 일어날 수 없다는 뜻이다.

❸ 사건 A와 사건 B가 동시에 일어나는 경우의 수

사건 A가 일어나는 경우의 수가 m이고, 그 각각에 대하여 사건 B가 일어나는 경우의 수가 n이면

$$(사건\ A와\ 사건\ B가\ \boxed{동시에}\ 일어나는\ 경우의\ 수)=m\times n$$

└→ 일반적으로 '동시에', '~와', '~이고'와 같은 표현이 있으면 각 사건이 일어나는 경우의 수를 곱한다.

예 동전 한 개와 주사위 한 개를 동시에 던질 때
- 동전 한 개를 던질 때 나오는 경우 ➜ 앞면, 뒷면의 2가지
- 주사위 한 개를 던질 때 나오는 경우 ➜ 1, 2, 3, 4, 5, 6의 6가지
- 동전과 주사위를 동시에 던질 때, 일어나는 모든 경우의 수 ➜ 2×6=12

'사건 A와 사건 B가 동시에 일어난다.'는 것은 사건 A, B가 '함께' 또는 '잇달아' 일어난다는 뜻을 모두 가지고 있다.

각 사건이 일어나는 경우의 수를 더할 때와 곱할 때의 차이점은 무엇일까?

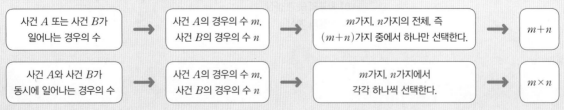

개념 1 사건이 일어나는 경우의 수는 어떻게 구할까?

100원짜리 동전 한 개를 던질 때, 각각의 사건에 대하여 경우의 수를 구해 보자.

실험·관찰	사건	경우	경우의 수
100원짜리 동전 한 개를 던진다. →	(1) 앞면이 나온다.		1
	(2) 뒷면이 나온다.		1
	(3) 일어날 수 있는 모든 경우		2

---

1 한 개의 주사위를 던질 때, 다음 사건이 일어나는 경우의 수를 구하시오.

(1) 짝수의 눈이 나온다.

(2) 3 이상의 눈이 나온다.

(3) 6의 약수의 눈이 나온다.

1-1 1부터 10까지의 자연수가 각각 적힌 10장의 카드가 있다. 이 중에서 한 장의 카드를 뽑을 때, 다음 사건이 일어나는 경우의 수를 구하시오.

(1) 홀수가 적힌 카드가 나온다.

(2) 4 이하의 수가 적힌 카드가 나온다.

(3) 10의 약수가 적힌 카드가 나온다.

2 서로 다른 두 개의 동전을 동시에 던질 때, 다음 물음에 답하시오.

(1) 일어날 수 있는 모든 경우의 수를 구하는 과정이다. ☐ 안에 알맞은 것을 써넣으시오.

> 모든 경우를 순서쌍으로 나타내면
> (앞, 앞), (앞, ☐), (뒤, ☐), (☐, 뒤)
> 이므로 경우의 수는 ☐이다.

(2) 모두 앞면이 나오는 경우의 수를 구하시오.

(3) 앞면이 1개만 나오는 경우의 수를 구하시오.

2-1 두 개의 주사위 A, B를 동시에 던질 때, 다음 물음에 답하시오.

(1) 아래 표는 나오는 두 눈의 수를 순서쌍으로 나타낸 것이다. 표를 완성하시오.

A\B	⚀	⚁	⚂	⚃	⚄	⚅
⚀	(1, 1)	(1, 2)	(1, 3)	(1, 4)	(1, 5)	(1, 6)
⚁	(2, 1)					
⚂	(3, 1)					
⚃	(4, 1)					
⚄	(5, 1)					
⚅	(6, 1)					

(2) 모든 경우의 수를 구하시오.

(3) 두 눈의 수가 같은 경우의 수를 구하시오.

(4) 두 눈의 수의 합이 10인 경우의 수를 구하시오.

개념 **2** 사건 A 또는 사건 B가 일어나는 경우의 수는 어떻게 구할까?

민선이가 여행을 할 때 이용할 수 있는 기차는 3종류, 고속버스는 2종류이다. 민선이가 기차 **또는** 고속버스를
이용하여 여행을 하는 경우의 수를 구해 보자.

'또는', '~이거나'와 같은
표현이 있으면 각 사건의
경우의 수를 더해!

3 오른쪽은 어느 분식점의 차림표이다. 식사 또는 음료를 한 가지만 주문하는 경우의 수를 구하시오.

식사	음료
돈가스	콜라
떡볶이	사이다
순대	주스
우동	

3-1 한 개의 주사위를 던질 때, 다음을 구하시오.
(1) 3보다 작은 수의 눈이 나오는 경우의 수

(2) 4보다 큰 수의 눈이 나오는 경우의 수

(3) 3보다 작거나 4보다 큰 수의 눈이 나오는 경우의 수

개념 **3** 사건 A와 사건 B가 동시에 일어나는 경우의 수는 어떻게 구할까?

빨간색, 보라색, 노란색의 3가지 티셔츠와 회색, 파란색의 2가지 바지가 있다. 현희가 티셔츠와 바지를 한 종류씩 골라
옷을 입는 경우의 수를 구해 보자.
↳ 티셔츠와 바지를 **동시에** 고른다.

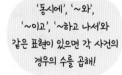

'동시에', '~와',
'~이고', '~하고 나서'와
같은 표현이 있으면 각 사건의
경우의 수를 곱해!

4 어느 문구점에 연필이 4종류, 지우개가 5종류 있다. 연필과 지우개를 각각 1개씩 짝 지어 사는 경우의 수를 구하시오.

4-1 동전 한 개와 주사위 한 개를 동시에 던질 때, 다음을 구하시오.
(1) 동전에서 앞면이 나오는 경우의 수

(2) 주사위에서 2의 배수의 눈이 나오는 경우의 수

(3) 동전은 앞면이 나오고, 주사위는 2의 배수의 눈이 나오는 경우의 수

경우의 수

01 서로 다른 두 개의 주사위를 동시에 던질 때, 나오는 두 눈의 수의 합이 6인 경우의 수는?

① 2 　　② 3 　　③ 4
④ 5 　　⑤ 6

02 1부터 15까지의 자연수가 각각 적힌 15장의 카드가 있다. 이 중에서 한 장의 카드를 뽑을 때, 15의 약수가 적힌 카드가 나오는 경우의 수는?

① 2 　　② 3 　　③ 4
④ 5 　　⑤ 6

돈을 지불하는 방법의 수

03 준후는 100원짜리 동전 10개와 500원짜리 동전 5개를 가지고 있다. 2500원짜리 음료수를 1개 사려고 할 때, 값을 지불하는 방법은 모두 몇 가지인가?

① 3가지 　　② 4가지 　　③ 5가지
④ 6가지 　　⑤ 7가지

04 진하가 문구점에서 1400원짜리 볼펜 1자루를 사려고 한다. 500원, 100원, 50원짜리 동전을 각각 5개씩 가지고 있을 때, 거스름돈 없이 볼펜의 값을 지불하는 방법은 모두 몇 가지인가?

① 2가지 　　② 3가지 　　③ 4가지
④ 5가지 　　⑤ 6가지

사건 A 또는 사건 B가 일어나는 경우의 수 (1) 　중요🌟

05 1부터 10까지의 자연수가 각각 적힌 10장의 카드가 있다. 이 중에서 한 장의 카드를 뽑을 때, 짝수 또는 9의 약수가 적힌 카드가 나오는 경우의 수를 구하시오.

06 각 면에 1부터 12까지의 자연수가 각각 적힌 정십이면체 모양의 주사위를 한 번 던질 때, 바닥에 닿는 면에 적혀 있는 수가 4 이하의 수 또는 6의 배수가 나오는 경우의 수를 구하시오.

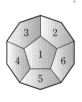

개념 완성하기 교과서 대표 문제로

• **사건 A 또는 사건 B가 일어나는 경우의 수 (2)**

07 서로 다른 두 개의 주사위를 동시에 던질 때, 나오는 두 눈의 수의 합이 3 또는 9인 경우의 수를 구하시오.

08 두 개의 주사위 A, B를 동시에 던질 때, 나오는 두 눈의 수의 차가 3 또는 4인 경우의 수를 구하시오.

• **사건 A와 사건 B가 동시에 일어나는 경우의 수 (1)** 중요✿

09 매표소에서 산 정상까지 올라가는 길이 3가지, 산 정상에서 폭포까지 내려오는 길이 4가지 있을 때, 매표소에서 산 정상을 거쳐 폭포까지 내려오는 모든 경우의 수를 구하시오.

산 정상

매표소   폭포

10 학교에서 도서관으로 가는 방법이 5가지, 도서관에서 집으로 가는 방법이 3가지일 때, 학교에서 도서관을 거쳐 집으로 가는 방법의 수는?

① 8 ② 10 ③ 12
④ 15 ⑤ 18

• **사건 A와 사건 B가 동시에 일어나는 경우의 수 (2)**

11 두 개의 주사위 A, B를 동시에 던질 때, 주사위 A에서는 홀수의 눈이 나오고, 주사위 B에서는 3의 배수의 눈이 나오는 경우의 수는?

① 6 ② 8 ③ 9
④ 10 ⑤ 12

12 한 개의 주사위를 두 번 던질 때, 첫 번째는 6의 약수의 눈이 나오고, 두 번째는 소수의 눈이 나오는 경우의 수는?

① 4 ② 6 ③ 8
④ 10 ⑤ 12

02 여러 가지 경우의 수

1 한 줄로 세우는 경우의 수

(1) 한 줄로 세우는 경우의 수

① n명을 한 줄로 세우는 경우의 수 ➡ $n \times (n-1) \times (n-2) \times \cdots \times 3 \times 2 \times 1$

② n명 중에서 2명을 뽑아 한 줄로 세우는 경우의 수 ➡ $n \times (n-1)$

③ n명 중에서 3명을 뽑아 한 줄로 세우는 경우의 수 ➡ $n \times (n-1) \times (n-2)$

(2) 한 줄로 세울 때, 이웃하여 세우는 경우의 수

❶ 이웃하는 것을 하나로 묶어서 한 줄로 세우는 경우의 수를 구한다.

❷ 묶음 안에서 자리를 바꾸는 경우의 수를 구한다. ┌→ 묶음 안에서 한 줄로 세우는 경우의 수

❸ ❶에서 구한 경우의 수와 ❷에서 구한 경우의 수를 곱한다.

> n명 중에서 $r\,(n \geq r)$명을 뽑아 한 줄로 세우는 경우의 수는
> $$\underbrace{n \times (n-1) \times \cdots \times (n-r+1)}_{r\text{개}}$$

2 자연수를 만드는 경우의 수

서로 다른 한 자리의 숫자가 각각 하나씩 적힌 n장의 카드 중에서

(1) 0을 포함하지 않는 경우

① 2장을 뽑아 만들 수 있는 두 자리의 자연수의 개수 ➡ $n \times (n-1)$

② 3장을 뽑아 만들 수 있는 세 자리의 자연수의 개수 ➡ $n \times (n-1) \times (n-2)$

(2) 0을 포함하는 경우

① 2장을 뽑아 만들 수 있는 두 자리의 자연수의 개수

➡ $(n-1) \times (n-1)$
  └→ 0을 제외한 $(n-1)$가지이다.

십의 자리	일의 자리
↑	↑
0 제외	0 포함, 십의 자리 숫자 제외

② 3장을 뽑아 만들 수 있는 세 자리의 자연수의 개수

➡ $(n-1) \times (n-1) \times (n-2)$

> 자연수를 만들 때, 0은 맨 앞자리에 올 수 없음에 주의한다.

3 대표를 뽑는 경우의 수

(1) 자격이 다른 대표를 뽑는 경우 → 뽑는 순서와 관계가 있다.

① n명 중에서 자격이 다른 대표 2명을 뽑는 경우의 수 ➡ $n \times (n-1)$

② n명 중에서 자격이 다른 대표 3명을 뽑는 경우의 수 ➡ $n \times (n-1) \times (n-2)$

(2) 자격이 같은 대표를 뽑는 경우 → 뽑는 순서와 관계가 없다.

① n명 중에서 자격이 같은 대표 2명을 뽑는 경우의 수 ➡ $\dfrac{n \times (n-1)}{2}$
  2명이 자리를 바꾸는 경우의 수 2로 나눈다.┘

② n명 중에서 자격이 같은 대표 3명을 뽑는 경우의 수 ➡ $\dfrac{n \times (n-1) \times (n-2)}{6}$
  3명이 자리를 바꾸는 경우의 수 $3 \times 2 \times 1 = 6$으로 나눈다.┘

> n명 중에서 자격이 다른 2명의 대표를 뽑는 경우의 수는 n명 중에서 2명을 뽑아 한 줄로 세우는 경우의 수와 같다.

대표를 뽑을 때, 자격이 같은지 다른지 어떻게 알 수 있을까?

각각의 호칭이 있다.	➡	• 회장 1명, 부회장 1명 • 주장 1명, 부주장 1명	➡	자격이 다르다.
각각의 호칭이 없다.	➡	• 대표 2명 • 임원 3명	➡	자격이 같다.

개념 1 한 줄로 세우는 경우의 수는 어떻게 구할까?

A, B, C, D 4명이 있을 때, 다음을 구해 보자.

(1) 4명을 한 줄로 세우는 경우의 수 ➜ $\underline{4} \times \underline{(4-1)} \times \underline{(4-2)} \times \underline{1} = 4 \times 3 \times 2 \times 1 = 24$

                          4명 중   1명을 뽑고   2명을 뽑고   └→ 마지막에
                          1명   남은 3명 중   남은 2명 중   남은 1명
                                 1명   1명

(2) 4명 중 2명을 뽑아 한 줄로 세우는 경우의 수 ➜ $4 \times (4-1) = 4 \times 3 = 12$

(3) 4명 중 3명을 뽑아 한 줄로 세우는 경우의 수 ➜ $4 \times (4-1) \times (4-2) = 4 \times 3 \times 2 = 24$

참고 n명 중 r명을 뽑아 한 줄로 세우는 경우의 수는

$$\underbrace{n \times (n-1) \times (n-2) \times \cdots \times (n-r+1)}_{r개} \ (단,\ n \geq r)$$

---

1 A, B, C, D, E 5명이 있을 때, 다음을 구하시오.

(1) 5명을 한 줄로 세우는 경우의 수

(2) 5명 중 2명을 뽑아 한 줄로 세우는 경우의 수

(3) 5명 중 3명을 뽑아 한 줄로 세우는 경우의 수

(4) 5명을 한 줄로 세울 때, A를 맨 앞에 세우는 경우의 수

1-1 성재, 민희, 태영, 보라 4명이 한 줄로 서서 사진을 찍으려고 할 때, 다음을 구하시오.

(1) 한 줄로 서는 경우의 수

(2) 성재가 가장 오른쪽에, 민희가 가장 왼쪽에 서는 경우의 수

(3) 민희가 가장 오른쪽에, 성재가 가장 왼쪽에 서는 경우의 수

(4) 성재와 민희가 양 끝에 서는 경우의 수

개념 2 한 줄로 세울 때, 이웃하여 세우는 경우의 수는 어떻게 구할까?

A, B, C, D 4명을 한 줄로 세울 때, A, B가 이웃하여 서는 경우의 수를 구해 보자.

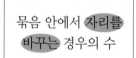

한 줄로 세울 때, 이웃하여 세우는 경우의 수	=	이웃하는 것을 하나로 묶어서 한 줄로 세우는 경우의 수	×	묶음 안에서 자리를 바꾸는 경우의 수

↳ 묶음 안에서 한 줄로 세우는 경우의 수

A, B, C, D 4명을 한 줄로 세울 때, A, B가 이웃하여 서는 경우의 수	=	A와 B를 하나로 묶어 3명을 한 줄로 세우는 경우의 수	×	A, B가 자리를 바꾸는 경우의 수
	=	$(3 \times 2 \times 1)$	×	2

↳ AB, BA의 2가지

$= 12$

---

2 A, B, C, D, E 5명을 한 줄로 세울 때, A, C, D가 이웃하여 서는 경우의 수를 구하시오.

2-1 남학생 4명과 여학생 2명이 한 줄로 설 때, 여학생 2명이 이웃하여 서는 경우의 수를 구하시오.

개념 3 0이 포함되지 않은 숫자로 자연수를 만드는 경우의 수는 어떻게 구할까?

1, 2, 3, 4의 숫자가 각각 적힌 4장의 카드가 있을 때, 다음을 구해 보자.

(1) 2장을 뽑아 만들 수 있는 두 자리의 자연수의 개수

$$\underset{\substack{4장 중\\1장}}{4} \times \underset{\substack{십의 자리\\숫자를 제외한\\3장 중 1장}}{(4-1)} = 12$$

(2) 3장을 뽑아 만들 수 있는 세 자리의 자연수의 개수

$$\underset{\substack{4장 중\\1장}}{4} \times \underset{\substack{백의 자리\\숫자를 제외한\\3장 중 1장}}{(4-1)} \times \underset{\substack{백의 자리, 십의 자리\\숫자를 제외한\\2장 중 1장}}{(4-2)} = 24$$

3 1, 2, 3, 4, 5의 숫자가 각각 적힌 5장의 카드가 있다. □ 안에 알맞은 수를 써넣으시오.

(1) 2장을 뽑아 만들 수 있는 두 자리의 자연수의 개수

십의 자리   일의 자리
□ × □ = □

(2) 3장을 뽑아 만들 수 있는 세 자리의 자연수의 개수

백의 자리   십의 자리   일의 자리
□ × □ × □ = □

3-1 1, 2, 3, 4, 5, 6의 숫자가 각각 적힌 6장의 카드가 있을 때, 다음을 구하시오.

(1) 2장을 뽑아 만들 수 있는 두 자리의 자연수의 개수

(2) 3장을 뽑아 만들 수 있는 세 자리의 자연수의 개수

개념 4 0이 포함된 숫자로 자연수를 만드는 경우의 수는 어떻게 구할까?

0, 1, 2, 3의 숫자가 각각 적힌 4장의 카드가 있을 때, 다음을 구해 보자.

(1) 2장을 뽑아 만들 수 있는 두 자리의 자연수의 개수

$$\underset{\substack{0을 제외한\\3장 중 1장}}{(4-1)} \times \underset{\substack{십의 자리\\숫자를 제외하고\\0을 포함한\\3장 중 1장}}{(4-1)} = 9$$

(2) 3장을 뽑아 만들 수 있는 세 자리의 자연수의 개수

$$\underset{\substack{0을 제외한\\3장 중 1장}}{(4-1)} \times \underset{\substack{백의 자리\\숫자를 제외하고\\0을 포함한\\3장 중 1장}}{(4-1)} \times \underset{\substack{백의 자리,\\십의 자리\\숫자를 제외한\\2장 중 1장}}{(4-2)} = 18$$

4 0, 1, 2, 3, 4의 숫자가 각각 적힌 5장의 카드가 있다. □ 안에 알맞은 수를 써넣으시오.

(1) 2장을 뽑아 만들 수 있는 두 자리의 자연수의 개수

십의 자리   일의 자리
□ × □ = □

(2) 3장을 뽑아 만들 수 있는 세 자리의 자연수의 개수

백의 자리   십의 자리   일의 자리
□ × □ × □ = □

4-1 0, 1, 2, 3, 4, 5의 숫자가 각각 적힌 6장의 카드가 있을 때, 다음을 구하시오.

(1) 2장을 뽑아 만들 수 있는 두 자리의 자연수의 개수

(2) 3장을 뽑아 만들 수 있는 세 자리의 자연수의 개수

집중 5 대표를 뽑는 경우의 수는 어떻게 구할까?

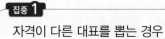

집중 1

자격이 다른 대표를 뽑는 경우
↳ 뽑는 순서와 관계가 있다.

A, B, C 3명의 학생 중에서 회장 1명, 부회장 1명을 뽑는 경우의 수를 구해 보자.

[회장] [부회장] → $\underline{3} \times \underline{2} = 6$

3명 중 회장을 제외한
1명 2명 중 1명

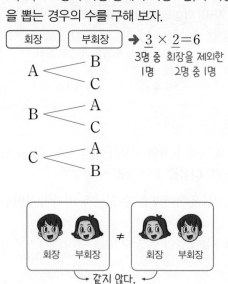

회장 부회장 ≠ 회장 부회장

↳ 같지 않다.

집중 2

자격이 같은 대표를 뽑는 경우
↳ 뽑는 순서와 관계가 없다.

A, B, C 3명의 학생 중에서 대표 2명을 뽑는 경우의 수를 구해 보자.

[대표] [대표] → $\dfrac{3 \times 2}{2} = 3$

↳ A, B를 대표로
뽑는 것과 B, A를
대표로 뽑는 것이
같으므로 2로
나눈다.

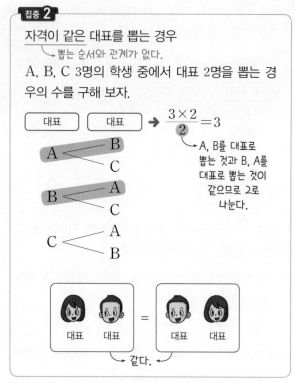

대표 대표 = 대표 대표

↳ 같다.

---

5 A, B, C, D 4명의 학생 중에서 대표를 뽑을 때, □ 안에 알맞은 수를 써넣으시오.

(1) 회장 1명, 부회장 1명을 뽑는 경우의 수

[회장] [부회장]

□ × □ = □

(2) 임원 2명을 뽑는 경우의 수

[임원] [임원]

$\dfrac{□ \times □}{□} = □$

5-1 A, B, C, D, E 5명의 학생 중에서 대표를 뽑을 때, 다음을 구하시오.

(1) 회장 1명, 부회장 1명을 뽑는 경우의 수

(2) 임원 2명을 뽑는 경우의 수

---

6 준영이는 한라산, 지리산, 설악산, 속리산, 태백산 5곳 중에 3곳을 골라 특징을 조사하려고 한다. 조사할 산을 고르는 방법의 수를 구할 때, □ 안에 알맞은 수를 써넣으시오.

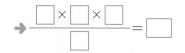

→ $\dfrac{□ \times □ \times □}{□} = □$

6-1 우진이는 교내 체육 대회에서 축구, 농구, 피구, 달리기 중 3종목을 선택하여 참가하려고 한다. 우진이가 선택할 수 있는 방법의 수를 구하시오.

한 줄로 세우는 경우의 수

01 국어, 영어, 수학, 과학 4권의 교과서를 책꽂이에 한 줄로 꽂으려고 한다. 이때 수학 교과서를 맨 앞 또는 맨 뒤에 꽂는 경우의 수는?

① 6 ② 9 ③ 12
④ 15 ⑤ 18

02 선생님이 5명의 학생 소정, 진영, 다해, 정화, 한울이와 한 명씩 상담을 하려고 한다. 이때 소정이가 처음 또는 마지막으로 상담을 하는 경우의 수는?

① 12 ② 18 ③ 24
④ 36 ⑤ 48

한 줄로 세울 때, 이웃하여 세우는 경우의 수 중요♡

03 K, O, R, E, A의 5개의 알파벳을 한 줄로 나열할 때, K와 R이 이웃하는 경우의 수는?

① 24 ② 36 ③ 48
④ 60 ⑤ 72

04 부모님과 자녀 3명이 영화를 보기 위해 극장에 갔다. 5명이 한 줄로 나란히 앉을 때, 자녀끼리 이웃하여 앉는 경우의 수를 구하시오.

자연수를 만드는 경우의 수 – 0을 포함하지 않는 경우

05 1, 2, 3, 4, 5의 숫자가 각각 적힌 5장의 카드 중에서 2장을 뽑아 두 자리의 자연수를 만들 때, 홀수의 개수를 구하시오.

| 1 | 2 | 3 | 4 | 5 |

06 1, 3, 5, 7, 9의 숫자가 각각 적힌 5장의 카드 중에서 2장을 뽑아 두 자리의 자연수를 만들 때, 55보다 큰 자연수의 개수를 구하시오.

자연수를 만드는 경우의 수 – 0을 포함하는 경우 중요♡

07 0, 1, 2, 3의 숫자가 각각 적힌 4장의 카드 중에서 2장을 뽑아 두 자리의 자연수를 만들 때, 짝수의 개수를 구하시오.

| 0 | 1 | 2 | 3 |

08 0, 1, 2, 3, 4의 숫자가 각각 적힌 5장의 카드 중에서 2장을 뽑아 두 자리의 자연수를 만들 때, 30보다 작은 자연수의 개수를 구하시오.

개념 완성하기 교과서 대표 문제로

> **대표를 뽑는 경우의 수 – 자격이 다른 경우**

09 A, B, C, D, E 5명 중에서 회장, 부회장, 총무를 각 각 1명씩 뽑을 때, A가 회장이 되는 경우의 수는?

① 3   ② 6   ③ 9
④ 12   ⑤ 15

10 재이를 포함한 6명 중에서 대표 1명, 부대표 1명을 뽑으려고 할 때, 재이가 대표로 뽑히지 않는 경우의 수는?

① 24   ② 25   ③ 27
④ 28   ⑤ 30

> **대표를 뽑는 경우의 수 – 자격이 같은 경우** 중요✂

11 문경, 지현, 인애, 희언, 관용 5명 중에서 농구 시합에 나갈 선수 3명을 뽑을 때, 문경이가 반드시 뽑히는 경우의 수를 구하시오.

12 A, B, C, D, E, F 6명의 배우 중에서 연극에 출연할 배우 3명을 뽑으려고 한다. 이때 A가 뽑히지 않는 경우의 수는?

① 10   ② 12   ③ 15
④ 16   ⑤ 18

> **색칠하는 경우의 수**

13 오른쪽 그림과 같은 도형의 A, B, C 세 부분에 빨강, 초록, 보라의 3가지 색을 사용하여 칠하려고 한다. 이때 세 부분에 서로 다른 색을 칠하는 경우의 수는?

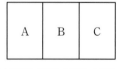

① 4   ② 6   ③ 8
④ 9   ⑤ 10

14 오른쪽 그림과 같은 도형의 A, B, C 세 부분에 빨강, 파랑, 노랑, 초록의 4가지 색을 사용하여 칠하려고 한다. 이때 세 부분에 서로 다른 색을 칠하는 경우의 수는?

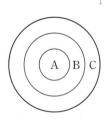

① 8   ② 16   ③ 24
④ 32   ⑤ 40

01

현우는 100원, 50원, 10원짜리 동전을 각각 5개씩 가지고 있다. 문구점에서 600원짜리 포장지를 살 때, 값을 지불하는 방법은 모두 몇 가지인지 구하시오.

02

서로 다른 두 개의 주사위를 동시에 던질 때, 나오는 두 눈의 수의 합이 5의 배수인 경우의 수를 구하시오.

03

서로 다른 동전 2개와 주사위 1개를 동시에 던질 때, 일어나는 모든 경우의 수를 구하시오.

04

다음 그림과 같이 세 지점 A, B, C가 연결되어 있다. 이때 A 지점에서 C 지점으로 가는 경우의 수를 구하시오. (단, 한 번 지난 지점은 다시 지나지 않는다.)

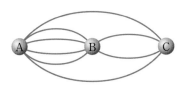

05

A, B, C, D, E 5명이 한 줄로 설 때, A와 B가 이웃하여 서고, D와 E도 이웃하여 서는 경우의 수를 구하시오.

06

여학생 5명과 남학생 4명이 있다. 여학생 중에서 회장 1명과 부회장 1명을 뽑고, 남학생 중에서 부회장 1명을 뽑는 경우의 수를 구하시오.

한걸음 더

07 추론 💬

오른쪽 그림과 같이 원 위에 6개의 점이 있을 때, 다음을 구하시오.

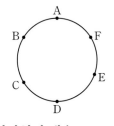

⑴ 두 점을 이어 만들 수 있는 선분의 개수

⑵ 세 점을 연결하여 만들 수 있는 삼각형의 개수

08 문제해결 🔒

오른쪽 그림과 같은 도형의 A, B, C, D 네 부분에 빨강, 파랑, 노랑, 보라의 4가지 색을 사용하여 칠하려고 한다. 같은 색을 여러 번 사용

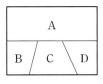

할 수는 있으나 이웃하는 부분에는 서로 다른 색을 칠하려고 할 때, 색을 칠하는 방법의 수를 구하시오.

 실전에 대비하는

서술형 문제

1

여학생 3명과 남학생 2명을 한 줄로 세울 때, 남학생은 남학생끼리, 여학생은 여학생끼리 이웃하여 서는 경우의 수를 구하시오. [6점]

채점 기준 1 여학생과 남학생을 각각 한 묶음으로 생각하고 한 줄로 세우는 경우의 수 구하기 … 2점

채점 기준 2 여학생끼리, 남학생끼리 자리를 바꾸는 경우의 수 각각 구하기 … 2점

채점 기준 3 조건을 만족시키는 경우의 수 구하기 … 2점

답

한번 더!

1-1

서로 다른 동화책 3권과 서로 다른 소설책 3권을 책꽂이에 나란히 꽂으려고 한다. 동화책은 동화책끼리, 소설책은 소설책끼리 이웃하여 꽂는 경우의 수를 구하시오. [6점]

채점 기준 1 동화책과 소설책을 각각 한 묶음으로 생각하고 나란히 꽂는 경우의 수 구하기 … 2점

채점 기준 2 동화책끼리, 소설책끼리 자리를 바꾸는 경우의 수 각각 구하기 … 2점

채점 기준 3 조건을 만족시키는 경우의 수 구하기 … 2점

답

2

0부터 6까지의 숫자가 각각 적힌 7장의 카드 중에서 3장을 뽑아 세 자리의 자연수를 만들 때, 홀수의 개수를 구하시오. [6점]

답

3

남학생 5명과 여학생 3명으로 구성된 동아리가 있다. 이 동아리에서 대회에 참가할 남학생 대표 3명과 여학생 대표 2명을 뽑는 경우의 수를 구하시오. [6점]

답

01 중요♥

1부터 20까지의 자연수가 각각 적힌 카드 20장이 있다. 이 중에서 한 장의 카드를 뽑을 때, 20의 약수가 적힌 카드가 나오는 경우의 수는?

① 4   ② 6   ③ 8
④ 10   ⑤ 12

02

한 개의 주사위를 두 번 던져서 처음에 나오는 눈의 수를 x, 나중에 나오는 눈의 수를 y라 할 때, $2x+y=6$이 되는 경우의 수를 구하시오.

03

오른쪽 그림과 같은 4개의 계단을 오르는 데 한 걸음에 1계단 또는 2계단을 오를 수 있다. 이때 오르는 방법은 모두 몇 가지인가?

① 5가지   ② 6가지
③ 7가지   ④ 8가지
⑤ 9가지

04

500원짜리, 100원짜리, 50원짜리 동전이 각각 5개씩 있다. 이 동전으로 거스름돈 없이 1600원을 지불하는 방법의 수는?

① 3   ② 4   ③ 5
④ 6   ⑤ 7

05

오른쪽은 어느 해 8월의 달력이다. 지현이가 하루를 선택하여 할머니 댁에 다녀오려고 할 때, 선택한 날이 화요일 또는 수요일인 경우의 수를 구하시오.

06 중요♥

1부터 10까지의 자연수가 각각 적힌 카드 10장 중에서 차례로 2장을 뽑을 때, 두 카드에 적힌 수의 합이 5 또는 7이 되는 경우의 수를 구하시오.

07

A, B, C 세 사람이 가위바위보를 한 번 하여 비기는 경우의 수를 구하시오.

08

4개의 자음 ㄱ, ㄴ, ㄷ, ㄹ과 5개의 모음 ㅏ, ㅓ, ㅗ, ㅜ, ㅣ가 있다. 자음과 모음을 각각 1개씩 사용하여 만들 수 있는 받침이 없는 글자의 개수를 구하시오.

09

다음은 윤수가 방문한 어느 샌드위치 가게의 벽에 걸려 있는 광고이다. 만들 수 있는 샌드위치는 모두 몇 가지인지 구하시오.

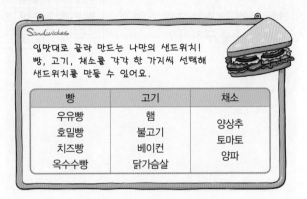

10

동전 1개와 서로 다른 주사위 2개를 동시에 던질 때, 동전은 뒷면이 나오고, 주사위는 모두 짝수의 눈이 나오는 경우의 수는?

① 3   ② 6   ③ 9
④ 12   ⑤ 15

11 중요♡

오른쪽 그림은 A, B, C 세 지점을 연결하는 길을 나타낸 것이다. A 지점에서 C 지점으로 가는 경우의 수는? (단, 한 번 지난 지점은 다시 지나지 않는다.)

① 4   ② 6   ③ 8
④ 10   ⑤ 12

12

서연이는 수학 동아리 친구들과 함께 수학 문화 축전에 갔다. A, B, C, D 4개의 체험 부스를 모두 한 번씩 체험하기로 할 때, 순서를 정하는 방법은 모두 몇 가지인가?

① 8가지   ② 12가지   ③ 16가지
④ 20가지   ⑤ 24가지

13

A, B, C, D 4명이 반 대표 이어달리기 선수로 나가기로 하였다. A가 마지막 주자로 뛰도록 달리는 순서를 정하는 경우의 수는?

① 4   ② 6   ③ 8
④ 10   ⑤ 12

14 중요♡

A, B, C, D 4명을 한 줄로 세울 때, A 또는 B가 맨 앞에 서는 경우의 수를 구하시오.

15

1, 2, 3, 4의 숫자가 각각 적힌 4장의 카드 중에서 2장의 카드를 뽑아 만들 수 있는 두 자리의 자연수 중 7번째로 작은 자연수를 구하시오.

16 중요☆

다음 그림과 같이 0, 1, 4, 5, 7의 숫자가 각각 적힌 5장의 카드 중에서 3장을 뽑아 만들 수 있는 세 자리의 자연수의 개수를 구하시오.

17

0, 1, 3, 5, 9의 숫자가 각각 적힌 5장의 카드 중에서 3장을 뽑아 세 자리의 자연수를 만들 때, 5의 배수의 개수는?

① 12　　　　② 15　　　　③ 18
④ 20　　　　⑤ 21

18 중요☆

다음 중 경우의 수가 나머지 넷과 <u>다른</u> 하나는?

① 3명의 학생 중에서 회장 1명과 부회장 1명을 뽑는 경우의 수
② 4명의 학생 중에서 대표 2명을 뽑는 경우의 수
③ 1, 2, 3의 숫자가 각각 적힌 3장의 카드 중에서 2장을 뽑아 두 자리의 자연수를 만드는 경우의 수
④ A, B, C 3명의 학생을 한 줄로 세우는 경우의 수
⑤ 부모님과 자녀 2명이 한 줄로 서서 사진을 찍을 때, 부모님이 이웃하여 서는 경우의 수

19

10명의 선수가 출전한 대회에서 금상, 은상을 받을 선수를 각각 1명씩 뽑는 경우의 수를 구하시오.

20 중요☆

어떤 모임에 모인 10명의 사람이 한 사람도 빠짐없이 서로 한 번씩 악수를 하려고 한다. 총 몇 회의 악수를 해야 하는가?

① 20회　　　② 30회　　　③ 45회
④ 60회　　　⑤ 90회

21

수현이는 일주일에 3일은 책상 청소를 하기로 했다. 월요일부터 일요일까지 7개의 요일 중에서 책상을 청소할 3개의 요일을 택하는 경우의 수를 구하시오.

22

오른쪽 그림과 같이 반원 위에 6개의 점이 있다. 이 중에서 세 점을 연결하여 만들 수 있는 삼각형의 개수를 구하시오.

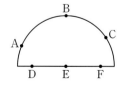

교과서에서 쏙 빼온 문제

1

다음 그림과 같이 점 P가 수직선 위의 원점에 놓여 있다. 주사위 한 개를 던져서 짝수의 눈이 나오면 오른쪽으로 1만큼, 홀수의 눈이 나오면 왼쪽으로 1만큼 점 P를 움직일 때, 주사위를 4번 던진 후 점 P의 좌표가 -2가 되는 경우의 수를 구하시오.

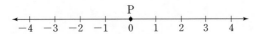

2

다음 그림과 같은 직사각형 모양의 길을 따라 A 지점에서 출발하여 I 지점까지 가장 짧은 거리로 이동하는 경우의 수를 구하시오.

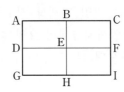

3

우리나라에서 약 120년 전까지 사용하였던 봉수는 낮에는 연기를 이용하고, 밤에는 불빛을 이용하여 정보를 먼 곳까지 신속하게 전달하는 통신 방법이다. 신호가 전달하는 내용은 봉수대의 굴뚝에서 올리는 연기나 불꽃의 수에 따라 구분하였다고 한다. 5개의 굴뚝에 불을 붙이는 경우의 수를 구하시오. (단, 불을 모두 붙이지 않는 경우는 생각하지 않는다.)

4

세 개의 색으로 3등분이 된 기를 뜻하는 삼색기는 네덜란드, 헝가리 등의 국기와 같이 직사각형을 가로로 3등분하여 만드는 경우와 프랑스, 이탈리아 등의 국기와 같이 직사각형을 세로로 3등분하여 만드는 경우가 있다. 이와 같이 직사각형을 가로 또는 세로로 3등분하고 정해진 3가지 색을 한 번씩만 사용하여 삼색기를 만들 때, 만들 수 있는 삼색기의 종류는 모두 몇 가지인지 구하시오.

워크북 98쪽~99쪽에서
한번 더 연습해 보세요.

 **확률의 뜻과 성질**

1 확률의 뜻

(1) **확률** : 동일한 조건에서 실험이나 관찰을 여러 번 반복할 때, 어떤 사건이 일어나는 상대도수가 일정한 값에 가까워지면 이 일정한 값을 그 사건이 일어날 확률이라 한다.

(2) **사건 A가 일어날 확률** : 각 경우가 일어날 가능성이 모두 같은 어떤 실험이나 관찰에서 일어나는 모든 경우의 수가 n이고, 사건 A가 일어나는 경우의 수가 a이면 사건 A가 일어날 확률 p는

$$p = \frac{(\text{사건 } A\text{가 일어나는 경우의 수})}{(\text{모든 경우의 수})} = \frac{a}{n}$$

예 한 개의 주사위를 던질 때, 홀수의 눈이 나올 확률은

$$\frac{(\text{홀수의 눈이 나오는 경우의 수})}{(\text{모든 경우의 수})} = \frac{3}{6} = \frac{1}{2}$$

> **중 1**
>
> **상대도수** : 도수의 총합에 대한 각 계급의 도수의 비율

> **용어**
>
> **확률 p** : 영어 probability(확률)의 첫 글자로 나타낸다.
>
> 확률은 어떤 사건이 일어날 가능성을 수로 나타낸 것이다.

2 확률의 성질

(1) 어떤 사건이 일어날 확률을 p라 하면 $0 \le p \le 1$이다.

(2) 절대로 일어나지 않는 사건의 확률은 0이다.

(3) 반드시 일어나는 사건의 확률은 1이다.

예 한 개의 주사위를 던질 때

(1) 1의 눈이 나올 확률은 $\frac{1}{6}$

(2) 6보다 큰 수의 눈이 나올 확률은 0 ⟶ 절대로 일어나지 않으므로 확률은 0

(3) 6 이하의 눈이 나올 확률은 1 ⟶ 모든 눈의 수가 6 이하이므로 확률은 1

> • $p=0$: 가능성 0 %, 절대로 일어나지 않는 사건의 확률
> • $p=1$: 가능성 100 %, 반드시 일어나는 사건의 확률

> 확률이 음수이거나 1보다 큰 경우는 없다.

3 어떤 사건이 일어나지 않을 확률

사건 A가 일어날 확률을 p라 하면

$$(\text{사건 } A\text{가 일어나지 않을 확률}) = 1 - p$$

예 한 개의 주사위를 던질 때, 4의 눈이 나오지 않을 확률은

$$1 - (\text{4의 눈이 나올 확률}) = 1 - \frac{1}{6} = \frac{5}{6}$$

참고 (1) 사건 A가 일어날 확률을 p, 사건 A가 일어나지 않을 확률을 q라 하면 $p + q = 1$

(2) '적어도 ~일 확률'은 어떤 사건이 일어나지 않을 확률을 이용하여 구하면 편리하다.

➡ (적어도 하나는 A일 확률) = 1 − (모두 A가 아닐 확률)

> 문제에 '적어도 ~', '~가 아닐', '~하지 않을' 등의 표현이 있을 때는 어떤 사건이 일어나지 않을 확률을 이용한다.

사건 A가 일어날 확률은 어떤 순서로 구할 수 있을까?

❶ 일어나는 모든 경우의 수 n을 구한다.

❷ 사건 A가 일어나는 경우의 수 a를 구한다.

❸ (사건 A가 일어날 확률) $= \frac{a}{n}$

개념 1 확률이란 무엇일까?

한 개의 주사위를 던질 때, 2의 배수의 눈이 나올 확률을 구해 보자.

❶ 일어나는 모든 경우
→ 1, 2, 3, 4, 5, 6의 6가지

❷ 2의 배수의 눈이 나오는 경우
→ 2, 4, 6의 3가지

❸ 2의 배수의 눈이 나올 확률
→ $\dfrac{(2의 배수의 눈이 나오는 경우의 수)}{(모든 경우의 수)}=\dfrac{3}{6}=\dfrac{1}{2}$

> 사건 A가 일어날 확률 p를 구할 때는
> ❶ 일어나는 모든 경우의 수 n을 구한다.
> ❷ 사건 A가 일어나는 경우의 수 a를 구한다.
> ❸ $p=\dfrac{a}{n}$를 구한다.

1 1부터 7까지의 자연수가 각각 적힌 7개의 구슬이 들어 있는 주머니에서 한 개의 구슬을 꺼낼 때, 다음을 구하시오.

(1) 일어나는 모든 경우의 수

(2) 소수가 적힌 구슬이 나오는 경우의 수

(3) 소수가 적힌 구슬이 나올 확률

1-1 1부터 5까지의 자연수가 각각 적힌 5장의 카드 중에서 한 장을 뽑을 때, 다음을 구하시오.

(1) 일어나는 모든 경우의 수

(2) 홀수가 적힌 카드가 나오는 경우의 수

(3) 홀수가 적힌 카드가 나올 확률

개념 2 확률에는 어떤 성질이 있을까?

1부터 10까지의 자연수가 각각 적힌 10장의 카드 중에서 한 장을 뽑을 때, 다음을 구해 보자.

(1) 카드에 적힌 수가 3의 배수일 확률 → $\dfrac{3}{10}$
   ↳ 3, 6, 9

(2) 카드에 적힌 수가 11일 확률 → $\dfrac{0}{10}=0$ → 절대로 일어나지 않는 사건의 확률
   ↳ 11이 나오는 경우는 없다.

(3) 카드에 적힌 수가 10 이하일 확률 → $\dfrac{10}{10}=1$ → 반드시 일어나는 사건의 확률
   ↳ 모두 10 이하이다.

> 어떤 사건이 일어날 확률을 p라 하면
> → $0 \le p \le 1$

2 모양과 크기가 같은 빨간 공 4개, 노란 공 3개가 들어 있는 주머니에서 한 개의 공을 꺼낼 때, 다음을 구하시오.

(1) 파란 공이 나올 확률

(2) 빨간 공 또는 노란 공이 나올 확률

2-1 서로 다른 두 개의 주사위를 동시에 던질 때, 다음을 구하시오.

(1) 나오는 두 눈의 수의 차가 6일 확률

(2) 나오는 두 눈의 수의 합이 13보다 작을 확률

집중 3 어떤 사건이 일어나지 않을 확률은 어떻게 구할까?

집중 1

어떤 사건이 일어나지 않을 확률
당첨 제비가 2개 포함된 10개의 제비 중에서 한 개를 뽑을 때

① (당첨 제비가 나올 확률)$=\dfrac{2}{10}=\dfrac{1}{5}$

② (당첨 제비가 나오지 않을 확률)
   $=1-$(당첨 제비가 나올 확률)
   $=1-\dfrac{1}{5}=\dfrac{4}{5}$

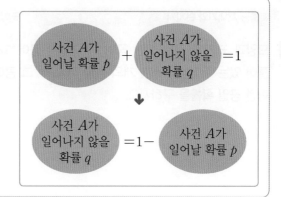

집중 2

적어도 ~일 확률

① (적어도 한 개는 맞힐 확률)$=1-$(모두 틀릴 확률)
② (적어도 한 개는 뒷면일 확률)$=1-$(모두 앞면일 확률)
③ (적어도 한 명은 남학생일 확률)$=1-$(모두 여학생일 확률)

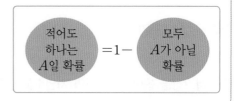

---

3 다음을 구하시오.

(1) 시험에 합격할 확률이 $\dfrac{3}{5}$일 때, 시험에 합격하지 못할 확률

(2) 내일 비가 올 확률이 $\dfrac{1}{4}$일 때, 내일 비가 오지 않을 확률

3-1 다음을 구하시오.

(1) 복권에 당첨될 확률이 $\dfrac{1}{15}$일 때, 복권에 당첨되지 않을 확률

(2) 민수가 학교에 지각할 확률이 $\dfrac{1}{7}$일 때, 지각하지 않을 확률

---

4 서로 다른 두 개의 동전을 동시에 던질 때, 다음을 구하시오.

(1) 모두 앞면이 나올 확률

(2) 적어도 한 개는 뒷면이 나올 확률

4-1 ○, ×로 답하는 3개의 문제에 임의로 답을 할 때, 다음을 구하시오.

(1) 3문제 모두 틀릴 확률

(2) 적어도 한 문제는 맞힐 확률

확률 – 꺼내기와 던지기 중요☆

01 모양과 크기가 같은 파란 공이 7개, 빨간 공이 5개 들어 있는 주머니에서 한 개의 공을 꺼낼 때, 그 공이 파란 공일 확률을 구하시오.

02 서로 다른 두 개의 주사위를 동시에 던질 때, 나오는 두 눈의 수의 합이 5일 확률을 구하시오.

확률 – 자연수 만들기

03 1, 2, 3, 4의 숫자가 각각 적힌 4장의 카드가 있다. 이 중에서 2장을 뽑아 두 자리의 자연수를 만들 때, 그 수가 30 이상일 확률을 구하시오.

04 0, 1, 2, 3의 숫자가 각각 적힌 4장의 카드가 있다. 이 중에서 2장을 뽑아 두 자리의 자연수를 만들 때, 그 수가 짝수일 확률을 구하시오.

확률 – 한 줄로 세우기

05 성호, 수영, 정석, 준영 4명의 학생을 한 줄로 세울 때, 성호가 맨 앞에 서게 될 확률은?

① $\frac{1}{3}$ ② $\frac{1}{4}$ ③ $\frac{1}{5}$ ④ $\frac{1}{6}$ ⑤ $\frac{1}{7}$

06 종원, 현석, 창욱, 연복, 석천 5명의 학생을 한 줄로 세울 때, 종원이와 현석이가 이웃하여 서게 될 확률을 구하시오.

확률 – 대표 뽑기

07 남학생 3명, 여학생 2명 중에서 2명의 대의원을 뽑을 때, 2명 모두 남학생이 뽑힐 확률을 구하시오.

08 A, B, C, D, E, F 6명 중에서 대표 2명을 뽑을 때, A가 대표로 뽑힐 확률을 구하시오.

확률의 성질 중요☆

09 어떤 사건 A가 일어날 확률을 p, 일어나지 않을 확률을 q라 할 때, 다음 중 옳은 것을 모두 고르면?

(정답 2개)

① $-1 < p < 1$
② $q = 1 - p$
③ $p = 0$이면 $q = -1$이다.
④ $p = 1$이면 사건 A는 일어나지 않는다.
⑤ $q = 0$이면 사건 A는 반드시 일어난다.

10 모양과 크기가 같은 흰 공 3개, 검은 공 4개가 들어 있는 주머니에서 한 개의 공을 꺼낼 때, 다음 중 옳은 것은?

① 흰 공이 나올 확률은 $\dfrac{4}{7}$이다.
② 빨간 공이 나올 확률은 1이다.
③ 검은 공이 나올 확률은 0이다.
④ 흰 공 또는 검은 공이 나올 확률은 1이다.
⑤ 흰 공이 나올 확률은 검은 공이 나올 확률과 같다.

어떤 사건이 일어나지 않을 확률

11 서로 다른 두 개의 주사위를 동시에 던질 때, 나오는 두 눈의 수의 합이 3이 아닐 확률은?

① $\dfrac{1}{18}$　　② $\dfrac{1}{9}$　　③ $\dfrac{5}{9}$
④ $\dfrac{13}{18}$　　⑤ $\dfrac{17}{18}$

12 1부터 15까지의 자연수가 각각 적힌 15개의 구슬이 주머니 속에 들어 있다. 이 주머니에서 한 개의 구슬을 꺼낼 때, 구슬에 적힌 수가 3의 배수가 아닐 확률을 구하시오.

적어도 ~일 확률 중요☆

13 서로 다른 두 개의 주사위를 동시에 던질 때, 적어도 한 개는 소수의 눈이 나올 확률을 구하시오.

14 서로 다른 세 개의 동전을 동시에 던질 때, 적어도 한 개는 앞면이 나올 확률을 구하시오.

02 확률의 계산

1 사건 A 또는 사건 B가 일어날 확률

→ 한 사건이 일어나면 다른 사건은 절대로 일어나지 않는다는 것을 뜻한다.

동일한 조건의 실험이나 관찰에서 두 사건 A, B가 동시에 일어나지 않을 때, 사건 A가 일어날 확률을 p, 사건 B가 일어날 확률을 q라 하면

(사건 A 또는 사건 B가 일어날 확률)$=p+q$ ← 확률의 덧셈

> 동시에 일어나지 않는 두 사건에 대하여 '또는', '~이거나' 등의 표현이 있으면 두 확률을 더한다.

2 사건 A와 사건 B가 동시에 일어날 확률

두 사건 A, B가 서로 영향을 끼치지 않을 때, 사건 A가 일어날 확률을 p, 사건 B가 일어날 확률을 q라 하면

→ 사건 A가 일어나든 일어나지 않든 사건 B가 일어날 확률이 같다는 것을 뜻한다.

(사건 A와 사건 B가 동시에 일어날 확률)$=p \times q$ ← 확률의 곱셈

참고 '사건 A와 사건 B가 동시에 일어난다.'는 것은 반드시 같은 시간에 두 사건 A, B가 일어난다는 것이 아니라 사건 A가 일어나는 각각의 경우에 대하여 사건 B가 일어난다는 것을 의미한다.

> 서로 영향을 끼치지 않는 두 사건에 대하여 '동시에', '그리고', '~와', '~하고 나서' 등의 표현이 있으면 두 확률을 곱한다.

3 연속하여 꺼내는 경우의 확률

(1) 꺼낸 것을 다시 넣고 꺼내는 경우의 확률

➡ 처음에 꺼낼 때와 나중에 꺼낼 때의 조건이 같다.

(처음에 사건 A가 일어날 확률)$=$(나중에 사건 A가 일어날 확률) → 처음에 일어난 사건이 나중에 일어나는 사건에 영향을 주지 않는다.

(2) 꺼낸 것을 다시 넣지 않고 꺼내는 경우의 확률

➡ 처음에 꺼낼 때와 나중에 꺼낼 때의 조건이 다르다.

(처음에 사건 A가 일어날 확률)$\neq$(나중에 사건 A가 일어날 확률) → 처음에 일어난 사건이 나중에 일어나는 사건에 영향을 준다.

예 모양과 크기가 같은 흰 공 3개, 검은 공 2개가 들어 있는 주머니에서 연속하여 2개의 공을 꺼낼 때, 2개 모두 흰 공일 확률은

(1) 꺼낸 공을 다시 넣는 경우 ➡ $\dfrac{3}{5} \times \dfrac{3}{5} = \dfrac{9}{25}$

(2) 꺼낸 공을 다시 넣지 않는 경우 ➡ $\dfrac{3}{5} \times \dfrac{2}{4} = \dfrac{3}{10}$

> (1)과 (2)는 처음에 일어나는 사건이 나중에 일어나는 사건에 영향을 주느냐 주지 않느냐의 차이가 있다.

4 도형에서의 확률

일어나는 모든 경우의 수는 도형 전체의 넓이로, 어떤 사건이 일어나는 경우의 수는 도형에서 해당하는 부분의 넓이로 생각하여 확률을 구한다. 즉,

$$(\text{도형에서의 확률}) = \dfrac{(\text{사건에 해당하는 부분의 넓이})}{(\text{도형 전체의 넓이})}$$

예 오른쪽 그림과 같이 4등분된 원판에 화살을 쏠 때

• 1이 적힌 부분을 맞힐 확률 ➡ $\dfrac{1}{4}$

• 홀수가 적힌 부분을 맞힐 확률 ➡ $\dfrac{2}{4} = \dfrac{1}{2}$

> 초 6
> **원그래프** : 전체에 대한 각 항목의 비율을 원 모양으로 나타낸 그래프
>
>

1 사건 A 또는 사건 B가 일어날 확률은 어떻게 구할까?

한 개의 주사위를 던질 때, 2 이하 또는 4 이상의 눈이 나올 확률을 구해 보자.

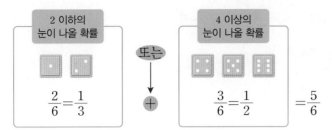

---

1 1부터 9까지의 자연수가 각각 적힌 9장의 카드 중에서 한 장을 뽑을 때, 다음을 구하시오.

(1) 소수가 적힌 카드가 나올 확률

(2) 7보다 큰 수가 적힌 카드가 나올 확률

(3) 소수 또는 7보다 큰 수가 적힌 카드가 나올 확률

1-1 각 면에 1부터 12까지의 자연수가 각각 적힌 정십이면체 모양의 주사위를 던져 바닥에 닿는 면에 적힌 수를 확인할 때, 다음을 구하시오.

(1) 홀수가 나올 확률

(2) 4의 배수가 나올 확률

(3) 홀수 또는 4의 배수가 나올 확률

---

2 모양과 크기가 같은 빨간 공 4개, 파란 공 6개, 노란 공 3개가 들어 있는 주머니에서 한 개의 공을 꺼낼 때, 다음을 구하시오.

(1) 빨간 공이 나올 확률

(2) 파란 공이 나올 확률

(3) 빨간 공 또는 파란 공이 나올 확률

2-1 정현이의 스마트폰 앱에는 가요 9곡, 클래식 5곡, 팝송 6곡이 들어 있다. 이 스마트폰 앱에서 임의로 음악 한 곡을 재생할 때, 다음을 구하시오.

(1) 가요를 듣게 될 확률

(2) 팝송을 듣게 될 확률

(3) 가요 또는 팝송을 듣게 될 확률

개념 **2** 사건 *A*와 사건 *B*가 동시에 일어날 확률은 어떻게 구할까?

동전 한 개와 주사위 한 개를 동시에 던질 때, 동전은 앞면이 나오고, 주사위는 짝수의 눈이 나올 확률을 구해 보자.

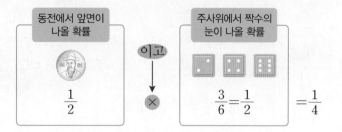

3 A 주머니에는 모양과 크기가 같은 검은 공 2개, 흰 공 3개가 들어 있고, B 주머니에는 모양과 크기가 같은 검은 공 2개, 흰 공 4개가 들어 있다. 두 주머니에서 공을 각각 한 개씩 꺼낼 때, 다음을 구하시오.

⑴ A 주머니에서 검은 공이 나올 확률

⑵ B 주머니에서 흰 공이 나올 확률

⑶ A 주머니에서는 검은 공이 나오고, B 주머니에서는 흰 공이 나올 확률

3-1 두 개의 주사위 A, B를 동시에 던질 때, 다음을 구하시오.

⑴ 주사위 A에서 4 이상의 눈이 나올 확률

⑵ 주사위 B에서 6의 약수의 눈이 나올 확률

⑶ 주사위 A는 4 이상의 눈이 나오고, 주사위 B는 6의 약수의 눈이 나올 확률

4 내일 비가 올 확률은 40 %이고, 모레 비가 올 확률은 50 %라 한다. 다음 물음에 답하시오.

⑴ 내일 비가 오지 않을 확률은 몇 %인지 구하시오.

⑵ 내일은 비가 오지 않고, 모레는 비가 올 확률은 몇 %인지 구하시오.

4-1 두 농구 선수 A, B가 자유투를 성공시킬 확률이 각각 $\frac{1}{2}$, $\frac{4}{5}$이다. 두 선수가 한 번씩 자유투를 던져 두 선수 모두 성공시킬 확률을 구하시오.

정답 및풀이 ⊕ 53쪽

개념 3 연속하여 꺼내는 경우의 확률은 어떻게 구할까?

모양과 크기가 같은 흰 공 3개, 검은 공 2개가 들어 있는 주머니에서 공을 한 개씩 연속하여 두 번 꺼낼 때,
다음의 각 경우에 두 번 모두 검은 공이 나올 확률을 구해 보자.
↳ 두 확률을 곱한다.

(1) 꺼낸 공을 다시 넣고 꺼내는 경우 → 조건이 같다.

$$(\text{두 번 모두 검은 공이 나올 확률})=\frac{2}{5}\times\frac{2}{5}=\frac{4}{25}$$

첫 번째 → 두 번째

두 번째에도
전체 공은 5개

(2) 꺼낸 공을 다시 넣지 않고 꺼내는 경우 → 조건이 다르다.

$$(\text{두 번 모두 검은 공이 나올 확률})=\frac{2}{5}\times\frac{1}{4}=\frac{1}{10}$$

첫 번째 → 두 번째

두 번째에
전체 공은 4개

5 20개의 제비 중 4개의 당첨 제비가 들어 있는 주머니에서 연속하여 제비를 두 번 뽑을 때, 다음을 구하시오.

(1) 첫 번째에 뽑은 제비를 다시 넣을 때, 두 번 모두 당첨 제비를 뽑을 확률

(2) 첫 번째에 뽑은 제비를 다시 넣지 않을 때, 두 번 모두 당첨 제비를 뽑을 확률

5-1 1부터 15까지의 자연수가 각각 적힌 15장의 카드가 들어 있는 상자에서 연속하여 2장의 카드를 꺼낼 때, 다음을 구하시오.

(1) 처음 꺼낸 카드를 다시 넣을 때, 2장 모두 4의 배수가 적힌 카드가 나올 확률

(2) 처음 꺼낸 카드를 다시 넣지 않을 때, 2장 모두 4의 배수가 적힌 카드가 나올 확률

개념 4 도형에서의 확률은 어떻게 구할까?

오른쪽 그림과 같이 9개의 정사각형으로 이루어진 과녁에 화살을 한 발 쏠 때, 색칠한 부분을 맞힐 확률을 구해 보자.
(단, 화살이 과녁을 벗어나거나 경계선을 맞히는 경우는 생각하지 않는다.)

$$(\text{색칠한 부분을 맞힐 확률})=\frac{(\text{색칠한 부분에 해당하는 넓이})}{(\text{도형 전체의 넓이})}=\frac{5}{9}$$

(도형에서의 확률)
=(전체 넓이에서 해당 부분
의 넓이가 차지하는 비율)

6 다음 그림과 같이 똑같은 넓이로 나누어진 원판이 있다. 이 원판을 한 번 회전시킨 후 정지하였을 때, 바늘이 색칠한 부분을 가리킬 확률을 구하시오. (단, 바늘이 경계선을 가리키는 경우는 생각하지 않는다.)

(1) 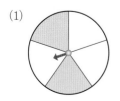   (2)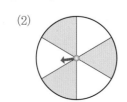

6-1 오른쪽 그림과 같이 8등분된 원판 위에 1부터 8까지의 자연수가 각각 적혀 있다. 이 원판에 다트를 한 번 던질 때, 소수가 적힌 부분을 맞힐 확률을 구하시오. (단, 다트가 원판을 벗어나거나 경계선을 맞히는 경우는 생각하지 않는다.)

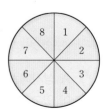

사건 A 또는 사건 B가 일어날 확률　중요☆

01 1부터 15까지의 자연수가 각각 적힌 15장의 카드 중에서 한 장의 카드를 뽑을 때, 3의 배수 또는 7의 배수가 적힌 카드가 나올 확률을 구하시오.

02 서로 다른 두 개의 주사위를 동시에 던질 때, 나오는 두 눈의 수의 합이 3 또는 10일 확률을 구하시오.

사건 A와 사건 B가 동시에 일어날 확률　중요☆

03 A 주머니에는 흰 공 1개, 검은 공 4개가 들어 있고, B 주머니에는 흰 공 3개, 검은 공 2개가 들어 있다. A, B 주머니에서 공을 각각 한 개씩 꺼낼 때, 두 주머니에서 모두 흰 공이 나올 확률을 구하시오.
(단, 공은 모양과 크기가 모두 같다.)

04 어떤 문제를 맞힐 확률이 현우는 $\dfrac{3}{4}$이고 지훈이는 $\dfrac{4}{5}$일 때, 이 문제를 현우는 맞히고, 지훈이는 맞히지 못할 확률을 구하시오.

확률의 곱셈 – '적어도 ~일' 확률

05 명중률이 각각 $\dfrac{2}{3}$, $\dfrac{3}{4}$인 두 양궁 선수가 하나의 과녁에 한 발씩 활을 쏘았을 때, 두 선수 중 적어도 한 명은 과녁을 맞힐 확률을 구하시오.

06 어떤 시험에 A, B 두 사람이 합격할 확률은 각각 $\dfrac{1}{4}$, $\dfrac{3}{5}$이다. 이 시험에 A, B 중 적어도 한 사람은 합격할 확률을 구하시오.

확률의 덧셈과 곱셈

07 A 상자에는 흰 바둑돌이 3개, 검은 바둑돌이 2개 들어 있고, B 상자에는 흰 바둑돌이 4개, 검은 바둑돌이 2개 들어 있다. 두 상자에서 바둑돌을 각각 한 개씩 꺼낼 때, 서로 다른 색이 나올 확률을 구하시오.

08 규희가 아침 운동을 할 확률이 $\dfrac{1}{5}$일 때, 월요일과 화요일 이틀 중 하루만 아침 운동을 할 확률을 구하시오.

연속하여 꺼내는 경우의 확률 – 꺼낸 것을 다시 넣는 경우 중요♡

09 1부터 10까지의 자연수가 각각 적힌 10장의 카드 중에서 한 장을 뽑아 수를 확인한 후 다시 넣고 또 한 장을 뽑을 때, 첫 번째에는 6의 약수, 두 번째에는 5의 배수가 적힌 카드를 뽑을 확률은?

① $\dfrac{2}{25}$ ② $\dfrac{3}{25}$ ③ $\dfrac{4}{25}$

④ $\dfrac{1}{5}$ ⑤ $\dfrac{6}{25}$

10 주머니 속에 모양과 크기가 같은 초록색 공 4개, 보라색 공 6개가 들어 있다. 이 주머니에서 한 개의 공을 꺼내어 색을 확인한 후 다시 넣고 또 한 개를 꺼낼 때, 두 개 모두 보라색 공일 확률을 구하시오.

연속하여 꺼내는 경우의 확률 – 꺼낸 것을 다시 넣지 않는 경우 중요♡

11 모양과 크기가 같은 10개의 물건 중 3개의 물건에 행운권이 들어 있다. 이 중에서 두 개를 연속하여 고를 때, 두 물건에 모두 행운권이 들어 있을 확률을 구하시오. (단, 한 번 고른 물건은 제외시킨다.)

12 상자 속에 모양과 크기가 같은 붕어빵이 팥 맛 5개, 슈크림 맛 4개 들어 있다. 이 상자에서 붕어빵을 한 개씩 연속하여 두 번 꺼낼 때, 첫 번째에는 팥 맛, 두 번째에는 슈크림 맛이 나올 확률은?

(단, 꺼낸 붕어빵은 다시 넣지 않는다.)

① $\dfrac{2}{9}$ ② $\dfrac{20}{81}$ ③ $\dfrac{5}{18}$

④ $\dfrac{3}{5}$ ⑤ $\dfrac{3}{4}$

도형에서의 확률

13 오른쪽 그림과 같은 원판에 화살을 한 번 쏠 때, 색칠한 부분을 맞힐 확률을 구하시오. (단, 화살이 원판을 벗어나거나 경계선을 맞히는 경우는 생각하지 않는다.)

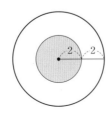

14 오른쪽 그림과 같이 9개의 정사각형으로 이루어진 과녁에 화살을 두 번 쏠 때, 두 번 모두 색칠한 부분을 맞힐 확률을 구하시오. (단, 화살이 과녁을 벗어나거나 경계선을 맞히는 경우는 생각하지 않는다.)

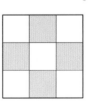

01

50원짜리 동전 1개, 100원짜리 동전 1개, 500원짜리 동전 1개를 동시에 던질 때, 앞면이 2개 나올 확률을 구하시오.

02

0, 1, 2, 3, 4의 숫자가 각각 적힌 5장의 카드 중에서 2장을 뽑아 두 자리의 자연수를 만들 때, 그 수가 21보다 작을 확률을 구하시오.

03

두 개의 주사위 A, B를 동시에 던져서 나오는 눈의 수를 각각 x, y라 할 때, $2x+y=8$일 확률을 구하시오.

04

다음 중 확률이 나머지 넷과 <u>다른</u> 하나는?

① 사과 맛 사탕이 8개 들어 있는 봉지에서 딸기 맛 사탕을 꺼낼 확률

② 주사위 한 개를 던질 때, 0의 눈이 나올 확률

③ 두 자리의 자연수가 각각 적힌 10장의 카드 중에서 한 장을 뽑을 때, 세 자리의 자연수가 적힌 카드가 나올 확률

④ A, B, C 세 사람 중에서 회장을 뽑을 때, D가 뽑힐 확률

⑤ 서로 다른 주사위 두 개를 동시에 던질 때, 나오는 두 눈의 수의 합이 12 이하일 확률

05

다음 표는 어느 반 학생들의 혈액형을 조사하여 나타낸 것이다. 이 반에서 한 학생을 선택할 때, 그 학생의 혈액형이 A형 또는 AB형일 확률을 구하시오.

혈액형	A형	B형	O형	AB형
학생 수(명)	7	8	10	5

06

알파벳 S, M, I, L, E가 각각 적힌 5장의 카드를 한 줄로 나열할 때, S 또는 I가 맨 앞에 올 확률은?

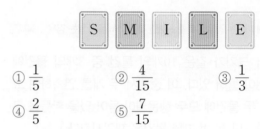

① $\dfrac{1}{5}$ ② $\dfrac{4}{15}$ ③ $\dfrac{1}{3}$

④ $\dfrac{2}{5}$ ⑤ $\dfrac{7}{15}$

07

축구 경기에서 주원이와 유안이가 페널티 킥을 성공할 확률이 각각 $\dfrac{2}{5}$, $\dfrac{5}{7}$일 때, 두 사람 모두 페널티 킥을 성공하지 못할 확률을 구하시오.

08

영민이가 약속 시각에 늦을 확률은 $\dfrac{3}{5}$이고 종호가 약속 시각에 늦을 확률은 $\dfrac{2}{3}$일 때, 두 사람 중 적어도 한 명은 약속 시각에 늦을 확률을 구하시오.

09

A, B 두 농구 선수의 자유투 성공률이 각각 0.4, 0.6
이다. 두 선수가 각각 한 번씩 자유투를 시도할 때, 두
선수 중 한 선수만 성공할 확률은?

① 0.16   ② 0.24   ③ 0.36

④ 0.42   ⑤ 0.52

10

1부터 10까지의 자연수가 각각 적힌 10장의 카드가 들
어 있는 상자가 있다. 이 상자에서 한 장의 카드를 뽑
아 수를 확인하고 넣은 후 다시 한 장의 카드를 뽑을
때, 첫 번째에는 소수, 두 번째에는 8의 약수가 적힌
카드를 뽑을 확률을 구하시오.

11

주머니 속에 모양과 크기가 같은 흰 구슬 4개, 검은 구
슬 5개가 들어 있다. 이 주머니에서 연속하여 두 개의
구슬을 꺼낼 때, 같은 색의 구슬이 나올 확률을 구하시
오. (단, 꺼낸 구슬은 다시 넣지 않는다.)

12

오른쪽 그림과 같이 8등분된 원판
에 화살을 두 번 쏠 때, 두 번 모두
짝수가 적힌 부분을 맞힐 확률을 구
하시오. (단, 화살이 원판을 벗어나
거나 경계선을 맞히는 경우는 생각
하지 않는다.)

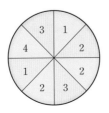

13 추론💬

모양과 크기가 같은 빨간 공 5개, 노란 공 4개, 파란
공 몇 개가 들어 있는 주머니에서 공을 한 개 꺼낼 때,
빨간 공 또는 노란 공이 나올 확률은 $\frac{3}{5}$이다. 이때 파
란 공의 개수는?

① 4   ② 5   ③ 6

④ 7   ⑤ 8

14 문제해결🔒

남학생 5명, 여학생 3명 중에서 대표 2명을 뽑을 때,
적어도 한 명은 남학생이 뽑힐 확률을 구하시오.

15 추론💬

어느 지역에서 비가 온 다음날 비가 오지 않을 확률이
$\frac{3}{4}$이고, 비가 오지 않은 다음날 비가 올 확률이 $\frac{1}{3}$이라
한다. 이 지역에 월요일에 비가 오지 않았을 때, 이틀
후인 수요일에 비가 올 확률을 구하시오.

1

1, 2, 3, 4, 5의 숫자가 각각 적힌 5장의 카드 중에서 2장을 뽑아 두 자리의 자연수를 만들 때, 그 수가 14보다 작거나 44보다 클 확률을 구하시오. [6점]

 풀이

채점 기준 1 　만들 수 있는 두 자리의 자연수의 개수 구하기 ⋯ 2점

채점 기준 2 　14보다 작거나 44보다 큰 자연수의 개수 구하기 ⋯ 3점

채점 기준 3 　14보다 작거나 44보다 클 확률 구하기 ⋯ 1점

답

 한번 더!

1-1

0, 1, 2, 3, 4, 5의 숫자가 각각 적힌 6장의 카드 중에서 2장을 뽑아 두 자리의 자연수를 만들 때, 그 수가 짝수일 확률을 구하시오. [7점]

 풀이

채점 기준 1 　만들 수 있는 두 자리의 자연수의 개수 구하기 ⋯ 2점

채점 기준 2 　일의 자리에 올 수 있는 숫자 알기 ⋯ 1점

채점 기준 3 　짝수의 개수 구하기 ⋯ 3점

채점 기준 4 　짝수일 확률 구하기 ⋯ 1점

답

2

길이가 각각 3 cm, 4 cm, 5 cm, 7 cm인 4개의 막대가 있다. 이 중에서 임의로 3개를 골라 삼각형을 만들 때, 삼각형이 만들어질 확률을 구하시오. [5점]

풀이

답

3

다음 수직선의 원점 위에 점 P가 있다. 동전 한 개를 던져서 앞면이 나오면 오른쪽으로 1만큼, 뒷면이 나오면 왼쪽으로 1만큼 움직일 때, 동전을 5회 던져서 점 P의 좌표가 −3이 될 확률을 구하시오. [6점]

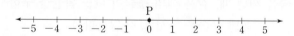

풀이

답

4

서로 다른 두 개의 주사위를 동시에 던질 때, 나오는 두 눈의 수의 차가 3 또는 5일 확률을 구하시오. [5점]

풀이

답

5

준영, 지홍, 우진, 보미, 은지 5명을 한 줄로 세울 때, 보미 또는 은지가 맨 뒤에 설 확률을 구하시오. [5점]

풀이

답

6

클레이 사격에서 A, B 두 선수가 목표물을 맞힐 확률은 각각 $\frac{3}{5}$, $\frac{3}{4}$이다. 두 선수가 어떤 목표물을 향해 동시에 한 발씩 총을 쏘았을 때, 다음을 구하시오. [6점]

(1) 두 선수 모두 목표물을 맞히지 못할 확률 [3점]

(2) 적어도 한 선수가 목표물을 맞힐 확률 [3점]

풀이

답

7

9개의 제비 중 4개의 당첨 제비가 들어 있는 주머니에서 연속하여 3개의 제비를 뽑으려고 한다. 뽑은 제비를 다시 넣지 않을 때, 3개 모두 당첨 제비를 뽑을 확률을 구하시오. [6점]

풀이

답

01

1부터 9까지의 자연수가 각각 적힌 9장의 카드 중에서 한 장을 뽑을 때, 짝수가 적힌 카드를 뽑을 확률은?

① $\dfrac{1}{9}$　　② $\dfrac{2}{9}$　　③ $\dfrac{1}{3}$

④ $\dfrac{4}{9}$　　⑤ $\dfrac{5}{9}$

02 중요♡

서로 다른 두 개의 주사위를 동시에 던질 때, 나오는 두 눈의 수의 합이 7일 확률을 구하시오.

03

알파벳 L, O, V, E가 각각 적힌 4장의 카드를 한 줄로 나열할 때, L과 O가 이웃할 확률을 구하시오.

04

서로 다른 두 개의 주사위를 동시에 던져서 나오는 눈의 수를 각각 x, y라 할 때, $x+y>10$일 확률은?

① $\dfrac{1}{18}$　　② $\dfrac{1}{12}$　　③ $\dfrac{5}{36}$

④ $\dfrac{1}{6}$　　⑤ $\dfrac{1}{4}$

05 중요♡

사건 A가 일어날 확률을 p, 일어나지 않을 확률을 q라 할 때, 다음 중 옳지 <u>않은</u> 것은?

① $0 \leq p \leq 1$
② $0 \leq q \leq 1$
③ $p = 1 - q$
④ $p = 1$이면 사건 A는 반드시 일어난다.
⑤ 사건 A가 절대로 일어나지 않으면 $q = 0$이다.

06

다음 중 확률이 0인 것은?

① 한 개의 동전을 던질 때, 앞면이 나올 확률
② 서로 다른 두 개의 동전을 동시에 던질 때, 뒷면이 한 개 이상 나올 확률
③ 한 개의 주사위를 던질 때, 1 이상의 눈이 나올 확률
④ 서로 다른 두 개의 주사위를 동시에 던질 때, 나오는 두 눈의 수의 차가 6일 확률
⑤ 모양과 크기가 같은 노란 구슬 5개, 파란 구슬 4개가 들어 있는 주머니에서 구슬 한 개를 꺼낼 때, 노란 구슬 또는 파란 구슬이 나올 확률

07

A 중학교와 B 중학교의 축구부 시합에서 B 중학교가 이길 확률이 $\dfrac{3}{5}$일 때, A 중학교가 이길 확률을 구하시오. (단, 시합에서 비기는 경우는 없다.)

08 중요♡

남학생 3명, 여학생 4명 중에서 2명의 대표를 뽑을 때, 적어도 한 명은 여학생이 뽑힐 확률을 구하시오.

09

다음 표는 지수네 반 학생 40명의 취미를 조사하여 나타낸 것이다. 이 반에서 한 학생을 선택할 때, 그 학생의 취미가 축구 또는 독서일 확률은?

(단, 각 학생은 취미가 한 가지뿐이다.)

	축구	게임	독서	음악 감상
학생 수(명)	13	15	7	5

① $\dfrac{1}{6}$ ② $\dfrac{1}{3}$ ③ $\dfrac{1}{2}$

④ $\dfrac{2}{3}$ ⑤ $\dfrac{5}{6}$

10 중요♡

한 개의 주사위를 두 번 던질 때, 첫 번째 나온 눈의 수는 4의 약수이고 두 번째 나온 눈의 수는 짝수일 확률은?

① $\dfrac{1}{12}$ ② $\dfrac{1}{9}$ ③ $\dfrac{5}{36}$

④ $\dfrac{1}{6}$ ⑤ $\dfrac{1}{4}$

11

A 주머니에는 빨간 공 4개, 파란 공 2개가 들어 있고, B 주머니에는 빨간 공 3개, 파란 공 5개가 들어 있다. A, B 주머니에서 공을 각각 한 개씩 꺼낼 때, A 주머니에서 빨간 공이 나오고, B 주머니에서 파란 공이 나올 확률을 구하시오. (단, 공은 모양과 크기가 모두 같다.)

12

오른쪽 그림과 같은 전기 회로에서 A, B 스위치가 닫힐 확률이 각각 $\dfrac{4}{5}$, $\dfrac{3}{8}$일 때, 전구에 불이 들어오지 않을 확률을 구하시오.

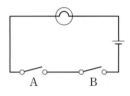

13

일기 예보에서 내일 제주도와 강원도에 비가 올 확률이 각각 $\dfrac{1}{3}$, $\dfrac{1}{6}$이라 할 때, 내일 제주도와 강원도 중 적어도 한 곳에 비가 올 확률을 구하시오.

14

두 자연수 a, b가 짝수일 확률이 각각 $\dfrac{2}{5}$, $\dfrac{2}{3}$일 때, 두 자연수의 곱 $a \times b$가 짝수일 확률은?

① $\dfrac{2}{3}$ ② $\dfrac{11}{15}$ ③ $\dfrac{4}{5}$

④ $\dfrac{13}{15}$ ⑤ $\dfrac{14}{15}$

15

명중률이 각각 $\dfrac{1}{4}$, $\dfrac{4}{7}$인 두 양궁 선수 A, B가 화살을 한 번씩 쏘았을 때, 두 사람 중 한 사람만 과녁에 명중시킬 확률은?

① $\dfrac{1}{2}$ ② $\dfrac{15}{28}$ ③ $\dfrac{4}{7}$

④ $\dfrac{17}{28}$ ⑤ $\dfrac{9}{14}$

16

수영이와 진수가 각각 다음 그림과 같이 각 면에 숫자가 적힌 정육면체의 전개도를 접어서 주사위를 만들었다. 두 사람이 동시에 주사위를 한 번 던져서 더 큰 수가 나오는 사람이 이기는 게임을 할 때, 수영이가 이길 확률을 구하시오.

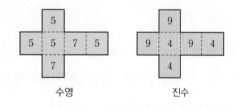

수영   진수

17 중요♥

10개의 제비 중 3개의 당첨 제비가 들어 있는 주머니가 있다. 이 주머니에서 예서가 제비 1개를 뽑아 확인하고 다시 넣은 후 민준이가 제비 1개를 뽑을 때, 예서는 당첨되고 민준이는 당첨되지 않을 확률을 구하시오.

18 중요♥

상자 안에 들어 있는 100개의 제품 중 불량품이 10개 섞여 있다. 이 상자에서 두 개의 제품을 연속하여 꺼낼 때, 두 개 모두 불량품일 확률을 구하시오.

(단, 꺼낸 제품은 다시 넣지 않는다.)

19

모양과 크기가 같은 노란 공 5개, 검은 공 3개가 들어 있는 주머니가 있다. 혜나와 예빈이가 주머니에서 번갈아가며 1개씩 공을 꺼내는 놀이를 하였다. 노란 공을 먼저 꺼내는 사람이 이긴다고 할 때, 혜나가 이길 확률은? (단, 혜나부터 공을 꺼내고, 꺼낸 공은 다시 넣지 않는다.)

① $\dfrac{1}{2}$ ② $\dfrac{4}{7}$ ③ $\dfrac{9}{14}$

④ $\dfrac{5}{7}$ ⑤ $\dfrac{3}{4}$

20

오른쪽 그림과 같이 반지름의 길이가 각각 2 cm, 3 cm, 4 cm이고 중심이 같은 원 모양의 과녁에 화살을 한 번 쏠 때, 색칠한 부분을 맞힐 확률을 구하시오. (단, 화살이 과녁을 벗어나거나 경계선을 맞히는 경우는 생각하지 않는다.)

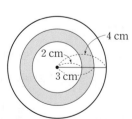

1

어느 중학교 학생 72명을 대상으로 동계올림픽 종목 중에서 가장 좋아하는 것을 조사하여 원그래프로 나타내었더니 오른쪽 그림과 같았다. 이 학교 학생 중에서 임의로 한 학생에게 가장 좋아하는 동계올림픽 종목을 물었을 때, 컬링이라고 대답할 확률을 구하시오.

2

오른쪽 그림과 같이 두 점 P(1, 1), Q(3, 5)를 지나는 직선이 있다. 서로 다른 두 개의 주사위를 동시에 던져서 나오는 두 눈의 수를 각각 a, b라 할 때, 직선 $y=\dfrac{a}{b}x$가 직선 PQ와 만날 확률을 구하시오.

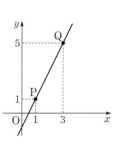

3

오른쪽 그림과 같이 입구에 공을 넣으면 아래쪽으로만 이동하여 A, B, C 중 어느 한 곳으로 공이 나오는 관이 있다. 입구에 공을 하나 넣었을 때, 공이 B로 나올 확률을 구하시오. (단, 각 갈림길에서 공이 오른쪽이나 왼쪽으로 이동할 확률은 같다.)

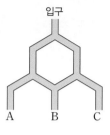

4

주사위 놀이를 즐기던 프랑스의 도박사 드 메레는 파스칼(Pascal, B.; 1623~1662)에게 다음과 같은 질문을 하였다.

> 기량이 같은 A와 B 두 사람이 비기는 경우가 없는 어떤 게임을 하여 5회를 먼저 이긴 사람이 상금을 가지기로 하였다. 그런데 A가 4회, B가 3회 이긴 상황에서 게임을 중단해야 한다면 상금을 어떻게 나누어 가져야 할까?

위의 질문에서 A와 B가 나누어 가지는 상금의 비를 가장 간단한 자연수의 비로 나타내시오.

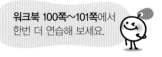
워크북 100쪽~101쪽에서 한번 더 연습해 보세요.

MEMO

내신과 등업을 위한 강력한 한 권!

2022 개정 교육과정 완벽 반영
수매씽 시리즈

중학 수학	개념 연산서	1~3학년 1·2학기
	개념 기본서	
	유형 기본서	

고등 수학	개념 기본서	공통수학1, 공통수학2, 대수, 미적분I, 확률과 통계, 미적분II, 기하
	유형 기본서	공통수학1, 공통수학2, 대수, 미적분I, 확률과 통계, 미적분II

수매씽 MATHING 개념

중학 수학 2·2

내신과 등업을 위한 강력한 한 권!

개념 연산서

수매씽 **개념연산**
중등 : 1~3학년 1·2학기

개념 기본서

수매씽 **개념**
중등 : 1~3학년 1·2학기
고등(22개정) : 공통수학1, 공통수학2, 대수, 미적분I,
　　　　　　　확률과 통계, 미적분II, 기하

유형 기본서

수매씽 **유형**
중등 : 1~3학년 1·2학기
고등(15개정) : 수학I, 수학II, 확률과 통계, 미적분
고등(22개정) : 공통수학1, 공통수학2, 대수, 미적분I,
　　　　　　　확률과 통계, 미적분II

동아출판

☏ **Telephone** 1644-0600
⌂ **Homepage** www.bookdonga.com
✉ **Address** 서울시 영등포구 은행로 30 (우 07242)

· 정답 및 풀이는 동아출판 홈페이지 내 학습자료실에서 내려받을 수 있습니다.
· 교재에서 발견된 오류는 동아출판 홈페이지 내 정오표에서 확인 가능하며, 잘못 만들어진 책은 구입처에서 교환해 드립니다
· 학습 상담, 제안 사항, 오류 신고 등 어떠한 이야기라도 들려주세요.

개념북과 1:1 매칭되는
워크북으로 반복 학습

2022 개정
교육과정
2026년 중2부터 적용

수
매씽
MATHING
개념

중학 수학

2·2

워크북

동아출판

기본이 탄탄해지는 **개념 기본서**
수매씽 개념

▶ 개념북과 워크북으로 개념 완성

수매씽 개념 중학 수학 2·2

발행일	2024년 9월 30일
인쇄일	2024년 9월 20일
펴낸곳	동아출판㈜
펴낸이	이욱상
등록번호	제300-1951-4호(1951. 9. 19.)
개발총괄	김영지
개발책임	이상민
개발	김인영, 권혜진, 윤찬미, 이현아, 김다은, 양지은
디자인책임	목진성
디자인	송현아
대표번호	1644-0600
주소	서울시 영등포구 은행로 30 (우 07242)

수
매씽

MATHING

개념

중학 수학
2·2

워크북

01 이등변삼각형의 성질

한번 더 | 개념 확인문제

개념북 → 7쪽~8쪽 | 정답 및 풀이 → 60쪽

01 다음 그림의 △ABC는 ∠A가 꼭지각인 이등변삼각형일 때, x의 값을 구하시오.

(1)
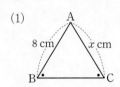

(2)
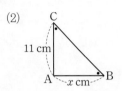

(3)
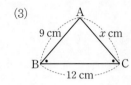

(4)
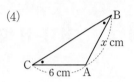

02 다음 그림의 △ABC에서 $\overline{AB}=\overline{AC}$일 때, ∠$x$의 크기를 구하시오.

(1)
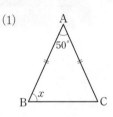

(2)
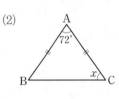

(3)
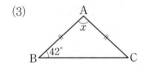

(4)
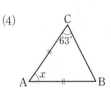

03 다음 그림의 △ABC에서 $\overline{AB}=\overline{AC}$일 때, ∠$x$의 크기를 구하시오.

(1)
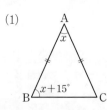

(2)
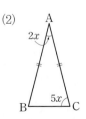

04 다음 그림의 △ABC에서 $\overline{AB}=\overline{AC}$일 때, x의 값을 구하시오.

(1)
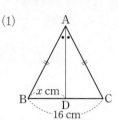

(2)
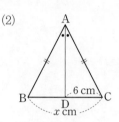

(3)
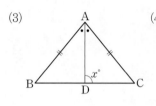

(4)
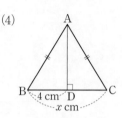

(5)
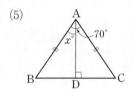

(6)
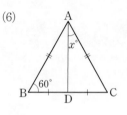

05 다음 그림의 △ABC에서 x의 값을 구하시오.

(1)
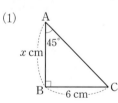

(2)
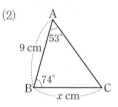

(3)
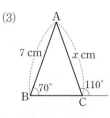

(4)
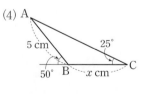

이등변삼각형의 성질 – 외각의 크기

01 다음 그림의 △ABC에서 $\overline{AB}=\overline{AC}$일 때, ∠$x$의 크기를 구하시오.

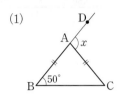

(1)

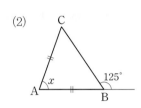

(2)

02 오른쪽 그림에서 △ABC는 $\overline{AC}=\overline{BC}$인 이등변삼각형이다. $\overline{AD}/\!/\overline{BC}$이고 ∠C=40°일 때, ∠$x$의 크기를 구하시오.

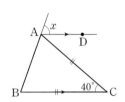

이등변삼각형의 성질 – 밑각의 이등분선

03 오른쪽 그림과 같이 $\overline{AB}=\overline{AC}$인 이등변삼각형 ABC에서 ∠C의 이등분선과 $\overline{AB}$의 교점을 D라 하자. ∠B=50°일 때, ∠x의 크기를 구하시오.

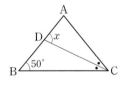

04 오른쪽 그림과 같이 $\overline{AB}=\overline{AC}$인 이등변삼각형 ABC에서 ∠C의 이등분선과 $\overline{AB}$의 교점을 D라 하자. ∠A=60°일 때, ∠x의 크기를 구하시오.

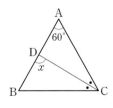

이등변삼각형의 성질 – 길이가 같은 변

05 오른쪽 그림에서 △ABC는 $\overline{AB}=\overline{AC}$인 이등변삼각형이다. $\overline{BC}=\overline{CD}$이고 ∠B=75°일 때, ∠$x$의 크기를 구하시오.

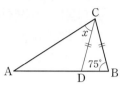

06 오른쪽 그림에서 △ABC는 $\overline{AB}=\overline{AC}$인 이등변삼각형이다. $\overline{BD}=\overline{BE}$, $\overline{CD}=\overline{CF}$이고 ∠A=72°일 때, ∠$x$의 크기를 구하시오.

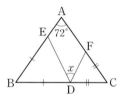

이등변삼각형의 성질 – 이웃한 이등변삼각형

07 오른쪽 그림에서 $\overline{AD}=\overline{BD}=\overline{CD}$이고 ∠B=46°일 때, ∠$x$의 크기를 구하시오.

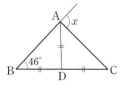

08 오른쪽 그림에서 $\overline{AB}=\overline{BC}=\overline{CD}$이고 ∠A=20°일 때, ∠$x$의 크기를 구하시오.

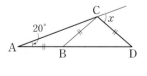

개념 **완성하기**

이등변삼각형의 성질 – 꼭지각의 이등분선

09 다음은 이등변삼각형의 꼭지각의 이등분선이 밑변을 수직이등분함을 증명하는 과정이다. (개)~(래)에 알맞은 것을 구하시오.

> 오른쪽 그림과 같이
> $\overline{AB}=\overline{AC}$인 이등변삼각형
> ABC에서 ∠A의 이등분선과
> $\overline{BC}$의 교점을 D라 하면
> △ABD≡△ACD (□(개) 합동)이므로
> $\overline{BD}=$ □(내) ...... ㉠
> 또, ∠ADB=∠ADC이고
> ∠ADB+∠ADC=180°이므로
> ∠ADB=∠ADC= □(다) °
> ∴ $\overline{AD}$ □(래) $\overline{BC}$ ...... ㉡
> 따라서 ㉠, ㉡에서 $\overline{AD}$는 $\overline{BC}$를 수직이등분한다.

10 오른쪽 그림과 같이
$\overline{AB}=\overline{AC}$인 이등변삼각형
ABC에서 $\overline{AD}\perp\overline{BC}$이고
$\overline{BC}=12$ cm,
∠ACE=130°일 때, $x+y$의 값은?

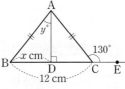

① 40 　② 42 　③ 46

④ 48 　⑤ 50

11 오른쪽 그림과 같이 $\overline{AB}=\overline{AC}$인 이등변삼각형 ABC에서 $\overline{BD}=\overline{CD}$이고 ∠BAD=25°일 때, ∠$x$의 크기를 구하시오.

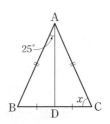

이등변삼각형이 되는 조건

12 오른쪽 그림에서
$\overline{AB}=10$ cm, ∠B=50°,
∠C=25°, ∠CAD=25°
일 때, $\overline{CD}$의 길이를 구하시오.

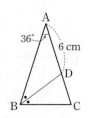

13 오른쪽 그림과 같이 $\overline{AB}=\overline{AC}$인 이등변삼각형 ABC에서 ∠B의 이등분선과 $\overline{AC}$의 교점을 D라 하자.
$\overline{AD}=6$ cm, ∠A=36°일 때, $\overline{BC}$의 길이를 구하시오.

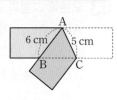

종이접기

14 오른쪽 그림과 같이 직사각형 모양의 종이를 접었다.
$\overline{AB}=6$ cm, $\overline{AC}=5$ cm일 때, $\overline{BC}$의 길이를 구하시오.

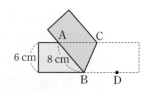

15 오른쪽 그림과 같이 폭이 6 cm인 직사각형 모양의 종이를 접었을 때, △ABC의 넓이를 구하시오.

01 아래 그림과 같은 두 직각삼각형이 서로 합동일 때, 다음 물음에 답하시오.

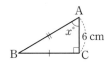 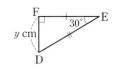

(1) 서로 합동인 두 삼각형을 기호를 사용하여 나타내고, 그때의 합동 조건을 구하시오.

(2) x, y의 값을 각각 구하시오.

02 오른쪽 그림과 같은 두 직 각삼각형에 대하여 다음의 조건이 주어질 때, △ABC와 △DEF가 합 동인 것에는 ○표, 합동이 아닌 것에는 ×표를 하시오.

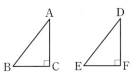

(1) $\overline{AB}=\overline{DE}$, $\angle A=\angle D$ ( )

(2) $\angle A=\angle D$, $\angle B=\angle E$ ( )

(3) $\overline{AB}=\overline{DE}$, $\overline{BC}=\overline{EF}$ ( )

03 다음 직각삼각형 중에서 서로 합동인 두 삼각형을 찾아 기호를 사용하여 나타내고, 그때의 합동 조건을 구하시오.

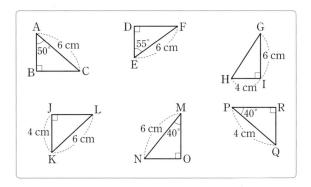

04 다음 그림에서 x의 값을 구하시오.

(1)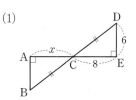

(2)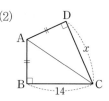

(3)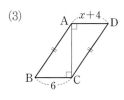

(4)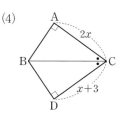

05 다음 그림에서 x의 값을 구하시오.

(1)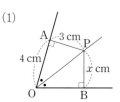

(2)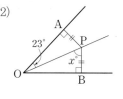

06 오른쪽 그림에서 다음을 구하시오.

(1) $\overline{DE}$의 길이

(2) $\overline{AE}$의 길이

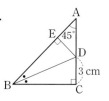

직각삼각형의 합동의 활용 – RHA 합동

01 오른쪽 그림과 같이 ∠A＝90°인 직각이등변삼각형 ABC에서 꼭짓점 A를 지나는 직선 l을 긋고 두 점 B, C에서 직선 l에 내린 수선의 발을 각각 D, E라 하자. $\overline{\text{CE}}$＝9 cm, $\overline{\text{ED}}$＝14 cm일 때, $\overline{\text{BD}}$의 길이를 구하시오.

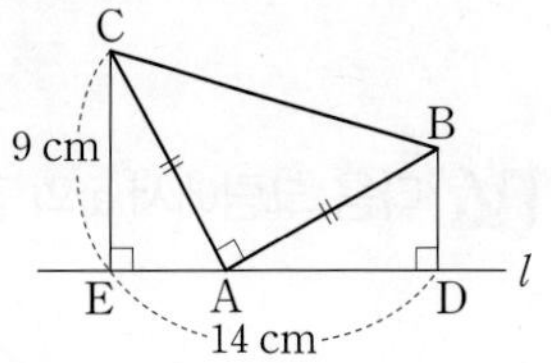

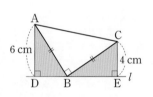

02 오른쪽 그림과 같이 ∠B＝90°인 직각이등변삼각형 ABC에서 꼭짓점 B를 지나는 직선 l을 긋고 두 점 A, C에서 직선 l에 내린 수선의 발을 각각 D, E라 하자. $\overline{\text{AD}}$＝6 cm, $\overline{\text{CE}}$＝4 cm일 때, 색칠한 부분의 넓이를 구하시오.

직각삼각형의 합동의 활용 – RHS 합동

03 오른쪽 그림과 같이 ∠B＝90°인 직각삼각형 ABC에서 $\overline{\text{AB}}$＝$\overline{\text{AE}}$, $\overline{\text{AC}}$⊥$\overline{\text{DE}}$이고 $\overline{\text{DE}}$＝3 cm, ∠BAD＝25°일 때, $x+y$의 값을 구하시오.

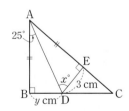

04 오른쪽 그림과 같이 ∠B＝90°인 직각삼각형 ABC에서 $\overline{\text{DB}}$＝$\overline{\text{DE}}$, $\overline{\text{AC}}$⊥$\overline{\text{DE}}$이고 ∠DAE＝20°일 때, ∠x의 크기를 구하시오.

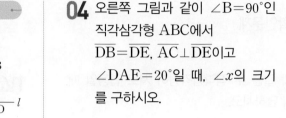

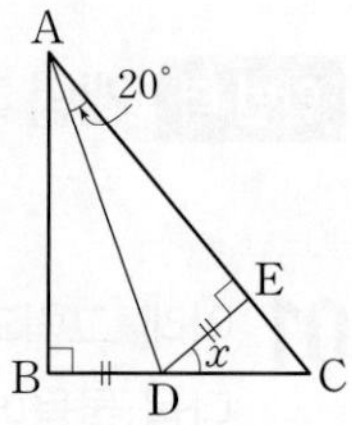

각의 이등분선의 성질

05 오른쪽 그림에서 $\overline{\text{PA}}$＝$\overline{\text{PB}}$이고, ∠PAO＝∠PBO＝90°, ∠AOB＝40°일 때, ∠x의 크기는?

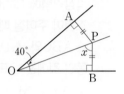

① 60° ② 65° ③ 70°

④ 75° ⑤ 80°

06 오른쪽 그림과 같이 ∠C＝90°인 직각삼각형 ABC에서 ∠B의 이등분선이 $\overline{\text{AC}}$와 만나는 점을 D라 하자. $\overline{\text{AB}}$＝18 cm, $\overline{\text{CD}}$＝6 cm일 때, △ABD의 넓이를 구하시오.

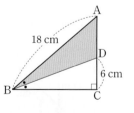

01

오른쪽 그림의 △ABC에서
$\overline{BD}=\overline{BF}$, $\overline{CD}=\overline{CE}$이고
∠B=64°, ∠C=30°일 때,
∠x의 크기를 구하시오.

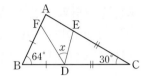

02

오른쪽 그림에서
$\overline{AB}=\overline{AC}=\overline{CD}$이고
∠DCE=75°일 때, ∠x의 크
기를 구하시오.

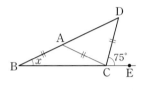

03

오른쪽 그림과 같이 $\overline{AB}=\overline{AC}$인
이등변삼각형 ABC에서 ∠B의
이등분선과 ∠C의 외각의 이등
분선의 교점을 D라 하자.
∠A=52°일 때, ∠x의 크기를
구하시오.

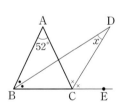

04

오른쪽 그림과 같이 $\overline{AB}=\overline{AC}$인 이
등변삼각형 ABC에서 ∠A의 이등
분선과 $\overline{BC}$의 교점을 D라 하자.
$\overline{AD}=12$ cm, $\overline{CD}=5$ cm일 때,
△ABC의 넓이를 구하시오.

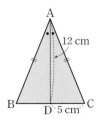

05

오른쪽 그림과 같이
∠B=90°인 직각이등변삼각
형 ABC에서 꼭짓점 B를 지
나는 직선 l을 긋고 두 점 A,
C에서 직선 l에 내린 수선의 발을 각각 D, E라 하자.
$\overline{AD}=8$ cm, $\overline{CE}=6$ cm일 때, △ABC의 넓이를 구
하시오.

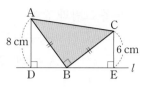

06

오른쪽 그림에서 △ABC는
∠B=90°이고 $\overline{AB}=\overline{BC}$인 직각
이등변삼각형이다. $\overline{AB}=\overline{AE}$,
$\overline{AC}\perp\overline{DE}$이고 $\overline{BD}=8$ cm일 때,
△EDC의 넓이를 구하시오.

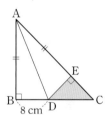

07

오른쪽 그림과 같이 ∠C=90°
인 직각삼각형 ABC에서 ∠A
의 이등분선과 $\overline{BC}$의 교점을 D
라 하자. $\overline{AB}=10$ cm이고
△ABD=15 cm²일 때, $\overline{DC}$의
길이를 구하시오.

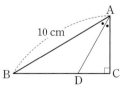

한번 더!

배운 내용을 확인하는

실전! 중단원 마무리

01

오른쪽 그림과 같이 $\overline{AB}=\overline{AC}$인 이등변삼각형 ABC에서 $\angle A=100^\circ$일 때, $\angle x$의 크기를 구하시오.

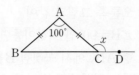

02

오른쪽 그림과 같이 $\overline{AB}=\overline{AC}$인 이등변삼각형 ABC에서 $\overline{BC}=\overline{BD}$이고 $\angle C=75^\circ$일 때, $\angle x$의 크기는?

① 40° ② 45° ③ 50°
④ 55° ⑤ 60°

03

오른쪽 그림에서 $\overline{AB}=\overline{AC}=\overline{CD}=\overline{DE}$이고 $\angle B=20^\circ$일 때, $\angle x$의 크기를 구하시오.

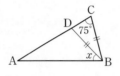

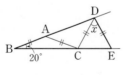

04

오른쪽 그림과 같이 $\overline{AB}=\overline{AC}$인 이등변삼각형 ABC에서 $\angle A$의 이등분선과 $\overline{BC}$의 교점을 D라 하자. $\overline{AB}=6\text{ cm}$이고, $\angle B=60^\circ$일 때, $\overline{DC}$의 길이를 구하시오.

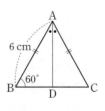

05

오른쪽 그림과 같은 △ABC에서 $\overline{BC}=4\text{ cm}$이고 $\angle A=35^\circ$, $\angle B=70^\circ$, $\angle BDC=70^\circ$일 때, $\overline{AD}$의 길이를 구하시오.

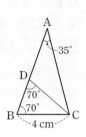

06

오른쪽 그림과 같이 폭이 4 cm인 직사각형 모양의 종이를 접었다. $\overline{AB}=5\text{ cm}$일 때, 다음 중 옳은 것을 모두 고르면? (정답 2개)

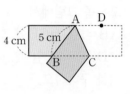

① $\angle ABC=\angle ACB$ ② $\angle BAC=\angle BCA$
③ $\overline{AC}=4\text{ cm}$ ④ $\overline{BC}=5\text{ cm}$
⑤ $\triangle ABC=20\text{ cm}^2$

07

다음 중 오른쪽 **보기**의 직각삼각형 ABC와 합동인 삼각형을 찾아 기호를 사용하여 나타내고, 그때의 합동 조건을 구하시오.

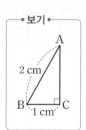

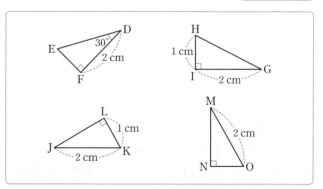

08

다음 중 오른쪽 그림과 같이 ∠C=∠F=90°인 두 직각삼각형 ABC와 DEF가 RHA 합동이 되기 위한 조건은?

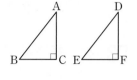

① $\overline{AB}=\overline{DE}$, ∠A=∠D
② $\overline{AB}=\overline{DE}$, $\overline{BC}=\overline{EF}$
③ $\overline{AC}=\overline{DF}$, ∠A=∠D
④ $\overline{BC}=\overline{EF}$, ∠B=∠E
⑤ $\overline{BC}=\overline{EF}$, $\overline{AC}=\overline{DF}$

09

오른쪽 그림과 같이 ∠C=90°인 직각삼각형 ABC에서 $\overline{AC}=\overline{AD}$, $\overline{AB}⊥\overline{DE}$이고 ∠B=40°일 때, ∠AEC의 크기를 구하시오.

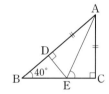

10

오른쪽 그림과 같이 ∠C=90°이고 $\overline{AC}=\overline{BC}$인 직각이등변삼각형 ABC에서 ∠B의 이등분선과 $\overline{AC}$의 교점을 D라 하고, 점 D에서 $\overline{AB}$에 내린 수선의 발을 E라 하자. $\overline{CD}=6\,cm$일 때, △AED의 넓이를 구하시오.

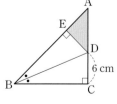

⊣ 서술형 문제 ├

11

오른쪽 그림과 같은 △ABC에서 $\overline{AD}=\overline{DE}=\overline{EC}=\overline{BC}$이다. ∠ACB=80°일 때, ∠A의 크기를 구하시오. [6점]

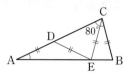

풀이

답

12

오른쪽 그림과 같이 ∠A=90°인 직각이등변삼각형 ABC의 꼭짓점 A를 지나는 직선 l을 긋고 두 점

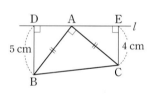

B, C에서 직선 l에 내린 수선의 발을 각각 D, E라 하자. $\overline{BD}=5\,cm$, $\overline{CE}=4\,cm$일 때, 다음 물음에 답하시오. [6점]

(1) △ABD와 합동인 삼각형을 찾아 기호를 사용하여 나타내고, 그때의 합동 조건을 구하시오. [3점]

(2) $\overline{DE}$의 길이를 구하시오. [3점]

풀이

답

01 삼각형의 외심

한번 더 **개념** 확인문제

개념북 ⊃ 23쪽~24쪽 | 정답 및 풀이 ⊃ 64쪽

01 오른쪽 그림에서 점 O가 △ABC의 외심일 때, 옳은 것에는 ○표, 옳지 않은 것에는 ×표를 하시오.

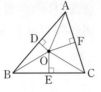

(1) $\overline{OA}=\overline{OB}=\overline{OC}$ ( )

(2) $\overline{OD}=\overline{OE}=\overline{OF}$ ( )

(3) $\angle OAF=\angle OCF$ ( )

(4) $\angle OAD=\angle OBD$ ( )

(5) $\overline{AD}=\overline{AF}$ ( )

(6) $\triangle OBE \equiv \triangle OCE$ ( )

(7) $\triangle OAD \equiv \triangle OAF$ ( )

02 다음 그림에서 점 O가 △ABC의 외심일 때, x, y의 값을 각각 구하시오.

(1)

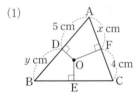

(2)

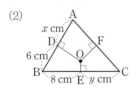

(3)

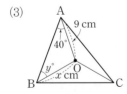

(4)

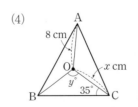

03 다음 그림에서 점 O가 직각삼각형 ABC의 외심일 때, x, y의 값을 각각 구하시오.

(1)   (2)

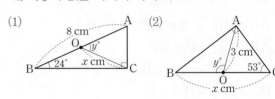

04 다음 그림에서 점 O가 △ABC의 외심일 때, $\angle x$의 크기를 구하시오.

(1)

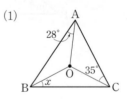

(2)

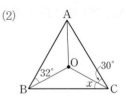

(3)

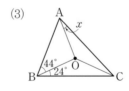

(4)

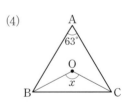

(5)

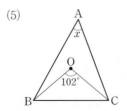

(6)

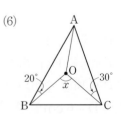

삼각형의 외심 (1)

01 오른쪽 그림에서 점 O가 △ABC의 외심일 때, (가)~(다)에 알맞은 것을 구하시오.

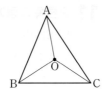

- 점 O는 세 변의 (가) 의 교점이다.
- 점 O에서 세 (나) 에 이르는 거리는 모두 같다.
- △OBC는 $\overline{OB}=$ (다) 인 이등변삼각형이다.

02 오른쪽 그림에서 점 O가 △ABC의 외심일 때, 다음 중 옳지 <u>않은</u> 것은?

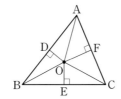

① $\overline{BE}=\overline{CE}$
② $\angle OAD=\angle OBD$
③ $\overline{OA}=\overline{OB}=\overline{OC}$
④ $\triangle AOF \equiv \triangle COF$
⑤ $\triangle COE \equiv \triangle COF$

삼각형의 외심 (2)

03 오른쪽 그림에서 점 O는 △ABC의 외심이다. $\overline{AD}=5$ cm, $\overline{BE}=4$ cm, $\overline{CF}=6$ cm일 때, △ABC의 둘레의 길이를 구하시오.

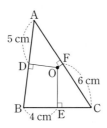

04 오른쪽 그림에서 점 O는 △ABC의 외심이다. $\overline{AO}=6$ cm이고 △OBC의 둘레의 길이가 20 cm일 때, $\overline{BC}$의 길이는?

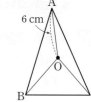

① 8 cm ② $\frac{17}{2}$ cm
③ 9 cm ④ $\frac{19}{2}$ cm
⑤ 10 cm

직각삼각형의 외심

05 오른쪽 그림과 같이 $\angle B=90°$인 직각삼각형 ABC에서 $\overline{AB}=9$ cm, $\overline{BC}=12$ cm, $\overline{CA}=15$ cm 일 때, △ABC의 외접원의 둘레의 길이는?

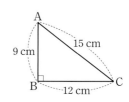

① 12π cm ② 15π cm ③ 16π cm
④ 18π cm ⑤ 20π cm

06 오른쪽 그림에서 점 O는 $\angle A=90°$인 직각삼각형 ABC의 빗변 BC의 중점 이다. $\overline{AC}=10$ cm, $\angle C=60°$일 때, △AOC의 둘레의 길이를 구하시오.

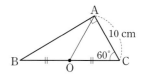

삼각형의 외심의 응용 (1)

07 오른쪽 그림에서 점 O는 △ABC의 외심이다.
∠OCA=35°일 때, ∠x+∠y의 크기를 구하시오.

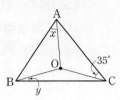

08 오른쪽 그림에서 점 O는 △ABC의 외심이다.
∠ABO=44°, ∠OBC=20° 일 때, ∠ACB의 크기를 구하시오.

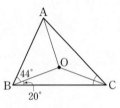

삼각형의 외심의 응용 (2)

09 오른쪽 그림에서 점 O는 △ABC의 외심이다.
∠B=65°일 때, ∠x의 크기를 구하시오.

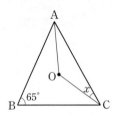

10 오른쪽 그림에서 점 O는 △ABC의 외심이다.
∠OCB=32°일 때, ∠A의 크기를 구하시오.

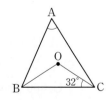

삼각형의 외심의 응용 (3) - 각의 크기의 비

11 오른쪽 그림에서 점 O는 △ABC 의 외심이다.
∠A : ∠ABC : ∠ACB
=2 : 3 : 4
일 때, ∠BOC의 크기를 구하시오.

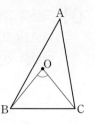

12 오른쪽 그림에서 점 O는 △ABC의 외심이다.
∠AOB : ∠BOC : ∠COA
=2 : 1 : 2
일 때, ∠x의 크기를 구하시오.

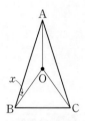

삼각형의 외심의 응용 (4) - 보조선 긋기

13 오른쪽 그림에서 점 O는 △ABC의 외심이다.
∠OAB=20°일 때, ∠C의 크기를 구하시오.

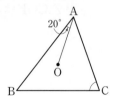

14 오른쪽 그림에서 점 O는 △ABC의 외심이다.
∠OCA=38°, ∠BOC=136° 일 때, ∠x의 크기를 구하시오.

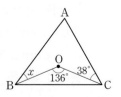

한번 더 **개념 확인문제**

개념북 ➡ 28쪽~30쪽 | 정답 및 풀이 ➡ 65쪽

01 오른쪽 그림에서 점 I가 △ABC의 내심일 때, 옳은 것에는 ○표, 옳지 않은 것에는 ×표를 하시오.

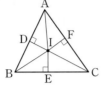

(1) $\overline{\text{ID}}=\overline{\text{IE}}=\overline{\text{IF}}$ ( )

(2) $\overline{\text{IA}}=\overline{\text{IB}}=\overline{\text{IC}}$ ( )

(3) $\overline{\text{AD}}=\overline{\text{AF}}$ ( )

(4) $\overline{\text{BE}}=\overline{\text{CE}}$ ( )

(5) $\angle\text{IBD}=\angle\text{IBE}$ ( )

(6) $\triangle\text{ICE}\equiv\triangle\text{ICF}$ ( )

(7) $\triangle\text{IAD}\equiv\triangle\text{IBD}$ ( )

02 오른쪽 그림에서 점 I가 △ABC의 내심일 때, 다음을 구하시오.

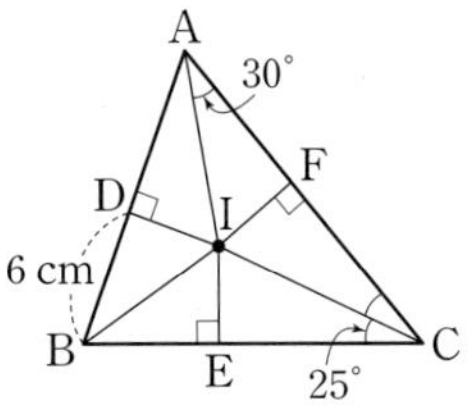

(1) $\overline{\text{BE}}$의 길이

(2) $\angle\text{FCI}$의 크기

03 다음 그림에서 점 I가 △ABC의 내심일 때, $\angle x$의 크기를 구하시오.

(1)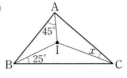

(2)

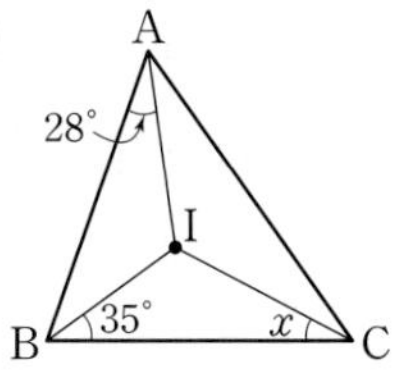

(3)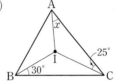

(4)

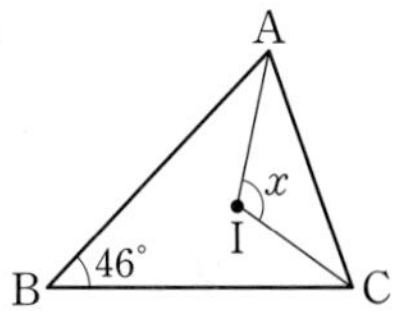

(5)

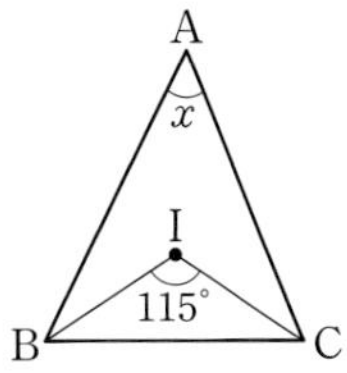

(6)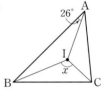

04 다음 그림에서 점 I가 직각삼각형 ABC의 내심일 때, △ABC의 내접원의 반지름의 길이를 구하시오.

(1)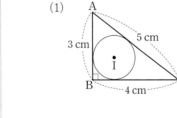

(2)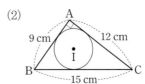

삼각형의 내심 (1)

01 다음 중 삼각형의 내심에 대한 설명으로 옳지 <u>않은</u> 것은?

① 삼각형의 내접원의 중심이다.
② 둔각삼각형의 내심은 삼각형의 내부에 있다.
③ 삼각형의 세 내각의 이등분선의 교점이다.
④ 직각삼각형의 내심은 빗변의 중점에 있다.
⑤ 내심에서 삼각형의 세 변에 이르는 거리는 모두 같다.

삼각형의 내심 (2)

02 오른쪽 그림에서 점 I는 △ABC의 내심이고, 점 I에서 세 변에 내린 수선의 발을 각각 D, E, F라 하자. △ABC 의 내접원의 반지름의 길이가 4 cm일 때, $\overline{ID}+\overline{IE}+\overline{IF}$의 길이를 구하시오.

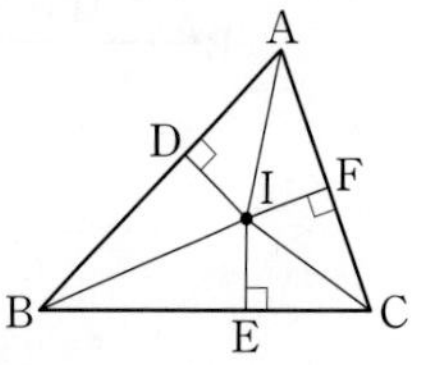

03 오른쪽 그림에서 점 I는 △ABC의 내심이다. $\angle$IBA$=35°$, $\angle$BIC$=125°$ 일 때, $\angle x$의 크기를 구하시오.

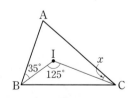

04 오른쪽 그림에서 점 I는 △ABC의 내심이다. $\angle$BAC$=54°$, $\angle$AIC$=130°$ 일 때, $\angle$ICB의 크기를 구하시오.

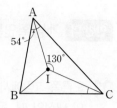

삼각형의 내심과 평행선

05 오른쪽 그림에서 점 I는 △ABC의 내심이고 $\overline{DE}$ // $\overline{BC}$이다. $\overline{DB}=4$ cm, $\overline{EC}=6$ cm일 때, 다음 물음에 답하시오.

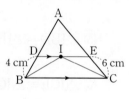

(1) $\angle$IBC와 크기가 같은 각을 모두 구하시오.

(2) $\angle$ICB와 크기가 같은 각을 모두 구하시오.

(3) $\overline{DE}$의 길이를 구하시오.

06 오른쪽 그림에서 점 I는 △ABC의 내심이고 $\overline{DE}$ // $\overline{BC}$이다. $\overline{DE}=16$ cm, $\overline{EC}=7$ cm일 때, $\overline{DB}$의 길이를 구하시오.

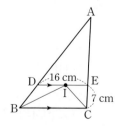

삼각형의 내심의 응용 (1)

07 오른쪽 그림에서 점 I는
△ABC의 내심이다.
∠ABI=15°, ∠ACI=40°
일 때, ∠x−∠y의 크기는?

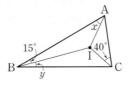

① 5°　　② 10°　　③ 15°
④ 20°　　⑤ 25°

08 오른쪽 그림에서 점 I는
△ABC의 내심이다.
∠BAC=66°, ∠IBC=30°
일 때, ∠x의 크기는?

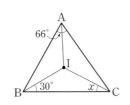

① 25°　　② 27°　　③ 29°
④ 31°　　⑤ 33°

삼각형의 내심의 응용 (2)

09 오른쪽 그림에서 점 I는
△ABC의 내심이다.
∠BIC=120°일 때, ∠x의
크기를 구하시오.

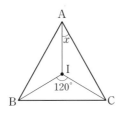

10 오른쪽 그림에서 점 I는 △ABC
의 내심이다. ∠AIB=122°,
∠IAC=24°일 때, ∠x−∠y의
크기를 구하시오.

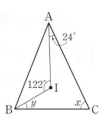

삼각형의 내심의 응용 (3) − 각의 크기의 비

11 오른쪽 그림에서 점 I는
△ABC의 내심이다.
∠BAC : ∠B : ∠ACB
=3 : 4 : 3
일 때, ∠AIC의 크기를 구하
시오.

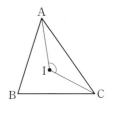

12 오른쪽 그림에서 점 I는
△ABC의 내심이다.
∠AIB : ∠BIC : ∠AIC
=9 : 8 : 7
일 때, 다음을 구하시오.

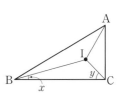

(1) ∠x의 크기

(2) ∠y의 크기

삼각형의 넓이와 내접원의 반지름의 길이

13 오른쪽 그림에서 점 I는 △ABC의 내심이고, 내접원의 반지름의 길이는 4 cm이다. △ABC의 넓이가 90 cm²일 때, △ABC의 둘레의 길이를 구하시오.

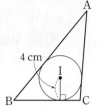

16 오른쪽 그림에서 점 I는 △ABC의 내심이고, 세 점 D, E, F는 접점이다. $\overline{AB}=8$ cm, $\overline{AC}=7$ cm, $\overline{BD}=5$ cm일 때, x의 값을 구하시오.

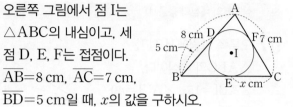

14 오른쪽 그림에서 점 I는 ∠C=90°인 직각삼각형 ABC의 내심이다. $\overline{AB}=20$ cm, $\overline{BC}=16$ cm, $\overline{AC}=12$ cm일 때, △IAB의 넓이를 구하시오.

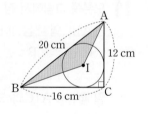

삼각형의 외심과 내심

17 오른쪽 그림에서 두 점 O, I는 각각 △ABC의 외심과 내심이다. ∠BIC=125°일 때, ∠x, ∠y의 크기를 각각 구하시오.

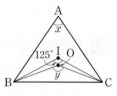

삼각형의 내접원과 선분의 길이

15 오른쪽 그림에서 점 I는 △ABC의 내심이고, 세 점 D, E, F는 접점이다. $\overline{AB}=12$ cm, $\overline{BC}=16$ cm, $\overline{AF}=5$ cm일 때, $\overline{CF}$의 길이를 구하시오.

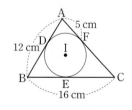

18 오른쪽 그림에서 두 점 O, I는 각각 $\overline{AB}=\overline{AC}$인 이등변삼각형 ABC의 외심과 내심이다. ∠A=44°일 때, 다음을 구하시오.

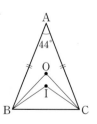

(1) ∠OBC의 크기

(2) ∠IBC의 크기

(3) ∠OBI의 크기

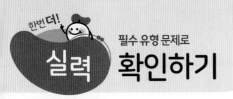

한번 더!

실력 필수 유형 문제로 확인하기

개념북 34쪽 | 정답 및 풀이 67쪽

01

오른쪽 그림에서 점 O는 $\triangle ABC$의 외심이다. $\overline{AC}=7$ cm이고 $\triangle AOC$의 둘레의 길이가 19 cm일 때, $\triangle ABC$의 외접원의 넓이를 구하시오.

02

오른쪽 그림에서 점 O는 $\triangle ABC$의 외심이다. $\angle AOB=80^\circ$, $\angle AOC=36^\circ$일 때, $\angle BAC$의 크기를 구하시오.

03

오른쪽 그림에서 점 O가 $\triangle ABC$의 외심일 때, $\angle y-\angle x$의 크기를 구하시오.

04

오른쪽 그림에서 점 I는 $\triangle ABC$의 내심이고, $\overline{DE} /\!/ \overline{AC}$이다. $\overline{AB}=13$ cm, $\overline{BC}=10$ cm일 때, $\triangle DBE$의 둘레의 길이를 구하시오.

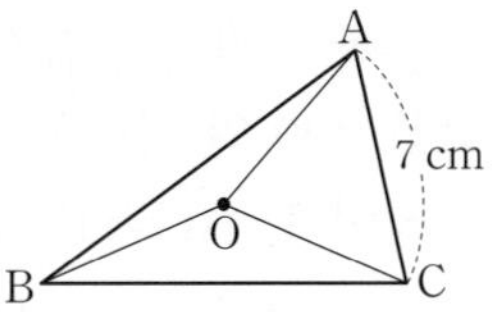

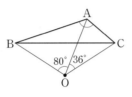

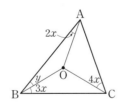

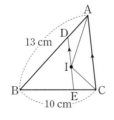

05

오른쪽 그림에서 점 I는 $\overline{AB}=\overline{AC}$인 이등변삼각형 ABC의 내심이다. $\angle BAC=28^\circ$일 때, $\angle x$의 크기를 구하시오.

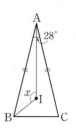

06

오른쪽 그림에서 두 점 I, I′은 각각 $\triangle ABC$와 $\triangle IBC$의 내심이다. $\angle A=40^\circ$일 때, $\angle BI'C$의 크기를 구하시오.

07

오른쪽 그림에서 원 I는 $\angle C=90^\circ$인 직각삼각형 ABC의 내접원이고, 세 점 D, E, F는 접점이다. 내접원의 반지름의 길이가 2 cm이고 $\overline{AB}=10$ cm, $\overline{AC}=6$ cm일 때, $\triangle ABC$의 넓이를 구하시오.

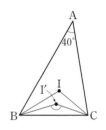

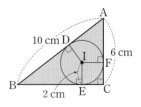

01

다음 중 점 O가 △ABC의 외심인 것을 모두 고르면?

(정답 2개)

①

②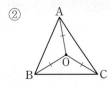

③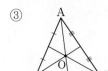

④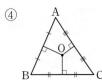

⑤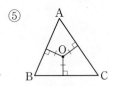

02

오른쪽 그림에서 점 O는
△ABC의 외심이다.
$\overline{BD}=5$ cm, $\overline{CE}=6$ cm,
$\overline{CF}=4$ cm일 때, △ABC의
둘레의 길이를 구하시오.

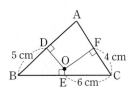

03

오른쪽 그림에서 점 O는
△ABC의 외심이다.
$\angle OBC=16°$, $\angle AOC=96°$일
때, $\angle AOB$의 크기를 구하시오.

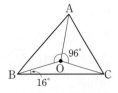

04

오른쪽 그림에서 점 O는
$\angle B=90°$인 직각삼각형 ABC의
외심이다. $\overline{AC}=12$ cm,
$\angle A=30°$일 때, △OBC의 둘레
의 길이를 구하시오.

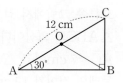

05

오른쪽 그림에서 점 O는 △ABC
의 외심이다. $\angle OBC=20°$,
$\angle OCA=30°$일 때, $\angle x$의 크기
를 구하시오.

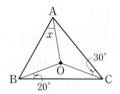

06

오른쪽 그림에서 점 O는 △ABC
의 외심이다.
$\angle BAC : \angle ABC : \angle ACB$
$=3 : 2 : 4$
일 때, $\angle AOC$의 크기를 구하시오.

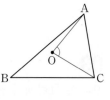

07

오른쪽 그림에서 원 I는 △ABC의
내접원이고, 세 점 D, E, F는 접점
이다. 다음 중 옳지 않은 것을 모두
고르면? (정답 2개)

① $\overline{ID}=\overline{IE}$

② $\overline{IC}=\overline{IA}$

③ $\angle IAD = \angle IAF$

④ $\angle BIE = \angle CIE$

⑤ $\angle ICE = \angle ICF$

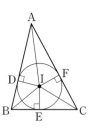

08

오른쪽 그림에서 점 I는 △ABC의 내심이고, $\overline{DE} \parallel \overline{BC}$이다. $\overline{BD}$=4 cm, $\overline{CE}$=3 cm일 때, $\overline{DE}$의 길이를 구하시오.

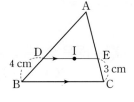

09

오른쪽 그림에서 점 I는 △ABC의 내심이다. ∠IAB=25°, ∠ICB=30°일 때, ∠AIC의 크기는?

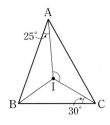

① 120°   ② 125°
③ 130°   ④ 135°
⑤ 140°

10

오른쪽 그림에서 원 I는 △ABC의 내접원이고, 세 점 D, E, F는 접점이다. $\overline{AB}$=10 cm, $\overline{BC}$=9 cm, $\overline{CF}$=5 cm일 때, $\overline{AC}$의 길이를 구하시오.

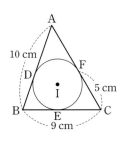

┤ 서술형 문제 ├

11

오른쪽 그림과 같이 $\overline{AB}=\overline{AC}$인 이등변삼각형 ABC에서 두 점 O, I는 각각 △ABC의 외심과 내심이다. ∠A=20°일 때, ∠OBI의 크기를 구하시오. [7점]

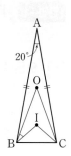

풀이

답

12

오른쪽 그림에서 점 I는 ∠C=90°인 직각삼각형 ABC의 내심이다. $\overline{AB}$=10 cm, $\overline{BC}$=8 cm, $\overline{CA}$=6 cm일 때, 색칠한 부분의 넓이를 구하시오. [6점]

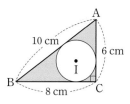

풀이

답

01 평행사변형의 성질

개념북 ➡ 43쪽~45쪽 | 정답 및 풀이 ➡ 68쪽

한번 더 개념 확인문제

01 오른쪽 그림과 같은 평행사변형 ABCD에 대하여 다음 중 옳은 것에는 ○표, 옳지 않은 것에는 ×표를 하시오.

(단, 점 O는 두 대각선의 교점이다.)

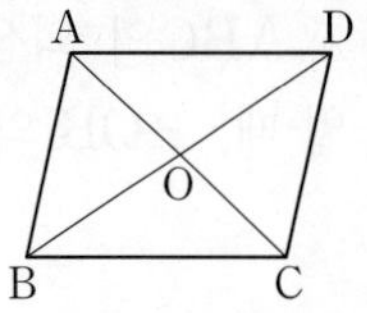

(1) $\overline{AB}=\overline{DC}$ (   )

(2) $\overline{AD}=\overline{BC}$ (   )

(3) $\overline{OB}=\overline{OC}$ (   )

(4) $\overline{OB}=\overline{OD}$ (   )

(5) $\angle BAD=\angle ABC$ (   )

(6) $\angle ABC=\angle ADC$ (   )

(7) $\angle ABC+\angle BCD=180°$ (   )

02 다음 그림과 같은 평행사변형 ABCD에서 x, y의 값을 각각 구하시오. (단, 점 O는 두 대각선의 교점이다.)

(1)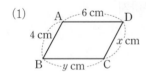

(2)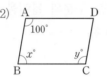

(3)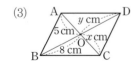

(4)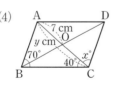

(5)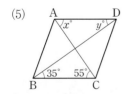

(6)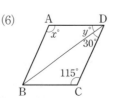

03 다음은 오른쪽 그림과 같은 □ABCD가 평행사변형이 되기 위한 조건이다. □ 안에 알맞은 것을 써넣으시오. (단, 점 O는 두 대각선의 교점이다.)

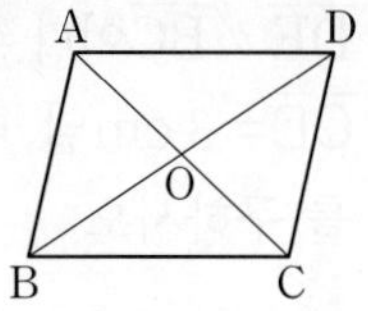

(1) $\overline{AB} \,/\!/\, \overline{DC}$, $\boxed{} \,/\!/\, \overline{BC}$

(2) $\overline{AB}=\overline{DC}$, $\overline{AD}=\boxed{}$

(3) $\angle BAD=\angle BCD$, $\boxed{}=\angle ADC$

(4) $\overline{OA}=\boxed{}$, $\overline{OB}=\overline{OD}$

(5) $\overline{AB} \,/\!/\, \boxed{}$, $\overline{AB}=\boxed{}$

04 다음 중 오른쪽 그림과 같은 □ABCD가 평행사변형이 되는 것에는 ○표, 되지 않는 것에는 ×표를 하시오. (단, 점 O는 두 대각선의 교점이다.)

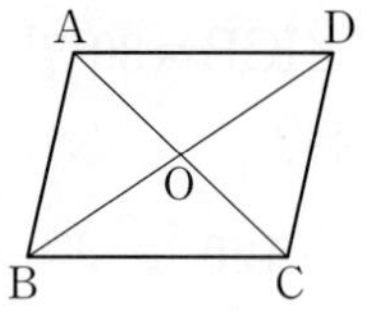

(1) $\angle BAD=120°$, $\angle ABC=60°$ (   )

(2) $\overline{AB}=5$, $\overline{BC}=6$, $\overline{CD}=5$, $\overline{AD}=6$ (   )

(3) $\overline{OA}=3$, $\overline{OB}=4$, $\overline{OC}=3$, $\overline{OD}=4$ (   )

(4) $\angle BAD=130°$, $\angle ABC=50°$, $\angle BCD=130°$ (   )

(5) $\overline{AB} \,/\!/\, \overline{DC}$, $\overline{AD}=8$, $\overline{BC}=8$ (   )

05 오른쪽 그림과 같은 평행사변형 ABCD의 넓이가 $12 \ cm^2$일 때, 다음 도형의 넓이를 구하시오. (단, 점 O는 두 대각선의 교점이다.)

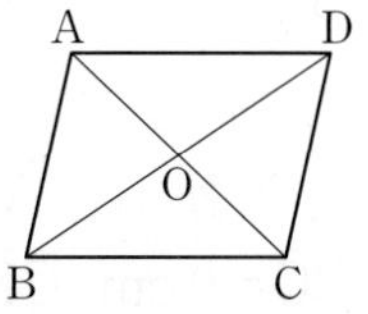

(1) △ABC

(2) △OCD

평행사변형의 성질의 활용 – 대변

01 오른쪽 그림과 같은 평행사변형 ABCD에서 $\overline{AE}$는 ∠A의 이등분선이다.
$\overline{AD}$=12 cm, $\overline{EC}$=5 cm일 때, $\overline{CD}$의 길이를 구하시오.

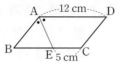

02 오른쪽 그림과 같은 평행사변형 ABCD에서 ∠B의 이등분선과 $\overline{CD}$의 연장선이 만나는 점을 E라 하자.
$\overline{CD}$=10 cm, $\overline{DE}$=5 cm일 때, □ABCD의 둘레의 길이를 구하시오.

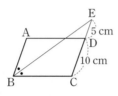

평행사변형의 성질의 활용 – 대각 (1)

03 오른쪽 그림과 같은 평행사변형 ABCD에서
∠A : ∠B=7 : 3일 때, ∠C의 크기를 구하시오.

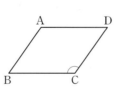

04 오른쪽 그림과 같은 평행사변형 ABCD에서
∠C=4∠D일 때, ∠A의 크기를 구하시오.

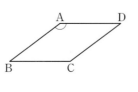

평행사변형의 성질의 활용 – 대각 (2)

05 오른쪽 그림과 같은 평행사변형 ABCD에서 $\overline{DE}$는 ∠D의 이등분선이고, ∠B=60°일 때, ∠DEC의 크기를 구하시오.

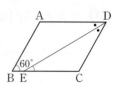

06 오른쪽 그림과 같은 평행사변형 ABCD의 꼭짓점 A에서 ∠D의 이등분선에 내린 수선의 발을 E라 하자. ∠C=110°일 때, ∠EAD의 크기를 구하시오.

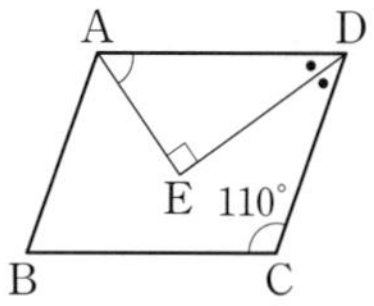

평행사변형의 성질의 활용 – 대각선

07 오른쪽 그림과 같은 평행사변형 ABCD에서 $\overline{AB}$=8 cm, $\overline{AD}$=10 cm이고, △AOD의 둘레의 길이가 24 cm일 때, △OCD의 둘레의 길이를 구하시오.
(단, 점 O는 두 대각선의 교점이다.)

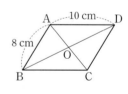

08 오른쪽 그림과 같은 평행사변형 ABCD에서 $\overline{OB}$=12 cm, $\overline{BC}$=18 cm이고, 두 대각선의 길이의 합이 44 cm일 때, △AOD의 둘레의 길이를 구하시오.
(단, 점 O는 두 대각선의 교점이다.)

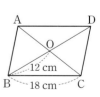

평행사변형이 되는 조건

09 다음 중 □ABCD가 평행사변형이 <u>아닌</u> 것은?

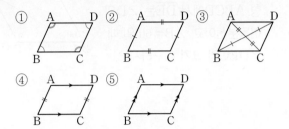

10 다음 중 □ABCD가 평행사변형인 것은?

(단, 점 O는 두 대각선의 교점이다.)

① $\overline{AB}=\overline{BC}=5$ cm, $\overline{CD}=\overline{DA}=7$ cm

② $\overline{AO}=\overline{BO}=8$ cm, $\overline{CO}=\overline{DO}=6$ cm

③ $\angle A=95°$, $\angle B=85°$, $\angle D=85°$

④ $\angle A=\angle D$, $\overline{AB}=\overline{DC}=3$ cm

⑤ $\overline{AB}/\!/\overline{DC}$, $\overline{AD}=\overline{BC}=5$ cm

---

평행사변형이 되는 조건의 활용

11 오른쪽 그림과 같은 평행사변형 ABCD에서 두 점 M, N은 각각 $\overline{AD}$, $\overline{BC}$의 중점이다. 다음 중 옳지 <u>않은</u> 것은?

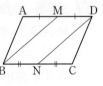

① $\overline{MD}/\!/\overline{BN}$　　　　② $\overline{MD}=\overline{BN}$

③ $\triangle ABM\equiv\triangle CDN$　④ $\angle AMB=\angle ABM$

⑤ □MBND는 평행사변형이다.

12 오른쪽 그림과 같이 평행사변형 ABCD의 대각선 BD 위에 $\overline{BE}=\overline{DF}$가 되도록 두 점 E, F를 각각 잡았다. $\overline{AE}=10$ cm, $\overline{AF}=13$ cm 일 때, □AECF의 둘레의 길이를 구하시오.

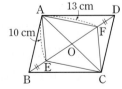

(단, 점 O는 두 대각선의 교점이다.)

평행사변형과 넓이 – 대각선

13 오른쪽 그림과 같은 평행사변형 ABCD에서 두 대각선의 교점 O를 지나는 직선이 $\overline{AD}$, $\overline{BC}$와 만나는 점을 각각 E, F 라 하자. □ABCD의 넓이가 100 cm²일 때, 색칠한 부분의 넓이를 구하시오.

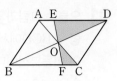

14 오른쪽 그림과 같은 평행사변형 ABCD에서 두 대각선의 교점 O를 지나는 직선이 $\overline{AB}$, $\overline{DC}$와 만나는 점을 각각 E, F라 하자. $\triangle AOE$의 넓이가 5 cm², $\triangle DOF$의 넓이가 9 cm² 일 때, □ABCD의 넓이를 구하시오.

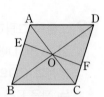

평행사변형과 넓이 – 내부의 한 점

15 오른쪽 그림에서 점 P는 평행사변형 ABCD의 내부의 한 점이다. $\triangle PDA$, $\triangle PAB$, $\triangle PBC$의 넓이가 각각 16 cm², 9 cm², 10 cm²일 때, $\triangle PCD$의 넓이를 구하시오.

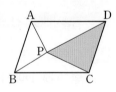

16 오른쪽 그림에서 점 P는 평행사변형 ABCD의 내부의 한 점이다. $\triangle PAB$의 넓이가 6 cm²이고, $\triangle PAB$와 $\triangle PCD$의 넓이의 비가 2 : 5일 때, □ABCD의 넓이를 구하시오.

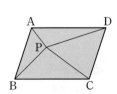

01

오른쪽 그림과 같은 평행사변형 ABCD에서 두 대각선의 교점을 O라 하자. ∠ACB=35°, ∠ADB=25°일 때, ∠x+∠y의 크기는?

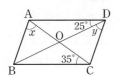

① 110°　　② 115°　　③ 120°

④ 125°　　⑤ 130°

02

오른쪽 그림과 같은 평행사변형 ABCD에서 ∠A의 이등분선이 $\overline{BC}$와 만나는 점을 E, $\overline{DC}$의 연장선과 만나는 점을 F라 하자. $\overline{BE}$=11 cm, $\overline{FC}$=6 cm일 때, □ABCD의 둘레의 길이를 구하시오.

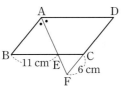

03

오른쪽 그림과 같은 평행사변형 ABCD에서 $\overline{AE}$와 $\overline{DF}$는 각각 ∠A와 ∠D의 이등분선이다. $\overline{AB}$=7 cm, $\overline{AD}$=11 cm일 때, $\overline{FE}$의 길이를 구하시오.

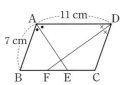

04

오른쪽 그림과 같은 평행사변형 ABCD에서 ∠DAC의 이등분선과 $\overline{BC}$의 연장선의 교점을 E라 하자. ∠B=80°, ∠ACD=32°일 때, ∠AEC의 크기를 구하시오.

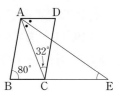

05

다음 사각형 중 평행사변형인 것을 모두 고르면?

(정답 2개)

① 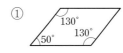　　②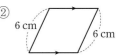

③ 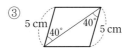　　④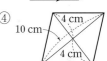

⑤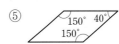

06

오른쪽 그림과 같은 평행사변형 ABCD에서 $\overline{AD}$, $\overline{BC}$의 중점을 각각 M, N이라 하자. □ABCD의 넓이가 80 cm²일 때, □MPNQ의 넓이를 구하시오.

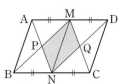

01

오른쪽 그림과 같은 좌표평면에서
□ABCD가 평행사변형일 때,
점 D의 좌표를 구하시오.

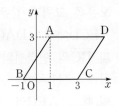

02

오른쪽 그림과 같은 평행사변형
ABCD의 둘레의 길이가 60 cm
이고, $\overline{AB} : \overline{AD} = 2 : 3$일 때, $\overline{BC}$
의 길이를 구하시오.

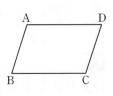

03

오른쪽 그림과 같은 평행사변형
ABCD에서 점 E는 $\overline{BC}$의 중점
이고, $\overline{AE}$의 연장선이 $\overline{DC}$의 연
장선과 만나는 점을 F라 하자.
$\overline{AB} = 4$ cm일 때, $\overline{DF}$의 길이를 구
하시오.

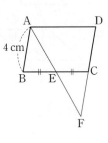

04

오른쪽 그림과 같은 평행사변형
ABCD에서 ∠DAE=25°,
∠C=120°일 때, ∠AED의
크기를 구하시오.

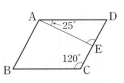

05

오른쪽 그림과 같은 평행사변형
ABCD에서 ∠A : ∠B=5 : 4일 때,
∠C의 크기를 구하시오.

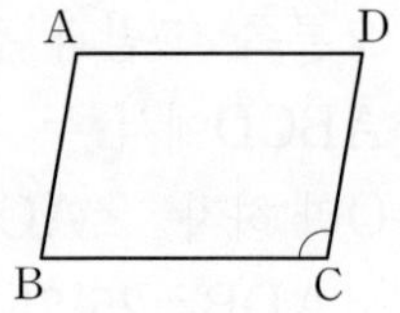

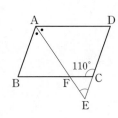

06

오른쪽 그림과 같은 평행사변형
ABCD에서 ∠A의 이등분선이
$\overline{DC}$의 연장선과 만나는 점을 E라
하자. ∠BCD=110°일 때,
∠FEC의 크기를 구하시오.

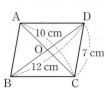

07

오른쪽 그림과 같은 평행사변형
ABCD에서 $\overline{AC}=10$ cm,
$\overline{BD}=12$ cm, $\overline{CD}=7$ cm일 때,
△OCD의 둘레의 길이를 구하시
오. (단, 점 O는 두 대각선의 교점이다.)

08

다음 중 □ABCD가 평행사변형인 것은?
(단, 점 O는 두 대각선의 교점이다.)

① ∠A=∠B=100°, ∠C=∠D=80°
② $\overline{AB} /\!/ \overline{DC}$, $\overline{AD}=\overline{BC}=5$ cm
③ ∠B=∠C=70°, $\overline{AB}=\overline{DC}=4$ cm
④ $\overline{AB}=\overline{DC}=7$ cm, $\overline{AD}=\overline{BC}=9$ cm
⑤ $\overline{OA}=\overline{OB}=6$ cm, $\overline{OC}=\overline{OD}=8$ cm

09

오른쪽 그림과 같은 평행사변형
ABCD에서 ∠A, ∠C의 이등
분선이 $\overline{BC}$, $\overline{AD}$와 만나는 점을
각각 E, F라 하자. $\overline{AB}$=8 cm,
$\overline{AD}$=12 cm, ∠B=60°일 때, □AECF의 둘레의
길이를 구하시오.

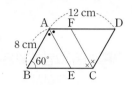

10

오른쪽 그림과 같은 평행사변형
ABCD에서 두 대각선의 교점 O
를 지나는 직선이 $\overline{AD}$, $\overline{BC}$와 만
나는 점을 각각 E, F라 하자.
△EOD와 △COF의 넓이의 합이 15 cm²일 때,
□ABCD의 넓이를 구하시오.

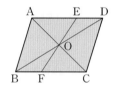

11

오른쪽 그림과 같은 평행사변형
ABCD의 내부의 한 점 P에 대하
여 □ABCD의 넓이가 20 cm²일
때, △PAB와 △PCD의 넓이의
합은?

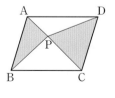

① 6 cm²   ② 8 cm²   ③ 10 cm²
④ 12 cm²   ⑤ 16 cm²

서술형 문제

12

오른쪽 그림과 같은 평행사변형
ABCD에서 ∠A의 이등분선이
$\overline{BC}$와 만나는 점을 E, $\overline{DC}$의 연
장선과 만나는 점을 F라 하자.
$\overline{AB}$=7 cm, $\overline{AD}$=10 cm일 때,
$\overline{CE}+\overline{DF}$의 길이를 구하시오. [7점]

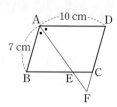

풀이

답

13

오른쪽 그림과 같은 평행사변형
ABCD에서 점 O는 두 대각선의 교
점이다. $\overline{BE}=\overline{DF}$이고,
∠CAE=40°, ∠ACE=35°일 때,
∠AFC의 크기를 구하시오. [5점]

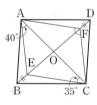

풀이

답

01 여러 가지 사각형

한번 더 개념 확인문제

개념북 55쪽~56쪽 | 정답 및 풀이 71쪽

01 다음 그림과 같은 직사각형 ABCD에서 x, y의 값을 각각 구하시오. (단, 점 O는 두 대각선의 교점이다.)

(1)

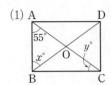

(2)

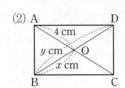

02 오른쪽 그림과 같은 평행사변형 ABCD가 직사각형이 되도록 다음 □ 안에 알맞은 것을 써넣으시오. (단, 점 O는 두 대각선의 교점이다.)

(1) $\angle ADC=$□° (2) $\overline{AC}=$□

(3) $\overline{OA}=$□ 또는 $\overline{OA}=\overline{OD}$

03 다음 그림과 같은 마름모 ABCD에서 x, y의 값을 각각 구하시오. (단, 점 O는 두 대각선의 교점이다.)

(1)

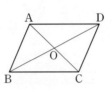

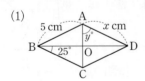

(2)

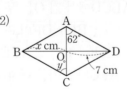

04 오른쪽 그림과 같은 평행사변형 ABCD가 마름모가 되도록 다음 □ 안에 알맞은 수를 써넣으시오. (단, 점 O는 두 대각선의 교점이다.)

(1) $\overline{AB}=9$ cm일 때, $\overline{AD}=$□ cm

(2) $\overline{BC}=12$ cm일 때, $\overline{CD}=$□ cm

(3) $\angle AOD=$□°

05 다음 그림과 같은 정사각형 ABCD에서 x, y의 값을 각각 구하시오. (단, 점 O는 두 대각선의 교점이다.)

(1)

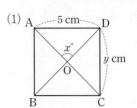

(2)

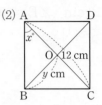

06 오른쪽 그림과 같은 직사각형 ABCD가 정사각형이 되도록 다음 □ 안에 알맞은 수를 써넣으시오. (단, 점 O는 두 대각선의 교점이다.)

(1) $\overline{AB}=$□ cm (2) $\angle AOB=$□°

07 오른쪽 그림과 같은 마름모 ABCD가 정사각형이 되도록 다음 □ 안에 알맞은 수를 써넣으시오.

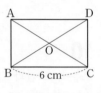

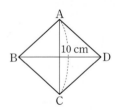

(1) $\overline{BD}=$□ cm (2) $\angle ABC=$□°

08 다음 그림과 같이 $\overline{AD}/\!/\overline{BC}$인 등변사다리꼴 ABCD에서 x, y의 값을 각각 구하시오.

(1)

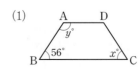

(2)

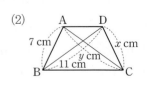

직사각형의 뜻과 성질

01 오른쪽 그림과 같은 직사각형 ABCD에서 점 O는 두 대각선의 교점이고, $\overline{AD}=8$ cm, $\overline{AC}=10$ cm일 때, △OBC의 둘레의 길이를 구하시오.

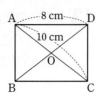

02 오른쪽 그림과 같은 직사각형 ABCD에서 점 O는 두 대각선의 교점이다. ∠DBC=50°일 때, ∠x−∠y의 크기를 구하시오.

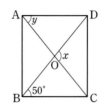

평행사변형이 직사각형이 되는 조건

03 오른쪽 그림과 같은 평행사변형 ABCD에 다음 조건을 추가할 때, 직사각형이 되지 <u>않는</u> 것은? (단, 점 O는 두 대각선의 교점이다.)

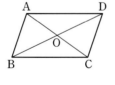

① $\overline{AC}=\overline{BD}$ ② ∠A=90°
③ $\overline{AB}=\overline{AD}$ ④ $\overline{OA}=\overline{OD}$
⑤ ∠A=∠B

04 오른쪽 그림과 같은 평행사변형 ABCD에서 ∠DBC=∠ACB일 때, □ABCD는 어떤 사각형인지 구하시오.

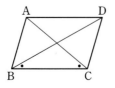

마름모의 뜻과 성질

05 오른쪽 그림과 같은 마름모 ABCD에서 $x+y$의 값을 구하시오. (단, 점 O는 두 대각선의 교점이다.)

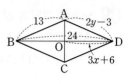

06 오른쪽 그림과 같은 마름모 ABCD에서 $\overline{AO}=8$ cm, $\overline{BO}=15$ cm일 때, □ABCD의 넓이를 구하시오. (단, 점 O는 두 대각선의 교점이다.)

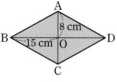

평행사변형이 마름모가 되는 조건

07 오른쪽 그림과 같이 $\overline{AD}=5$ cm인 평행사변형 ABCD에 다음 조건을 추가할 때, 마름모가 되는 것을 모두 고르면? (단, 점 O는 두 대각선의 교점이다.)

(정답 2개)

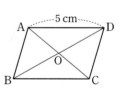

① $\overline{AB}=5$ cm   ② $\overline{BD}=10$ cm
③ $\overline{OC}=\overline{OD}$ ④ ∠B=∠C
⑤ ∠AOB=90°

08 오른쪽 그림과 같은 평행사변형 ABCD에서 $\overline{BD}$가 ∠B의 이등분선일 때, □ABCD는 어떤 사각형인지 구하시오.

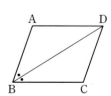

정사각형의 뜻과 성질

09 오른쪽 그림과 같은 정사각형 ABCD에서 $\overline{OA}=5$ cm일 때, □ABCD의 넓이를 구하시오. (단, 점 O는 두 대각선의 교점이다.)

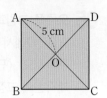

10 오른쪽 그림과 같이 정사각형 ABCD의 두 변 BC, CD 위에 $\overline{BE}=\overline{CF}$가 되도록 각각 두 점 E, F를 잡고, $\overline{AE}$와 $\overline{BF}$의 교점을 G라 할 때, $\angle AGF$의 크기를 구하시오.

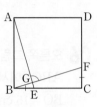

정사각형이 되는 조건

11 오른쪽 그림과 같이 $\overline{AD}=8$ cm인 직사각형 ABCD가 정사각형이 되는 조건을 **보기**에서 모두 고르시오. (단, 점 O는 두 대각선의 교점이다.)

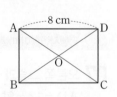

┌─ 보기 ─────────────────────┐
ㄱ. $\overline{AB}=8$ cm   ㄴ. $\angle AOD=90°$

ㄷ. $\angle BAC=\angle DCA$ ㄹ. $\overline{BD}=8$ cm
└───────────────────────────┘

12 오른쪽 그림과 같이 $\overline{AC}=6$ cm인 마름모 ABCD가 정사각형이 되는 조건을 **보기**에서 모두 고르시오. (단, 점 O는 두 대각선의 교점이다.)

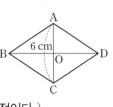

┌─ 보기 ─────────────────────┐
ㄱ. $\angle ABD=\angle CDB$ ㄴ. $\angle BAO=\angle DAO$

ㄷ. $\overline{BD}=6$ cm   ㄹ. $\angle ABC=90°$
└───────────────────────────┘

등변사다리꼴의 성질의 응용

13 오른쪽 그림과 같이 $\overline{AD}\,/\!/\,\overline{BC}$인 등변사다리꼴 ABCD의 점 A에서 $\overline{BC}$에 내린 수선의 발을 E라 하자. $\overline{BE}=2$ cm, $\overline{EC}=5$ cm일 때, $\overline{AD}$의 길이를 구하시오.

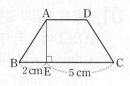

14 오른쪽 그림과 같이 $\overline{AD}\,/\!/\,\overline{BC}$인 등변사다리꼴 ABCD에서 $\overline{AB}=10$ cm, $\overline{AD}=7$ cm, $\angle C=60°$일 때, $\overline{BC}$의 길이는?

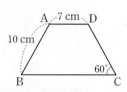

① 14 cm   ② 16 cm   ③ 17 cm

④ 18 cm   ⑤ 20 cm

15 오른쪽 그림과 같이 $\overline{AD}\,/\!/\,\overline{BC}$인 등변사다리꼴 ABCD에서 $\overline{AB}=\overline{AD}=\overline{DC}$이고, $\overline{BC}=2\overline{AD}$일 때, $\angle A$의 크기를 구하시오.

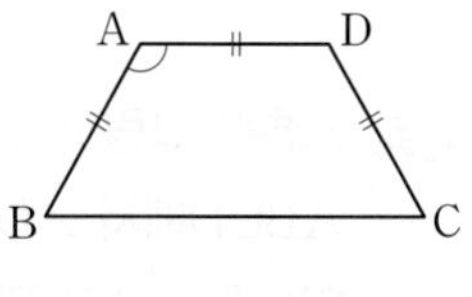

02 여러 가지 사각형 사이의 관계

개념북 ➔ 60쪽~62쪽 | 정답 및 풀이 ➔ 72쪽

한번 더 개념 확인문제

01 오른쪽 그림과 같은 평행사변형 ABCD가 다음 조건을 만족시킬 때, 어떤 사각형이 되는지 구하시오.

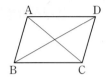

(1) $\overline{AB}=\overline{BC}$ (2) $\overline{AC}=\overline{BD}$

(3) $\angle ABC=90°$ (4) $\overline{AC}\perp\overline{BD}$

(5) $\angle BAD=90°$, $\overline{AC}\perp\overline{BD}$

(6) $\overline{AB}=\overline{BC}$, $\overline{AC}=\overline{BD}$

02 다음 사각형의 대각선의 성질을 **보기**에서 모두 고르시오.

┌─ 보기 ─
ㄱ. 두 대각선의 길이가 같다.
ㄴ. 두 대각선이 서로 수직이다.
ㄷ. 두 대각선이 서로 다른 것을 이등분한다.
└─

(1) 평행사변형 (2) 직사각형

(3) 마름모 (4) 정사각형

(5) 등변사다리꼴

03 다음 사각형의 각 변의 중점을 연결하여 만든 사각형은 어떤 사각형이 되는지 구하시오.

(1) 사각형 (2) 사다리꼴

(3) 등변사다리꼴 (4) 평행사변형

(5) 직사각형 (6) 마름모

(7) 정사각형

04 오른쪽 그림에서 $l /\!/ m$이고, $\triangle ABC$의 넓이가 20 cm²일 때, $\triangle DBC$의 넓이를 구하시오.

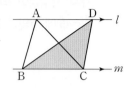

05 오른쪽 그림과 같이 $\overline{AD} /\!/ \overline{BC}$인 사다리꼴 ABCD에서 두 대각선의 교점을 O라 할 때, 다음 삼각형과 넓이가 같은 삼각형을 구하시오.

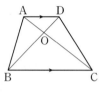

(1) $\triangle ABD$

(2) $\triangle ABC$

(3) $\triangle ABO$

06 오른쪽 그림에서 $\overline{AC} /\!/ \overline{DE}$이고, $\square ABCD$의 넓이가 24 cm²일 때, $\triangle ABE$의 넓이를 구하시오.

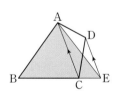

07 오른쪽 그림과 같은 $\triangle ABC$의 넓이가 42 cm²이고, $\overline{BD}:\overline{DC}=2:1$일 때, $\triangle ABD$의 넓이를 구하시오.

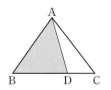

여러 가지 사각형 사이의 관계

01 아래 그림은 사다리꼴에 조건이 하나씩 추가되어 여러 가지 사각형이 되는 과정을 나타낸 것이다. 다음 중 ①~⑤에 알맞은 조건으로 옳은 것을 모두 고르면? (정답 2개)

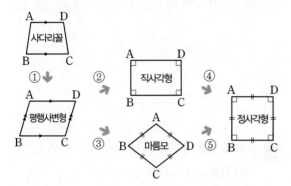

① $\overline{AB}/\!/\overline{DC}$ ② $\overline{AC}\perp\overline{BD}$ ③ $\overline{AB}=\overline{CD}$
④ $\overline{AC}=\overline{BD}$ ⑤ $\angle A=90°$

02 다음 중 여러 가지 사각형 사이의 관계에 대한 설명으로 옳지 <u>않은</u> 것을 모두 고르면? (정답 2개)

① 정사각형은 마름모이다.
② 정사각형은 직사각형이다.
③ 직사각형은 등변사다리꼴이다.
④ 마름모는 등변사다리꼴이다.
⑤ 등변사다리꼴은 평행사변형이다.

여러 가지 사각형의 대각선의 성질

03 다음 **보기**에서 두 대각선이 서로 다른 것을 이등분하는 사각형의 개수를 a, 두 대각선이 서로 수직인 사각형의 개수를 b, 두 대각선의 길이가 같은 사각형의 개수를 c라 할 때, $a+b+c$의 값을 구하시오.

┌─ •보기• ─────────────────┐
│ ㄱ. 평행사변형   ㄴ. 직사각형 │
│ ㄷ. 마름모   ㄹ. 사다리꼴 │
│ ㅁ. 등변사다리꼴   ㅂ. 정사각형 │
└──────────────────────────┘

04 다음 사각형 중 두 대각선의 길이가 같지 <u>않은</u> 것을 모두 고르면? (정답 2개)

① 평행사변형 ② 직사각형 ③ 마름모
④ 정사각형   ⑤ 등변사다리꼴

사각형의 각 변의 중점을 연결하여 만든 사각형

05 다음 사각형 중 각 변의 중점을 연결하여 만든 사각형이 마름모인 것을 모두 고르면? (정답 2개)

① 평행사변형   ② 직사각형
③ 마름모   ④ 등변사다리꼴
⑤ 사다리꼴

06 오른쪽 그림과 같이 직사각형 ABCD의 각 변의 중점 E, F, G, H를 연결하여 만든 □EFGH의 둘레의 길이를 구하시오.

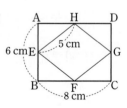

07 오른쪽 그림과 같이 마름모 ABCD의 각 변의 중점 E, F, G, H를 연결하여 □EFGH를 만들었다. 다음 중 옳지 <u>않은</u> 것은?

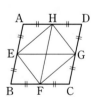

① $\overline{EF}=\overline{HG}$ ② $\overline{EH}/\!/\overline{FG}$
③ $\angle EFG=90°$ ④ $\overline{EG}=\overline{HF}$
⑤ $\overline{EH}=\overline{EF}$

평행선과 삼각형의 넓이

08 오른쪽 그림에서 $\overline{AC} /\!/ \overline{DE}$이고, △ABC, △ACE의 넓이가 각각 12 cm², 7 cm²일 때, □ABCD의 넓이를 구하시오.

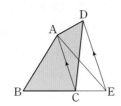

09 오른쪽 그림에서 $\overline{AC} /\!/ \overline{DE}$이고, $\overline{AH} \perp \overline{BC}$이다. $\overline{AH}=6$ cm, $\overline{BC}=5$ cm, $\overline{CE}=3$ cm일 때, □ABCD의 넓이는?

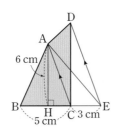

① 20 cm² ② 22 cm²
③ 24 cm² ④ 26 cm²
⑤ 28 cm²

높이가 같은 두 삼각형의 넓이

10 오른쪽 그림과 같이 넓이가 60 cm²인 △ABC에서 $\overline{BD}=\overline{DC}$이고, $\overline{AE}:\overline{EC}=7:3$일 때, △ADE의 넓이를 구하시오.

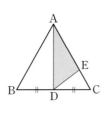

11 오른쪽 그림과 같은 △ABC에서 $\overline{BP}:\overline{PC}=\overline{CQ}:\overline{QA}=1:2$이고, △APQ의 넓이가 12 cm²일 때, △ABC의 넓이를 구하시오.

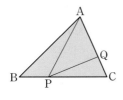

평행사변형에서 높이가 같은 두 삼각형의 넓이

12 오른쪽 그림과 같은 평행사변형 ABCD에서 △EBC와 △ECD의 넓이가 각각 24 cm², 11 cm²일 때, △ABE의 넓이를 구하시오.

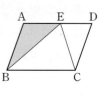

13 오른쪽 그림과 같이 넓이가 40 cm²인 평행사변형 ABCD에서 $\overline{DC}$ 위의 점 E에 대하여 $\overline{DE}:\overline{EC}=3:2$일 때, △AED의 넓이를 구하시오.

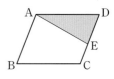

14 오른쪽 그림과 같이 넓이가 48 cm²인 평행사변형 ABCD에서 $\overline{EF} /\!/ \overline{BD}$이고, $\overline{AF}:\overline{FD}=1:3$일 때, △EBD의 넓이는?

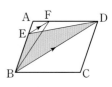

① 12 cm² ② 14 cm² ③ 16 cm²
④ 18 cm² ⑤ 20 cm²

01

오른쪽 그림과 같은 정사각형 ABCD에서 두 대각선의 교점을 O라 하자. $\overline{BD}=8$ cm일 때, $\triangle OBC$의 넓이를 구하시오.

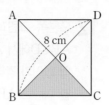

02

오른쪽 그림과 같이 $\overline{AD} /\!/ \overline{BC}$인 등변사다리꼴 ABCD에서 $\overline{AB}=\overline{AD}=\overline{DC}$이고, $\angle DBC=30°$일 때, $\angle BDC$의 크기를 구하시오.

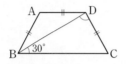

03

오른쪽 그림과 같은 평행사변형 ABCD에 다음 조건을 추가하였을 때 될 수 있는 사각형의 종류가 바르게 짝 지어지지 않은 것은?

(단, 점 O는 두 대각선의 교점이다.)

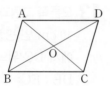

① $\overline{AB}=\overline{AD}$ ➜ 마름모   ② $\overline{AC}=\overline{BD}$ ➜ 직사각형
③ $\overline{AC}\perp\overline{BD}$ ➜ 마름모   ④ $\overline{OA}=\overline{OD}$ ➜ 직사각형
⑤ $\angle BCD=90°$ ➜ 마름모

04

오른쪽 그림과 같은 직사각형 ABCD에서 네 점 E, F, G, H는 각 변의 중점이다. 다음 중 □EFGH에 대한 설명으로 옳지 않은 것은?

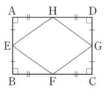

① 네 내각의 크기가 모두 같다.
② 두 대각선이 서로 다른 것을 이등분한다.
③ 두 쌍의 대각의 크기가 각각 같다.
④ 한 쌍의 대변이 평행하고, 그 길이가 같다.
⑤ 네 변의 길이가 모두 같다.

05

오른쪽 그림과 같은 $\triangle ABC$에서 점 D는 $\overline{AC}$의 중점이다. $\triangle ECD$의 넓이가 6 cm²이고, $\overline{BE}:\overline{ED}=2:3$일 때, $\triangle ABC$의 넓이를 구하시오.

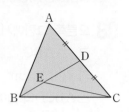

06

오른쪽 그림과 같이 넓이가 60 cm²인 평행사변형 ABCD에서 점 E는 $\overline{DC}$의 중점이다. $\overline{AF}:\overline{FE}=2:1$일 때, $\triangle AFD$의 넓이를 구하시오.

(단, 점 O는 두 대각선의 교점이다.)

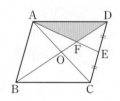

07

오른쪽 그림과 같이 $\overline{AD} /\!/ \overline{BC}$인 사다리꼴 ABCD에서 점 O는 두 대각선의 교점이다. $\triangle DBC$의 넓이가 30 cm²이고, $\overline{BO}:\overline{OD}=3:2$일 때, $\triangle ABO$의 넓이는?

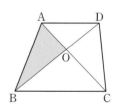

① 10 cm²   ② 12 cm²   ③ 14 cm²
④ 16 cm²   ⑤ 18 cm²

01

오른쪽 그림과 같은 직사각형 ABCD에서 x, y의 값을 각각 구하시오. (단, 점 O는 두 대각선의 교점이다.)

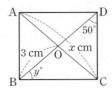

02

오른쪽 그림과 같이 마름모 ABCD의 꼭짓점 A에서 $\overline{BC}$, $\overline{CD}$에 내린 수선의 발을 각각 E, F라 하자. ∠BAE=30°일 때, ∠D의 크기를 구하시오.

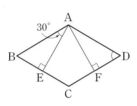

03

오른쪽 그림과 같은 정사각형 ABCD의 내부의 한 점 P에 대하여 $\overline{PB}=\overline{BC}=\overline{PC}$일 때, ∠APB의 크기를 구하시오.

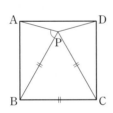

04

오른쪽 그림과 같이 $\overline{AD}$∥$\overline{BC}$인 등변사다리꼴 ABCD에서 다음 중 옳지 않은 것은? (단, 점 O는 두 대각선의 교점이다.)

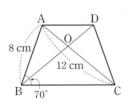

① $\overline{BD}$=12 cm
② ∠DCB=70°
③ $\overline{DC}$=8 cm
④ ∠ADC=110°
⑤ ∠AOD=90°

05

다음 중 옳지 않은 것을 모두 고르면? (정답 2개)

① 사다리꼴은 사각형이다.
② 마름모는 정사각형이다.
③ 마름모는 평행사변형이다.
④ 직사각형은 사다리꼴이다.
⑤ 등변사다리꼴은 직사각형이다.

06

다음 사각형 중 두 대각선이 서로 다른 것을 수직이등분하는 것은?

① 직사각형
② 정사각형
③ 사다리꼴
④ 평행사변형
⑤ 등변사다리꼴

07

오른쪽 그림과 같은 등변사다리꼴 ABCD의 각 변의 중점을 E, F, G, H라 할 때, 다음 중 옳은 것을 모두 고르면? (정답 2개)

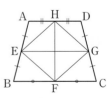

① $\overline{EF}=\overline{GH}$
② $\overline{EG}=\overline{HF}$
③ $\overline{EG}⊥\overline{HF}$
④ ∠HEF=∠EFG
⑤ $\overline{EF}⊥\overline{FG}$

| 서술형 문제 |

08

오른쪽 그림과 같이 $\overline{AD} /\!/ \overline{BC}$인 사다리꼴 ABCD의 넓이가 64 cm²이고, △ABO, △OBC의 넓이가 각각 12 cm², 36 cm²일 때, △AOD의 넓이를 구하시오.

(단, 점 O는 두 대각선의 교점이다.)

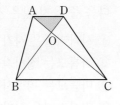

11

오른쪽 그림과 같은 정사각형 ABCD의 대각선 BD 위의 한 점 P에 대하여 ∠BAP=25°일 때, ∠DPC의 크기를 구하시오.

[6점]

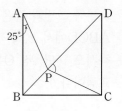

풀이

09

오른쪽 그림에서 $\overline{AC} /\!/ \overline{DE}$이고, 점 O는 $\overline{AE}$와 $\overline{CD}$의 교점이다. △ABC의 넓이가 8 cm²이고, △AOC, △AOD의 넓이가 각각 3 cm², 5 cm²일 때, △ABE의 넓이를 구하시오.

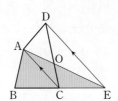

답

12

오른쪽 그림에서 $\overline{AC} /\!/ \overline{DE}$이고 $\overline{BC} : \overline{CE} = 3 : 2$이다. □ABCD의 넓이가 30 cm²일 때, △ABC의 넓이를 구하시오. [5점]

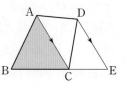

풀이

10

오른쪽 그림과 같은 평행사변형 ABCD에서 $\overline{BC}$ 위의 점 P에 대하여 $\overline{BP} : \overline{PC} = 1 : 2$이고, □ABCD의 넓이가 36 cm²일 때, △APC의 넓이를 구하시오.

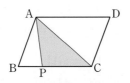

답

01 닮은 도형

한번 더 개념 확인문제

개념북 ⊙ 76쪽~78쪽 | 정답 및 풀이 ⊙ 75쪽

01 아래 그림에서 □ABCD∽□EFGH일 때, 다음을 구하시오.

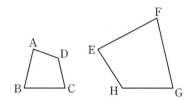

(1) 점 D의 대응점　　(2) ∠G의 대응각

(3) $\overline{AB}$의 대응변

02 다음 중 항상 닮은 도형이라 할 수 있는 것에는 ○표, 할 수 없는 것에는 ×표를 하시오.

(1) 두 정오각형　　　　　　　　　(　)

(2) 두 사다리꼴　　　　　　　　　(　)

(3) 두 정사면체　　　　　　　　　(　)

(4) 두 육각기둥　　　　　　　　　(　)

(5) 두 원뿔　　　　　　　　　　　(　)

03 아래 그림에서 △ABC∽△DEF일 때, 다음을 구하시오.

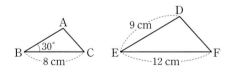

(1) △ABC와 △DEF의 닮음비

(2) $\overline{AB}$의 길이　　(3) ∠E의 크기

04 아래 그림에서 □ABCD∽□EFGH일 때, 다음을 구하시오.

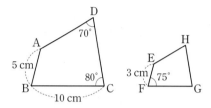

(1) □ABCD와 □EFGH의 닮음비

(2) $\overline{FG}$의 길이　　(3) ∠A의 크기

05 아래 그림의 두 직육면체는 서로 닮은 도형이고 □ABCD∽□A′B′C′D′일 때, 다음을 구하시오.

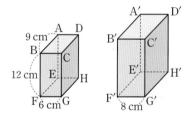

(1) 두 직육면체의 닮음비

(2) $\overline{A'B'}$의 길이　　(3) $\overline{B'F'}$의 길이

06 아래 그림의 두 원뿔 ㈎, ㈏가 서로 닮은 도형일 때, 다음을 구하시오.

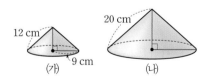

(1) 두 원뿔의 닮음비

(2) 원뿔 ㈏의 밑면의 반지름의 길이

07 아래 그림에서 △ABC∽△DEF일 때, 다음을 구하시오.

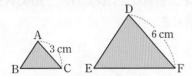

(1) △ABC와 △DEF의 닮음비

(2) △ABC와 △DEF의 둘레의 길이의 비

(3) △ABC와 △DEF의 넓이의 비

(4) △ABC의 둘레의 길이가 10 cm일 때, △DEF의 둘레의 길이

(5) △ABC의 넓이가 4 cm²일 때, △DEF의 넓이

08 아래 그림에서 □ABCD∽□EFGH일 때, 다음을 구하시오.

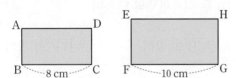

(1) □ABCD와 □EFGH의 닮음비

(2) □ABCD와 □EFGH의 둘레의 길이의 비

(3) □ABCD와 □EFGH의 넓이의 비

(4) □EFGH의 둘레의 길이가 30 cm일 때, □ABCD의 둘레의 길이

(5) □EFGH의 넓이가 50 cm²일 때, □ABCD의 넓이

09 아래 그림의 두 직육면체 ㈎, ㈏는 서로 닮은 도형이다. $\overline{AB}$에 대응하는 모서리가 $\overline{A'B'}$일 때, 다음을 구하시오.

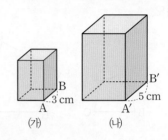

(1) 두 직육면체 ㈎, ㈏의 닮음비

(2) 직육면체 ㈎의 겉넓이가 90 cm²일 때, 직육면체 ㈏의 겉넓이

(3) 직육면체 ㈎의 부피가 54 cm³일 때, 직육면체 ㈏의 부피

10 아래 그림의 두 원뿔 ㈎, ㈏가 서로 닮은 도형일 때, 다음을 구하시오.

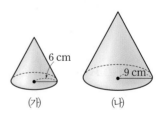

(1) 두 원뿔 ㈎, ㈏의 닮음비

(2) 원뿔 ㈏의 옆넓이가 450 cm²일 때, 원뿔 ㈎의 옆넓이

(3) 원뿔 ㈏의 부피가 540 cm³일 때, 원뿔 ㈎의 부피

닮은 도형

01 다음 그림에서 △ABC∽△DEF일 때, $\overline{BC}$의 대응변과 ∠F의 대응각을 차례로 구하시오.

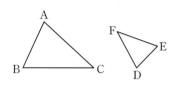

02 다음 그림에서 □ABCD∽□EFGH일 때, $\overline{CD}$의 대응변과 ∠H의 대응각을 차례로 구하시오.

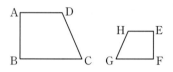

평면도형에서의 닮음의 성질

03 다음 그림에서 △ABC∽△DEF일 때, $x+y$의 값을 구하시오.

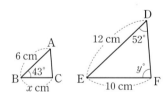

04 다음 그림과 같은 두 평행사변형 ABCD, EFGH에 대하여 □ABCD∽□EFGH이고 닮음비가 3 : 2일 때, □EFGH의 둘레의 길이를 구하시오.

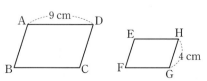

입체도형에서의 닮음의 성질

05 다음 그림의 두 삼각기둥은 서로 닮은 도형이고, △ABC에 대응하는 면이 △A′B′C′일 때, $x+y$의 값을 구하시오.

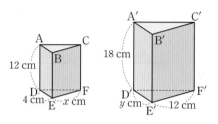

06 다음 그림의 두 삼각뿔은 서로 닮은 도형이고, $\overline{VA}$에 대응하는 모서리가 $\overline{V'A'}$일 때, $y-x$의 값을 구하시오.

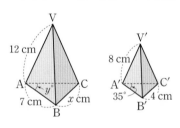

07 다음 그림의 두 원기둥 ㈎, ㈏가 서로 닮은 도형일 때, 원기둥 ㈏의 밑면의 둘레의 길이를 구하시오.

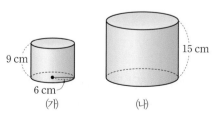

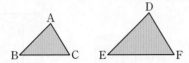

닮은 두 평면도형의 넓이의 비

08 다음 그림에서 △ABC와 △DEF는 서로 닮은 도형이고, 둘레의 길이의 비가 3 : 4이다. △DEF의 넓이가 160 cm²일 때, △ABC의 넓이를 구하시오.

09 두 원 O, O′의 반지름의 길이의 비가 2 : 5이고, 원 O의 넓이가 12π cm²일 때, 원 O′의 넓이를 구하시오.

닮은 두 입체도형의 겉넓이와 부피의 비 (1)

10 다음 그림과 같이 밑면이 정사각형인 두 사각뿔 (가), (나)는 서로 닮은 도형이다. 사각뿔 (가)의 겉넓이가 108 cm²일 때, 사각뿔 (나)의 겉넓이를 구하시오.

 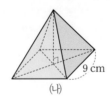

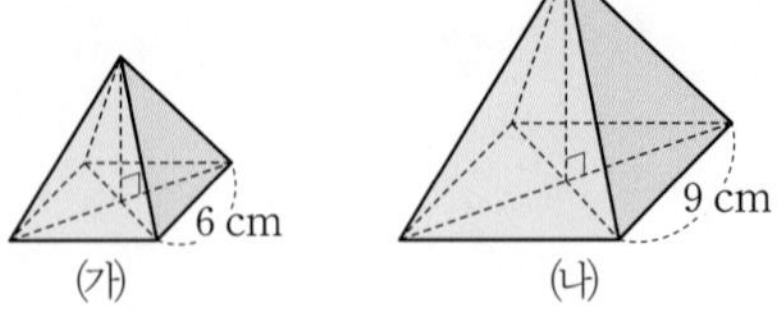

(가)　　　　(나)

11 닮음비가 3 : 5인 두 구 O, O′이 있다. 구 O′의 겉넓이가 75π cm²일 때, 구 O의 겉넓이를 구하시오.

12 두 정사면체의 모서리의 길이의 비가 4 : 5이고, 작은 정사면체의 부피가 192 cm³일 때, 큰 정사면체의 부피를 구하시오.

닮은 두 입체도형의 겉넓이와 부피의 비 (2)

13 서로 닮은 두 원기둥 (가), (나)의 겉넓이의 비가 25 : 9일 때, 두 원기둥 (가), (나)의 부피의 비를 구하시오.

14 서로 닮은 두 삼각기둥 (가), (나)의 밑넓이의 비가 1 : 4이고, 삼각기둥 (가)의 부피가 12 cm³일 때, 삼각기둥 (나)의 부피를 구하시오.

15 서로 닮은 두 원뿔 (가), (나)의 부피가 각각 24π cm³, 81π cm³이다. 원뿔 (나)의 옆넓이가 36π cm²일 때, 원뿔 (가)의 옆넓이를 구하시오.

01

다음 설명 중 옳지 <u>않은</u> 것은?

① 합동인 두 삼각형은 서로 닮은 도형이다.

② 서로 닮은 두 평면도형에서 대응변의 길이의 비는 일정하다.

③ 서로 닮은 두 평면도형에서 대응변의 길이의 비가 3 : 4이면 대응각의 크기의 비도 3 : 4이다.

④ 서로 닮은 두 입체도형에서 대응하는 면은 서로 닮은 도형이다.

⑤ 서로 닮은 두 입체도형에서 대응하는 모서리의 길이의 비는 일정하다.

02

아래 그림에서 □ABCD∽□EFGH일 때, 다음 중 옳은 것을 모두 고르면? (정답 2개)

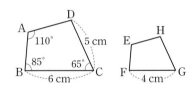

① ∠G=85°

② ∠H=100°

③ □ABCD와 □EFGH의 닮음비는 2 : 1이다.

④ $\overline{AD}$의 대응변은 $\overline{EF}$이다.

⑤ $\overline{HG}=\dfrac{10}{3}$ cm

03

다음 그림의 두 원뿔이 서로 닮은 도형일 때, $x+y$의 값을 구하시오.

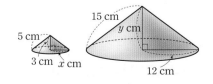

04

오른쪽 그림에서 △ABC∽△DEC이고 $\overline{AC}=4$ cm, $\overline{AD}=14$ cm이다. △ABC의 넓이가 12 cm²일 때, △DEC의 넓이를 구하시오.

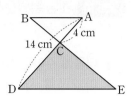

05

오른쪽 그림과 같이 정사면체 ABCD의 각 모서리의 길이를 $\dfrac{2}{3}$로 줄여 정사면체 EBFG를 만들었다. 정사면체 ABCD의 부피가 108 cm³일 때, 정사면체 EBFG의 부피를 구하시오.

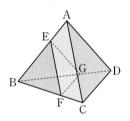

06

오른쪽 그림과 같은 원뿔 모양의 그릇에 전체 높이의 $\dfrac{3}{4}$만큼 물을 채웠다. 그릇 전체의 부피가 320 cm³일 때, 그릇의 빈 공간의 부피는? (단, 그릇의 두께는 생각하지 않는다.)

① 140 cm³   ② 155 cm³   ③ 170 cm³

④ 185 cm³   ⑤ 200 cm³

01 다음에 주어진 삼각형과 닮은 삼각형을 **보기**에서 찾아 기호를 사용하여 나타내고, 그때의 닮음 조건을 구하시오.

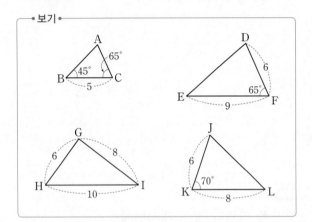

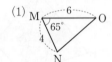

(1)

(2)

(3)

(4)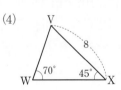

02 오른쪽 그림의 △ABC에 대하여 다음을 구하시오.

(1) △ABC와 닮은 삼각형

(2) $\overline{AC}$의 길이

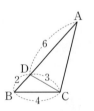

03 다음 그림에서 x의 값을 구하시오.

(1)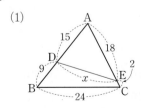

(2)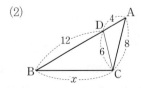

04 오른쪽 그림의 △ABC에 대하여 다음을 구하시오.

(1) △ABC와 닮은 삼각형

(2) $\overline{BC}$의 길이

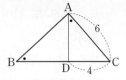

05 다음 그림에서 x의 값을 구하시오.

(1) 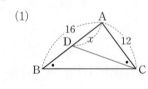 (2)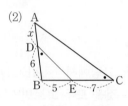

06 다음 그림에서 x의 값을 구하시오.

(1) 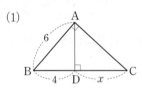 (2)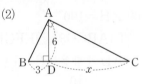

(3) (4)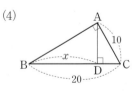

07 축척이 $\dfrac{1}{10000}$인 지도가 있다. 이 지도에서의 길이가 10 cm일 때, 실제 거리는 몇 km인지 구하시오.

삼각형의 닮음 조건

01 다음 중 △ABC와 △A′B′C′이 서로 닮은 도형이 되기 위한 조건이 <u>아닌</u> 것은?

① ∠A=∠A′, ∠B=∠B′
② $\overline{AB} : \overline{A'B'}=\overline{BC} : \overline{B'C'}=\overline{CA} : \overline{C'A'}$
③ $\overline{AB} : \overline{A'B'}=\overline{BC} : \overline{B'C'}$, ∠B=∠B′
④ $\overline{AB} : \overline{A'B'}=\overline{BC} : \overline{B'C'}$, ∠A=∠A′
⑤ $\overline{BC} : \overline{B'C'}=\overline{CA} : \overline{C'A'}$, ∠C=∠C′

02 아래 그림에서 △ABC∽△DEF가 되려면 다음 중 어느 조건을 추가해야 하는가?

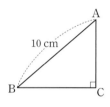

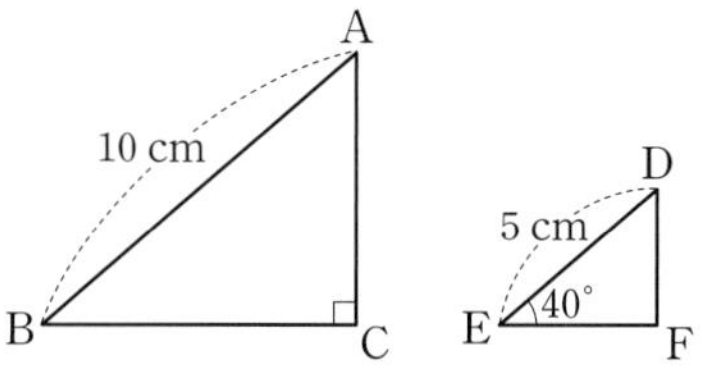

① $\overline{AC}=6$ cm, $\overline{DF}=3$ cm
② $\overline{BC}=8$ cm, $\overline{DF}=3$ cm
③ $\overline{BC}=8$ cm, $\overline{EF}=4$ cm
④ ∠A=40°, ∠F=80°
⑤ ∠B=40°, ∠D=50°

SAS 닮음의 응용

03 오른쪽 그림과 같은 △ABC에서 $\overline{AC}$의 길이를 구하시오.

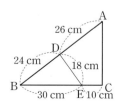

04 오른쪽 그림과 같은 △ABC에서 $\overline{AD}$의 길이를 구하시오.

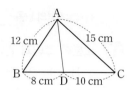

AA 닮음의 응용

05 오른쪽 그림과 같은 △ABC에서 ∠ABC=∠AED일 때, $\overline{AC}$의 길이를 구하시오.

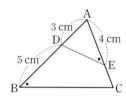

06 오른쪽 그림에서 $\overline{BA} /\!/ \overline{CD}$일 때, $\overline{CE}$의 길이를 구하시오.

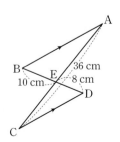

직각삼각형의 닮음

07 오른쪽 그림과 같이 ∠B=90°인 직각삼각형 ABC에서 ∠DEC=90° 이고, $\overline{AB}$=5 cm, $\overline{AC}$=10 cm, $\overline{CD}$=6 cm일 때, $\overline{DE}$의 길이를 구하시오.

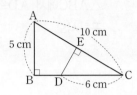

08 오른쪽 그림과 같이 ∠A=90°인 직각삼각형 ABC에서 점 M은 $\overline{BC}$의 중점이고, $\overline{DM}\perp\overline{BC}$이다. $\overline{AB}$=8 cm, $\overline{BC}$=10 cm 일 때, $\overline{AD}$의 길이를 구하시오.

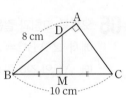

직각삼각형의 닮음의 응용

09 오른쪽 그림과 같이 ∠A=90°인 직각삼각형 ABC에서 $\overline{AD}\perp\overline{BC}$이고, $\overline{AD}$=12 cm, $\overline{CD}$=9 cm 일 때, $x-y$의 값을 구하시오.

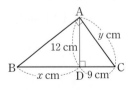

10 오른쪽 그림과 같이 ∠A=90°인 직각삼각형 ABC에서 $\overline{AD}\perp\overline{BC}$이고, $\overline{AD}$=12 cm, $\overline{CD}$=8 cm 일 때, △ABC의 넓이를 구하시오.

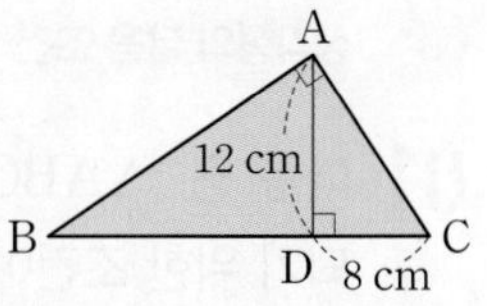

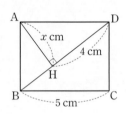

11 오른쪽 그림과 같은 직사각형 ABCD에서 $\overline{AH}\perp\overline{BD}$일 때, x의 값을 구하시오.

실생활에서의 활용

12 다음 그림은 실제 거리를 구하기 위하여 축도를 그린 것이다. △ABC∽△A′B′C′일 때, 두 지점 A와 B 사이의 실제 거리는 몇 m인지 구하시오.

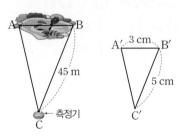

13 실제 반경이 400 km인 태풍이 있다. 축척이 $\dfrac{1}{5000000}$인 기상 위성 지도에서 이 태풍의 반경은 몇 cm인지 구하시오.

01

오른쪽 그림과 같은 △ABC
에서 $\overline{CD}$의 길이는?

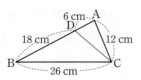

① 14 cm   ② 13 cm

③ 12 cm   ④ 11 cm

⑤ 10 cm

02

오른쪽 그림에서
∠CAB=∠DBC,
∠ACB=∠BDC일 때, $\overline{AB}$
의 길이를 구하시오.

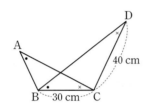

03

오른쪽 그림과 같은 평행사변형
ABCD에서 $\overline{AB}$의 연장선과
$\overline{DE}$의 연장선의 교점을 F라 할
때, $\overline{CE}$의 길이를 구하시오.

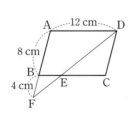

04

오른쪽 그림과 같은 △ABC에서
$\overline{AD}\perp\overline{BC}$, $\overline{BE}\perp\overline{AC}$이다.
$\overline{AC}$=14 cm, $\overline{BC}$=16 cm,
$\overline{AE}:\overline{EC}$=3 : 4일 때, $\overline{CD}$의 길
이를 구하시오.

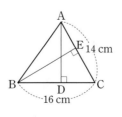

05

오른쪽 그림에서
$\overline{AC}\perp\overline{BF}$, $\overline{AE}\perp\overline{BD}$,
$\overline{DE}\perp\overline{BF}$일 때, 다음 중
△ABC와 서로 닮은 삼각형이
아닌 것은?

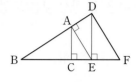

① △EAC   ② △DEA   ③ △EBA

④ △DBE   ⑤ △FBD

06

오른쪽 그림과 같은 △ABC에
서 $\overline{DE}\,/\!/\,\overline{BC}$이고 $\overline{DE}$=18 cm,
$\overline{BC}$=30 cm이다. △ADE의 넓
이가 81 cm²일 때, □DBCE의
넓이를 구하시오.

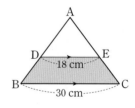

07

오른쪽 그림과 같이 정사각형
ABCD를 $\overline{EF}$를 접는 선으로
하여 꼭짓점 A가 $\overline{BC}$ 위의 점
G에 오도록 접을 때, $\overline{GH}$의 길
이를 구하시오.

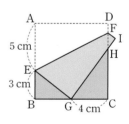

08

축척이 $\dfrac{1}{3000}$인 지도에서 넓이가 6 cm²인 직사각형 모
양의 땅이 있다. 이 땅의 실제 넓이는 몇 m²인지 구하
시오.

01

다음 중 항상 닮은 도형인 것을 모두 고르면?

(정답 2개)

① 두 삼각형　　　② 두 평행사변형
③ 두 정육각형　　④ 두 오각뿔
⑤ 중심각의 크기가 같은 두 부채꼴

02

아래 그림에서 □ABCD∽□PQRS일 때, 다음 중
옳지 <u>않은</u> 것은?

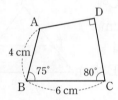

① □ABCD와 □PQRS의 닮음비는 3 : 2이다.

② $\overline{PQ} = \dfrac{8}{3}$ cm

③ ∠P=120°

④ ∠Q=75°

⑤ ∠R=80°

03

다음 그림의 두 정사면체 ㈎, ㈏의 닮음비가 2 : 3일 때,
정사면체 ㈏의 모든 모서리의 길이의 합을 구하시오.

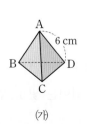 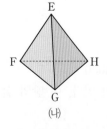

04

오른쪽 그림과 같이 모선을 3등분하는
점을 지나고 밑면에 평행한 평면으로
원뿔을 잘랐을 때 생기는 세 입체도형
A, B, C의 부피의 비를 가장 간단한
자연수의 비로 나타내시오.

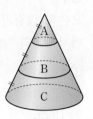

05

다음 중 오른쪽 그림의 삼각형과 닮은
삼각형은?

① 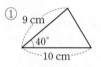　②

③ 　④

⑤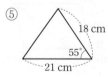

06

오른쪽 그림과 같은 △ABC
에서 $\overline{AD}$의 길이를 구하시
오.

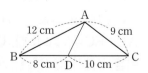

07

오른쪽 그림과 같은 △ABC에서 ∠ABC=∠AED일 때, $\overline{CE}$의 길이를 구하시오.

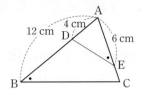

08

오른쪽 그림에서 $\overline{ED}\perp\overline{AB}$, $\overline{AC}\perp\overline{BE}$일 때, $\overline{EF}$의 길이를 구하시오.

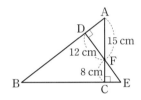

09

오른쪽 그림과 같이 ∠A=90°인 직각삼각형 ABC에서 $\overline{AD}\perp\overline{BC}$이고 $\overline{AC}$=12 cm, $\overline{DC}$=9 cm일 때, $\overline{BD}$의 길이를 구하시오.

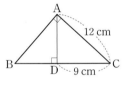

10

오른쪽 그림과 같은 직사각형 ABCD에서 $\overline{AH}\perp\overline{BD}$이고 $\overline{AH}$=6 cm, $\overline{DH}$=9 cm일 때, □ABCD의 넓이를 구하시오.

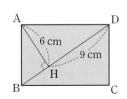

⊢ 서술형 문제 ⊣

11

오른쪽 그림과 같이 높이가 20 cm인 원뿔 모양의 그릇이 있다. 이 그릇에 높이가 15 cm가 되도록 물을 부었을 때, 다음 물음에 답하시오.
(단, 그릇의 두께는 생각하지 않는다.) [6점]

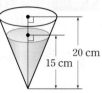

⑴ 물의 부피와 전체 그릇의 부피의 비를 가장 간단한 자연수의 비로 나타내시오. [2점]

⑵ 부은 물의 양이 81 mL일 때, 이 그릇에 물을 가득 채우려면 몇 mL의 물을 더 부어야 하는지 구하시오. [4점]

12

오른쪽 그림과 같은 평행사변형 ABCD에서 점 M은 $\overline{BC}$의 중점이고 점 E는 $\overline{BD}$와 $\overline{AM}$의 교점이다. $\overline{BD}$=27 cm일 때, $\overline{BE}$의 길이를 구하시오. [6점]

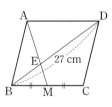

01 삼각형과 평행선

개념북 ➔ 97쪽~98쪽 | 정답 및 풀이 ➔ 80쪽

한번 더 개념 확인문제

01 다음 그림에서 $\overline{BC} /\!/ \overline{DE}$일 때, x의 값을 구하시오.

(1)
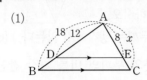

(2)
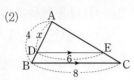

(3)
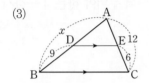

(4)
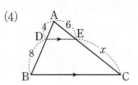

(5)
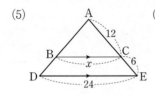

(6)
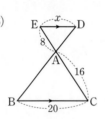

(7)
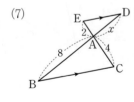

(8)
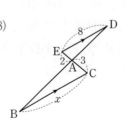

(9)
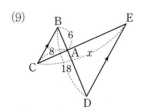

(10)
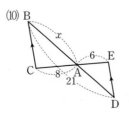

02 다음 그림에서 $\overline{BC} /\!/ \overline{DE}$인 것에는 ○표, 아닌 것에는 ×표를 하시오.

(1)
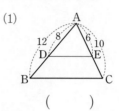

(   )

(2)
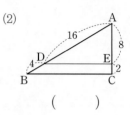

(   )

(3)
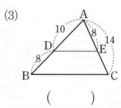

(   )

(4)
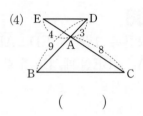

(   )

03 다음 그림과 같은 △ABC에서 $\overline{AD}$가 ∠A의 이등분선일 때, x의 값을 구하시오.

(1)
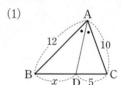

(2)
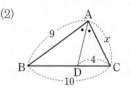

04 다음 그림과 같은 △ABC에서 $\overline{AD}$가 ∠A의 외각의 이등분선일 때, x의 값을 구하시오.

(1)
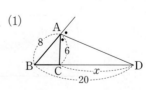

(2)
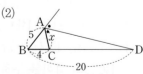

한번더!
개념
완성하기

삼각형에서 평행선과 선분의 길이의 비 (1)

01 오른쪽 그림과 같은 △ABC 에서 $\overline{BC}$∥$\overline{DE}$일 때, $x+y$의 값은?

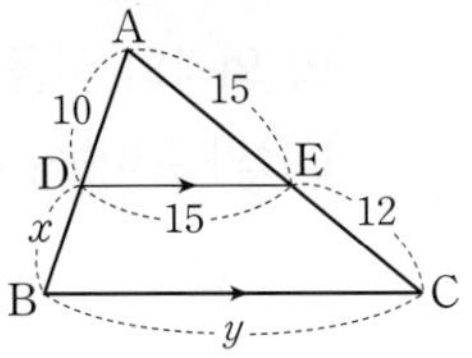

① 31　　② 33

③ 35　　④ 37

⑤ 39

02 오른쪽 그림과 같은 △ABC 에서 $\overline{BC}$∥$\overline{DE}$일 때, $\overline{GE}$의 길이를 구하시오.

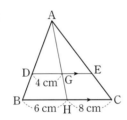

삼각형에서 평행선과 선분의 길이의 비 (2)

03 오른쪽 그림에서 $\overline{BC}$∥$\overline{DE}$ 일 때, $\overline{DE}$의 길이를 구하 시오.

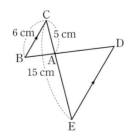

04 오른쪽 그림에서 $\overline{BC}$∥$\overline{DE}$ 일 때, △AED의 둘레의 길 이를 구하시오.

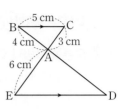

삼각형에서 평행선 찾기

05 다음 중 $\overline{BC}$∥$\overline{DE}$인 것을 모두 고르면? (정답 2개)

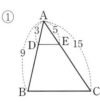
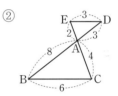
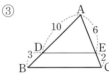
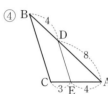
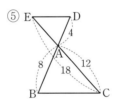

06 오른쪽 그림과 같은 △ABC에서 $\overline{AD}$: $\overline{DB}$=$\overline{AE}$: $\overline{EC}$일 때, 다음 중 옳지 않은 것은?

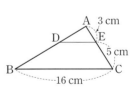

① $\overline{BC}$∥$\overline{DE}$

② $\overline{DE}$=6 cm

③ $\overline{AD}$: $\overline{AB}$=3 : 8

④ $\overline{BC}$: $\overline{DE}$=5 : 3

⑤ △ABC∽△ADE

삼각형의 내각의 이등분선

07 오른쪽 그림과 같은 △ABC에서 $\overline{AD}$는 ∠A의 이등분선일 때, $\overline{CD}$의 길이를 구하시오.

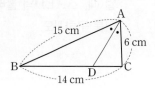

08 오른쪽 그림에서 점 I는 △ABC의 내심이다. $\overline{AD}$가 점 I를 지날 때, $\overline{CD}$의 길이는?

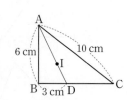

① $\dfrac{9}{2}$ cm   ② 5 cm   ③ $\dfrac{11}{2}$ cm

④ 6 cm   ⑤ $\dfrac{13}{2}$ cm

삼각형의 외각의 이등분선

09 오른쪽 그림과 같은 △ABC에서 $\overline{AD}$는 ∠A의 외각의 이등분선일 때, $\overline{CD}$의 길이는?

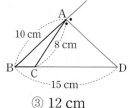

① 10 cm   ② 11 cm   ③ 12 cm

④ 13 cm   ⑤ 14 cm

10 오른쪽 그림과 같은 △ABC에서 $\overline{AD}$는 ∠A의 외각의 이등분선일 때, $\overline{DB}$의 길이는?

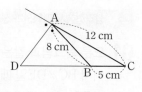

① 9 cm   ② 10 cm   ③ 11 cm

④ 12 cm   ⑤ 13 cm

각의 이등분선과 넓이

11 오른쪽 그림과 같은 △ABC에서 ∠BAD=∠CAD이고 △ADC의 넓이가 24 cm²일 때, △ABC의 넓이는?

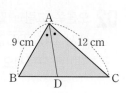

① 42 cm²   ② 44 cm²   ③ 45 cm²

④ 46 cm²   ⑤ 48 cm²

12 오른쪽 그림과 같은 △ABC에서 ∠A의 외각의 이등분선이 $\overline{BC}$의 연장선과 만나는 점을 D라 하자. △ABD의 넓이가 150 cm²일 때, △ABC의 넓이를 구하시오.

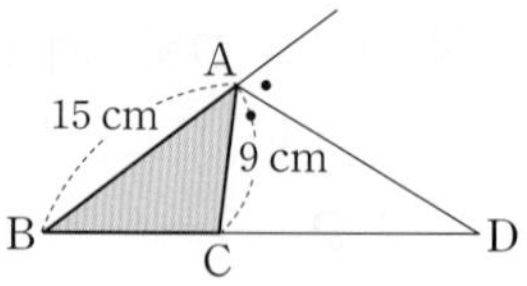

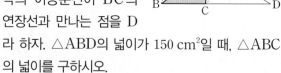

01 다음 그림과 같은 △ABC에서 $\overline{AB}$, $\overline{AC}$의 중점을 각각 M, N이라 할 때, x의 값을 구하시오.

(1)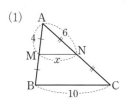

(2)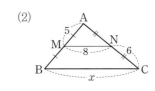

02 오른쪽 그림과 같이 $\overline{AD} /\!/ \overline{BC}$인 사다리꼴 ABCD에서 $\overline{AB}$, $\overline{DC}$의 중점을 각각 M, N이라 할 때, 다음을 구하시오.

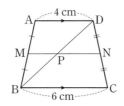

(1) $\overline{MP}$의 길이

(2) $\overline{PN}$의 길이

(3) $\overline{MN}$의 길이

03 오른쪽 그림과 같이 $\overline{AD} /\!/ \overline{BC}$인 사다리꼴 ABCD에서 $\overline{AB}$, $\overline{DC}$의 중점을 각각 M, N이라 할 때, 다음을 구하시오.

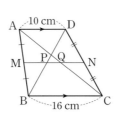

(1) $\overline{MQ}$의 길이

(2) $\overline{MP}$의 길이

(3) $\overline{PQ}$의 길이

04 다음 그림에서 $l /\!/ m /\!/ n$일 때, x의 값을 구하시오.

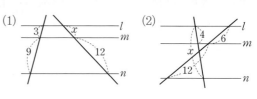

05 오른쪽 그림과 같은 사다리꼴 ABCD에서 $\overline{AD} /\!/ \overline{EF} /\!/ \overline{BC}$일 때, 다음을 구하시오.

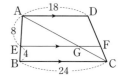

(1) $\overline{EG}$의 길이

(2) $\overline{GF}$의 길이

(3) $\overline{EF}$의 길이

06 오른쪽 그림에서 $\overline{AB} /\!/ \overline{EF} /\!/ \overline{DC}$일 때, 다음 물음에 답하시오.

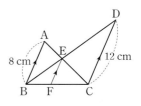

(1) $\overline{BE} : \overline{DE}$를 가장 간단한 자연수의 비로 나타내시오.

(2) $\overline{EF} : \overline{DC}$를 가장 간단한 자연수의 비로 나타내시오.

(3) $\overline{EF}$의 길이를 구하시오.

⟨ 삼각형의 두 변의 중점을 연결한 선분의 성질 ⟩

01 오른쪽 그림과 같은 △ABC 에서 $\overline{AM}=\overline{MB}$, $\overline{MN}\,/\!/\,\overline{BC}$ 이고 $\overline{AN}=10$ cm, $\overline{MN}=8$ cm일 때, $x+y$의 값 을 구하시오.

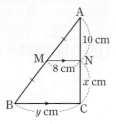

02 오른쪽 그림과 같이 ∠C=90° 인 직각삼각형 ABC에서 점 M은 $\overline{AB}$의 중점이고 $\overline{MN}\,/\!/\,\overline{BC}$이다. $\overline{AC}=16$ cm, $\overline{BC}=12$ cm일 때, □MBCN의 넓이를 구하 시오.

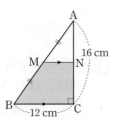

⟨ 삼각형의 두 변의 중점을 연결한 선분의 성질의 응용 – 삼등분점 ⟩

03 오른쪽 그림과 같은 △ABC에 서 $\overline{AC}$의 중점을 D라 하고 $\overline{AB}$의 삼등분점을 각각 E, F라 하자. $\overline{DE}=6$ cm일 때, $\overline{GC}$의 길이를 구하시오.

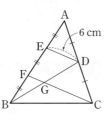

04 오른쪽 그림과 같은 △ABC에 서 $\overline{AE}=\overline{EF}=\overline{FC}$이고 $\overline{AD}=\overline{DB}$이다. $\overline{BG}=15$ cm 일 때, $\overline{DE}$의 길이를 구하시오.

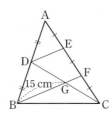

⟨ 삼각형의 세 변의 중점을 연결한 삼각형 ⟩

05 오른쪽 그림과 같은 △ABC 에서 $\overline{AB}$, $\overline{BC}$, $\overline{CA}$의 중점 을 각각 D, E, F라 하자. $\overline{AB}=12$ cm, $\overline{BC}=16$ cm, $\overline{CA}=10$ cm일 때, △DEF의 둘레의 길이를 구하 시오.

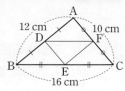

06 오른쪽 그림과 같은 △ABC 에서 $\overline{AB}$, $\overline{BC}$, $\overline{CA}$의 중점을 각각 D, E, F라 하자. $\overline{DE}=4$ cm, $\overline{EF}=6$ cm, $\overline{FD}=5$ cm일 때, △ABC의 둘레의 길이를 구하시오.

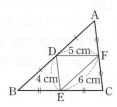

⟨ 사다리꼴의 두 변의 중점을 연결한 선분의 성질 ⟩

07 오른쪽 그림과 같이 $\overline{AD}\,/\!/\,\overline{BC}$인 사다리꼴 ABCD에서 $\overline{AB}$, $\overline{DC}$의 중점 을 각각 M, N이라 하자. $\overline{PQ}=3$ cm, $\overline{BC}=14$ cm일 때, $\overline{AD}$의 길이를 구하시오.

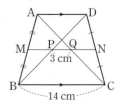

08 오른쪽 그림과 같이 $\overline{AD} \,\#\, \overline{BC}$ 인 사다리꼴 ABCD에서 $\overline{AB}$, $\overline{DC}$의 중점을 각각 M, N이라 하자. $\overline{AD} = 20$ cm, $\overline{BC} = 30$ cm일 때, 다음 중 옳지 않은 것은?

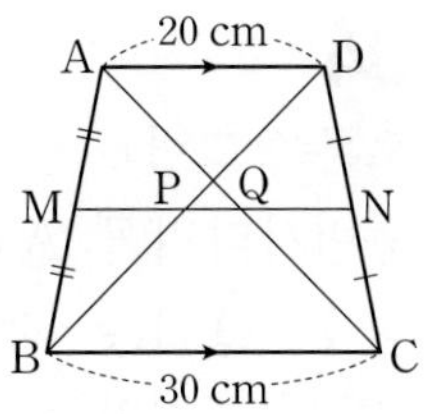

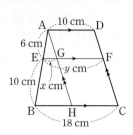

① $\overline{AD} \,\#\, \overline{MN} \,\#\, \overline{BC}$ ② $\overline{MP} = 10$ cm
③ $\overline{PN} = 15$ cm ④ $\overline{MN} = 25$ cm
⑤ $\overline{PQ} = 3$ cm

평행선 사이의 선분의 길이의 비

09 다음 그림에서 $l \,\#\, m \,\#\, n$일 때, $x+y$의 값은?

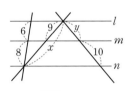

① 28 ② $\dfrac{113}{4}$ ③ $\dfrac{57}{2}$
④ $\dfrac{115}{4}$ ⑤ 29

10 다음 그림에서 $l \,\#\, m \,\#\, n$일 때, xy의 값을 구하시오.

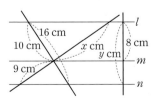

사다리꼴에서 평행선과 선분의 길이의 비

11 오른쪽 그림과 같은 사다리꼴 ABCD에서 $\overline{AD} \,\#\, \overline{EF} \,\#\, \overline{BC}$이고 $\overline{AH} \,\#\, \overline{DC}$일 때, $x+y$의 값을 구하시오.

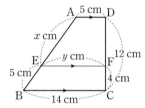

12 오른쪽 그림과 같은 사다리꼴 ABCD에서 $\overline{AD} \,\#\, \overline{EF} \,\#\, \overline{BC}$일 때, $x+y$의 값을 구하시오.

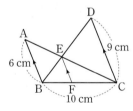

평행선과 선분의 길이의 비의 응용

13 오른쪽 그림에서 $\overline{AB} \,\#\, \overline{EF} \,\#\, \overline{DC}$이고 $\overline{AB} = 6$ cm, $\overline{BC} = 10$ cm, $\overline{CD} = 9$ cm일 때, $\overline{CF}$의 길이를 구하시오.

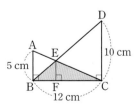

14 오른쪽 그림에서 $\overline{AB}$, $\overline{EF}$, $\overline{DC}$가 모두 $\overline{BC}$에 수직이고 $\overline{AB} = 5$ cm, $\overline{BC} = 12$ cm, $\overline{CD} = 10$ cm일 때, $\triangle EBC$의 넓이를 구하시오.

01

오른쪽 그림과 같은 $\triangle ABC$에서 $\overline{BC} /\!/ \overline{DE}$이고, $\overline{DE} = 12$ cm, $\overline{BF} = 5$ cm, $\overline{FC} = 10$ cm일 때, $\overline{GE}$의 길이는?

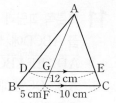

① 6 cm ② $\dfrac{20}{3}$ cm

③ 7 cm ④ $\dfrac{23}{3}$ cm

⑤ 8 cm

02

오른쪽 그림과 같은 $\triangle ABC$에서 $\overline{AD}$는 $\angle A$의 이등분선이고 $\overline{AE}$는 $\angle A$의 외각의 이등분선이다.

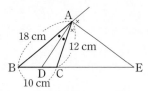

$\overline{AB} = 18$ cm, $\overline{BC} = 10$ cm, $\overline{AC} = 12$ cm일 때, $\overline{DE}$의 길이를 구하시오.

03

오른쪽 그림과 같은 $\triangle ABC$에서 $\overline{BA}$의 연장선 위에 $\overline{AB} = \overline{AD}$가 되도록 점 D를 잡고 $\overline{AC}$의 중점을 E, $\overline{DE}$의 연장선과 $\overline{BC}$의 교점을 F라 하자. $\overline{AG} /\!/ \overline{BC}$이고 $\overline{BF} = 18$ cm, $\overline{EF} = 6$ cm일 때, $x + y$의 값을 구하시오.

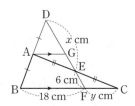

04

오른쪽 그림과 같이 $\overline{AD} /\!/ \overline{BC}$인 등변사다리꼴 ABCD에서 세 점 P, Q, R은 각각 $\overline{AD}$, $\overline{BD}$, $\overline{BC}$의 중점일 때, $\overline{PQ} + \overline{QR}$의 길이를 구하시오.

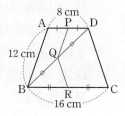

05

오른쪽 그림과 같은 사다리꼴 ABCD에서 $\overline{AD} /\!/ \overline{EF} /\!/ \overline{BC}$일 때, $x + y$의 값을 구하시오.

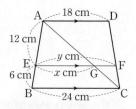

06

오른쪽 그림과 같은 사다리꼴 ABCD에서 $\overline{AD} /\!/ \overline{EF} /\!/ \overline{BC}$일 때, $\overline{GH}$의 길이를 구하시오.

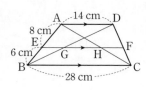

07

오른쪽 그림에서 $\overline{AB} /\!/ \overline{EF} /\!/ \overline{CD}$이고 $\overline{AB} = 12$ cm, $\overline{BD} = 20$ cm, $\overline{CD} = 18$ cm일 때, $\overline{BF}$의 길이를 구하시오.

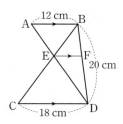

03 삼각형의 무게중심

01 오른쪽 그림에서 $\overline{AD}$는 $\triangle ABC$의 중선이고, $\triangle ABC$의 넓이가 50 cm²일 때, $\triangle ABD$의 넓이를 구하시오.

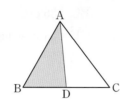

02 다음 그림에서 점 G가 $\triangle ABC$의 무게중심일 때, x, y의 값을 각각 구하시오.

(1)

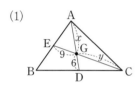

(2)

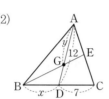

(3)

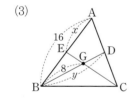

(4)

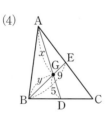

03 오른쪽 그림에서 두 점 G, G′은 각각 $\triangle ABC$, $\triangle GBC$의 무게중심이다. $\overline{AG}=12$ cm일 때, 다음을 구하시오.

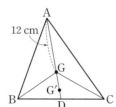

(1) $\overline{GD}$의 길이

(2) $\overline{G'D}$의 길이

04 다음 그림에서 점 G는 $\triangle ABC$의 무게중심이고, $\triangle ABC$의 넓이가 12 cm²일 때, 색칠한 부분의 넓이를 구하시오.

(1)

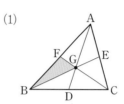

(2)

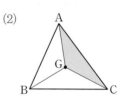

(3)

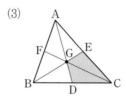

(4)

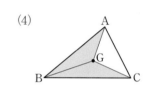

05 오른쪽 그림과 같은 평행사변형 ABCD에서 두 대각선의 교점을 O라 하고, $\overline{BC}$, $\overline{CD}$의 중점을 각각 M, N이라 할 때, 다음을 구하시오.

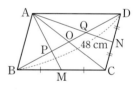

(1) $\overline{QD}$의 길이

(2) $\overline{OQ}$의 길이

06 오른쪽 그림과 같은 평행사변형 ABCD에서 두 대각선의 교점을 O라 하고, $\overline{BC}$의 중점을 M이라 하자. □ABCD의 넓이가 48 cm²일 때 $\triangle APO$의 넓이를 구하시오.

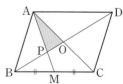

삼각형의 중선

01 오른쪽 그림에서 $\overline{BD}$는 $\triangle ABC$의 중선이고 $\overline{DE}$는 $\triangle ABD$의 중선이다. $\triangle ABC$의 넓이가 32 cm²일 때, $\triangle EBD$의 넓이를 구하시오.

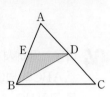

02 오른쪽 그림에서 $\overline{CD}$는 $\triangle ABC$의 중선이고, $\overline{DE}=\overline{EF}=\overline{FC}$이다. $\triangle AEF$의 넓이가 11 cm²일 때, $\triangle ABC$의 넓이를 구하시오.

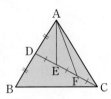

삼각형의 무게중심의 응용 (1)

03 오른쪽 그림에서 점 G는 $\triangle ABC$의 무게중심이고, $\overline{DE} /\!/ \overline{BC}$이다. $\overline{MC}=12$ cm일 때, $x+y$의 값은?

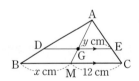

① 16　　② 17　　③ 18

④ 19　　⑤ 20

04 오른쪽 그림에서 점 G는 $\triangle ABC$의 무게중심이고, $\overline{DE} /\!/ \overline{BC}$이다. $\overline{BC}=36$ cm, $\overline{CE}=5$ cm일 때, $x+y$의 값은?

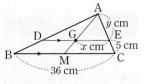

① 20　　② 21　　③ 22

④ 23　　⑤ 24

삼각형의 무게중심의 응용 (2)

05 오른쪽 그림에서 점 G는 $\triangle ABC$의 무게중심이다. $\overline{BE} /\!/ \overline{DF}$이고, $\overline{GE}=4$ cm일 때, $\overline{DF}$의 길이를 구하시오.

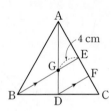

06 오른쪽 그림에서 점 G는 $\triangle ABC$의 무게중심이다. $\overline{BF}=\overline{FD}$이고, $\overline{AG}=16$ cm 일 때, $\overline{EF}$의 길이를 구하시오.

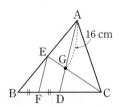

직각삼각형의 무게중심

07 오른쪽 그림에서 점 G는
∠A=90°인 직각삼각형
ABC의 무게중심이다.
$\overline{BC}$=24 cm일 때, $\overline{AG}$의
길이를 구하시오.

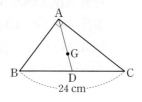

08 오른쪽 그림에서 점 G는
∠B=90°인 직각삼각형
ABC의 무게중심이다.
$\overline{BG}$=6 cm일 때, $\overline{AC}$의 길
이를 구하시오.

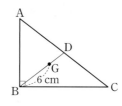

두 삼각형의 무게중심

09 오른쪽 그림에서 두 점 G, G′은
각각 △ABC, △GBC의 무게
중심이다. $\overline{AD}$=45 cm일 때,
$\overline{G'D}$의 길이는?

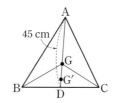

① 5 cm   ② $\dfrac{11}{2}$ cm

③ 6 cm   ④ $\dfrac{13}{2}$ cm

⑤ 7 cm

10 오른쪽 그림에서 두 점 G, G′은
각각 △ABC, △GBC의 무게
중심이다. $\overline{G'D}$=2 cm일 때,
$\overline{AG}$의 길이는?

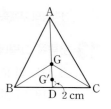

① 10 cm   ② 12 cm

③ 14 cm   ④ 16 cm

⑤ 18 cm

삼각형의 무게중심과 넓이의 응용 (1)

11 오른쪽 그림에서 점 G는
△ABC의 무게중심이고,
□EBDG의 넓이가 13 cm²일
때, △ABC의 넓이를 구하시
오.

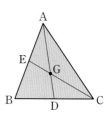

12 오른쪽 그림에서 두 점 G,
G′은 각각 △ABC,
△GBC의 무게중심이다.
△ABC의 넓이가 54 cm²
일 때, △G′BD의 넓이를
구하시오.

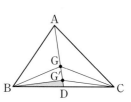

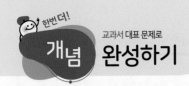
삼각형의 무게중심과 넓이의 응용 (2)

13 오른쪽 그림에서 점 G는
△ABC의 무게중심이고,
△GBC의 넓이가 28 cm²일 때,
△DGE의 넓이를 구하시오.

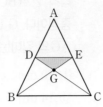

14 오른쪽 그림에서 점 G는
△ABC의 무게중심이고,
△GDE의 넓이가 3 cm²일 때,
△ABC의 넓이는?

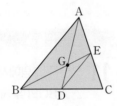

① 27 cm²   ② 30 cm²
③ 33 cm²   ④ 36 cm²
⑤ 39 cm²

평행사변형에서 삼각형의 무게중심의 응용 (1)

15 오른쪽 그림과 같은 평행사
변형 ABCD에서 두 점
M, N은 각각 $\overline{BC}$, $\overline{CD}$의
중점이다. $\overline{MN}$=21 cm일
때, $\overline{PQ}$의 길이를 구하시오.

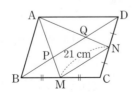

16 오른쪽 그림과 같은 평행사
변형 ABCD에서 두 점 M,
N은 각각 $\overline{BC}$, $\overline{CD}$의 중점
이다. $\overline{PQ}$=8 cm일 때,
$\overline{MN}$의 길이를 구하시오.

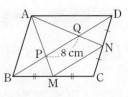

평행사변형에서 삼각형의 무게중심의 응용 (2)

17 오른쪽 그림과 같은 평행사
변형 ABCD에서 $\overline{BC}$, $\overline{CD}$
의 중점을 각각 M, N이라
하자. △APQ의 넓이가
14 cm²일 때, □ABCD의 넓이는?

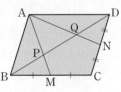

① 70 cm²   ② 77 cm²   ③ 84 cm²
④ 91 cm²   ⑤ 98 cm²

18 오른쪽 그림과 같은 평행사
변형 ABCD에서 $\overline{BC}$, $\overline{CD}$
의 중점을 각각 M, N이라
하자. □ABCD의 넓이가
96 cm²일 때, △APQ의 넓이를 구하시오.

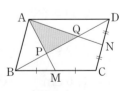

01

오른쪽 그림에서 점 G는 △ABC의 무게중심이고, $\overline{EF}/\!\!/\overline{BC}$이다. $\overline{AF}=18$ cm, $\overline{BD}=15$ cm일 때, xy의 값은?

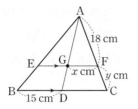

① 84   ② 86

③ 88   ④ 90

⑤ 92

02

오른쪽 그림에서 두 점 G, G′은 각 각 △ABD, △ADC의 무게중심이 고, $\overline{BD}=8$ cm, $\overline{DC}=10$ cm일 때, $\overline{GG'}$의 길이를 구하시오.

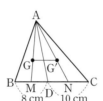

03

오른쪽 그림에서 점 G는 △ABC의 무게중심이고, $\overline{EF}/\!\!/\overline{BC}$이다. △AEG의 넓이 가 20 cm²일 때, △EBD의 넓 이는?

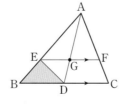

① 14 cm²   ② 15 cm²   ③ 16 cm²

④ 17 cm²   ⑤ 18 cm²

04

오른쪽 그림에서 점 G는 △ABC 의 무게중심이고, $\overline{BC}/\!\!/\overline{FE}$이다. △ABC의 넓이가 72 cm²일 때, △FGE의 넓이를 구하시오.

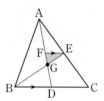

05

오른쪽 그림에서 두 점 G, G′은 각 각 △ABC, △GBC의 무게중심일 때, 다음 중 옳지 <u>않은</u> 것은?

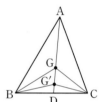

① $\overline{AG}:\overline{G'D}=6:1$

② $\overline{GG'}:\overline{GD}=2:3$

③ $\overline{AD}:\overline{GG'}=7:2$

④ $\triangle GBG'=\dfrac{2}{9}\triangle ABD$

⑤ $\triangle G'BD=\dfrac{1}{18}\triangle ABC$

06

오른쪽 그림과 같은 평행사변 형 ABCD에서 두 대각선의 교 점을 O라 하고, 두 변 BC, CD 의 중점을 각각 M, N이라 할 때, 다음 중 옳지 <u>않은</u> 것은?

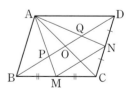

① $\overline{BD}/\!\!/\overline{MN}$

② $\overline{BP}=\overline{PQ}=\overline{QD}$

③ $6\square OCNQ=\square ABCD$

④ $\triangle APO\equiv\triangle AQO$

⑤ $\overline{PQ}:\overline{MN}=2:3$

한번 더! 배운 내용을 확인하는

실전! 중단원 마무리

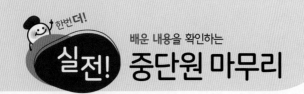

01

오른쪽 그림에서 $\overline{GF} /\!/ \overline{DE} /\!/ \overline{BC}$일 때, $x+y$의 값을 구하시오.

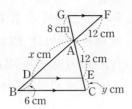

02

오른쪽 그림과 같은 △ABC에서 ∠A의 외각의 이등분선과 $\overline{BC}$의 연장선의 교점을 D라 할 때, $\overline{BC}$의 길이를 구하시오.

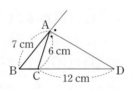

03

오른쪽 그림과 같이 ∠C=90°인 직각삼각형 ABC에서 ∠BAD=∠CAD이고, $\overline{AB}$=15 cm, $\overline{BC}$=12 cm, $\overline{AC}$=9 cm일 때, △ABD의 넓이는?

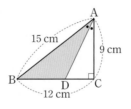

① $\frac{65}{2}$ cm² ② $\frac{135}{4}$ cm² ③ 35 cm²
④ $\frac{145}{4}$ cm² ⑤ $\frac{75}{2}$ cm²

04

오른쪽 그림의 △ABC와 △DBC에서 $\overline{AM}=\overline{MB}$, $\overline{DQ}=\overline{QC}$이고, $\overline{MN} /\!/ \overline{PQ} /\!/ \overline{BC}$이다. $\overline{MN}$=12 cm, $\overline{RQ}$=10 cm일 때, $\overline{PR}$의 길이를 구하시오.

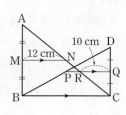

05

오른쪽 그림에서 $l /\!/ m /\!/ n$일 때, $x+y$의 값은?

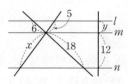

① 12 ② 14
③ 17 ④ 19
⑤ 21

06

오른쪽 그림과 같은 사다리꼴 ABCD에서 $\overline{AD} /\!/ \overline{EF} /\!/ \overline{BC}$이고, $\overline{AD}$=10 cm, $\overline{BC}$=15 cm일 때, 다음 중 옳지 않은 것은? (단, 점 O는 두 대각선의 교점이다.)

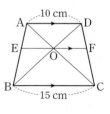

① ∠OAD=∠OCB ② △AOD∽△COB
③ $\overline{OD}:\overline{OB}$=2 : 3 ④ $\overline{EO}$=9 cm
⑤ $\overline{EF}$=12 cm

07

오른쪽 그림에서 $\overline{AM}$은 △ABC의 중선이고, $\overline{CN}$은 △AMC의 중선이다. △NMC의 넓이가 8 cm²일 때, △ABC의 넓이는?

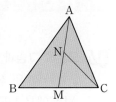

① 24 cm²　　② 28 cm²

③ 32 cm²　　④ 36 cm²

⑤ 40 cm²

08

오른쪽 그림에서 점 G가 △ABC의 무게중심일 때, 다음 중 옳지 않은 것은?

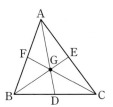

① $\overline{AF}=\overline{FB}$

② $\overline{BG}:\overline{BE}=2:3$

③ $\overline{AG}=\overline{BG}=\overline{CG}$

④ $△ABC=3△AGC$

⑤ $△GBD=\dfrac{1}{6}△ABC$

09

오른쪽 그림에서 두 점 G, G'은 각각 △ABC, △ACD의 무게중심이다. $\overline{GG'}=12$ cm일 때, $\overline{BD}$의 길이를 구하시오.

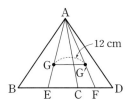

┤ 서술형 문제 ├

10

오른쪽 그림과 같이 $\overline{AD}\,/\!/\,\overline{BC}$인 사다리꼴 ABCD에서 두 점 P, R과 두 점 Q, S는 각각 $\overline{AB}$, $\overline{DC}$의 삼등분점이다. $\overline{AD}=9$ cm, $\overline{RS}=15$ cm일 때, $\overline{BC}$의 길이를 구하시오. [6점]

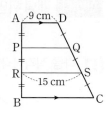

풀이

답

11

오른쪽 그림의 △ABC에서 점 G는 무게중심이고, 점 G를 지나고 $\overline{BC}$에 평행한 직선이 $\overline{AB}$, $\overline{AC}$와 만나는 점을 각각 E, F라 하자. △ABC의 넓이가 36 cm²일 때, △GDF의 넓이를 구하시오. [6점]

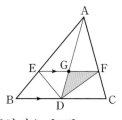

풀이

답

한번 더 개념 확인문제

개념북 123쪽~127쪽 | 정답 및 풀이 88쪽

01 다음 직각삼각형에서 x의 값을 구하시오.

(1)
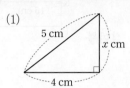

(2)
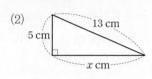

(3)
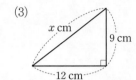

(4)
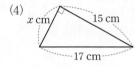

02 오른쪽 그림은 ∠C=90°인 직각삼각형 ABC의 세 변을 각각 한 변으로 하는 세 정사각형을 그린 것이다. $\overline{AC}=3$ cm, $\overline{BC}=4$ cm일 때, 다음을 구하시오.

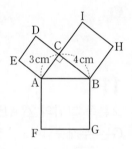

(1) □ACDE의 넓이

(2) □BHIC의 넓이

(3) □AFGB의 넓이

03 세 변의 길이가 각각 **보기**와 같은 삼각형 중에서 직각삼각형인 것을 모두 고르시오.

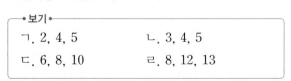

• 보기 •
ㄱ. 2, 4, 5   ㄴ. 3, 4, 5
ㄷ. 6, 8, 10   ㄹ. 8, 12, 13

04 오른쪽 그림과 같이 ∠A=90°인 직각삼각형 ABC에서 $\overline{DE}=4$, $\overline{BE}=6$, $\overline{BC}=8$일 때, 다음 값을 구하시오.

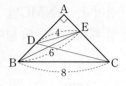

(1) $\overline{AD}^2+\overline{AE}^2+\overline{AB}^2+\overline{AC}^2$

(2) $\overline{AB}^2+\overline{AE}^2$

(3) $\overline{CD}^2$

05 오른쪽 그림의 □ABCD에서 $\overline{AC}\perp\overline{BD}$이고, $\overline{AB}=3$, $\overline{AD}=5$, $\overline{CD}=7$일 때, 다음 값을 구하시오.

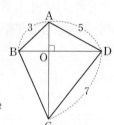

(1) $\overline{AO}^2+\overline{BO}^2+\overline{CO}^2+\overline{DO}^2$

(2) $\overline{AO}^2+\overline{DO}^2$

(3) $\overline{BC}^2$

06 다음은 직각삼각형 ABC의 세 변을 각각 지름으로 하는 세 반원을 그린 것이다. 이때 색칠한 부분의 넓이를 구하시오.

(1)   (2)
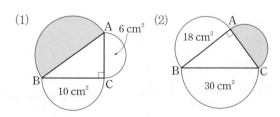

삼각형에서의 피타고라스 정리

01 오른쪽 그림과 같은 삼각형 ABC에서 $\overline{AD} \perp \overline{BC}$일 때, x, y의 값을 각각 구하시오.

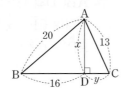

02 오른쪽 그림과 같이 $\angle C = 90°$인 직각삼각형 ABC에서 x, y의 값을 각각 구하시오.

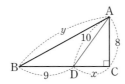

사각형에서의 피타고라스 정리

03 오른쪽 그림과 같이 $\angle C = \angle D = 90°$인 사다리꼴 ABCD에서 $\overline{AD} = 8$ cm, $\overline{AB} = \overline{BC} = 13$ cm일 때, $\overline{DC}$의 길이를 구하시오.

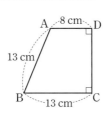

04 오른쪽 그림과 같이 $\angle A = \angle B = 90°$인 사다리꼴 ABCD에서 $\overline{AB} = 4$ cm, $\overline{AD} = 3$ cm, $\overline{BC} = 6$ cm일 때, 사다리꼴 ABCD의 둘레의 길이를 구하시오.

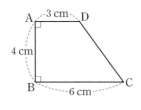

유클리드의 증명

05 오른쪽 그림은 $\angle A = 90°$인 직각삼각형 ABC의 세 변을 각각 한 변으로 하는 세 정사각형을 그린 것이다. $\square BADE = 32$ cm², $\square CHIA = 17$ cm²일 때, $\overline{BC}$의 길이를 구하시오.

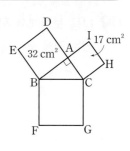

06 오른쪽 그림과 같이 $\angle A = 90°$, $\overline{AC} = 4$ cm, $\overline{BC} = 5$ cm인 직각삼각형 ABC의 세 변을 각각 한 변으로 하는 세 정사각형을 그렸을 때, $\square BFML$의 넓이를 구하시오.

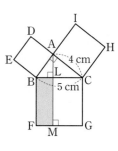

피타고라스의 증명

07 오른쪽 그림과 같은 정사각형 ABCD에서 $\overline{AE} = 6$ cm, $\overline{AH} = 8$ cm일 때, $\square EFGH$의 넓이를 구하시오.

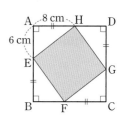

08 오른쪽 그림에서 $\square ABCD$는 정사각형이고 $\overline{AH} = 5$ cm이다. $\square EFGH = 169$ cm²일 때, $\square ABCD$의 넓이를 구하시오.

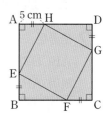

직각삼각형이 되는 조건

09 다음 **보기**에서 직각삼각형의 세 변의 길이가 될 수 있는 것을 모두 고르시오.

┌─ 보기 ─────────────────────
ㄱ. 3, 5, 6　　　　　ㄴ. 5, 12, 13
ㄷ. 6, 8, 13　　　　　ㄹ. 8, 15, 17
└──────────────────────────

10 세 변의 길이가 다음과 같은 삼각형 중에서 직각삼각형이 <u>아닌</u> 것을 모두 고르면? (정답 2개)

① 3, 4, 5　　② 6, 8, 10　　③ 7, 12, 13
④ 8, 12, 15　　⑤ 9, 40, 41

11 가장 긴 변의 길이가 17 cm이고 다른 한 변의 길이가 15 cm인 삼각형 ABC가 ∠C=90°인 직각삼각형이 되기 위한 나머지 한 변의 길이를 구하시오.

피타고라스 정리의 활용 (1)

12 오른쪽 그림과 같이 직사각형 ABCD의 내부의 한 점 P에 대하여 $\overline{AP}=6$, $\overline{BP}=5$, $\overline{CP}=4$일 때, $\overline{DP}^2$의 값을 구하시오.

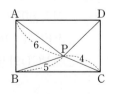

13 오른쪽 그림과 같이 직사각형 ABCD의 내부의 한 점 P에 대하여 $\overline{CP}=6$, $\overline{DP}=7$일 때, $\overline{AP}^2-\overline{BP}^2$의 값을 구하시오.

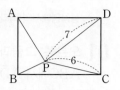

피타고라스 정리의 활용 (2)

14 오른쪽 그림과 같이 ∠A=90°인 직각삼각형 ABC에서 $\overline{AB}$, $\overline{AC}$를 지름으로 하는 두 반원의 넓이가 각각 7π cm², 11π cm²일 때, $\overline{BC}$의 길이를 구하시오.

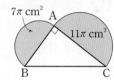

15 오른쪽 그림과 같이 ∠A=90°인 직각삼각형 ABC의 세 변을 지름으로 하는 세 반원의 넓이를 각각 P, Q, R이라 할 때, $P+Q+R$의 값을 구하시오.

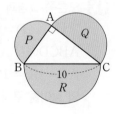

16 오른쪽 그림과 같이 ∠A=90°인 직각삼각형 ABC의 세 변을 각각 지름으로 하는 세 반원을 그렸다. $\overline{AB}=8$ cm, $\overline{BC}=10$ cm일 때, 색칠한 부분의 넓이를 구하시오.

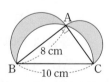

01

오른쪽 그림과 같이
$\overline{AB}=\overline{AC}=15$ cm인 이등변
삼각형 ABC에서
$\overline{BC}=24$ cm일 때, △ABC의
넓이를 구하시오.

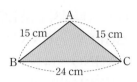

02

오른쪽 그림은 넓이가 각각
225 cm², 25 cm²인 두 정사각
형 ABCD와 ECGF를 이어 붙
인 것이다. $\overline{AG}$의 길이를 구하시
오.

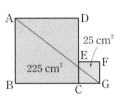

03

오른쪽 그림과 같이
$\overline{AD}\,/\!/\,\overline{BC}$인 등변사다리꼴
ABCD에서 $\overline{AB}=10$ cm,
$\overline{BC}=21$ cm, $\overline{AD}=9$ cm일
때, 대각선 AC의 길이를 구하시오.

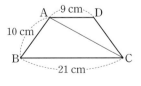

04

오른쪽 그림은 ∠C=90°인 직
각삼각형 ABC의 세 변을 각각
한 변으로 하는 세 정사각형을 그
린 것이다. □BHIC=16 cm²,
□AFGB=25 cm²일 때,
△ABC의 넓이를 구하시오.

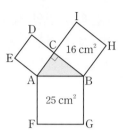

05

오른쪽 그림과 같은 △ABC에
서 $\overline{AB}=5$ cm, $\overline{AC}=6$ cm이
고 ∠A>90°일 때, x의 값이 될
수 있는 모든 자연수의 합은?

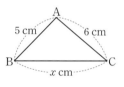

① 24　　　② 27　　　③ 30
④ 33　　　⑤ 36

06

오른쪽 그림과 같이 ∠B=90°
이고 $\overline{AB}=12$ cm인 직각삼각
형 ABC의 세 변을 각각 지름
으로 하는 세 반원을 그렸다.
$\overline{BC}$를 지름으로 하는 반원의 넓
이가 32π cm²일 때, $\overline{AC}$의 길이를 구하시오.

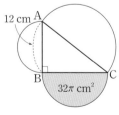

01

오른쪽 그림의 직각삼각형 AOB를 직선 l을 회전축으로 하여 1회전 시킬 때 생기는 회전체의 부피를 구하시오.

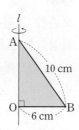

02

오른쪽 그림에서 x, y의 값을 각각 구하시오.

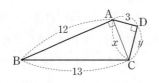

03

오른쪽 그림은 ∠A=90°인 직각삼각형 ABC의 세 변을 각각 한 변으로 하는 세 정사각형을 그린 것이다. $\overline{AC}=5$ cm, $\overline{BC}=9$ cm일 때, △ABF의 넓이는?

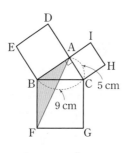

① 20 cm² ② 22 cm² ③ 25 cm²
④ 28 cm² ⑤ 30 cm²

04

다음 그림에서 □ABCD와 □IJKL은 정사각형이고 △GFC와 △ONK는 합동인 직각삼각형이다. □MJNQ=144 cm², □PQOL=25 cm²일 때, □EFGH의 넓이를 구하시오.

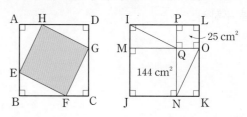

05

세 변의 길이가 9, x, 15인 삼각형이 직각삼각형이 되도록 하는 자연수 x의 값을 구하시오. (단, $x<15$)

06

세 변의 길이가 8 cm, 15 cm, 17 cm인 삼각형의 넓이를 구하시오.

07

오른쪽 그림과 같이 ∠B=90°인 직각삼각형 ABC에서 $\overline{AC}=10$, $\overline{BE}=3$, $\overline{DB}=5$일 때, $\overline{AE}^2+\overline{CD}^2$의 값을 구하시오.

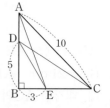

08

오른쪽 그림과 같이 두 대각선이 직교하는 □ABCD에서 $\overline{AB}=6$, $\overline{BC}=7$, $\overline{DC}=6$일 때, $\overline{AD}^2$의 값을 구하시오.

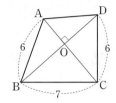

09

오른쪽 그림과 같이 빗변의 길이가 24 cm인 직각삼각형에서 빗변이 아닌 두 변을 지름으로 하는 두 반원의 넓이를 각각 S_1, S_2라 할 때, S_1+S_2의 값을 구하시오.

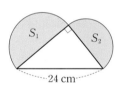

10

오른쪽 그림과 같이 ∠A=90°인 직각삼각형 ABC의 세 변을 각각 지름으로 하는 세 반원을 그렸다. $\overline{AB}=16$ cm이고, 색칠한 부분의 넓이가 96 cm²일 때, $\overline{BC}$의 길이는?

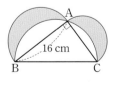

① 18 cm ② 20 cm ③ 22 cm

④ 24 cm ⑤ 25 cm

서술형 문제

11

오른쪽 그림에서 각 삼각형은 직각삼각형이고, $\overline{AP}=\overline{AB}=\overline{BC}=\overline{CD}=2$일 때, $\overline{PD}$의 길이를 구하시오. [5점]

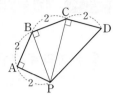

풀이

답

12

오른쪽 그림과 같이 직육면체의 한 꼭짓점 A에서 모서리 BC를 지나 꼭짓점 G에 이르는 최단 거리를 구하시오. [6점]

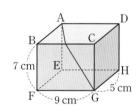

풀이

답

01 경우의 수

개념북 137쪽~138쪽 | 정답 및풀이 91쪽

한번 더 개념 확인문제

01 한 개의 주사위를 던질 때, 다음 사건이 일어나는 경우의 수를 구하시오.

(1) 홀수의 눈이 나온다.

(2) 소수의 눈이 나온다.

(3) 2 이하의 눈이 나온다.

(4) 5 이상의 눈이 나온다.

(5) 4의 약수의 눈이 나온다.

(6) 3의 배수의 눈이 나온다.

02 1부터 20까지의 자연수가 각각 적힌 20장의 카드가 있다. 이 중에서 한 장의 카드를 뽑을 때, 다음을 구하시오.

(1) 3의 배수가 적힌 카드를 뽑는 경우의 수

(2) 7의 배수가 적힌 카드를 뽑는 경우의 수

(3) 3의 배수 또는 7의 배수가 적힌 카드를 뽑는 경우의 수

03 다음을 구하시오.

(1) 청바지 3종류, 면바지 4종류 중에서 바지 한 종류를 고르는 경우의 수

(2) 한 개의 주사위를 던질 때, 3 이하의 눈이 나오거나 5보다 큰 수의 눈이 나오는 경우의 수

04 A, B 두 명이 가위바위보를 한 번 할 때, 다음을 구하시오.

(1) A가 낼 수 있는 경우의 수

(2) B가 낼 수 있는 경우의 수

(3) 일어나는 모든 경우의 수

05 다음에서 일어나는 모든 경우의 수를 구하시오.

(1) 서로 다른 동전 2개를 동시에 던진다.

(2) 서로 다른 주사위 2개를 동시에 던진다.

(3) 동전 1개와 주사위 1개를 동시에 던진다.

06 다음 물음에 답하시오.

(1) 연필 3종류와 볼펜 2종류 중에서 연필과 볼펜을 하나씩 고르는 경우의 수를 구하시오.

(2) 한 개의 주사위를 두 번 던질 때, 처음 나오는 눈의 수는 2의 배수이고, 나중에 나오는 눈의 수는 3의 배수인 경우의 수를 구하시오.

(3) 오른쪽 그림과 같이 세 지점 A, B, C가 연결되어 있을 때, A 지점에서 C 지점으로 가는 경우의 수를 구하시오.
(단, 한 번 지난 지점은 다시 지나지 않는다.)

경우의 수

01 1부터 10까지의 자연수가 각각 적힌 10장의 카드가 있다. 이 중에서 한 장의 카드를 뽑을 때, 3의 배수가 적힌 카드가 나오는 경우의 수를 구하시오.

02 서로 다른 두 개의 주사위를 동시에 던질 때, 나오는 두 눈의 수의 차가 5인 경우의 수를 구하시오.

03 주사위 한 개를 던질 때, 다음 중 그 경우의 수가 가장 큰 것은?

① 짝수의 눈이 나온다.
② 2의 약수의 눈이 나온다.
③ 자연수의 눈이 나온다.
④ 3 미만의 눈이 나온다.
⑤ 5의 배수의 눈이 나온다.

돈을 지불하는 방법의 수

04 100원, 50원, 10원짜리 동전을 각각 5개씩 가지고 있을 때, 이 동전을 사용하여 500원을 지불하는 방법은 모두 몇 가지인지 구하시오.

05 50원짜리 동전 5개와 100원짜리 동전 7개, 500원짜리 동전 2개가 있다. 이 동전을 사용하여 1200원을 지불하는 방법은 모두 몇 가지인지 구하시오.

사건 A 또는 사건 B가 일어나는 경우의 수 (1)

06 A 지역에서 B 지역까지 가는 기차편은 하루에 6번, 비행편은 하루에 4번 있다고 한다. A 지역에서 B 지역까지 기차 또는 비행기를 타고 가는 경우의 수를 구하시오.

07 다음 표는 어느 책꽂이에 있는 책의 종류를 조사하여 나타낸 것이다. 이 책꽂이에서 책 한 권을 선택하여 읽으려고 할 때, 예술 또는 과학 책을 선택하는 경우의 수를 구하시오.

종류	문학	예술	역사	과학
책 수 (권)	11	8	7	9

08 각 면에 1부터 20까지의 자연수가 각각 적힌 정이십면체 모양의 주사위를 한 번 던질 때, 바닥에 닿는 면에 적혀 있는 수가 5의 배수 또는 12의 약수인 경우의 수를 구하시오.

정답 및풀이 ➔ 92쪽

사건 A 또는 사건 B가 일어나는 경우의 수 (2)

09 두 개의 주사위 A, B를 동시에 던질 때, 나오는 두 눈의 수의 합이 4 또는 8인 경우의 수를 구하시오.

10 서로 다른 두 개의 주사위를 동시에 던질 때, 나오는 두 눈의 수의 차가 1 또는 2인 경우의 수를 구하시오.

사건 A와 사건 B가 동시에 일어나는 경우의 수 (1)

11 티셔츠 6종류와 바지 4종류가 있을 때, 티셔츠와 바지로 한 벌을 짝 지어 입을 수 있는 경우의 수를 구하시오.

12 오른쪽 그림과 같이 4개의 자음 ㄱ, ㄴ, ㄷ, ㄹ과 3개의 모음 ㅏ, ㅓ, ㅜ가 각각 하나씩 적힌 7장의 카드가 있다. 자음이 적힌 카드와 모음이 적힌 카드를 각각 한 장씩 사용하여 만들 수 있는 글자의 개수를 구하시오.

13 어떤 산의 정상까지 가는 등산로는 5가지가 있다. 올라갈 때와 내려올 때 서로 다른 길을 선택하여 등산하는 방법의 수를 구하시오.

사건 A와 사건 B가 동시에 일어나는 경우의 수 (2)

14 주사위 1개와 동전 1개를 동시에 던질 때, 주사위는 소수의 눈이 나오고, 동전은 앞면이 나오는 경우의 수를 구하시오.

15 두 개의 주사위 A, B를 동시에 던질 때, 주사위 A에서는 4 미만의 수의 눈이 나오고 주사위 B에서는 3 이상의 수의 눈이 나오는 경우의 수를 구하시오.

16 한 개의 주사위를 두 번 던질 때, 처음에 2의 배수의 눈이 나오고 나중에 1 초과의 눈이 나오는 경우의 수를 구하시오.

한번 더 개념 확인문제

개념북 → 142쪽~144쪽 | 정답 및풀이 → 92쪽

01 A, B, C 3명이 있을 때, 다음을 구하시오.

(1) 3명을 한 줄로 세우는 경우의 수

(2) 3명 중 2명을 뽑아 한 줄로 세우는 경우의 수

02 A, B, C, D, E, F 6명이 있을 때, 다음을 구하시오.

(1) 6명 중 2명을 뽑아 한 줄로 세우는 경우의 수

(2) 6명 중 3명을 뽑아 한 줄로 세우는 경우의 수

(3) 6명을 한 줄로 세울 때, A를 맨 앞에 세우는 경우의 수

03 A, B, C, D 4명을 한 줄로 세울 때, 다음을 구하시오.

(1) A, D가 이웃하여 서는 경우의 수

(2) A, B, C가 이웃하여 서는 경우의 수

04 1, 3, 5, 7의 숫자가 각각 적힌 4장의 카드가 있을 때, 다음을 구하시오.

(1) 2장을 뽑아 만들 수 있는 두 자리의 자연수의 개수

(2) 3장을 뽑아 만들 수 있는 세 자리의 자연수의 개수

05 0, 2, 4, 6의 숫자가 각각 적힌 4장의 카드가 있을 때, 다음을 구하시오.

(1) 2장을 뽑아 만들 수 있는 두 자리의 자연수의 개수

(2) 3장을 뽑아 만들 수 있는 세 자리의 자연수의 개수

06 A, B, C, D, E, F 6명의 학생 중에서 대표를 뽑을 때, 다음을 구하시오.

(1) 회장 1명, 부회장 1명을 뽑는 경우의 수

(2) 회장 1명, 부회장 1명, 총무 1명을 뽑는 경우의 수

(3) 임원 2명을 뽑는 경우의 수

(4) 임원 3명을 뽑는 경우의 수

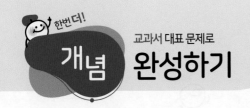

한 줄로 세우는 경우의 수

01 @, #, $, %, & 5개의 특수 문자를 한 줄로 나열하려고 한다. 이때 특수 문자 &가 가운데에 위치하는 경우의 수를 구하시오.

02 7명의 학생 A, B, C, D, E, F, G를 한 줄로 세울 때, B를 가장 앞에 세우고, F를 가장 뒤에 세우는 경우의 수를 구하시오.

03 기현이를 포함한 6명의 학생이 이어달리기를 하기 위해 달리는 순서를 정하려고 한다. 기현이가 첫 번째로 뛰거나 마지막에 뛰는 경우의 수를 구하시오.

한 줄로 세울 때, 이웃하여 세우는 경우의 수

04 아버지, 어머니, 딸, 아들 네 식구가 사진을 찍기 위해 한 줄로 앉으려고 한다. 아버지와 어머니가 이웃하여 앉는 경우의 수를 구하시오.

05 남학생 3명과 여학생 2명을 한 줄로 세울 때, 남학생끼리 이웃하여 서는 경우의 수를 구하시오.

06 국어, 수학, 영어, 과학, 역사, 도덕 6권의 교과서를 책꽂이에 한 줄로 꽂을 때, 국어, 수학, 영어 교과서를 이웃하게 꽂는 경우의 수를 구하시오.

자연수를 만드는 경우의 수 – 0을 포함하지 않는 경우

07 1, 2, 3, 4, 5의 숫자가 각각 적힌 5장의 카드 중에서 2장을 뽑아 두 자리의 자연수를 만들 때, 짝수의 개수를 구하시오.

08 5, 6, 7, 8의 숫자가 각각 적힌 4장의 카드 중에서 2장을 뽑아 두 자리의 자연수를 만들 때, 60보다 큰 자연수의 개수를 구하시오.

자연수를 만드는 경우의 수 – 0을 포함하는 경우

09 0, 1, 2, 3, 4, 5의 숫자가 각각 적힌 6 장의 카드 중에서 2장을 뽑아 두 자리의 자연수를 만 들 때, 5의 배수의 개수를 구하시오.

`0` `1` `2` `3` `4` `5`

10 0, 2, 4, 6, 8의 숫자가 각각 적힌 5장의 카드 중에서 2장을 뽑아 두 자리의 자연수를 만들 때, 70 미만의 자연수의 개수를 구하시오.

대표를 뽑는 경우의 수 – 자격이 다른 경우

11 선민이를 포함한 연극 동아리의 학생 10명 중에서 주연 1명과 조연 1명, 내레이션 1명을 뽑을 때, 선민 이가 내레이션이 되는 경우의 수를 구하시오.

12 초등학생 1명, 중학생 4명, 고등학생 2명으로 이루어 진 책 동아리에서 회장 1명, 부회장 1명을 뽑으려고 할 때, 초등학생이 회장으로 뽑히지 않는 경우의 수 를 구하시오.

대표를 뽑는 경우의 수 – 자격이 같은 경우

13 지호를 포함한 10명의 학생 중에서 복도 청소 당번 4명을 뽑으려고 한다. 지호가 복도 청소 당번으로 뽑 히는 경우의 수를 구하시오.

14 A, B, C, D, E 5명의 배드민턴 선수 중에서 2명을 뽑아 경기를 하려고 할 때, 선수 A가 뽑히지 않는 경 우의 수를 구하시오.

색칠하는 경우의 수

15 오른쪽 그림과 같은 도형의 A, B, C, D 네 부분에 노랑, 주황, 초록, 파랑의 4가지 색을 사용하여 칠하 려고 한다. 이때 네 부분에 서로 다 른 색을 칠하는 경우의 수를 구하시오.

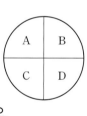

16 오른쪽 그림과 같은 도형의 A, B, C, D 네 부분에 빨강, 주황, 노랑, 초록, 파랑의 5가지 색을 사용하여 칠하려고 한다. 이때 네 부분에 서로 다른 색을 칠하는 경우의 수를 구하 시오.

A	
B	
C	D

01

한 개의 주사위를 두 번 던져서 처음에 나오는 눈의 수를 x, 나중에 나오는 눈의 수를 y라 할 때, $3x+y=7$이 되는 경우의 수를 구하시오.

02

100원짜리 동전 3개와 500원짜리 동전 2개를 사용하여 지불할 수 있는 금액의 종류는 모두 몇 가지인지 구하시오. (단, 0원은 생각하지 않는다.)

03

3명의 학생이 가위바위보를 한 번 할 때, 일어나는 모든 경우의 수를 구하시오.

04

A, B, C, D, E 5명이 한 줄로 설 때, D와 E가 이웃하여 맨 뒤에 서는 경우의 수는?

① 3   ② 4   ③ 6
④ 12   ⑤ 24

05

0부터 5까지의 숫자가 각각 적힌 6장의 카드 중에서 3장을 뽑아 세 자리의 자연수를 만들 때, 5의 배수의 개수를 구하시오.

06

어느 모임에 모인 8명의 사람이 한 사람도 빠짐없이 서로 한 번씩 악수를 하려고 한다. 총 몇 회의 악수를 해야 하는지 구하시오.

07

어느 반의 학급 임원 선거에 회장 후보로 3명, 부회장 후보로 5명이 출마하였다. 이 중에서 회장 1명과 부회장 2명을 뽑는 경우의 수를 구하시오.

08

오른쪽 그림과 같은 도형의 A, B, C, D 네 부분에 빨강, 파랑, 노랑, 초록, 보라의 5가지 색을 사용하여 칠하려고 한다. 같은 색을 여러 번 사용할 수는 있으나 이웃하는 부분에는 서로 다른 색을 칠하려고 할 때, 색을 칠하는 방법의 수를 구하시오.

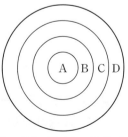

01

주사위 한 개를 던질 때, 다음 중 경우의 수가 가장 작은 사건은?

① 짝수의 눈이 나온다.
② 소수의 눈이 나온다.
③ 3 미만의 눈이 나온다.
④ 4의 배수의 눈이 나온다.
⑤ 5의 약수의 눈이 나온다.

02

승희가 점심으로 7000원짜리 돈가스를 먹으려고 한다. 100원짜리 동전 5개, 500원짜리 동전 4개, 1000원짜리 지폐 6장이 있을 때, 거스름돈 없이 점심값을 지불하는 방법의 수를 구하시오.

03

다음 표는 어느 반 학생들의 혈액형을 조사하여 나타낸 것이다. 이 반 학생 중 한 명을 선택할 때, 그 학생의 혈액형이 AB형 또는 O형인 경우의 수를 구하시오.

혈액형	A형	B형	O형	AB형
학생 수(명)	11	9	5	7

04

1부터 20까지의 자연수가 각각 적힌 20개의 공이 들어 있는 주머니에서 한 개의 공을 꺼낼 때, 소수 또는 6의 배수가 적힌 공이 나오는 경우의 수를 구하시오.

05

한 개의 주사위를 두 번 던질 때, 첫 번째는 홀수의 눈이 나오고 두 번째는 6의 약수의 눈이 나오는 경우의 수는?

① 4　　　　② 6　　　　③ 8
④ 9　　　　⑤ 12

06

어느 도서관의 평면도가 오른쪽 그림과 같을 때, 열람실에서 책을 보고 복도를 거쳐 화장실에 들렀다가 도서관 밖으로 나가는 방법의 수를 구하시오.

07

서후, 희주, 지혜, 지민, 해성, 서희 6명은 이어달리기 후보이다. 이 후보 중에서 4명을 뽑아 이어달리기 순서를 정하는 경우의 수를 구하시오.

08

부모님을 포함하여 6명의 가족이 한 줄로 서서 사진을 찍으려고 한다. 이때 부모님이 양 끝에 서는 경우의 수는?

① 12　　　　② 18　　　　③ 24
④ 36　　　　⑤ 48

09

A, B, C, D, E, F 6명의 학생을 한 줄로 세울 때, B, C가 이웃하고 E가 맨 앞에 서는 경우의 수는?

① 36   ② 48   ③ 64

④ 80   ⑤ 112

10

1부터 5까지의 자연수가 각각 적힌 5개의 공이 주머니에 들어 있다. 이 주머니에서 2개의 공을 동시에 꺼내 만들 수 있는 두 자리의 자연수 중 10번째로 큰 수는?

① 24   ② 25   ③ 31

④ 32   ⑤ 34

11

정호를 포함한 육상 동아리 학생 9명 중에서 100 m, 200 m 달리기에 나갈 선수를 각각 2명, 1명씩 뽑으려고 한다. 이때 정호가 100 m 달리기 선수로 뽑히는 경우의 수를 구하시오. (단, 각 선수는 한 종목에만 참가한다.)

12

오른쪽 그림과 같은 도형의 A, B, C 세 부분에 빨강, 노랑, 초록, 파랑의 4가지 색을 사용하여 칠하려고 한다. 같은 색을 여러 번 사용할 수 있으나 이웃하는 부분에는 서로 다른 색을 칠하려고 할 때, 색을 칠하는 방법의 수를 구하시오.

A
B
C

서술형 문제

13

오른쪽 그림과 같이 한 변의 길이가 1인 정오각형 ABCDE의 한 꼭짓점 A에 점 P가 있다. 한 개의 주사위를 두 번 던져서 나온 두 눈의 수의 합만큼 정오각형의 변을 따라 점 P가 화살표 방향으로 움직일 때, 점 P가 꼭짓점 E에 위치하는 경우의 수를 구하시오. [6점]

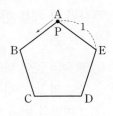

 풀이

 답

14

0, 1, 2, 3의 숫자를 중복 사용하여 만들 수 있는 세 자리의 자연수의 개수를 구하시오. [6점]

풀이

답

한번 더 개념 확인문제

개념북 ⊙ 154쪽~155쪽 | 정답 및풀이 ⊙ 95쪽

01 1부터 8까지의 자연수가 각각 적힌 8장의 카드 중에서 한 장을 뽑을 때, 다음을 구하시오.

(1) 일어나는 모든 경우의 수

(2) 소수가 적힌 카드가 나오는 경우의 수

(3) 소수가 적힌 카드가 나올 확률

02 서로 다른 두 개의 동전을 동시에 던질 때, 다음을 구하시오.

(1) 모두 뒷면이 나올 확률

(2) 뒷면이 한 개만 나올 확률

03 한 개의 주사위를 던질 때, 다음을 구하시오.

(1) 짝수의 눈이 나올 확률

(2) 소수의 눈이 나올 확률

(3) 6의 약수의 눈이 나올 확률

04 서로 다른 두 개의 주사위를 동시에 던질 때, 다음을 구하시오.

(1) 두 눈의 수가 서로 같을 확률

(2) 두 눈의 수의 곱이 37일 확률

(3) 두 눈의 수의 곱이 37 미만일 확률

05 다음을 구하시오.

(1) 모양과 크기가 같은 빨간 공 3개, 파란 공 5개가 들어 있는 상자에서 한 개의 공을 꺼낼 때, 노란 공이 나올 확률

(2) 동전 한 개를 던질 때, 앞면 또는 뒷면이 나올 확률

06 다음을 구하시오.

(1) 내일 비가 올 확률이 0.7일 때, 내일 비가 오지 않을 확률

(2) 주사위 한 개를 던질 때, 3의 배수의 눈이 나오지 않을 확률

(3) 6개의 당첨 제비를 포함하여 50개의 제비가 들어 있는 상자에서 한 개의 제비를 뽑을 때, 당첨 제비를 뽑지 못할 확률

07 서로 다른 세 개의 동전을 동시에 던질 때, 다음을 구하시오.

(1) 모두 뒷면이 나올 확률

(2) 적어도 한 개는 앞면이 나올 확률

한번더!

교과서 대표 문제로
개념 완성하기

확률 – 꺼내기와 던지기

01 모양과 크기가 같은 흰 공이 6개, 검은 공이 3개 들어 있는 주머니에서 한 개의 공을 꺼낼 때, 그 공이 흰 공일 확률은?

① $\frac{1}{6}$ ② $\frac{1}{3}$ ③ $\frac{1}{2}$
④ $\frac{2}{3}$ ⑤ $\frac{3}{4}$

02 서로 다른 두 개의 주사위를 동시에 던질 때, 나오는 두 눈의 수의 합이 6일 확률을 구하시오.

확률 – 자연수 만들기

03 1, 2, 3, 4, 5의 숫자가 각각 적힌 5장의 카드 중에서 2장을 뽑아 두 자리의 자연수를 만들 때, 그 수가 40 이상일 확률을 구하시오.

04 0부터 5까지의 숫자가 각각 적힌 6장의 카드 중에서 3장을 뽑아 세 자리의 자연수를 만들 때, 그 수가 짝수일 확률을 구하시오.

확률 – 한 줄로 세우기

05 5명의 학생 덕재, 선우, 정환, 경준, 동수를 한 줄로 세울 때, 정환이가 맨 앞에 서고 덕재가 맨 뒤에 설 확률을 구하시오.

06 6개의 문자 N, U, M, B, E, R을 한 줄로 나열할 때, U와 E를 이웃하게 나열할 확률을 구하시오.

확률 – 대표 뽑기

07 남학생 3명, 여학생 4명 중에서 대표 2명을 뽑을 때, 2명 모두 여학생이 뽑힐 확률은?

① $\frac{1}{7}$ ② $\frac{2}{7}$ ③ $\frac{3}{7}$
④ $\frac{4}{7}$ ⑤ $\frac{5}{7}$

08 남학생 4명, 여학생 6명 중에서 임원 2명을 뽑을 때, 남학생과 여학생이 각각 1명씩 뽑힐 확률을 구하시오.

확률의 성질

09 어떤 사건 A가 일어날 확률을 p, 일어나지 않을 확률을 q라 할 때, 다음 중 옳지 <u>않은</u> 것은?

① $0 \leq q \leq 1$

② $p+q=1$

③ $p=1$이면 $q=0$이다.

④ $p=0$이면 사건 A는 일어나지 않는다.

⑤ 사건 A가 반드시 일어나는 사건이면 $q=1$이다.

10 주머니 속에 모양과 크기가 같은 빨간 공 5개와 파란 공 10개가 들어 있다. 이 주머니에서 한 개의 공을 꺼낼 때, 다음 중 옳은 것은?

① 파란 공이 나올 확률은 $\frac{1}{3}$이다.

② 검은 공이 나올 확률은 1이다.

③ 빨간 공이 나올 확률은 $\frac{1}{3}$이다.

④ 빨간 공 또는 파란 공이 나올 확률은 $\frac{2}{3}$이다.

⑤ 빨간 공이 나올 확률은 파란 공이 나올 확률과 같다.

어떤 사건이 일어나지 않을 확률

11 서로 다른 두 개의 주사위를 동시에 던질 때, 나오는 두 눈의 수의 합이 4가 아닐 확률을 구하시오.

12 정이십면체의 각 면에 1부터 20까지의 자연수가 각각 적혀 있다. 이 입체도형을 한 번 던질 때, 바닥에 닿는 면에 적힌 수가 소수가 아닌 수가 나올 확률을 구하시오.

13 A, B, C, D 4명의 학생이 한 줄로 설 때, A가 맨 뒤에 서지 않을 확률을 구하시오.

적어도 ~일 확률

14 서로 다른 세 개의 동전을 동시에 던질 때, 적어도 한 개는 뒷면이 나올 확률을 구하시오.

15 시험에 출제된 5개의 ○, × 문제에 임의로 답할 때, 적어도 한 문제를 틀릴 확률을 구하시오.

01 1부터 10까지의 자연수가 각각 적힌 10장의 카드 중에서 한 장을 뽑을 때, 다음을 구하시오.

(1) 7의 배수가 적힌 카드가 나올 확률

(2) 짝수가 적힌 카드가 나올 확률

(3) 7의 배수 또는 짝수가 적힌 카드가 나올 확률

02 동전 한 개와 주사위 한 개를 동시에 던질 때, 다음을 구하시오.

(1) 동전이 앞면이 나올 확률

(2) 주사위가 5의 약수의 눈이 나올 확률

(3) 동전은 앞면이 나오고, 주사위는 5의 약수의 눈이 나올 확률

03 A 주머니에는 흰 공 2개, 검은 공 3개가 들어 있고, B 주머니에는 흰 공 3개, 검은 공 2개가 들어 있다. 다음을 구하시오. (단, 공은 모양과 크기가 모두 같다.)

(1) A 주머니에서 한 개의 공을 꺼낼 때, 검은 공이 나올 확률

(2) B 주머니에서 한 개의 공을 꺼낼 때, 흰 공이 나올 확률

(3) A, B 주머니에서 공을 각각 한 개씩 꺼낼 때, A 주머니에서는 검은 공이 나오고, B 주머니에서는 흰 공이 나올 확률

04 10개의 제비 중 3개의 당첨 제비가 들어 있는 상자에서 한 개의 제비를 뽑아 확인한 후 다시 넣고 또 한 개를 뽑을 때, 다음을 구하시오.

(1) 두 번 모두 당첨 제비를 뽑을 확률

(2) 첫 번째만 당첨 제비를 뽑을 확률

(3) 두 번째만 당첨 제비를 뽑을 확률

05 모양과 크기가 같은 빨간 공 4개와 파란 공 3개가 들어 있는 주머니에서 공을 한 개씩 연속하여 두 번 꺼낼 때, 다음을 구하시오. (단, 꺼낸 공은 다시 넣지 않는다.)

(1) 두 공 모두 빨간 공일 확률

(2) 두 공 모두 파란 공일 확률

(3) 첫 번째에는 빨간 공, 두 번째에는 파란 공일 확률

06 오른쪽 그림과 같이 6등분된 원판 위에 1부터 6까지의 자연수가 각각 적혀 있다. 이 원판에 화살을 한 번 쏠 때, 다음을 구하시오. (단, 화살이 원판을 벗어나거나 경계선을 맞히는 경우는 생각하지 않는다.)

(1) 5가 적힌 부분을 맞힐 확률

(2) 홀수가 적힌 부분을 맞힐 확률

(3) 6의 약수가 적힌 부분을 맞힐 확률

사건 A 또는 사건 B가 일어날 확률

01 1부터 9까지의 자연수가 각각 적힌 9장의 카드 중에서 한 장의 카드를 뽑을 때, 2의 배수 또는 5의 배수가 적힌 카드가 나올 확률을 구하시오.

02 서로 다른 두 개의 주사위를 동시에 던질 때, 나오는 두 눈의 수의 합이 4 또는 11일 확률은?

① $\dfrac{1}{12}$ ② $\dfrac{5}{36}$ ③ $\dfrac{7}{36}$

④ $\dfrac{1}{4}$ ⑤ $\dfrac{11}{36}$

사건 A와 사건 B가 동시에 일어날 확률

03 A 주머니에는 빨간 공 2개, 파란 공 6개가 들어 있고, B 주머니에는 빨간 공 4개, 파란 공 2개가 들어 있다. A, B 주머니에서 공을 각각 한 개씩 꺼낼 때, 두 주머니에서 모두 빨간 공이 나올 확률을 구하시오.

(단, 공은 모양과 크기가 모두 같다.)

04 어떤 시험에 세경이가 합격할 확률은 $\dfrac{1}{4}$이고 영만이가 합격할 확률은 $\dfrac{2}{3}$일 때, 이 시험에 세경이는 합격하고 영만이는 합격하지 못할 확률을 구하시오.

확률의 곱셈 – '적어도 ~일' 확률

05 명중률이 각각 $\dfrac{4}{5}$, $\dfrac{5}{7}$인 사격 선수 A, B가 한 발씩 총을 쏘았을 때, 두 선수 중 적어도 한 명은 명중시킬 확률은?

① $\dfrac{3}{5}$ ② $\dfrac{24}{35}$ ③ $\dfrac{27}{35}$

④ $\dfrac{6}{7}$ ⑤ $\dfrac{33}{35}$

06 종국이가 약속 장소에 나올 확률은 $\dfrac{3}{5}$이고 지효가 약속 장소에 나올 확률은 $\dfrac{1}{3}$일 때, 종국이와 지효 중 적어도 한 사람은 약속 장소에 나올 확률을 구하시오.

확률의 덧셈과 곱셈

07 A 주머니에는 파란 공 1개, 노란 공 4개가 들어 있고, B 주머니에는 파란 공 3개, 노란 공 2개가 들어 있다. A, B 주머니에서 공을 각각 한 개씩 꺼낼 때, 두 주머니에서 같은 색의 공이 나올 확률을 구하시오.

(단, 공은 모양과 크기가 모두 같다.)

08 어떤 문제를 민수가 맞힐 확률은 $\dfrac{1}{3}$, 현희가 맞힐 확률은 $\dfrac{1}{5}$일 때, 두 사람 중 한 사람만이 문제를 맞힐 확률을 구하시오.

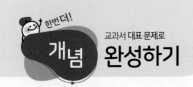

연속하여 꺼내는 경우의 확률 – 꺼낸 것을 다시 넣는 경우

09 1부터 15까지의 자연수가 각각 적힌 15장의 카드 중에서 한 장을 뽑아 수를 확인한 후 다시 넣고 또 한 장을 뽑을 때, 첫 번째에는 3의 배수, 두 번째에는 6의 배수가 적힌 카드를 뽑을 확률은?

① $\dfrac{2}{45}$ ② $\dfrac{7}{45}$ ③ $\dfrac{4}{15}$

④ $\dfrac{17}{45}$ ⑤ $\dfrac{7}{15}$

10 주머니 속에 모양과 크기가 같은 흰 공 6개, 검은 공 2개가 들어 있다. 이 주머니에서 한 개의 공을 꺼내어 색을 확인한 후 다시 넣고 또 한 개를 꺼낼 때, 두 개 모두 흰 공일 확률은?

① $\dfrac{9}{28}$ ② $\dfrac{3}{7}$ ③ $\dfrac{15}{28}$

④ $\dfrac{9}{16}$ ⑤ $\dfrac{11}{16}$

연속하여 꺼내는 경우의 확률 – 꺼낸 것을 다시 넣지 않는 경우

11 15개의 제비 중 3개의 당첨 제비가 들어 있는 상자에서 2개의 제비를 연속하여 뽑을 때, 2개 모두 당첨 제비일 확률은? (단, 뽑은 제비는 다시 넣지 않는다.)

① $\dfrac{1}{49}$ ② $\dfrac{1}{42}$ ③ $\dfrac{1}{35}$

④ $\dfrac{1}{30}$ ⑤ $\dfrac{1}{25}$

12 주머니 속에 모양과 크기가 같은 빨간 공 5개, 파란 공 2개가 들어 있다. 이 주머니에서 공을 한 개씩 연속하여 두 번 꺼낼 때, 두 개 모두 빨간 공일 확률은? (단, 꺼낸 공은 다시 넣지 않는다.)

① $\dfrac{3}{7}$ ② $\dfrac{10}{21}$ ③ $\dfrac{4}{7}$

④ $\dfrac{5}{7}$ ⑤ $\dfrac{16}{21}$

도형에서의 확률

13 오른쪽 그림과 같은 원판에 화살을 한 번 쏠 때, 색칠한 부분을 맞힐 확률은? (단, 화살이 원판을 벗어나거나 경계선을 맞히는 경우는 생각하지 않는다.)

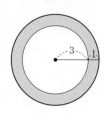

① $\dfrac{3}{16}$ ② $\dfrac{5}{16}$ ③ $\dfrac{7}{16}$

④ $\dfrac{9}{16}$ ⑤ $\dfrac{15}{16}$

14 오른쪽 그림과 같이 16개의 정사각형으로 이루어진 과녁에 화살을 두 번 쏠 때, 두 번 모두 색칠한 부분을 맞힐 확률을 구하시오. (단, 화살이 과녁을 벗어나거나 경계선을 맞히는 경우는 생각하지 않는다.)

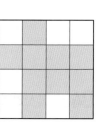

01

서로 다른 두 개의 주사위를 동시에 던질 때, 나오는 두 눈의 수의 차가 5일 확률을 구하시오.

02

남학생 3명, 여학생 5명 중에서 회장 1명, 부회장 1명을 뽑으려고 한다. 회장, 부회장이 모두 여학생이 뽑힐 확률은?

① $\dfrac{5}{56}$ ② $\dfrac{1}{8}$ ③ $\dfrac{1}{7}$

④ $\dfrac{1}{4}$ ⑤ $\dfrac{5}{14}$

03

다음 중 확률이 1인 것은?

① 한 개의 주사위를 던질 때, 7의 눈이 나올 확률
② 한 개의 주사위를 던질 때, 6 이하의 눈이 나올 확률
③ 한 개의 주사위를 던질 때, 9의 약수의 눈이 나올 확률
④ 서로 다른 동전 두 개를 동시에 던질 때, 모두 뒷면이 나올 확률
⑤ 서로 다른 주사위 두 개를 동시에 던질 때, 나오는 두 눈의 수의 합이 12 이상일 확률

04

어느 학교의 수학 동아리에서 대표 2명을 뽑는데 후보자로 남학생 4명, 여학생 3명이 나왔다. 대표 2명 중 적어도 한 명은 여학생이 뽑힐 확률을 구하시오.

05

한 개의 주사위를 두 번 던질 때, 첫 번째에는 6의 약수의 눈이 나오고 두 번째에는 소수의 눈이 나올 확률을 구하시오.

06

A 주머니에는 빨간 공 2개, 파란 공 3개가 들어 있고, B 주머니에는 빨간 공 3개, 파란 공 2개가 들어 있다. A, B 주머니에서 공을 각각 한 개씩 꺼낼 때, 서로 다른 색의 공이 나올 확률을 구하시오.

(단, 공의 모양과 크기는 모두 같다.)

07

40개의 제품 중 3개의 불량품이 섞여 있다. 두 개의 제품을 연속하여 검사할 때, 두 개 모두 불량품일 확률을 구하시오. (단, 검사한 제품은 다시 검사하지 않는다.)

08

오른쪽 그림과 같이 8등분된 원판 위에 1부터 8까지의 자연수가 각각 적혀 있다. 이 원판에 화살을 두 번 쏠 때, 두 번 모두 4의 배수가 적힌 부분을 맞힐 확률을 구하시오. (단, 화살이 원판을 벗어나거나 경계선을 맞히는 경우는 생각하지 않는다.)

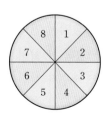

01

1부터 8까지의 자연수가 각각 하나씩 적힌 8장의 카드 중에서 2장의 카드를 한 장씩 차례로 뽑아 두 자리의 자연수를 만들 때, 만든 자연수의 십의 자리의 숫자와 일의 자리의 숫자가 모두 홀수일 확률을 구하시오.

02

한 개의 주사위를 두 번 던져서 첫 번째에 나오는 눈의 수를 x, 두 번째에 나오는 눈의 수를 y라 할 때, $2x+y<6$일 확률을 구하시오.

03

사건 A가 일어날 확률을 p, 사건 A가 일어나지 않을 확률을 q라 할 때, 다음 중 옳지 <u>않은</u> 것을 모두 고르면? (정답 2개)

① $p = \dfrac{(\text{사건 } A\text{가 일어나는 경우의 수})}{(\text{모든 경우의 수})}$

② $0 < p < 1$

③ $p + q = 1$

④ $q = 1$이면 사건 A는 절대로 일어나지 않는다.

⑤ 사건 A가 반드시 일어나는 사건이면 $p = 0$이다.

04

2, 4, 6, 8, 10의 자연수가 각각 하나씩 적힌 5장의 카드 중에서 한 장을 뽑을 때, 다음 중 옳지 <u>않은</u> 것은?

① 소수가 적힌 카드가 나올 확률은 0이다.

② 짝수가 적힌 카드가 나올 확률은 1이다.

③ 홀수가 적힌 카드가 나올 확률은 0이다.

④ 10 이하의 수가 적힌 카드가 나올 확률은 1이다.

⑤ 한 자리의 자연수가 적힌 카드가 나올 확률은 $\dfrac{4}{5}$이다.

05

A, B, C, D, E 5명을 한 줄로 세울 때, D와 E가 이웃하여 서지 않을 확률은?

① $\dfrac{1}{3}$　　② $\dfrac{2}{5}$　　③ $\dfrac{1}{2}$

④ $\dfrac{3}{5}$　　⑤ $\dfrac{2}{3}$

06

서로 다른 두 개의 주사위를 동시에 던질 때, 적어도 하나는 3 이하의 눈이 나올 확률을 구하시오.

07

지호네 반 학생 32명은 각각 1번부터 32번까지 자신의 번호를 갖고 있다. 선생님이 번호를 임의로 택하여 해당 학생에게 질문을 할 때, 5의 배수 또는 8의 배수인 번호를 택할 확률은?

① $\dfrac{9}{32}$　　② $\dfrac{5}{16}$　　③ $\dfrac{11}{32}$

④ $\dfrac{3}{8}$　　⑤ $\dfrac{13}{32}$

08

다트를 던져 풍선을 맞힐 확률이 각각 $\dfrac{3}{5}$, $\dfrac{2}{3}$인 A, B 두 사람이 동시에 풍선 한 개를 향해 다트를 던질 때, 풍선이 터질 확률을 구하시오.

09

동전 한 개와 주사위 한 개를 동시에 던질 때, 동전은 뒷면이 나오고 주사위는 소수의 눈이 나오거나 동전은 앞면이 나오고 주사위는 4의 약수의 눈이 나올 확률은?

① $\dfrac{1}{6}$ ② $\dfrac{1}{4}$ ③ $\dfrac{1}{3}$

④ $\dfrac{5}{12}$ ⑤ $\dfrac{1}{2}$

10

지효, 승찬, 진이가 자유투를 성공할 확률은 각각 $\dfrac{3}{4}$, $\dfrac{2}{5}$, $\dfrac{1}{2}$이다. 지효, 승찬, 진이가 각각 한 번씩 자유투를 할 때, 두 명만 성공할 확률을 구하시오.

11

20개의 제비 중 5개의 당첨 제비가 들어 있는 상자가 있다. 이 상자에서 지영이가 제비 1개를 뽑아 확인하고 다시 넣은 후 선호가 제비 1개를 뽑을 때, 지영이는 당첨 제비를 뽑고 선호는 당첨 제비를 뽑지 못할 확률을 구하시오.

12

오른쪽 그림과 같은 원판에 화살을 한 번 쏠 때, 색칠한 부분을 맞힐 확률을 구하시오. (단, 화살이 원판을 벗어나거나 경계선을 맞히는 경우는 생각하지 않는다.)

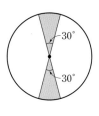

13

은찬, 준서, 지승, 민서, 세인 5명 중에서 3명의 대표를 뽑을 때, 준서 또는 세인이가 대표로 뽑히지 않을 확률을 구하시오. [6점]

 풀이

 답

14

A 주머니에는 모양과 크기가 같은 검은 공 4개, 흰 공 3개가 들어 있고, B 주머니에는 모양과 크기가 같은 검은 공 3개, 흰 공 5개가 들어 있다. A 주머니에서 공 한 개를 꺼내 B 주머니에 넣은 후 B 주머니에서 공 한 개를 꺼낼 때, 검은 공이 나올 확률을 구하시오. [7점]

풀이

 답

MEMO

한번 **더**
교과서**에서** **쏙** 빼온 **문제**

01

이집트인들은 피라미드와 같은 건축물을 지을 때, 오른쪽 그림과 같이 추, 줄, 이등변삼각형을 이용한 도구를 만들어 사용하였다고

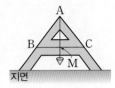

한다. 이 도구는 $\overline{AB}=\overline{AC}$인 이등변삼각형 ABC 모양에서 점 A에 줄을 매달아 고정한 다음 줄의 끝에 추를 매달아 지면에 세운 것으로 도구에는 $\overline{BC}$의 중점인 M이 표시되어 있다. 추를 매단 줄이 점 M을 지날 때, $\overline{AM}$과 $\overline{BC}$가 이루는 각의 크기를 구하시오.

02

건축학에서는 지붕, 다리 등을 견고하게 지탱하기 위해 다음 그림과 같이 이등변삼각형 모양의 구조물을 사용한다. 이등변삼각형 모양의 구조물은 좌우의 모양이 같아 균일하게 힘을 지탱할 수 있다. 다음 구조물에서 $\overline{AD}=\overline{AE}=\overline{AF}=\overline{AG}$, $\overline{BD}=\overline{DE}=\overline{EF}=\overline{FG}=\overline{GC}$일 때, $\angle ABE$의 크기를 구하시오.

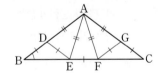

03

준기는 다음과 같은 방법으로 강의 폭을 알아내었다. 강의 폭 $\overline{BC}$의 길이가 $\overline{AB}$의 길이와 같은 이유를 설명하시오.

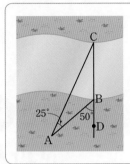

점 B에서 $\overline{BC}$의 연장선과 이루는 각의 크기가 50°가 되도록 걷다가 $\angle CAB=25°$가 되는 지점에서 멈춘 후 그 지점을 A라 하자. 이때 강의 폭 $\overline{BC}$와 $\overline{AB}$의 길이는 같다.

04

다음 그림은 강의 폭을 구하기 위해 측정한 것을 나타낸 것이다. C 지점은 강의 폭 $\overline{AB}$의 연장선 위에 있고, 네 지점 B, D, E, F는 한 직선 위에 있다.
$\angle DBC=70°$, $\angle DAB=25°$, $\angle EAB=35°$,
$\angle FAB=45°$일 때, 강의 폭 $\overline{AB}$와 길이가 같은 선분을 구하시오.

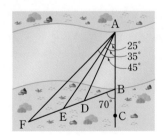

05

오른쪽 그림과 같이 폭이 일정한
종이 테이프를 접었다.
$\overline{AC}=3$ cm, $\overline{BC}=4$ cm일 때,
$\overline{AB}$의 길이를 구하시오.

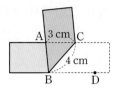

06

오른쪽 그림과 같이 $\angle CAB=90°$
이고 $\overline{AB}=\overline{AC}$인 직각이등변삼각
형 ABC에서 꼭짓점 A를 지나는
직선 l을 긋고 두 점 B, C에서 직
선 l에 내린 수선의 발을 각각 D,
E라 하자. $\overline{CE}=4$ cm,
$\overline{BD}=7$ cm일 때, $\overline{DE}$의 길이를 구하시오.

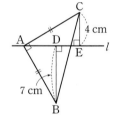

07

다음 그림과 같은 △ABC에서 $\overline{AC}$의 중점을 M이라
하고, 점 M에서 두 변 AB, BC에 내린 수선의 발을
각각 D, E라 하자. $\overline{MD}=\overline{ME}$이고, $\angle C=25°$일 때,
$\angle B$의 크기를 구하시오.

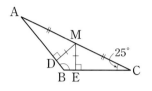

08

천막을 만들기 위해 오른쪽 그림
과 같이 길이가 같은 나무 막대기
6개가 모인 점 P에서 바닥에 내
린 수선의 발을 H라 하자. 각 나
무 막대기 반대편 끝을 각각 A,
B, C, D, E, F라 할 때, △PAH
와 합동인 삼각형을 모두 찾아 기호로 나타내고, 그때
의 합동 조건을 구하시오.

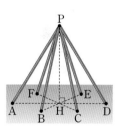

09

다음 그림과 같이 세 지점 A, B, C에 서비스 센터가 위치하고 있다. 세 지점 A, B, C에서 거리가 같은 곳에 새로운 부품 공급 센터를 만들려고 할 때, 그 위치로 적당한 곳을 찾으시오.

10

다음 그림과 같은 △ABC의 외심 O에서 세 변에 내린 수선의 발을 각각 D, E, F라 하자. $\overline{AD}=4$ cm, $\overline{BE}=4$ cm, $\overline{AF}=5$ cm일 때, △ABC의 둘레의 길이를 구하시오.

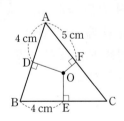

11

다음 그림에서 점 O는 △ABC의 외심이다. $\angle OCA=30°$, $\angle CAB=35°$일 때, $\angle x$의 크기를 구하시오.

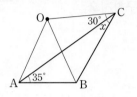

12

다음 그림에서 $\overline{BC}$ 위의 점 O는 △ABC의 외심이고, 점 O′은 △AOC의 외심이다. $\angle O′CO=40°$일 때, $\angle OAB$의 크기를 구하시오.

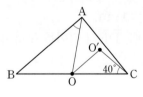

13

색종이를 사용하여 아래와 같은 순서로 종이접기를 하였다.

❶ 색종이 위에 예각삼각형 ABC를 그린 후, 삼각형을 오린다.

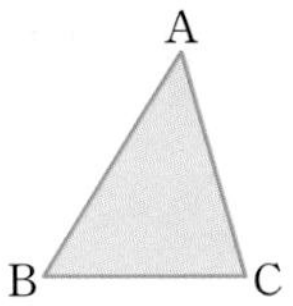

❷ $\overline{AB}$와 $\overline{AC}$가 겹치도록 접었다가 펼친다.

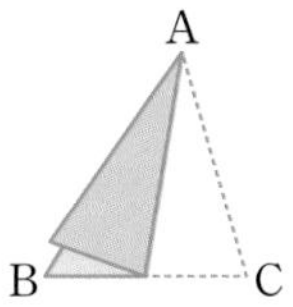

❸ $\overline{AB}$와 $\overline{BC}$가 겹치도록 접었다가 펼친다.

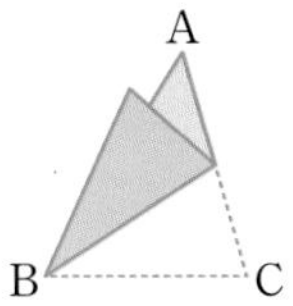

❹ $\overline{AC}$와 $\overline{BC}$가 겹치도록 접었다가 펼친다.

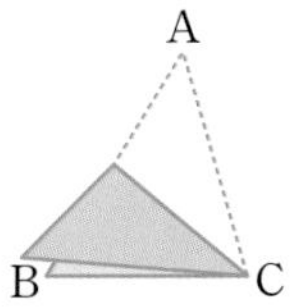

❺ ❷~❹에서 접은 세 선의 교점을 P라 표시한다.

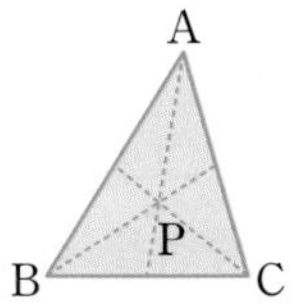

위 활동을 통해 알 수 있는 사실을 다음 **보기**에서 모두 고르시오.

┌ 보기 ────────────────
ㄱ. $\angle BAP = \angle CAP$
ㄴ. $\triangle PAB$는 $\overline{PA} = \overline{PB}$인 이등변삼각형이다.
ㄷ. 점 P는 $\triangle ABC$의 외심이다.
ㄹ. 점 P에서 세 변에 이르는 거리는 모두 같다.
└─────────────────────

14

다음 그림과 같이 삼각형 모양의 시계의 세 변에 모두 접하도록 원을 그리고 그 원의 중심에 시곗바늘을 꽂으려고 한다. 시곗바늘을 꽂아야 하는 위치를 찾으시오.

15

다음 그림과 같이 $\triangle ABC$의 내심 I를 지나고 $\overline{BC}$에 평행한 직선이 $\overline{AB}$, $\overline{AC}$와 만나는 점을 각각 D, E라 하자. $\overline{AB} = 12\ cm$, $\overline{AC} = 14\ cm$일 때, $\triangle ADE$의 둘레의 길이를 구하시오.

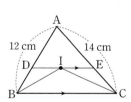

16

다음 그림과 같은 평행사변형 ABCD에서 ∠C=110°이고 변 BC 위에 $\overline{AB}=\overline{AE}$가 되도록 점 E를 잡을 때, ∠DAE의 크기를 구하시오.

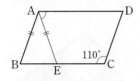

17

다음 그림과 같이 한 눈금의 길이가 1인 모눈종이에 점 D를 추가하여 네 점 A, B, C, D를 꼭짓점으로 하는 평행사변형을 그리려고 한다. 점 D의 위치가 될 수 있는 점이 3개일 때, 이 세 점을 연결하여 만든 삼각형의 넓이를 구하시오.

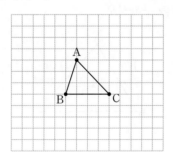

18

다음 그림과 같은 평행사변형 ABCD에서 점 O는 두 대각선의 교점이고, $\overline{BE}=\overline{DF}$이다. ∠EAO=35°, ∠ECO=28°일 때, □AECF는 어떤 사각형인지 구하고, ∠AFC의 크기를 구하시오.

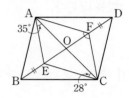

19

다음 그림과 같은 평행사변형 ABCD에서 $\overline{AD}$, $\overline{BC}$의 중점을 각각 M, N이라 하자. □ABCD의 넓이가 64 cm²일 때, □MPNQ의 넓이를 구하시오.

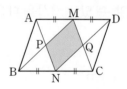

20

다음 그림과 같은 마름모 ABCD에서 내부의 한 점 E에 대하여 △BCE는 정삼각형이고, ∠ABE=26°일 때, ∠ECD의 크기를 구하시오.

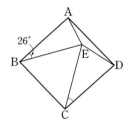

21

다음 그림과 같이 두 마름모 ABCD와 EFDG가 겹쳐져 있다. $\overline{AC}$=6 cm, $\overline{BD}$=8 cm일 때, 사각형 EADG의 넓이를 구하시오.

(단, 점 F는 □ABCD의 두 대각선의 교점이다.)

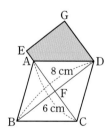

22

다음 그림과 같은 마름모 ABCD에서 대각선 BD의 삼등분점을 E, F라 하자. $\overline{AE}$=$\overline{BE}$일 때, ∠BAE의 크기를 구하시오.

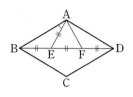

23

다음 그림과 같은 정사각형 ABCD에서 $\overline{BE}$=$\overline{BD}$이고, ∠EBD=36°일 때, ∠x, ∠y의 크기를 각각 구하시오.

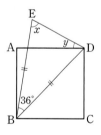

24

다음 그림과 같이 정사각형 ABCD의 대각선 AC 위의 한 점 P에 대하여 ∠PBC=30°일 때, ∠x의 크기를 구하시오.

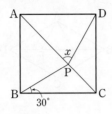

25

다음 그림에서 □ABCD와 □OEFG는 모두 정사각형이다. 점 O가 □ABCD의 두 대각선의 교점일 때, 두 정사각형이 겹쳐진 부분의 넓이는 정사각형 ABCD의 넓이의 몇 배인지 구하시오. (단, $\overline{OD}<\overline{OG}$)

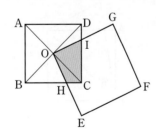

26

다음은 어떤 기준으로 사각형을 분류한 것인지 **보기**에서 알맞은 것을 고르시오.

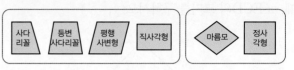

· 보기 ·

ㄱ. 한 쌍의 대변이 평행하다.

ㄴ. 두 쌍의 대각의 크기가 각각 같다.

ㄷ. 네 내각의 크기가 모두 90°이다.

ㄹ. 이웃하는 두 변의 길이가 같다.

27

다음 그림과 같이 평행사변형 ABCD의 네 내각의 이등분선으로 만들어지는 □EFGH는 어떤 사각형인지 구하시오.

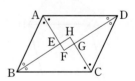

28

다음 ㈎, ㈏, ㈐는 컴퓨터 프로그램을 이용하여 원본 사진을 변형한 것이다. ㈎, ㈏, ㈐ 중에서 원본 사진과 닮음인 것을 찾고, 원본 사진과 닮음인 사진의 닮음비를 구하시오. (단, 눈금 하나의 간격은 모두 같다.)

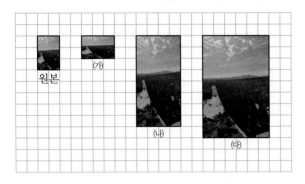

29

아래 그림과 같이 정삼각형의 각 변의 중점을 선분으로 연결하여 4개의 정삼각형으로 나누고, 한가운데 정삼각형을 지운다. 남은 3개의 정삼각형도 같은 방법으로 각각 4개의 정삼각형으로 나누고, 한가운데 정삼각형을 지운다. 이와 같은 과정을 반복할 때, 다음 물음에 답하시오.

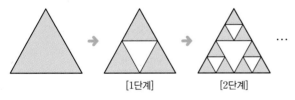

(1) 처음 정삼각형과 [1단계]에서 지운 정삼각형의 닮음비를 구하시오.

(2) 처음 정삼각형과 [3단계]에서 지운 한 정삼각형의 닮음비를 구하시오.

30

유리는 꿈속에서 자신의 키의 $\dfrac{1}{100}$밖에 되지 않는 사람들이 사는 소인국에 도착하였다. 한 끼의 식사량은 사람의 부피에 정비례한다고 할 때, 유리가 한 끼로 먹는 식사량은 소인국 사람 몇 명이 한 끼로 먹을 수 있는지 구하시오.

(단, 유리와 소인국 사람을 닮은 도형으로 생각한다.)

31

다음 그림과 같이 깊이가 6 cm인 원뿔 모양의 그릇에 일정한 속력으로 물을 넣고 있다. 물을 넣기 시작한 지 3분이 되는 순간의 물의 높이가 2 cm이었다면 그릇에 물을 가득 채우려면 몇 분 동안 더 넣어야 하는지 구하시오. (단, 그릇의 두께는 생각하지 않는다.)

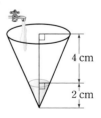

32

다음 그림과 같이 높이가 30 cm인 원기둥이 지면에 닿아 있고, 이 원기둥의 한 밑면인 원 O의 중심 위의 A 지점에서 전등이 원기둥을 비추게 하였다. 지면에 생긴 고리 모양의 그림자의 넓이가 원기둥의 밑넓이의 3배가 되었을 때, 작은 원뿔의 높이 $\overline{AO}$는 몇 cm인지 구하시오.

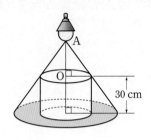

33

다음 그림과 같이 은주가 나무에서 10 m 떨어진 A 지점에 작은 거울을 놓고, 거울에서 2 m 떨어진 C 지점에 섰더니 나무의 꼭대기가 거울에 비쳐 보였다. △ABC∽△ADE이고 은주의 눈의 높이 $\overline{BC}$가 1.6 m일 때, 나무의 높이를 구하시오.

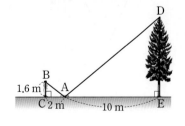

34

다음 그림은 정삼각형 모양의 종이를 꼭짓점 A가 $\overline{BC}$ 위의 점 E에 오도록 접은 것이다. $\overline{EC}=2\overline{BE}$, $\overline{DB}=8$ cm, $\overline{DE}=7$ cm일 때, $\overline{AF}$의 길이를 구하시오.

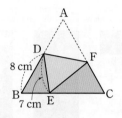

35

다음 그림과 같이 $\overline{AB}=4$ cm, $\overline{BC}=6$ cm, $\overline{CA}=5$ cm인 △ABC에서 ∠ABD=∠BCE=∠CAF이고, $\overline{EF}=2$ cm일 때, $\overline{DE}$의 길이를 구하시오.

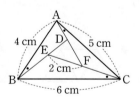

36

다음은 평행하고 간격이 일정한 줄이 있는 공책을 이용하여 색종이를 6등분하는 방법이다.

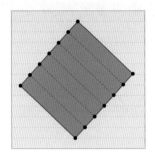

❶ 그림과 같이 색종이의 한쪽 끝을 공책의 7줄에 꼭 맞도록 비스듬히 놓는다.

❷ ❶의 7줄과 색종이가 만나는 점을 모두 표시한다.

❸ 점을 표시한 변과 마주 보는 변에 대하여 ❶, ❷의 방법으로 점을 표시한다.

❹ ❷, ❸에서 색종이의 양쪽에 표시한 점을 지나도록 색종이를 접는다.

위의 ❹에서 색종이를 접어서 생긴 선들은 색종이를 6등분한다. 그 까닭을 평행선 사이의 선분의 길이의 비를 이용하여 설명하시오.

37

다음 그림과 같은 △ABC에서 $\overline{AD}$는 ∠A의 이등분선이다. $\overline{AB}=16$ cm, $\overline{AC}=12$ cm, $\overline{BD}=2x$ cm, $\overline{CD}=(x+1)$ cm일 때, x의 값을 구하시오.

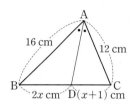

38

오른쪽 그림과 같이 일정한 간격으로 다리가 놓여 있는 사다리에서 밑에서 두 번째 다리가 파손되어 새로 만들어야 한다. 이때 새로 만들어야 할 다리의 길이를 구하시오.
(단, 사다리의 다리들은 서로 평행하고, 다리의 두께는 생각하지 않는다.)

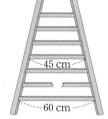

39

다음 그림과 같이 추를 매단 실이 점 G를 지나도록 삼각형 모양의 두꺼운 종이를 매달았더니 삼각형이 어느 쪽으로도 기울어지지 않았다. 이때 x, y의 값을 각각 구하시오.

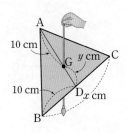

40

오른쪽 그림과 같이 이등변삼각형 AOB가 좌표평면 위에 있을 때, △AOB의 무게중심의 x좌표를 구하시오.
(단, O는 원점이다.)

41

다음 그림과 같이 △ABC의 무게중심 G에 대하여 $\overline{BG}$, $\overline{CG}$의 중점을 각각 E, F라 하자. △ABC의 넓이가 42 cm²일 때, 색칠한 부분의 넓이를 구하시오.

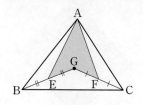

42

다음 그림과 같은 평행사변형 ABCD에서 $\overline{BC}$, $\overline{CD}$의 중점을 각각 M, N이라 하고, $\overline{BD}$와 $\overline{AM}$, $\overline{AN}$의 교점을 각각 P, Q라 하자. □ABCD의 넓이가 60일 때, 색칠한 부분의 넓이를 구하시오.

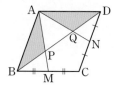

43

다음 그림에서 $\overline{AB}=\overline{BC}=\overline{CD}=\overline{DE}=2\,cm$, $\angle ABC=\angle ACD=\angle ADE=90\degree$일 때, $\overline{AE}$의 길이를 구하시오.

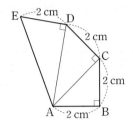

44

오른쪽 그림과 같이 $\overline{AB}=5\,cm$, $\overline{AC}=12\,cm$인 직각삼각형 ABC를 이용하여 피타고라스 나무를 그렸을 때, 색칠한 부분의 넓이를 구하시오. (단, 모든 직각삼각형은 서로 닮음이다.)

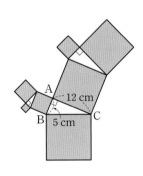

45

다음 그림에서 세 점 E, B, C는 한 직선 위에 있고, $\angle ABD=\angle ACB=\angle DEB=90\degree$이다. $\triangle ABC\equiv\triangle BDE$이고, $\overline{DE}=9\,cm$, $\overline{AC}=12\,cm$일 때, $\triangle ABD$의 넓이를 구하시오.

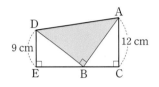

46

다음 그림과 같은 □ABCD에서 $\overline{AC}\perp\overline{BD}$이고 $\overline{AB}$, $\overline{BC}$, $\overline{AD}$를 각각 한 변으로 하는 세 정사각형의 넓이가 각각 $25\,cm^2$, $16\,cm^2$, $18\,cm^2$일 때, $\overline{CD}$를 한 변으로 하는 정사각형의 넓이를 구하시오.

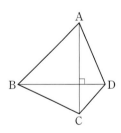

47

오른쪽 그림과 같은 5개의 계단을 오르는 데 한 걸음에 1계단 또는 2계단을 오를 수 있을 때, 5개의 계단을 모두 오르는 방법의 수를 구하시오.

48

오른쪽은 어느 해 5월의 달력이다. 중원이가 5월 중 어느 하루를 선택하여 놀이공원에 다녀오려고 할 때, 선택한 날이 수요일 또는 토요일인 경우의 수를 구하시오.

5월						
일	월	화	수	목	금	토
			1	2	3	4
5	6	7	8	9	10	11
12	13	14	15	16	17	18
19	20	21	22	23	24	25
26	27	28	29	30	31	

49

예은이네 승용차의 번호판은 1개의 한글과 7개의 숫자로 이루어져 있다. 예은이가 번호판으로 부모님의 승용차를 찾으려고 하는데, 다음과 같이 두 개의 숫자가 기억이 나지 않았다. 예은이네 승용차의 번호판으로 가능한 모든 경우의 수를 구하시오.

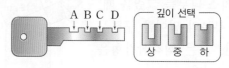

50

다음 그림과 같이 A, B, C, D 4개의 홈이 있는 열쇠를 만들려고 한다. 각 홈의 파인 깊이를 상, 중, 하 3단계 중 한 단계로 선택할 수 있을 때, 만들 수 있는 열쇠의 종류는 모두 몇 가지인지 구하시오.

51

오른쪽 그림은 어느 도서관의 평면도이다. 열람실에서 책을 보고 나와 휴게실을 지나 화장실에 들렀다가 도서관 밖으로 나가는 방법은 모두 몇 가지인지 구하시오.

52

경하, 준우, 현지, 태형 4명이 각자 자기의 연필을 한 필통 속에 함께 넣고 다시 임의로 한 자루씩 가져갈 때, 어느 누구도 자신의 연필을 가져가지 못하는 경우의 수를 구하시오.

53

5장의 카드 1, 2, 3, 4, 5 중에서 카드 2장을 동시에 뽑아 두 자리의 자연수를 만들 때, 그 수가 40 이상인 모든 경우의 수를 구하시오.

54

월드컵 본선 경기에서는 먼저 32개 국가의 축구 대표팀을 4개씩 8개 조로 나누어 각 조에 속한 팀끼리 경기하여 조별로 순위를 정한다. 이때 각 조의 조별 순위는 한 조에 속한 4팀이 서로 한 번씩 경기하여 나타나는 결과로 정한다. 다음 물음에 답하시오.

(1) 한 조에 속한 4팀이 치르는 경기 수는 모두 몇 번인지 구하시오.

(2) 각 조의 조별 순위를 정하기 위하여 8개 조에서 치르는 경기 수는 모두 몇 번인지 구하시오.

55

A와 B가 양손으로 가위바위보를 하고 동시에 각각 한 손씩 빼서 승부를 가리는 놀이를 하고 있다. 다음과 같이 가위바위보를 하여 무심코 각자 하나의 손을 뺐을 때, B가 이길 확률을 구하시오.

A   B

56

ABO식 혈액형은 다음 표와 같이 O형, A형, B형, AB형의 4가지로 나타내며 부모의 유전자형에 따라 나올 수 있는 자녀의 혈액형을 알 수 있다.

〈혈액형의 유전자형에 따른 표현형〉

유전자형	OO	AA, AO	BB, BO	AB
표현형	O형	A형	B형	AB형

〈부모의 혈액형에 따른 자녀의 유전자형〉

모(A형)	부(B형)	BO	
		B	O
AO	A	AB	AO
	O	BO	OO

아버지의 혈액형이 AB형, 어머니의 혈액형이 B형(유전자형 BO)일 때, 자녀의 혈액형이 B형일 확률을 구하시오.

57

한 개의 주사위를 두 번 던져 첫 번째 나온 눈의 수를 x좌표, 두 번째 나온 눈의 수를 y좌표로 하는 점을 좌표평면 위에 찍으려고 한다. 이 점이 다음 그림과 같은 직선 위에 있을 확률을 구하시오.

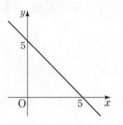

58

크기가 같은 정육면체를 다음 그림과 같이 쌓아서 큰 직육면체를 만들었다. 이 큰 직육면체의 겉면에 페인트칠을 하고 다시 흐트린 다음 한 개의 정육면체를 집었을 때, 적어도 한 면이 색칠된 정육면체일 확률을 구하시오.

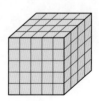

59

오른쪽 그림과 같은 장치의 입구에 공을 떨어뜨리면 A, B, C 중 어느 한 곳으로 들어간다고 한다. 공 한 개를 입구에 떨어뜨릴 때, 그 공이 C 로 들어갈 확률을 구하시오. (단, 공 이 양쪽 경로에서 갈라질 확률은 같 다.)

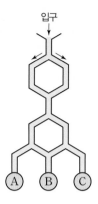

60

어느 중학교 체육 대회에서 1학년 7개 반이 농구 대회 를 하는데 이 대회는 토너먼트 방식으로 진행되며 제비 뽑기를 통해 다음과 같은 대진표가 만들어졌다. 현재 2번의 경기를 치르고 5반과 6반이 한 번씩 승리하였을 때, 1반과 5반이 결승에서 만날 확률을 구하시오. $\left(\text{단, 각 반이 경기에서 이길 확률은 모두 } \dfrac{1}{2}\text{이고, 기권 하는 팀은 없다.}\right)$

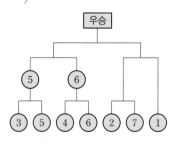

61

준우와 채은이는 번갈아 가며 주사위를 던져서 나온 눈의 수만큼 말을 수직선 위에서 오른쪽으로 이동하는 게임을 하고 있다. 현재 준우의 말은 6의 위치에, 채은 이의 말은 3의 위치에 있다. 채은이가 주사위를 던져 말을 움직일 차례일 때, 이번 차례에서 채은이의 말이 9의 위치에 도달할 확률을 구하시오. (단, 다른 사람 의 말을 잡으면 주사위를 한 번 더 던질 수 있다.)

62

체육 시간에 다음과 같은 규칙으로 실기 평가를 한다고 한다. 자유투 성공률이 0.4인 학생이 이 실기 평가에서 5점 이상을 받을 확률을 구하시오.

> • 학생당 자유투 기회는 총 3번이고, 성공한 자유투 한 개당 2점씩 준다.
> • 자유투를 2번 연속으로 성공하면 추가로 1점을 더 주고, 자유투를 3번 연속으로 성공하면 추가로 2점 을 더 준다.

MEMO

1등급의 절대기준

2022 개정
교육과정
반영

공통수학1

공통수학2

대수

고등 수학 내신 1등급 문제서

대성마이맥 이창무 집필
수학 최상위 레벨 대표 강사

타임 어택 1, 3, 7분컷
실전 감각 UP

적중률 높이는 기출
교육 특구 및 전국 500개 학교 분석

1등급 확정
변별력 갖춘 A·B·C STEP

공통수학1, 공통수학2, 대수, 미적분 I, 확률과 통계, 미적분 II

개념 중학 수학 2·2

내신과 등업을 위한 강력한 한 권!

개념 연산서 | **수매씽 개념연산**
중등 : 1~3학년 1·2학기

개념 기본서 | **수매씽 개념**
중등 : 1~3학년 1·2학기
고등(22개정) : 공통수학1, 공통수학2, 대수, 미적분Ⅰ,
확률과 통계, 미적분Ⅱ, 기하

유형 기본서 | **수매씽 유형**
중등 : 1~3학년 1·2학기
고등(15개정) : 수학Ⅰ, 수학Ⅱ, 확률과 통계, 미적분
고등(22개정) : 공통수학1, 공통수학2, 대수, 미적분Ⅰ,
확률과 통계, 미적분Ⅱ

 동아출판

📞 **Telephone** 1644-0600
🏠 **Homepage** www.bookdonga.com
✉ **Address** 서울시 영등포구 은행로 30 (우 07242)

- 정답 및 풀이는 동아출판 홈페이지 내 학습자료실에서 내려받을 수 있습니다.
- 교재에서 발견된 오류는 동아출판 홈페이지 내 정오표에서 확인 가능하며, 잘못 만들어진 책은 구입처에서 교환해 드립니다.
- 학습 상담, 제안 사항, 오류 신고 등 어떠한 이야기라도 들려주세요.

2022 개정
교육과정
2026년 중2부터 적용

모바일 빠른 정답

MATHING

수매씽 개념

중학 수학

2·2

정답및 풀이

동아출판

수매씽 개념
MATHING

I. 삼각형의 성질

1 | 삼각형의 성질

01 이등변삼각형의 성질

┌──────────────────────────────── 7쪽 ~ 8쪽 ┐

1	$\triangle$ABD$\equiv$$\triangle$CBD, SSS 합동			
1-1	$\triangle$ABD$\equiv$$\triangle$CDB, ASA 합동			
2	(1) $50°$	(2) $120°$	**2-1** (1) $65°$	(2) $100°$
3	(1) 2	(2) 7	(3) 90	(4) 35
3-1	(1) 8	(2) 5	(3) 60	(4) 44
4	(1) 8	(2) 6	**4-1** (1) 12	(2) 10

1 $\triangle$ABD와 $\triangle$CBD에서
$\overline{AB}=\overline{CB}$, $\overline{AD}=\overline{CD}$, $\overline{BD}$는 공통
$\therefore$ $\triangle$ABD$\equiv$$\triangle$CBD (SSS 합동)

1-1 $\triangle$ABD와 $\triangle$CDB에서
$\overline{AB}/\!/\overline{DC}$이므로 $\angle$ABD$=$$\angle$CDB (엇각)
$\overline{AD}/\!/\overline{BC}$이므로 $\angle$ADB$=$$\angle$CBD (엇각)
$\overline{BD}$는 공통
$\therefore$ $\triangle$ABD$\equiv$$\triangle$CDB (ASA 합동)

2 (1) $\angle x=\dfrac{1}{2}\times(180°-80°)=50°$

(2) $\angle x=180°-2\times30°=120°$

2-1 (1) $\angle x=\dfrac{1}{2}\times(180°-50°)=65°$

(2) $\angle x=180°-2\times40°=100°$

3 (1) $\overline{CD}=\overline{BD}=2$ cm이므로 $x=2$

(2) $\overline{BD}=\dfrac{1}{2}\overline{BC}=\dfrac{1}{2}\times14=7$ (cm)이므로 $x=7$

(3) $\angle$ADB$=$$\angle$ADC$=90°$이므로 $x=90$

(4) $\angle$C$=$$\angle$B$=55°$
$\angle$ADB$=$$\angle$ADC$=90°$이므로
$\triangle$ADC에서 $\angle$DAC$=180°-(90°+55°)=35°$
$\therefore$ $x=35$

3-1 (1) $\overline{BC}=2\overline{BD}=2\times4=8$ (cm)이므로 $x=8$

(2) $\overline{BD}=\dfrac{1}{2}\overline{BC}=\dfrac{1}{2}\times10=5$ (cm)이므로 $x=5$

(3) $\angle$ADB$=$$\angle$ADC$=90°$이므로
$\triangle$ADC에서 $\angle$ACD$=180°-(30°+90°)=60°$
$\therefore$ $x=60$

(4) $\overline{AD}$는 꼭지각의 이등분선이므로
$\angle$ADB$=$$\angle$ADC$=90°$
$\triangle$ABD에서 $\angle$BAD$=180°-(46°+90°)=44°$
$\therefore$ $x=44$

다른풀이
$\angle$BAC$=180°-2\times46°=88°$
$\angle$BAD$=$$\angle$CAD이므로
$\angle$BAD$=\dfrac{1}{2}$$\angle$BAC$=\dfrac{1}{2}\times88°=44°$ $\therefore$ $x=44$

Self 코칭
꼭지각의 꼭짓점과 밑변의 중점을 이은 선분 AD는 꼭지각의
이등분선이다.

4 (2) $\angle$B$=180°-(70°+55°)=55°$이므로 $\angle$B$=$$\angle$C
따라서 $\triangle$ABC는 이등변삼각형이므로
$\overline{AC}=\overline{AB}=6$ cm $\therefore$ $x=6$

4-1 (2) $\angle$A$=180°-(52°+76°)=52°$이므로 $\angle$A$=$$\angle$B
따라서 $\triangle$ABC는 이등변삼각형이므로
$\overline{CB}=\overline{CA}=10$ cm $\therefore$ $x=10$

개념 완성하기

┌──────────────────────────────── 9쪽 ~ 10쪽 ┐

01 (1) $70°$	(2) $125°$	**02** (1) $60°$	(2) $90°$
03 $105°$	**04** $105°$	**05** $80°$	**06** $30°$
07 $120°$	**08** $45°$	**09** 136	**10** 25
11 8 cm	**12** 10 cm	**13** 8 cm	**14** 6 cm

01 (1) $\angle$C$=$$\angle$B$=35°$이므로 $\angle x=35°+35°=70°$

Self 코칭
삼각형의 한 외각의 크기
➡ 그와 이웃하지 않는 두 내각의 크기의 합
과 같다.

(2) $\angle$ACB$=\dfrac{1}{2}\times(180°-70°)=55°$

$\therefore$ $\angle x=180°-$$\angle$ACB$=180°-55°=125°$

다른풀이
$\angle$B$=\dfrac{1}{2}\times(180°-70°)=55°$이므로 $\angle x=70°+55°=125°$

02 (1) $\angle$ACB$=180°-120°=60°$이므로 $\angle x=$$\angle$ACB$=60°$

(2) $\angle$ACB$=180°-135°=45°$이므로
$\angle x=180°-2\times45°=90°$

03 $\triangle$ABC에서 $\angle$ACB$=$$\angle$B$=70°$이므로
$\angle$DCB$=\dfrac{1}{2}$$\angle$ACB$=\dfrac{1}{2}\times70°=35°$
$\triangle$DBC에서 $\angle x=70°+35°=105°$

04 $\triangle$ABC에서 $\angle$ABC$=\dfrac{1}{2}\times(180°-80°)=50°$이므로

$\angle$ABD$=\dfrac{1}{2}$$\angle$ABC$=\dfrac{1}{2}\times50°=25°$

$\triangle$ABD에서 $\angle x=80°+25°=105°$

05 $\triangle ABC$에서 $\angle A=180°-2\times65°=50°$
$\triangle DAB$에서 $\angle x=180°-2\times50°=80°$

06 $\triangle ABC$에서 $\angle ABC=\angle C=70°$
$\triangle DBC$에서 $\angle DBC=180°-2\times70°=40°$
$\therefore \angle x=\angle ABC-\angle DBC=70°-40°=30°$

07 $\triangle ABC$에서 $\angle B=\dfrac{1}{2}\times(180°-100°)=40°$
$\triangle ACD$에서 $\angle D=\angle CAD=180°-100°=80°$
따라서 $\triangle DBC$에서 $\angle x=\angle B+\angle D=40°+80°=120°$

08 $\triangle ABC$에서 $\angle ACB=\angle B=15°$이므로
$\angle CAD=15°+15°=30°$
$\triangle ACD$에서 $\angle CDA=\angle CAD=30°$
$\triangle BCD$에서 $\angle DCE=\angle DBC+\angle CDB=15°+30°=45°$
따라서 $\triangle DCE$에서 $\angle x=\angle DCE=45°$

09 $\overline{BC}=2\overline{BD}=2\times3=6(cm)$이므로 $x=6$
$\angle ADC=90°$이므로 $y=90$
$\triangle ADC$에서 $\angle CAD=180°-(90°+50°)=40°$이므로
$\angle BAD=\angle CAD=40°$에서 $z=40$
$\therefore x+y+z=6+90+40=136$

10 $\overline{CD}=\dfrac{1}{2}\overline{BC}=\dfrac{1}{2}\times10=5(cm)$이므로 $x=5$
$\angle C=\angle B=55°$이므로 $y=55$
$\triangle ADC$에서
$\angle CAD=180°-(90°+55°)=35°$이므로 $z=35$
$\therefore x+y-z=5+55-35=25$

> **Self 코칭**
> 꼭지각의 꼭짓점에서 밑변에 내린 수선은 꼭지각의 이등분선이다.

11 $\triangle ABC$에서 $\angle A=180°-(90°+30°)=60°$
$\triangle ADC$에서 $\angle DCA=\angle A=60°$
즉, $\triangle ADC$는 정삼각형이므로 $\overline{CD}=\overline{AD}=\overline{AC}=4\,cm$
이때 $\angle DCB=90°-60°=30°$이므로 $\angle B=\angle DCB$
즉, $\triangle DBC$는 $\overline{DB}=\overline{DC}$인 이등변삼각형이다.
따라서 $\overline{BD}=\overline{CD}=4\,cm$이므로
$\overline{AB}=\overline{AD}+\overline{BD}=4+4=8(cm)$

12 $\triangle ABC$에서 $\angle ABC=\angle C=72°$이므로
$\angle ABD=\angle DBC=\dfrac{1}{2}\times72°=36°$,
$\angle A=180°-2\times72°=36°$
$\triangle ABD$에서 $\angle BDC=36°+36°=72°$
즉, $\angle C=\angle BDC$이므로 $\triangle BCD$는
$\overline{BC}=\overline{BD}$인 이등변삼각형이다.
$\therefore \overline{BD}=\overline{BC}=10\,cm$
또, $\angle ABD=\angle A$이므로 $\triangle ABD$는 $\overline{DA}=\overline{DB}$인 이등변삼각형이다.
$\therefore \overline{AD}=\overline{BD}=10\,cm$

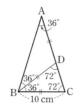

13 $\angle BAC=\angle DAC$(접은 각), $\angle DAC=\angle BCA$(엇각)에서
$\angle BAC=\angle BCA$이므로 $\triangle ABC$는 $\overline{BA}=\overline{BC}$인 이등변삼각형이다. $\therefore \overline{AB}=\overline{BC}=8\,cm$

14 $\angle ABC=\angle DBC$(접은 각), $\angle ACB=\angle DBC$(엇각)에서
$\angle ABC=\angle ACB$이므로 $\triangle ABC$는 $\overline{AB}=\overline{AC}$인 이등변삼각형이다. $\therefore \overline{AC}=\overline{AB}=6\,cm$

02 직각삼각형의 합동 조건

		12쪽~13쪽
1	(1) $\angle E$, $\overline{DF}$, $\angle D$, $\triangle DFE$, RHA	(2) 5 cm
1-1	(1) $\angle F$, $\overline{ED}$, $\overline{DF}$, $\triangle EDF$, RHS	(2) 15 cm
2	$\triangle ABC\equiv\triangle JKL$, RHA 합동	
2-1	$\triangle ABC\equiv\triangle HGI$, RHS 합동	
3	$\angle PBO$, $\overline{OP}$, $\angle POB$, RHA, $\overline{PB}$	
3-1	$90°$, $\overline{PB}$, $\triangle AOP$, RHS, $\angle BOP$	
4	(1) 5 (2) 4 **4-1** (1) 40 (2) 10	

1 (1) $\triangle DFE$에서 $\angle D=180°-(90°+30°)=60°$
(2) $\overline{AC}=\overline{DE}=5\,cm$

1-1 (2) $\overline{AC}=\overline{EF}=15\,cm$

2 $\triangle JKL$에서 $\angle K=180°-(40°+90°)=50°$
$\triangle ABC$와 $\triangle JKL$에서
$\angle C=\angle L=90°$, $\overline{AB}=\overline{JK}=6\,cm$, $\angle B=\angle K=50°$
$\therefore \triangle ABC\equiv\triangle JKL$ (RHA 합동)

2-1 $\triangle ABC$와 $\triangle HGI$에서
$\angle C=\angle I=90°$, $\overline{AB}=\overline{HG}=7\,cm$, $\overline{AC}=\overline{HI}=5\,cm$
$\therefore \triangle ABC\equiv\triangle HGI$ (RHS 합동)

4 (1) $\overline{PA}=\overline{PB}=5\,cm$이므로 $x=5$
(2) $\triangle AOP\equiv\triangle BOP$ (RHA 합동)이므로
$\overline{OB}=\overline{OA}=4\,cm$ $\therefore x=4$

4-1 (1) $\triangle AOP$에서 $\angle AOP=180°-(90°+50°)=40°$
즉, $\angle BOP=\angle AOP=40°$이므로 $x=40$
(2) $\triangle AOP\equiv\triangle BOP$ (RHS 합동)이므로
$\overline{OB}=\overline{OA}=10\,cm$ $\therefore x=10$

개념 완성하기

			14쪽
01 7 cm	**02** 72 cm²	**03** 25°	**04** 70°
05 ②	**06** 60 cm²		

01 $\triangle CEA$와 $\triangle ADB$에서
$\angle CEA=\angle ADB=90°$, $\overline{CA}=\overline{AB}$,
$\angle CAE=90°-\angle BAD=\angle ABD$
$\therefore \triangle CEA\equiv\triangle ADB$ (RHA 합동)

$\overline{AE}=\overline{BD}=4$ cm, $\overline{AD}=\overline{CE}=3$ cm이므로
$\overline{DE}=\overline{AE}+\overline{AD}=4+3=7$ (cm)

02 △ADB와 △CEA에서
$\angle ADB=\angle CEA=90°$, $\overline{AB}=\overline{CA}$,
$\angle ABD=90°-\angle BAD=\angle CAE$
∴ △ADB≡△CEA (RHA 합동)
$\overline{AD}=\overline{CE}=4$ cm, $\overline{AE}=\overline{BD}=8$ cm이므로
$\overline{DE}=\overline{AD}+\overline{AE}=4+8=12$ (cm)
따라서 사각형 DBCE의 넓이는
$\frac{1}{2}\times(4+8)\times12=72$ (cm²)

03 △ABC에서 $\angle BAC=90°-40°=50°$
△ABD와 △AED에서
$\angle ABD=\angle AED=90°$, $\overline{AD}$는 공통, $\overline{AB}=\overline{AE}$
∴ △ABD≡△AED (RHS 합동)
$\angle BAD=\angle EAD$이므로
$\angle x=\frac{1}{2}\angle BAC=\frac{1}{2}\times50°=25°$

04 △ABC에서 $\angle BAC=90°-50°=40°$
△AED와 △ACD에서
$\angle AED=\angle ACD=90°$, $\overline{AD}$는 공통, $\overline{ED}=\overline{CD}$
∴ △AED≡△ACD (RHS 합동)
$\angle EAD=\angle CAD$이므로
$\angle CAD=\frac{1}{2}\angle BAC=\frac{1}{2}\times40°=20°$
따라서 △ADC에서
$\angle x=90°-\angle CAD=90°-20°=70°$

05 △AOP와 △BOP에서
$\angle PAO=\angle PBO=90°$, $\overline{OP}$는 공통, $\overline{PA}=\overline{PB}$
∴ △AOP≡△BOP (RHS 합동) (⑤)
따라서 $\overline{AO}=\overline{BO}$ (①), $\angle APO=\angle BPO$ (③),
$\angle AOP=\angle BOP$ (④)이므로 옳지 않은 것은 ②이다.

06 오른쪽 그림과 같이 점 D에서 $\overline{AC}$에
내린 수선의 발을 E라 하면
$\overline{AD}$는 $\angle A$의 이등분선이므로
$\overline{DE}=\overline{DB}=6$ cm
∴ △ADC$=\frac{1}{2}\times20\times6=60$ (cm²)

다른풀이
△ABD와 △AED에서
$\angle ABD=\angle AED=90°$, $\overline{AD}$는 공통, $\angle BAD=\angle EAD$
∴ △ABD≡△AED (RHA 합동)
따라서 $\overline{DE}=\overline{DB}=6$ cm이므로
△ADC$=\frac{1}{2}\times20\times6=60$ (cm²)

Self 코칭
각의 이등분선 위의 한 점에서 그 각을 이루는 두 변까지의 거리는 같다.

01 △ABD에서 $\angle BAD=\angle ABD=40°$이므로
$\angle x=40°+40°=80°$
△ADC에서 $\angle y=\frac{1}{2}\times(180°-80°)=50°$
∴ $\angle x-\angle y=80°-50°=30°$

02 △ABC에서 $\angle ABC=180°-2\times70°=40°$이므로
$\angle DBC=\frac{1}{2}\times40°=20°$
$\angle ACB=\angle A=70°$이므로 $\angle ACE=180°-70°=110°$
∴ $\angle DCE=\frac{1}{2}\times110°=55°$
△DBC에서 $\angle DBC+\angle x=\angle DCE$이므로
$20°+\angle x=55°$ ∴ $\angle x=35°$

03 ㄱ. $\overline{AD}$는 꼭지각의 이등분선이므로 $\overline{BD}=\overline{CD}$
ㄴ. $\overline{AP}=\overline{BP}$인지 알 수 없다.
ㄷ. △ABP와 △ACP에서
$\overline{AB}=\overline{AC}$, $\angle BAP=\angle CAP$, $\overline{AP}$는 공통
∴ △ABP≡△ACP (SAS 합동)
∴ $\angle ABP=\angle ACP$
ㄹ. △PBD와 △PCD에서
$\overline{BD}=\overline{CD}$, $\angle PDB=\angle PDC=90°$, $\overline{PD}$는 공통
∴ △PBD≡△PCD (SAS 합동)

04 △ABC에서 $\angle B=\angle C$이므로 $\overline{AC}=\overline{AB}=12$ cm
오른쪽 그림과 같이 $\overline{AP}$를 그으면
△ABC=△ABP+△ACP이므로
$54=\frac{1}{2}\times12\times\overline{PD}+\frac{1}{2}\times12\times\overline{PE}$
$54=6\times(\overline{PD}+\overline{PE})$
∴ $\overline{PD}+\overline{PE}=9$ (cm)

05 △EBC와 △DCB에서
$\angle BEC=\angle CDB=90°$, $\overline{BC}$는 공통, $\overline{EB}=\overline{DC}$
∴ △EBC≡△DCB (RHS 합동)
△ABC에서 $\angle EBC=\angle DCB=\frac{1}{2}\times(180°-52°)=64°$
즉, △DCB에서 $\angle DBC=90°-\angle DCB=90°-64°=26°$

06 **전략 코칭**
$\overline{AB}=\overline{AC}$이므로 $\angle B=\angle C$임을 이용한다.

⑴ △ABC에서 $\angle B=\angle C$이고, 점 D가 $\angle B$와 $\angle C$의 이등분선의 교점이므로
$\angle DBC=\frac{1}{2}\angle B=\frac{1}{2}\angle C=\angle DCB$
⑵ ⑴에 의해 $\angle DBC=\angle DCB$이므로 △DBC는 $\overline{DB}=\overline{DC}$인 이등변삼각형이다.

07 전략 코칭

점 D에서 $\overline{AC}$에 수선을 긋고, 각의 이등분선의 성질을 이용한다.

오른쪽 그림과 같이 점 D에서 $\overline{AC}$에 내린 수선의 발을 E라 하면

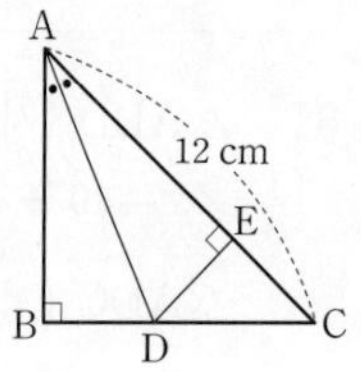

$$\frac{1}{2} \times 12 \times \overline{DE} = 30 \qquad \therefore \overline{DE} = 5(cm)$$

$$\therefore \overline{BD} = \overline{ED} = 5 \text{ cm}$$

서술형 문제 ——————————————— 16쪽 ~ 17쪽

1 56°	**1-1** 28°
2 5 cm	**3** 96°
4 8 cm	**4-1** 70°
5 32 cm²	**6** 14 cm

1 채점 기준 **1**　∠ABC, ∠ACB의 크기 각각 구하기 ··· 2점

△ABC에서

$$\angle ABC = \angle ACB = \frac{1}{2} \times (180° - 56°) = 62°$$

채점 기준 **2**　∠DBC의 크기 구하기 ··· 1점

$$\angle DBC = \frac{1}{2} \angle ABC = \frac{1}{2} \times 62° = 31°$$

채점 기준 **3**　∠x의 크기 구하기 ··· 3점

△BCD에서 ∠BDC = ∠DBC = 31°

따라서 31° + (62° + ∠x) + 31° = 180°이므로

$$\angle x + 124° = 180° \qquad \therefore \angle x = 56°$$

1-1 채점 기준 **1**　∠ACB의 크기 구하기 ··· 1점

△ABC에서 $\angle ACB = \frac{1}{2} \times (180° - 44°) = 68°$

채점 기준 **2**　∠ACD의 크기 구하기 ··· 2점

∠ACE = 180° - 68° = 112°이므로

$$\angle ACD = \frac{1}{2} \angle ACE = \frac{1}{2} \times 112° = 56°$$

채점 기준 **3**　∠x의 크기 구하기 ··· 3점

∠BCD = ∠ACB + ∠ACD = 68° + 56° = 124°

따라서 △BCD에서 ∠BDC = ∠DBC = ∠x이므로

$$\angle x = \frac{1}{2} \times (180° - 124°) = 28°$$

2 △ABC는 이등변삼각형이고, $\overline{AD}$는 ∠A의 이등분선이므로 $\overline{AD}$는 $\overline{BC}$를 수직이등분한다.

$$\therefore \overline{BC} = 2\overline{BD} = 2 \times 9 = 18(cm) \qquad \cdots\cdots ❶$$

△ABC의 넓이가 45 cm²이므로

$$\frac{1}{2} \times 18 \times \overline{AD} = 45 \qquad \therefore \overline{AD} = 5(cm) \qquad \cdots\cdots ❷$$

채점 기준	배점
❶ $\overline{BC}$의 길이 구하기	3점
❷ $\overline{AD}$의 길이 구하기	2점

3 △ABC에서 ∠ACB = ∠B = 14°이므로

∠CAD = 14° + 14° = 28°

△ACD에서 ∠CDA = ∠CAD = 28° ······ ❶

△DBC에서

∠DCE = ∠DBC + ∠CDB = 14° + 28° = 42° ······ ❷

따라서 △DCE는 $\overline{DC} = \overline{DE}$인 이등변삼각형이므로

∠x = 180° - 2 × 42° = 96° ······ ❸

채점 기준	배점
❶ ∠CDA의 크기 구하기	2점
❷ ∠DCE의 크기 구하기	2점
❸ ∠x의 크기 구하기	2점

4 채점 기준 **1**　△DBM≡△ECM임을 알기 ··· 3점

△DBM과 △ECM에서

∠BDM = ∠CEM = 90°, $\overline{BM} = \overline{CM}$, $\overline{DM} = \overline{EM}$

∴ △DBM ≡ △ECM (RHS 합동)

채점 기준 **2**　$\overline{AB}$의 길이 구하기 ··· 2점

$\overline{DB} = \overline{EC} = 2$ cm이므로

$$\overline{AB} = \overline{AD} + \overline{DB} = 6 + 2 = 8(cm)$$

4-1 채점 기준 **1**　∠C의 크기 구하기 ··· 1점

△EMC에서 ∠C = 90° - 35° = 55°

채점 기준 **2**　△DBM≡△ECM임을 알기 ··· 3점

△DBM과 △ECM에서

∠BDM = ∠CEM = 90°, $\overline{BM} = \overline{CM}$, $\overline{DM} = \overline{EM}$

∴ △DBM ≡ △ECM (RHS 합동)

채점 기준 **3**　∠A의 크기 구하기 ··· 2점

∠B = ∠C = 55°이므로

△ABC에서 ∠A = 180° - 2 × 55° = 70°

5 △ABE와 △ECD에서

∠ABE = ∠ECD = 90°, $\overline{AE} = \overline{ED}$,

∠BEA = 90° - ∠DEC = ∠CDE

∴ △ABE ≡ △ECD (RHA 합동) ······ ❶

$\overline{BE} = \overline{CD} = 3$ cm, $\overline{EC} = \overline{AB} = 5$ cm이므로

$$\overline{BC} = \overline{BE} + \overline{EC} = 3 + 5 = 8(cm) \qquad \cdots\cdots ❷$$

따라서 사각형 ABCD의 넓이는

$$\frac{1}{2} \times (3 + 5) \times 8 = 32(cm^2) \qquad \cdots\cdots ❸$$

채점 기준	배점
❶ △ABE≡△ECD임을 알기	3점
❷ $\overline{BC}$의 길이 구하기	2점
❸ 사각형 ABCD의 넓이 구하기	2점

6 오른쪽 그림과 같이 점 D에서 $\overline{AB}$에 내린 수선의 발을 E라 하자.

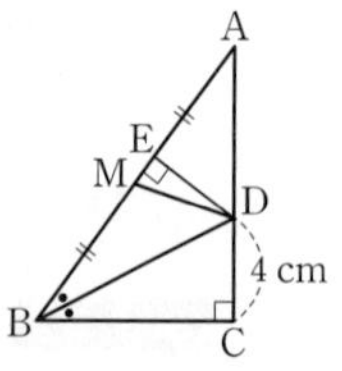

△DBC와 △DBE에서

∠DCB = ∠DEB = 90°,

∠DBC = ∠DBE, $\overline{BD}$는 공통

∴ △DBC ≡ △DBE (RHA 합동) ······ ❶

∴ $\overline{DE} = \overline{DC} = 4$ cm ······ ❷

이때 △MBD의 넓이가 14 cm²이므로

$\dfrac{1}{2} \times \overline{BM} \times 4 = 14$ ∴ $\overline{BM} = 7$ (cm)   ······ ❸

∴ $\overline{AB} = 2\overline{BM} = 2 \times 7 = 14$ (cm)   ······ ❹

채점 기준	배점
❶ △DBC≡△DBE임을 알기	3점
❷ $\overline{DE}$의 길이 구하기	1점
❸ $\overline{BM}$의 길이 구하기	2점
❹ $\overline{AB}$의 길이 구하기	1점

실전! 중단원 마무리   ────18쪽 ~ 20쪽

01 45°	**02** ②	**03** ②	**04** ④
05 ①	**06** ⑤	**07** ②	**08** ②
09 24°	**10** 8 cm	**11** ④	**12** ③, ④
13 ⑤	**14** 4 cm	**15** ①	**16** ③
17 ④	**18** 8 cm²		

01　∠A=2∠B, ∠B=∠C이고
　　∠A+∠B+∠C=180°이므로
　　2∠B+∠B+∠B=180°
　　4∠B=180°　　∴ ∠B=45°

02　∠B=$\dfrac{1}{2} \times (180° - 64°) = 58°$
　　∴ ∠x=∠B=58° (동위각)

03　△ABC에서 ∠ACB=∠B=50°
　　△ACD에서 ∠ADC+∠CAD=∠ACB이므로
　　20°+∠CAD=50°　　∴ ∠CAD=30°

04　△ABC에서 ∠ACB=$\dfrac{1}{2} \times (180° - 50°) = 65°$
　　△DCE에서 ∠DCE=$\dfrac{1}{2} \times (180° - 30°) = 75°$
　　∴ ∠ACD=180°-∠ACB-∠DCE
　　　　　=180°-65°-75°=40°

05　△ABC에서 ∠ACB=$\dfrac{1}{2} \times (180° - 72°) = 54°$이므로
　　∠ACD=$\dfrac{1}{2} \times 54° = 27°$
　　따라서 △ADC에서 ∠ADC=180°-(72°+27°)=81°

06　①, ② △ABC에서 ∠ACB=∠B=25°이므로
　　　∠CAD=25°+25°=50°
　　③, ④ △ACD에서 ∠CDA=∠CAD=50°이므로
　　　∠ACD=180°-2×50°=80°
　　⑤ △BCD에서 ∠DCE=∠B+∠CDB=25°+50°=75°
　　따라서 옳지 않은 것은 ⑤이다.

07　△ACD에서 ∠CAD=∠CDA=∠a라 하면
　　∠BCA=∠a+∠a=2∠a

07 (계속)
△ABC에서 ∠BAC=∠BCA=2∠a이므로
∠BAD=2∠a+∠a=3∠a
즉, 3∠a=180°-75°=105°이므로 ∠a=35°
따라서 △ABD에서 ∠ABD+∠ADB=∠EAD이므로
∠B+35°=75°　　∴ ∠B=40°

08　∠B=∠C이므로 △ABC는 $\overline{AB}=\overline{AC}$(①)인 이등변삼각형이다. 이등변삼각형의 꼭지각의 이등분선은 밑변을 수직이등분하므로
$\overline{AD} \perp \overline{BC}$(③), $\overline{BD}=\overline{CD}$(④), ∠ADB=∠ADC=90°(⑤)
② $\overline{AD}=\overline{BC}$인지 알 수 없다.
따라서 옳지 않은 것은 ②이다.

09　△ABC에서 ∠ABC=180°-2×48°=84°이므로
∠DBC=$\dfrac{1}{2} \times 84° = 42°$
∠ACB=∠A=48°이므로 ∠ACE=180°-48°=132°
∴ ∠DCE=$\dfrac{1}{2} \times 132° = 66°$
따라서 △DBC에서 ∠DBC+∠x=∠DCE이므로
42°+∠x=66°　　∴ ∠x=24°

10　△ABC에서
∠C=90°-40°=50°, ∠DBC=90°-40°=50°
따라서 △DAB, △DBC가 각각 이등변삼각형이므로
$\overline{AD}=\overline{DB}=\overline{DC}$
∴ $\overline{CD}=\dfrac{1}{2}\overline{AC}=\dfrac{1}{2} \times 16 = 8$ (cm)

11　오른쪽 그림과 같이 점 D를 정하면 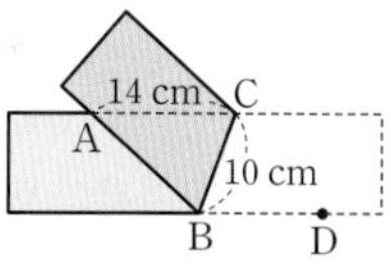
∠ABC=∠DBC (접은 각),
∠ACB=∠DBC (엇각)에서
∠ABC=∠ACB이므로
△ABC는 $\overline{AB}=\overline{AC}$인 이등변삼각형이다.
∴ $\overline{AB}=\overline{AC}=14$ cm
따라서 △ABC의 둘레의 길이는
$\overline{AB}+\overline{BC}+\overline{AC}=14+10+14=38$ (cm)

12　주어진 삼각형의 나머지 한 각의 크기는
180°-(60°+90°)=30°
③ RHA 합동　　④ RHS 합동

13　① RHS 합동　　② SAS 합동
③ ASA 합동　　④ RHA 합동
⑤ 세 각의 크기가 각각 같은 삼각형은 무수히 많으므로 반드시 합동이라 할 수 없다.

14　△BAD와 △ACE에서
∠ADB=∠CEA=90°, $\overline{AB}=\overline{CA}$,
∠BAD=90°-∠EAC=∠ACE
∴ △BAD≡△ACE (RHA 합동)
따라서 $\overline{AE}=\overline{BD}=9$ cm, $\overline{AD}=\overline{CE}=5$ cm이므로
$\overline{DE}=\overline{AE}-\overline{AD}=9-5=4$ (cm)

15 △AED와 △ACD에서

∠AED=∠ACD=90°, $\overline{AD}$는 공통, $\overline{AE}=\overline{AC}$

∴ △AED≡△ACD (RHS 합동)

∠CAD=∠EAD=25°이므로 ∠BAC=25°+25°=50°

따라서 △ABC에서 ∠x=180°−(50°+90°)=40°

16 △ADM과 △CEM에서

∠ADM=∠CEM=90°, $\overline{AM}=\overline{CM}$, $\overline{MD}=\overline{ME}$

∴ △ADM≡△CEM (RHS 합동)

따라서 ∠A=∠C=25°이므로

△ABC에서 ∠x=180°−2×25°=130°

17 △COP와 △DOP에서

∠OCP=∠ODP=90°, $\overline{OP}$는 공통, ∠COP=∠DOP

∴ △COP≡△DOP (RHA 합동)

따라서 $\overline{PC}=\overline{PD}$, $\overline{CO}=\overline{DO}$, ∠CPO=∠DPO이고,

$\overline{CO}=\overline{PO}$인지는 알 수 없으므로 옳은 것은 ㄱ, ㄷ, ㄹ이다.

18 $\overline{AD}$는 ∠A의 이등분선이므로 $\overline{DE}=\overline{DC}$=4 cm

△BDE에서 ∠BDE=90°−45°=45°이므로 ∠B=∠BDE

즉, △BDE는 $\overline{BE}=\overline{DE}$인 직각이등변삼각형이므로

$\overline{BE}=\overline{DE}$=4 cm

∴ △BDE=$\frac{1}{2}$×4×4=8(cm²)

교과서**에서** 🌱 **배운 문제** ┤21쪽├

1 풀이 참조	2 124°
3 8 m	4 8 cm²

---

1 (ㄷ) 꼭지각의 이등분선이 밑변과 수직이다.

2 ∠BAC=∠CAD=$\frac{1}{2}$×112°=56°

△ABC에서 ∠ACB=$\frac{1}{2}$×(180°−56°)=62°

△ACD에서 ∠ACD=$\frac{1}{2}$×(180°−56°)=62°

∴ ∠BCD=∠ACB+∠ACD=62°+62°=124°

3 △ADB에서 ∠DBC=∠A+∠D이므로

∠A=60°−30°=30°   ∴ ∠A=∠D

즉, △ADB는 $\overline{BA}=\overline{BD}$인 이등변삼각형이므로

$\overline{AB}=\overline{DB}$=8 m

따라서 강의 폭 $\overline{AB}$의 길이는 8 m이다.

4 △ABF와 △BCG에서

∠AFB=∠BGC=90°, $\overline{AB}=\overline{BC}$,

∠BAF=90°−∠ABF=∠CBG

∴ △ABF≡△BCG (RHA 합동)

$\overline{BF}=\overline{CG}$=6 cm, $\overline{BG}=\overline{AF}$=8 cm이므로

$\overline{FG}=\overline{BG}-\overline{BF}$=8−6=2(cm)

∴ △AFG=$\frac{1}{2}$×2×8=8(cm²)

---

2 │ 삼각형의 외심과 내심

01 삼각형의 외심

┤23쪽~24쪽├

1	(1) x=3, y=4	(2) x=6, y=30
1-1	(1) x=5, y=7	(2) x=5, y=140
2	(1) 5 cm (2) 80°	**2-1** (1) 16 cm (2) 60°
3	(1) 35° (2) 15°	**3-1** (1) 20° (2) 30°
4	(1) 100° (2) 110°	**4-1** (1) 55° (2) 100°

1-1 (2) 삼각형의 외심에서 세 꼭짓점에 이르는 거리는 모두 같으므로 x=5

△OCA는 $\overline{OA}=\overline{OC}$인 이등변삼각형이므로

∠AOC=180°−2×20°=140°   ∴ y=140

2 (1) 점 D가 직각삼각형 ABC의 외심이므로

$\overline{DA}=\overline{DB}=\overline{DC}$

∴ $\overline{AD}=\frac{1}{2}\overline{BC}=\frac{1}{2}$×10=5(cm)

(2) △ADC는 $\overline{DA}=\overline{DC}$인 이등변삼각형이므로

∠ACD=∠CAD=40°

∴ ∠ADB=∠ACD+∠CAD=40°+40°=80°

2-1 (1) 점 D가 직각삼각형 ABC의 외심이므로

$\overline{DA}=\overline{DB}=\overline{DC}$

∴ $\overline{AB}=2\overline{CD}$=2×8=16(cm)

(2) △DBC는 $\overline{DB}=\overline{DC}$인 이등변삼각형이므로

∠DCB=∠DBC=30°

∴ ∠ADC=∠DBC+∠DCB=30°+30°=60°

3 (1) ∠x+30°+25°=90°이므로 ∠x=35°

(2) ∠x+40°+35°=90°이므로 ∠x=15°

3-1 (1) 38°+∠x+32°=90°이므로 ∠x=20°

(2) ∠x+36°+24°=90°이므로 ∠x=30°

4 (1) ∠x=2∠A=2×50°=100°

(2) △OAB는 $\overline{OA}=\overline{OB}$인 이등변삼각형이므로

∠OAB=∠OBA=22°

△OAC는 $\overline{OA}=\overline{OC}$인 이등변삼각형이므로

∠OAC=∠OCA=33°

따라서 ∠BAC=22°+33°=55°이므로

∠x=2∠BAC=2×55°=110°

4-1 (1) ∠x=$\frac{1}{2}$∠BOC=$\frac{1}{2}$×110°=55°

(2) △OBC는 $\overline{OB}=\overline{OC}$인 이등변삼각형이므로

∠OBC=∠OCB=20°

따라서 ∠ABC=30°+20°=50°이므로

∠x=2∠ABC=2×50°=100°

개념 완성하기 ───────── 25쪽~26쪽

01 ④	02 ②, ④	03 56 cm	04 7 cm
05 5π cm	06 16 cm	07 70°	08 15°
09 38°	10 46°	11 150°	12 96°
13 60°	14 40°		

01 ㄱ. 삼각형의 외심은 세 변의 수직이등분선의 교점이므로
  $\overline{AD}=\overline{BD}$
  ㄴ. 삼각형의 외심에서 세 꼭짓점에 이르는 거리는 모두 같
  으므로 $\overline{OA}=\overline{OB}=\overline{OC}$
  ㄹ. △OAC는 $\overline{OA}=\overline{OC}$인 이등변삼각형이므로
  $\angle OAC=\angle OCA$
  ㅁ. △OAD≡△OBD(SAS 합동),
  △OAF≡△OCF(SAS 합동)
  따라서 옳은 것은 ㄱ, ㄴ, ㄹ이다.

02 ① $\overline{OP}$는 $\overline{AB}$의 수직이등분선이므로 점 P는 $\overline{AB}$의 중점이다.
  ⑤ △OBQ≡△OCQ(SAS 합동)
  따라서 옳지 않은 것은 ②, ④이다.

03 $\overline{AD}=\overline{BD}=11$ cm, $\overline{BE}=\overline{CE}=9$ cm, $\overline{AF}=\overline{CF}=8$ cm
  따라서 △ABC의 둘레의 길이는
  $\overline{AB}+\overline{BC}+\overline{CA}=2(\overline{BD}+\overline{CE}+\overline{CF})$
  $\qquad\qquad\qquad\quad =2\times(11+9+8)=56$ (cm)

04 △AOC는 $\overline{OA}=\overline{OC}$인 이등변삼각형이므로
  $\overline{OA}=\overline{OC}=\dfrac{1}{2}\times(25-11)=\dfrac{1}{2}\times14=7$ (cm)
  따라서 △ABC의 외접원의 반지름의 길이는 7 cm이다.

05 점 D는 직각삼각형의 외심이므로 △ABC의 외접원의 반지름의 길이는
  $\dfrac{1}{2}\overline{BC}=\dfrac{1}{2}\times5=\dfrac{5}{2}$ (cm)
  따라서 △ABC의 외접원의 둘레의 길이는
  $2\pi\times\dfrac{5}{2}=5\pi$ (cm)

06 점 O는 직각삼각형 ABC의 외심이므로 $\overline{OA}=\overline{OB}=\overline{OC}$
  △OCA는 $\overline{OA}=\overline{OC}$인 이등변삼각형이므로
  $\angle OCA=\angle A=90°-30°=60°$
  ∴ $\angle AOC=180°-2\times60°=60°$
  즉, △OCA는 정삼각형이므로 $\overline{OA}=\overline{OC}=\overline{AC}=8$ cm
  ∴ $\overline{AB}=2\overline{OA}=2\times8=16$ (cm)

07 $30°+20°+\angle OAC=90°$이므로 $\angle OAC=40°$
  △OAB는 $\overline{OA}=\overline{OB}$인 이등변삼각형이므로
  $\angle OAB=\angle OBA=30°$
  ∴ $\angle BAC=\angle OAB+\angle OAC=30°+40°=70°$

08 $\angle x+2\angle x+3\angle x=90°$이므로
  $6\angle x=90°$ ∴ $\angle x=15°$

09 $\angle AOC=2\angle B=2\times52°=104°$
  △OAC는 $\overline{OA}=\overline{OC}$인 이등변삼각형이므로
  $\angle x=\dfrac{1}{2}\times(180°-104°)=38°$

10 △OAB는 $\overline{OA}=\overline{OB}$인 이등변삼각형이므로
  $\angle AOB=180°-2\times44°=92°$
  ∴ $\angle x=\dfrac{1}{2}\angle AOB=\dfrac{1}{2}\times92°=46°$

11 $\angle ACB=180°\times\dfrac{5}{3+4+5}=180°\times\dfrac{5}{12}=75°$
  ∴ $\angle AOB=2\angle ACB=2\times75°=150°$

12 $\angle BAC=180°\times\dfrac{4}{4+5+6}=180°\times\dfrac{4}{15}=48°$
  ∴ $\angle BOC=2\angle BAC=2\times48°=96°$

13 오른쪽 그림과 같이 $\overline{OC}$를 그으면
  △OBC는 $\overline{OB}=\overline{OC}$인 이등변삼각형
  이므로 $\angle OCB=\angle OBC=30°$
  ∴ $\angle BOC=180°-2\times30°$
  $\qquad\qquad =120°$
  ∴ $\angle A=\dfrac{1}{2}\angle BOC=\dfrac{1}{2}\times120°=60°$

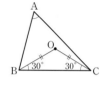

14 오른쪽 그림과 같이 $\overline{OA}$를 그으면
  $\angle AOB=2\angle C=2\times50°=100°$
  △OAB는 $\overline{OA}=\overline{OB}$인 이등변삼각형
  이므로
  $\angle ABO=\dfrac{1}{2}\times(180°-100°)=40°$

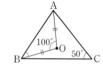

02 삼각형의 내심

28쪽~30쪽

1	(1) $x=30, y=25$	(2) $x=5, y=5$		
1-1	(1) $x=60, y=28$	(2) $x=30, y=3$		
2	(1) 30°	(2) 35°	2-1 (1) 30°	(2) 45°
3	(1) 125°	(2) 64°	3-1 (1) 115°	(2) 40°
4	2 cm		4-1 2 cm	
5	(1) 내각	(2) $\overline{IF}$	(3) △OCE	(4) △ICE
	(5) 중점	(6) 90°	(7) $2\angle A$	(8) 90° (9) 90°

1-1 (1) $\angle ABC=2\angle IBA=2\times30°=60°$이므로 $x=60$
  $\angle ICB=\angle ICA=28°$이므로 $y=28$
  (2) $\angle ABC=180°-(70°+50°)=60°$이므로
  $\angle IBD=\dfrac{1}{2}\angle ABC=\dfrac{1}{2}\times60°=30°$ ∴ $x=30$
  $\overline{IE}=\overline{ID}=3$ cm이므로 $y=3$

2 (1) $36°+24°+\angle x=90°$이므로 $\angle x=30°$

(2) $\angle x+20°+35°=90°$이므로 $\angle x=35°$

2-1 (1) $\angle x+32°+28°=90°$이므로 $\angle x=30°$

(2) $20°+25°+\angle x=90°$이므로 $\angle x=45°$

3 (1) $\angle x=90°+\dfrac{1}{2}\angle A=90°+\dfrac{1}{2}\times70°=125°$

(2) $\angle BIC=90°+\dfrac{1}{2}\angle A$이므로 $122°=90°+\dfrac{1}{2}\angle x$

$\dfrac{1}{2}\angle x=32°$ ∴ $\angle x=64°$

3-1 (1) $\angle x=90°+\dfrac{1}{2}\angle C=90°+\dfrac{1}{2}\times50°=115°$

(2) $\angle AIC=90°+\dfrac{1}{2}\angle B$이므로 $110°=90°+\dfrac{1}{2}\angle x$

$\dfrac{1}{2}\angle x=20°$ ∴ $\angle x=40°$

4 $\triangle ABC$의 내접원의 반지름의 길이를 r cm라 하면 $\triangle ABC$의 넓이에서

$\dfrac{1}{2}\times r\times(10+8+6)=\dfrac{1}{2}\times8\times6$이므로

$12r=24$ ∴ $r=2$

따라서 $\triangle ABC$의 내접원의 반지름의 길이는 2 cm이다.

4-1 $\triangle ABC$의 내접원의 반지름의 길이를 r cm라 하면 $\triangle ABC$의 넓이에서

$\dfrac{1}{2}\times r\times(13+12+5)=\dfrac{1}{2}\times12\times5$이므로

$15r=30$ ∴ $r=2$ ∴ $\overline{\text{ID}}=2$ cm

개념 완성하기 ┤31쪽~33쪽├

01 ③, ⑤	**02** ④	**03** 125°	**04** 113°
05 6 cm	**06** 8 cm	**07** 60°	**08** 25°
09 35°	**10** 128°	**11** (1) 80°	(2) 130°
12 42°	**13** 6π cm	**14** 30 cm	**15** 3 cm
16 9 cm	**17** (1) 50°	(2) 115°	**18** 80°

01 ① $\overline{\text{AD}}=\overline{\text{AF}}$, $\overline{\text{BD}}=\overline{\text{BE}}$

② $\angle IBD=\angle IBE$, $\angle ICE=\angle ICF$

③ $\triangle ICE\equiv\triangle ICF$ (RHA 합동)

⑤ 삼각형의 내심에서 세 변에 이르는 거리는 모두 같으므로 $\overline{\text{ID}}=\overline{\text{IE}}=\overline{\text{IF}}$

따라서 옳은 것은 ③, ⑤이다.

02 ㄱ. $\triangle ICQ\equiv\triangle ICR$ (RHA 합동)이므로 $\overline{\text{CQ}}=\overline{\text{CR}}$

ㄴ. $\triangle IAP\equiv\triangle IAR$ (RHA 합동)이므로 $\angle AIP=\angle AIR$

ㄹ. 점 I에서 세 변에 이르는 거리는 같다.

따라서 옳은 것은 ㄱ, ㄴ, ㄷ이다.

03 $\angle IBC=\angle IBA=30°$, $\angle ICB=\angle ICA=25°$이므로

$\triangle IBC$에서 $\angle BIC=180°-(30°+25°)=125°$

04 $\angle IAB=\angle IAC=32°$, $\angle IBA=\dfrac{1}{2}\angle ABC=\dfrac{1}{2}\times70°=35°$

$\triangle IAB$에서 $\angle AIB=180°-(32°+35°)=113°$

05 점 I는 $\triangle ABC$의 내심이므로

$\angle DBI=\angle IBC$, $\angle ECI=\angle ICB$

이때 $\overline{\text{DE}}/\!\!/\overline{\text{BC}}$이므로

$\angle DIB=\angle IBC$ (엇각),

$\angle EIC=\angle ICB$ (엇각)

∴ $\angle DBI=\angle DIB$, $\angle ECI=\angle EIC$

즉, $\triangle DBI$는 $\overline{\text{DB}}=\overline{\text{DI}}$인 이등변삼각형이고, $\triangle EIC$는 $\overline{\text{EC}}=\overline{\text{EI}}$인 이등변삼각형이므로

$\overline{\text{DB}}+\overline{\text{EC}}=\overline{\text{DI}}+\overline{\text{EI}}=\overline{\text{DE}}=6$ cm

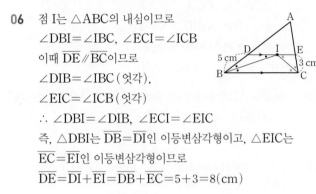

06 점 I는 $\triangle ABC$의 내심이므로

$\angle DBI=\angle IBC$, $\angle ECI=\angle ICB$

이때 $\overline{\text{DE}}/\!\!/\overline{\text{BC}}$이므로

$\angle DIB=\angle IBC$ (엇각),

$\angle EIC=\angle ICB$ (엇각)

∴ $\angle DBI=\angle DIB$, $\angle ECI=\angle EIC$

즉, $\triangle DBI$는 $\overline{\text{DB}}=\overline{\text{DI}}$인 이등변삼각형이고, $\triangle EIC$는 $\overline{\text{EC}}=\overline{\text{EI}}$인 이등변삼각형이므로

$\overline{\text{DE}}=\overline{\text{DI}}+\overline{\text{EI}}=\overline{\text{DB}}+\overline{\text{EC}}=5+3=8\,(\text{cm})$

07 $34°+26°+\angle IAC=90°$ ∴ $\angle IAC=30°$

∴ $\angle BAC=2\angle IAC=2\times30°=60°$

08 $\angle IBA=\dfrac{1}{2}\angle ABC=\dfrac{1}{2}\times60°=30°$이므로

$35°+30°+\angle x=90°$ ∴ $\angle x=25°$

09 $\angle BIC=90°+\dfrac{1}{2}\angle BAC$이므로

$125°=90°+\angle x$ ∴ $\angle x=35°$

10 $\angle AIC=90°+\dfrac{1}{2}\angle ABC$이므로

$\angle x=90°+38°=128°$

11 (1) $\angle BAC=180°\times\dfrac{4}{4+3+2}=180°\times\dfrac{4}{9}=80°$

(2) $\angle BIC=90°+\dfrac{1}{2}\angle BAC=90°+\dfrac{1}{2}\times80°=130°$

12 $\angle AIC=360°\times\dfrac{11}{10+9+11}=360°\times\dfrac{11}{30}=132°$

$\angle AIC=90°+\dfrac{1}{2}\angle ABC$이므로

$132°=90°+\angle ABI$ ∴ $\angle ABI=42°$

13 $\triangle ABC$의 내접원의 반지름의 길이를 r cm라 하면 $\triangle ABC$의 넓이에서

$\dfrac{1}{2}\times r\times(10+12+10)=48$이므로

$16r=48$ ∴ $r=3$

따라서 $\triangle ABC$의 내접원의 둘레의 길이는

$2\pi\times3=6\pi\,(\text{cm})$

14 △ABC의 넓이에서

$\frac{1}{2} \times 3 \times$ (△ABC의 둘레의 길이) $= 45$

∴ (△ABC의 둘레의 길이) $= 30$ (cm)

> **Self 코칭**
>
> △ABC
> $= \frac{1}{2} \times$ (내접원의 반지름의 길이) $\times$ (△ABC의 둘레의 길이)

15 $\overline{BD} = \overline{BE} = 7$ cm이므로 $\overline{AD} = \overline{AB} - \overline{BD} = 10 - 7 = 3$ (cm)

∴ $\overline{AF} = \overline{AD} = 3$ cm

16 $\overline{BD} = \overline{BE} = 5$ cm이므로 $\overline{AD} = \overline{AB} - \overline{BD} = 8 - 5 = 3$ (cm)

따라서 $\overline{AF} = \overline{AD} = 3$ cm, $\overline{CF} = \overline{CE} = 6$ cm이므로

$\overline{AC} = \overline{AF} + \overline{CF} = 3 + 6 = 9$ (cm)

17 (1) 점 O는 △ABC의 외심이므로

$\angle A = \frac{1}{2} \angle BOC = \frac{1}{2} \times 100° = 50°$

(2) 점 I는 △ABC의 내심이므로

$\angle BIC = 90° + \frac{1}{2} \angle A = 90° + \frac{1}{2} \times 50° = 115°$

18 점 I는 △ABC의 내심이므로

$\angle BIC = 90° + \frac{1}{2} \angle A$에서 $110° = 90° + \frac{1}{2} \angle A$

$\frac{1}{2} \angle A = 20°$ ∴ $\angle A = 40°$

따라서 점 O는 △ABC의 외심이므로

$\angle x = 2 \angle A = 2 \times 40° = 80°$

> **실력 확인하기** ─────────────| 34쪽 |
>
> **01** 16 cm   **02** ③   **03** 165°   **04** $\frac{9}{2}$ cm²
>
> **05** 148°   **06** 20°   **07** 29π cm²

01 점 O는 직각삼각형 ABC의 외심이므로

$\overline{OA} = \overline{OB} = \overline{OC} = \frac{1}{2} \overline{AB} = \frac{1}{2} \times 10 = 5$ (cm)

따라서 △OCA의 둘레의 길이는

$\overline{OA} + \overline{OC} + \overline{AC} = 5 + 5 + 6 = 16$ (cm)

02 △OAB는 $\overline{OA} = \overline{OB}$인 이등변삼각형이므로

$\angle OBA = \frac{1}{2} \times (180° - 100°) = 40°$

$\angle x + 40° + 30° = 90°$이므로 $\angle x = 20°$

> **다른풀이**
>
> △OAC는 $\overline{OA} = \overline{OC}$인 이등변삼각형이므로
>
> $\angle OCA = \angle OAC = \angle x$
>
> 이때 $\angle ACB = \frac{1}{2} \angle AOB = \frac{1}{2} \times 100° = 50°$이므로
>
> $\angle x + 30° = 50°$ ∴ $\angle x = 20°$

03 오른쪽 그림과 같이 $\overline{OA}$를 그으면

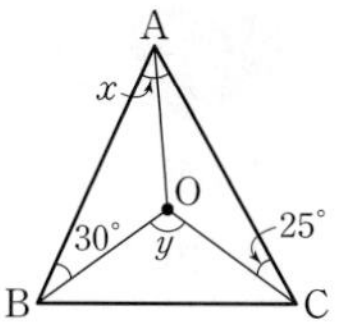

△OAB는 $\overline{OA} = \overline{OB}$인 이등변삼각형

이므로 $\angle OAB = \angle OBA = 30°$

또, △OCA는 $\overline{OA} = \overline{OC}$인 이등변삼각

형이므로 $\angle OAC = \angle OCA = 25°$

따라서 $\angle x = 30° + 25° = 55°$이므로

$\angle y = 2 \angle x = 2 \times 55° = 110°$

∴ $\angle x + \angle y = 55° + 110° = 165°$

04 △ABC의 내접원의 반지름의 길이를 r cm라 하면

△ABC의 넓이에서

$\frac{1}{2} \times r \times (5 + 6 + 5) = 12$이므로

$8r = 12$ ∴ $r = \frac{3}{2}$

∴ △IBC $= \frac{1}{2} \times 6 \times \frac{3}{2} = \frac{9}{2}$ (cm²)

05 점 I는 △ABC의 내심이므로

$\angle BIC = 90° + \frac{1}{2} \angle A = 90° + \frac{1}{2} \times 52° = 116°$

점 I'은 △IBC의 내심이므로

$\angle BI'C = 90° + \frac{1}{2} \angle BIC = 90° + \frac{1}{2} \times 116° = 148°$

06

> **전략 코칭**
>
> 삼각형의 내심의 성질을 이용하여 $\angle A$의 크기를 구한 후 삼각형의 외심의 성질을 이용한다.

점 I는 △ABC의 내심이므로 $\angle BIC = 90° + \frac{1}{2} \angle A$에서

$125° = 90° + \frac{1}{2} \angle A$, $\frac{1}{2} \angle A = 35°$ ∴ $\angle A = 70°$

이때 점 O는 △ABC의 외심이므로

$\angle BOC = 2 \angle A = 2 \times 70° = 140°$

따라서 △OBC는 $\overline{OB} = \overline{OC}$인 이등변삼각형이므로

$\angle x = \frac{1}{2} \times (180° - 140°) = 20°$

07

> **전략 코칭**
>
> 직각삼각형의 외심은 빗변의 중점임을 이용하여 외접원의 반지름의 길이를 구하고, 삼각형의 내심의 성질을 이용하여 내접원의 반지름의 길이를 구한다.

직각삼각형의 외심은 빗변의 중점이므로 △ABC의 외접원의 반지름의 길이는

$\frac{1}{2} \overline{AC} = \frac{1}{2} \times 10 = 5$ (cm)

∴ (△ABC의 외접원의 넓이) $= \pi \times 5^2 = 25\pi$ (cm²)

△ABC의 내접원의 반지름의 길이를 r cm라 하면

△ABC의 넓이에서

$\frac{1}{2} \times r \times (6 + 8 + 10) = \frac{1}{2} \times 8 \times 6$이므로

$12r = 24$ ∴ $r = 2$

∴ (△ABC의 내접원의 넓이) $= \pi \times 2^2 = 4\pi$ (cm²)

따라서 구하는 합은 $25\pi + 4\pi = 29\pi$ (cm²)

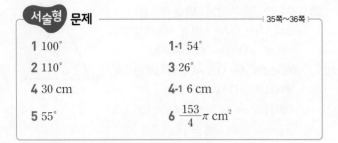

1 100° **1-1** 54°

2 110° **3** 26°

4 30 cm **4-1** 6 cm

5 55° **6** $\dfrac{153}{4}\pi$ cm²

---

1 채점기준 1 ∠OAC의 크기 구하기 … 2점

∠BAO : ∠OAC=5 : 4이므로

$$\angle OAC=90°\times\frac{4}{5+4}=90°\times\frac{4}{9}=40°$$

채점기준 2 ∠AOC의 크기 구하기 … 3점

점 O는 직각삼각형 ABC의 외심이므로 $\overline{OA}=\overline{OB}=\overline{OC}$

따라서 △AOC는 $\overline{OA}=\overline{OC}$인 이등변삼각형이므로

∠AOC=180°−2×40°=100°

1-1 채점기준 1 ∠BOC의 크기 구하기 … 2점

∠AOB : ∠BOC=3 : 2이므로

$$\angle BOC=180°\times\frac{2}{3+2}=180°\times\frac{2}{5}=72°$$

채점기준 2 ∠C의 크기 구하기 … 3점

점 O는 직각삼각형 ABC의 외심이므로 $\overline{OA}=\overline{OB}=\overline{OC}$

따라서 △OBC는 $\overline{OB}=\overline{OC}$인 이등변삼각형이므로

$$\angle C=\frac{1}{2}\times(180°-72°)=54°$$

2 △OAB는 $\overline{OA}=\overline{OB}$인 이등변삼각형이므로

∠AOB=180°−2×24°=132° …… ❶

∴ ∠x=360°−(132°+118°)=110° …… ❷

채점 기준	배점
❶ ∠AOB의 크기 구하기	3점
❷ ∠x의 크기 구하기	2점

3 점 O는 △ABC의 외심이므로

∠AOC=2∠B=2×32°=64° …… ❶

또, 점 O′은 △AOC의 외심이므로

∠AO′C=2∠AOC=2×64°=128° …… ❷

따라서 △AO′C는 $\overline{O'A}=\overline{O'C}$인 이등변삼각형이므로

$$\angle O'CA=\frac{1}{2}\times(180°-128°)=26° \quad ……❸$$

채점 기준	배점
❶ ∠AOC의 크기 구하기	2점
❷ ∠AO′C의 크기 구하기	2점
❸ ∠O′CA의 크기 구하기	2점

4 채점기준 1 $\overline{BE}$, $\overline{CF}$의 길이 각각 구하기 … 3점

$\overline{AD}=\overline{AF}=4$ cm이므로

$\overline{BD}=\overline{AB}-\overline{AD}=9-4=5$(cm) ∴ $\overline{BE}=\overline{BD}=5$ cm

$\overline{CF}=\overline{CE}=6$ cm

채점기준 2 △ABC의 둘레의 길이 구하기 … 2점

△ABC의 둘레의 길이는

$\overline{AB}+\overline{BC}+\overline{CA}=9+(5+6)+(6+4)=30$(cm)

4-1 채점기준 1 $\overline{CE}=x$ cm로 놓고 방정식 세우기 … 4점

$\overline{CE}=x$ cm라 하면 $\overline{CF}=\overline{CE}=x$ cm이므로

$\overline{AD}=\overline{AF}=\overline{AC}-\overline{CF}=(7-x)$ cm

$\overline{BD}=\overline{BE}=\overline{BC}-\overline{CE}=(11-x)$ cm

이때 $\overline{AB}=\overline{AD}+\overline{BD}$이므로 $6=(7-x)+(11-x)$

채점기준 2 방정식을 풀고, $\overline{CE}$의 길이 구하기 … 2점

$6=18-2x,\ 2x=12$ ∴ $x=6$

∴ $\overline{CE}=6$ cm

5 △ABC에서 ∠BAC=180°−(50°+70°)=60°

점 I는 △ABC의 내심이므로

$$\angle BAD=\frac{1}{2}\angle BAC=\frac{1}{2}\times60°=30° \quad ……❶$$

$$\angle ABI=\frac{1}{2}\angle ABC=\frac{1}{2}\times50°=25° \quad ……❷$$

따라서 △ABI에서

∠BID=∠BAI+∠ABI=30°+25°=55° …… ❸

채점 기준	배점
❶ ∠BAD의 크기 구하기	3점
❷ ∠ABI의 크기 구하기	1점
❸ ∠BID의 크기 구하기	2점

6 직각삼각형의 외심은 빗변의 중점이므로 △ABC의 외접원의 반지름의 길이는

$$\frac{1}{2}\overline{BC}=\frac{1}{2}\times13=\frac{13}{2}\text{(cm)} \quad ……❶$$

△ABC의 내접원의 반지름의 길이를 r cm라 하면

△ABC의 넓이에서

$$\frac{1}{2}\times r\times(12+13+5)=\frac{1}{2}\times12\times5$$이므로

$15r=30$ ∴ $r=2$ …… ❷

따라서 색칠한 부분의 넓이는

$$\pi\times\left(\frac{13}{2}\right)^2-\pi\times2^2=\frac{169}{4}\pi-4\pi=\frac{153}{4}\pi\text{(cm}^2) \quad ……❸$$

채점 기준	배점
❶ △ABC의 외접원의 반지름의 길이 구하기	2점
❷ △ABC의 내접원의 반지름의 길이 구하기	3점
❸ 색칠한 부분의 넓이 구하기	2점

실전! 중단원 마무리 ———————37쪽~39쪽

01 ⑤	**02** ③	**03** ①	**04** 30°
05 15 cm²	**06** ⑤	**07** 10°	**08** 64°
09 ⑤	**10** 60°	**11** ②, ⑤	**12** 72°
13 ③	**14** 20°	**15** ④	**16** 3 m
17 ⑤	**18** 40 cm	**19** 35°	

01 ⑤ 외심에서 삼각형의 세 꼭짓점에 이르는 거리는 모두 같다.

02 △OAC는 $\overline{OA}=\overline{OC}$인 이등변삼각형이고, $\overline{OD}$는 이등변삼각형의 꼭지각의 이등분선이므로 $\overline{AC}$를 수직이등분한다.

$$\therefore \overline{AD}=\frac{1}{2}\overline{AC}=\frac{1}{2}\times12=6(cm)$$

03 (△OBC의 둘레의 길이)$=\overline{OB}+\overline{OC}+8=18(cm)$
이때 $\overline{OB}=\overline{OC}$이므로 $2\overline{OB}+8=18$ $\quad\therefore \overline{OB}=5(cm)$
따라서 △ABC의 외접원의 반지름의 길이가 5 cm이므로
외접원의 둘레의 길이는 $2\pi\times5=10\pi(cm)$

04 외심 O가 변 AC 위에 있으므로 △ABC는 $\angle B=90°$인 직각삼각형이다.

$$\therefore \angle C=180°-(60°+90°)=30°$$

직각삼각형의 외심은 빗변의 중점이므로 $\overline{OA}=\overline{OB}=\overline{OC}$
따라서 △OBC는 $\overline{OB}=\overline{OC}$인 이등변삼각형이므로
$\angle OBC=\angle C=30°$

05 직각삼각형의 외심은 빗변의 중점이므로 $\overline{OA}=\overline{OC}$
이때 △OAB와 △OBC는 밑변의 길이와 높이가 각각 같으므로 그 넓이가 서로 같다.

$$\therefore \triangle OBC=\frac{1}{2}\triangle ABC=\frac{1}{2}\times\left(\frac{1}{2}\times12\times5\right)=15(cm^2)$$

06 △OAB는 $\overline{OA}=\overline{OB}$인 이등변삼각형이므로

$$\angle OAB=\frac{1}{2}\times(180°-132°)=24°$$

이때 $\angle OAB+\angle x+\angle y=90°$이므로
$24°+\angle x+\angle y=90°$
$$\therefore \angle x+\angle y=90°-24°=66°$$

07 $3\angle x+2\angle x+4\angle x=90°$이므로
$9\angle x=90°$ $\quad\therefore \angle x=10°$

08 $\angle A=\frac{1}{2}\angle BOC=\frac{1}{2}\times116°=58°$
△ABC에서 $\angle ACB=180°-(58°+58°)=64°$

09 $\angle COA=360°\times\dfrac{4}{2+3+4}=360°\times\dfrac{4}{9}=160°$

$$\therefore \angle ABC=\frac{1}{2}\angle COA=\frac{1}{2}\times160°=80°$$

10 외심과 내심이 일치하므로 △ABC는 정삼각형이다.
$$\therefore \angle A=60°$$

11 ② 삼각형의 내심은 세 내각의 이등분선의 교점이다.
⑤ 삼각형의 내심에서 세 변에 이르는 거리는 모두 같다.
따라서 점 I가 △ABC의 내심인 것은 ②, ⑤이다.

12 $\angle ABC=2\angle IBA=2\times20°=40°$
$\angle ACB=2\angle ICA=2\times34°=68°$
△ABC에서 $\angle A=180°-(40°+68°)=72°$

[다른풀이]
$\angle IBC=\angle IBA=20°$, $\angle ICB=\angle ICA=34°$이므로
△IBC에서 $\angle BIC=180°-(20°+34°)=126°$

이때 $\angle BIC=90°+\frac{1}{2}\angle A$이므로 $126°=90°+\frac{1}{2}\angle A$

$\frac{1}{2}\angle A=36°$ $\quad\therefore \angle A=72°$

13 오른쪽 그림과 같이 $\overline{BI}$, $\overline{CI}$를 그으면 점 I는 △ABC의 내심이므로
$\angle DBI=\angle IBC$, $\angle ECI=\angle ICB$
이때 $\overline{DE}\,//\,\overline{BC}$이므로
$\angle DIB=\angle IBC$ (엇각),
$\angle EIC=\angle ICB$ (엇각)
따라서 △DBI는 $\overline{DB}=\overline{DI}$인 이등변삼각형이고, △EIC는
$\overline{EC}=\overline{EI}$인 이등변삼각형이므로

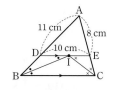

$$\begin{aligned}\overline{AB}+\overline{AC}&=\overline{AD}+\overline{DB}+\overline{EC}+\overline{AE}\\&=\overline{AD}+(\overline{DI}+\overline{EI})+\overline{AE}\\&=\overline{AD}+\overline{DE}+\overline{AE}\\&=11+10+8=29(cm)\end{aligned}$$

14 오른쪽 그림과 같이 $\overline{AI}$를 그으면

$$\angle IAB=\frac{1}{2}\angle A=\frac{1}{2}\times80°=40°$$

따라서 $40°+\angle x+30°=90°$이므로
$\angle x=20°$

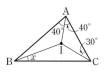

15 $\angle AIB=90°+\frac{1}{2}\angle C$이므로

$130°=90°+\frac{1}{2}\angle x$, $\frac{1}{2}\angle x=40°$ $\quad\therefore \angle x=80°$

16 가능한 한 큰 원형 분수대를 만들려면 원형 분수대는 직각삼각형 ABC의 내접원이어야 한다. 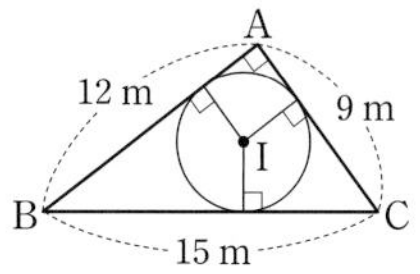
원형 분수대의 중심을 I, 원형 분수대의 반지름의 길이를 r m라 하면
△ABC의 넓이에서

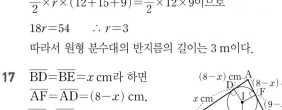

$$\frac{1}{2}\times r\times(12+15+9)=\frac{1}{2}\times12\times9$$이므로

$18r=54$ $\quad\therefore r=3$
따라서 원형 분수대의 반지름의 길이는 3 m이다.

17 $\overline{BD}=\overline{BE}=x$ cm라 하면 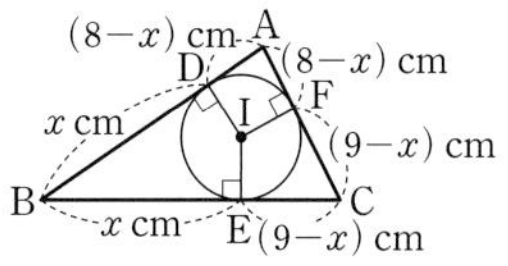
$\overline{AF}=\overline{AD}=(8-x)$ cm,
$\overline{CF}=\overline{CE}=(9-x)$ cm
이때 $\overline{AC}=\overline{AF}+\overline{CF}$이므로
$5=(8-x)+(9-x)$, $2x=12$ $\quad\therefore x=6$
$$\therefore \overline{BD}=6\ cm$$

18 오른쪽 그림과 같이 $\overline{IF}$를 그으면 사각형 IECF는 정사각형이므로 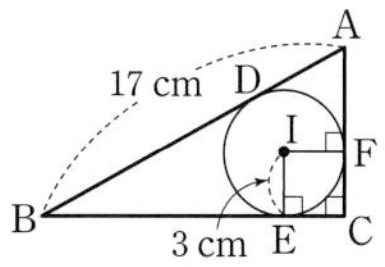
$\overline{EC}=\overline{FC}=\overline{IE}=3$ cm
$\overline{BD}=\overline{BE}=x$ cm라 하면
$\overline{AF}=\overline{AD}=(17-x)$ cm
따라서 △ABC의 둘레의 길이는
$\overline{AB}+\overline{BC}+\overline{CA}=17+(x+3)+\{3+(17-x)\}=40(cm)$

> **Self 코칭**
> 내심에서 삼각형의 세 변에 이르는 거리가 같으므로 점 I에서 $\overline{AC}$에 수선을 그으면 사각형 IECF는 정사각형이다.

19 점 O는 △ABC의 외심이므로

$\angle A = \dfrac{1}{2} \angle BOC = \dfrac{1}{2} \times 80° = 40°$

이때 △ABC는 $\overline{AB} = \overline{AC}$인 이등변삼각형이므로

$\angle ABC = \dfrac{1}{2} \times (180° - 40°) = 70°$

따라서 점 I는 △ABC의 내심이므로

$\angle IBC = \dfrac{1}{2} \angle ABC = \dfrac{1}{2} \times 70° = 35°$

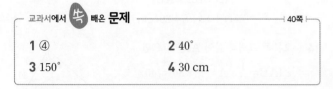
교과서에서 **쏙 빼온 문제** ┤40쪽├

1 ④ **2** 40°

3 150° **4** 30 cm

---

1 유물의 원래 모양은 △ABC의 외접원과 같으므로 원의 중심은 외심과 같다.
따라서 외심은 삼각형의 세 변의 수직이등분선의 교점이므로 원의 중심으로 가장 알맞은 것은 ④이다.

2 점 O는 △ABC의 외심이므로 $\overline{OA} = \overline{OB} = \overline{OC}$
$\angle OBC = \angle OCB = \angle x$라 하면
△OAB에서 $\angle OAB = \angle OBA = \angle x + 15°$
△OAC에서 $\angle OAC = \angle OCA = \angle x + 50°$
△ABC에서 $\angle BAC + \angle ABC + \angle ACB = 180°$이므로
$(\angle x + 15° + \angle x + 50°) + 15° + 50° = 180°$
$2\angle x = 50°$ ∴ $\angle x = 25°$
∴ $\angle OAB = \angle x + 15° = 25° + 15° = 40°$

3 점 I는 △ABC의 내심이므로
$\angle IAB = \angle IAE = \angle a$, $\angle IBA = \angle IBD = \angle b$라 하면
△ABC에서 $\angle BAC + \angle ABC + \angle C = 180°$이므로
$2\angle a + 2\angle b + 40° = 180°$, $2(\angle a + \angle b) = 140°$
∴ $\angle a + \angle b = 70°$
△ABD에서 $\angle ADB = 180° - \angle a - 2\angle b$,
△ABE에서 $\angle AEB = 180° - 2\angle a - \angle b$이므로
$\angle ADB + \angle AEB$
$= (180° - \angle a - 2\angle b) + (180° - 2\angle a - \angle b)$
$= 360° - 3(\angle a + \angle b)$
$= 360° - 3 \times 70° = 150°$

4 계단 밑 창고 공간에 보관할 수 있는 공의 크기는 창고 공간에 내접할 때 최대이다.
창고 공간에 내접하는 공의 반지름의 길이를 r cm라 하면 직각삼각형의 넓이에서
$\dfrac{1}{2} \times r \times (80 + 150 + 170) = \dfrac{1}{2} \times 150 \times 80$
$200r = 6000$ ∴ $r = 30$
따라서 계단 밑 창고 공간에 보관할 수 있는 공의 반지름의 최대 길이는 30 cm이다.

---

1 | 평행사변형의 성질

01 평행사변형의 성질

┤43쪽~45쪽├

1 (1) $x = 8$, $y = 6$ (2) $x = 9$, $y = 7$
1-1 (1) $x = 4$, $y = 7$ (2) $x = 3$, $y = 4$
2 (1) $\angle x = 45°$, $\angle y = 135°$ (2) $\angle x = 120°$, $\angle y = 60°$
2-1 (1) $\angle x = 65°$, $\angle y = 115°$ (2) $\angle x = 60°$, $\angle y = 120°$
3 (1) $x = 3$, $y = 4$ (2) $x = 4$, $y = 5$
3-1 (1) $x = 6$, $y = 4$ (2) $x = 12$, $y = 14$
4 (1) $\overline{BC}$ (2) $\overline{DC}$ (3) $\angle BCD$ (4) $\overline{OD}$ (5) $\overline{BC}$
4-1 (1) 두 쌍의 대각의 크기가 각각 같다.
  (2) 한 쌍의 대변이 평행하고, 그 길이가 같다.
  (3) 두 쌍의 대변의 길이가 각각 같다.
  (4) 두 대각선이 서로 다른 것을 이등분한다.
5 (1) $x = 3$, $y = 5$ (2) $x = 50$, $y = 130$
5-1 (1) $x = 10$, $y = 6$ (2) $x = 40$, $y = 7$
6 (1) 24 cm² (2) 12 cm² (3) 24 cm²
6-1 (1) 56 cm² (2) 28 cm² (3) 14 cm²
  (4) 14 cm²
7 16 cm²
7-1 17 cm²

---

2 (1) $\angle x = \angle B = 45°$, $\angle y = 180° - 45° = 135°$
  (2) $\angle y = \angle B = 60°$, $\angle x = 180° - 60° = 120°$

2-1 (1) $\angle y = \angle A = 115°$, $\angle x = 180° - 115° = 65°$
  (2) $2\angle x + \angle x = 180°$이므로 $3\angle x = 180°$ ∴ $\angle x = 60°$
  ∴ $\angle y = \angle A = 2 \times 60° = 120°$

3 (2) $x = \dfrac{1}{2} \times 8 = 4$, $y = \dfrac{1}{2} \times 10 = 5$

3-1 (1) $x = 6$, $y = \dfrac{1}{2} \times 8 = 4$
  (2) $x = 2 \times 6 = 12$, $y = 2 \times 7 = 14$

5 (1) 두 쌍의 대변의 길이가 각각 같아야 하므로
  $x = 3$, $y = 5$
  (2) 두 쌍의 대각의 크기가 각각 같아야 하므로
  $\angle C = \angle A = 130°$ ∴ $y = 130$
  $\angle B = 180° - 130° = 50°$ ∴ $x = 50$

5-1 (1) 두 대각선이 서로 다른 것을 이등분해야 하므로
  $x = 2 \times 5 = 10$, $y = 6$
  (2) 한 쌍의 대변이 평행하고, 그 길이가 같아야 하므로
  $\angle ACB = \angle DAC = 40°$ ∴ $x = 40$, $y = 7$

6 (1) $\triangle ABD = \dfrac{1}{2} \square ABCD = \dfrac{1}{2} \times 48 = 24 \, (cm^2)$

---

(2) $\triangle ABO = \frac{1}{4}\Box ABCD = \frac{1}{4} \times 48 = 12(cm^2)$

(3) $\triangle ABO = \triangle CDO = \frac{1}{4}\Box ABCD = \frac{1}{4} \times 48 = 12(cm^2)$

이므로 $\triangle ABO + \triangle CDO = 12 + 12 = 24(cm^2)$

6-1 (1) $\Box ABCD = 2\triangle ABC = 2 \times 28 = 56(cm^2)$

(2) $\triangle ABD = \frac{1}{2}\Box ABCD = \frac{1}{2} \times 56 = 28(cm^2)$

(3) $\triangle ABO = \frac{1}{4}\Box ABCD = \frac{1}{4} \times 56 = 14(cm^2)$

(4) $\triangle OBC = \frac{1}{4}\Box ABCD = \frac{1}{4} \times 56 = 14(cm^2)$

7 $\triangle PAB + \triangle PCD = \frac{1}{2}\Box ABCD = \frac{1}{2} \times 32 = 16(cm^2)$

7-1 $\triangle PBC + \triangle PDA = \frac{1}{2}\Box ABCD$이므로

$\triangle PBC + 10 = \frac{1}{2} \times 54 = 27(cm^2)$

$\therefore \triangle PBC = 27 - 10 = 17(cm^2)$

개념 완성하기   46쪽 ~ 47쪽

01 4 cm	**02** 4 cm	**03** 72°	**04** 135°
05 115°	**06** 70°	**07** 19 cm	**08** 6 cm
09 ④	**10** ㄴ, ㄷ		
11 (가) $\overline{BN}$	(나) $\overline{BC}$	(다) $\overline{BN}$	**12** 28 cm
13 16 cm²	**14** 72 cm²	**15** 30 cm²	**16** 15 cm²

01 $\angle BEA = \angle DAE$ (엇각)이고, $\angle BAE = \angle DAE$이므로

$\angle BAE = \angle BEA$

즉, $\triangle ABE$는 이등변삼각형이므로 $\overline{BE} = \overline{BA} = 8$ cm

이때 $\overline{BC} = \overline{AD} = 12$ cm이므로

$\overline{EC} = \overline{BC} - \overline{BE} = 12 - 8 = 4(cm)$

02 $\angle CEB = \angle ABE$ (엇각)이고, $\angle ABE = \angle CBE$이므로

$\angle CBE = \angle CEB$

즉, $\triangle CBE$는 이등변삼각형이므로 $\overline{CE} = \overline{CB} = 16$ cm

$\therefore \overline{DE} = \overline{CE} - \overline{CD} = 16 - 12 = 4(cm)$

03 $\angle A + \angle B = 180°$이고, $\angle A : \angle B = 3 : 2$이므로

$\angle B = 180° \times \frac{2}{3+2} = 180° \times \frac{2}{5} = 72°$

$\therefore \angle D = \angle B = 72°$

04 $\angle A + \angle B = 180°$이고, $\angle A = 3\angle B$이므로

$3\angle B + \angle B = 180°$, $4\angle B = 180°$ $\therefore \angle B = 45°$

이때 $\angle B + \angle C = 180°$이므로 $\angle C = 180° - 45° = 135°$

05 $\angle BAD + \angle D = 180°$이므로 $\angle BAD = 180° - 50° = 130°$

$\angle DAE = \frac{1}{2}\angle BAD = \frac{1}{2} \times 130° = 65°$

이때 $\angle BEA = \angle DAE = 65°$ (엇각)이므로

$\angle x = 180° - 65° = 115°$

06 $\angle DEC = 180° - 125° = 55°$

$\angle BCE = \angle DEC = 55°$ (엇각)이므로

$\angle BCD = 2\angle BCE = 2 \times 55° = 110°$

$\angle x + \angle BCD = 180°$이므로 $\angle x = 180° - 110° = 70°$

07 $\overline{OC} = \frac{1}{2}\overline{AC} = \frac{1}{2} \times 10 = 5(cm)$

$\overline{CD} = \overline{AB} = 8$ cm, $\overline{DO} = \overline{BO} = 6$ cm

따라서 $\triangle OCD$의 둘레의 길이는

$\overline{OC} + \overline{CD} + \overline{DO} = 5 + 8 + 6 = 19(cm)$

08 $\overline{AO} = \frac{1}{2}\overline{AC} = \frac{1}{2} \times 14 = 7(cm)$

$\overline{BO} = \frac{1}{2}\overline{BD} = \frac{1}{2} \times 16 = 8(cm)$

$\triangle ABO$의 둘레의 길이가 21 cm이므로

$\overline{AB} + 7 + 8 = 21$ $\therefore \overline{AB} = 6(cm)$

09 ① 두 쌍의 대변의 길이가 각각 같으므로 평행사변형이다.

② 나머지 한 각의 크기는 $360° - (120° + 60° + 120°) = 60°$

즉, 두 쌍의 대각의 크기가 각각 같으므로 평행사변형이다.

③ 두 대각선이 서로 다른 것을 이등분하므로 평행사변형이다.

④ 한 쌍의 대변이 평행하고, 다른 한 쌍의 대변의 길이가 같

으므로 평행사변형이 아니다.

⑤ 한 쌍의 대변이 평행하고, 그 길이가 같으므로 평행사변

형이다.

따라서 평행사변형이 아닌 것은 ④이다.

10 ㄴ. 두 쌍의 대각의 크기가 각각 같으므로 평행사변형이다.

ㄷ. 두 쌍의 대변의 길이가 각각 같으므로 평행사변형이다.

12 $\overline{AD} \parallel \overline{BC}$이므로 $\overline{AF} \parallel \overline{EC}$

$\angle BEA = \angle DAE$ (엇각)이고, $\angle BAE = \angle DAE$이므로

$\angle BAE = \angle BEA$

이때 $\angle B = 60°$이므로 $\triangle ABE$는 정삼각형이다.

즉, $\overline{BE} = \overline{AE} = \overline{BA} = 10$ cm이므로

$\overline{EC} = \overline{BC} - \overline{BE} = 14 - 10 = 4(cm)$

같은 방법으로 $\triangle DFC$는 정삼각형이고, $\overline{DC} = \overline{AB} = 10$ cm

이므로 $\overline{DF} = \overline{FC} = \overline{DC} = 10$ cm

이때 $\overline{AD} = \overline{BC} = 14$ cm이므로

$\overline{AF} = \overline{AD} - \overline{DF} = 14 - 10 = 4(cm)$

즉, $\overline{AF} \parallel \overline{EC}$이고, $\overline{AF} = \overline{EC}$이므로 $\Box AECF$는 평행사변

형이다. 따라서 $\Box AECF$의 둘레의 길이는

$2 \times (\overline{AF} + \overline{AE}) = 2 \times (4 + 10) = 28(cm)$

Self 코칭

$\Box ABCD$가 평행사변형일 때, 다음 그림의 색칠한 사각형도

모두 평행사변형이다.

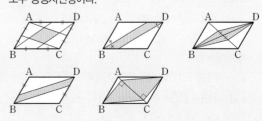

13 △OAE와 △OCF에서

$\overline{AO}=\overline{CO}$, ∠AOE=∠COF (맞꼭지각),

∠OAE=∠OCF (엇각)

이므로 △OAE≡△OCF (ASA 합동)

∴ (색칠한 부분의 넓이) =△OBF+△OAE

　　　　　　　　　　　 =△OBF+△OCF

　　　　　　　　　　　 =△OBC=△ABO=16(cm²)

14 △OAE와 △OCF에서

$\overline{AO}=\overline{CO}$, ∠AOE=∠COF (맞꼭지각),

∠OAE=∠OCF (엇각)

이므로 △OAE≡△OCF (ASA 합동)

△ABO=△OEB+△OAE=△OEB+△OCF=18(cm²)

이므로 □ABCD=4△ABO=4×18=72(cm²)

15 $\triangle PAB+\triangle PCD=\frac{1}{2}\square ABCD$이므로

$\square ABCD=2\times(\triangle PAB+\triangle PCD)$

　　　　　　 $=2\times(10+5)=30(cm^2)$

16 □ABCD=6×5=30(cm²)이므로

(색칠한 부분의 넓이) $=\triangle PBC+\triangle PDA=\frac{1}{2}\square ABCD$

　　　　　　　　　　　 $=\frac{1}{2}\times30=15(cm^2)$

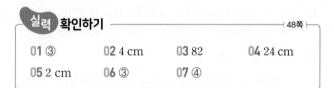

48쪽

01 ③　　　　02 4 cm　　　03 82　　　04 24 cm

05 2 cm　　　06 ③　　　07 ④

---

01 ③ 평행사변형의 두 대각선은 서로 다른 것을 이등분하므로

$\overline{OB}=\overline{OD}$

02 △ADE와 △FCE에서

$\overline{DE}=\overline{CE}$, ∠AED=∠FEC (맞꼭지각),

∠ADE=∠FCE (엇각)

이므로 △ADE≡△FCE (ASA 합동)

∴ $\overline{AD}=\overline{FC}$

이때 $\overline{AD}=\overline{BC}$이므로 $\overline{AD}=\overline{BC}=\overline{FC}$

∴ $\overline{AD}=\frac{1}{2}\overline{BF}=\frac{1}{2}\times8=4(cm)$

03 ∠BAE=∠DEA=50° (엇각)이므로

∠BAD=2∠BAE=2×50°=100°

∠BAD+∠B=180°이므로

∠B=180°−100°=80°　　∴ $x=80$

또, ∠DAE=∠BAE=∠DEA이므로 △DAE는 이등변

삼각형이다.

따라서 $\overline{DE}=\overline{DA}=6$ cm이고, $\overline{DC}=\overline{AB}=4$ cm이므로

$\overline{CE}=\overline{DE}-\overline{DC}=6-4=2(cm)$　　∴ $y=2$

∴ $x+y=80+2=82$

04 $\overline{OB}=\frac{1}{2}\overline{BD}=\frac{1}{2}\times16=8(cm)$

$\overline{BC}=\overline{AD}=10$ cm

$\overline{OC}=\frac{1}{2}\overline{AC}=\frac{1}{2}\times12=6(cm)$

따라서 △OBC의 둘레의 길이는

$\overline{OB}+\overline{BC}+\overline{OC}=8+10+6=24(cm)$

05 △OAE와 △OCF에서

$\overline{AO}=\overline{CO}$, ∠AOE=∠COF (맞꼭지각),

∠OAE=∠OCF (엇각)

이므로 △OAE≡△OCF (ASA 합동)

∴ $\overline{OF}=\overline{OE}=\frac{1}{2}\overline{EF}=\frac{1}{2}\times4=2(cm)$

△OBC=△ABO=6 cm²이므로

$\frac{1}{2}\times(4+\overline{CF})\times2=6$

$4+\overline{CF}=6$　　∴ $\overline{CF}=2(cm)$

∴ $\overline{AE}=\overline{CF}=2$ cm

06 전략 코칭

△ABE와 △CDF가 합동임을 이용하여 □EBFD가 평행사변형임을 보인다.

△ABE와 △CDF에서

$\overline{AB}=\overline{CD}$, ∠BAE=∠DCF (엇각),

∠AEB=∠CFD=90°

이므로 △ABE≡△CDF (RHA 합동)

∴ $\overline{BE}=\overline{DF}$

또, ∠BEF=∠DFE=90°에서 엇각의 크기가 같으므로

$\overline{BE}/\!\!/\overline{DF}$

즉, 한 쌍의 대변이 평행하고, 그 길이가 같으므로 □EBFD

는 평행사변형이다.

이때 △DEF는 직각삼각형이므로

∠EBF=∠FDE=180°−(90°+40°)=50°

07 전략 코칭

□ABCD와 □BFED가 평행사변형임을 이용한다.

두 대각선이 서로 다른 것을 이등분하므로 □BFED는 평행

사변형이다.

즉, □ABCD와 □BFED는 각각 평행사변형이므로

① △BCD=2△AOD=2×4=8(cm²)

② □ABCD=4△AOD=4×4=16(cm²)

③ △CED=△BCD=8 cm²

④ □ABFC=△ABC+△BFC

　　　　　 =△BCD+△BCD

　　　　　 =8+8=16(cm²)

⑤ □BFED=4△BCD=4×8=32(cm²)

따라서 옳지 않은 것은 ④이다.

채점 기준	배점
❶ ∠BAD의 크기 구하기	2점
❷ ∠PAB의 크기 구하기	1점
❸ ∠ABP의 크기 구하기	2점

1 4 cm	**1-1** 12 cm
2 3 cm	**3** 25°
4 18 cm	**5** 24 cm²
6 20 cm²	**7** 48 cm²

1 채점 기준 1 $\overline{BE}$의 길이 구하기 ··· 2점

∠BEA=∠DAE(엇각)이고, ∠BAE=∠DAE이므로

∠BAE=∠BEA

즉, △ABE는 이등변삼각형이므로 $\overline{BE}=\overline{BA}=6$ cm

채점 기준 2 $\overline{CF}$의 길이 구하기 ··· 2점

∠CFD=∠ADF(엇각)이고, ∠CDF=∠ADF이므로

∠CDF=∠CFD

즉, △CDF는 이등변삼각형이고, $\overline{CD}=\overline{AB}=6$ cm이므로

$\overline{CF}=\overline{CD}=6$ cm

채점 기준 3 $\overline{EF}$의 길이 구하기 ··· 2점

이때 $\overline{BC}=\overline{AD}=8$ cm이므로

$\overline{EF}=\overline{BE}+\overline{CF}-\overline{BC}=6+6-8=4(\text{cm})$

1-1 채점 기준 1 $\overline{DE}$의 길이 구하기 ··· 2점

∠DEA=∠BAE(엇각)이고, ∠DAE=∠BAE이므로

∠DAE=∠DEA

즉, △DAE는 이등변삼각형이므로 $\overline{DE}=\overline{DA}=10$ cm

채점 기준 2 $\overline{CF}$의 길이 구하기 ··· 2점

∠CFB=∠ABF(엇각)이고, ∠CBF=∠ABF이므로

∠CBF=∠CFB

즉, △CBF는 이등변삼각형이고, $\overline{BC}=\overline{AD}=10$ cm이므로

$\overline{CF}=\overline{CB}=10$ cm

채점 기준 3 $\overline{EF}$의 길이 구하기 ··· 2점

이때 $\overline{CD}=\overline{AB}=8$ cm이므로

$\overline{EF}=\overline{DE}+\overline{CF}-\overline{CD}=10+10-8=12(\text{cm})$

2 $\overline{AB}=\overline{DC}$, $\overline{AD}=\overline{BC}$이므로

$\overline{AB}+\overline{BC}=\dfrac{1}{2}\times42=21(\text{cm})$ ······ ❶

이때 $\overline{AB}:\overline{BC}=3:4$이므로

$\overline{AB}=21\times\dfrac{3}{3+4}=21\times\dfrac{3}{7}=9(\text{cm})$

$\overline{BC}=21-\overline{AB}=21-9=12(\text{cm})$ ······ ❷

따라서 $\overline{AB}$와 $\overline{BC}$의 길이의 차는 $12-9=3(\text{cm})$ ······ ❸

채점 기준	배점
❶ $\overline{AB}+\overline{BC}$의 길이 구하기	2점
❷ $\overline{AB}$, $\overline{BC}$의 길이 각각 구하기	2점
❸ $\overline{AB}$와 $\overline{BC}$의 길이의 차 구하기	1점

3 ∠BAD+∠D=180°이므로

∠BAD=180°-50°=130° ······ ❶

∠PAB=$\dfrac{1}{2}$∠BAD=$\dfrac{1}{2}\times130°=65°$ ······ ❷

△ABP에서 ∠ABP=180°-(90°+65°)=25° ······ ❸

4 $\overline{AB}=\overline{DC}$이므로 $5x=3x+4$, $2x=4$ $\therefore x=2$ ······ ❶

$\overline{DO}=4x+1=4\times2+1=9(\text{cm})$ ······ ❷

$\therefore \overline{BD}=2\overline{DO}=2\times9=18(\text{cm})$ ······ ❸

채점 기준	배점
❶ x의 값 구하기	2점
❷ $\overline{DO}$의 길이 구하기	1점
❸ $\overline{BD}$의 길이 구하기	2점

5 $\overline{AD}\,/\!/\,\overline{BC}$이므로 $\overline{AF}\,/\!/\,\overline{EC}$ ······ ㉠

∠BEA=∠DAE(엇각)이고, ∠BAE=∠DAE이므로

∠BAE=∠BEA

즉, △ABE는 이등변삼각형이므로 $\overline{BE}=\overline{BA}=8$ cm

$\therefore \overline{EC}=\overline{BC}-\overline{BE}=12-8=4(\text{cm})$

같은 방법으로 △DFC는 이등변삼각형이고,

$\overline{DC}=\overline{AB}=8$ cm이므로 $\overline{DF}=\overline{DC}=8$ cm

이때 $\overline{AD}=\overline{BC}=12$ cm이므로

$\overline{AF}=\overline{AD}-\overline{DF}=12-8=4(\text{cm})$ ······ ❶

즉, $\overline{AF}=\overline{EC}$ ······ ㉡

㉠, ㉡에서 □AECF는 평행사변형이다. ······ ❷

$\therefore \square AECF=4\times6=24(\text{cm}^2)$ ······ ❸

채점 기준	배점
❶ △ABE, △DFC가 이등변삼각형임을 알고, $\overline{AF}$, $\overline{EC}$의 길이 각각 구하기	4점
❷ □AECF가 평행사변형임을 알기	1점
❸ □AECF의 넓이 구하기	1점

6 △OAE와 △OCF에서

$\overline{AO}=\overline{CO}$, ∠AOE=∠COF(맞꼭지각),

∠OAE=∠OCF(엇각)

이므로 △OAE≡△OCF(ASA 합동) ······ ❶

∴ (색칠한 부분의 넓이)=△OAB+△OCF+△ODE

=△OAB+△OAE+△ODE

=△ABD=$\dfrac{1}{2}$□ABCD

=$\dfrac{1}{2}\times40=20(\text{cm}^2)$ ······ ❷

채점 기준	배점
❶ △OAE≡△OCF임을 알기	3점
❷ 색칠한 부분의 넓이 구하기	3점

7 $\overline{BC}=\overline{CE}$, $\overline{DC}=\overline{CF}$, 즉 두 대각선이 서로 다른 것을 이등분하므로 □BFED는 평행사변형이다. ······ ❶

이때 평행사변형 ABCD의 넓이가 24 cm²이므로

△BCD=$\dfrac{1}{2}$□ABCD=$\dfrac{1}{2}\times24=12(\text{cm}^2)$ ······ ❷

$\therefore \square BFED=4\triangle BCD=4\times12=48(\text{cm}^2)$ ······ ❸

채점 기준	배점
❶ □BFED가 평행사변형임을 알기	2점
❷ △BCD의 넓이 구하기	2점
❸ □BFED의 넓이 구하기	2점

실전! 중단원 마무리 ──────┤51쪽~52쪽├

01 6	**02** ④	**03** ①	**04** ③
05 116°	**06** ③	**07** 10 cm	**08** ④
09 ④	**10** 160 cm²	**11** 24 cm²	**12** 15 m²

01 $2x+2=20$에서 $2x=18$ ∴ $x=9$
$3y+5=5y-1$에서 $2y=6$ ∴ $y=3$
∴ $x-y=9-3=6$

02 ① $\overline{OC}=\overline{OA}=6$ cm
② 평행사변형의 두 대각선은 서로 다른 것을 이등분하므로
$\overline{OB}=\overline{OD}$
③ $\angle BAD=180°-\angle ABC=180°-60°=120°$
④ $\angle BCD=180°-\angle ABC=180°-60°=120°$
∴ $\angle ACD=120°-35°=85°$
⑤ $\angle DAC=\angle BCA=35°$ (엇각)
따라서 옳지 않은 것은 ④이다.

03 $\angle BEA=\angle DAE$ (엇각)이고, $\angle BAE=\angle DAE$이므로
$\angle BAE=\angle BEA$
즉, $\triangle ABE$는 이등변삼각형이고, $\overline{AB}=\overline{DC}=8$ cm이므로
$\overline{BE}=\overline{BA}=8$ cm
이때 $\overline{BC}=\overline{AD}=10$ cm이므로
$\overline{EC}=\overline{BC}-\overline{BE}=10-8=2$(cm)

04 $\triangle ABE$와 $\triangle FCE$에서
$\overline{BE}=\overline{CE}$, $\angle AEB=\angle FEC$ (맞꼭지각),
$\angle ABE=\angle FCE$ (엇각)
이므로 $\triangle ABE\equiv\triangle FCE$ (ASA 합동)
∴ $\overline{FC}=\overline{AB}=6$ cm
이때 $\overline{DC}=\overline{AB}=6$ cm이므로
$\overline{DF}=\overline{DC}+\overline{CF}=6+6=12$(cm)

05 $\angle ADE=\angle CED=32°$ (엇각)이므로
$\angle ADC=2\angle ADE=2\times32°=64°$
따라서 $\angle x+\angle ADC=180°$이므로
$\angle x=180°-64°=116°$

06 $\angle AFB=180°-150°=30°$이므로
$\angle EBF=\angle AFB=30°$ (엇각)
∴ $\angle ABE=2\angle EBF=2\times30°=60°$
$\angle BEA=\angle FAE$ (엇각)이고, $\angle BAE=\angle FAE$이므로
$\angle BAE=\angle BEA$
즉, $\triangle ABE$는 이등변삼각형이므로
$\angle BEA=\frac{1}{2}\times(180°-60°)=60°$
∴ $\angle AEC=180°-60°=120°$

07 $\overline{OD}=\frac{1}{2}\overline{BD}=\frac{1}{2}\times18=9$(cm)
$\triangle AOD$의 둘레의 길이가 26 cm이므로
$\overline{OA}+12+9=26$ ∴ $\overline{OA}=5$(cm)
∴ $\overline{AC}=2\overline{OA}=2\times5=10$(cm)

08 ③ 오른쪽 그림에서 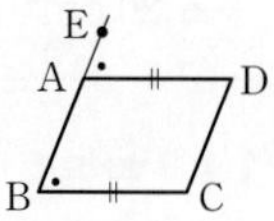
$\angle EAD=180°-\angle DAB=\angle ABC$
즉, 동위각의 크기가 같으므로
$\overline{AD}/\!/\overline{BC}$
또, $\overline{AD}=\overline{BC}$이므로 □ABCD는 평행사변형이다.
④ 오른쪽 그림과 같은 사각형이 될 수 있으므로 □ABCD는 평행사변형이 아니다.

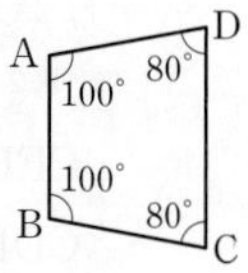

⑤ $\angle BAC=\angle DCA$ (엇각)이므로 $\overline{AB}/\!/\overline{DC}$
$\angle ADB=\angle CBD$ (엇각)이므로 $\overline{AD}/\!/\overline{BC}$
즉, □ABCD는 평행사변형이다.
따라서 □ABCD가 평행사변형이 아닌 것은 ④이다.

09 ① 색칠한 사각형은 한 쌍의 대변이 평행하고, 그 길이가 같으므로 평행사변형이다.
② 색칠한 사각형은 두 대각선이 서로 다른 것을 이등분하므로 평행사변형이다.
③ 오른쪽 그림에서 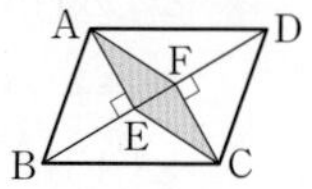
$\triangle ABE\equiv\triangle CDF$ (RHA 합동)이므로
$\overline{AE}=\overline{CF}$
$\angle AEF=\angle CFE=90°$, 즉 엇각의 크기가 같으므로
$\overline{AE}/\!/\overline{CF}$
색칠한 사각형은 한 쌍의 대변이 평행하고, 그 길이가 같으므로 평행사변형이다.
⑤ 오른쪽 그림에서 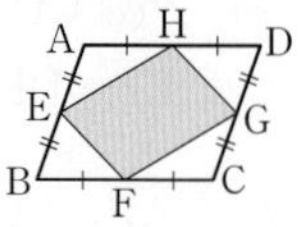
$\triangle AEH\equiv\triangle CGF$ (SAS 합동)이므로
$\overline{EH}=\overline{GF}$
$\triangle EBF\equiv\triangle GDH$ (SAS 합동)이므로
$\overline{EF}=\overline{GH}$
즉, 색칠한 사각형은 두 쌍의 대변의 길이가 각각 같으므로 평행사변형이다.
따라서 색칠한 사각형이 평행사변형이 아닌 것은 ④이다.

10 $\overline{AB}=\overline{DC}=10$ cm이므로
$\triangle OAB=\frac{1}{2}\times10\times8=40$(cm²)
∴ □ABCD$=4\triangle OAB=4\times40=160$(cm²)

11 □ABCD$=8\times6=48$(cm²)이므로
(색칠한 부분의 넓이)$=\triangle PAB+\triangle PCD$
$=\frac{1}{2}$□ABCD
$=\frac{1}{2}\times48=24$(cm²)

12 A, B, C, D 4명의 학생이 칠해야 하는 부분의 넓이를 각각 $a\,\mathrm{m}^2$, $b\,\mathrm{m}^2$, $c\,\mathrm{m}^2$, $d\,\mathrm{m}^2$라 하면

$a+d=b+c$이므로 $a+10=17+8$ $\therefore a=15$

따라서 A가 칠해야 하는 부분의 넓이는 15 m²이다.

교과서**에서** 쏙 **배운 문제** ——————————| 53쪽 |

1 $\overline{\mathrm{AO}}=9$ cm, $\overline{\mathrm{AE}}=8$ cm	**2** 90°	
3 풀이 참조	**4** 155°	

1 평행사변형의 두 대각선은 서로 다른 것을 이등분하므로

$\overline{\mathrm{AO}}=\overline{\mathrm{CO}}=9$ cm

$\triangle$OBE와 $\triangle$ODF에서

$\overline{\mathrm{OB}}=\overline{\mathrm{OD}}$, $\angle$BOE$=\angle$DOF (맞꼭지각),

$\angle$OBE$=\angle$ODF (엇각)

이므로 $\triangle$OBE$\equiv\triangle$ODF (ASA 합동)

따라서 $\overline{\mathrm{EB}}=\overline{\mathrm{FD}}=6$ cm이므로

$\overline{\mathrm{AE}}=\overline{\mathrm{AB}}-\overline{\mathrm{EB}}=14-6=8\,(\mathrm{cm})$

2 $\triangle$ABE와 $\triangle$ECF는 모두 이등변삼각형이므로

$\angle\mathrm{BEA}=\dfrac{1}{2}\times(180°-\angle\mathrm{B})=90°-\dfrac{1}{2}\angle\mathrm{B}$

$\angle\mathrm{CEF}=\dfrac{1}{2}\times(180°-\angle\mathrm{C})=90°-\dfrac{1}{2}\angle\mathrm{C}$

이때 $\angle$B$+\angle$C$=180°$이므로

$\begin{aligned}\angle x&=180°-(\angle\mathrm{BEA}+\angle\mathrm{CEF})\\&=180°-\left(90°-\dfrac{1}{2}\angle\mathrm{B}+90°-\dfrac{1}{2}\angle\mathrm{C}\right)\\&=\dfrac{1}{2}(\angle\mathrm{B}+\angle\mathrm{C})=\dfrac{1}{2}\times180°=90°\end{aligned}$

3 $\square$ABCF가 평행사변형이므로

$\overline{\mathrm{AB}}/\!/\overline{\mathrm{FC}}$, $\overline{\mathrm{AB}}=\overline{\mathrm{FC}}$ ······ ㉠

$\square$FCDE가 평행사변형이므로

$\overline{\mathrm{FC}}/\!/\overline{\mathrm{ED}}$, $\overline{\mathrm{FC}}=\overline{\mathrm{ED}}$ ······ ㉡

㉠, ㉡에서 $\overline{\mathrm{AB}}/\!/\overline{\mathrm{ED}}$, $\overline{\mathrm{AB}}=\overline{\mathrm{ED}}$이므로 $\square$ABDE는 평행사변형이다.

4 $\triangle$ABC와 $\triangle$PBQ에서

$\overline{\mathrm{AB}}=\overline{\mathrm{PB}}$, $\overline{\mathrm{BC}}=\overline{\mathrm{BQ}}$,

$\angle$ABC$=\angle$QBC$-\angle$QBA$=\angle$PBA$-\angle$QBA$=\angle$PBQ

이므로 $\triangle$ABC$\equiv\triangle$PBQ (SAS 합동)

$\therefore \overline{\mathrm{AC}}=\overline{\mathrm{PQ}}$

또, $\triangle$ABC와 $\triangle$RQC에서

$\overline{\mathrm{AC}}=\overline{\mathrm{RC}}$, $\overline{\mathrm{BC}}=\overline{\mathrm{QC}}$, $\angle$ACB$=\angle$RCQ$=60°$

이므로 $\triangle$ABC$\equiv\triangle$RQC (SAS 합동)

$\therefore \overline{\mathrm{AB}}=\overline{\mathrm{RQ}}$

따라서 $\overline{\mathrm{PQ}}=\overline{\mathrm{AC}}=\overline{\mathrm{AR}}$, $\overline{\mathrm{RQ}}=\overline{\mathrm{AB}}=\overline{\mathrm{AP}}$이므로 $\square$PARQ는 평행사변형이다.

$\therefore \angle$PQR$=\angle$PAR$=360°-(60°+85°+60°)=155°$

---

2 | 여러 가지 사각형

01 여러 가지 사각형

————————| 55쪽~56쪽 |

1	(1) $x=6$, $y=10$	(2) $x=90$, $y=50$	
1-1	(1) $x=16$, $y=20$	(2) $x=35$, $y=70$	
2	(1) $x=4$, $y=5$	(2) $x=110$, $y=35$	
2-1	(1) $x=12$, $y=13$	(2) $x=40$, $y=50$	
3	(1) 16 cm	(2) 90°	
3-1	(1) 6 cm	(2) 45°	
4	(1) 6	(2) 65	
4-1	(1) 12	(2) 110	

1-1 (2) $\triangle$OBC는 이등변삼각형이므로

$\angle$OCB$=\angle$OBC$=35°$ $\therefore x=35$

이때 $\angle$DOC$=35°+35°=70°$이므로 $y=70$

2 (2) $\triangle$ABD는 이등변삼각형이므로

$\angle$BAD$=180°-2\times35°=110°$ $\therefore x=110$

$\angle$CDB$=\angle$ABD$=35°$ (엇각)이므로 $y=35$

2-1 (2) $\angle$CBD$=\angle$ADB$=40°$ (엇각)이므로 $x=40$

$\triangle$ABD는 이등변삼각형이므로 $\angle$ABD$=\angle$ADB$=40°$

$\triangle$ABO는 직각삼각형이므로

$\angle$BAO$=180°-(40°+90°)=50°$ $\therefore y=50$

3-1 (1) $\overline{\mathrm{BD}}=\overline{\mathrm{AC}}=2\overline{\mathrm{AO}}=2\times3=6\,(\mathrm{cm})$

(2) $\triangle$OBC는 직각이등변삼각형이므로

$\angle$OBC$=\dfrac{1}{2}\times(180°-90°)=45°$

4-1 (1) $\overline{\mathrm{BD}}=\overline{\mathrm{AC}}=\overline{\mathrm{AO}}+\overline{\mathrm{OC}}=4+8=12\,(\mathrm{cm})$이므로 $x=12$

(2) $\angle$A$+\angle$B$=180°$이므로 $\angle$A$=180°-70°=110°$

$\therefore x=110$

개념 **완성하기** ————————| 57쪽~58쪽 |

01 $x=5$, $y=14$	**02** 12°	**03** ③
04 ②	**05** ④	**06** 34°	**07** ①, ④
08 32°	**09** ⑤	**10** 20°	**11** ②, ④
12 ①	**13** 14 cm	**14** 12 cm

01 $\overline{\mathrm{OA}}=\overline{\mathrm{OC}}$이므로 $2x-3=x+2$ $\therefore x=5$

$\overline{\mathrm{BD}}=\overline{\mathrm{AC}}=2\overline{\mathrm{CO}}$이므로 $y=2(x+2)=2\times7=14$

02 $\triangle$OBC는 이등변삼각형이므로 $\angle$OCB$=\angle$OBC$=34°$

$\therefore \angle x=34°+34°=68°$

$\triangle$ABC는 직각삼각형이므로

$\angle y=180°-(90°+34°)=56°$

$\therefore \angle x-\angle y=68°-56°=12°$

03 ① 네 내각의 크기가 90°로 같은 평행사변형은 직사각형이다.

②, ④, ⑤ 두 대각선의 길이가 같은 평행사변형은 직사각형이다.

따라서 평행사변형 ABCD가 직사각형이 되는 조건이 아닌 것은 ③이다.

04 △ABM과 △DCM에서

$\overline{AM}=\overline{DM}$, $\overline{AB}=\overline{DC}$, $\overline{MB}=\overline{MC}$

이므로 △ABM≡△DCM (SSS 합동) ∴ ∠A=∠D

이때 ∠A+∠D=180°이므로 ∠A=∠D=90°

따라서 □ABCD는 한 내각의 크기가 90°인 평행사변형이므로 직사각형이다.

05 ④ 마름모의 두 대각선은 서로 다른 것을 수직이등분하지만 그 길이가 항상 같지는 않다.

06 △ABC는 이등변삼각형이므로

$\angle y=\dfrac{1}{2}\times(180°-56°)=62°$

△OBC는 직각삼각형이므로

∠OBC=180°-(90°+62°)=28°

∴ ∠x=∠OBC=28° (엇각)

∴ ∠y-∠x=62°-28°=34°

07 ① 이웃하는 두 변의 길이가 같은 평행사변형은 마름모이다.

④ 두 대각선이 서로 수직인 평행사변형은 마름모이다.

08 ∠ADB=∠CBD=32° (엇각)이므로

△AOD에서 ∠AOD=180°-(58°+32°)=90°

즉, □ABCD는 마름모이므로 △CBD는 이등변삼각형이다.

∴ ∠BDC=∠CBD=32°

09 ⑤ $\overline{OB}=\overline{OC}$이고 ∠BOC=90°이므로 △OBC는 직각이등변삼각형이다.

10 △ADE는 이등변삼각형이므로 ∠AED=∠ADE=65°

∴ ∠DAE=180°-2×65°=50°

$\overline{AB}=\overline{AD}=\overline{AE}$이므로 △ABE는 이등변삼각형이고

∠EAB=50°+90°=140°이므로

$\angle ABE=\dfrac{1}{2}\times(180°-140°)=20°$

11 ① 이웃하는 두 변의 길이가 같은 직사각형은 정사각형이다.

③, ⑤ 두 대각선이 서로 수직인 직사각형은 정사각형이다.

따라서 직사각형 ABCD가 정사각형이 되는 조건이 아닌 것은 ②, ④이다.

12 ②, ⑤ 한 내각의 크기가 90°인 마름모는 정사각형이다.

③, ④ 두 대각선의 길이가 같은 마름모는 정사각형이다.

따라서 마름모 ABCD가 정사각형이 되는 조건이 아닌 것은 ①이다.

13 △ABE와 △DCF에서

$\overline{AB}=\overline{DC}$, ∠ABE=∠DCF, ∠AEB=∠DFC=90°

이므로 △ABE≡△DCF (RHA 합동)

∴ $\overline{CF}=\overline{BE}=3$ cm

□AEFD는 직사각형이므로 $\overline{EF}=\overline{AD}=8$ cm

∴ $\overline{BC}=\overline{BE}+\overline{EF}+\overline{FC}=3+8+3=14$(cm)

14 오른쪽 그림과 같이 점 D에서 $\overline{AB}$에 평행한 직선을 그어 $\overline{BC}$와 만나는 점을 E라 하면 □ABED는 평행사변형이므로 $\overline{BE}=\overline{AD}=5$ cm

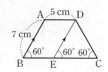

이때 ∠DEC=∠B=60° (동위각), ∠C=∠B=60°이므로

△DEC에서 ∠EDC=180°-(60°+60°)=60°

즉, △DEC는 정삼각형이므로 $\overline{EC}=\overline{DE}=\overline{AB}=7$ cm

∴ $\overline{BC}=\overline{BE}+\overline{EC}=5+7=12$(cm)

02 여러 가지 사각형 사이의 관계

60쪽~62쪽

1 (가) : ㄱ, ㄹ   (나) : ㄴ, ㄷ

1-1 (가) : ㄴ, ㄹ   (나) : ㄱ, ㄷ

2 (1) ㄴ, ㄹ, ㅁ   (2) ㄱ, ㄴ, ㄷ, ㄹ

2-1 풀이 참조

3 (1) △BEF, △CGF, △DGH   (2) $\overline{EF}$, $\overline{GF}$, $\overline{GH}$

(3) 마름모

3-1 (1) △CFG   (2) △DGH   (3) 직사각형

4 (1) 15 cm²   (2) 15 cm²

4-1 (1) 40 cm²   (2) 40 cm²

5 21 cm²

5-1 42 cm²

6 (1) 8 cm²   (2) 26 cm²

6-1 30 cm²

7 20 cm²

7-1 27 cm²

2-1

사각형의 종류 대각선의 성질	등변사다리꼴	평행사변형	직사각형	마름모	정사각형
서로 다른 것을 이등분한다.	×	○	○	○	○
길이가 같다.	○	×	○	×	○
서로 수직이다.	×	×	×	○	○

3 (1) △AEH≡△BEF≡△CGF≡△DGH (SAS 합동)

(3) 네 변의 길이가 모두 같은 사각형이므로 마름모이다.

3-1 (1) △AEH≡△CFG (SAS 합동)

(2) △BFE≡△DGH (SAS 합동)

(3) ∠AEH=∠AHE=∠CFG=∠CGF,

∠BEF=∠BFE=∠DHG=∠DGH이므로

□EFGH에서

$\angle HEF = 180° - (\angle AEH + \angle BEF)$

$\qquad = \angle EFG = \angle FGH = \angle GHE = 90°$

따라서 □EFGH는 직사각형이다.

4 (1) $\triangle ABC = \dfrac{1}{2} \times 6 \times 5 = 15(\text{cm}^2)$

(2) $\triangle DBC = \triangle ABC = 15\,\text{cm}^2$

4-1 (1) $\triangle ABC = \dfrac{1}{2} \times 10 \times 8 = 40(\text{cm}^2)$

(2) $\triangle DBC = \triangle ABC = 40\,\text{cm}^2$

5 $\triangle DOC = \triangle DBC - \triangle OBC = \triangle ABC - \triangle OBC$

$\qquad = \triangle ABO = 21(\text{cm}^2)$

5-1 $\triangle DBC = \triangle ABC = \triangle ABO + \triangle OBC$

$\qquad = 14 + 28 = 42(\text{cm}^2)$

6 (1) $\triangle ACD = \triangle ACE = 8\,\text{cm}^2$

(2) $\square ABCD = \triangle ABC + \triangle ACD = 18 + 8 = 26(\text{cm}^2)$

6-1 $\triangle ABE = \triangle ABC + \triangle ACE = \triangle ABC + \triangle ACD$

$\qquad = 20 + 10 = 30(\text{cm}^2)$

7 $\overline{BD} : \overline{DC} = 2 : 5$이므로 $\triangle ABD : \triangle ADC = 2 : 5$

$\qquad \therefore \triangle ADC = \dfrac{5}{2+5} \times \triangle ABC = \dfrac{5}{7} \times 28 = 20(\text{cm}^2)$

7-1 $\overline{BD} : \overline{DC} = 3 : 2$이므로 $\triangle ABD : \triangle ADC = 3 : 2$

$\qquad \therefore \triangle ABD = \dfrac{3}{3+2} \times \triangle ABC = \dfrac{3}{5} \times 45 = 27(\text{cm}^2)$

개념 완성하기 ┤63쪽~64쪽├

01 ②	**02** ③, ⑤	**03** ㄷ, ㄹ	**04** 정사각형
05 ①	**06** ②, ⑤	**07** 12 cm²	**08** 15 cm²
09 32 cm²	**10** 9 cm²	**11** ②	**12** 24 cm²

01 ① 다른 한 쌍의 대변이 평행하다.

②, ⑤ 한 내각이 직각이거나 두 대각선의 길이가 같다.

③, ④ 이웃하는 두 변의 길이가 같거나 두 대각선이 서로 수직이다.

따라서 조건으로 옳은 것은 ②이다.

02 ③ 두 대각선이 서로 수직인 평행사변형은 마름모이다.

⑤ 한 내각의 크기가 90°인 마름모는 정사각형이다.

따라서 옳지 않은 것은 ③, ⑤이다.

04 조건 (가)에서 □ABCD는 평행사변형이고, 조건 (나)에서 두 대각선의 길이가 같고, 서로 수직이므로 조건을 만족시키는 □ABCD는 정사각형이다.

05 각 변의 중점을 연결하여 만든 사각형을 짝 지으면

① 마름모 – 직사각형   ② 사각형 – 평행사변형

③ 평행사변형 – 평행사변형 ④ 직사각형 – 마름모

⑤ 등변사다리꼴 – 마름모

따라서 각 변의 중점을 연결하여 만든 사각형이 직사각형인 것은 ①이다.

Self 코칭

사각형의 각 변의 중점을 연결하여 만든 사각형은 다음과 같다.

① 사각형, 사다리꼴, 평행사변형 ➡ 평행사변형

② 마름모 ➡ 직사각형

③ 직사각형, 등변사다리꼴 ➡ 마름모

④ 정사각형 ➡ 정사각형

06 □EFGH는 평행사변형이므로 두 쌍의 대변이 각각 평행하고, 그 길이가 각각 같다.

따라서 옳은 것은 ②, ⑤이다.

07 $\overline{AC} \,/\!/\, \overline{DE}$이므로

$\triangle ACE = \triangle ACD = \square ABCD - \triangle ABC$

$\qquad = 30 - 18 = 12(\text{cm}^2)$

08 $\overline{AC} \,/\!/\, \overline{DE}$이므로 $\triangle ACD = \triangle ACE$

$\therefore \square ABCD = \triangle ABC + \triangle ACD = \triangle ABC + \triangle ACE$

$\qquad = \triangle ABE = \dfrac{1}{2} \times (4+2) \times 5 = 15(\text{cm}^2)$

09 $\overline{AD} : \overline{DC} = 1 : 3$이므로 $\triangle ABD : \triangle DBC = 1 : 3$

$\triangle ABD = \dfrac{1}{1+3} \times \triangle ABC = \dfrac{1}{4} \triangle ABC$이므로

$\triangle ABC = 4 \triangle ABD = 4 \times 8 = 32(\text{cm}^2)$

10 $\overline{BE} : \overline{ED} = 2 : 3$이므로 $\triangle EBC : \triangle DEC = 2 : 3$

$\therefore \triangle DEC = \dfrac{3}{2+3} \times \triangle DBC = \dfrac{3}{5} \triangle DBC$

이때 $\overline{AD} : \overline{DC} = 1 : 1$이므로 $\triangle ABD : \triangle DBC = 1 : 1$

$\therefore \triangle DEC = \dfrac{3}{5} \triangle DBC = \dfrac{3}{5} \times \dfrac{1}{2} \triangle ABC$

$\qquad = \dfrac{3}{10} \times 30 = 9(\text{cm}^2)$

11 ② $\overline{AB} \,/\!/\, \overline{DC}$이고, 밑변이 $\overline{AE}$로 공통이므로

$\triangle AEC = \triangle AED$

12 오른쪽 그림과 같이 $\overline{BD}$를 그으면

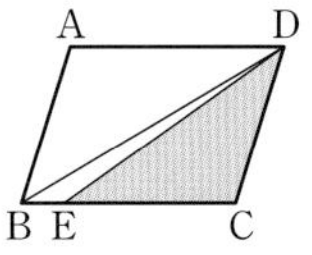

$\overline{BE} : \overline{EC} = 1 : 4$이므로

$\triangle DBE : \triangle DEC = 1 : 4$

이때 $\triangle ABD = \triangle DBC$이므로

$\triangle DEC = \dfrac{4}{1+4} \times \triangle DBC = \dfrac{4}{5} \times \dfrac{1}{2} \square ABCD$

$\qquad = \dfrac{2}{5} \times 60 = 24(\text{cm}^2)$

실력 확인하기 ┤65쪽~66쪽├

01 36 cm	**02** ③	**03** ⑤	**04** ⑤
05 ④	**06** 40 cm	**07** 12 cm²	**08** 10 cm²
09 20 cm²	**10** 122°	**11** 60°	**12** 9 cm²

01 △ABD와 △CBD에서
$\overline{AB}=\overline{CB}$, $\overline{AD}=\overline{CD}$, $\overline{BD}$는 공통
이므로 △ABD≡△CBD(SSS 합동)
∴ ∠CBD=∠ABD=30°
즉, ∠ABC=60°이고, $\overline{BA}=\overline{BC}$이므로 △ABC는 정삼각
형이다.
이때 $\overline{AB}=\overline{AD}=12$ cm이므로
△ABC의 둘레의 길이는 $12\times3=36$(cm)

02 △EBC와 △EDC에서
$\overline{BC}=\overline{DC}$, $\overline{EC}$는 공통, ∠ECB=∠ECD
이므로 △EBC≡△EDC(SAS 합동)
∴ ∠BEC=∠DEC=65°
△EBC에서 ∠ECB=45°이므로
∠EBC=$180°-(65°+45°)=70°$
∴ ∠ABE=∠ABC−∠EBC=$90°-70°=20°$

[다른풀이]
∠AED=$180°-65°=115°$
△ABE≡△ADE(SAS 합동)이므로
∠AEB=∠AED=115°
△ABE에서 ∠BAE=45°이므로
∠ABE=$180°-(115°+45°)=20°$

03 △ABE와 △CDF에서
$\overline{AB}=\overline{CD}$, $\overline{AE}=\overline{CF}$, ∠BAE=∠DCF
이므로 △ABE≡△CDF(SAS 합동)
∴ ∠CDF=∠ABE=25°
△HCD에서 ∠HCD=45°이므로
∠x=∠CDH+∠HCD=$25°+45°=70°$

04 ⑤ $\overline{AO}=\overline{CO}$는 평행사변형의 성질이고, $\overline{AC}\perp\overline{BD}$인 평행
사변형은 마름모이다.

05 ∠BAD+∠ADC=180°에서
$\dfrac{1}{2}$∠BAD+$\dfrac{1}{2}$∠ADC=90°이므로
∠AFD=$180°-\left(\dfrac{1}{2}∠BAD+\dfrac{1}{2}∠ADC\right)=180°-90°=90°$
같은 방법으로 ∠HEF=∠FGH=∠GHE=90°
즉, □EFGH는 직사각형이므로 직사각형의 성질이 아닌 것
은 ④이다.

06 등변사다리꼴의 각 변의 중점을 연결하여 만든 사각형은 마
름모이므로 □EFGH는 마름모이다.
따라서 □EFGH의 둘레의 길이는 $4\times10=40$(cm)

07 $\overline{BE}:\overline{EA}=2:3$이므로 △EBD:△AED=2:3
∴ △AED=$\dfrac{3}{2+3}\times$△ABD=$\dfrac{3}{5}$△ABD
$\overline{BD}:\overline{DC}=1:3$이므로 △ABD:△ADC=1:3
∴ △ABD=$\dfrac{1}{1+3}\times$△ABC=$\dfrac{1}{4}$△ABC
∴ △AED=$\dfrac{3}{5}$△ABD=$\dfrac{3}{5}\times\dfrac{1}{4}$△ABC
$\qquad=\dfrac{3}{20}\times80=12$(cm²)

08 △ABO=$\dfrac{1}{4}$□ABCD=$\dfrac{1}{4}\times60=15$(cm²)
$\overline{AE}:\overline{EB}=2:1$이므로 △AEO:△EBO=2:1
∴ △AEO=$\dfrac{2}{2+1}\times$△ABO=$\dfrac{2}{3}\times15=10$(cm²)

09 $\overline{AO}:\overline{OC}=1:2$이므로 △ABO:△OBC=1:2에서
△ABO:40=1:2 ∴ △ABO=20(cm²)
$\overline{AD}/\!/\overline{BC}$이므로 △ABC=△DBC
∴ △DOC=△DBC−△OBC=△ABC−△OBC
$\qquad\qquad=$△ABO=20(cm²)

10
> 합동인 두 삼각형을 찾아 △AEF가 어떤 삼각형인지 알아본다.

△ABE와 △ADF에서
$\overline{AB}=\overline{AD}$, ∠ABE=∠ADF, $\overline{BE}=\overline{DF}$
이므로 △ABE≡△ADF(SAS 합동)
따라서 $\overline{AE}=\overline{AF}$이므로 △AEF는 이등변삼각형이다.
∴ ∠AEF=∠AFE=$\dfrac{1}{2}\times(180°-64°)=58°$
△ABE와 △ADF가 각각 이등변삼각형이므로
∠EAB=∠FAD=∠a라 하면
∠AEF=∠ABE+∠BAE에서
$58°=∠a+∠a$ ∴ ∠a=29°
∴ ∠x=∠BAD=∠a+64°+∠a=$29°+64°+29°=122°$

11
> 보조선을 그어 변의 길이가 같은 것을 확인한다.

오른쪽 그림과 같이 점 D에서 $\overline{AB}$에
평행한 직선을 그어 $\overline{BC}$와 만나는 점을
E라 하면 □ABED는 평행사변형이
고, $\overline{AB}=\overline{AD}$이므로 마름모이다.

∴ $\overline{AB}=\overline{BE}=\overline{DE}=\overline{AD}$
$\overline{AD}:\overline{BC}=1:2$에서 $\overline{BC}=2\overline{AD}$이므로 $\overline{BE}=\overline{EC}$
이때 $\overline{AB}=\overline{DC}$이므로 $\overline{DE}=\overline{EC}=\overline{CD}$
즉, △DEC는 정삼각형이므로 ∠DEC=60°
따라서 ∠A=∠DEB=$180°-60°=120°$이므로
∠A−∠C=$120°-60°=60°$

12
> 평행선 사이에 있는 삼각형에서 넓이가 같은 삼각형을 찾고,
> $\overline{EB}:\overline{BC}=1:2$임을 이용한다.

$\overline{AE}/\!/\overline{DB}$이므로 △ABD=△DEB
∴ △DEC=△DEB+△DBC=△ABD+△DBC
$\qquad\qquad=$□ABCD=27(cm²)
이때 $\overline{EB}:\overline{BC}=1:2$이므로 △DEB:△DBC=1:2
∴ △DEB=$\dfrac{1}{1+2}\times$△DEC=$\dfrac{1}{3}\times27=9$(cm²)
∴ △ABD=△DEB=9 cm²

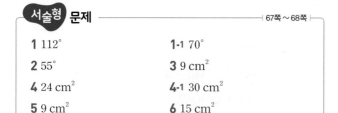

1 112° **1-1** 70°

2 55° **3** 9 cm²

4 24 cm² **4-1** 30 cm²

5 9 cm² **6** 15 cm²

채점 기준	배점
❶ 합동인 두 삼각형 찾기	3점
❷ □OHCI와 넓이가 같은 삼각형 찾기	2점
❸ □OHCI의 넓이 구하기	1점

1 채점 기준 1 합동인 두 삼각형 찾기 … 3점

△ABE와 △BCF에서

$\overline{AB}=\overline{BC}$, ∠ABE=∠BCF=90°, $\overline{BE}=\overline{CF}$

이므로 △ABE≡△BCF (SAS 합동)

채점 기준 2 ∠EAB의 크기 구하기 … 1점

∠EAB=∠FBC=22°

채점 기준 3 ∠AEC의 크기 구하기 … 2점

△ABE에서

∠AEC=∠EAB+∠ABE=22°+90°=112°

1-1 채점 기준 1 합동인 두 삼각형 찾기 … 3점

△ABE와 △BCF에서

$\overline{AB}=\overline{BC}$, ∠ABE=∠BCF=90°, $\overline{BE}=\overline{CF}$

이므로 △ABE≡△BCF (SAS 합동)

채점 기준 2 ∠AEB의 크기 구하기 … 1점

∠AEB=∠BFC=180°−110°=70°

채점 기준 3 ∠DAE의 크기 구하기 … 2점

△ABE에서 ∠BAE=180°−(90°+70°)=20°

∴ ∠DAE=90°−20°=70°

[다른 풀이]

$\overline{AD}\,/\!/\,\overline{BC}$이므로 ∠DAE=∠AEB=70° (엇각)

2 △BCD는 $\overline{BC}=\overline{CD}$인 이등변삼각형이므로

∠CBD=$\frac{1}{2}$×(180°−110°)=35° ……… ❶

△BEF에서

∠BFE=180°−(90°+35°)=55° ……… ❷

∴ ∠AFD=∠BFE=55° (맞꼭지각) ……… ❸

채점 기준	배점
❶ ∠CBD의 크기 구하기	2점
❷ ∠BFE의 크기 구하기	2점
❸ ∠AFD의 크기 구하기	1점

3 △OHC와 △OID에서

$\overline{OC}=\overline{OD}$, ∠OCH=∠ODI=45°,

∠HOC=90°−∠IOC=∠IOD

이므로 △OHC≡△OID (ASA 합동) ……… ❶

∴ □OHCI=△OHC+△OCI=△OID+△OCI

=△OCD ……… ❷

=$\frac{1}{4}$□ABCD

=$\frac{1}{4}$×(6×6)=9(cm²) ……… ❸

4 채점 기준 1 △ABO의 넓이 구하기 … 2점

$\overline{AD}\,/\!/\,\overline{BC}$이므로 △ABC=△DBC

∴ △ABO=△ABC−△OBC

=△DBC−△OBC

=△DOC

=36(cm²)

채점 기준 2 △ABO : △AOD 구하기 … 2점

$\overline{BO}:\overline{OD}=3:2$이므로

△ABO : △AOD=3 : 2

채점 기준 3 △AOD의 넓이 구하기 … 2점

36 : △AOD=3 : 2, 3△AOD=72

∴ △AOD=24(cm²)

4-1 채점 기준 1 △ABO의 넓이 구하기 … 2점

$\overline{AD}\,/\!/\,\overline{BC}$이므로 △ABC=△DBC

∴ △ABO=△ABC−△OBC

=△DBC−△OBC

=△DOC

=10(cm²)

채점 기준 2 △ABO : △OBC 구하기 … 2점

$\overline{AO}:\overline{OC}=1:3$이므로

△ABO : △OBC=1 : 3

채점 기준 3 △OBC의 넓이 구하기 … 2점

10 : △OBC=1 : 3

∴ △OBC=30(cm²)

5 △FBC=$\frac{1}{2}$□ABCD=$\frac{1}{2}$×48=24(cm²) ……… ❶

이때 $\overline{BE}:\overline{EC}=3:5$이므로

△FBE=$\frac{3}{3+5}$×△FBC

=$\frac{3}{8}$×24=9(cm²) ……… ❷

채점 기준	배점
❶ △FBC의 넓이 구하기	2점
❷ △FBE의 넓이 구하기	3점

6 $\overline{AD}\,/\!/\,\overline{BC}$이고, 밑변이 $\overline{BE}$로 공통이므로

△DBE=△ABE=15 cm² ……… ❶

$\overline{BD}\,/\!/\,\overline{EF}$이고, 밑변이 $\overline{BD}$로 공통이므로

△DBF=△DBE=15 cm² ……… ❷

$\overline{AB}\,/\!/\,\overline{DC}$이고, 밑변이 $\overline{DF}$로 공통이므로

△AFD=△DBF=15 cm² ……… ❸

채점 기준	배점
❶ △DBE의 넓이 구하기	2점
❷ △DBF의 넓이 구하기	2점
❸ △AFD의 넓이 구하기	2점

01 ④	**02** 120°	**03** 30°	**04** ②, ⑤
05 ③	**06** 112.5°	**07** 30°	**08** ②
09 5 cm	**10** ③	**11** ③, ⑤	**12** ⑤
13 ②, ③	**14** 3 cm²	**15** 16 cm²	**16** ⑤
17 8 cm²	**18** 16 cm²		

01 $\overline{BD}=\overline{AC}=2\overline{AO}=2\times5=10$이므로 $x=10$
△OBC는 이등변삼각형이므로 ∠OBC=∠OCB
즉, ∠OBC+∠OCB=50°이므로
$2\angle OCB=50°$ ∴ ∠OCB=25° ∴ $y=25$
∴ $x+y=10+25=35$

02 ∠BAE=∠EAC=∠x라 하면 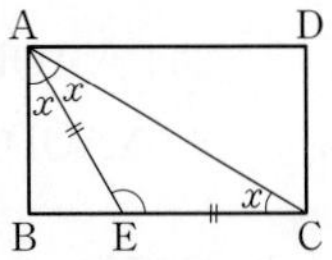
△AEC는 이등변삼각형이므로
∠ECA=∠EAC=∠x
△ABC는 직각삼각형이므로
∠BAC+∠ACB=2∠x+∠x=90°에서
$3\angle x=90°$ ∴ ∠x=30°
따라서 △AEC에서
∠AEC=180°−2×30°=120°

03 △ABE와 △ADF에서
$\overline{AB}=\overline{AD}$, ∠ABE=∠ADF, $\overline{BE}=\overline{DF}$
이므로 △ABE≡△ADF (SAS 합동)
∴ $\overline{AE}=\overline{AF}$
즉, △AEF는 정삼각형이므로 ∠AEF=60°
△ABE에서 ∠ABE=∠BAE이므로
∠ABE+∠BAE=2∠BAE=60°
∴ ∠BAE=30°

04 ① 한 내각이 직각인 평행사변형은 직사각형이다.
② 두 대각선이 서로 수직인 평행사변형은 마름모이다.
③ 두 대각선의 길이가 같은 평행사변형은 직사각형이다.
⑤ 이웃하는 두 변의 길이가 같은 평행사변형은 마름모이다.
따라서 평행사변형 ABCD가 마름모가 되는 조건은 ②, ⑤이다.

05 △ACE는 이등변삼각형이므로
$\angle ACE=\frac{1}{2}\times(180°−24°)=78°$
이때 ∠ACD=45°이므로
∠DCE=∠ACE−∠ACD=78°−45°=33°

06 ∠ACD=45°이므로
$\angle ECD=\frac{1}{2}\angle ACD=\frac{1}{2}\times45°=22.5°$
△ECD에서
∠AEC=∠ECD+∠D=22.5°+90°=112.5°

07 ∠BCE=60°이고, ∠BCD=90°이므로
∠ECD=90°−60°=30°
또, $\overline{EC}=\overline{BC}=\overline{DC}$이므로 △ECD는 이등변삼각형이다.
∴ $\angle CDE=\frac{1}{2}\times(180°−30°)=75°$
이때 ∠BDC=45°이므로
∠BDE=∠CDE−∠BDC=75°−45°=30°

08 △ABC와 △DCB에서
$\overline{AB}=\overline{DC}$, $\overline{BC}$는 공통, ∠ABC=∠DCB (④)
이므로 △ABC≡△DCB (SAS 합동)
∴ $\overline{AC}=\overline{DB}$ (①), ∠BAC=∠CDB (⑤)
또, ∠ACB=∠DBC이므로 $\overline{OB}=\overline{OC}$ (③)
따라서 옳지 않은 것은 ②이다.

09 오른쪽 그림과 같이 점 D에서 $\overline{AB}$에 평행한 직선을 그어 $\overline{BC}$와 만나는 점을 E라 하면 □ABED는 평행사변형이므로 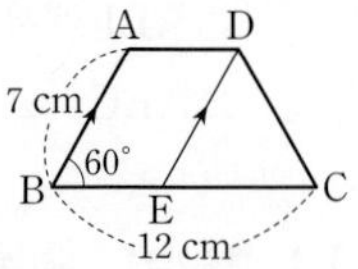
∠DEC=∠B=60° (동위각)
또, ∠C=∠B=60°이므로 △DEC는 정삼각형이다.
따라서 $\overline{EC}=\overline{CD}=\overline{AB}=7$ cm이므로
$\overline{AD}=\overline{BE}=\overline{BC}−\overline{EC}=12−7=5$ (cm)

10 △OED와 △OFB에서
$\overline{OD}=\overline{OB}$, ∠EOD=∠FOB=90°,
∠EDO=∠FBO (엇각)
이므로 △OED≡△OFB (ASA 합동)
∴ $\overline{OE}=\overline{OF}$
즉, □EBFD는 두 대각선이 서로 다른 것을 수직이등분하므로 마름모이다.
∴ $\overline{BE}=\overline{BF}=\overline{BC}−\overline{CF}=\overline{AD}−\overline{CF}=12−4=8$ (cm)

11 ① $\overline{AC}=\overline{BD}$인 평행사변형 ABCD는 직사각형이다.
② $\overline{AB}\perp\overline{BC}$인 평행사변형 ABCD는 직사각형이다.
④ $\overline{AC}\perp\overline{BD}$, $\overline{AB}=\overline{BC}$인 평행사변형 ABCD는 마름모이다.
따라서 옳은 것은 ③, ⑤이다.

12 두 대각선이 서로 다른 것을 이등분하는 사각형은
① 마름모, ② 직사각형, ③ 정사각형, ④ 평행사변형이다.

13 마름모의 각 변의 중점을 연결하여 만든 사각형은 직사각형이고, 직사각형의 성질은 ②, ③이다.

14 $\overline{AD} \parallel \overline{BC}$이므로 △ABC=△DBC
∴ △DOC=△DBC−△OBC=△ABC−△OBC
   =12−9=3(cm²)

15 $\overline{AE} \parallel \overline{DB}$이므로 △ABD=△EBD
∴ □ABCD=△ABD+△DBC=△EBD+△DBC
   $=\triangle DEC=\frac{1}{2}\times(3+5)\times4=16$(cm²)

16 $\overline{\text{AC}} /\!/ \overline{\text{DF}}$이므로 $\triangle \text{ADF} = \triangle \text{CDF}$

$\therefore \square \text{ADEF} = \triangle \text{ADF} + \triangle \text{DEF}$

$\qquad\qquad = \triangle \text{CDF} + \triangle \text{DEF} = \triangle \text{DEC}$

또, $\overline{\text{BE}} : \overline{\text{EC}} = 2 : 3$이므로 $\triangle \text{DBE} : \triangle \text{DEC} = 2 : 3$에서

$12 : \triangle \text{DEC} = 2 : 3, \ 2\triangle \text{DEC} = 36$

$\therefore \triangle \text{DEC} = 18(\text{cm}^2)$

$\therefore \square \text{ADEF} = \triangle \text{DEC} = 18 \ \text{cm}^2$

17 $\triangle \text{ABM} = \dfrac{1}{2}\triangle \text{ABC} = \dfrac{1}{2} \times 24 = 12(\text{cm}^2)$

이때 $\overline{\text{BP}} : \overline{\text{PM}} = 2 : 1$이므로 $\triangle \text{ABP} : \triangle \text{APM} = 2 : 1$

$\therefore \triangle \text{ABP} = \dfrac{2}{2+1} \times \triangle \text{ABM} = \dfrac{2}{3} \times 12 = 8(\text{cm}^2)$

18 $\overline{\text{BP}} : \overline{\text{BD}} = 3 : 4$이므로 $\triangle \text{PBC} : \triangle \text{DBC} = 3 : 4$에서

$6 : \triangle \text{DBC} = 3 : 4, \ 3\triangle \text{DBC} = 24 \qquad \therefore \triangle \text{DBC} = 8(\text{cm}^2)$

$\therefore \square \text{ABCD} = 2\triangle \text{DBC} = 2 \times 8 = 16(\text{cm}^2)$

교과서에서 **쏙** 빼온 **문제** ─────────────|72쪽|─

1 $56°$

2 (1) 정사각형   (2) 직사각형   (3) 마름모

   (4) 평행사변형   (5) 사다리꼴

3 $90 \ \text{m}^2$ **4** 풀이 참조

---

1 마름모 ABCD의 두 대각선 AC와 BD는 서로 다른 것을 수직이등분하므로 $\overline{\text{BD}} /\!/ m$

$\therefore \angle \text{BDC} = \angle \text{CFE} = 34° \ (\text{엇각})$

$\triangle \text{DAC}$는 이등변삼각형이고, $\overline{\text{DB}}$는 꼭지각의 이등분선이므로

$\angle \text{ADC} = 2\angle \text{BDC} = 2 \times 34° = 68°$

$\therefore \angle \text{CAD} = \dfrac{1}{2} \times (180° - 68°) = 56°$

3 $\overline{\text{AC}} /\!/ \overline{\text{BP}}$이므로 $\triangle \text{ABC} = \triangle \text{APC}$

$\overline{\text{AD}} /\!/ \overline{\text{EQ}}$이므로 $\triangle \text{ADE} = \triangle \text{ADQ}$

$\therefore (\text{화단의 넓이}) = \triangle \text{ABC} + \triangle \text{ACD} + \triangle \text{ADE}$

$\qquad\qquad\qquad = \triangle \text{APC} + \triangle \text{ACD} + \triangle \text{ADQ}$

$\qquad\qquad\qquad = \triangle \text{APQ} = \dfrac{1}{2} \times 15 \times 12 = 90(\text{m}^2)$

4 오른쪽 그림과 같이 점 B를 지나면서 $\overline{\text{AC}}$와 평행한 직선 BD를 그으면 $\overline{\text{AC}} /\!/ \overline{\text{BD}}$이므로

$\triangle \text{ABC} = \triangle \text{ADC}$

따라서 새로운 경계선을 $\overline{\text{AD}}$로 하면 두 땅의 넓이는 변함이 없다.

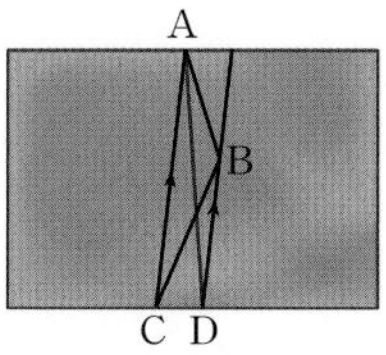

> **Self 코칭**
>
> 평행선을 이용하여 주어진 도형과 넓이가 같은 삼각형을 만들 수 있음을 생각해 본다.

---

1 | 도형의 닮음

01 닮은 도형

─────────────|76쪽 ~ 78쪽|─

1	(1) 점 H	(2) $\angle$F	(3) $\overline{\text{EF}}$
1-1	(1) 점 F	(2) $\angle$E	(3) $\overline{\text{DF}}$
2	ㄴ, ㅂ, ㅅ		
2-1	(1) ◯	(2) ◯	(3) $\times$
3	(1) $3 : 4$	(2) $8 \ \text{cm}$	(3) $95°$
3-1	(1) $3 : 5$	(2) $9 \ \text{cm}$	(3) $90°$
4	(1) 면 PSUR	(2) $4 : 5$	(3) $15 \ \text{cm}$
4-1	(1) $4 : 3$	(2) $12 \ \text{cm}$	(3) $9 \ \text{cm}$
5	(1) $2 : 3$	(2) $2 : 3$	(3) $42 \ \text{cm}$
5-1	(1) $3 : 5$	(2) $9 : 25$	(3) $9 \ \text{cm}^2$
6	(1) $2 : 5$	(2) $4 : 25$	(3) $8 : 125$
6-1	(1) $3 : 4$	(2) $9 : 16$	(3) $27 : 64$

3 (1) 닮음비는 $\overline{\text{AB}} : \overline{\text{DE}} = 3 : 4$

(2) $\overline{\text{BC}} : \overline{\text{EF}} = 3 : 4$이므로

$\qquad 6 : \overline{\text{EF}} = 3 : 4 \qquad \therefore \overline{\text{EF}} = 8(\text{cm})$

(3) $\angle \text{D} = \angle \text{A} = 95°$

3-1 (1) 닮음비는 $\overline{\text{AD}} : \overline{\text{EH}} = 6 : 10 = 3 : 5$

(2) $\overline{\text{BC}} : \overline{\text{FG}} = 3 : 5$이므로

$\qquad \overline{\text{BC}} : 15 = 3 : 5 \qquad \therefore \overline{\text{BC}} = 9(\text{cm})$

(3) $\square \text{EFGH}$에서 $\angle \text{H} = 360° - (125° + 65° + 80°) = 90°$

$\qquad \therefore \angle \text{D} = \angle \text{H} = 90°$

4 (2) 닮음비는 $\overline{\text{DE}} : \overline{\text{ST}} = 8 : 10 = 4 : 5$

(3) $\overline{\text{EF}} : \overline{\text{TU}} = 4 : 5$이므로

$\qquad 12 : \overline{\text{TU}} = 4 : 5 \qquad \therefore \overline{\text{TU}} = 15(\text{cm})$

4-1 (1) 닮음비는 $\overline{\text{BF}} : \overline{\text{B}'\text{F}'} = 8 : 6 = 4 : 3$

(2) $\overline{\text{FG}} : \overline{\text{F}'\text{G}'} = 4 : 3$이므로

$\qquad 16 : \overline{\text{F}'\text{G}'} = 4 : 3 \qquad \therefore \overline{\text{F}'\text{G}'} = 12(\text{cm})$

(3) $\overline{\text{AB}} : \overline{\text{A}'\text{B}'} = 4 : 3$이므로

$\qquad 12 : \overline{\text{A}'\text{B}'} = 4 : 3 \qquad \therefore \overline{\text{A}'\text{B}'} = 9(\text{cm})$

5 (1) 닮음비는 $\overline{\text{BC}} : \overline{\text{EF}} = 8 : 12 = 2 : 3$

(2) 닮음비가 $2 : 3$이므로 둘레의 길이의 비도 $2 : 3$

(3) $\triangle \text{DEF}$의 둘레의 길이를 $x \ \text{cm}$라 하면

$\qquad 28 : x = 2 : 3 \qquad \therefore x = 42$

따라서 $\triangle \text{DEF}$의 둘레의 길이는 $42 \ \text{cm}$이다.

5-1 (1) 닮음비는 $\overline{\text{BC}} : \overline{\text{B}'\text{C}'} = 3 : 5$

(2) 닮음비가 $3 : 5$이므로 넓이의 비는 $3^2 : 5^2 = 9 : 25$

(3) $\square \text{A}'\text{B}'\text{C}'\text{D}'$의 넓이를 $x \ \text{cm}^2$라 하면

$\qquad x : 25 = 9 : 25 \qquad \therefore x = 9$

따라서 $\square \text{A}'\text{B}'\text{C}'\text{D}'$의 넓이는 $9 \ \text{cm}^2$이다.

6 (1) 닮음비는 대응하는 모서리의 길이의 비와 같으므로
$4:10=2:5$

(2) 닮음비가 $2:5$이므로 겉넓이의 비는 $2^2:5^2=4:25$

(3) 닮음비가 $2:5$이므로 부피의 비는 $2^3:5^3=8:125$

6-1 (1) 닮음비는 반지름의 길이의 비와 같으므로 $6:8=3:4$

(2) 닮음비가 $3:4$이므로 겉넓이의 비는 $3^2:4^2=9:16$

(3) 닮음비가 $3:4$이므로 부피의 비는 $3^3:4^3=27:64$

개념 완성하기 ┤79쪽~80쪽├

01 ③	02 ④	03 40 cm	04 50
05 $\dfrac{41}{2}$	06 6 cm	07 200 cm²	08 ④
09 500π cm²	10 250 cm³	11 ④	12 288π cm²

01 $\triangle ABC \backsim \triangle DEF$이므로 $\overline{AC}$의 대응변은 $\overline{DF}$이고, ∠E의 대응각은 ∠B이다.

02 $\square ABCD \backsim \square EFGH$이므로 $\overline{AD}$의 대응변은 $\overline{EH}$이고, ∠C의 대응각은 ∠G이다.

03 $\square ABCD$와 $\square EFGH$의 닮음비는
$\overline{AB}:\overline{EF}=6:8=3:4$이므로
$\overline{AD}:\overline{EH}=3:4$에서 $9:\overline{EH}=3:4$
$\therefore \overline{EH}=12(cm)$
따라서 $\square EFGH$에서 $\overline{HG}=\overline{EF}=8$ cm,
$\overline{FG}=\overline{EH}=12$ cm이므로 둘레의 길이는
$2\times(8+12)=40(cm)$

04 $\triangle ABC$와 $\triangle DEF$의 닮음비는
$\overline{AB}:\overline{DE}=6:9=2:3$이므로
$\overline{AC}:\overline{DF}=2:3$에서 $x:12=2:3$
$\therefore x=8$
또, ∠F=∠C=42°이므로 $y=42$
$\therefore x+y=8+42=50$

05 두 사각뿔의 닮음비는
$\overline{CD}:\overline{C'D'}=12:15=4:5$이므로
$\overline{AH}:\overline{A'H'}=4:5$에서 $x:10=4:5$
$\therefore x=8$
$\overline{DE}:\overline{D'E'}=4:5$에서 $10:y=4:5$
$\therefore y=\dfrac{25}{2}$
$\therefore x+y=8+\dfrac{25}{2}=\dfrac{41}{2}$

06 두 원기둥 ㈎, ㈏의 높이의 비는 $20:15=4:3$이므로
닮음비도 $4:3$
원기둥 ㈏의 밑면의 반지름의 길이를 r cm라 하면
$8:r=4:3$ $\therefore r=6$
따라서 원기둥 ㈏의 밑면의 반지름의 길이는 6 cm이다.

07 $\triangle ABC$와 $\triangle DEF$의 닮음비가 $9:15=3:5$이므로
넓이의 비는 $3^2:5^2=9:25$
$\triangle DEF$의 넓이를 x cm²라 하면
$72:x=9:25$ $\therefore x=200$
따라서 $\triangle DEF$의 넓이는 200 cm²이다.

08 두 원 O, O'의 반지름의 길이의 비가 $1:3$이므로
닮음비는 $1:3$이고, 넓이의 비는 $1^2:3^2=1:9$
원 O'의 넓이를 x cm²라 하면
$16\pi:x=1:9$ $\therefore x=144\pi$
따라서 원 O'의 넓이는 144π cm²이다.

09 두 원기둥 ㈎, ㈏의 닮음비가 $6:10=3:5$이므로
겉넓이의 비는 $3^2:5^2=9:25$
원기둥 ㈏의 겉넓이를 x cm²라 하면
$180\pi:x=9:25$ $\therefore x=500\pi$
따라서 원기둥 ㈏의 겉넓이는 500π cm²이다.

10 두 직육면체 ㈎, ㈏의 닮음비가 $4:5$이므로 부피의 비는
$4^3:5^3=64:125$
직육면체 ㈏의 부피를 x cm³라 하면
$128:x=64:125$ $\therefore x=250$
따라서 직육면체 ㈏의 부피는 250 cm³이다.

11 두 정육면체 ㈎, ㈏의 겉넓이의 비가 $9:16=3^2:4^2$이므로
닮음비는 $3:4$이고, 부피의 비는 $3^3:4^3=27:64$
정육면체 ㈎의 부피를 x cm³라 하면
$x:320=27:64$ $\therefore x=135$
따라서 정육면체 ㈎의 부피는 135 cm³이다.

12 두 구 O, O'의 부피의 비가 $27:8=3^3:2^3$이므로
닮음비는 $3:2$이고, 겉넓이의 비는 $3^2:2^2=9:4$
구 O'의 겉넓이를 x cm²라 하면
$648\pi:x=9:4$ $\therefore x=288\pi$
따라서 구 O'의 겉넓이는 288π cm²이다.

실력 확인하기 ┤81쪽├

01 ②	02 17	03 ②	04 144 mL
05 $\dfrac{64}{3}$ cm	06 520분		

01 $\triangle ABC$와 $\triangle A'B'C'$의 닮음비는
$\overline{BC}:\overline{B'C'}=12:8=3:2$

② $\overline{AC} : \overline{A'C'} = 3 : 2$이므로 $\overline{AC} = \dfrac{3}{2}\overline{A'C'}$

④ $\triangle ABC$에서 $\angle C = 180° - (34° + 76°) = 70°$이므로

　　$\angle C' = \angle C = 70°$

따라서 옳지 않은 것은 ②이다.

02 두 삼각기둥의 닮음비는

$\overline{DE} : \overline{D'E'} = 4 : 6 = 2 : 3$

$\overline{BE} : \overline{B'E'} = 2 : 3$이고, $\overline{B'E'} = \overline{C'F'} = 12$ cm이므로

$x : 12 = 2 : 3$　　∴ $x = 8$

$\overline{BC} : \overline{B'C'} = 2 : 3$이고, $\overline{BC} = \overline{EF} = 6$ cm이므로

$6 : y = 2 : 3$　　∴ $y = 9$

∴ $x + y = 8 + 9 = 17$

03 두 원의 반지름의 길이의 비가 $1 : 2$이므로

닮음비는 $1 : 2$이고, 넓이의 비는 $1^2 : 2^2 = 1 : 4$

따라서 작은 원과 색칠한 부분의 넓이의 비는

$1 : (4 - 1) = 1 : 3$

04 두 상자 ㉮, ㉯의 닮음비가 $6 : 8 = 3 : 4$이므로

겉넓이의 비는 $3^2 : 4^2 = 9 : 16$

상자 ㉯의 겉면을 모두 칠하는 데 필요한 페인트의 양을 x mL라 하면 상자 ㉮의 겉면을 모두 칠하는 데 81 mL의 페인트가 필요했으므로

$81 : x = 9 : 16$　　∴ $x = 144$

따라서 상자 ㉯의 겉면을 모두 칠하는 데 144 mL의 페인트가 필요하다.

05 　전략 코칭
> 닮음비를 이용하여 $\overline{AB}$의 길이를 먼저 구한다.

$\square ABCD$와 $\square EFDA$의 닮음비는

$\overline{AD} : \overline{EA} = 20 : 12 = 5 : 3$

$\overline{AB} : \overline{EF} = 5 : 3$이고, $\overline{EF} = \overline{AD} = 20$ cm이므로

$\overline{AB} : 20 = 5 : 3$　　∴ $\overline{AB} = \dfrac{100}{3}$ (cm)

∴ $\overline{BE} = \overline{AB} - \overline{AE} = \dfrac{100}{3} - 12 = \dfrac{64}{3}$ (cm)

06 　전략 코칭
> 물을 채우는 데 걸리는 시간과 채워지는 물의 양은 정비례함을 이용한다.

20분 동안 채운 물과 그릇의 닮음비가 $\dfrac{1}{3} : 1 = 1 : 3$이므로 부피의 비는 $1^3 : 3^3 = 1 : 27$

이 그릇에 물을 가득 채울 때까지 더 걸리는 시간을 x분이라 하면

$20 : x = 1 : (27 - 1)$, $20 : x = 1 : 26$　　∴ $x = 520$

따라서 이 그릇에 물을 가득 채울 때까지 520분이 더 걸린다.

Self 코칭
> 서로 닮은 원뿔에서 밑면인 원의 반지름의 길이의 비, 높이의 비, 모선의 길이의 비는 닮음비와 같다.

---

02 **삼각형의 닮음 조건**

	83쪽 ~ 86쪽

1 $\overline{ED}$, $\angle E$, $\overline{EF}$, 2, 3, $\triangle EDF$, SAS

1-1 $\angle F$, $\angle D$, $\triangle FDE$, AA

2 $\triangle ABC \backsim \triangle RQP$, AA 닮음
　 $\triangle GHI \backsim \triangle NOM$, SSS 닮음

3 (1) $\triangle ABC \backsim \triangle EDC$, SAS 닮음　(2) 12 cm

3-1 (1) $\triangle ABC \backsim \triangle AED$, SAS 닮음　(2) 30

4 (1) $\triangle ABC \backsim \triangle DAC$, AA 닮음　(2) 16 cm

4-1 (1) $\triangle ABC \backsim \triangle EDC$, AA 닮음　(2) 24 cm

5 (1) 6　(2) $\dfrac{27}{4}$　(3) 8

5-1 (1) 8　(2) 9　(3) 16

6 (1) 4 cm　(2) 39 cm^2

6-1 (1) 3 cm　(2) 45 cm^2

7 (1) $\triangle ABC \backsim \triangle DBE$, AA 닮음　(2) 3.2 m

7-1 (1) $\triangle ABC \backsim \triangle DEC$, AA 닮음　(2) 25 m

8 (1) 40 cm　(2) 2.5 km

8-1 (1) $\dfrac{1}{150000}$　(2) 12 km

2 $\triangle ABC$와 $\triangle RQP$에서

$\angle A = 180° - (60° + 40°) = 80° = \angle R$, $\angle B = \angle Q$

∴ $\triangle ABC \backsim \triangle RQP$ (AA 닮음)

$\triangle GHI$와 $\triangle NOM$에서

$\overline{GH} : \overline{NO} = 8 : 12 = 2 : 3$

$\overline{GI} : \overline{NM} = 6 : 9 = 2 : 3$

$\overline{HI} : \overline{OM} = 10 : 15 = 2 : 3$

∴ $\triangle GHI \backsim \triangle NOM$ (SSS 닮음)

Self 코칭
> 삼각형의 두 각의 크기가 주어지면 나머지 각의 크기를 구해 보고, 삼각형의 세 변의 길이가 주어지면 먼저 가장 간단한 자연수의 비로 나타내 본다.

3 (1) $\triangle ABC$와 $\triangle EDC$에서

$\overline{CB} : \overline{CD} = (8 + 10) : 9 = 2 : 1$

$\overline{CA} : \overline{CE} = (11 + 9) : 10 = 2 : 1$

$\angle C$는 공통

∴ $\triangle ABC \backsim \triangle EDC$ (SAS 닮음)

(2) $\triangle ABC$와 $\triangle EDC$의 닮음비가 $2 : 1$이므로

$\overline{AB} : \overline{ED} = 2 : 1$에서

$\overline{AB} : 6 = 2 : 1$　　∴ $\overline{AB} = 12$ (cm)

3-1 (1) $\triangle ABC$와 $\triangle AED$에서

$\overline{AB} : \overline{AE} = 36 : 12 = 3 : 1$

$\overline{AC} : \overline{AD} = 24 : 8 = 3 : 1$

$\angle A$는 공통

∴ $\triangle ABC \backsim \triangle AED$ (SAS 닮음)

(2) △ABC와 △AED의 닮음비가 $3:1$이므로

$\overline{BC}:\overline{ED}=3:1$에서 $x:10=3:1$ $\quad\therefore x=30$

4 (1) △ABC와 △DAC에서

∠ABC=∠DAC, ∠C는 공통

$\therefore$ △ABC∽△DAC (AA 닮음)

(2) △ABC와 △DAC의 닮음비가

$\overline{AC}:\overline{DC}=12:9=4:3$이므로

$\overline{BC}:\overline{AC}=4:3$에서

$\overline{BC}:12=4:3$ $\quad\therefore \overline{BC}=16(cm)$

4-1 (1) △ABC와 △EDC에서

∠BAC=∠DEC, ∠C는 공통

$\therefore$ △ABC∽△EDC (AA 닮음)

(2) △ABC와 △EDC의 닮음비가

$\overline{AC}:\overline{EC}=(18+12):15=2:1$이므로

$\overline{BC}:\overline{DC}=2:1$에서

$\overline{BC}:12=2:1$ $\quad\therefore \overline{BC}=24(cm)$

5 (1) $\overline{AB}^2=\overline{BD}\times\overline{BC}$이므로

$x^2=3\times(3+9)=36=6^2$

이때 $x>0$이므로 $x=6$

다른풀이

△ABC∽△DBA (AA 닮음)이므로

$\overline{AB}:\overline{DB}=\overline{BC}:\overline{BA}$에서

$x:3=(3+9):x$, $x^2=36=6^2$

이때 $x>0$이므로 $x=6$

(2) $\overline{AC}^2=\overline{CD}\times\overline{CB}$이므로 $9^2=x\times12$ $\quad\therefore x=\dfrac{27}{4}$

다른풀이

△ABC∽△DAC (AA 닮음)이므로

$\overline{BC}:\overline{AC}=\overline{AC}:\overline{DC}$에서

$12:9=9:x$, $12x=81$ $\quad\therefore x=\dfrac{27}{4}$

(3) $\overline{AD}^2=\overline{DB}\times\overline{DC}$이므로 $4^2=2\times x$ $\quad\therefore x=8$

다른풀이

△DBA∽△DAC (AA 닮음)이므로

$\overline{DB}:\overline{DA}=\overline{DA}:\overline{DC}$에서

$2:4=4:x$, $2x=16$ $\quad\therefore x=8$

5-1 (1) $\overline{AB}^2=\overline{BD}\times\overline{BC}$이므로

$x^2=4\times16=64=8^2$

이때 $x>0$이므로 $x=8$

다른풀이

△ABC∽△DBA (AA 닮음)이므로

$\overline{AB}:\overline{DB}=\overline{BC}:\overline{BA}$에서

$x:4=16:x$, $x^2=64=8^2$

이때 $x>0$이므로 $x=8$

(2) $\overline{AC}^2=\overline{CD}\times\overline{CB}$이므로 $15^2=x\times25$ $\quad\therefore x=9$

다른풀이

△ABC∽△DAC (AA 닮음)이므로

$\overline{BC}:\overline{AC}=\overline{AC}:\overline{DC}$에서

$25:15=15:x$, $25x=225$ $\quad\therefore x=9$

(3) $\overline{AD}^2=\overline{DB}\times\overline{DC}$이므로 $12^2=9\times x$ $\quad\therefore x=16$

다른풀이

△DBA∽△DAC (AA 닮음)이므로

$\overline{DB}:\overline{DA}=\overline{DA}:\overline{DC}$에서

$9:12=12:x$, $9x=144$ $\quad\therefore x=16$

6 (1) $\overline{AD}^2=\overline{DB}\times\overline{DC}$이므로

$6^2=9\times\overline{DC}$, $9\overline{DC}=36$ $\quad\therefore \overline{DC}=4(cm)$

(2) △ABC=$\dfrac{1}{2}\times(9+4)\times6=39(cm^2)$

6-1 (1) $\overline{AD}^2=\overline{DB}\times\overline{DC}$이므로

$6^2=\overline{DB}\times12$, $12\overline{DB}=36$ $\quad\therefore \overline{DB}=3(cm)$

(2) △ABC=$\dfrac{1}{2}\times(3+12)\times6=45(cm^2)$

7 (1) △ABC와 △DBE에서

∠ACE=∠DEB=90°, ∠B는 공통

$\therefore$ △ABC∽△DBE (AA 닮음)

(2) △ABC와 △DBE의 닮음비는

$\overline{BC}:\overline{BE}=(3+3):3=2:1$이므로

$\overline{AC}:\overline{DE}=2:1$에서

$\overline{AC}:1.6=2:1$ $\quad\therefore \overline{AC}=3.2(m)$

7-1 (1) △ABC와 △DEC에서

∠B=∠E=90°, ∠ACB=∠DCE (맞꼭지각)

$\therefore$ △ABC∽△DEC (AA 닮음)

(2) △ABC와 △DEC의 닮음비는

$\overline{BC}:\overline{EC}=30:9=10:3$이므로

$\overline{AB}:\overline{DE}=10:3$에서 $\overline{AB}:7.5=10:3$

$3\overline{AB}=75$ $\quad\therefore \overline{AB}=25(m)$

8 (1) $20\,km=2000000\,cm$이므로

$2000000\times\dfrac{1}{50000}=40(cm)$

(2) $5\div\dfrac{1}{50000}=5\times50000=250000(cm)=2.5(km)$

8-1 (1) $9\,km=900000\,cm$이므로

$(축척)=\dfrac{6}{900000}=\dfrac{1}{150000}$

(2) $8\div\dfrac{1}{150000}=8\times150000=1200000(cm)=12(km)$

개념 **완성하기** ┤87쪽~88쪽├

01 ㄴ	**02** ④	**03** ③	**04** 30 cm
05 $\dfrac{18}{5}$ cm	**06** 48	**07** 9 cm	**08** ②
09 21	**10** 20 cm^2	**11** 20 m	**12** ②

01 ㄴ. △ABC와 △DEF에서
$\overline{AC}:\overline{DF}=\overline{BC}:\overline{EF}=2:1$, $\angle C=\angle F=70°$
∴ △ABC∽△DEF (SAS 닮음)

02 ④ △ABC에서 $\angle A=80°$이면
$\angle C=180°-(45°+80°)=55°$
따라서 △ABC와 △DFE에서
$\angle B=\angle F=45°$, $\angle C=\angle E=55°$
이므로 △ABC∽△DFE (AA 닮음)

03 △ABC와 △ADB에서
$\overline{AB}:\overline{AD}=\overline{AC}:\overline{AB}=2:1$, $\angle A$는 공통
∴ △ABC∽△ADB (SAS 닮음)
따라서 $\overline{BC}:\overline{DB}=2:1$이므로
$18:\overline{DB}=2:1$ ∴ $\overline{BD}=9(cm)$

04 △ABC와 △EDC에서
$\overline{AC}:\overline{EC}=\overline{BC}:\overline{DC}=1:2$, $\angle ACB=\angle ECD$ (맞꼭지각)
∴ △ABC∽△EDC (SAS 닮음)
따라서 $\overline{AB}:\overline{ED}=1:2$이므로
$15:\overline{ED}=1:2$ ∴ $\overline{DE}=30(cm)$

05 △ABC와 △ACD에서
$\angle ABC=\angle ACD$, $\angle A$는 공통
∴ △ABC∽△ACD (AA 닮음)
이때 닮음비는 $\overline{AB}:\overline{AC}=10:6=5:3$이므로
$\overline{AC}:\overline{AD}=5:3$에서
$6:\overline{AD}=5:3$ ∴ $\overline{AD}=\dfrac{18}{5}(cm)$

06 △ABC와 △EDC에서
$\angle ACB=\angle ECD$ (맞꼭지각), $\angle BAC=\angle DEC$ (엇각)
∴ △ABC∽△EDC (AA 닮음)
이때 닮음비는 $\overline{AB}:\overline{ED}=40:30=4:3$이므로
$x:18=4:3$ ∴ $x=24$
$32:y=4:3$ ∴ $y=24$
∴ $x+y=24+24=48$

07 △ABC와 △EDC에서
$\angle BAC=\angle DEC=90°$, $\angle C$는 공통
∴ △ABC∽△EDC (AA 닮음)
따라서 $\overline{BC}:\overline{DC}=\overline{AC}:\overline{EC}$이므로
$(18+12):15=\overline{AC}:12$ ∴ $\overline{AC}=24(cm)$
∴ $\overline{AD}=\overline{AC}-\overline{DC}=24-15=9(cm)$

08 △ABC와 △MBD에서
$\angle BAC=\angle BMD=90°$, $\angle B$는 공통
∴ △ABC∽△MBD (AA 닮음)
따라서 $\overline{AB}:\overline{MB}=\overline{AC}:\overline{MD}$이고,
$\overline{MB}=\dfrac{1}{2}\overline{BC}=\dfrac{1}{2}\times30=15(cm)$이므로
$24:15=18:\overline{MD}$ ∴ $\overline{DM}=\dfrac{45}{4}(cm)$

09 $\overline{AB}^2=\overline{BH}\times\overline{BC}$이므로
$20^2=16\times(16+x)$
$400=256+16x$, $16x=144$ ∴ $x=9$
$\overline{AH}^2=\overline{HB}\times\overline{HC}$이므로
$y^2=16\times9=144=12^2$
이때 $y>0$이므로 $y=12$
∴ $x+y=9+12=21$

10 $\overline{AD}^2=\overline{DB}\times\overline{DC}$이므로
$\overline{AD}^2=8\times2=16=4^2$
이때 $\overline{AD}>0$이므로 $\overline{AD}=4(cm)$
∴ △ABC$=\dfrac{1}{2}\times(8+2)\times4=20(cm^2)$

11 △ABC와 △DEF에서
$\angle C=\angle F=90°$, $\overline{AB}/\!/\overline{DE}$이므로 $\angle B=\angle E$ (동위각)
∴ △ABC∽△DEF (AA 닮음)
이때 닮음비는 $\overline{BC}:\overline{EF}=16:2.4=20:3$이므로
$\overline{AC}:\overline{DF}=20:3$에서 $\overline{AC}:3=20:3$
∴ $\overline{AC}=20(m)$
따라서 빌딩의 높이는 20 m이다.

12 $4\,km=400000\,cm$이므로
지도에서의 두 지점 사이의 길이는
$400000\times\dfrac{1}{200000}=2(cm)$

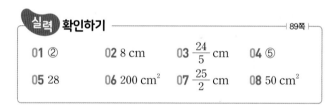

실력 **확인하기** ────────────|89쪽|

| **01** ② | **02** 8 cm | **03** $\dfrac{24}{5}$ cm | **04** ⑤ |
| **05** 28 | **06** 200 cm² | **07** $\dfrac{25}{2}$ cm | **08** 50 cm² |

01 △ABC와 △DBA에서
$\overline{AB}:\overline{DB}=\overline{BC}:\overline{BA}=3:2$, $\angle B$는 공통
∴ △ABC∽△DBA (SAS 닮음)

02 △ABC와 △AED에서
$\angle ACB=\angle ADE$, $\angle A$는 공통
∴ △ABC∽△AED (AA 닮음)
이때 닮음비는 $\overline{AC}:\overline{AD}=6:3=2:1$이므로
$\overline{BC}:\overline{ED}=2:1$에서
$\overline{BC}:4=2:1$ ∴ $\overline{BC}=8(cm)$

03 △ABC와 △EDA에서
$\angle BAC=\angle DEA$ (엇각), $\angle BCA=\angle DAE$ (엇각)
∴ △ABC∽△EDA (AA 닮음)
이때 닮음비는 $\overline{BC}:\overline{DA}=15:9=5:3$이므로
$\overline{AC}:\overline{EA}=5:3$에서
$12:\overline{EA}=5:3$ ∴ $\overline{EA}=\dfrac{36}{5}(cm)$
∴ $\overline{CE}=\overline{AC}-\overline{EA}=12-\dfrac{36}{5}=\dfrac{24}{5}(cm)$

04 △ABF와 △ACD에서

∠AFB=∠ADC=90°, ∠A는 공통

∴ △ABF∽△ACD (AA 닮음)　……㉠

△ABF와 △EBD에서

∠AFB=∠EDB=90°, ∠ABF는 공통

∴ △ABF∽△EBD (AA 닮음)　……㉡

△ACD와 △ECF에서

∠ADC=∠EFC=90°, ∠ACD는 공통

∴ △ACD∽△ECF (AA 닮음)　……㉢

㉠, ㉡, ㉢에서

△ABF∽△ACD∽△EBD∽△ECF

따라서 나머지 넷과 닮은 삼각형이 아닌 것은 ⑤ △BCD이다.

05 $\overline{AB}=\overline{DC}=15\ cm$이고, 직각삼각형 ABD에서

$\overline{AB}^2=\overline{BH}\times\overline{BD}$이므로

$15^2=9\times(9+x),\ 225=81+9x$　∴ $x=16$

또, $\overline{AH}^2=\overline{HB}\times\overline{HD}$이므로

$y^2=9\times16=144=12^2$

이때 $y>0$이므로 $y=12$

∴ $x+y=16+12=28$

06 지도에서의 길이와 실제 거리의 비가 1:5000이므로

넓이의 비는 $1^2:5000^2=1:25000000$

이때 실제 넓이가 $0.5\ km^2=500000\ m^2=5000000000\ cm^2$

이므로 지도에서의 넓이는

$5000000000\times\dfrac{1}{25000000}=200\,(cm^2)$

07 **전략 코칭**

> 정삼각형의 성질을 이용하여 $\overline{BF}$의 길이와 닮음인 두 삼각형을 찾는다.

△DBF와 △FCE에서

∠B=∠C=60°, ∠BDF=120°−∠DFB=∠CFE

∴ △DBF∽△FCE (AA 닮음)

이때 닮음비는 $\overline{DB}:\overline{FC}=16:20=4:5$이고,

$\overline{BF}=\overline{BC}-\overline{FC}=\overline{AB}-\overline{FC}=(16+14)-20=10\,(cm)$이

므로

$\overline{BF}:\overline{CE}=4:5$에서

$10:\overline{CE}=4:5$　∴ $\overline{CE}=\dfrac{25}{2}\,(cm)$

08 **전략 코칭**

> 서로 닮음인 삼각형을 찾아 닮음비와 넓이의 비 사이의 관계를 이용한다.

△ABC와 △DBE에서

$\overline{AC}\,/\!/\,\overline{DE}$이므로 ∠BAC=∠BDE (동위각), ∠B는 공통

∴ △ABC∽△DBE (AA 닮음)

이때 닮음비는 $\overline{BC}:\overline{BE}=(4+6):4=5:2$이므로

넓이의 비는 $5^2:2^2=25:4$

즉, △ABC:△DBE=25:4이므로

△ABC:8=25:4　∴ △ABC=50\,(cm^2)

■90쪽~91쪽

서술형 문제

1 18 cm	**1-1** 25 cm
2 $57\pi\ cm^3$	**3** 189초
4 $3\ cm^2$	**4-1** $28\ cm^2$
5 20 cm	**6** 4 m

1 **채점 기준 1**　△ABC와 △DEF의 닮음비 구하기 … 2점

$4\overline{AC}=3\overline{DF}$이므로 $\overline{AC}:\overline{DF}=3:4$

즉, △ABC와 △DEF의 닮음비는 3:4이다.

채점 기준 2　△ABC의 둘레의 길이 구하기 … 3점

△ABC의 둘레의 길이를 $x\ cm$라 하면

$x:24=3:4$　∴ $x=18$

따라서 △ABC의 둘레의 길이는 18 cm이다.

1-1 **채점 기준 1**　□ABCD와 □EFGH의 닮음비 구하기 … 2점

$5\overline{BC}=8\overline{FG}$이므로 $\overline{BC}:\overline{FG}=8:5$

즉, □ABCD와 □EFGH의 닮음비는 8:5이다.

채점 기준 2　□EFGH의 둘레의 길이 구하기 … 3점

□EFGH의 둘레의 길이를 $x\ cm$라 하면

$40:x=8:5$　∴ $x=25$

따라서 □EFGH의 둘레의 길이는 25 cm이다.

2 세 원뿔 ㉮, ㉮+㉯, ㉮+㉯+㉰의 닮음비는 1:2:3이므로

부피의 비는 $1^3:2^3:3^3=1:8:27$　……❶

이때 세 부분 ㉮, ㉯, ㉰의 부피의 비는

$1:(8-1):(27-8)=1:7:19$　……❷

㉰ 부분의 부피를 $x\ cm^3$라 하면

$3\pi:x=1:19$　∴ $x=57\pi$

따라서 ㉰ 부분의 부피는 $57\pi\ cm^3$이다.　……❸

채점 기준	배점
❶ 세 원뿔의 부피의 비 구하기	2점
❷ ㉮, ㉯, ㉰ 부분의 부피의 비 구하기	2점
❸ ㉰ 부분의 부피 구하기	2점

3 3초 동안 채운 물과 그릇의 닮음비가 $\dfrac{1}{4}:1=1:4$이므로

부피의 비는 $1^3:4^3=1:64$　……❶

이 그릇에 물을 가득 채울 때까지 더 걸리는 시간을 x초라

하면

$3:x=1:(64-1),\ 3:x=1:63$　∴ $x=189$

따라서 이 그릇에 물을 가득 채울 때까지 189초가 더 걸린다.

　……❷

채점 기준	배점
❶ 3초 동안 채운 물과 그릇의 부피의 비 구하기	3점
❷ 물을 가득 채울 때까지 몇 초가 더 걸리는지 구하기	3점

4 **채점 기준 1**　닮음인 두 삼각형 찾기 … 2점

△ABC와 △AED에서

∠ACB=∠ADE, ∠A는 공통

∴ △ABC∽△AED (AA 닮음)

채점 기준 2 닮은 도형의 넓이의 비 구하기 … 2점

△ABC와 △AED의 닮음비는

$\overline{AB}:\overline{AE}=6:2=3:1$이므로

넓이의 비는 $3^2:1^2=9:1$

채점 기준 3 △ADE의 넓이 구하기 … 2점

△ABC : △AED=9 : 1이므로

$27:\triangle AED=9:1,\ 9\triangle AED=27$

∴ △ADE=3(cm²)

4-1 **채점 기준 1** 닮음인 두 삼각형 찾기 … 2점

△ABC와 △EBD에서

∠BCA=∠BDE, ∠B는 공통

∴ △ABC∽△EBD (AA 닮음)

채점 기준 2 닮은 도형의 넓이의 비 구하기 … 2점

△ABC와 △EBD의 닮음비는

$\overline{AB}:\overline{EB}=8:4=2:1$이므로

넓이의 비는 $2^2:1^2=4:1$

채점 기준 3 △ABC의 넓이 구하기 … 2점

△ABC : △EBD=4 : 1이므로

△ABC : 7=4 : 1

∴ △ABC=28(cm²)

5 △ABE와 △FCE에서

$\overline{AB}/\!/\overline{CF}$이므로

∠BAE=∠CFE (엇각), ∠ABE=∠FCE (엇각)

∴ △ABE∽△FCE (AA 닮음) …… ❶

이때 $\overline{AB}=\overline{DC}=18$ cm이므로 △ABE와 △FCE의 닮음

비는

$\overline{AB}:\overline{FC}=18:9=2:1$ …… ❷

$\overline{BE}=x$ cm라 하면 $\overline{CE}=(30-x)$cm이므로

$\overline{BE}:\overline{CE}=2:1$에서

$x:(30-x)=2:1,\ 60-2x=x$ ∴ $x=20$

∴ $\overline{BE}=20$ cm …… ❸

채점 기준	배점
❶ 닮음인 두 삼각형 찾기	2점
❷ 닮음비 구하기	2점
❸ $\overline{BE}$의 길이 구하기	2점

6 △ABC와 △EDC에서

∠ABC=∠EDC=90°

∠ACF=∠ECF이므로

∠ACB=90°-∠ACF=90°-∠ECF=∠ECD

∴ △ABC∽△EDC (AA 닮음) …… ❶

이때 닮음비는 $\overline{BC}:\overline{DC}=5:2$이므로

$\overline{AB}:\overline{ED}=5:2$에서

$\overline{AB}:1.6=5:2$ ∴ $\overline{AB}=4$(m)

따라서 조각상의 높이는 4 m이다. …… ❷

채점 기준	배점
❶ 닮음인 두 삼각형 찾기	3점
❷ 조각상의 높이 구하기	3점

실전! 중단원 마무리 ————92쪽 ~ 94쪽——

01 ⑤	**02** 2개	**03** 4 : 1	**04** ④
05 16 cm	**06** 9 cm	**07** 1 : 3 : 5	**08** 162π cm³
09 ①, ③	**10** ④	**11** ③	**12** 20 cm
13 ②	**14** 32 cm²	**15** ⑤	**16** $\frac{15}{4}$ cm
17 $\frac{12}{5}$ cm	**18** 100 m	**19** 6750원	

02 다음 그림의 두 도형은 서로 닮은 도형이 아니다.

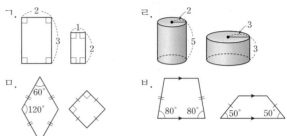

따라서 항상 닮은 도형인 것은 ㄴ, ㄷ의 2개이다.

Self 코칭

두 원은 항상 닮음이지만 두 원기둥은 높이까지 고려해야 하
므로 닮은 도형이 아닐 수도 있다.

03 A4 용지의 짧은 변의 길이를 a, 긴 변의 길이를 b라 하면
A5, A6, A7, A8 용지의 짧은 변의 길이와 긴 변의 길이는
다음과 같다.

	A4	A5	A6	A7	A8
짧은 변의 길이	a	$\frac{1}{2}b$	$\frac{1}{2}a$	$\frac{1}{4}b$	$\frac{1}{4}a$
긴 변의 길이	b	a	$\frac{1}{2}b$	$\frac{1}{2}a$	$\frac{1}{4}b$

따라서 A4 용지와 A8 용지의 닮음비는

$a:\frac{1}{4}a=b:\frac{1}{4}b=4:1$

04 두 사면체의 닮음비는 $\overline{AD}:\overline{A'D'}=1:2$이다.

④ $\overline{BD}:\overline{B'D'}=1:2$

05 두 원 O, O′의 반지름의 길이를 각각 r cm, r' cm라 하면

$2\pi r=24\pi$ ∴ $r=12$

이때 $r:r'=3:4$이므로

$12:r'=3:4$ ∴ $r'=16$

따라서 원 O′의 반지름의 길이는 16 cm이다.

다른 풀이

원 O′의 반지름의 길이를 r' cm라 하면

$24\pi:2\pi r'=3:4$ ∴ $r'=16$

따라서 원 O′의 반지름의 길이는 16 cm이다.

06 물이 채워진 부분과 그릇의 닮음비는 $\frac{3}{5}:1=3:5$이므로

수면을 이루는 원의 반지름의 길이를 r cm라 하면

$r:15=3:5$ ∴ $r=9$

따라서 수면의 반지름의 길이는 $9 \, \text{cm}$이다.

07 세 원 ㉮, ㉮+㉯, ㉮+㉯+㉰의 닮음비는 $1:2:3$이므로 넓이의 비는 $1^2:2^2:3^2=1:4:9$
따라서 세 부분 ㉮, ㉯, ㉰의 넓이의 비는
$1:(4-1):(9-4)=1:3:5$

08 두 구 O, O'의 겉넓이의 비가 $4:9=2^2:3^2$이므로
닮음비는 $2:3$이고, 부피의 비는 $2^3:3^3=8:27$
구 O'의 부피를 $x \, \text{cm}^3$라 하면
$48\pi : x = 8:27$ $\therefore x=162\pi$
따라서 구 O'의 부피는 $162\pi \, \text{cm}^3$이다.

09 $\triangle ABC$에서 $\angle C=180°-(90°+60°)=30°$
① $\triangle ABC$와 $\triangle EDF$에서
$\overline{AB}:\overline{ED}=\overline{BC}:\overline{DF}=2:3$, $\angle B=\angle D$
$\therefore \triangle ABC \backsim \triangle EDF$ (SAS 닮음)
③ $\triangle ABC$와 $\triangle JLK$에서
$\angle A=\angle J$, $\angle C=\angle K$
$\therefore \triangle ABC \backsim \triangle JLK$ (AA 닮음)

10 ④ $\triangle DEF$에서 $\angle E=40°$이면
$\angle D=180°-(40°+65°)=75°$
따라서 $\triangle ABC$와 $\triangle DEF$에서
$\angle A=\angle D=75°$, $\angle B=\angle E=40°$
이므로 $\triangle ABC \backsim \triangle DEF$ (AA 닮음)

11 $\triangle ABC$와 $\triangle EBD$에서
$\overline{AB}:\overline{EB}=\overline{BC}:\overline{BD}=3:2$, $\angle B$는 공통
$\therefore \triangle ABC \backsim \triangle EBD$ (SAS 닮음)
따라서 $\overline{AC}:\overline{ED}=3:2$이므로
$\overline{AC}:20=3:2$ $\therefore \overline{AC}=30 \, \text{(cm)}$

12 $\triangle ABC$와 $\triangle ACD$에서
$\angle ABC=\angle ACD$, $\angle A$는 공통
$\therefore \triangle ABC \backsim \triangle ACD$ (AA 닮음)
이때 닮음비는 $\overline{AC}:\overline{AD}=24:12=2:1$이므로
$\overline{BC}:\overline{CD}=2:1$에서
$40:\overline{CD}=2:1$ $\therefore \overline{CD}=20 \, \text{(cm)}$

13 $\triangle ACD$와 $\triangle BED$에서
$\angle ACD=\angle BED=90°$, $\angle D$는 공통
$\therefore \triangle ACD \backsim \triangle BED$ (AA 닮음)
이때 닮음비는 $\overline{AD}:\overline{BD}=10:(6+6)=5:6$이므로
$\overline{CD}:\overline{ED}=5:6$에서
$6:\overline{ED}=5:6$ $\therefore \overline{ED}=\dfrac{36}{5} \, \text{(cm)}$

14 $\triangle AOD$와 $\triangle COB$에서
$\angle AOD=\angle COB$ (맞꼭지각), $\angle OAD=\angle OCB$ (엇각)
$\therefore \triangle AOD \backsim \triangle COB$ (AA 닮음)
이때 닮음비는 $\overline{AD}:\overline{CB}=9:12=3:4$이므로
넓이의 비는 $3^2:4^2=9:16$
즉, $\triangle AOD : \triangle COB=9:16$이므로
$18:\triangle COB=9:16$
$\therefore \triangle OBC=32 \, \text{(cm}^2\text{)}$

15 $\triangle ABP$와 $\triangle CEP$에서
$\angle APB=\angle CPE$ (맞꼭지각), $\angle BAP=\angle ECP$ (엇각)
$\therefore \triangle ABP \backsim \triangle CEP$ (AA 닮음)
이때 닮음비는 $\overline{AB}:\overline{CE}=\overline{CD}:\overline{CE}=(3+5):3=8:3$이므로 넓이의 비는 $8^2:3^2=64:9$

16 $\angle EDB=\angle DBC$ (엇각), $\angle EBD=\angle DBC$ (접은 각)이므로
$\angle EDB=\angle EBD$
즉, $\triangle EBD$는 이등변삼각형이므로
$\overline{BF}=\dfrac{1}{2}\overline{BD}=\dfrac{1}{2}\times10=5 \, \text{(cm)}$
$\triangle EBF$와 $\triangle DBC$에서
$\angle EBF=\angle DBC$ (접은 각), $\angle EFB=\angle DCB=90°$
$\therefore \triangle EBF \backsim \triangle DBC$ (AA 닮음)
이때 닮음비는 $\overline{BF}:\overline{BC}=5:8$이므로
$\overline{EF}:\overline{DC}=5:8$에서
$\overline{EF}:6=5:8$ $\therefore \overline{EF}=\dfrac{15}{4} \, \text{(cm)}$

17 $\triangle ABC$에서 $\overline{AD}^2=\overline{DB}\times\overline{DC}$이므로
$\overline{AD}^2=8\times2=16=4^2$
이때 $\overline{AD}>0$이므로 $\overline{AD}=4 \, \text{(cm)}$
점 M은 $\triangle ABC$의 외심이므로
$\overline{AM}=\overline{BM}=\overline{CM}=\dfrac{1}{2}\overline{BC}=\dfrac{1}{2}\times(8+2)=5 \, \text{(cm)}$
$\therefore \overline{MD}=\overline{CM}-\overline{CD}=5-2=3 \, \text{(cm)}$
$\triangle AMD$에서 $\angle ADM=90°$, $\overline{AM}\perp\overline{DH}$이므로
$\overline{AD}\times\overline{MD}=\overline{AM}\times\overline{DH}$
$4\times3=5\times\overline{DH}$ $\therefore \overline{DH}=\dfrac{12}{5} \, \text{(cm)}$

18 $75 \, \text{m}=7500 \, \text{cm}$이므로 $\triangle ABC$와 $\triangle A'B'C'$의 닮음비는
$\overline{BC}:\overline{B'C'}=7500:3=2500:1$
즉, $\overline{AB}:\overline{A'B'}=2500:1$에서
$\overline{AB}:4=2500:1$
$\therefore \overline{AB}=10000 \, \text{cm}=100 \, \text{m}$
따라서 실제 강의 폭은 $100 \, \text{m}$이다.

19 수박 ㈎, ㈏의 반지름의 길이의 비가 $20:15=4:3$이므로
부피의 비는 $4^3:3^3=64:27$
수박 ㈏의 가격을 x원이라 하면
$16000:x=64:27$ $\therefore x=6750$
따라서 수박 ㈏의 가격은 6750원이다.

────────────────────────────────────── 95쪽 ├

1 풀이 참조   **2** (1) $3:1$ (2) $9:1$
3 400π cm^2 **4** 10 m

---

1 $\overline{EF}=16-2\times2=12$(cm), $\overline{FG}=20-2\times2=16$(cm)
$\overline{AB}:\overline{EF}=16:12=4:3$
$\overline{BC}:\overline{FG}=20:16=5:4$
따라서 $\overline{AB}:\overline{EF}\neq\overline{BC}:\overline{FG}$이므로 □ABCD와 □EFGH
는 서로 닮은 도형이 아니다.

2 (1) [1단계]에서 지운 정사각형의 한 변의 길이는 처음 정사
각형의 한 변의 길이의 $\dfrac{1}{3}$이므로 두 정사각형의 닮음비는
$1:\dfrac{1}{3}=3:1$

(2) [2단계]에서 지운 한 정사각형의 한 변의 길이는 처음 정
사각형의 한 변의 길이의 $\dfrac{1}{3^2}=\dfrac{1}{9}$이므로 두 정사각형의
닮음비는
$1:\dfrac{1}{9}=9:1$

3 종이와 그림자의 닮음비는
$\overline{AF}:\overline{AG}=10:(10+15)$
$\qquad\qquad\quad=2:5$
이므로 종이의 넓이와 그림자의
넓이의 비는
$2^2:5^2=4:25$ 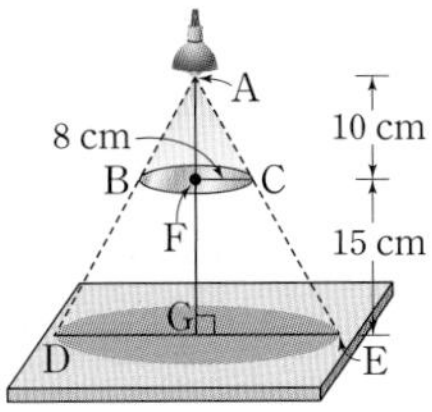
이때 종이의 넓이는 $\pi\times8^2=64\pi$(cm^2)이므로
그림자의 넓이를 x cm^{2}라 하면
$64\pi:x=4:25$ $\therefore x=400\pi$
따라서 그림자의 넓이는 400π cm^{2}이다.

4 오른쪽 그림과 같이 건물 외벽이 없
을 때 추가로 더 늘어난 나무의 그
림자의 길이를 x m라 하면 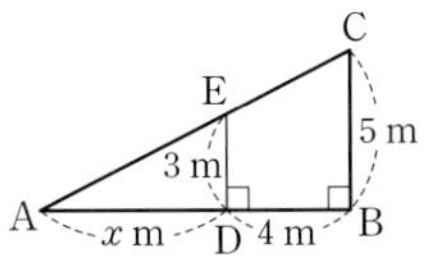
△ABC와 △ADE에서
$\angle ABC=\angle ADE=90°$, $\angle A$는 공통
$\therefore$ △ABC∽△ADE (AA 닮음)
이때 닮음비는 $\overline{BC}:\overline{DE}=5:3$이므로
$\overline{AB}:\overline{AD}=5:3$에서 $(x+4):x=5:3$
$5x=3x+12$ $\therefore x=6$
따라서 나무의 그림자의 전체 길이는 $6+4=10$(m)

---

2 | 닮음의 활용

01 삼각형과 평행선

───────── 97쪽~98쪽 ├

1	(1) 15	(2) 36	**1-1**	(1) 14	(2) 18
2	(1) 5	(2) $\dfrac{80}{3}$	**2-1**	(1) 10	(2) 48
3	$\overline{CD}$, 6, 4		**3-1**	8	
4	$\overline{BD}$, 2, 6		**4-1**	4	

1 (1) $\overline{AB}:\overline{AD}=\overline{BC}:\overline{DE}$에서
$x:10=12:8$이므로
$x:10=3:2$, $2x=30$ $\therefore x=15$
(2) $\overline{AC}:\overline{AE}=\overline{BC}:\overline{DE}$에서
$12:8=x:24$이므로
$3:2=x:24$, $2x=72$ $\therefore x=36$

1-1 (1) $\overline{AC}:\overline{AE}=\overline{BC}:\overline{DE}$에서
$21:x=27:18$이므로
$21:x=3:2$, $3x=42$ $\therefore x=14$
(2) $\overline{AB}:\overline{AD}=\overline{AC}:\overline{AE}$에서
$x:12=24:16$이므로
$x:12=3:2$, $2x=36$ $\therefore x=18$

2 (1) $\overline{AD}:\overline{DB}=\overline{AE}:\overline{EC}$에서
$16:10=8:x$이므로
$8:5=8:x$ $\therefore x=5$
(2) $\overline{AD}:\overline{DB}=\overline{AE}:\overline{EC}$에서
$x:(x+16)=20:32$이므로
$x:(x+16)=5:8$, $8x=5x+80$
$3x=80$ $\therefore x=\dfrac{80}{3}$

2-1 (1) $\overline{AD}:\overline{DB}=\overline{AE}:\overline{EC}$에서
$20:x=24:12$이므로
$20:x=2:1$, $2x=20$ $\therefore x=10$
(2) $\overline{AD}:\overline{DB}=\overline{AE}:\overline{EC}$에서
$20:(20+12)=30:x$이므로
$5:8=30:x$, $5x=240$ $\therefore x=48$

3-1 $\overline{AB}:\overline{AC}=\overline{BD}:\overline{CD}$에서
$12:x=(10-4):4$이므로
$12:x=3:2$, $3x=24$ $\therefore x=8$

4-1 $\overline{AB}:\overline{AC}=\overline{BD}:\overline{CD}$에서
$5:3=(x+6):6$이므로
$3x+18=30$, $3x=12$ $\therefore x=4$

01 13 **02** $x=3, y=15$ **03** 25

04 $x=\dfrac{8}{3}, y=6$ **05** ㄱ, ㄷ **06** ①, ⑤

07 $\dfrac{27}{2}$ cm **08** ⑴ 10 cm ⑵ 6 cm **09** ②

10 $\dfrac{21}{2}$ cm **11** 20 cm² **12** 24 cm²

---

01 $\overline{AD}:\overline{DB}=\overline{AE}:\overline{EC}$에서
6:2=12:x이므로
3:1=12:x ∴ $x=4$
$\overline{AD}:\overline{AB}=\overline{DE}:\overline{BC}$에서
6:(6+2)=y:12이므로
3:4=y:12 ∴ $y=9$
∴ $x+y=4+9=13$

02 $\overline{AD}:\overline{DB}=\overline{AE}:\overline{EG}$에서
8:4=6:x이므로
2:1=6:x ∴ $x=3$
$\overline{AE}:\overline{AG}=\overline{EF}:\overline{GC}$에서
6:(6+3)=10:y이므로
2:3=10:y ∴ $y=15$

03 $\overline{AE}:\overline{EC}=\overline{AD}:\overline{DB}$에서
4:(4+8)=5:x이므로
1:3=5:x ∴ $x=15$
$\overline{AE}:\overline{AC}=\overline{DE}:\overline{BC}$에서
4:8=5:y이므로
1:2=5:y ∴ $y=10$
∴ $x+y=15+10=25$

04 $\overline{AC}:\overline{CE}=\overline{AB}:\overline{BD}$에서
12:4=8:x이므로
3:1=8:x ∴ $x=\dfrac{8}{3}$
$\overline{AB}:\overline{AF}=\overline{AC}:\overline{AG}$에서
8:y=12:9이므로
8:y=4:3 ∴ $y=6$

05 ㄱ. $\overline{AD}:\overline{DB}=\overline{AE}:\overline{EC}=3:1$이므로 $\overline{BC}/\!/\overline{DE}$
ㄴ. $\overline{AD}:\overline{AB}=5:(5+2)=5:7$, $\overline{DE}:\overline{BC}=6:9=2:3$
즉, $\overline{AD}:\overline{AB}\neq\overline{DE}:\overline{BC}$이므로 $\overline{BC}$와 $\overline{DE}$는 평행하지
않다.
ㄷ. $\overline{AD}:\overline{DB}=\overline{AE}:\overline{EC}=1:4$이므로 $\overline{BC}/\!/\overline{DE}$
ㄹ. $\overline{AB}:\overline{AD}=2:6=1:3$, $\overline{BC}:\overline{DE}=3:8$
즉, $\overline{AB}:\overline{AD}\neq\overline{BC}:\overline{DE}$이므로 $\overline{BC}$와 $\overline{DE}$는 평행하지
않다.
따라서 $\overline{BC}/\!/\overline{DE}$인 것은 ㄱ, ㄷ이다.

06 ① $\overline{CF}:\overline{FA}=\overline{CE}:\overline{EB}$이므로 $\overline{AB}/\!/\overline{FE}$
② $\overline{AD}:\overline{DB}\neq\overline{AF}:\overline{FC}$이므로 $\overline{BC}$와 $\overline{DF}$는 평행하지 않다.

③ $\overline{BD}:\overline{DA}\neq\overline{BE}:\overline{EC}$이므로 $\overline{AC}$와 $\overline{DE}$는 평행하지 않다.
④ △ABC와 △ADF에서
$\overline{AB}:\overline{AD}\neq\overline{AC}:\overline{AF}$이므로 △ABC와 △ADF는 닮음
이 아니다.
⑤ △ABC와 △FEC에서
$\overline{CA}:\overline{CF}=\overline{CB}:\overline{CE}=5:3$, ∠C는 공통
이므로 △ABC∽△FEC (SAS 닮음)
따라서 옳은 것은 ①, ⑤이다.

07 $\overline{AB}:\overline{AC}=\overline{BD}:\overline{CD}$에서
$\overline{AB}$:9=9:6 ∴ $\overline{AB}=\dfrac{27}{2}$(cm)

08 ⑴ $\overline{AB}:\overline{AC}=\overline{BD}:\overline{CD}$에서
15:$\overline{AC}$=6:4이므로
15:$\overline{AC}$=3:2 ∴ $\overline{AC}=10$(cm)
⑵ $\overline{AC}/\!/\overline{ED}$이므로 $\overline{BD}:\overline{BC}=\overline{DE}:\overline{CA}$에서
6:(6+4)=$\overline{DE}$:10, 3:5=$\overline{DE}$:10
∴ $\overline{DE}=6$(cm)

09 $\overline{AC}:\overline{AB}=\overline{CD}:\overline{BD}$에서
$\overline{AC}$:14=(20+10):20이므로
$\overline{AC}$:14=3:2 ∴ $\overline{AC}=21$(cm)

> **Self 코칭**
> $\overline{AC}:\overline{AB}\neq\overline{DC}:\overline{BC}$임에 주의한다.

10 $\overline{AC}:\overline{AB}=\overline{CD}:\overline{BD}$에서
9:7=(3+$\overline{BD}$):$\overline{BD}$이므로
$9\overline{BD}=21+7\overline{BD}$, $2\overline{BD}=21$ ∴ $\overline{BD}=\dfrac{21}{2}$(cm)

11 △ABD:△ACD=$\overline{BD}:\overline{CD}=\overline{AB}:\overline{AC}=10:8=5:4$
∴ △ABD=$\dfrac{5}{9}$△ABC=$\dfrac{5}{9}\times36=20$(cm²)

12 △ABD:△ACD=$\overline{BD}:\overline{CD}=\overline{AB}:\overline{AC}=8:6=4:3$
∴ △ACD=$\dfrac{3}{4}$△ABD=$\dfrac{3}{4}\times32=24$(cm²)

---

02 평행선 사이의 선분의 길이의 비

1	⑴ 18	⑵ 22	**1-1**	⑴ 8	⑵ 6
2	⑴ 9 cm	⑵ 6 cm	⑶ 15 cm		
2-1	⑴ 12 cm	⑵ 15 cm	⑶ 27 cm		
3	⑴ 12 cm	⑵ 9 cm	⑶ 3 cm		
3-1	⑴ 10 cm	⑵ 4 cm	⑶ 6 cm		
4	⑴ 6	⑵ 9	**4-1**	⑴ $\dfrac{12}{5}$	⑵ $\dfrac{48}{5}$
5	$x=6, y=18$		**5-1**	$x=6, y=10$	
6	⑴ 2:3	⑵ 6	**6-1**	⑴ 1:2	⑵ 4

1 (1) $\overline{AM}=\overline{MB}$, $\overline{AN}=\overline{NC}$이므로

$x=2\overline{MN}=2\times9=18$

(2) $\overline{AN}=\overline{NC}$, $\overline{MN}/\!/\overline{BC}$이므로 $\overline{AM}=\overline{MB}$

$\therefore x=2\overline{MB}=2\times11=22$

1-1 (1) $\overline{BM}=\overline{MA}$, $\overline{BN}=\overline{NC}$이므로

$x=\dfrac{1}{2}\overline{AC}=\dfrac{1}{2}\times16=8$

(2) $\overline{AM}=\overline{MB}$, $\overline{MN}/\!/\overline{BC}$이므로 $\overline{AN}=\overline{NC}$

$\therefore x=\dfrac{1}{2}\overline{BC}=\dfrac{1}{2}\times12=6$

2 (1) $\triangle ABC$에서 $\overline{AM}=\overline{MB}$, $\overline{ME}/\!/\overline{BC}$이므로

$\overline{ME}=\dfrac{1}{2}\overline{BC}=\dfrac{1}{2}\times18=9(\text{cm})$

(2) $\triangle CDA$에서 $\overline{DN}=\overline{NC}$, $\overline{AD}/\!/\overline{EN}$이므로

$\overline{EN}=\dfrac{1}{2}\overline{AD}=\dfrac{1}{2}\times12=6(\text{cm})$

(3) $\overline{MN}=\overline{ME}+\overline{EN}=9+6=15(\text{cm})$

> **Self 코칭**
>
> $\square ABCD$에서 $\overline{AD}/\!/\overline{BC}$, $\overline{AM}=\overline{MB}$, $\overline{DN}=\overline{NC}$이므로
> $\overline{AD}/\!/\overline{MN}/\!/\overline{BC}$

2-1 (1) $\triangle ABD$에서 $\overline{AM}=\overline{MB}$, $\overline{AD}/\!/\overline{MP}$이므로

$\overline{MP}=\dfrac{1}{2}\overline{AD}=\dfrac{1}{2}\times24=12(\text{cm})$

(2) $\triangle DBC$에서 $\overline{DN}=\overline{NC}$, $\overline{PN}/\!/\overline{BC}$이므로

$\overline{PN}=\dfrac{1}{2}\overline{BC}=\dfrac{1}{2}\times30=15(\text{cm})$

(3) $\overline{MN}=\overline{MP}+\overline{PN}=12+15=27(\text{cm})$

3 (1) $\triangle ABC$에서 $\overline{AM}=\overline{MB}$, $\overline{MQ}/\!/\overline{BC}$이므로

$\overline{MQ}=\dfrac{1}{2}\overline{BC}=\dfrac{1}{2}\times24=12(\text{cm})$

(2) $\triangle ABD$에서 $\overline{AM}=\overline{MB}$, $\overline{AD}/\!/\overline{MP}$이므로

$\overline{MP}=\dfrac{1}{2}\overline{AD}=\dfrac{1}{2}\times18=9(\text{cm})$

(3) $\overline{PQ}=\overline{MQ}-\overline{MP}=12-9=3(\text{cm})$

3-1 (1) $\triangle ABC$에서 $\overline{AM}=\overline{MB}$, $\overline{MQ}/\!/\overline{BC}$이므로

$\overline{MQ}=\dfrac{1}{2}\overline{BC}=\dfrac{1}{2}\times20=10(\text{cm})$

(2) $\triangle ABD$에서 $\overline{AM}=\overline{MB}$, $\overline{AD}/\!/\overline{MP}$이므로

$\overline{MP}=\dfrac{1}{2}\overline{AD}=\dfrac{1}{2}\times8=4(\text{cm})$

(3) $\overline{PQ}=\overline{MQ}-\overline{MP}=10-4=6(\text{cm})$

4 (1) $(10-6):6=x:9$이므로 $2:3=x:9$ $\quad \therefore x=6$

(2) $8:6=12:x$이므로

$4:3=12:x$ $\quad \therefore x=9$

4-1 (1) $3:5=x:4$ $\quad \therefore x=\dfrac{12}{5}$

(2) $10:6=6:(x-6)$이므로 $5:3=6:(x-6)$

$5x-30=18$, $5x=48$ $\quad \therefore x=\dfrac{48}{5}$

5 $\overline{GF}=\overline{HC}=\overline{AD}=12$이므로

$\overline{BH}=\overline{BC}-\overline{HC}=26-12=14$

$\triangle ABH$에서 $\overline{AE}:\overline{AB}=\overline{EG}:\overline{BH}$이므로

$9:(9+12)=x:14$

$3:7=x:14$ $\quad \therefore x=6$

$\therefore y=\overline{EG}+\overline{GF}=6+12=18$

5-1 $\triangle ABC$에서 $\overline{AE}:\overline{AB}=\overline{EG}:\overline{BC}$이므로

$4:(4+8)=x:18$

$1:3=x:18$ $\quad \therefore x=6$

$\overline{CF}:\overline{FD}=\overline{BE}:\overline{EA}=8:4=2:1$이므로

$\triangle ACD$에서 $\overline{CF}:\overline{CD}=\overline{GF}:\overline{AD}$

$2:(2+1)=\overline{GF}:6$

$2:3=\overline{GF}:6$ $\quad \therefore \overline{GF}=4$

$\therefore y=\overline{EG}+\overline{GF}=6+4=10$

6 (1) $\triangle ABE \backsim \triangle CDE\,(\text{AA 닮음})$이므로

$\overline{BE}:\overline{DE}=\overline{AB}:\overline{CD}=10:15=2:3$

(2) $\triangle BCD$에서 $\overline{EF}/\!/\overline{DC}$이므로

$\overline{EF}:\overline{DC}=\overline{BE}:\overline{BD}=2:(2+3)=2:5$

$\overline{EF}:15=2:5$ $\quad \therefore \overline{EF}=6$

> **다른풀이**
>
> $\overline{EF}=\dfrac{10\times15}{10+15}=6$

6-1 (1) $\triangle ABE \backsim \triangle CDE\,(\text{AA 닮음})$이므로

$\overline{AE}:\overline{CE}=\overline{AB}:\overline{CD}=6:12=1:2$

(2) $\triangle ABC$에서 $\overline{AB}/\!/\overline{EF}$이므로

$\overline{AB}:\overline{EF}=\overline{AC}:\overline{EC}=(1+2):2=3:2$

$6:\overline{EF}=3:2$ $\quad \therefore \overline{EF}=4$

> **다른풀이**
>
> $\overline{EF}=\dfrac{6\times12}{6+12}=4$

개념 완성하기 —————— 105쪽~106쪽

01 11	**02** 16 cm	**03** 12 cm	**04** 6 cm
05 22 cm	**06** 24 cm	**07** 20 cm	**08** 16 cm
09 26	**10** 40	**11** 12	
12 (1) 9 cm	(2) 16 cm	**13** 12 cm	**14** ③

01 $\overline{AM}=\overline{MB}$, $\overline{MN}/\!/\overline{BC}$이므로

$\overline{AN}=\overline{NC}=\dfrac{1}{2}\overline{AC}=\dfrac{1}{2}\times10=5(\text{cm})$ $\quad \therefore x=5$

$\overline{MN}=\dfrac{1}{2}\overline{BC}=\dfrac{1}{2}\times12=6(\text{cm})$ $\quad \therefore y=6$

$\therefore x+y=5+6=11$

02 $\overline{AM}=\overline{MB}$, $\overline{MN}/\!/\overline{BC}$이므로

$\overline{AN}=\overline{NC}=\dfrac{1}{2}\overline{AC}=\dfrac{1}{2}\times12=6(\text{cm})$

$\overline{MN}=\dfrac{1}{2}\overline{BC}=\dfrac{1}{2}\times8=4(cm)$

이때 $\overline{AB}=\overline{AC}=12\ cm$이므로

$\overline{AM}=\dfrac{1}{2}\overline{AB}=\dfrac{1}{2}\times12=6(cm)$

따라서 △AMN의 둘레의 길이는

$\overline{AM}+\overline{MN}+\overline{NA}=6+4+6=16(cm)$

03 △BCE에서 $\overline{BF}=\overline{FE}$, $\overline{BD}=\overline{DC}$이므로 $\overline{FD}/\!/\overline{EC}$

△AFD에서 $\overline{AE}=\overline{EF}$, $\overline{EG}/\!/\overline{FD}$이므로 $\overline{AG}=\overline{GD}$

∴ $\overline{FD}=2\overline{EG}=2\times4=8(cm)$

△BCE에서 $\overline{CE}=2\overline{FD}=2\times8=16(cm)$

∴ $\overline{CG}=\overline{CE}-\overline{EG}=16-4=12(cm)$

Self 코칭

삼등분점 문제는 삼각형의 중점을 연결한 선분의 성질을 두 번 사용한다.

04 △ABF에서 $\overline{AD}=\overline{DB}$, $\overline{AE}=\overline{EF}$이므로 $\overline{DE}/\!/\overline{BF}$

∴ $\overline{DE}=\dfrac{1}{2}\overline{BF}=\dfrac{1}{2}\times24=12(cm)$

△CED에서 $\overline{CF}=\overline{FE}$, $\overline{GF}/\!/\overline{DE}$이므로 $\overline{CG}=\overline{GD}$

∴ $\overline{GF}=\dfrac{1}{2}\overline{DE}=\dfrac{1}{2}\times12=6(cm)$

05 $\overline{AD}=\overline{DB}$, $\overline{BE}=\overline{EC}$, $\overline{CF}=\overline{FA}$이므로

$\overline{DE}=\dfrac{1}{2}\overline{AC}=\dfrac{1}{2}\times12=6(cm)$

$\overline{EF}=\dfrac{1}{2}\overline{AB}=\dfrac{1}{2}\times14=7(cm)$

$\overline{FD}=\dfrac{1}{2}\overline{BC}=\dfrac{1}{2}\times18=9(cm)$

따라서 △DEF의 둘레의 길이는

$\overline{DE}+\overline{EF}+\overline{FD}=6+7+9=22(cm)$

다른풀이

(△DEF의 둘레의 길이)$=\dfrac{1}{2}\times$(△ABC의 둘레의 길이)

$=\dfrac{1}{2}\times(14+18+12)=22(cm)$

06 $\overline{AD}=\overline{DB}$, $\overline{BE}=\overline{EC}$, $\overline{CF}=\overline{FA}$이므로

$\overline{AB}=2\overline{EF}=2\times4=8(cm)$, $\overline{BC}=2\overline{DF}=2\times5=10(cm)$

$\overline{CA}=2\overline{DE}=2\times3=6(cm)$

따라서 △ABC의 둘레의 길이는

$\overline{AB}+\overline{BC}+\overline{CA}=8+10+6=24(cm)$

다른풀이

(△ABC의 둘레의 길이)$=2\times$(△DEF의 둘레의 길이)

$=2\times(3+4+5)=24(cm)$

07 $\overline{AD}/\!/\overline{BC}$, $\overline{AM}=\overline{MB}$, $\overline{DN}=\overline{NC}$이므로 $\overline{AD}/\!/\overline{MN}/\!/\overline{BC}$

△ABD에서 $\overline{AM}=\overline{MB}$, $\overline{AD}/\!/\overline{MP}$이므로

$\overline{MP}=\dfrac{1}{2}\overline{AD}=\dfrac{1}{2}\times12=6(cm)$

∴ $\overline{MQ}=\overline{MP}+\overline{PQ}=6+4=10(cm)$

따라서 △ABC에서 $\overline{AM}=\overline{MB}$, $\overline{MQ}/\!/\overline{BC}$이므로

$\overline{BC}=2\overline{MQ}=2\times10=20(cm)$

08 $\overline{AD}/\!/\overline{BC}$, $\overline{AM}=\overline{MB}$, $\overline{DN}=\overline{NC}$이므로 $\overline{AD}/\!/\overline{MN}/\!/\overline{BC}$

△ABD에서 $\overline{AM}=\overline{MB}$, $\overline{AD}/\!/\overline{MP}$이므로

$\overline{MP}=\dfrac{1}{2}\overline{AD}=\dfrac{1}{2}\times8=4(cm)$

∴ $\overline{MQ}=2\overline{MP}=2\times4=8(cm)$

따라서 △ABC에서 $\overline{AM}=\overline{MB}$, $\overline{MQ}/\!/\overline{BC}$이므로

$\overline{BC}=2\overline{MQ}=2\times8=16(cm)$

09 $(x-8):8=18:12$이므로 $(x-8):8=3:2$

$2x-16=24$, $2x=40$ ∴ $x=20$

$18:12=9:y$이므로 $3:2=9:y$ ∴ $y=6$

∴ $x+y=20+6=26$

10 $x:10=12:8$이므로 $x:10=3:2$ ∴ $x=15$

$12:8=15:(y-15)$이므로 $3:2=15:(y-15)$

$3y-45=30$, $3y=75$ ∴ $y=25$

∴ $x+y=15+25=40$

11 △ACD에서 $\overline{AD}/\!/\overline{GF}$이므로 $\overline{CG}:\overline{CA}=\overline{GF}:\overline{AD}$

$8:(8+4)=4:x$, $2:3=4:x$ ∴ $x=6$

△ABC에서 $\overline{EG}/\!/\overline{BC}$이므로 $\overline{AE}:\overline{AB}=\overline{EG}:\overline{BC}$

$4:(4+8)=y:18$, $1:3=y:18$ ∴ $y=6$

∴ $x+y=6+6=12$

12 오른쪽 그림과 같이 $\overline{AC}$를 그어 $\overline{EF}$와의 교점을 G라 하자.

(1) $\overline{AD}/\!/\overline{EF}/\!/\overline{BC}$이므로

$\overline{AE}:\overline{EB}=\overline{DF}:\overline{FC}$에서

$6:4=\overline{DF}:6$, $3:2=\overline{DF}:6$ ∴ $\overline{DF}=9(cm)$

(2) △ABC에서 $\overline{EG}/\!/\overline{BC}$이므로 $\overline{AE}:\overline{AB}=\overline{EG}:\overline{BC}$

$6:(6+4)=\overline{EG}:20$, $3:5=\overline{EG}:20$

∴ $\overline{EG}=12(cm)$

△ACD에서 $\overline{AD}/\!/\overline{GF}$이므로 $\overline{CF}:\overline{CD}=\overline{GF}:\overline{AD}$

$6:(6+9)=\overline{GF}:10$, $2:5=\overline{GF}:10$

∴ $\overline{GF}=4(cm)$

∴ $\overline{EF}=\overline{EG}+\overline{GF}=12+4=16(cm)$

13 △ABC에서 $\overline{AB}/\!/\overline{EF}$이므로

$\overline{CF}:\overline{CB}=\overline{EF}:\overline{AB}=4:6=2:3$

∴ $\overline{BF}:\overline{BC}=(3-2):3=1:3$

△BCD에서 $\overline{EF}/\!/\overline{DC}$이므로 $\overline{BF}:\overline{BC}=\overline{EF}:\overline{DC}$

$1:3=4:\overline{DC}$ ∴ $\overline{DC}=12(cm)$

다른풀이

$\overline{DC}=x\ cm$라 하면 $\overline{EF}=\dfrac{6\times x}{6+x}=4$에서

$6x=4(6+x)$, $2x=24$ ∴ $x=12$

∴ $\overline{DC}=12\ cm$

14 △BCD에서 $\overline{EF}/\!/\overline{DC}$이므로

$\overline{BF}:\overline{BC}=\overline{EF}:\overline{DC}=3:12=1:4$

∴ $\overline{CF}:\overline{CB}=(4-1):4=3:4$

△ABC에서 $\overline{AB}/\!/\overline{EF}$이므로 $\overline{CF}:\overline{CB}=\overline{EF}:\overline{AB}$

$3:4=3:\overline{AB}$ ∴ $\overline{AB}=4(cm)$

다른풀이

$\overline{AB}=x$ cm라 하면 $\overline{EF}=\dfrac{x\times 12}{x+12}=3$에서

$12x=3(x+12),\ 9x=36$ ∴ $x=4$

∴ $\overline{AB}=4(\text{cm})$

실력 확인하기 ┤107쪽├

01 ⑤ **02** 13 cm **03** 40 cm **04** 14 cm

05 12 cm² **06** ④ **07** 8 cm

---

01 △ABF에서 $\overline{DG}:\overline{BF}=\overline{AG}:\overline{AF}$ …… ㉠

△AFC에서 $\overline{GE}:\overline{FC}=\overline{AG}:\overline{AF}$ …… ㉡

㉠, ㉡에서 $\overline{DG}:\overline{BF}=\overline{GE}:\overline{FC}$이므로

$\overline{DG}:6=(15-\overline{DG}):12,\ 12\overline{DG}=90-6\overline{DG}$

$18\overline{DG}=90$ ∴ $\overline{DG}=5(\text{cm})$

02 $\overline{AD}=\overline{DB},\ \overline{BE}=\overline{EC},\ \overline{CF}=\overline{FA}$이므로

$\overline{DE}=\dfrac{1}{2}\overline{AC},\ \overline{EF}=\dfrac{1}{2}\overline{AB},\ \overline{DF}=\dfrac{1}{2}\overline{BC}$

따라서 △DEF의 둘레의 길이는

$\overline{DE}+\overline{EF}+\overline{FD}=\dfrac{1}{2}(\overline{AC}+\overline{AB}+\overline{BC})=\dfrac{1}{2}\times26=13(\text{cm})$

03 □ABCD는 직사각형이므로 오른쪽
그림과 같이 $\overline{BD}$를 그으면

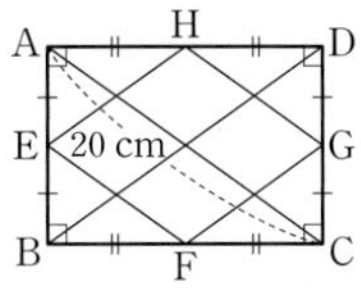

$\overline{BD}=\overline{AC}=20$ cm

이때 $\overline{AE}=\overline{EB},\ \overline{BF}=\overline{FC},$

$\overline{CG}=\overline{GD},\ \overline{DH}=\overline{HA}$이므로

$\overline{EF}=\overline{HG}=\dfrac{1}{2}\overline{AC}=\dfrac{1}{2}\times20=10(\text{cm})$

$\overline{EH}=\overline{FG}=\dfrac{1}{2}\overline{BD}=\dfrac{1}{2}\times20=10(\text{cm})$

따라서 □EFGH는 마름모이므로 둘레의 길이는

$4\times10=40(\text{cm})$

04 오른쪽 그림과 같이 점 A를 지나고
$\overline{CD}$에 평행한 직선을 그어 $\overline{EF},\ \overline{BC}$와
만나는 점을 각각 G, H라 하면

$\overline{GF}=\overline{HC}=\overline{AD}=13$ cm

∴ $\overline{BH}=\overline{BC}-\overline{HC}=16-13=3(\text{cm})$

△ABH에서 $2\overline{AE}=\overline{BE}$이고, $\overline{EG}\,/\!/\,\overline{BH}$이므로

$\overline{EG}:\overline{BH}=\overline{AE}:\overline{AB},\ \overline{EG}:3=1:(1+2)$

∴ $\overline{EG}=1(\text{cm})$

∴ $\overline{EF}=\overline{EG}+\overline{GF}=1+13=14(\text{cm})$

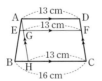

Self 코칭

점 A를 지나고, $\overline{CD}$에 평행한 직선을 그은 후 길이가 같은 변
을 표시한다.

05 △ABE∽△CDE (AA 닮음)이므로

$\overline{AE}:\overline{CE}=\overline{AB}:\overline{CD}=4:6=2:3$

△ABC에서 $\overline{AB}\,/\!/\,\overline{EF}$이므로 $\overline{AC}:\overline{EC}=\overline{AB}:\overline{EF}$

$(2+3):3=4:\overline{EF}$ ∴ $\overline{EF}=\dfrac{12}{5}(\text{cm})$

∴ △EBC$=\dfrac{1}{2}\times10\times\dfrac{12}{5}=12(\text{cm}^2)$

06 **전략 코칭**

△ABC와 △ABE에서 평행선과 선분의 길이의 비를 이용한다.

△ABC에서 $\overline{DE}\,/\!/\,\overline{BC}$이므로

$\overline{AD}:\overline{DB}=\overline{AE}:\overline{EC}=28:21=4:3$

△ABE에서 $\overline{DF}\,/\!/\,\overline{BE}$이므로

$\overline{AF}:\overline{FE}=\overline{AD}:\overline{DB}=4:3$

∴ $\overline{AF}=\dfrac{4}{7}\overline{AE}=\dfrac{4}{7}\times28=16(\text{cm})$

07 **전략 코칭**

△AEG≡△CEF임을 알고, 길이가 같은 선분을 찾는다.

△DBF에서 $\overline{DA}=\overline{AB},\ \overline{AG}\,/\!/\,\overline{BF}$이
므로 $\overline{AG}=\dfrac{1}{2}\overline{BF}$

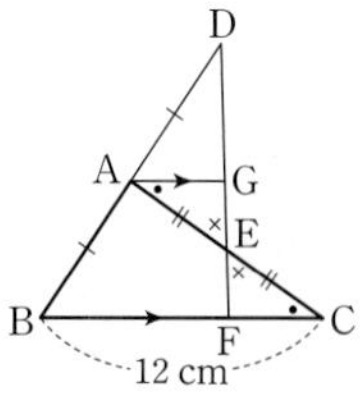

또, △AEG≡△CEF (ASA 합동)
이므로 $\overline{CF}=\overline{AG}=\dfrac{1}{2}\overline{BF}$

따라서 $\overline{BC}=\overline{BF}+\overline{FC}=\overline{BF}+\dfrac{1}{2}\overline{BF}=\dfrac{3}{2}\overline{BF}=12$이므로

$\overline{BF}=8(\text{cm})$

---

03 삼각형의 무게중심

┤109쪽~110쪽├

1	15 cm²		**1-1**	28 cm²
2	(1) $x=3,\ y=4$	(2) $x=6,\ y=10$		
2-1	(1) $x=4,\ y=6$	(2) $x=8,\ y=18$		
3	(1) 9 cm²	(2) 18 cm²		
3-1	(1) 48 cm²	(2) 36 cm²		
4	27 cm		**4-1**	4 cm

1 $\overline{AD}$가 △ABC의 중선이므로

△ADC$=\dfrac{1}{2}$△ABC$=\dfrac{1}{2}\times30=15(\text{cm}^2)$

1-1 $\overline{AD}$가 △ABC의 중선이므로

△ABC$=2$△ABD$=2\times14=28(\text{cm}^2)$

2 (1) $6:x=2:1$이므로 $2x=6$ ∴ $x=3$

$8:y=2:1$이므로 $2y=8$ ∴ $y=4$

(2) $x:3=2:1$이므로 $x=6$

$\overline{AC}=2\overline{EC}$이므로 $y=2\times5=10$

2-1 (1) $\overline{AD}=\overline{BD}$이므로 $x=4$

$y:9=2:3$이므로 $3y=18$ ∴ $y=6$

(2) $16:x=2:1$이므로 $2x=16$ ∴ $x=8$

$12:y=2:3$이므로 $2y=36$ ∴ $y=18$

3 (1) $\triangle GFB = \dfrac{1}{6}\triangle ABC = \dfrac{1}{6}\times 54 = 9(cm^2)$

(2) $\triangle GBC = \dfrac{1}{3}\triangle ABC = \dfrac{1}{3}\times 54 = 18(cm^2)$

3-1 (1) $\triangle ABC = 6\triangle GBD = 6\times 8 = 48(cm^2)$

(2) $\triangle ABC = 3\triangle GCA = 3\times 12 = 36(cm^2)$

4 두 점 P, Q는 각각 $\triangle ABC$, $\triangle ACD$의 무게중심이므로

$\overline{BP}:\overline{PO}=2:1$, $\overline{DQ}:\overline{QO}=2:1$

이때 $\overline{BO}=\overline{DO}$이므로 $\overline{BP}=\overline{PQ}=\overline{QD}$

$\therefore \overline{BD}=3\overline{PQ}=3\times 9=27(cm)$

4-1 두 점 P, Q는 각각 $\triangle ABD$, $\triangle DBC$의 무게중심이므로

$\overline{AP}:\overline{PO}=2:1$, $\overline{CQ}:\overline{QO}=2:1$

이때 $\overline{AO}=\overline{CO}$이므로 $\overline{AP}=\overline{PQ}=\overline{QC}$

$\therefore \overline{PQ}=\dfrac{1}{3}\overline{AC}=\dfrac{1}{3}\times 12=4(cm)$

개념 완성하기 ──────── 111쪽~113쪽

01 (1) 26 cm²	(2) 13 cm²	02 ③	03 4 cm
04 36	05 15	06 16 cm	07 $\dfrac{20}{3}$ cm
08 60 cm	09 ④	10 18 cm	11 21 cm²
12 4 cm²	13 24 cm²	14 5 cm²	15 18 cm
16 10 cm	17 8 cm²	18 36 cm²	

01 (1) $\overline{AD}$가 $\triangle ABC$의 중선이므로

$\triangle ADC = \dfrac{1}{2}\triangle ABC = \dfrac{1}{2}\times 52 = 26(cm^2)$

(2) $\overline{CE}$가 $\triangle ADC$의 중선이므로

$\triangle EDC = \dfrac{1}{2}\triangle ADC = \dfrac{1}{2}\times 26 = 13(cm^2)$

02 $\overline{DE}$가 $\triangle DBC$의 중선이므로

$\triangle DBC = 2\triangle DBE = 2\times 6 = 12(cm^2)$

$\overline{BD}$가 $\triangle ABC$의 중선이므로

$\triangle ABC = 2\triangle DBC = 2\times 12 = 24(cm^2)$

03 점 G는 $\triangle ABC$의 무게중심이므로

$\overline{BM} = \dfrac{1}{2}\overline{BC} = \dfrac{1}{2}\times 12 = 6(cm)$

$\triangle ADG \backsim \triangle ABM$ (AA 닮음)이므로

$\overline{AG}:\overline{AM}=\overline{DG}:\overline{BM}$에서

$2:3=\overline{DG}:6$ $\therefore \overline{DG}=4(cm)$

04 점 G는 $\triangle ABC$의 무게중심이므로

$\overline{MC} = \dfrac{1}{2}\overline{BC} = \dfrac{1}{2}\times 18 = 9(cm)$

$\triangle AGE \backsim \triangle AMC$ (AA 닮음)이므로

$\overline{AG}:\overline{AM}=\overline{GE}:\overline{MC}$에서 $2:3=x:9$ $\therefore x=6$

$\overline{AE}:\overline{EC}=\overline{AG}:\overline{GM}$에서 $12:y=2:1$ $\therefore y=6$

$\therefore xy=6\times 6=36$

05 점 G는 $\triangle ABC$의 무게중심이므로

$\overline{GD}=\dfrac{1}{2}\overline{AG}=\dfrac{1}{2}\times 12=6(cm)$ $\therefore x=6$

$\therefore \overline{AD}=12+6=18(cm)$

$\triangle ADC$에서 $\overline{AF}=\overline{FC}$, $\overline{AD}\,/\!/\,\overline{FE}$이므로

$\overline{FE}=\dfrac{1}{2}\overline{AD}=\dfrac{1}{2}\times 18=9(cm)$ $\therefore y=9$

$\therefore x+y=6+9=15$

06 $\triangle ABD$에서 $\overline{BE}=\overline{EA}$, $\overline{BF}=\overline{FD}$이므로

$\overline{AD}=2\overline{EF}=2\times 12=24(cm)$

이때 점 G는 $\triangle ABC$의 무게중심이므로

$\overline{AG}=\dfrac{2}{3}\overline{AD}=\dfrac{2}{3}\times 24=16(cm)$

07 직각삼각형 ABC에서 빗변의 중점 D는 $\triangle ABC$의 외심이므로

$\overline{AD}=\overline{BD}=\overline{CD}=\dfrac{1}{2}\overline{BC}=\dfrac{1}{2}\times 20=10(cm)$

이때 점 G는 $\triangle ABC$의 무게중심이므로

$\overline{AG}=\dfrac{2}{3}\overline{AD}=\dfrac{2}{3}\times 10=\dfrac{20}{3}(cm)$

08 점 G는 $\triangle ABC$의 무게중심이므로

$\overline{BD}=3\overline{GD}=3\times 10=30(cm)$

직각삼각형 ABC에서 빗변의 중점 D는 $\triangle ABC$의 외심이므로

$\overline{AD}=\overline{CD}=\overline{BD}=30 cm$

$\therefore \overline{AC}=2\overline{AD}=2\times 30=60(cm)$

09 점 G는 $\triangle ABC$의 무게중심이므로

$\overline{GD}=\dfrac{1}{3}\overline{AD}=\dfrac{1}{3}\times 27=9(cm)$

또, 점 G′은 $\triangle GBC$의 무게중심이므로

$\overline{GG'}=\dfrac{2}{3}\overline{GD}=\dfrac{2}{3}\times 9=6(cm)$

10 점 G′은 $\triangle GBC$의 무게중심이므로

$\overline{GD}=\dfrac{3}{2}\overline{GG'}=\dfrac{3}{2}\times 4=6(cm)$

또, 점 G는 $\triangle ABC$의 무게중심이므로

$\overline{AD}=3\overline{GD}=3\times 6=18(cm)$

11 점 G는 $\triangle ABC$의 무게중심이므로

$\triangle AGE=\triangle GBD=\dfrac{1}{2}\times 7=\dfrac{7}{2}(cm^2)$

$\therefore \triangle ABC=6\triangle AGE=6\times \dfrac{7}{2}=21(cm^2)$

12 점 G는 $\triangle ABC$의 무게중심이므로

$\triangle GBC=\dfrac{1}{3}\triangle ABC=\dfrac{1}{3}\times 36=12(cm^2)$

또, 점 G′은 $\triangle GBC$의 무게중심이므로

$\triangle GBG'=\dfrac{1}{3}\triangle GBC=\dfrac{1}{3}\times 12=4(cm^2)$

13 점 G는 $\triangle ABC$의 무게중심이므로

$\overline{DG}:\overline{GC}=1:2$에서

$\triangle EGC = 2\triangle DGE = 2\times 6 = 12(cm^2)$

또, $\overline{EG} : \overline{GB} = 1 : 2$이므로

$\triangle GBC = 2\triangle EGC = 2\times 12 = 24(cm^2)$

14 점 G는 $\triangle ABC$의 무게중심이므로

$\triangle AGE = \dfrac{1}{6}\triangle ABC = \dfrac{1}{6}\times 60 = 10(cm^2)$

또, $\overline{AG} : \overline{GD} = 2 : 1$이므로

$\triangle GDE = \dfrac{1}{2}\triangle AGE = \dfrac{1}{2}\times 10 = 5(cm^2)$

15 오른쪽 그림과 같이 $\overline{AC}$를 그어

$\overline{BD}$와 만나는 점을 O라 하면

두 점 P, Q는 각각 $\triangle ABC$,

$\triangle ACD$의 무게중심이므로

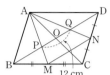

$\overline{BP} : \overline{PO} = 2 : 1$, $\overline{DQ} : \overline{QO} = 2 : 1$

이때 $\overline{BO} = \overline{DO}$이므로 $\overline{BP} = \overline{PQ} = \overline{QD}$

$\therefore \overline{BD} = 3\overline{PQ} = 3\times 12 = 36(cm)$

$\triangle BCD$에서 $\overline{BM} = \overline{MC}$, $\overline{DN} = \overline{NC}$이므로

$\overline{MN} = \dfrac{1}{2}\overline{BD} = \dfrac{1}{2}\times 36 = 18(cm)$

16 $\overline{BO} = \overline{DO} = 15\ cm$

이때 점 P는 $\triangle ABC$의 무게중심이므로

$\overline{BP} = \dfrac{2}{3}\overline{BO} = \dfrac{2}{3}\times 15 = 10(cm)$

17 점 P는 $\triangle ABC$의 무게중심이므로

$\triangle APO = \dfrac{1}{6}\triangle ABC = \dfrac{1}{6}\times\dfrac{1}{2}\square ABCD$

$= \dfrac{1}{12}\square ABCD = \dfrac{1}{12}\times 96 = 8(cm^2)$

Self 코칭

(1) $\square ABCD$가 평행사변형이므로

$\triangle ABC = \triangle ACD$

$= \dfrac{1}{2}\square ABCD$

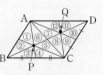

(2) 두 점 P, Q가 각각 $\triangle ABC$, $\triangle ACD$의 무게중심이므로

①=②=③=$\cdots$=⑪=⑫=$\dfrac{1}{12}\square ABCD$

---

18 점 P는 $\triangle ABC$의 무게중심이므로

$\square ABCD = 2\triangle ABC = 2\times 6\triangle AMP$

$= 12\triangle AMP = 12\times 3 = 36(cm^2)$

실력 확인하기 ┤114쪽├

01 ①   **02** ①   **03** ③   **04** ②

05 144 cm²   **06** 270 cm²

01 $\triangle ABC = \dfrac{1}{2}\times 12\times 16 = 96(cm^2)$

$\therefore \triangle GDC = \dfrac{1}{6}\triangle ABC = \dfrac{1}{6}\times 96 = 16(cm^2)$

---

02 $\overline{BD} = \overline{DC}$이고, $\overline{BE} = \overline{ED}$, $\overline{DF} = \overline{FC}$이므로

$\overline{BE} = \overline{ED} = \overline{DF} = \overline{FC} = \dfrac{1}{4}\times 36 = 9(cm)$

$\therefore \overline{EF} = 9+9 = 18(cm)$

$\triangle AGG'$과 $\triangle AEF$에서

$\overline{AG} : \overline{AE} = \overline{AG'} : \overline{AF} = 2 : 3$, $\angle GAG'$은 공통

$\therefore \triangle AGG' \backsim \triangle AEF$ (SAS 닮음)

따라서 $\overline{GG'} : \overline{EF} = \overline{AG} : \overline{AE}$이므로

$\overline{GG'} : 18 = 2 : 3$ $\therefore \overline{GG'} = 12(cm)$

03 점 G는 $\triangle ABC$의 무게중심이므로

$\overline{GD} = \dfrac{1}{3}\overline{AD} = \dfrac{1}{3}\times 6 = 2(cm)$

$\triangle GDC$와 $\triangle GFE$에서

$\angle CGD = \angle EGF$ (맞꼭지각), $\angle GDC = \angle GFE$ (엇각)

$\therefore \triangle GDC \backsim \triangle GFE$ (AA 닮음)

따라서 $\overline{GD} : \overline{GF} = \overline{GC} : \overline{GE}$이므로

$2 : \overline{GF} = 2 : 1$ $\therefore \overline{GF} = 1(cm)$

04 $\triangle AFC = \dfrac{1}{2}\triangle ABC = \dfrac{1}{2}\times 48 = 24(cm^2)$

$\triangle AFC$에서 $\overline{GE} /\!/ \overline{FC}$이므로

$\overline{AE} : \overline{EC} = \overline{AG} : \overline{GF}$

즉, $\overline{AE} : \overline{EC} = 2 : 1$이므로

$\triangle AFE = \dfrac{2}{3}\triangle AFC = \dfrac{2}{3}\times 24 = 16(cm^2)$

$\triangle AFE$에서 $\overline{AG} : \overline{GF} = 2 : 1$이므로

$\triangle GFE = \dfrac{1}{3}\triangle AFE = \dfrac{1}{3}\times 16 = \dfrac{16}{3}(cm^2)$

05 오른쪽 그림과 같이 $\overline{BD}$를 그어 $\overline{AC}$와의 교점을 O라 하면 점 P는

$\triangle ABD$의 무게중심이므로

$\square ABCD = 2\triangle ABD$

$= 2\times 3\triangle ABP$

$= 6\triangle ABP$

$= 6\times 24 = 144(cm^2)$

06 **전략 코칭**

이등변삼각형의 꼭지각의 이등분선은 밑변을 수직이등분한다.

점 G'이 $\triangle GBC$의 무게중심이므로

$\overline{GD} = \dfrac{3}{2}\overline{GG'} = \dfrac{3}{2}\times 6 = 9(cm)$

점 G가 $\triangle ABC$의 무게중심이므로

$\overline{AD} = 3\overline{GD} = 3\times 9 = 27(cm)$

이때 $\triangle ABC$는 이등변삼각형이고 $\overline{AD}$가 $\angle A$의 이등분선이므로 $\overline{AD} \perp \overline{BC}$

$\therefore \triangle ABC = \dfrac{1}{2}\times 20\times 27 = 270(cm^2)$

1 4 cm	**1-1** 8 cm
2 6	**3** 45 cm^2
4 10	**4-1** 33
5 8 cm^2	**6** 15 cm^2

1 채점기준 1 $\overline{MQ}$의 길이 구하기 … 2점

$\overline{AD}/\!/\overline{BC}$, $\overline{AM}=\overline{MB}$, $\overline{DN}=\overline{NC}$이므로 $\overline{AD}/\!/\overline{MN}/\!/\overline{BC}$

△ABC에서 $\overline{AM}=\overline{MB}$, $\overline{MQ}/\!/\overline{BC}$이므로

$$\overline{MQ}=\frac{1}{2}\overline{BC}=\frac{1}{2}\times20=10(\text{cm})$$

채점기준 2 $\overline{MP}$의 길이 구하기 … 2점

△ABD에서 $\overline{AM}=\overline{MB}$, $\overline{MP}/\!/\overline{AD}$이므로

$$\overline{MP}=\frac{1}{2}\overline{AD}=\frac{1}{2}\times12=6(\text{cm})$$

채점기준 3 $\overline{PQ}$의 길이 구하기 … 2점

$$\overline{PQ}=\overline{MQ}-\overline{MP}=10-6=4(\text{cm})$$

1-1 채점기준 1 $\overline{MQ}$의 길이 구하기 … 2점

$\overline{AD}/\!/\overline{BC}$, $\overline{AM}=\overline{MB}$, $\overline{DN}=\overline{NC}$이므로 $\overline{AD}/\!/\overline{MN}/\!/\overline{BC}$

△ABC에서 $\overline{AM}=\overline{MB}$, $\overline{MQ}/\!/\overline{BC}$이므로

$$\overline{MQ}=\frac{1}{2}\overline{BC}=\frac{1}{2}\times16=8(\text{cm})$$

채점기준 2 $\overline{MP}$의 길이 구하기 … 2점

$$\overline{MP}=\overline{MQ}-\overline{PQ}=8-4=4(\text{cm})$$

채점기준 3 $\overline{AD}$의 길이 구하기 … 2점

△ABD에서 $\overline{AM}=\overline{MB}$, $\overline{MP}/\!/\overline{AD}$이므로

$$\overline{AD}=2\overline{MP}=2\times4=8(\text{cm})$$

2 $\overline{AB}:\overline{BD}=\overline{AC}:\overline{CE}$이므로

$6:2=9:x$, $3:1=9:x$ ∴ $x=3$ …… ❶

또, $\overline{AG}:\overline{AC}=\overline{AF}:\overline{AB}$이므로

$3:9=y:6$, $1:3=y:6$ ∴ $y=2$ …… ❷

∴ $xy=3\times2=6$ …… ❸

채점 기준	배점
❶ x의 값 구하기	2점
❷ y의 값 구하기	2점
❸ xy의 값 구하기	1점

3 $\angle BAC=45°+45°=90°$이므로

$$\triangle ABC=\frac{1}{2}\times10\times15=75(\text{cm}^2) \quad \text{…… ❶}$$

$$\triangle ABD:\triangle ADC=\overline{BD}:\overline{DC}=\overline{AB}:\overline{AC}$$
$$=10:15=2:3 \quad \text{…… ❷}$$

$$\therefore \triangle ADC=\frac{3}{5}\triangle ABC=\frac{3}{5}\times75=45(\text{cm}^2) \quad \text{…… ❸}$$

채점 기준	배점
❶ △ABC의 넓이 구하기	1점
❷ △ABD와 △ADC의 넓이의 비 구하기	2점
❸ △ADC의 넓이 구하기	2점

4 채점기준 1 x의 값 구하기 … 2점

점 G는 △ABC의 무게중심이므로

$$\overline{GD}=\frac{1}{2}\overline{AG}=\frac{1}{2}\times12=6(\text{cm}) \quad \therefore x=6$$

채점기준 2 y의 값 구하기 … 2점

점 G′은 △GBC의 무게중심이므로

$$\overline{GG'}=\frac{2}{3}\overline{GD}=\frac{2}{3}\times6=4(\text{cm}) \quad \therefore y=4$$

채점기준 3 $x+y$의 값 구하기 … 1점

$x+y=6+4=10$

4-1 채점기준 1 y의 값 구하기 … 2점

점 G′은 △GBC의 무게중심이므로

$$\overline{GG'}=2\overline{G'D}=2\times3=6(\text{cm}) \quad \therefore y=6$$

채점기준 2 x의 값 구하기 … 2점

$$\overline{GD}=\overline{GG'}+\overline{G'D}=6+3=9(\text{cm})$$

점 G는 △ABC의 무게중심이므로

$$\overline{AD}=3\overline{GD}=3\times9=27(\text{cm}) \quad \therefore x=27$$

채점기준 3 $x+y$의 값 구하기 … 1점

$x+y=27+6=33$

5 오른쪽 그림과 같이 $\overline{AG}$를 그으면

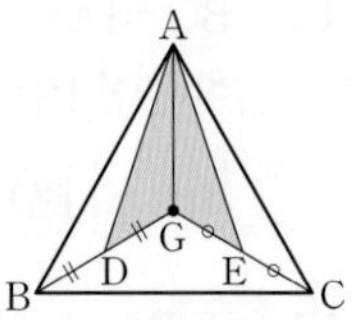

$$\triangle ABG=\triangle ACG$$
$$=\frac{1}{3}\triangle ABC$$
$$=\frac{1}{3}\times24=8(\text{cm}^2) \quad \text{…… ❶}$$

따라서 색칠한 부분의 넓이는

$$\triangle ADG+\triangle AEG=\frac{1}{2}\triangle ABG+\frac{1}{2}\triangle ACG$$
$$=\frac{1}{2}\times8+\frac{1}{2}\times8$$
$$=4+4=8(\text{cm}^2) \quad \text{…… ❷}$$

채점 기준	배점
❶ △ABG, △ACG의 넓이 각각 구하기	3점
❷ 색칠한 부분의 넓이 구하기	3점

6 오른쪽 그림과 같이 $\overline{AC}$를 그어 $\overline{BD}$와 의 교점을 O라 하면 $\overline{AO}=\overline{CO}$이므로 두 점 P, Q는 각각 △ABC, △ACD 의 무게중심이다. …… ❶

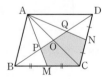

$$\square PMCO=\frac{1}{3}\triangle ABC=\frac{1}{6}\square ABCD=\frac{1}{6}\times45=\frac{15}{2}(\text{cm}^2)$$

$$\square QOCN=\frac{1}{3}\triangle ACD=\frac{1}{6}\square ABCD=\frac{1}{6}\times45=\frac{15}{2}(\text{cm}^2)$$
…… ❷

∴ (오각형 PMCNQ의 넓이)

$$=\square PMCO+\square QOCN=\frac{15}{2}+\frac{15}{2}=15(\text{cm}^2)$$
…… ❸

채점 기준	배점
❶ 두 점 P, Q가 각각 △ABC, △ACD의 무게중심임을 알기	2점
❷ □PMCO와 □QOCN의 넓이 각각 구하기	3점
❸ 오각형 PMCNQ의 넓이 구하기	1점

01 ①	**02** ④	**03** 35 cm²	**04** 3 cm
05 13 cm	**06** ⑤	**07** ①	**08** ③
09 ⑤	**10** ①	**11** $\frac{24}{5}$ cm	**12** ③
13 5 cm²	**14** ②	**15** 32 cm	**16** 2 cm
17 ③	**18** 28 cm		

01 $\overline{AD}:\overline{AB}=\overline{DE}:\overline{BC}$에서

$x:12=10:15$이므로 $x:12=2:3$ ∴ $x=8$

$\overline{AB}:\overline{BD}=\overline{AC}:\overline{CE}$에서

$12:(12-8)=15:y$이므로 $3:1=15:y$ ∴ $y=5$

∴ $x-y=8-5=3$

02 $\overline{AB}:\overline{AC}=\overline{BD}:\overline{CD}$이므로 $8:5=(4+\overline{CD}):\overline{CD}$

$8\overline{CD}=20+5\overline{CD}$, $3\overline{CD}=20$ ∴ $\overline{CD}=\frac{20}{3}$(cm)

03 △ABD : △ADC$=\overline{BD}:\overline{CD}=\overline{AB}:\overline{AC}$

$\qquad\qquad\qquad\quad =15:12=5:4$

따라서 △ABD : $28=5:4$이므로

4△ABD$=140$ ∴ △ABD$=35$(cm²)

04 △BCE에서 $\overline{BF}=\overline{FE}$, $\overline{BD}=\overline{DC}$이므로 $\overline{FD}/\!/\overline{EC}$

$\overline{EG}=x$ cm라 하면

△AFD에서 $\overline{FD}=2\overline{EG}=2x$(cm)

△EBC에서 $\overline{EC}=2\overline{FD}=2\times2x=4x$(cm)

따라서 $\overline{GC}=\overline{EC}-\overline{EG}=4x-x=3x$(cm)이므로

$3x=9$ ∴ $x=3$

∴ $\overline{EG}=3$(cm)

05 오른쪽 그림과 같이 점 A를 지나고 $\overline{BF}$에 평행한 직선을 그어 $\overline{DF}$와 만나는 점을 G라 하자.

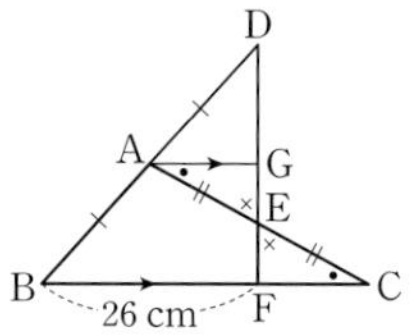

△DBF에서 $\overline{DA}=\overline{AB}$, $\overline{AG}/\!/\overline{BF}$이므로

$\overline{AG}=\frac{1}{2}\overline{BF}=\frac{1}{2}\times26=13$(cm)

또, △AEG≡△CEF (ASA 합동)이므로

$\overline{FC}=\overline{GA}=13$ cm

> **Self 코칭**
>
> $\overline{AG}/\!/\overline{BF}$가 되도록 $\overline{DF}$ 위에 점 G를 잡아 합동인 삼각형을 찾는다.

06 $\overline{AD}=\overline{DB}$, $\overline{BE}=\overline{EC}$, $\overline{CF}=\overline{FA}$이므로

$\overline{DE}=\frac{1}{2}\overline{AC}$, $\overline{EF}=\frac{1}{2}\overline{AB}$, $\overline{DF}=\frac{1}{2}\overline{BC}$

이때, △DEF의 둘레의 길이가 11 cm이므로

$\overline{DE}+\overline{EF}+\overline{FD}=\frac{1}{2}(\overline{AC}+\overline{AB}+\overline{BC})=11$에서

$\frac{1}{2}\times(5+9+\overline{BC})=11$, $7+\frac{1}{2}\overline{BC}=11$

∴ $\overline{BC}=8$(cm)

07 $\overline{PQ}=\overline{SR}=\frac{1}{2}\overline{AC}=\frac{1}{2}\times10=5$(cm)

$\overline{PS}=\overline{QR}=\frac{1}{2}\overline{BD}=\frac{1}{2}\times14=7$(cm)

∴ (□PQRS의 둘레의 길이)$=5+7+5+7=24$(cm)

08 $\overline{AD}/\!/\overline{BC}$이고 $\overline{AE}=\overline{EB}$, $\overline{DF}=\overline{FC}$이므로 $\overline{AD}/\!/\overline{EF}/\!/\overline{BC}$

오른쪽 그림과 같이 $\overline{AC}$를 그어 $\overline{EF}$와 만나는 점을 P라 하자.

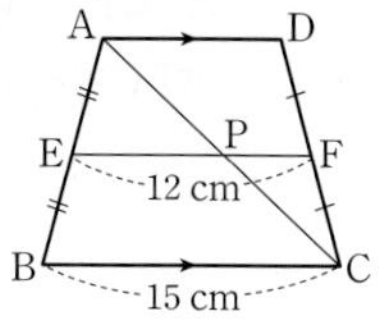

△ABC에서

$\overline{EP}=\frac{1}{2}\overline{BC}=\frac{1}{2}\times15=\frac{15}{2}$(cm)

이므로 $\overline{PF}=\overline{EF}-\overline{EP}=12-\frac{15}{2}=\frac{9}{2}$(cm)

따라서 △ACD에서

$\overline{AD}=2\overline{PF}=2\times\frac{9}{2}=9$(cm)

09 $2:x=3:6$, $2:x=1:2$ ∴ $x=4$

$4:3=6:y$, $4y=18$ ∴ $y=\frac{9}{2}$

10 오른쪽 그림과 같이 점 A를 지나고 $\overline{DC}$에 평행한 직선을 그어 $\overline{EF}$, $\overline{BC}$와 만나는 점을 각각 G, H라 하자.

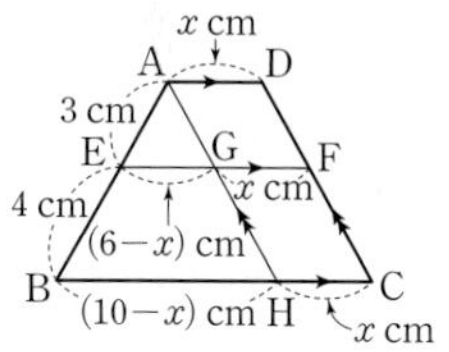

$\overline{AD}=x$ cm라 하면

$\overline{GF}=\overline{HC}=\overline{AD}=x$ cm

△ABH에서 $\overline{AE}:\overline{AB}=\overline{EG}:\overline{BH}$이므로

$3:(3+4)=(6-x):(10-x)$, $3:7=(6-x):(10-x)$

$30-3x=42-7x$, $4x=12$ ∴ $x=3$

∴ $\overline{AD}=3$(cm)

> **Self 코칭**
>
> 점 A를 지나고, $\overline{DC}$와 평행한 직선을 그어 생각한다.

> **다른풀이**
>
> 오른쪽 그림과 같이 $\overline{AC}$를 그어 $\overline{EF}$와 만나는 점을 G라 하자. 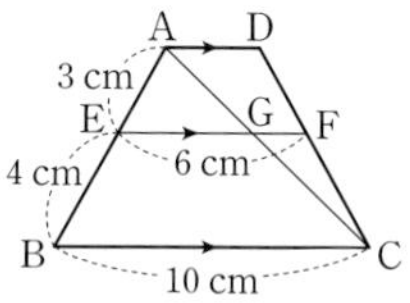
>
> △ABC에서
>
> $\overline{AE}:\overline{AB}=\overline{EG}:\overline{BC}$이므로
>
> $3:(3+4)=\overline{EG}:10$
>
> ∴ $\overline{EG}=\frac{30}{7}$(cm)
>
> △ACD에서 $\overline{CF}:\overline{CD}=\overline{GF}:\overline{AD}$이므로
>
> $4:(4+3)=\left(6-\frac{30}{7}\right):\overline{AD}$, $4\overline{AD}=12$
>
> ∴ $\overline{AD}=3$(cm)

11 △OAD∽△OCB (AA 닮음)이므로

$\overline{OA}:\overline{OC}=\overline{AD}:\overline{CB}=4:6=2:3$

△ABC에서 $\overline{AO}:\overline{AC}=\overline{EO}:\overline{BC}$이므로

$2:(2+3)=\overline{EO}:6$, $5\overline{EO}=12$ ∴ $\overline{EO}=\frac{12}{5}$(cm)

$\triangle$ACD에서 $\overline{CO}:\overline{CA}=\overline{OF}:\overline{AD}$이므로

$3:(3+2)=\overline{OF}:4$, $5\overline{OF}=12$ $\therefore \overline{OF}=\dfrac{12}{5}$(cm)

$\therefore \overline{EF}=\overline{EO}+\overline{OF}=\dfrac{12}{5}+\dfrac{12}{5}=\dfrac{24}{5}$(cm)

12 $\triangle$ABE $\backsim$ $\triangle$CDE(AA 닮음)이므로

$\overline{AE}:\overline{CE}=\overline{AB}:\overline{CD}=18:12=3:2$

$\triangle$ABC에서 $\overline{CE}:\overline{CA}=\overline{EF}:\overline{AB}$이므로

$2:(2+3)=\overline{EF}:18$, $5\overline{EF}=36$ $\therefore \overline{EF}=\dfrac{36}{5}$(cm)

다른풀이

$\overline{EF}=\dfrac{18\times12}{18+12}=\dfrac{36}{5}$(cm)

13 $\overline{AM}$은 $\triangle$ABC의 중선이므로

$\triangle$ABM$=\dfrac{1}{2}\triangle$ABC$=\dfrac{1}{2}\times30=15$(cm^2)

$\overline{AP}=\overline{PQ}=\overline{QM}$이므로

$\triangle$PBQ$=\dfrac{1}{3}\triangle$ABM$=\dfrac{1}{3}\times15=5$(cm^2)

14 점 G가 $\triangle$ABC의 무게중심이므로

$\overline{CD}=\dfrac{3}{2}\overline{CG}=\dfrac{3}{2}\times6=9$(cm)

직각삼각형 ABC에서 빗변의 중점 D는 $\triangle$ABC의 외심이

므로

$\overline{AD}=\overline{BD}=\overline{CD}$

$\therefore \overline{AB}=2\overline{CD}=2\times9=18$(cm)

15 점 G가 $\triangle$ABC의 무게중심이므로

$\overline{GD}=\dfrac{1}{3}\overline{AD}=\dfrac{1}{3}\times36=12$(cm)

점 G'이 $\triangle$GBC의 무게중심이므로

$\overline{G'D}=\dfrac{1}{3}\overline{GD}=\dfrac{1}{3}\times12=4$(cm)

$\therefore \overline{AG'}=\overline{AD}-\overline{G'D}=36-4=32$(cm)

16 $\overline{MD}=\dfrac{1}{2}\overline{CM}=\dfrac{1}{2}\times\dfrac{1}{2}\overline{BC}=\dfrac{1}{4}\overline{BC}=\dfrac{1}{4}\times12=3$(cm)

$\triangle$AGG'과 $\triangle$AMD에서

$\overline{AG}:\overline{AM}=\overline{AG'}:\overline{AD}=2:3$, $\angle$GAG'은 공통

$\therefore \triangle$AGG'$\backsim\triangle$AMD (SAS 닮음)

따라서 $\overline{AG}:\overline{AM}=\overline{GG'}:\overline{MD}$이므로

$2:3=\overline{GG'}:3$ $\therefore \overline{GG'}=2$(cm)

17 점 G가 $\triangle$ABC의 무게중심이므로

$\triangle$AGC$=\dfrac{1}{3}\triangle$ABC$=\dfrac{1}{3}\times42=14$(cm^2)

이때 $\overline{AD}=\overline{DG}$이므로

$\triangle$DGC$=\dfrac{1}{2}\triangle$AGC$=\dfrac{1}{2}\times14=7$(cm^2)

18 $\triangle$BCD에서 $\overline{BM}=\overline{MC}$, $\overline{DN}=\overline{NC}$이므로

$\overline{BD}=2\overline{MN}=2\times42=84$(cm)

두 점 P, Q는 각각 $\triangle$ABC, $\triangle$ACD의 무게중심이므로

$\overline{PQ}=\overline{BP}=\overline{QD}=\dfrac{1}{3}\overline{BD}=\dfrac{1}{3}\times84=28$(cm)

1 112 m   **2** 4 cm

3 55 cm   **4** 48 cm^2

1 $\triangle$ABC에서 $\overline{AC}//\overline{DE}$이므로

$\overline{BD}:\overline{DA}=\overline{BE}:\overline{EC}$에서

$\overline{BD}:\overline{DA}=72:18$, $\overline{BD}:(140-\overline{BD})=4:1$

$560-4\overline{BD}=\overline{BD}$, $5\overline{BD}=560$ $\therefore \overline{BD}=112$(m)

따라서 B 지점에서 D 지점까지의 거리는 112 m이다.

Self 코칭

삼각형에서 평행선과 선분의 길이의 비를 생각해 본다.

2 오른쪽 그림과 같이 점 A에서 공책의 8번째 줄에 내린 수선의 발을 H라 하고, $\overline{AH}$가 공책의 4번째, 6번째 줄과 만나는 점을 각각 E, F라 하자.

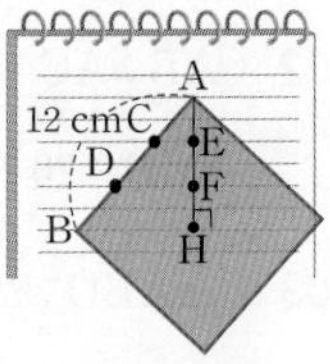

공책 위의 줄은 모두 평행하고 간격이 일정하므로

$\overline{CE}//\overline{DF}//\overline{BH}$이고, $\overline{AE}=\overline{EF}=\overline{FH}$이다.

따라서 $\overline{AC}:\overline{CD}:\overline{DB}=\overline{AE}:\overline{EF}:\overline{FH}=1:1:1$이므로

$\overline{CD}=\dfrac{1}{3}\overline{AB}=\dfrac{1}{3}\times12=4$(cm)

3 오른쪽 그림과 같이 8개의 점 A~H의 위치를 정하자.

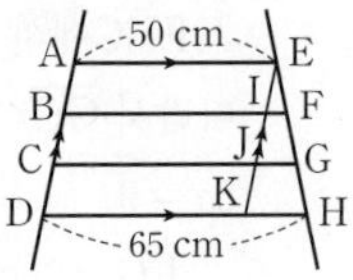

점 E를 지나고 $\overline{AD}$에 평행한 직선이 $\overline{BF}$, $\overline{CG}$, $\overline{DH}$와 만나는 점을 각각 I, J, K라 하면

$\overline{DK}=\overline{AE}=50$ cm이므로

$\overline{KH}=\overline{DH}-\overline{DK}=65-50=15$(cm)

$\triangle$EKH에서 $\overline{EF}=\overline{FG}=\overline{GH}$이고, $\overline{IF}//\overline{KH}$이므로

$\overline{EF}:\overline{EH}=\overline{IF}:\overline{KH}$에서

$1:3=\overline{IF}:15$, $3\overline{IF}=15$ $\therefore \overline{IF}=5$(cm)

이때 $\overline{BI}=\overline{AE}=50$ cm이므로 새로 만들어야 할 다리의 길이는

$\overline{BF}=\overline{BI}+\overline{IF}=50+5=55$(cm)

4 오른쪽 그림과 같이 $\overline{AC}$, $\overline{BD}$를 그으면 점 E는 $\triangle$BCD의 무게중심이므로

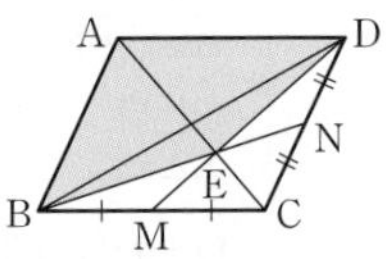

$\triangle$DBE$=\triangle$BCE$=2\triangle$BME

$=2\times6=12$(cm^2)

$\triangle$ABD$=\triangle$BCD$=3\triangle$DBE$=3\times12=36$(cm^2)

$\therefore \square$ABED$=\triangle$ABD$+\triangle$DBE$=36+12=48$(cm^2)

Self 코칭

$\overline{AC}$와 $\overline{BD}$를 그어 삼각형의 무게중심을 찾고, 삼각형의 무게중심의 성질을 생각해 본다.

40 정답 및 풀이

01 피타고라스 정리

├123쪽 ～ 127쪽┤

1	(1) 10 (2) 5	**1-1**	(1) 17	(2) 4
2	50 cm²	**2-1**	(1) 5 cm	(2) 25 cm²
3	(1) 5 cm (2) 20 cm			
3-1	(1) 13 cm (2) 169 cm²			
4	(1) 예각삼각형 (2) 직각삼각형 (3) 둔각삼각형			
4-1	(1) 둔각삼각형 (2) 예각삼각형 (3) 직각삼각형			
5	21	**5-1**	125	
6	44	**6-1**	61	
7	33 cm²	**7-1**	8 cm²	
8	24 cm²	**8-1**	30 cm²	
9	그림은 풀이 참조, 7, 5, 13			
9-1	17			
10	그림은 풀이 참조, 4π, 5π			
10-1	13π			

1 (1) $x^2=8^2+6^2=100$
　　이때 $x>0$이므로 $x=10$
　(2) $13^2=12^2+x^2$, $x^2=25$
　　이때 $x>0$이므로 $x=5$

1-1 (1) $x^2=15^2+8^2=289$
　　이때 $x>0$이므로 $x=17$
　(2) $5^2=3^2+x^2$, $x^2=16$
　　이때 $x>0$이므로 $x=4$

2 $\square AFGB=\square ACDE+\square BHIC=18+32=50(cm^2)$

2-1 (1) $\triangle ABC$에서 $\overline{AB}^2=4^2+3^2=25$
　　이때 $\overline{AB}>0$이므로 $\overline{AB}=5(cm)$
　(2) $\square AFGB=5\times5=25(cm^2)$

3 (1) $\triangle GFC$에서 $\overline{FG}^2=4^2+3^2=25$
　　이때 $\overline{FG}>0$이므로 $\overline{FG}=5(cm)$
　(2) $\square EFGH$는 한 변의 길이가 5 cm인 정사각형이므로
　　$\square EFGH$의 둘레의 길이는 $4\times5=20(cm)$

3-1 (1) $\triangle GFC$에서 $\overline{FG}^2=5^2+12^2=169$
　　이때 $\overline{FG}>0$이므로 $\overline{FG}=13(cm)$
　(2) $\square EFGH$는 한 변의 길이가 13 cm인 정사각형이므로
　　$\square EFGH$의 넓이는 $13\times13=169(cm^2)$

4 (1) $6^2<4^2+5^2$이므로 예각삼각형이다.
　(2) $10^2=6^2+8^2$이므로 직각삼각형이다.
　(3) $7^2>4^2+4^2$이므로 둔각삼각형이다.

4-1 (1) $6^2>3^2+4^2$이므로 둔각삼각형이다.
　(2) $10^2<6^2+9^2$이므로 예각삼각형이다.

(3) $17^2=8^2+15^2$이므로 직각삼각형이다.

5 $\overline{DE}^2+\overline{BC}^2=\overline{BE}^2+\overline{CD}^2$이므로
　$\overline{DE}^2+8^2=6^2+7^2$　∴ $\overline{DE}^2=21$

5-1 $\overline{DE}^2+\overline{BC}^2=\overline{BE}^2+\overline{CD}^2$이므로
　$\overline{BE}^2+\overline{CD}^2=5^2+10^2=125$

6 $\overline{AB}^2+\overline{CD}^2=\overline{AD}^2+\overline{BC}^2$이므로
　$4^2+8^2=6^2+\overline{BC}^2$　∴ $\overline{BC}^2=44$

6-1 $\overline{AB}^2+\overline{CD}^2=\overline{AD}^2+\overline{BC}^2$이므로
　$\overline{AD}^2+\overline{BC}^2=6^2+5^2=61$

7 ($\overline{BC}$를 지름으로 하는 반원의 넓이)
　=($\overline{AB}$를 지름으로 하는 반원의 넓이)
　　　　　　　+($\overline{AC}$를 지름으로 하는 반원의 넓이)
　=$9+24=33(cm^2)$

7-1 ($\overline{AC}$를 지름으로 하는 반원의 넓이)
　=($\overline{AB}$를 지름으로 하는 반원의 넓이)
　　　　　　　-($\overline{BC}$를 지름으로 하는 반원의 넓이)
　=$18-10=8(cm^2)$

8 (색칠한 부분의 넓이)=$\triangle ABC=\dfrac{1}{2}\times6\times8=24(cm^2)$

8-1 (색칠한 부분의 넓이)=$\triangle ABC=\dfrac{1}{2}\times5\times12=30(cm^2)$

9 오른쪽 그림의 $\triangle BFH$에서
　$\overline{BH}^2=\overline{BF}^2+\overline{FH}^2$
　　　$=5^2+(7+5)^2=169$
　이때 $\overline{BH}>0$이므로 $\overline{BH}=13$
　따라서 최단 거리는 13이다.

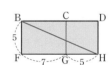

9-1 오른쪽 그림의 $\triangle ABG$에서
　$\overline{AG}^2=\overline{AB}^2+\overline{BG}^2$
　　　$=8^2+(8+7)^2=289$
　이때 $\overline{AG}>0$이므로 $\overline{AG}=17$
　따라서 최단 거리는 17이다.

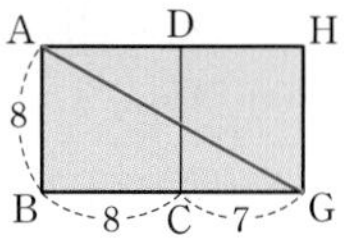

10 원기둥의 밑면의 둘레의 길이는
　$2\pi\times2=4\pi$
　오른쪽 그림의 $\triangle B'AA'$에서
　$\overline{AB'}^2=\overline{AA'}^2+\overline{A'B'}^2$
　　　$=(4\pi)^2+(3\pi)^2=25\pi^2$
　이때 $\overline{AB'}>0$이므로 $\overline{AB'}=5\pi$
　따라서 최단 거리는 5π이다.

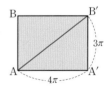

10-1 원기둥의 밑면의 둘레의 길이는
　$2\pi\times6=12\pi$
　오른쪽 그림의 $\triangle B'AA'$에서
　$\overline{AB'}^2=\overline{AA'}^2+\overline{A'B'}^2$
　　　$=(12\pi)^2+(5\pi)^2=169\pi^2$
　이때 $\overline{AB'}>0$이므로 $\overline{AB'}=13\pi$
　따라서 최단 거리는 13π이다.

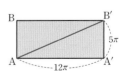

개념 **완성하기** ─────── 128쪽 ~ 129쪽

01 $x=8$, $y=10$ **02** $x=8$, $y=9$

03 17 cm **04** 38 cm **05** 3 cm **06** 16 cm²

07 36 cm² **08** 13 cm² **09** ④ **10** ㄱ, ㄴ

11 45 **12** 130 **13** 8π cm² **14** 60 cm²

01 △ABD에서 $17^2=15^2+x^2$, $x^2=64$
이때 $x>0$이므로 $x=8$
△ADC에서 $y^2=8^2+6^2=100$
이때 $y>0$이므로 $y=10$

02 △ACD에서 $10^2=6^2+x^2$, $x^2=64$
이때 $x>0$이므로 $x=8$
△ABD에서 $17^2=(y+6)^2+8^2$, $(y+6)^2=225$
이때 $y+6>0$이므로 $y+6=15$ ∴ $y=9$

03 오른쪽 그림과 같이 점 D에서 $\overline{BC}$에
내린 수선의 발을 H라 하면 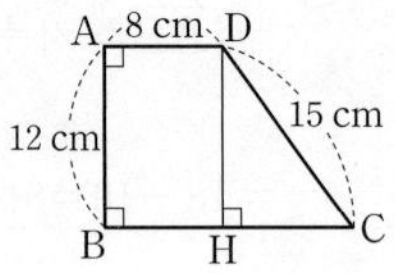
$\overline{BH}=\overline{AD}=8$ cm,
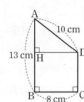
$\overline{DH}=\overline{AB}=12$ cm이므로
△DHC에서 $15^2=12^2+\overline{HC}^2$, $\overline{HC}^2=81$
이때 $\overline{HC}>0$이므로 $\overline{HC}=9$(cm)
∴ $\overline{BC}=\overline{BH}+\overline{HC}=8+9=17$(cm)

04 오른쪽 그림과 같이 점 D에서 $\overline{AB}$에 내
린 수선의 발을 H라 하면
$\overline{HD}=\overline{BC}=8$ cm이므로
△AHD에서 $10^2=\overline{AH}^2+8^2$, $\overline{AH}^2=36$
이때 $\overline{AH}>0$이므로 $\overline{AH}=6$(cm)
$\overline{DC}=\overline{HB}=\overline{AB}-\overline{AH}=13-6=7$(cm)
따라서 사다리꼴 ABCD의 둘레의 길이는
$13+8+7+10=38$(cm)

05 (Q의 넓이)=(R의 넓이)−(P의 넓이)=$15-6=9$(cm²)
사각형 Q는 한 변의 길이가 $\overline{AC}$인 정사각형이므로 $\overline{AC}^2=9$
이때 $\overline{AC}>0$이므로 $\overline{AC}=3$(cm)

06 오른쪽 그림에서
△EAC=△EAB=△CAF
  =△AFL
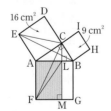
이므로
□AFML=□ACDE=16 cm²

07 □MJNQ+□PQOL=□EFGH이므로
$64+$□PQOL$=100$ ∴ □PQOL$=36$(cm²)

08 $\overline{AH}=\overline{BE}=\overline{CF}=\overline{DG}$이므로 □EFGH는 정사각형이다.
$\overline{AD}=\overline{BC}=5$ cm이고, $\overline{DH}=\overline{AE}=3$ cm이므로
$\overline{AH}=\overline{AD}-\overline{DH}=5-3=2$(cm)
∴ □EFGH$=\overline{EH}^2=2^2+3^2=13$(cm²)

09 ① $5^2\neq2^2+4^2$이므로 직각삼각형이 아니다.
② $7^2\neq3^2+6^2$이므로 직각삼각형이 아니다.
③ $6^2\neq4^2+5^2$이므로 직각삼각형이 아니다.
④ $10^2=6^2+8^2$이므로 직각삼각형이다.
⑤ $12^2\neq8^2+11^2$이므로 직각삼각형이 아니다.
따라서 직각삼각형인 것은 ④이다.

10 ㄱ. $9^2\neq5^2+6^2$이므로 직각삼각형이 아니다.
ㄴ. $9^2\neq6^2+7^2$이므로 직각삼각형이 아니다.
ㄷ. $13^2=5^2+12^2$이므로 직각삼각형이다.
ㄹ. $17^2=8^2+15^2$이므로 직각삼각형이다.
따라서 직각삼각형이 아닌 것은 ㄱ, ㄴ이다.

11 $\overline{AP}^2+\overline{CP}^2=\overline{BP}^2+\overline{DP}^2$이므로
$4^2+\overline{CP}^2=5^2+6^2$ ∴ $\overline{CP}^2=45$

> **Self 코칭**
> 오른쪽 그림과 같이 $\overline{HF}\,/\!/\,\overline{AB}$,
> $\overline{EG}\,/\!/\,\overline{AD}$가 되도록 $\overline{HF}$, $\overline{EG}$를 그으면
>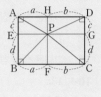
> $\overline{AP}^2+\overline{CP}^2=(a^2+c^2)+(b^2+d^2)$
> $=(a^2+d^2)+(b^2+c^2)$
> $=\overline{BP}^2+\overline{DP}^2$

12 $\overline{AP}^2+\overline{CP}^2=\overline{BP}^2+\overline{DP}^2$이므로
$\overline{AP}^2+\overline{CP}^2=9^2+7^2=130$

13 $S_1+S_2=$($\overline{BC}$를 지름으로 하는 반원의 넓이)
  $=\dfrac{1}{2}\times\pi\times\left(\dfrac{8}{2}\right)^2=8\pi$(cm²)

14 △ABC에서 $17^2=8^2+\overline{AC}^2$, $\overline{AC}^2=225$
이때 $\overline{AC}>0$이므로 $\overline{AC}=15$(cm)
∴ (색칠한 부분의 넓이)=△ABC
  $=\dfrac{1}{2}\times8\times15=60$(cm²)

실력 **확인하기** ─────── 130쪽

01 2 **02** 41 cm² **03** 180 cm² **04** 16 cm

05 (1) 32 cm² (2) 18 cm² (3) 10 cm **06** 119

07 120 cm²

01 △OAB에서 $\overline{OB}^2=1^2+1^2=2$
△OBC에서 $\overline{OC}^2=\overline{OB}^2+1^2=2+1=3$
△OCD에서 $\overline{OD}^2=\overline{OC}^2+1^2=3+1=4$
이때 $\overline{OD}>0$이므로 $\overline{OD}=2$

02 △ABD에서 $\overline{BD}^2=4^2+5^2=41$
따라서 정사각형의 넓이는 $\overline{BD}^2=41$(cm²)

03 오른쪽 그림과 같이 점 A에서 $\overline{BC}$에 내린 수선의 발을 H라 하면

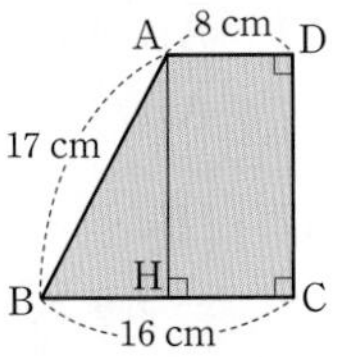

$\overline{HC}=\overline{AD}=8$ cm이므로
$\overline{BH}=\overline{BC}-\overline{HC}=16-8=8$(cm)
$\triangle ABH$에서
$17^2=8^2+\overline{AH}^2$, $\overline{AH}^2=225$
이때 $\overline{AH}>0$이므로 $\overline{AH}=15$(cm)
$\therefore$ (사다리꼴 ABCD의 넓이)$=\dfrac{1}{2}\times(8+16)\times15$
$\qquad\qquad\qquad\qquad\quad=180$(cm²)

04 오른쪽 그림과 같이 점 A에서 $\overline{BC}$에 내린 수선의 발을 H라 하면 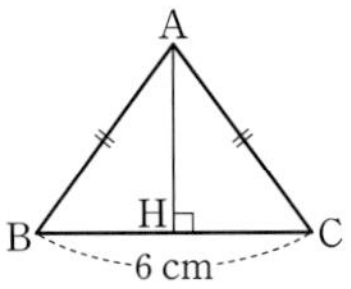
$\triangle ABC$의 넓이가 12 cm²이므로
$\dfrac{1}{2}\times6\times\overline{AH}=12$, $3\overline{AH}=12$
$\therefore \overline{AH}=4$(cm)
$\triangle ABH$에서 $\overline{BH}=\dfrac{1}{2}\overline{BC}=\dfrac{1}{2}\times6=3$(cm)이므로
$\overline{AB}^2=3^2+4^2=25$
이때 $\overline{AB}>0$이므로 $\overline{AB}=5$(cm)
따라서 $\overline{AC}=\overline{AB}=5$ cm이므로 $\triangle ABC$의 둘레의 길이는
$5+6+5=16$(cm)

05 ⑴ $\triangle AFL=\dfrac{1}{2}\square AFML=\dfrac{1}{2}\square ACDE$
$\qquad\qquad=\dfrac{1}{2}\times64=32$(cm²)

⑵ $\triangle BLG=\dfrac{1}{2}\square LMGB=\dfrac{1}{2}\square BHIC$
$\qquad\qquad=\dfrac{1}{2}\times36=18$(cm²)

⑶ $\square AFGB=\square ACDE+\square BHIC=64+36=100$(cm²)
$\qquad$ 즉, $\overline{AB}^2=100$
$\qquad$ 이때 $\overline{AB}>0$이므로 $\overline{AB}=10$(cm)

06 **전략 코칭**

직각삼각형을 찾아 피타고라스 정리를 이용하여 $\overline{DE}^2$, $\overline{BE}^2$의 값을 먼저 구한다.

$\triangle ADE$에서 $\overline{DE}^2=5^2+3^2=34$
$\triangle ABE$에서 $\overline{BE}^2=(5+7)^2+3^2=153$
이때 $\overline{DE}^2+\overline{BC}^2=\overline{BE}^2+\overline{CD}^2$이므로
$34+\overline{BC}^2=153+\overline{CD}^2$
$\therefore \overline{BC}^2-\overline{CD}^2=153-34=119$

07 **전략 코칭**

색칠한 부분에서 $\triangle ABC$를 제외한 나머지 부분의 넓이가 $\triangle ABC$의 넓이와 같음을 이용한다.

$\triangle ABC$에서 $17^2=\overline{AB}^2+15^2$, $\overline{AB}^2=64$
이때 $\overline{AB}>0$이므로 $\overline{AB}=8$(cm)
따라서 색칠한 부분의 넓이는 $\triangle ABC$의 넓이의 2배이므로
$2\times\left(\dfrac{1}{2}\times8\times15\right)=120$(cm²)

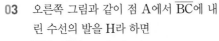

131쪽

1 72 cm² ⟶ **1-1** 50 cm²

2 98 ⟶ **3** 322

1 **채점 기준 1** $\overline{DE}^2$의 값 구하기 … 2점
$\triangle ABE\equiv\triangle ECD$이므로 $\overline{AE}=\overline{ED}$, $\angle AED=90°$
$\triangle AED$의 넓이가 37 cm²이므로
$\dfrac{1}{2}\times\overline{AE}\times\overline{ED}=37$에서 $\dfrac{1}{2}\overline{DE}^2=37$ $\therefore \overline{DE}^2=74$

채점 기준 2 $\overline{CD}$의 길이 구하기 … 2점
$\triangle DEC$에서 $74=7^2+\overline{CD}^2$, $\overline{CD}^2=25$
이때 $\overline{CD}>0$이므로 $\overline{CD}=5$(cm)

채점 기준 3 사다리꼴 ABCD의 넓이 구하기 … 2점
$\overline{AB}=\overline{EC}=7$ cm, $\overline{BE}=\overline{CD}=5$ cm,
$\overline{BC}=\overline{BE}+\overline{EC}=5+7=12$(cm)이므로
사다리꼴 ABCD의 넓이는 $\dfrac{1}{2}\times(7+5)\times12=72$(cm²)

1-1 **채점 기준 1** $\overline{AE}^2$의 값 구하기 … 2점
$\triangle AED\equiv\triangle EBC$이므로 $\overline{AE}=\overline{EB}$, $\angle AEB=90°$
$\triangle ABE$의 넓이가 26 cm²이므로
$\dfrac{1}{2}\times\overline{AE}\times\overline{EB}=26$에서 $\dfrac{1}{2}\overline{AE}^2=26$ $\therefore \overline{AE}^2=52$

채점 기준 2 $\overline{DE}$의 길이 구하기 … 2점
$\triangle AED$에서 $52=\overline{DE}^2+4^2$ $\therefore \overline{DE}^2=36$
이때 $\overline{DE}>0$이므로 $\overline{DE}=6$(cm)

채점 기준 3 사다리꼴 ABCD의 넓이 구하기 … 2점
$\overline{CB}=\overline{DE}=6$ cm, $\overline{EC}=\overline{AD}=4$ cm,
$\overline{DC}=\overline{DE}+\overline{EC}=6+4=10$(cm)이므로
사다리꼴 ABCD의 넓이는 $\dfrac{1}{2}\times(4+6)\times10=50$(cm²)

2 ⒤ 가장 긴 변의 길이가 7인 경우
$\qquad 7^2=4^2+x^2$이어야 하므로
$\qquad 49=16+x^2$ $\therefore x^2=33$ ⋯⋯ **❶**
⒥ 가장 긴 변의 길이가 x인 경우
$\qquad x^2=4^2+7^2$이어야 하므로
$\qquad x^2=16+49=65$ ⋯⋯ **❷**
⒤, ⒥에서 x^2의 값의 합은
$33+65=98$ ⋯⋯ **❸**

채점 기준	배점
❶ 가장 긴 변의 길이가 7인 경우 x^2의 값 구하기	2점
❷ 가장 긴 변의 길이가 x인 경우 x^2의 값 구하기	2점
❸ x^2의 값의 합 구하기	1점

3 $\overline{AB}^2+\overline{CD}^2=\overline{AD}^2+\overline{BC}^2$에서
$9^2+x^2=5^2+15^2$, $81+x^2=25+225$
$\therefore x^2=169$ ⋯⋯ **❶**
$\triangle OCD$에서 $x^2=y^2+4^2$이므로
$169=y^2+16$ $\therefore y^2=153$ ⋯⋯ **❷**
$\therefore x^2+y^2=169+153=322$ ⋯⋯ **❸**

채점 기준	배점
❶ x^2의 값 구하기	2점
❷ y^2의 값 구하기	2점
❸ x^2+y^2의 값 구하기	1점

실전! 중단원 마무리
132쪽 ~ 133쪽

01 32	**02** 13 cm	**03** 2 cm	**04** 16 cm
05 38 cm²	**06** ④	**07** ⑤	**08** 7, 24, 25
09 ④	**10** ②	**11** 12	**12** 20 cm
13 ④			

01 △ABC에서 $x^2=4^2+4^2$이므로 $x^2=32$

02 △ABC에서 $\overline{AC}^2=4^2+3^2=25$
이때 $\overline{AC}>0$이므로 $\overline{AC}=5(cm)$
△ACD에서 $\overline{AD}^2=5^2+12^2=169$
이때 $\overline{AD}>0$이므로 $\overline{AD}=13(cm)$

03 $\overline{AB}=\overline{AD}=6$ cm이므로 △ABE에서
$10^2=\overline{BE}^2+6^2$, $\overline{BE}^2=64$
이때 $\overline{BE}>0$이므로 $\overline{BE}=8(cm)$
∴ $\overline{CE}=\overline{BE}-\overline{BC}=\overline{BE}-\overline{AD}=8-6=2(cm)$

04 오른쪽 그림과 같이 점 D에서 $\overline{BC}$
에 내린 수선의 발을 H′이라 하면 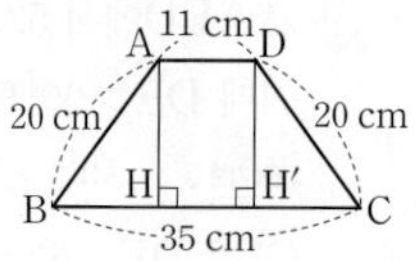
$\overline{BH}=\overline{CH'}=\dfrac{1}{2}\times(35-11)$
$=12(cm)$
△ABH에서 $20^2=\overline{AH}^2+12^2$, $\overline{AH}^2=256$
이때 $\overline{AH}>0$이므로 $\overline{AH}=16(cm)$

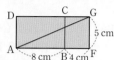

05 □AFGB=□ACDE+□BHIC이므로
$60=22+$□BHIC ∴ □BHIC$=38(cm^2)$

06 △AEB=△EBC=△ABF=△BFL이므로
넓이가 나머지 넷과 다른 하나는 ④ △BCI이다.

07 □EFGH의 넓이가 9 cm²이므로 $\overline{EF}^2=9$
이때 $\overline{EF}>0$이므로 $\overline{EF}=3(cm)$
$\overline{BF}=\overline{AE}=2$ cm, $\overline{AF}=\overline{AE}+\overline{EF}=2+3=5(cm)$이므로
△ABF에서 $\overline{AB}^2=5^2+2^2=29$
따라서 □ABCD의 넓이는 29 cm²이다.

08 $7^2=49$, $19^2=361$, $24^2=576$, $25^2=625$이고,
$49+576=625$이므로 직각삼각형이 되는 세 수는 7, 24, 25이다.

09 가장 긴 변의 길이가 $\overline{BC}=9$이므로
$9^2>5^2+7^2$에서 △ABC는 ∠A$>90°$인 둔각삼각형이다.

10 △ABC에서 $\overline{AC}^2=5^2+6^2=61$
이때 $\overline{DE}^2+\overline{AC}^2=\overline{AE}^2+\overline{CD}^2$이므로
$\overline{AE}^2+\overline{CD}^2=4^2+61=77$

11 $\overline{AB}^2+\overline{CD}^2=\overline{AD}^2+\overline{BC}^2$이므로
$\overline{AB}^2+7^2=6^2+5^2$ ∴ $\overline{AB}^2=12$

12 ($\overline{BC}$를 지름으로 하는 반원의 넓이)
$=S_1+S_2=32\pi+18\pi=50\pi(cm^2)$
즉, $\dfrac{1}{2}\times\pi\times\left(\dfrac{\overline{BC}}{2}\right)^2=50\pi$이므로
$\dfrac{\overline{BC}^2}{8}=50$, $\overline{BC}^2=400$
이때 $\overline{BC}>0$이므로 $\overline{BC}=20(cm)$

13 오른쪽 그림의 △GAF에서
$\overline{AG}^2=\overline{AF}^2+\overline{FG}^2$
$=(8+4)^2+5^2=169$
이때 $\overline{AG}>0$이므로 $\overline{AG}=13(cm)$
따라서 최단 거리는 13 cm이다.

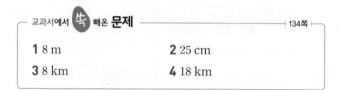

교과서에서 쏙 빼온 문제
134쪽

1 8 m	**2** 25 cm
3 8 km	**4** 18 km

1 부러진 나무의 윗부분의 길이를 x m라 하면
$x^2=3^2+4^2=25$
이때 $x>0$이므로 $x=5$
따라서 부러지기 전 나무의 높이는 $3+5=8(m)$

2 △ABD에서 $17^2=\overline{AB}^2+8^2$, $\overline{AB}^2=225$
이때 $\overline{AB}>0$이므로 $\overline{AB}=15(cm)$
또, △ABC에서 $\overline{AC}^2=15^2+(8+12)^2=625$
이때 $\overline{AC}>0$이므로 $\overline{AC}=25(cm)$

3 오른쪽 그림과 같이 $\overline{AD}$를 그으면
△AOD에서 $\overline{AD}^2=2^2+6^2=40$
$\overline{AC}\perp\overline{BD}$이므로
$\overline{AB}^2+\overline{CD}^2=\overline{AD}^2+\overline{BC}^2$에서
$5^2+\overline{CD}^2=40+7^2$, $\overline{CD}^2=64$
이때 $\overline{CD}>0$이므로 $\overline{CD}=8(km)$

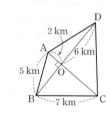

4 오른쪽 그림과 같이 점 C를 지나고, $\overline{DB}/\!/\overline{CB'}$인 점 B′을 잡으면
A→C→B′은 두 점 A와 B′을 잇는 최단 경로이다. 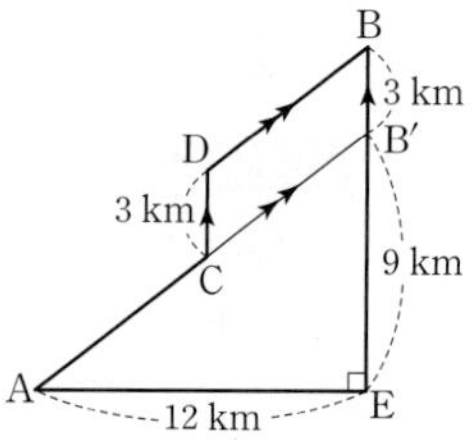
△AEB′에서
$\overline{AB'}^2=\overline{AE}^2+\overline{B'E}^2$
$=12^2+9^2=225$
이때 $\overline{AB'}>0$이므로 $\overline{AB'}=15(km)$
따라서 A 건물에서 B 건물까지의 최단 거리는
$\overline{AB'}+\overline{CD}=15+3=18(km)$

1 경우의 수

01 경우의 수

137쪽~138쪽

1	(1) 3	(2) 4	(3) 4
1-1	(1) 5	(2) 4	(3) 4
2	(1) 뒤, 앞, 뒤, 4	(2) 1	(3) 2
2-1	(1) 풀이 참조	(2) 36	(3) 6 (4) 3
3	7	**3-1** (1) 2	(2) 2 (3) 4
4	20	**4-1** (1) 1	(2) 3 (3) 3

1 (1) 2, 4, 6의 3가지
(2) 3, 4, 5, 6의 4가지
(3) 1, 2, 3, 6의 4가지

1-1 (1) 1, 3, 5, 7, 9의 5가지
(2) 1, 2, 3, 4의 4가지
(3) 1, 2, 5, 10의 4가지

2 (2) (앞, 앞)의 1가지
(3) (앞, 뒤), (뒤, 앞)의 2가지

2-1 (1)

A\B	⚀	⚁	⚂	⚃	⚄	⚅
⚀	(1, 1)	(1, 2)	(1, 3)	(1, 4)	(1, 5)	(1, 6)
⚁	(2, 1)	(2, 2)	(2, 3)	(2, 4)	(2, 5)	(2, 6)
⚂	(3, 1)	(3, 2)	(3, 3)	(3, 4)	(3, 5)	(3, 6)
⚃	(4, 1)	(4, 2)	(4, 3)	(4, 4)	(4, 5)	(4, 6)
⚄	(5, 1)	(5, 2)	(5, 3)	(5, 4)	(5, 5)	(5, 6)
⚅	(6, 1)	(6, 2)	(6, 3)	(6, 4)	(6, 5)	(6, 6)

(3) (1, 1), (2, 2), (3, 3), (4, 4), (5, 5), (6, 6)의 6가지
(4) (4, 6), (5, 5), (6, 4)의 3가지

3 식사를 고르는 경우는 4가지이고, 음료를 고르는 경우는 3가지이다.
따라서 구하는 경우의 수는 $4+3=7$

3-1 (1) 1, 2의 2가지
(2) 5, 6의 2가지
(3) $2+2=4$

4 4종류의 연필을 사는 각각의 경우에 대하여 지우개를 사는 경우는 5가지이다.
따라서 구하는 경우의 수는 $4 \times 5 = 20$

4-1 (2) 2, 4, 6의 3가지
(3) $1 \times 3 = 3$

---

01 ④	**02** ③	**03** ①	**04** ②
05 8	**06** 6	**07** 6	**08** 10
09 12	**10** ④	**11** ①	**12** ⑤

01 두 주사위에서 나오는 눈의 수를 순서쌍으로 나타내면 두 눈의 수의 합이 6인 경우는 (1, 5), (2, 4), (3, 3), (4, 2), (5, 1)의 5가지이다.

02 15의 약수가 적힌 카드가 나오는 경우는
1, 3, 5, 15의 4가지이다.

03 2500원을 지불하는 각 경우의 동전의 개수를 순서쌍 (500원짜리, 100원짜리)로 나타내면 (5, 0), (4, 5), (3, 10)
따라서 값을 지불하는 방법은 3가지이다.

Self 코칭
다음과 같이 액수가 큰 동전의 개수부터 정하여 표를 그리면 편리하다.

500원(개)	5	4	3
100원(개)	0	5	10

04 1400원을 지불하는 각 경우의 동전의 개수를 순서쌍 (500원짜리, 100원짜리, 50원짜리)로 나타내면
(2, 4, 0), (2, 3, 2), (2, 2, 4)
따라서 값을 지불하는 방법은 3가지이다.

다른 풀이

500원(개)	2	2	2
100원(개)	4	3	2
50원(개)	0	2	4

따라서 값을 지불하는 방법은 3가지이다.

05 짝수가 적힌 카드가 나오는 경우는 2, 4, 6, 8, 10의 5가지이고, 9의 약수가 나오는 경우는 1, 3, 9의 3가지이다.
따라서 구하는 경우의 수는 $5+3=8$

06 4 이하의 수가 나오는 경우는 1, 2, 3, 4의 4가지이고,
6의 배수가 나오는 경우는 6, 12의 2가지이다.
따라서 구하는 경우의 수는 $4+2=6$

07 두 주사위에서 나오는 눈의 수를 순서쌍으로 나타내면
두 눈의 수의 합이 3인 경우는 (1, 2), (2, 1)의 2가지이고,
두 눈의 수의 합이 9인 경우는 (3, 6), (4, 5), (5, 4), (6, 3)의 4가지이다.
따라서 구하는 경우의 수는 $2+4=6$

08 두 주사위에서 나오는 눈의 수를 순서쌍으로 나타내면
두 눈의 수의 차가 3인 경우는 (1, 4), (2, 5), (3, 6), (4, 1), (5, 2), (6, 3)의 6가지이고,
두 눈의 수의 차가 4인 경우는 (1, 5), (2, 6), (5, 1), (6, 2)의 4가지이다.
따라서 구하는 경우의 수는 $6+4=10$

09 매표소에서 산 정상으로 올라가는 방법은 3가지이고, 그 각각에 대하여 산 정상에서 폭포로 내려오는 방법은 4가지이다.
따라서 구하는 경우의 수는 $3 \times 4 = 12$

10 학교에서 도서관으로 가는 방법은 5가지이고, 그 각각에 대하여 도서관에서 집으로 가는 방법은 3가지이다.
따라서 구하는 방법의 수는 $5 \times 3 = 15$

11 주사위 A에서 홀수의 눈이 나오는 경우는 1, 3, 5의 3가지이고, 주사위 B에서 3의 배수의 눈이 나오는 경우는 3, 6의 2가지이다.
따라서 구하는 경우의 수는 $3 \times 2 = 6$

12 첫 번째에 6의 약수의 눈이 나오는 경우는 1, 2, 3, 6의 4가지이고, 두 번째에 소수의 눈이 나오는 경우는 2, 3, 5의 3가지이다.
따라서 구하는 경우의 수는 $4 \times 3 = 12$

02 여러 가지 경우의 수

|---|142쪽~144쪽|---|

1	(1) 120	(2) 20	(3) 60	(4) 24
1-1	(1) 24	(2) 2	(3) 2	(4) 4
2	36		**2-1**	240
3	(1) 5, 4, 20	(2) 5, 4, 3, 60
3-1	(1) 30	(2) 120
4	(1) 4, 4, 16	(2) 4, 4, 3, 48
4-1	(1) 25	(2) 100
5	(1) 4, 3, 12	(2) (위에서부터) 4, 3, 2 / 6
5-1	(1) 20	(2) 10
6	(위에서부터) 5, 4, 3, 6 / 10
6-1	4

1 (1) $5 \times 4 \times 3 \times 2 \times 1 = 120$
  (2) $5 \times 4 = 20$
  (3) $5 \times 4 \times 3 = 60$
  (4) A를 맨 앞에 세우고, 남은 4명을 한 줄로 세우는 경우의 수는 $4 \times 3 \times 2 \times 1 = 24$

> **Self 코칭**
> n명을 한 줄로 세울 때, A를 특정한 자리에 고정하는 경우의 수는 A를 제외한 $(n-1)$명을 한 줄로 세우는 경우의 수와 같다.

1-1 (1) $4 \times 3 \times 2 \times 1 = 24$
  (2) 성재가 가장 오른쪽에, 민희가 가장 왼쪽에 서고 태영이와 보라가 한 줄로 서는 경우의 수는 $2 \times 1 = 2$
  (3) 민희가 가장 오른쪽에, 성재가 가장 왼쪽에 서고 태영이와 보라가 한 줄로 서는 경우의 수는 $2 \times 1 = 2$
  (4) 성재와 민희가 양 끝에 서는 경우는 2가지이고, 나머지 2명이 한 줄로 서는 경우의 수는 $2 \times 1 = 2$

따라서 구하는 경우의 수는 $2 \times 2 = 4$

[다른풀이]
(2), (3)에 의해 $2 + 2 = 4$

2 A, C, D를 한 묶음으로 생각하고 3명을 한 줄로 세우는 경우의 수는 $3 \times 2 \times 1 = 6$
이때 묶음 안에서 A, C, D가 자리를 바꾸는 경우의 수는 $3 \times 2 \times 1 = 6$
따라서 구하는 경우의 수는 $6 \times 6 = 36$

> **Self 코칭**
> 이웃하는 것을 묶어서 생각할 때, 묶음 안에서 자리를 바꾸는 경우의 수를 잊지 않도록 주의한다.

2-1 여학생 2명을 한 묶음으로 생각하고 5명을 한 줄로 세우는 경우의 수는 $5 \times 4 \times 3 \times 2 \times 1 = 120$
이때 묶음 안에서 여학생 2명이 자리를 바꾸는 경우의 수는 2
따라서 구하는 경우의 수는 $120 \times 2 = 240$

3 (1) 십의 자리에 올 수 있는 숫자는 1, 2, 3, 4, 5의 5개, 일의 자리에 올 수 있는 숫자는 십의 자리에 놓인 숫자를 제외한 4개이다.
따라서 구하는 자연수의 개수는 $5 \times 4 = 20$
  (2) 백의 자리에 올 수 있는 숫자는 1, 2, 3, 4, 5의 5개, 십의 자리에 올 수 있는 숫자는 백의 자리에 놓인 숫자를 제외한 4개, 일의 자리에 올 수 있는 숫자는 백의 자리와 십의 자리에 놓인 숫자를 제외한 3개이다.
따라서 구하는 자연수의 개수는 $5 \times 4 \times 3 = 60$

3-1 (1) 십의 자리에 올 수 있는 숫자는 1, 2, 3, 4, 5, 6의 6개, 일의 자리에 올 수 있는 숫자는 십의 자리에 놓인 숫자를 제외한 5개이다.
따라서 구하는 자연수의 개수는 $6 \times 5 = 30$
  (2) 백의 자리에 올 수 있는 숫자는 1, 2, 3, 4, 5, 6의 6개, 십의 자리에 올 수 있는 숫자는 백의 자리에 놓인 숫자를 제외한 5개, 일의 자리에 올 수 있는 숫자는 백의 자리와 십의 자리에 놓인 숫자를 제외한 4개이다.
따라서 구하는 자연수의 개수는 $6 \times 5 \times 4 = 120$

4 (1) 십의 자리에 올 수 있는 숫자는 0을 제외한 1, 2, 3, 4의 4개, 일의 자리에 올 수 있는 숫자는 십의 자리에 놓인 숫자를 제외하고 0을 포함한 4개이다.
따라서 구하는 자연수의 개수는 $4 \times 4 = 16$
  (2) 백의 자리에 올 수 있는 숫자는 0을 제외한 1, 2, 3, 4의 4개, 십의 자리에 올 수 있는 숫자는 백의 자리에 놓인 숫자를 제외하고 0을 포함한 4개, 일의 자리에 올 수 있는 숫자는 백의 자리와 십의 자리에 놓인 숫자를 제외한 3개이다.
따라서 구하는 자연수의 개수는 $4 \times 4 \times 3 = 48$

4-1 (1) 십의 자리에 올 수 있는 숫자는 0을 제외한 1, 2, 3, 4, 5의 5개, 일의 자리에 올 수 있는 숫자는 십의 자리에 놓인 숫자를 제외하고 0을 포함한 5개이다.
따라서 구하는 자연수의 개수는 $5 \times 5 = 25$

(2) 백의 자리에 올 수 있는 숫자는 0을 제외한 1, 2, 3, 4, 5의 5개, 십의 자리에 올 수 있는 숫자는 백의 자리에 놓인 숫자를 제외하고 0을 포함한 5개, 일의 자리에 올 수 있는 숫자는 백의 자리와 십의 자리에 놓인 숫자를 제외한 4개이다.

따라서 구하는 자연수의 개수는 $5 \times 5 \times 4 = 100$

5 (1) 회장 1명을 뽑는 경우는 4가지, 회장을 뽑고 난 후 부회장 1명을 뽑는 경우는 3가지이므로 구하는 경우의 수는
$4 \times 3 = 12$

(2) 4명 중에서 자격이 같은 임원 2명을 뽑는 경우의 수는
$\dfrac{4 \times 3}{2} = 6$

5-1 (1) 회장 1명을 뽑는 경우는 5가지, 회장을 뽑고 난 후 부회장 1명을 뽑는 경우는 4가지이므로 구하는 경우의 수는
$5 \times 4 = 20$

(2) 5명 중에서 자격이 같은 임원 2명을 뽑는 경우의 수는
$\dfrac{5 \times 4}{2} = 10$

6 5명 중에서 자격이 같은 대표 3명을 뽑는 경우의 수와 같으므로
$\dfrac{5 \times 4 \times 3}{3 \times 2 \times 1} = \dfrac{5 \times 4 \times 3}{6} = 10$

Self 코칭

n명 중에서 자격이 같은 대표 3명을 뽑는 경우의 수

➡ $\dfrac{n \times (n-1) \times (n-2)}{6}$

6-1 4명 중에서 자격이 같은 대표 3명을 뽑는 경우의 수와 같으므로
$\dfrac{4 \times 3 \times 2}{3 \times 2 \times 1} = 4$

개념 완성하기 ┤145쪽 ~ 146쪽├

01 ③	02 ⑤	03 ③	04 36
05 12	06 10	07 5	08 8
09 ④	10 ②	11 6	12 ①
13 ②	14 ③		

01 (i) 수학 교과서를 맨 앞에 꽂는 경우의 수
나머지 3권을 한 줄로 꽂으면 되므로 경우의 수는
$3 \times 2 \times 1 = 6$

(ii) 수학 교과서를 맨 뒤에 꽂는 경우의 수
나머지 3권을 한 줄로 꽂으면 되므로 경우의 수는
$3 \times 2 \times 1 = 6$

(i), (ii)에서 구하는 경우의 수는 $6 + 6 = 12$

Self 코칭

특정한 물건의 자리를 고정하여 한 줄로 세우는 경우의 수는 특정한 물건을 제외한 나머지 물건을 한 줄로 세우는 경우의 수와 같다.

02 (i) 소정이가 처음으로 상담하는 경우
나머지 4명을 한 줄로 세우면 되므로 경우의 수는
$4 \times 3 \times 2 \times 1 = 24$

(ii) 소정이가 마지막으로 상담하는 경우
나머지 4명을 한 줄로 세우면 되므로 경우의 수는
$4 \times 3 \times 2 \times 1 = 24$

(i), (ii)에서 구하는 경우의 수는
$24 + 24 = 48$

03 K, R 2개를 한 묶음으로 생각하고 4개의 알파벳을 한 줄로 나열하는 경우의 수는 $4 \times 3 \times 2 \times 1 = 24$
이때 묶음 안에서 K, R이 자리를 바꾸는 경우의 수는 2
따라서 구하는 경우의 수는 $24 \times 2 = 48$

04 자녀 3명을 한 묶음으로 생각하고 3명이 한 줄로 앉는 경우의 수는 $3 \times 2 \times 1 = 6$
이때 묶음 안에서 자녀 3명이 자리를 바꾸는 경우의 수는
$3 \times 2 \times 1 = 6$
따라서 구하는 경우의 수는 $6 \times 6 = 36$

05 □1인 경우 : 21, 31, 41, 51의 4개
□3인 경우 : 13, 23, 43, 53의 4개
□5인 경우 : 15, 25, 35, 45의 4개
따라서 홀수의 개수는 $4 + 4 + 4 = 12$

다른풀이

일의 자리에 올 수 있는 숫자는 1, 3, 5의 3개이고, 십의 자리에 올 수 있는 숫자는 일의 자리에 놓인 숫자를 제외한 4개이므로 홀수의 개수는 $3 \times 4 = 12$

Self 코칭

홀수가 되기 위해서는 일의 자리의 숫자가 홀수이어야 한다.

06 5□인 경우 : 57, 59의 2개
7□인 경우 : 71, 73, 75, 79의 4개
9□인 경우 : 91, 93, 95, 97의 4개
따라서 55보다 큰 자연수의 개수는 $2 + 4 + 4 = 10$

07 □0인 경우 : 10, 20, 30의 3개
□2인 경우 : 12, 32의 2개
따라서 짝수의 개수는 $3 + 2 = 5$

08 1□인 경우 : 10, 12, 13, 14의 4개
2□인 경우 : 20, 21, 23, 24의 4개
따라서 30보다 작은 자연수의 개수는
$4 + 4 = 8$

09 A를 회장으로 뽑고 난 후 남은 4명 중에서 부회장 1명, 총무 1명을 뽑으면 되므로 구하는 경우의 수는
$4 \times 3 = 12$

10 재이를 제외한 5명 중에서 대표 1명을 뽑는 경우의 수는 5
대표 1명을 뽑고 난 후 남은 5명 중에서 부대표 1명을 뽑는 경우의 수는 5
따라서 구하는 경우의 수는 $5 \times 5 = 25$

11 문경이를 뽑고 난 후 남은 4명 중에서 자격이 같은 대표 2명을 뽑는 경우의 수와 같으므로 구하는 경우의 수는

$$\frac{4 \times 3}{2} = 6$$

12 A를 제외한 5명 중에서 자격이 같은 대표 3명을 뽑는 경우의 수와 같으므로 구하는 경우의 수는

$$\frac{5 \times 4 \times 3}{3 \times 2 \times 1} = 10$$

13 3가지 색을 한 줄로 나열하는 경우의 수와 같으므로 색칠하는 경우의 수는 $3 \times 2 \times 1 = 6$

14 4가지 색 중에서 3가지 색을 골라 한 줄로 나열하는 경우의 수와 같으므로 색칠하는 경우의 수는 $4 \times 3 \times 2 = 24$

실력 확인하기 ──────────────────147쪽

01 5가지 **02** 7 **03** 24 **04** 10
05 24 **06** 80 **07** (1) 15 (2) 20
08 48

01 600원을 지불하는 각 경우의 동전의 개수를 순서쌍 (100원짜리, 50원짜리, 10원짜리)로 나타내면
$(5, 2, 0), (5, 1, 5), (4, 4, 0), (4, 3, 5), (3, 5, 5)$
따라서 값을 지불하는 방법은 5가지이다.

[다른풀이]

100원(개)	5	5	4	4	3
50원(개)	2	1	4	3	5
10원(개)	0	5	0	5	5

따라서 값을 지불하는 방법은 5가지이다.

02 두 눈의 수의 합이 5의 배수인 때는 5 또는 10인 경우이다.
두 주사위에서 나오는 눈의 수를 순서쌍으로 나타내면
두 눈의 수의 합이 5인 경우는 $(1, 4), (2, 3), (3, 2), (4, 1)$의 4가지이고, 두 눈의 수의 합이 10인 경우는 $(4, 6), (5, 5), (6, 4)$의 3가지이다.
따라서 구하는 경우의 수는 $4 + 3 = 7$

03 동전 1개를 던질 때 나오는 경우는 앞면, 뒷면의 2가지이고, 주사위 1개를 던질 때 나오는 경우는 1, 2, 3, 4, 5, 6의 6가지이다.
따라서 구하는 경우는 $2 \times 2 \times 6 = 24$

04 (i) A → B → C로 가는 경우
A 지점에서 B 지점으로 가는 경우는 4가지이고, 그 각각에 대하여 B 지점에서 C 지점으로 가는 경우는 2가지이므로
$4 \times 2 = 8$(가지)
(ii) A → C로 한 번에 가는 경우는 2가지
(i), (ii)에서 구하는 경우의 수는 $8 + 2 = 10$

05 A와 B, D와 E를 각각 한 묶음으로 생각하고 3명을 한 줄로 세우는 경우의 수는 $3 \times 2 \times 1 = 6$
이때 묶음 안에서 A와 B, D와 E가 자리를 바꾸는 경우는 각각 2가지이다.
따라서 구하는 경우의 수는 $6 \times 2 \times 2 = 24$

06 여학생 5명 중에서 회장 1명, 부회장 1명을 뽑는 경우의 수는
$5 \times 4 = 20$
남학생 4명 중에서 부회장 1명을 뽑는 경우는 4가지
따라서 구하는 경우의 수는 $20 \times 4 = 80$

07 **전략 코칭**

(1) 6명 중에서 자격이 같은 대표 2명을 뽑는 경우의 수와 같다.
(2) 6명 중에서 자격이 같은 대표 3명을 뽑는 경우의 수와 같다.

(1) 만들 수 있는 선분의 개수는 $\dfrac{6 \times 5}{2} = 15$

(2) 만들 수 있는 삼각형의 개수는 $\dfrac{6 \times 5 \times 4}{3 \times 2 \times 1} = 20$

08 **전략 코칭**

이웃하지 않는 부분은 칠한 색을 다시 사용할 수 있음을 이용하고, 오른쪽과 같은 순서로 경우의 수를 생각해 본다.

A에 칠할 수 있는 색은 4가지,
B에 칠할 수 있는 색은 A에 칠한 색을 제외한 3가지,
C에 칠할 수 있는 색은 A와 B에 칠한 색을 제외한 2가지,
D에 칠할 수 있는 색은 A와 C에 칠한 색을 제외한 2가지
따라서 구하는 방법의 수는 $4 \times 3 \times 2 \times 2 = 48$

서술형 문제 ──────────────────148쪽

1 24 **1-1** 72
2 75 **3** 30

1 **채점 기준 1** 여학생과 남학생을 각각 한 묶음으로 생각하고 한 줄로 세우는 경우의 수 구하기 … 2점
여학생 3명과 남학생 2명을 각각 한 묶음으로 생각하고 2명을 한 줄로 세우는 경우의 수는 $2 \times 1 = 2$
채점 기준 2 여학생끼리, 남학생끼리 자리를 바꾸는 경우의 수 각각 구하기 … 2점
여학생끼리 자리를 바꾸는 경우의 수는 $3 \times 2 \times 1 = 6$
남학생끼리 자리를 바꾸는 경우의 수는 2
채점 기준 3 조건을 만족시키는 경우의 수 구하기 … 2점
구하는 경우의 수는 $2 \times 6 \times 2 = 24$

1-1 **채점 기준 1** 동화책과 소설책을 각각 한 묶음으로 생각하고 나란히 꽂는 경우의 수 구하기 … 2점
동화책 3권과 소설책 3권을 각각 한 묶음으로 생각하고 2권을 나란히 꽂는 경우의 수는 $2 \times 1 = 2$

채점 기준 2 동화책끼리, 소설책끼리 자리를 바꾸는 경우의 수 각각 구하기 … 2점

동화책끼리 자리를 바꾸는 경우의 수는 $3 \times 2 \times 1 = 6$

소설책끼리 자리를 바꾸는 경우의 수는 $3 \times 2 \times 1 = 6$

채점 기준 3 조건을 만족시키는 경우의 수 구하기 … 2점

구하는 경우의 수는 $2 \times 6 \times 6 = 72$

2 홀수가 되려면 일의 자리에 올 수 있는 숫자는 1 또는 3 또는 5이다. …… ❶

(i) □□1인 경우

백의 자리에 올 수 있는 숫자는 1과 0을 제외한 5개, 십의 자리에 올 수 있는 숫자는 1과 백의 자리에 놓인 숫자를 제외하고 5개이므로 $5 \times 5 = 25$(개)

(ii) □□3인 경우 : (i)과 같은 방법으로 $5 \times 5 = 25$(개)

(iii) □□5인 경우 : (i)과 같은 방법으로 $5 \times 5 = 25$(개) …… ❷

(i), (ii), (iii)에서 구하는 홀수의 개수는

$25 + 25 + 25 = 75$ …… ❸

채점 기준	배점
❶ 일의 자리에 올 수 있는 숫자 알기	1점
❷ 각 경우의 자연수의 개수 구하기	3점
❸ 홀수의 개수 구하기	2점

3 남학생 5명 중에서 자격이 같은 대표 3명을 뽑는 경우의 수는

$\dfrac{5 \times 4 \times 3}{3 \times 2 \times 1} = 10$ …… ❶

여학생 3명 중에서 자격이 같은 대표 2명을 뽑는 경우의 수는

$\dfrac{3 \times 2}{2} = 3$ …… ❷

따라서 구하는 경우의 수는 $10 \times 3 = 30$ …… ❸

채점 기준	배점
❶ 남학생 5명 중에서 대표 3명을 뽑는 경우의 수 구하기	2점
❷ 여학생 3명 중에서 대표 2명을 뽑는 경우의 수 구하기	2점
❸ 남학생 대표 3명과 여학생 대표 2명을 뽑는 경우의 수 구하기	2점

실전! 중단원 마무리 ——|149쪽~151쪽|

01 ②	02 2	03 ①	04 ②
05 9	06 10	07 9	08 20
09 48가지	10 ③	11 ③	12 ⑤
13 ②	14 12	15 31	16 48
17 ⑤	18 ⑤	19 90	20 ③
21 35	22 19		

01 1, 2, 4, 5, 10, 20의 6가지

02 $2x + y = 6$에서 x, y의 값은 6 이하의 자연수이다.

$2x + y = 6$을 만족시키는 x, y의 값을 순서쌍으로 나타내면

$(1, 4)$, $(2, 2)$

따라서 구하는 경우의 수는 2이다.

03 한 걸음에 1계단씩 올라가는 경우를 1, 한 걸음에 2계단씩 올라가는 경우를 2라 하고 순서쌍으로 나타내면

$(1, 1, 1, 1)$, $(1, 1, 2)$, $(1, 2, 1)$, $(2, 1, 1)$, $(2, 2)$

따라서 4개의 계단을 오르는 방법은 모두 5가지이다.

04 1600원을 지불하는 각 경우의 동전의 개수를 순서쌍 (500원짜리, 100원짜리, 50원짜리)로 나타내면

$(3, 1, 0)$, $(3, 0, 2)$, $(2, 5, 2)$, $(2, 4, 4)$

따라서 돈을 지불하는 방법의 수는 4이다.

05 화요일을 선택한 경우는 7일, 14일, 21일, 28일의 4가지이고, 수요일을 선택한 경우는 1일, 8일, 15일, 22일, 29일의 5가지이다.

따라서 구하는 경우의 수는 $4 + 5 = 9$

06 두 장의 카드에 적힌 수를 순서쌍으로 나타내면

(i) 두 수의 합이 5인 경우

$(1, 4)$, $(2, 3)$, $(3, 2)$, $(4, 1)$의 4가지

(ii) 두 수의 합이 7인 경우

$(1, 6)$, $(2, 5)$, $(3, 4)$, $(4, 3)$, $(5, 2)$, $(6, 1)$의 6가지

(i), (ii)에서 구하는 경우의 수는 $4 + 6 = 10$

07 비기는 경우는 세 명이 모두 같은 것을 내거나 세 명이 모두 다른 것을 낼 때이므로 각 경우를 순서쌍으로 나타내면

(i) 세 명이 모두 같은 것을 내는 경우

(가위, 가위, 가위), (바위, 바위, 바위), (보, 보, 보)의 3가지

(ii) 세 명이 모두 다른 것을 내는 경우

(가위, 바위, 보), (가위, 보, 바위), (바위, 가위, 보), (바위, 보, 가위), (보, 가위, 바위), (보, 바위, 가위)의 6가지

(i), (ii)에서 구하는 경우의 수는 $3 + 6 = 9$

08 자음 한 개를 고르는 경우는 4가지이고, 그 각각에 대하여 모음 한 개를 고르는 경우는 5가지이다.

따라서 만들 수 있는 글자의 개수는 $4 \times 5 = 20$

09 빵을 고르는 경우는 4가지, 고기를 고르는 경우는 4가지, 채소를 고르는 경우는 3가지이므로 만들 수 있는 샌드위치는 모두 $4 \times 4 \times 3 = 48$(가지)

10 동전 1개를 던졌을 때, 뒷면이 나오는 경우는 1가지이고, 주사위 1개를 던졌을 때, 짝수의 눈이 나오는 경우는 2, 4, 6의 3가지이다.

따라서 구하는 경우의 수는 $1 \times 3 \times 3 = 9$

11 (i) A → B → C로 가는 경우

A 지점에서 B 지점으로 가는 경우는 3가지이고, 그 각각에 대하여 B 지점에서 C 지점으로 가는 경우는 2가지이므로 $3 \times 2 = 6$(가지)

(ii) A → C로 한 번에 가는 경우는 2가지

(i), (ii)에서 구하는 경우의 수는 $6 + 2 = 8$

12 A, B, C, D를 한 줄로 세우는 경우의 수와 같으므로 순서를 정하는 방법은 $4 \times 3 \times 2 \times 1 = 24$(가지)

13 A를 제외한 3명을 한 줄로 세우는 경우의 수와 같으므로
$3 \times 2 \times 1 = 6$

14 (i) A가 맨 앞에 서는 경우
A를 제외한 3명을 한 줄로 세우는 경우의 수와 같으므로
$3 \times 2 \times 1 = 6$
(ii) B가 맨 앞에 서는 경우
B를 제외한 3명을 한 줄로 세우는 경우의 수와 같으므로
$3 \times 2 \times 1 = 6$
(i), (ii)에서 구하는 경우의 수는 $6 + 6 = 12$

15 1□인 경우 : 12, 13, 14의 3개
2□인 경우 : 21, 23, 24의 3개
따라서 7번째로 작은 자연수는 십의 자리의 숫자가 3인 자연수 중 가장 작은 수인 31이다.

16 백의 자리에 올 수 있는 숫자는 0을 제외한 1, 4, 5, 7의 4개, 십의 자리에 올 수 있는 숫자는 백의 자리에 놓인 숫자를 제외하고 0을 포함한 4개, 일의 자리에 올 수 있는 숫자는 백의 자리와 십의 자리에 놓인 숫자를 제외한 3개이다.
따라서 구하는 자연수의 개수는 $4 \times 4 \times 3 = 48$

17 5의 배수가 되려면 일의 자리의 숫자가 0 또는 5이어야 한다.
(i) □□0인 경우
백의 자리에 올 수 있는 숫자는 0을 제외한 4개, 십의 자리에 올 수 있는 숫자는 0과 백의 자리에 놓인 숫자를 제외한 3개이므로 $4 \times 3 = 12$(개)
(ii) □□5인 경우
백의 자리에 올 수 있는 숫자는 5와 0을 제외한 3개, 십의 자리에 올 수 있는 숫자는 5와 백의 자리에 놓인 숫자를 제외한 3개이므로 $3 \times 3 = 9$(개)
(i), (ii)에서 5의 배수의 개수는 $12 + 9 = 21$

18 ① 3명 중에서 자격이 다른 대표 2명을 뽑는 경우의 수는
$3 \times 2 = 6$
② 4명 중에서 자격이 같은 대표 2명을 뽑는 경우의 수는
$\dfrac{4 \times 3}{2} = 6$
③ 십의 자리에 올 수 있는 숫자는 3개, 일의 자리에 올 수 있는 숫자는 십의 자리에 놓인 숫자를 제외한 2개이므로 구하는 경우의 수는 $3 \times 2 = 6$
④ $3 \times 2 \times 1 = 6$
⑤ 부모님을 한 묶음으로 생각하고 3명을 한 줄로 세우는 경우의 수는 $3 \times 2 \times 1 = 6$
이때 묶음 안에서 부모님이 자리를 바꾸는 경우의 수는 2이므로 구하는 경우의 수는 $6 \times 2 = 12$
따라서 경우의 수가 나머지 넷과 다른 하나는 ⑤이다.

19 10명 중에서 자격이 다른 대표 2명을 뽑는 경우의 수와 같으므로 구하는 경우의 수는 $10 \times 9 = 90$

20 2명이 악수를 한 번씩 하므로 구하는 악수의 횟수는 10명 중에서 자격이 같은 대표 2명을 뽑는 경우의 수와 같다.
따라서 총 $\dfrac{10 \times 9}{2} = 45$(회)의 악수를 해야 한다.

21 7명 중에서 자격이 같은 대표 3명을 뽑는 경우의 수와 같으므로 구하는 경우의 수는
$\dfrac{7 \times 6 \times 5}{3 \times 2 \times 1} = 35$

22 6개의 점 중에서 3개의 점을 선택하는 경우의 수는
$\dfrac{6 \times 5 \times 4}{3 \times 2 \times 1} = 20$
이때 지름 위의 3개의 점을 선택하는 경우에는 삼각형이 만들어지지 않으므로 만들 수 있는 삼각형의 개수는
$20 - 1 = 19$

> **Self 코칭**
> 한 직선 위에 있는 서로 다른 세 점을 선택하는 경우에는 삼각형이 만들어지지 않는다.

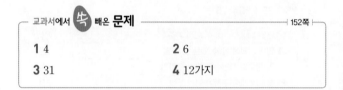

교과서에서 쏙 빼온 **문제** ─────────────── 152쪽

1 4 　　　　　　　　　　**2** 6
3 31 　　　　　　　　　**4** 12가지

1 주사위 한 개를 4번 던진 후 점 P의 좌표가 -2가 되려면 짝수의 눈이 1번, 홀수의 눈이 3번 나와야 한다.
이를 순서쌍으로 나타내면
(짝수, 홀수, 홀수, 홀수), (홀수, 짝수, 홀수, 홀수),
(홀수, 홀수, 짝수, 홀수), (홀수, 홀수, 홀수, 짝수)
따라서 구하는 경우의 수는 4이다.

2 A 지점에서 I 지점까지 가장 짧은 거리로 이동하기 위해서는 가로 길을 2번, 세로 길을 2번씩만 거쳐야 한다.
이를 수형도로 나타내면 다음과 같다.

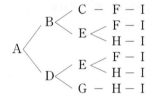

따라서 구하는 경우의 수는 6이다.

3 각 굴뚝마다 불을 붙이거나 붙이지 않는 2가지 경우가 있으므로 경우의 수는 $2 \times 2 \times 2 \times 2 \times 2 = 32$
이때 불을 모두 붙이지 않는 경우는 제외해야 하므로 구하는 경우의 수는 $32 - 1 = 31$

4 직사각형을 가로로 3등분하고 정해진 3가지 색을 한 번씩만 사용하여 삼색기를 만들 수 있는 경우의 수는
$3 \times 2 \times 1 = 6$
같은 방법으로 직사각형을 세로로 3등분하고 정해진 3가지 색을 한 번씩만 사용하여 삼색기를 만들 수 있는 경우의 수는
$3 \times 2 \times 1 = 6$
따라서 만들 수 있는 삼색기의 종류는 모두 $6 + 6 = 12$(가지)

2 | 확률

01 확률의 뜻과 성질

─────────────────────────154쪽 ~ 155쪽─────

1	(1) 7	(2) 4	(3) $\frac{4}{7}$
1-1	(1) 5	(2) 3	(3) $\frac{3}{5}$
2	(1) 0	(2) 1	**2-1** (1) 0　(2) 1
3	(1) $\frac{2}{5}$	(2) $\frac{3}{4}$	**3-1** (1) $\frac{14}{15}$　(2) $\frac{6}{7}$
4	(1) $\frac{1}{4}$	(2) $\frac{3}{4}$	**4-1** (1) $\frac{1}{8}$　(2) $\frac{7}{8}$

1 (1) 일어나는 모든 경우는 1, 2, 3, 4, 5, 6, 7의 7가지
　(2) 소수가 적힌 구슬이 나오는 경우는 2, 3, 5, 7의 4가지
　(3) 소수가 적힌 구슬이 나올 확률은
　　$\dfrac{(\text{소수가 적힌 구슬이 나오는 경우의 수})}{(\text{모든 경우의 수})}=\dfrac{4}{7}$

1-1 (1) 일어나는 모든 경우는 1, 2, 3, 4, 5의 5가지
　(2) 홀수가 적힌 카드가 나오는 경우는 1, 3, 5의 3가지
　(3) 홀수가 적힌 카드가 나올 확률은
　　$\dfrac{(\text{홀수가 적힌 카드가 나오는 경우의 수})}{(\text{모든 경우의 수})}=\dfrac{3}{5}$

2 (1) 주머니 속에 파란 공은 없으므로 구하는 확률은 0
　(2) 주머니 속의 공은 모두 빨간 공 또는 노란 공이므로 구하
　는 확률은 1

2-1 (1) 두 개의 주사위를 동시에 던질 때 나오는 두 눈의 수의 차
　가 6인 경우는 없으므로 구하는 확률은 0
　(2) 두 개의 주사위를 동시에 던질 때 나오는 두 눈의 수의 합
　은 항상 13보다 작으므로 구하는 확률은 1

3 (1) (시험에 합격하지 못할 확률)=(시험에 합격할 확률)
　　　　　　　　　$=1-\dfrac{3}{5}=\dfrac{2}{5}$
　(2) (비가 오지 않을 확률)=(비가 올 확률)
　　　　　　　　　$=1-\dfrac{1}{4}=\dfrac{3}{4}$

3-1 (1) (복권에 당첨되지 않을 확률)=1-(복권에 당첨될 확률)
　　　　　　　　　$=1-\dfrac{1}{15}=\dfrac{14}{15}$
　(2) (지각하지 않을 확률)=1-(지각할 확률)
　　　　　　　　　$=1-\dfrac{1}{7}=\dfrac{6}{7}$

4 (1) 모든 경우의 수는 $2\times2=4$이고, 두 개 모두 앞면이 나오는
　경우는 1가지이므로 구하는 확률은 $\dfrac{1}{4}$
　(2) (적어도 한 개는 뒷면이 나올 확률)
　　=1-(모두 앞면이 나올 확률)
　　$=1-\dfrac{1}{4}=\dfrac{3}{4}$

4-1 (1) 모든 경우의 수는 $2\times2\times2=8$이고, 3문제 모두 틀리는 경
　우는 1가지이므로 구하는 확률은 $\dfrac{1}{8}$
　(2) (적어도 한 문제는 맞힐 확률)
　　=1-(3문제 모두 틀릴 확률)
　　$=1-\dfrac{1}{8}=\dfrac{7}{8}$

개념 완성하기

─────────────────────────156쪽 ~ 157쪽─────

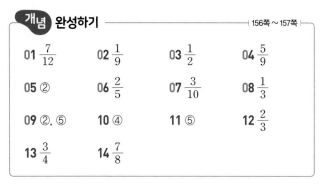

01 $\frac{7}{12}$	**02** $\frac{1}{9}$	**03** $\frac{1}{2}$	**04** $\frac{5}{9}$
05 ②	**06** $\frac{2}{5}$	**07** $\frac{3}{10}$	**08** $\frac{1}{3}$
09 ②, ⑤	**10** ④	**11** ⑤	**12** $\frac{2}{3}$
13 $\frac{3}{4}$	**14** $\frac{7}{8}$		

01 모든 경우의 수는 $7+5=12$
파란 공이 나오는 경우의 수는 7
따라서 구하는 확률은 $\dfrac{7}{12}$

02 모든 경우의 수는 $6\times6=36$
두 눈의 수의 합이 5인 경우를 순서쌍으로 나타내면
$(1, 4), (2, 3), (3, 2), (4, 1)$의 4가지
따라서 구하는 확률은
$\dfrac{4}{36}=\dfrac{1}{9}$

03 두 자리의 자연수를 만드는 모든 경우의 수는 $4\times3=12$
이 중 30 이상인 수는 31, 32, 34, 41, 42, 43의 6가지
따라서 구하는 확률은
$\dfrac{6}{12}=\dfrac{1}{2}$

04 두 자리의 자연수를 만드는 모든 경우의 수는 $3\times3=9$
이 중 짝수는 10, 12, 20, 30, 32의 5가지
따라서 구하는 확률은 $\dfrac{5}{9}$

> **Self 코칭**
>
> 두 자리의 자연수를 만들 때, 십의 자리에는 0이 올 수 없음에
> 주의한다.

05 4명을 한 줄로 세우는 모든 경우의 수는
$4\times3\times2\times1=24$
성호가 맨 앞에 서게 되는 경우의 수는 나머지 3명을 한 줄
로 세우는 경우의 수와 같으므로 $3\times2\times1=6$
따라서 구하는 확률은
$\dfrac{6}{24}=\dfrac{1}{4}$

06 5명을 한 줄로 세우는 모든 경우의 수는

$5 \times 4 \times 3 \times 2 \times 1 = 120$

종원이와 현석이를 한 묶음으로 생각하고 4명을 한 줄로 세우는 경우의 수는 $4 \times 3 \times 2 \times 1 = 24$이고, 종원이와 현석이가 자리를 바꾸는 경우의 수는 2이므로

종원이와 현석이가 이웃하여 서는 경우의 수는 $24 \times 2 = 48$

따라서 구하는 확률은

$\dfrac{48}{120} = \dfrac{2}{5}$

> **Self 코칭**
>
> 이웃하여 서는 사람을 한 묶음으로 생각하고 한 줄로 세우는 경우와 묶음 안에서 서로 자리를 바꾸는 경우도 생각해야 한다.

07 5명 중에서 2명의 대의원을 뽑는 모든 경우의 수는

$\dfrac{5 \times 4}{2} = 10$

2명 모두 남학생이 뽑히는 경우의 수는

$\dfrac{3 \times 2}{2} = 3$

따라서 구하는 확률은 $\dfrac{3}{10}$

08 6명 중에서 대표 2명을 뽑는 모든 경우의 수는

$\dfrac{6 \times 5}{2} = 15$

A가 대표로 뽑히는 경우의 수는 나머지 B, C, D, E, F 5명 중에서 대표 1명을 뽑는 경우의 수와 같으므로 5

따라서 구하는 확률은

$\dfrac{5}{15} = \dfrac{1}{3}$

09 ① $0 \leq p \leq 1$

③ $p = 0$이면 $q = 1 - p = 1$

④ $p = 1$이면 사건 A는 반드시 일어난다.

따라서 옳은 것은 ②, ⑤이다.

10 ① 흰 공이 나올 확률은 $\dfrac{3}{7}$이다.

② 빨간 공은 나올 수 없으므로 빨간 공이 나올 확률은 0이다.

③ 검은 공이 나올 확률은 $\dfrac{4}{7}$이다.

⑤ 흰 공이 나올 확률과 검은 공이 나올 확률은 각각 $\dfrac{3}{7}$, $\dfrac{4}{7}$로 서로 같지 않다.

따라서 옳은 것은 ④이다.

11 모든 경우의 수는 $6 \times 6 = 36$

두 눈의 수의 합이 3인 경우를 순서쌍으로 나타내면 $(1, 2)$, $(2, 1)$의 2가지이므로 두 눈의 수의 합이 3일 확률은

$\dfrac{2}{36} = \dfrac{1}{18}$

∴ (두 눈의 수의 합이 3이 아닐 확률)

= 1 - (두 눈의 수의 합이 3일 확률)

$= 1 - \dfrac{1}{18} = \dfrac{17}{18}$

12 모든 경우의 수는 15이고, 1부터 15까지의 자연수 중 3의 배수는 3, 6, 9, 12, 15의 5개이므로 구슬에 적힌 수가 3의 배수일 확률은 $\dfrac{5}{15} = \dfrac{1}{3}$

∴ (구슬에 적힌 수가 3의 배수가 아닐 확률)

= 1 - (구슬에 적힌 수가 3의 배수일 확률)

$= 1 - \dfrac{1}{3} = \dfrac{2}{3}$

13 모든 경우의 수는 $6 \times 6 = 36$

한 개의 주사위를 던질 때, 소수가 아닌 눈이 나오는 경우는 1, 4, 6의 3가지이다.

따라서 두 개의 주사위를 동시에 던질 때, 모두 소수가 아닌 눈이 나오는 경우의 수는 $3 \times 3 = 9$이므로 그 확률은 $\dfrac{9}{36} = \dfrac{1}{4}$

∴ (적어도 한 개는 소수의 눈이 나올 확률)

= 1 - (모두 소수가 아닌 눈이 나올 확률)

$= 1 - \dfrac{1}{4} = \dfrac{3}{4}$

14 모든 경우의 수는 $2 \times 2 \times 2 = 8$

세 개 모두 뒷면이 나오는 경우는 1가지이므로 그 확률은 $\dfrac{1}{8}$

∴ (적어도 한 개는 앞면이 나올 확률)

= 1 - (모두 뒷면이 나올 확률)

$= 1 - \dfrac{1}{8} = \dfrac{7}{8}$

---

02 확률의 계산

1	(1) $\dfrac{4}{9}$	(2) $\dfrac{2}{9}$	(3) $\dfrac{2}{3}$		
1-1	(1) $\dfrac{1}{2}$	(2) $\dfrac{1}{4}$	(3) $\dfrac{3}{4}$		
2	(1) $\dfrac{4}{13}$	(2) $\dfrac{6}{13}$	(3) $\dfrac{10}{13}$		
2-1	(1) $\dfrac{9}{20}$	(2) $\dfrac{3}{10}$	(3) $\dfrac{3}{4}$		
3	(1) $\dfrac{2}{5}$	(2) $\dfrac{2}{3}$	(3) $\dfrac{4}{15}$		
3-1	(1) $\dfrac{1}{2}$	(2) $\dfrac{2}{3}$	(3) $\dfrac{1}{3}$		
4	(1) 60 %	(2) 30 %			
4-1	$\dfrac{2}{5}$				
5	(1) $\dfrac{1}{25}$	(2) $\dfrac{3}{95}$	5-1	(1) $\dfrac{1}{25}$	(2) $\dfrac{1}{35}$
6	(1) $\dfrac{2}{5}$	(2) $\dfrac{1}{2}$	6-1	$\dfrac{1}{2}$	

1 (1) 소수가 나오는 경우는 2, 3, 5, 7의 4가지이므로 구하는 확률은 $\frac{4}{9}$

(2) 7보다 큰 수가 나오는 경우는 8, 9의 2가지이므로 구하는 확률은 $\frac{2}{9}$

(3) $\frac{4}{9}+\frac{2}{9}=\frac{2}{3}$

1-1 (1) 홀수가 나오는 경우는 1, 3, 5, 7, 9, 11의 6가지이므로 구하는 확률은 $\frac{6}{12}=\frac{1}{2}$

(2) 4의 배수가 나오는 경우는 4, 8, 12의 3가지이므로 구하는 확률은 $\frac{3}{12}=\frac{1}{4}$

(3) $\frac{1}{2}+\frac{1}{4}=\frac{3}{4}$

2 모든 경우의 수는 $4+6+3=13$

(1) 빨간 공이 4개 들어 있으므로 빨간 공이 나올 확률은 $\frac{4}{13}$

(2) 파란 공이 6개 들어 있으므로 파란 공이 나올 확률은 $\frac{6}{13}$

(3) $\frac{4}{13}+\frac{6}{13}=\frac{10}{13}$

2-1 모든 경우의 수는 $9+5+6=20$

(1) 가요는 9곡이므로 가요를 듣게 될 확률은 $\frac{9}{20}$

(2) 팝송은 6곡이므로 팝송을 듣게 될 확률은 $\frac{6}{20}=\frac{3}{10}$

(3) $\frac{9}{20}+\frac{3}{10}=\frac{3}{4}$

3 (1) A 주머니에서 검은 공이 나올 확률은 $\frac{2}{5}$

(2) B 주머니에서 흰 공이 나올 확률은 $\frac{4}{6}=\frac{2}{3}$

(3) $\frac{2}{5}\times\frac{2}{3}=\frac{4}{15}$

3-1 (1) 주사위 A에서 4 이상의 눈이 나오는 경우는 4, 5, 6의 3가지이므로 구하는 확률은 $\frac{3}{6}=\frac{1}{2}$

(2) 주사위 B에서 6의 약수의 눈이 나오는 경우는 1, 2, 3, 6의 4가지이므로 구하는 확률은 $\frac{4}{6}=\frac{2}{3}$

(3) $\frac{1}{2}\times\frac{2}{3}=\frac{1}{3}$

4 (1) (내일 비가 오지 않을 확률)$=1-$(내일 비가 올 확률)
$$=1-\frac{4}{10}=\frac{6}{10}$$
따라서 구하는 확률은 60 %이다.

(2) 내일은 비가 오지 않고, 모레는 비가 올 확률은
$$\frac{6}{10}\times\frac{5}{10}=\frac{3}{10}$$
따라서 구하는 확률은 30 %이다.

4-1 $\frac{1}{2}\times\frac{4}{5}=\frac{2}{5}$

5 (1) 첫 번째에 당첨 제비를 뽑을 확률은 $\frac{4}{20}=\frac{1}{5}$

뽑은 제비를 다시 넣으므로 두 번째에 당첨 제비를 뽑을 확률도 $\frac{4}{20}=\frac{1}{5}$

따라서 구하는 확률은
$\frac{1}{5}\times\frac{1}{5}=\frac{1}{25}$

(2) 첫 번째에 당첨 제비를 뽑을 확률은 $\frac{4}{20}=\frac{1}{5}$

뽑은 제비를 다시 넣지 않으므로 두 번째에 당첨 제비를 뽑을 확률은 $\frac{3}{19}$

따라서 구하는 확률은
$\frac{1}{5}\times\frac{3}{19}=\frac{3}{95}$

5-1 (1) 4의 배수는 4, 8, 12의 3가지이므로 첫 번째에 4의 배수가 적힌 카드가 나올 확률은 $\frac{3}{15}=\frac{1}{5}$

처음 꺼낸 카드를 다시 넣으므로 두 번째에 4의 배수가 적힌 카드가 나올 확률도 $\frac{3}{15}=\frac{1}{5}$

따라서 구하는 확률은 $\frac{1}{5}\times\frac{1}{5}=\frac{1}{25}$

(2) 4의 배수는 4, 8, 12의 3가지이므로 첫 번째에 4의 배수가 적힌 카드가 나올 확률은 $\frac{3}{15}=\frac{1}{5}$

처음 꺼낸 카드를 다시 넣지 않으므로 두 번째에 4의 배수가 적힌 카드가 나올 확률은 $\frac{2}{14}=\frac{1}{7}$

따라서 구하는 확률은 $\frac{1}{5}\times\frac{1}{7}=\frac{1}{35}$

6 (1) 전체 5개의 칸 중에서 색칠된 칸이 2칸이므로 바늘이 색칠한 부분을 가리킬 확률은 $\frac{2}{5}$

(2) 전체 6개의 칸 중에서 색칠된 칸이 3칸이므로 바늘이 색칠한 부분을 가리킬 확률은 $\frac{3}{6}=\frac{1}{2}$

6-1 소수는 2, 3, 5, 7로 전체 8칸 중에서 4칸을 차지하므로 소수가 적힌 부분을 맞힐 확률은 $\frac{4}{8}=\frac{1}{2}$

Self 코칭
'등분'은 똑같은 넓이로 나눈다는 뜻이므로 n등분된 도형에서의 확률은 $\frac{(\text{해당하는 조각의 개수})}{n}$이다.

$01 \dfrac{7}{15}$ $02 \dfrac{5}{36}$ $03 \dfrac{3}{25}$ $04 \dfrac{3}{20}$

$05 \dfrac{11}{12}$ $06 \dfrac{7}{10}$ $07 \dfrac{7}{15}$ $08 \dfrac{8}{25}$

09 ① $10 \dfrac{9}{25}$ $11 \dfrac{1}{15}$ 12 ③

$13 \dfrac{1}{4}$ $14 \dfrac{16}{81}$

---

01 3의 배수는 3, 6, 9, 12, 15의 5가지이므로 그 확률은

$\dfrac{5}{15}$

7의 배수는 7, 14의 2가지이므로 그 확률은

$\dfrac{2}{15}$

따라서 구하는 확률은 $\dfrac{5}{15}+\dfrac{2}{15}=\dfrac{7}{15}$

02 모든 경우의 수는 $6\times6=36$

두 주사위에서 나오는 눈의 수를 순서쌍으로 나타내면

두 눈의 수의 합이 3인 경우는 $(1, 2)$, $(2, 1)$의 2가지이므로

그 확률은 $\dfrac{2}{36}$

두 눈의 수의 합이 10인 경우는 $(4, 6)$, $(5, 5)$, $(6, 4)$의

3가지이므로 그 확률은 $\dfrac{3}{36}$

따라서 구하는 확률은

$\dfrac{2}{36}+\dfrac{3}{36}=\dfrac{5}{36}$

03 A 주머니에서 흰 공이 나올 확률은 $\dfrac{1}{5}$

B 주머니에서 흰 공이 나올 확률은 $\dfrac{3}{5}$

따라서 구하는 확률은 $\dfrac{1}{5}\times\dfrac{3}{5}=\dfrac{3}{25}$

04 지훈이가 문제를 맞히지 못할 확률은 $1-\dfrac{4}{5}=\dfrac{1}{5}$

따라서 구하는 확률은 $\dfrac{3}{4}\times\dfrac{1}{5}=\dfrac{3}{20}$

05 두 양궁 선수가 과녁을 맞히지 못할 확률은 각각

$1-\dfrac{2}{3}=\dfrac{1}{3}$, $1-\dfrac{3}{4}=\dfrac{1}{4}$

이므로 두 명 모두 과녁을 맞히지 못할 확률은

$\dfrac{1}{3}\times\dfrac{1}{4}=\dfrac{1}{12}$

∴ (적어도 한 명은 과녁을 맞힐 확률)

  $=1-$(두 명 모두 과녁을 맞히지 못할 확률)

  $=1-\dfrac{1}{12}=\dfrac{11}{12}$

> **Self 코칭**
>
> (적어도 하나는 ~일 확률)
> $=1-$(모두 ~가 아닐 확률)

06 A, B 두 사람이 시험에 합격하지 못할 확률은 각각

$1-\dfrac{1}{4}=\dfrac{3}{4}$, $1-\dfrac{3}{5}=\dfrac{2}{5}$

이므로 두 사람 모두 시험에 합격하지 못할 확률은

$\dfrac{3}{4}\times\dfrac{2}{5}=\dfrac{3}{10}$

∴ (적어도 한 사람은 시험에 합격할 확률)

  $=1-$(두 사람 모두 시험에 합격하지 못할 확률)

  $=1-\dfrac{3}{10}=\dfrac{7}{10}$

07 (i) A 상자에서 흰 바둑돌, B 상자에서 검은 바둑돌이 나올

확률은 $\dfrac{3}{5}\times\dfrac{2}{6}=\dfrac{1}{5}$

(ii) A 상자에서 검은 바둑돌, B 상자에서 흰 바둑돌이 나올

확률은 $\dfrac{2}{5}\times\dfrac{4}{6}=\dfrac{4}{15}$

(i), (ii)에서 구하는 확률은 $\dfrac{1}{5}+\dfrac{4}{15}=\dfrac{7}{15}$

08 규희가 아침 운동을 하지 않을 확률은 $1-\dfrac{1}{5}=\dfrac{4}{5}$

(i) 월요일은 아침 운동을 하고, 화요일은 아침 운동을 하지

않을 확률은 $\dfrac{1}{5}\times\dfrac{4}{5}=\dfrac{4}{25}$

(ii) 월요일은 아침 운동을 하지 않고, 화요일은 아침 운동을

할 확률은 $\dfrac{4}{5}\times\dfrac{1}{5}=\dfrac{4}{25}$

(i), (ii)에서 구하는 확률은 $\dfrac{4}{25}+\dfrac{4}{25}=\dfrac{8}{25}$

09 6의 약수는 1, 2, 3, 6의 4가지이므로 그 확률은 $\dfrac{4}{10}=\dfrac{2}{5}$

5의 배수는 5, 10의 2가지이므로 그 확률은 $\dfrac{2}{10}=\dfrac{1}{5}$

따라서 구하는 확률은 $\dfrac{2}{5}\times\dfrac{1}{5}=\dfrac{2}{25}$

> **Self 코칭**
>
> 꺼낸 것을 다시 넣고 꺼내는 경우
> ➔ (처음에 사건 A가 일어날 확률)
> $=$(나중에 사건 A가 일어날 확률)

10 첫 번째에 보라색 공을 꺼낼 확률은 $\dfrac{6}{10}=\dfrac{3}{5}$

두 번째에 보라색 공을 꺼낼 확률은 $\dfrac{6}{10}=\dfrac{3}{5}$

따라서 구하는 확률은 $\dfrac{3}{5}\times\dfrac{3}{5}=\dfrac{9}{25}$

11 첫 번째 고른 물건에 행운권이 들어 있을 확률은 $\dfrac{3}{10}$

한 번 고른 물건은 제외시키므로 두 번째 고른 물건에 행운

권이 들어 있을 확률은 $\dfrac{2}{9}$

따라서 구하는 확률은 $\dfrac{3}{10}\times\dfrac{2}{9}=\dfrac{1}{15}$

> **Self 코칭**
>
> 꺼낸 것을 다시 넣지 않고 꺼내는 경우
> ➔ (처음에 사건 A가 일어날 확률)
> $\neq$(나중에 사건 A가 일어날 확률)

12 첫 번째에 팥 맛이 나올 확률은 $\dfrac{5}{9}$

꺼낸 붕어빵은 다시 넣지 않으므로 두 번째에 슈크림 맛이 나올 확률은 $\dfrac{4}{8}=\dfrac{1}{2}$

따라서 구하는 확률은 $\dfrac{5}{9}\times\dfrac{1}{2}=\dfrac{5}{18}$

13 원판 전체의 넓이는 $\pi\times4^2=16\pi$

색칠한 부분의 넓이는 $\pi\times2^2=4\pi$

따라서 구하는 확률은 $\dfrac{4\pi}{16\pi}=\dfrac{1}{4}$

Self 코칭

$$(\text{도형에서의 확률})=\dfrac{(\text{사건에 해당하는 부분의 넓이})}{(\text{도형 전체의 넓이})}$$

14 화살을 한 번 쏠 때 색칠한 부분을 맞힐 확률은 $\dfrac{4}{9}$

따라서 구하는 확률은

$\dfrac{4}{9}\times\dfrac{4}{9}=\dfrac{16}{81}$

실력 확인하기 |164쪽~165쪽|

01 $\dfrac{3}{8}$	02 $\dfrac{5}{16}$	03 $\dfrac{1}{12}$	04 ⑤
05 $\dfrac{2}{5}$	06 ④	07 $\dfrac{6}{35}$	08 $\dfrac{13}{15}$
09 ⑤	10 $\dfrac{4}{25}$	11 $\dfrac{4}{9}$	12 $\dfrac{1}{4}$
13 ③	14 $\dfrac{25}{28}$	15 $\dfrac{11}{36}$	

01 모든 경우의 수는 $2\times2\times2=8$

앞면이 2개 나오는 경우를 순서쌍 (50원짜리, 100원짜리, 500원짜리)로 나타내면

(앞, 앞, 뒤), (앞, 뒤, 앞), (뒤, 앞, 앞)의 3가지

따라서 구하는 확률은 $\dfrac{3}{8}$

02 두 자리의 자연수를 만드는 모든 경우의 수는 $4\times4=16$

21보다 작은 경우는 10, 12, 13, 14, 20의 5가지

따라서 구하는 확률은 $\dfrac{5}{16}$

03 모든 경우의 수는 $6\times6=36$

$2x+y=8$을 만족시키는 경우를 순서쌍 $(x,\ y)$로 나타내면

$(1,\ 6),\ (2,\ 4),\ (3,\ 2)$의 3가지

따라서 구하는 확률은

$\dfrac{3}{36}=\dfrac{1}{12}$

04 ① 사과 맛 사탕이 들어 있는 봉지에서 딸기 맛 사탕을 꺼낼 수 없으므로 그 확률은 0이다.

② 주사위 한 개를 던질 때, 0의 눈이 나올 수 없으므로 그 확률은 0이다.

③ 두 자리의 자연수가 각각 적힌 10장의 카드 중에서 한 장을 뽑을 때, 세 자리의 자연수가 적힌 카드가 나올 수 없으므로 그 확률은 0이다.

④ A, B, C 세 사람 중에서 회장을 뽑을 때, D를 뽑을 수 없으므로 그 확률은 0이다.

⑤ 두 주사위의 눈의 수의 합은 항상 12 이하이므로 그 확률은 1이다.

따라서 확률이 나머지 넷과 다른 하나는 ⑤이다.

05 전체 학생 수가 $7+8+10+5=30$(명)이므로 모든 경우의 수는 30

선택한 학생의 혈액형이 A형일 확률은 $\dfrac{7}{30}$

선택한 학생의 혈액형이 AB형일 확률은 $\dfrac{5}{30}$

따라서 구하는 확률은

$\dfrac{7}{30}+\dfrac{5}{30}=\dfrac{2}{5}$

06 모든 경우의 수는 $5\times4\times3\times2\times1=120$

S가 맨 앞에 오는 경우의 수는 $4\times3\times2\times1=24$이므로

그 확률은 $\dfrac{24}{120}=\dfrac{1}{5}$

I가 맨 앞에 오는 경우의 수는 $4\times3\times2\times1=24$이므로

그 확률은 $\dfrac{24}{120}=\dfrac{1}{5}$

따라서 구하는 확률은 $\dfrac{1}{5}+\dfrac{1}{5}=\dfrac{2}{5}$

07 주원이와 유안이가 페널티 킥을 성공하지 못할 확률은 각각

$1-\dfrac{2}{5}=\dfrac{3}{5},\ 1-\dfrac{5}{7}=\dfrac{2}{7}$

따라서 구하는 확률은 $\dfrac{3}{5}\times\dfrac{2}{7}=\dfrac{6}{35}$

08 영민이와 종호가 약속 시각에 늦지 않을 확률은 각각

$1-\dfrac{3}{5}=\dfrac{2}{5},\ 1-\dfrac{2}{3}=\dfrac{1}{3}$

이므로 두 명 모두 약속 시각에 늦지 않을 확률은

$\dfrac{2}{5}\times\dfrac{1}{3}=\dfrac{2}{15}$

∴ (적어도 한 명은 약속 시각에 늦을 확률)

$=1-$(두 명 모두 약속 시각에 늦지 않을 확률)

$=1-\dfrac{2}{15}=\dfrac{13}{15}$

09 A가 자유투를 성공하지 못할 확률은 $1-0.4=0.6$

B가 자유투를 성공하지 못할 확률은 $1-0.6=0.4$

(i) A는 성공하고, B는 성공하지 못할 확률은

$0.4\times0.4=0.16$

(ii) A는 성공하지 못하고, B는 성공할 확률은

$0.6\times0.6=0.36$

(i), (ii)에서 구하는 확률은

$0.16+0.36=0.52$

10 소수는 2, 3, 5, 7의 4가지이므로 그 확률은 $\dfrac{4}{10}=\dfrac{2}{5}$

8의 약수는 1, 2, 4, 8의 4가지이므로 그 확률은 $\dfrac{4}{10}=\dfrac{2}{5}$

따라서 구하는 확률은 $\dfrac{2}{5}\times\dfrac{2}{5}=\dfrac{4}{25}$

11 (ⅰ) 첫 번째와 두 번째 모두 흰 구슬이 나올 확률은

$\dfrac{4}{9}\times\dfrac{3}{8}=\dfrac{1}{6}$

(ⅱ) 첫 번째와 두 번째 모두 검은 구슬이 나올 확률은

$\dfrac{5}{9}\times\dfrac{4}{8}=\dfrac{5}{18}$

(ⅰ), (ⅱ)에서 구하는 확률은

$\dfrac{1}{6}+\dfrac{5}{18}=\dfrac{4}{9}$

12 짝수는 2, 4로 전체 8칸 중 4칸을 차지하므로 화살을 한 번 쏠 때 짝수가 적힌 부분을 맞힐 확률은

$\dfrac{4}{8}=\dfrac{1}{2}$

따라서 구하는 확률은 $\dfrac{1}{2}\times\dfrac{1}{2}=\dfrac{1}{4}$

13 **전략** 코칭

> 파란 공의 개수를 x라 하고 식을 세운다.

파란 공의 개수를 x라 하면 전체 공의 개수는

$5+4+x=9+x$

빨간 공 또는 노란 공이 나올 확률은 $\dfrac{3}{5}$이므로

$\dfrac{5}{9+x}+\dfrac{4}{9+x}=\dfrac{3}{5}$

$\dfrac{9}{9+x}=\dfrac{3}{5}$, $27+3x=45$, $3x=18$ ∴ $x=6$

따라서 파란 공의 개수는 6이다.

14 **전략** 코칭

> '적어도 ~일 확률'과 같이 표현된 사건의 확률은 어떤 사건이 일어나지 않을 확률을 이용하면 편리하다.

8명 중에서 대표 2명을 뽑는 경우의 수는 $\dfrac{8\times7}{2}=28$

대표 2명 모두 여학생이 뽑히는 경우의 수는 $\dfrac{3\times2}{2}=3$이므로 그 확률은 $\dfrac{3}{28}$

∴ (적어도 한 명은 남학생이 뽑힐 확률)

$=1-($모두 여학생이 뽑힐 확률$)$

$=1-\dfrac{3}{28}=\dfrac{25}{28}$

15 **전략** 코칭

> 연속해서 생각하는 경우의 확률은 표를 그려서 해결하면 편리하다.

비가 온 다음날 비가 올 확률은 $1-\dfrac{3}{4}=\dfrac{1}{4}$

비가 오지 않은 다음날 비가 오지 않을 확률은 $1-\dfrac{1}{3}=\dfrac{2}{3}$

비가 오는 것을 ○, 비가 오지 않는 것을 ×라 하면 월요일에 비가 오지 않았을 때, 수요일에 비가 오는 경우와 그 확률은 다음과 같다.

월	화	수	확률
×	○	○	$\dfrac{1}{3}\times\dfrac{1}{4}=\dfrac{1}{12}$
×	×	○	$\dfrac{2}{3}\times\dfrac{1}{3}=\dfrac{2}{9}$

따라서 구하는 확률은 $\dfrac{1}{12}+\dfrac{2}{9}=\dfrac{11}{36}$

서술형 문제 |166쪽~167쪽|

1 $\dfrac{7}{20}$ **1-1** $\dfrac{13}{25}$

2 $\dfrac{3}{4}$ **3** $\dfrac{5}{32}$

4 $\dfrac{2}{9}$ **5** $\dfrac{2}{5}$

6 (1) $\dfrac{1}{10}$ (2) $\dfrac{9}{10}$ **7** $\dfrac{1}{21}$

1 채점기준1   만들 수 있는 두 자리의 자연수의 개수 구하기 … 2점
5장의 카드 중에서 2장을 뽑아 만들 수 있는 두 자리의 자연수의 개수는 $5\times4=20$
채점기준2   14보다 작거나 44보다 큰 자연수의 개수 구하기 … 3점
14보다 작은 수는 12, 13의 2가지
44보다 큰 수는 45, 51, 52, 53, 54의 5가지
즉, 14보다 작거나 44보다 큰 자연수의 개수는 $2+5=7$
채점기준3   14보다 작거나 44보다 클 확률 구하기 … 1점

14보다 작거나 44보다 클 확률은 $\dfrac{7}{20}$

1-1 채점기준1   만들 수 있는 두 자리의 자연수의 개수 구하기 … 2점
6장의 카드 중에서 2장을 뽑아 만들 수 있는 두 자리의 자연수의 개수는 $5\times5=25$
채점기준2   일의 자리에 올 수 있는 숫자 알기 … 1점
짝수가 되려면 일의 자리의 숫자가 0 또는 2 또는 4이어야 한다.
채점기준3   짝수의 개수 구하기 … 3점
□0인 경우 : 10, 20, 30, 40, 50의 5개
□2인 경우 : 12, 32, 42, 52의 4개
□4인 경우 : 14, 24, 34, 54의 4개
즉, 짝수의 개수는 $5+4+4=13$
채점기준4   짝수일 확률 구하기 … 1점

짝수일 확률은 $\dfrac{13}{25}$

2 4개의 막대 중에서 3개를 고르는 모든 경우를 순서쌍으로 나타내면

$(3, 4, 5), (3, 4, 7), (3, 5, 7), (4, 5, 7)$의 4가지이다.
...... ❶

이 중 삼각형이 만들어지는 경우는 가장 긴 변의 길이가 나머지 두 변의 길이의 합보다 작을 때이므로

$(3, 4, 5), (3, 5, 7), (4, 5, 7)$의 3가지이다. ...... ❷

따라서 구하는 확률은 $\dfrac{3}{4}$ ...... ❸

채점 기준	배점
❶ 4개의 막대 중 3개의 막대를 고르는 경우의 수 구하기	2점
❷ 삼각형이 만들어지는 경우의 수 구하기	2점
❸ 삼각형이 만들어질 확률 구하기	1점

3 모든 경우의 수는 $2 \times 2 \times 2 \times 2 \times 2 = 32$ ...... ❶

이때 점 P의 좌표가 -3이 되는 경우는 앞면이 1번, 뒷면이 4번 나오는 경우이므로 순서쌍으로 나타내면

(앞, 뒤, 뒤, 뒤, 뒤), (뒤, 앞, 뒤, 뒤, 뒤),

(뒤, 뒤, 앞, 뒤, 뒤), (뒤, 뒤, 뒤, 앞, 뒤),

(뒤, 뒤, 뒤, 뒤, 앞)의 5가지이다. ...... ❷

따라서 점 P의 좌표가 -3이 될 확률은 $\dfrac{5}{32}$ ...... ❸

채점 기준	배점
❶ 모든 경우의 수 구하기	2점
❷ 점 P의 좌표가 -3이 되는 경우의 수 구하기	3점
❸ 점 P의 좌표가 -3이 될 확률 구하기	1점

4 모든 경우의 수는 $6 \times 6 = 36$

두 눈의 수의 차가 3인 경우를 순서쌍으로 나타내면 $(1, 4)$, $(2, 5), (3, 6), (4, 1), (5, 2), (6, 3)$의 6가지이므로 그 확률은 $\dfrac{6}{36}$ ...... ❶

두 눈의 수의 차가 5인 경우를 순서쌍으로 나타내면 $(1, 6)$, $(6, 1)$의 2가지이므로 그 확률은 $\dfrac{2}{36}$ ...... ❷

따라서 구하는 확률은 $\dfrac{6}{36} + \dfrac{2}{36} = \dfrac{2}{9}$ ...... ❸

채점 기준	배점
❶ 두 눈의 수의 차가 3일 확률 구하기	2점
❷ 두 눈의 수의 차가 5일 확률 구하기	2점
❸ 두 눈의 수의 차가 3 또는 5일 확률 구하기	1점

5 5명을 한 줄로 세우는 모든 경우의 수는

$5 \times 4 \times 3 \times 2 \times 1 = 120$

보미가 맨 뒤에 서는 경우의 수는 $4 \times 3 \times 2 \times 1 = 24$이므로

그 확률은 $\dfrac{24}{120} = \dfrac{1}{5}$ ...... ❶

은지가 맨 뒤에 서는 경우의 수는 $4 \times 3 \times 2 \times 1 = 24$이므로

그 확률은 $\dfrac{24}{120} = \dfrac{1}{5}$ ...... ❷

따라서 보미 또는 은지가 맨 뒤에 설 확률은

$\dfrac{1}{5} + \dfrac{1}{5} = \dfrac{2}{5}$ ...... ❸

채점 기준	배점
❶ 보미가 맨 뒤에 설 확률 구하기	2점
❷ 은지가 맨 뒤에 설 확률 구하기	2점
❸ 보미 또는 은지가 맨 뒤에 설 확률 구하기	1점

6 (1) A, B 두 선수가 목표물을 맞히지 못할 확률은 각각

$$1 - \dfrac{3}{5} = \dfrac{2}{5}, \quad 1 - \dfrac{3}{4} = \dfrac{1}{4}$$

따라서 두 선수 모두 목표물을 맞히지 못할 확률은

$\dfrac{2}{5} \times \dfrac{1}{4} = \dfrac{1}{10}$ ...... ❶

(2) (적어도 한 선수가 목표물을 맞힐 확률)

$= 1 - ($두 선수 모두 목표물을 맞히지 못할 확률$)$

$= 1 - \dfrac{1}{10} = \dfrac{9}{10}$ ...... ❷

채점 기준	배점
❶ 두 선수 모두 목표물을 맞히지 못할 확률 구하기	3점
❷ 적어도 한 선수가 목표물을 맞힐 확률 구하기	3점

7 첫 번째에 당첨 제비를 뽑을 확률은 $\dfrac{4}{9}$

두 번째에 당첨 제비를 뽑을 확률은 $\dfrac{3}{8}$

세 번째에 당첨 제비를 뽑을 확률은 $\dfrac{2}{7}$ ...... ❶

따라서 구하는 확률은

$\dfrac{4}{9} \times \dfrac{3}{8} \times \dfrac{2}{7} = \dfrac{1}{21}$ ...... ❷

채점 기준	배점
❶ 첫 번째, 두 번째, 세 번째에 당첨 제비를 뽑을 확률 각각 구하기	3점
❷ 3개 모두 당첨 제비를 뽑을 확률 구하기	3점

실전! 중단원 마무리 168쪽~170쪽

01 ④	**02** $\dfrac{1}{6}$	**03** $\dfrac{1}{2}$	**04** ②
05 ⑤	**06** ④	**07** $\dfrac{2}{5}$	**08** $\dfrac{6}{7}$
09 ③	**10** ⑤	**11** $\dfrac{5}{12}$	**12** $\dfrac{7}{10}$
13 $\dfrac{4}{9}$	**14** ③	**15** ②	**16** $\dfrac{1}{2}$
17 $\dfrac{21}{100}$	**18** $\dfrac{1}{110}$	**19** ④	**20** $\dfrac{5}{16}$

01 짝수는 2, 4, 6, 8의 4가지이므로 구하는 확률은 $\dfrac{4}{9}$이다.

02 모든 경우의 수는 $6 \times 6 = 36$

두 눈의 수의 합이 7인 경우를 순서쌍으로 나타내면

$(1, 6), (2, 5), (3, 4), (4, 3), (5, 2), (6, 1)$의 6가지

따라서 구하는 확률은 $\dfrac{6}{36} = \dfrac{1}{6}$

03 모든 경우의 수는 $4 \times 3 \times 2 \times 1 = 24$

L과 O가 이웃하는 경우의 수는 $(3 \times 2 \times 1) \times 2 = 12$

따라서 구하는 확률은 $\dfrac{12}{24} = \dfrac{1}{2}$

04 모든 경우의 수는 $6 \times 6 = 36$

$x + y > 10$을 만족시키는 경우를 순서쌍 (x, y)로 나타내면

$(5, 6), (6, 5), (6, 6)$의 3가지

따라서 구하는 확률은 $\dfrac{3}{36} = \dfrac{1}{12}$

05 ⑤ 사건 A가 절대로 일어나지 않으면 $p = 0$, $q = 1$이다.

06 ① 동전은 앞면 또는 뒷면이 나오므로 그 확률은 $\dfrac{1}{2}$이다.

② 모든 경우의 수는 $2 \times 2 = 4$이고, 동전의 뒷면이 한 개 이상 나오는 경우를 순서쌍으로 나타내면 (앞, 뒤),

(뒤, 앞), (뒤, 뒤)의 3가지이므로 그 확률은 $\dfrac{3}{4}$이다.

③ 주사위의 눈의 수는 모두 1 이상이므로 그 확률은 1이다.

④ 서로 다른 두 개의 주사위를 던질 때, 나오는 두 눈의 수의 차가 6인 경우는 없으므로 그 확률은 0이다.

⑤ 주머니 속의 구슬은 모두 노란 구슬 또는 파란 구슬이므로 그 확률은 1이다.

따라서 확률이 0인 것은 ④이다.

07 (A 중학교가 이길 확률) $= 1 - $ (B 중학교가 이길 확률)

$$= 1 - \dfrac{3}{5} = \dfrac{2}{5}$$

08 7명 중에서 대표 2명을 뽑는 모든 경우의 수는 $\dfrac{7 \times 6}{2} = 21$

모두 남학생이 뽑히는 경우의 수는 $\dfrac{3 \times 2}{2} = 3$이므로 그 확률은

$\dfrac{3}{21} = \dfrac{1}{7}$

∴ (적어도 한 명은 여학생이 뽑힐 확률)

$= 1 - $ (모두 남학생이 뽑힐 확률)

$= 1 - \dfrac{1}{7} = \dfrac{6}{7}$

09 선택한 학생의 취미가 축구일 확률은 $\dfrac{13}{40}$

선택한 학생의 취미가 독서일 확률은 $\dfrac{7}{40}$

따라서 구하는 확률은

$\dfrac{13}{40} + \dfrac{7}{40} = \dfrac{1}{2}$

10 첫 번째 나온 눈의 수가 4의 약수인 경우는 1, 2, 4의 3가지

이므로 그 확률은 $\dfrac{3}{6} = \dfrac{1}{2}$

두 번째 나온 눈의 수가 짝수인 경우는 2, 4, 6의 3가지이므로 그 확률은 $\dfrac{3}{6} = \dfrac{1}{2}$

따라서 구하는 확률은 $\dfrac{1}{2} \times \dfrac{1}{2} = \dfrac{1}{4}$

11 A 주머니에서 빨간 공이 나올 확률은 $\dfrac{4}{6} = \dfrac{2}{3}$

B 주머니에서 파란 공이 나올 확률은 $\dfrac{5}{8}$

따라서 구하는 확률은 $\dfrac{2}{3} \times \dfrac{5}{8} = \dfrac{5}{12}$

12 전구에 불이 들어올 확률은 $\dfrac{4}{5} \times \dfrac{3}{8} = \dfrac{3}{10}$

∴ (전구에 불이 들어오지 않을 확률)

$= 1 - $ (전구에 불이 들어올 확률)

$= 1 - \dfrac{3}{10} = \dfrac{7}{10}$

13 내일 제주도와 강원도에 비가 오지 않을 확률은 각각

$1 - \dfrac{1}{3} = \dfrac{2}{3}$, $1 - \dfrac{1}{6} = \dfrac{5}{6}$

내일 제주도와 강원도 두 곳 모두 비가 오지 않을 확률은

$\dfrac{2}{3} \times \dfrac{5}{6} = \dfrac{5}{9}$

∴ (적어도 한 곳에 비가 올 확률)

$= 1 - $ (두 곳 모두 비가 오지 않을 확률)

$= 1 - \dfrac{5}{9} = \dfrac{4}{9}$

14 두 자연수 a, b가 홀수일 확률은 각각

$1 - \dfrac{2}{5} = \dfrac{3}{5}$, $1 - \dfrac{2}{3} = \dfrac{1}{3}$

두 자연수의 곱 $a \times b$가 홀수일 확률은

$\dfrac{3}{5} \times \dfrac{1}{3} = \dfrac{1}{5}$

∴ (두 자연수의 곱 $a \times b$가 짝수일 확률)

$= 1 - $ (두 자연수의 곱 $a \times b$가 홀수일 확률)

$= 1 - \dfrac{1}{5} = \dfrac{4}{5}$

> **Self 코칭**
>
> (짝수) $\times$ (짝수) $=$ (짝수), (짝수) $\times$ (홀수) $=$ (짝수)
> (홀수) $\times$ (짝수) $=$ (짝수), (홀수) $\times$ (홀수) $=$ (홀수)

15 두 선수 A, B가 과녁을 명중시키지 못할 확률은 각각

$1 - \dfrac{1}{4} = \dfrac{3}{4}$, $1 - \dfrac{4}{7} = \dfrac{3}{7}$

(ⅰ) A는 명중시키고, B는 명중시키지 못할 확률은

$\dfrac{1}{4} \times \dfrac{3}{7} = \dfrac{3}{28}$

(ⅱ) A는 명중시키지 못하고, B는 명중시킬 확률은

$\dfrac{3}{4} \times \dfrac{4}{7} = \dfrac{3}{7}$

(ⅰ), (ⅱ)에서 구하는 확률은

$\dfrac{3}{28} + \dfrac{3}{7} = \dfrac{15}{28}$

16 각자의 주사위로 게임을 할 때 수영이가 이기려면 수영이가 던진 주사위에서 5가 나왔을 때, 진수가 던진 주사위에서 4가 나오거나, 수영이가 던진 주사위에서 7이 나왔을 때, 진수가 던진 주사위에서 4가 나와야 한다.

(i) 수영이가 던진 주사위에서 5가 나오고, 진수가 던진 주사위에서 4가 나올 확률은

$$\frac{4}{6} \times \frac{3}{6} = \frac{1}{3}$$

(ii) 수영이가 던진 주사위에서 7이 나오고, 진수가 던진 주사위에서 4가 나올 확률은

$$\frac{2}{6} \times \frac{3}{6} = \frac{1}{6}$$

(i), (ii)에서 구하는 확률은 $\frac{1}{3} + \frac{1}{6} = \frac{1}{2}$

17 예서가 당첨될 확률은 $\frac{3}{10}$

민준이가 당첨되지 않을 확률은 $\frac{7}{10}$

따라서 구하는 확률은 $\frac{3}{10} \times \frac{7}{10} = \frac{21}{100}$

18 첫 번째에 불량품을 꺼낼 확률은 $\frac{10}{100} = \frac{1}{10}$

두 번째에 불량품을 꺼낼 확률은 $\frac{9}{99} = \frac{1}{11}$

따라서 구하는 확률은 $\frac{1}{10} \times \frac{1}{11} = \frac{1}{110}$

19 혜나가 이기려면 처음에 노란 공을 꺼내거나, 혜나와 예빈이가 차례로 검은 공을 꺼낸 후 혜나가 노란 공을 꺼내야 한다.

(i) 혜나가 처음에 노란 공을 꺼낼 확률은 $\frac{5}{8}$

(ii) 혜나, 예빈이가 차례로 검은 공을 꺼낸 후, 혜나가 노란 공을 꺼낼 확률은 $\frac{3}{8} \times \frac{2}{7} \times \frac{5}{6} = \frac{5}{56}$

(i), (ii)에서 구하는 확률은 $\frac{5}{8} + \frac{5}{56} = \frac{5}{7}$

20 과녁 전체의 넓이는 $\pi \times 4^2 = 16\pi \, (\text{cm}^2)$

색칠한 부분의 넓이는 $\pi \times 3^2 - \pi \times 2^2 = 5\pi \, (\text{cm}^2)$

따라서 구하는 확률은 $\frac{5\pi}{16\pi} = \frac{5}{16}$

교과서에서 쏙 **빼온 문제** ──────── ┤171쪽├

1 $\frac{1}{8}$　　　　　　**2** $\frac{11}{12}$

3 $\frac{1}{2}$　　　　　　**4** 3 : 1

---

1 원그래프의 반지름의 길이를 r이라 하면 원그래프 전체의 넓이는 πr^2

컬링이 차지하고 있는 부분의 중심각의 크기는 $45°$이므로 그 넓이는 $\pi r^2 \times \frac{45}{360} = \frac{1}{8}\pi r^2$

따라서 구하는 확률은 $\frac{1}{8}\pi r^2 \div \pi r^2 = \frac{1}{8}$

다른풀이
부채꼴의 넓이는 중심각의 크기에 정비례하므로 컬링이 차지하고 있는 부분의 부채꼴의 넓이는 전체의 $\frac{45}{360} = \frac{1}{8}$

2 직선 $y = \frac{a}{b}x$가 직선 PQ와 만나려면 두 직선의 기울기가 달라야 한다.

두 점 P, Q를 지나는 직선의 기울기는 $\frac{5-1}{3-1} = 2$

모든 경우의 수는 $6 \times 6 = 36$이고,

$\frac{a}{b} = 2$, 즉 $a = 2b$를 만족시키는 경우를 순서쌍 (a, b)로 나타내면 $(2, 1)$, $(4, 2)$, $(6, 3)$의 3가지이므로

두 직선의 기울기가 같을 확률은 $\frac{3}{36} = \frac{1}{12}$

∴ (두 직선이 만날 확률)
 =1−(두 직선의 기울기가 같을 확률)
 $= 1 - \frac{1}{12} = \frac{11}{12}$

3 공이 B로 나오는 경우는 다음 그림과 같이 두 가지 경우이다.

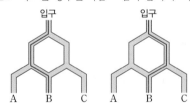

각 경우의 확률은 $\frac{1}{2} \times \frac{1}{2} = \frac{1}{4}$

따라서 구하는 확률은 $\frac{1}{4} + \frac{1}{4} = \frac{1}{2}$

4 현재 게임이 7회까지 진행되었고, 게임을 계속한다면 다음의 경우가 나올 수 있다.

8회	9회	최종 승자	확률
A승		A	$\frac{1}{2}$
B승	A승	A	$\frac{1}{2} \times \frac{1}{2} = \frac{1}{4}$
	B승	B	$\frac{1}{2} \times \frac{1}{2} = \frac{1}{4}$

따라서 A가 이길 확률은 $\frac{1}{2} + \frac{1}{4} = \frac{3}{4}$,

B가 이길 확률은 $\frac{1}{4}$이므로 A와 B가 상금을 $\frac{3}{4} : \frac{1}{4} = 3 : 1$로 나누어 가져야 한다.

워크북 정답 및 풀이

1 | 삼각형의 성질

01 이등변삼각형의 성질

한번 더 개념 확인문제 ────────────────── 2쪽

01 (1) 8　　(2) 11　　(3) 9　　(4) 6

02 (1) 65°　(2) 54°　(3) 96°　(4) 54°

03 (1) 50°　(2) 15°

04 (1) 8　(2) 12　(3) 90　(4) 8　(5) 35　(6) 30

05 (1) 6　　(2) 9　　(3) 7　　(4) 5

---

02 (1) $\angle x = \dfrac{1}{2} \times (180° - 50°) = 65°$

(2) $\angle x = \dfrac{1}{2} \times (180° - 72°) = 54°$

(3) $\angle x = 180° - 2 \times 42° = 96°$

(4) $\angle x = 180° - 2 \times 63° = 54°$

03 (1) $\angle C = \angle B = \angle x + 15°$이므로

$\angle x + (\angle x + 15°) + (\angle x + 15°) = 180°$

$3\angle x = 150°$　　∴ $\angle x = 50°$

(2) $\angle B = \angle C = 5\angle x$이므로 $2\angle x + 5\angle x + 5\angle x = 180°$

$12\angle x = 180°$　　∴ $\angle x = 15°$

04 (1) $\overline{BD} = \dfrac{1}{2}\overline{BC} = \dfrac{1}{2} \times 16 = 8$(cm)이므로 $x = 8$

(2) $\overline{BC} = 2\overline{CD} = 2 \times 6 = 12$(cm)이므로 $x = 12$

(3) $\angle ADB = \angle ADC = 90°$이므로 $x = 90$

(4) $\overline{AD}$는 꼭지각의 이등분선이므로

$\overline{BC} = 2\overline{BD} = 2 \times 4 = 8$(cm)　　∴ $x = 8$

(5) $\overline{AD}$는 꼭지각의 이등분선이므로

$\angle BAD = \dfrac{1}{2}\angle BAC = \dfrac{1}{2} \times 70° = 35°$　　∴ $x = 35$

(6) $\overline{AD}$는 꼭지각의 이등분선이므로

$\angle ADB = \angle ADC = 90°$

$\angle C = \angle B = 60°$이므로

$\triangle ADC$에서 $\angle CAD = 180° - (90° + 60°) = 30°$

∴ $x = 30$

05 (1) $\angle C = 180° - (45° + 90°) = 45°$이므로 $\angle A = \angle C$

따라서 $\triangle ABC$는 이등변삼각형이므로

$\overline{BA} = \overline{BC} = 6$ cm　　∴ $x = 6$

(2) $\angle C = 180° - (53° + 74°) = 53°$이므로 $\angle A = \angle C$

따라서 $\triangle ABC$는 이등변삼각형이므로

$\overline{BC} = \overline{BA} = 9$ cm　　∴ $x = 9$

(3) $\angle ACB = 180° - 110° = 70°$이므로 $\angle B = \angle ACB$

따라서 $\triangle ABC$는 이등변삼각형이므로

$\overline{AC} = \overline{AB} = 7$ cm　　∴ $x = 7$

---

(4) $\triangle ABC$에서 $\angle A + 25° = 50°$이므로 $\angle A = 25°$

즉, $\angle A = \angle C$이므로 $\triangle ABC$는 이등변삼각형이다.

따라서 $\overline{BC} = \overline{BA} = 5$ cm이므로 $x = 5$

개념 완성하기 ────────────────── 3쪽~4쪽

01 (1) 100°　(2) 70°　**02** 70°　**03** 75°

04 90°　　**05** 45°　　**06** 54°　　**07** 90°

08 60°　　**09** (가) SAS　(나) $\overline{CD}$　(다) 90　(라) ⊥

10 ③　　**11** 65°　　**12** 10 cm　　**13** 6 cm

14 6 cm　　**15** 24 cm²

---

01 (1) $\angle C = \angle B = 50°$이므로 $\angle x = 50° + 50° = 100°$

(2) $\angle CBA = 180° - 125° = 55°$이므로

$\angle x = 180° - 2 \times 55° = 70°$

02 $\triangle ABC$에서 $\angle B = \dfrac{1}{2} \times (180° - 40°) = 70°$

∴ $\angle x = \angle B = 70°$ (동위각)

03 $\triangle ABC$에서 $\angle ACB = \angle B = 50°$이므로

$\angle DCB = \dfrac{1}{2}\angle ACB = \dfrac{1}{2} \times 50° = 25°$

$\triangle DBC$에서 $\angle x = 50° + 25° = 75°$

04 $\triangle ABC$에서

$\angle ACB = \dfrac{1}{2} \times (180° - 60°) = 60°$이므로

$\angle ACD = \dfrac{1}{2}\angle ACB = \dfrac{1}{2} \times 60° = 30°$

$\triangle ADC$에서 $\angle x = 60° + 30° = 90°$

05 $\triangle ABC$에서 $\angle ACB = \angle B = 75°$

$\triangle CDB$에서 $\angle BCD = 180° - 2 \times 75° = 30°$

∴ $\angle x = \angle ACB - \angle BCD = 75° - 30° = 45°$

06 $\triangle ABC$에서 $\angle B = \angle C = \dfrac{1}{2} \times (180° - 72°) = 54°$

$\triangle BDE$에서 $\angle BDE = \dfrac{1}{2} \times (180° - 54°) = 63°$

$\triangle CDF$에서 $\angle CDF = \dfrac{1}{2} \times (180° - 54°) = 63°$

∴ $\angle x = 180° - 63° - 63° = 54°$

07 $\triangle ABD$에서 $\angle BAD = \angle B = 46°$이므로

$\angle ADC = 46° + 46° = 92°$

$\triangle ADC$에서 $\angle C = \dfrac{1}{2} \times (180° - 92°) = 44°$

따라서 $\triangle ABC$에서

$\angle x = \angle ABC + \angle ACB = 46° + 44° = 90°$

---

08 △ABC에서 ∠ACB=∠A=20°이므로

∠CBD=20°+20°=40°

△CBD에서 ∠D=∠CBD=40°

따라서 △CAD에서

∠x=∠A+∠D=20°+40°=60°

10 $\overline{BD}=\dfrac{1}{2}\overline{BC}=\dfrac{1}{2}\times12=6$(cm)이므로 $x=6$

∠ACB=180°−130°=50°이므로 ∠B=∠ACB=50°

△ABD에서

∠BAD=180°−(90°+50°)=40°이므로 $y=40$

∴ $x+y=6+40=46$

11 $\overline{AD}$는 꼭지각의 이등분선이므로

∠ADB=∠ADC=90°, ∠CAD=∠BAD=25°

△ADC에서 ∠x=180°−(90°+25°)=65°

다른풀이

∠CAD=∠BAD=25°이므로 ∠BAC=25°+25°=50°

따라서 △ABC에서 ∠x=$\dfrac{1}{2}$×(180°−50°)=65°

12 △ADC에서 ∠ADB=25°+25°=50°이므로 ∠B=∠ADB

즉, △ABD는 $\overline{AB}=\overline{AD}$인 이등변삼각형이므로

$\overline{AD}=\overline{AB}=10$ cm

또, △ADC는 $\overline{DA}=\overline{DC}$인 이등변삼각형이므로

$\overline{CD}=\overline{AD}=10$ cm

13 △ABC에서

∠ABC=∠C=$\dfrac{1}{2}$×(180°−36°)=72°

이므로

∠ABD=∠DBC=$\dfrac{1}{2}$×72°=36°

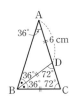

즉, ∠A=∠ABD이므로 △ABD는 $\overline{DA}=\overline{DB}$인 이등변삼각형이다.

∴ $\overline{BD}=\overline{AD}=6$ cm

△ABD에서 ∠BDC=36°+36°=72°

즉, ∠BDC=∠C이므로 △DBC는 $\overline{BC}=\overline{BD}$인 이등변삼각형이다.

∴ $\overline{BC}=\overline{BD}=6$ cm

14 오른쪽 그림과 같이 점 D를 정하면

∠BAC=∠DAC(접은 각),

∠DAC=∠BCA(엇각)에서

∠BAC=∠BCA이므로 △ABC는

$\overline{BA}=\overline{BC}$인 이등변삼각형이다.

∴ $\overline{BC}=\overline{AB}=6$ cm

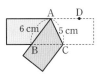

15 ∠ABC=∠DBC(접은 각), ∠ACB=∠DBC(엇각)에서

∠ABC=∠ACB이므로 △ABC는 $\overline{AB}=\overline{AC}$인 이등변삼각형이다.

따라서 $\overline{AC}=\overline{AB}=8$ cm이므로

△ABC=$\dfrac{1}{2}$×8×6=24(cm²)

---

02 직각삼각형의 합동 조건

한번 더 | 개념 확인문제 ──────5쪽─┤

01 (1) △ABC≡△DEF, RHS 합동 (2) $x=60$, $y=6$

02 (1) ○ (2) × (3) ○

03 △ABC≡△NOM, RHA 합동

04 (1) 8 (2) 14 (3) 2 (4) 3

05 (1) 3 (2) 67 **06** (1) 3 cm (2) 3 cm

01 (1) △ABC와 △DEF에서

∠C=∠F=90°, $\overline{AB}=\overline{DE}$, $\overline{BC}=\overline{EF}$

∴ △ABC≡△DEF (RHS 합동)

(2) ∠B=∠E=30°이므로

△ABC에서 ∠A=180°−(90°+30°)=60° ∴ $x=60$

$\overline{DF}=\overline{AC}=6$ cm이므로 $y=6$

02 (1) RHA 합동

(3) RHS 합동

03 △NOM에서 ∠N=180°−(40°+90°)=50°

△ABC와 △NOM에서

∠B=∠O=90°, $\overline{AC}=\overline{NM}$=6 cm, ∠A=∠N=50°

∴ △ABC≡△NOM (RHA 합동)

04 (1) △ABC와 △EDC에서

∠A=∠E=90°, $\overline{BC}=\overline{DC}$, ∠ACB=∠ECD(맞꼭지각)

따라서 △ABC≡△EDC (RHA 합동)이므로

$\overline{AC}=\overline{EC}$=8 ∴ $x=8$

(2) △ABC와 △ADC에서

∠B=∠D=90°, $\overline{AC}$는 공통, $\overline{AB}=\overline{AD}$

따라서 △ABC≡△ADC (RHS 합동)이므로

$\overline{CD}=\overline{CB}$=14 ∴ $x=14$

(3) △ABC와 △CDA에서

∠ACB=∠CAD=90°, $\overline{AB}=\overline{CD}$, $\overline{AC}$는 공통

따라서 △ABC≡△CDA (RHS 합동)이므로

$\overline{AD}=\overline{CB}$에서 $x+4=6$ ∴ $x=2$

(4) △ABC와 △DBC에서

∠A=∠D=90°, $\overline{BC}$는 공통, ∠ACB=∠DCB

따라서 △ABC≡△DBC (RHA 합동)이므로

$\overline{AC}=\overline{DC}$에서 $2x=x+3$ ∴ $x=3$

05 (1) $\overline{PB}=\overline{PA}$=3 cm이므로 $x=3$

(2) ∠POB=∠POA=23°

△POB에서 ∠OPB=180°−(90°+23°)=67°

∴ $x=67$

06 (1) $\overline{BD}$는 ∠B의 이등분선이므로 $\overline{DE}=\overline{DC}$=3 cm

(2) △AED에서 ∠ADE=180°−(90°+45°)=45°이므로

∠A=∠ADE

따라서 △AED는 $\overline{EA}=\overline{ED}$인 직각이등변삼각형이므로

$\overline{AE}=\overline{DE}$=3 cm

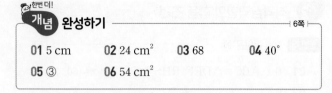

개념 완성하기 ─────────── 6쪽

01 5 cm   **02** 24 cm²   **03** 68   **04** 40°

05 ③   **06** 54 cm²

01 △CEA와 △ADB에서

∠CEA=∠ADB=90°, $\overline{CA}=\overline{AB}$,

∠CAE=90°−∠BAD=∠ABD

따라서 △CEA≡△ADB(RHA 합동)이므로

$\overline{AD}=\overline{CE}=9$ cm

∴ $\overline{BD}=\overline{AE}=\overline{ED}-\overline{AD}=14-9=5$(cm)

02 △ADB와 △BEC에서

∠ADB=∠BEC=90°, $\overline{AB}=\overline{BC}$,

∠ABD=90°−∠CBE=∠BCE

따라서 △ADB≡△BEC(RHA 합동)이므로

$\overline{BD}=\overline{CE}=4$ cm

∴ (색칠한 부분의 넓이)=△ADB+△BEC=2△ADB

$$=2\times\left(\frac{1}{2}\times4\times6\right)=24(cm^2)$$

03 △ABD와 △AED에서

∠ABD=∠AED=90°, $\overline{AD}$는 공통, $\overline{AB}=\overline{AE}$

따라서 △ABD≡△AED(RHS 합동)이므로

∠EAD=∠BAD=25°

△ADE에서 ∠ADE=90°−25°=65°   ∴ $x=65$

또, $\overline{BD}=\overline{ED}=3$ cm이므로 $y=3$

∴ $x+y=65+3=68$

04 △ABD와 △AED에서

∠ABD=∠AED=90°, $\overline{AD}$는 공통, $\overline{BD}=\overline{ED}$

즉, △ABD≡△AED(RHS 합동)이므로

∠BAD=∠EAD=20°

∠BAC=20°+20°=40°이므로 ∠ACB=90°−40°=50°

따라서 △DCE에서 ∠x=90°−50°=40°

[다른 풀이]

△ABD≡△AED(RHS 합동)이므로

∠ADB=∠ADE=90°−20°=70°

따라서 ∠x=180°−70°−70°=40°

05 △AOP와 △BOP에서

∠PAO=∠PBO=90°, $\overline{OP}$는 공통, $\overline{PA}=\overline{PB}$

즉, △AOP≡△BOP(RHS 합동)이므로 ∠AOP=∠BOP

∴ ∠POB=$\frac{1}{2}$∠AOB=$\frac{1}{2}$×40°=20°

따라서 △POB에서 ∠x=90°−20°=70°

06 오른쪽 그림과 같이 점 D에서 $\overline{AB}$

에 내린 수선의 발을 E라 하면

$\overline{BD}$는 ∠B의 이등분선이므로

$\overline{DE}=\overline{DC}=6$ cm

∴ △ABD=$\frac{1}{2}$×18×6=54(cm²)

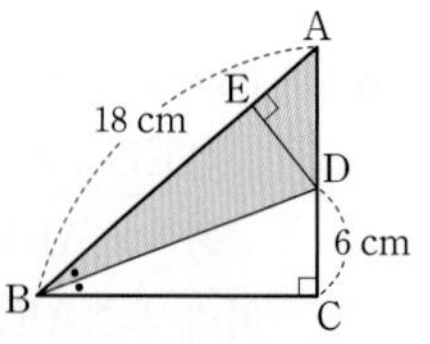

[다른 풀이]

△BCD와 △BED에서

∠BCD=∠BED=90°, $\overline{BD}$는 공통, ∠DBC=∠DBE

∴ △BCD≡△BED(RHA 합동)

따라서 $\overline{DE}=\overline{DC}=6$ cm이므로

△ABD=$\frac{1}{2}$×18×6=54(cm²)

실력 확인하기 ─────────── 7쪽

01 47°   **02** 25°   **03** 26°   **04** 60 cm²

05 50 cm²   **06** 32 cm²   **07** 3 cm

01 △BDF에서 ∠BDF=$\frac{1}{2}$×(180°−64°)=58°

△CED에서 ∠CDE=$\frac{1}{2}$×(180°−30°)=75°

∴ ∠x=180°−58°−75°=47°

02 △ABC에서 ∠ACB=∠B=∠x이므로

∠CAD=∠x+∠x=2∠x

△ACD에서 ∠D=∠CAD=2∠x

△DBC에서 ∠DCE=∠x+2∠x=3∠x=75°

∴ ∠x=25°

03 △ABC에서 ∠ABC=∠ACB=$\frac{1}{2}$×(180°−52°)=64°

이므로 ∠DBC=$\frac{1}{2}$×64°=32°

이때 ∠ACE=180°−64°=116°이므로

∠DCE=$\frac{1}{2}$×116°=58°

따라서 △BCD에서 ∠DBC+∠x=∠DCE이므로

32°+∠x=58°   ∴ ∠x=26°

04 $\overline{AD}$는 꼭지각의 이등분선이므로 $\overline{AD}\perp\overline{BC}$, $\overline{BD}=\overline{CD}$

즉, $\overline{BC}=2\overline{CD}=2\times5=10$(cm)

∴ △ABC=$\frac{1}{2}$×10×12=60(cm²)

05 △ADB와 △BEC에서

∠ADB=∠BEC=90°, $\overline{AB}=\overline{BC}$,

∠ABD=90°−∠CBE=∠BCE

따라서 △ADB≡△BEC(RHA 합동)이므로

$\overline{BD}=\overline{CE}=6$ cm, $\overline{BE}=\overline{AD}=8$ cm

∴ $\overline{DE}=\overline{DB}+\overline{BE}=6+8=14$(cm)

∴ △ABC

 =(사각형 ADEC의 넓이)−(△ADB+△BEC)

 =(사각형 ADEC의 넓이)−2△ADB

 =$\frac{1}{2}$×(6+8)×14−2×$\left(\frac{1}{2}\times6\times8\right)$

 =98−48=50(cm²)

06 △ABD와 △AED에서

∠ABD=∠AED=90°, $\overline{AD}$는 공통, $\overline{AB}=\overline{AE}$

즉, $\triangle ABD \equiv \triangle AED$ (RHS 합동)이므로 $\overline{ED} = \overline{BD} = 8\,cm$

$\triangle ABC$가 직각이등변삼각형이므로

$\angle C = \dfrac{1}{2} \times (180° - 90°) = 45°$

$\triangle EDC$에서 $\angle EDC = 90° - 45° = 45°$이므로 $\angle C = \angle EDC$

따라서 $\triangle EDC$는 $\overline{ED} = \overline{EC}$인 직각이등변삼각형이므로

$\overline{EC} = \overline{ED} = 8\,cm$

$\therefore \triangle EDC = \dfrac{1}{2} \times 8 \times 8 = 32\,(cm^2)$

07 오른쪽 그림과 같이 점 D에서 $\overline{AB}$ 에 내린 수선의 발을 E라 하면

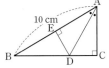

$\dfrac{1}{2} \times 10 \times \overline{DE} = 15$

$\therefore \overline{DE} = 3\,(cm)$

이때 $\overline{AD}$는 $\angle A$의 이등분선이므로 $\overline{DC} = \overline{DE} = 3\,cm$

8쪽 ~ 9쪽

한번 더! **실전! 중단원 마무리**

01 $140°$ **02** ② **03** $60°$ **04** $3\,cm$

05 $4\,cm$ **06** ②, ④

07 $\triangle ABC \equiv \triangle JKL$, RHS 합동 **08** ①

09 $65°$ **10** $18\,cm^2$

서술형 문제

11 $25°$

12 (1) $\triangle ABD \equiv \triangle CAE$, RHA 합동 (2) $9\,cm$

01 $\angle ACB = \dfrac{1}{2} \times (180° - 100°) = 40°$

$\therefore \angle x = 180° - 40° = 140°$

02 $\triangle BCD$에서 $\angle BDC = \angle C = 75°$이므로

$\angle CBD = 180° - 2 \times 75° = 30°$

따라서 $\triangle ABC$에서 $\angle ABC = \angle C = 75°$이므로

$\angle x = \angle ABC - \angle CBD = 75° - 30° = 45°$

03 $\triangle ABC$에서 $\angle ACB = \angle B = 20°$이므로

$\angle CAD = 20° + 20° = 40°$

$\triangle ACD$에서 $\angle CDA = \angle CAD = 40°$

$\triangle BCD$에서 $\angle DCE = 20° + 40° = 60°$

$\triangle DCE$에서 $\angle DEC = \angle DCE = 60°$이므로

$\angle x = 180° - 2 \times 60° = 60°$

04 $\angle C = \angle B = 60°$이므로 $\angle BAC = 180° - 2 \times 60° = 60°$

즉, $\triangle ABC$는 정삼각형이므로 $\overline{BC} = \overline{AB} = 6\,cm$

이때 $\overline{AD}$는 꼭지각의 이등분선이므로

$\overline{DC} = \dfrac{1}{2} \overline{BC} = \dfrac{1}{2} \times 6 = 3\,(cm)$

05 $\triangle ADC$에서 $\angle DCA = \angle BDC - \angle DAC = 70° - 35° = 35°$

따라서 $\triangle ADC$, $\triangle DBC$가 각각 이등변삼각형이므로

$\overline{AD} = \overline{CD} = \overline{CB} = 4\,cm$

06 ② $\angle BAC = \angle DAC$ (접은 각), $\angle DAC = \angle BCA$ (엇각)

에서 $\angle BAC = \angle BCA$

④ $\triangle ABC$는 $\overline{BA} = \overline{BC}$인 이등변삼각형이므로

$\overline{BC} = \overline{AB} = 5\,cm$

⑤ $\triangle ABC = \dfrac{1}{2} \times 5 \times 4 = 10\,(cm^2)$

따라서 옳은 것은 ②, ④이다.

07 $\triangle ABC$와 $\triangle JKL$에서

$\angle C = \angle L = 90°$, $\overline{AB} = \overline{JK} = 2\,cm$, $\overline{BC} = \overline{KL} = 1\,cm$

$\therefore \triangle ABC \equiv \triangle JKL$ (RHS 합동)

08 ① RHA 합동 ② RHS 합동

③, ④ ASA 합동 ⑤ SAS 합동

09 $\triangle DBE$에서 $\angle DEB = 90° - 40° = 50°$이므로

$\angle DEC = 180° - 50° = 130°$

$\triangle ADE$와 $\triangle ACE$에서

$\angle ADE = \angle ACE = 90°$, $\overline{AE}$는 공통, $\overline{AD} = \overline{AC}$

따라서 $\triangle ADE \equiv \triangle ACE$ (RHS 합동)이므로

$\angle AEC = \angle AED = \dfrac{1}{2} \angle DEC = \dfrac{1}{2} \times 130° = 65°$

10 $\overline{BD}$는 $\angle B$의 이등분선이므로 $\overline{ED} = \overline{CD} = 6\,cm$

$\triangle ABC$에서 $\angle A = \angle ABC = \dfrac{1}{2} \times (180° - 90°) = 45°$

$\triangle AED$에서 $\angle EDA = 90° - 45° = 45°$이므로 $\angle A = \angle EDA$

즉, $\triangle AED$는 $\overline{EA} = \overline{ED}$인 직각이등변삼각형이므로

$\overline{EA} = \overline{ED} = 6\,cm$

$\therefore \triangle AED = \dfrac{1}{2} \times 6 \times 6 = 18\,(cm^2)$

11 $\angle A = \angle x$라 하면

$\triangle DAE$에서 $\angle DEA = \angle A = \angle x$ ...... ❶

$\therefore \angle CDE = \angle x + \angle x = 2\angle x$

$\triangle CDE$에서 $\angle DCE = \angle CDE = 2\angle x$ ...... ❷

$\triangle CAE$에서 $\angle CEB = \angle x + 2\angle x = 3\angle x$

$\triangle CEB$에서 $\angle CBE = \angle CEB = 3\angle x$ ...... ❸

$\triangle ABC$에서 $\angle x + 3\angle x + 80° = 180°$

$4\angle x = 100°$ $\therefore \angle x = 25°$ $\therefore \angle A = 25°$ ...... ❹

채점 기준	배점
❶ $\angle DEA = \angle A = \angle x$임을 알기	1점
❷ $\angle DCE = \angle CDE = 2\angle x$임을 알기	1점
❸ $\angle CBE = \angle CEB = 3\angle x$임을 알기	2점
❹ $\angle A$의 크기 구하기	2점

12 (1) $\triangle ABD$와 $\triangle CAE$에서

$\angle D = \angle E = 90°$, $\overline{AB} = \overline{CA}$,

$\angle ABD = 90° - \angle BAD = \angle CAE$

$\therefore \triangle ABD \equiv \triangle CAE$ (RHA 합동) ...... ❶

(2) $\overline{AD} = \overline{CE} = 4\,cm$, $\overline{AE} = \overline{BD} = 5\,cm$이므로 ...... ❷

$\overline{DE} = \overline{AD} + \overline{AE} = 4 + 5 = 9\,(cm)$ ...... ❸

채점 기준	배점
❶ $\triangle ABD$와 합동인 삼각형을 찾고, 합동 조건 구하기	3점
❷ $\overline{AD}$, $\overline{AE}$의 길이 각각 구하기	2점
❸ $\overline{DE}$의 길이 구하기	1점

01 삼각형의 외심

한번 더 개념 확인문제
————————————10쪽—

01 (1) ○ (2) × (3) ○ (4) ○ (5) × (6) ○
    (7) ×

02 (1) $x=4$, $y=5$ (2) $x=6$, $y=8$
    (3) $x=9$, $y=40$ (4) $x=8$, $y=110$

03 (1) $x=4$, $y=48$ (2) $x=6$, $y=106$

04 (1) $27°$ (2) $28°$ (3) $22°$ (4) $126°$ (5) $51°$
    (6) $100°$

02 (4) 삼각형의 외심에서 세 꼭짓점에 이르는 거리는 모두 같으
므로 $x=8$
△OBC는 $\overline{OB}=\overline{OC}$인 이등변삼각형이므로
$\angle BOC=180°-2\times35°=110°$
∴ $y=110$

03 (1) 점 O가 직각삼각형 ABC의 외심이므로
$\overline{OA}=\overline{OB}=\overline{OC}$
∴ $\overline{OC}=\dfrac{1}{2}\overline{AB}=\dfrac{1}{2}\times8=4\,(\text{cm})$
∴ $x=4$
△OBC는 $\overline{OB}=\overline{OC}$인 이등변삼각형이므로
$\angle OCB=\angle B=24°$
∴ $\angle AOC=\angle B+\angle OCB=24°+24°=48°$
∴ $y=48$

    (2) 점 O가 직각삼각형 ABC의 외심이므로
$\overline{OA}=\overline{OB}=\overline{OC}$
∴ $\overline{BC}=2\overline{OA}=2\times3=6\,(\text{cm})$
∴ $x=6$
△OAC는 $\overline{OA}=\overline{OC}$인 이등변삼각형이므로
$\angle OAC=\angle C=53°$
∴ $\angle AOB=\angle OAC+\angle C=53°+53°=106°$
∴ $y=106$

04 (1) $28°+\angle x+35°=90°$이므로 $\angle x=27°$
    (2) $32°+\angle x+30°=90°$이므로 $\angle x=28°$
    (3) $44°+24°+\angle x=90°$이므로 $\angle x=22°$
    (4) $\angle x=2\angle A=2\times63°=126°$
    (5) $\angle x=\dfrac{1}{2}\angle BOC=\dfrac{1}{2}\times102°=51°$
    (6) △OAB는 $\overline{OA}=\overline{OB}$인 이등변삼각형이므로
$\angle OAB=\angle OBA=20°$
△OCA는 $\overline{OA}=\overline{OC}$인 이등변삼각형이므로
$\angle OAC=\angle OCA=30°$
따라서 $\angle BAC=20°+30°=50°$이므로
$\angle x=2\angle BAC=2\times50°=100°$

개념 완성하기
한번 더! ————————————11쪽~12쪽—

01 (가) 수직이등분선 (나) 꼭짓점 (다) $\overline{OC}$			**02** ⑤
03 30 cm	**04** ①	**05** ②	**06** 30 cm
07 55°	**08** 46°	**09** 25°	**10** 58°
11 80°	**12** 18°	**13** 70°	**14** 30°

02 ① 삼각형의 외심은 세 변의 수직이등분선의 교점이므로
$\overline{BE}=\overline{CE}$
② △OAB는 $\overline{OA}=\overline{OB}$인 이등변삼각형이므로
$\angle OAD=\angle OBD$
③ 삼각형의 외심에서 세 꼭짓점에 이르는 거리는 모두 같으
므로
$\overline{OA}=\overline{OB}=\overline{OC}$
④ △AOF와 △COF에서
$\overline{AF}=\overline{CF}$, $\angle AFO=\angle CFO=90°$, $\overline{OF}$는 공통
∴ △AOF≡△COF (SAS 합동)
⑤ △COE와 △BOE에서
$\overline{CE}=\overline{BE}$, $\angle OEC=\angle OEB=90°$, $\overline{OE}$는 공통
∴ △COE≡△BOE (SAS 합동)
따라서 옳지 않은 것은 ⑤이다.

03 $\overline{BD}=\overline{AD}=5\,\text{cm}$, $\overline{CE}=\overline{BE}=4\,\text{cm}$, $\overline{AF}=\overline{CF}=6\,\text{cm}$
∴ (△ABC의 둘레의 길이)$=\overline{AB}+\overline{BC}+\overline{CA}$
          $=2(\overline{AD}+\overline{BE}+\overline{CF})$
          $=2\times(5+4+6)$
          $=30\,(\text{cm})$

04 $\overline{OB}=\overline{OC}=\overline{OA}=6\,\text{cm}$이므로
(△OBC의 둘레의 길이)$=6+6+\overline{BC}=20\,(\text{cm})$에서
$\overline{BC}=20-(6+6)=8\,(\text{cm})$

05 직각삼각형의 외심은 빗변의 중점이므로 △ABC의 외접원
의 반지름의 길이는
$\dfrac{1}{2}\overline{AC}=\dfrac{1}{2}\times15=\dfrac{15}{2}\,(\text{cm})$
따라서 △ABC의 외접원의 둘레의 길이는
$2\pi\times\dfrac{15}{2}=15\pi\,(\text{cm})$

06 점 O가 직각삼각형 ABC의 외심
이므로 $\overline{OA}=\overline{OB}=\overline{OC}$
이때 △AOC는 $\overline{OA}=\overline{OC}$인 이등
변삼각형이므로

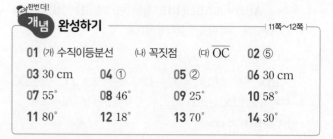

$\angle OAC=\angle C=60°$
∴ $\angle AOC=180°-2\times60°=60°$
즉, △AOC는 정삼각형이므로
$\overline{OA}=\overline{OC}=\overline{AC}=10\,\text{cm}$
따라서 △AOC의 둘레의 길이는
$\overline{OA}+\overline{OC}+\overline{AC}=10+10+10=30\,(\text{cm})$

07 $\angle x + \angle y + 35° = 90°$이므로
$\angle x + \angle y = 55°$

08 $44° + 20° + \angle OCA = 90°$이므로 $\angle OCA = 26°$
$\triangle OBC$는 $\overline{OB} = \overline{OC}$인 이등변삼각형이므로
$\angle OCB = \angle OBC = 20°$
$\therefore \angle ACB = \angle OCA + \angle OCB$
$\qquad = 26° + 20° = 46°$

09 $\angle AOC = 2\angle B = 2 \times 65° = 130°$
$\triangle OAC$는 $\overline{OA} = \overline{OC}$인 이등변삼각형이므로
$\angle x = \dfrac{1}{2} \times (180° - 130°) = 25°$

10 $\triangle OBC$는 $\overline{OB} = \overline{OC}$인 이등변삼각형이므로
$\angle BOC = 180° - 2 \times 32° = 116°$
$\therefore \angle A = \dfrac{1}{2}\angle BOC = \dfrac{1}{2} \times 116° = 58°$

11 $\angle A = 180° \times \dfrac{2}{2+3+4} = 180° \times \dfrac{2}{9} = 40°$
$\therefore \angle BOC = 2\angle A = 2 \times 40° = 80°$

12 $\angle AOB = 360° \times \dfrac{2}{2+1+2} = 360° \times \dfrac{2}{5} = 144°$
$\triangle OAB$는 $\overline{OA} = \overline{OB}$인 이등변삼각형이므로
$\angle x = \dfrac{1}{2} \times (180° - 144°) = 18°$

13 오른쪽 그림과 같이 $\overline{OB}$를 그으면
$\triangle OAB$는 $\overline{OA} = \overline{OB}$인 이등변삼각형
이므로
$\angle OBA = \angle OAB = 20°$
$\therefore \angle AOB = 180° - 2 \times 20° = 140°$
$\therefore \angle C = \dfrac{1}{2}\angle AOB = \dfrac{1}{2} \times 140° = 70°$

14 오른쪽 그림과 같이 $\overline{OA}$를 그으면
$\triangle OAB$는 $\overline{OA} = \overline{OB}$인 이등변삼각형
이므로
$\angle OAB = \angle OBA = \angle x$
$\triangle OCA$는 $\overline{OA} = \overline{OC}$인 이등변삼각형이므로
$\angle OAC = \angle OCA = 38°$
이때 $\angle BAC = \dfrac{1}{2}\angle BOC = \dfrac{1}{2} \times 136° = 68°$이므로
$\angle x + 38° = 68°$ $\qquad \therefore \angle x = 30°$

다른풀이
$\triangle OBC$는 $\overline{OB} = \overline{OC}$인 이등변삼각형이므로
$\angle OBC = \dfrac{1}{2} \times (180° - 136°) = 22°$
따라서 $\angle x + 22° + 38° = 90°$이므로
$\angle x = 30°$

한번 더 개념 확인문제 ─────────── 13쪽

01 (1) ○ (2) × (3) ○ (4) × (5) ○ (6) ○
(7) ×

02 (1) 6 cm (2) 25°

03 (1) 20° (2) 27° (3) 35° (4) 113° (5) 50°
(6) 116°

04 (1) 1 cm (2) 3 cm

---

03 (1) $45° + 25° + \angle x = 90°$이므로 $\angle x = 20°$

(2) $28° + 35° + \angle x = 90°$이므로 $\angle x = 27°$

(3) $\angle x + 30° + 25° = 90°$이므로 $\angle x = 35°$

(4) $\angle x = 90° + \dfrac{1}{2}\angle B = 90° + \dfrac{1}{2} \times 46° = 113°$

(5) $\angle BIC = 90° + \dfrac{1}{2}\angle A$이므로 $115° = 90° + \dfrac{1}{2}\angle x$
$\dfrac{1}{2}\angle x = 25°$ $\qquad \therefore \angle x = 50°$

(6) $\angle x = 90° + \dfrac{1}{2}\angle BAC$
$\qquad = 90° + \angle BAI$
$\qquad = 90° + 26° = 116°$

04 (1) $\triangle ABC$의 내접원의 반지름의 길이를 r cm라 하면
$\triangle ABC$의 넓이에서
$\dfrac{1}{2} \times r \times (3+4+5) = \dfrac{1}{2} \times 4 \times 3$이므로
$6r = 6$ $\qquad \therefore r = 1$
따라서 $\triangle ABC$의 내접원의 반지름의 길이는 1 cm이다.

(2) $\triangle ABC$의 내접원의 반지름의 길이를 r cm라 하면
$\triangle ABC$의 넓이에서
$\dfrac{1}{2} \times r \times (9+12+15) = \dfrac{1}{2} \times 9 \times 12$이므로
$18r = 54$ $\qquad \therefore r = 3$
따라서 $\triangle ABC$의 내접원의 반지름의 길이는 3 cm이다.

개념 **완성하기** ─────────── 14쪽 ~ 16쪽

01 ④ **02** 12 cm **03** 20° **04** 23°
05 (1) $\angle DBI$, $\angle DIB$ (2) $\angle ECI$, $\angle EIC$ (3) 10 cm
06 9 cm **07** ④ **08** ② **09** 30°
10 30° **11** 126° **12** (1) 15° (2) 45°
13 45 cm **14** 40 cm² **15** 9 cm **16** 4
17 $\angle x = 70°$, $\angle y = 140°$
18 (1) 46° (2) 34° (3) 12°

01 ④ 직각삼각형의 내심은 삼각형의 내부에 있다.

02 $\overline{ID}=\overline{IE}=\overline{IF}=$ (내접원의 반지름의 길이)$=4$ cm이므로

$\overline{ID}+\overline{IE}+\overline{IF}=4+4+4=12$ (cm)

03 $\angle IBC=\angle IBA=35°$, $\angle ICB=\angle ICA=\angle x$이므로

$\triangle IBC$에서

$125°+35°+\angle x=180°$ $\therefore \angle x=20°$

04 $\angle IAC=\dfrac{1}{2}\angle BAC=\dfrac{1}{2}\times 54°=27°$

$\triangle AIC$에서

$\angle ACI=180°-(27°+130°)=23°$

$\therefore \angle ICB=\angle ICA=23°$

05 (1) 점 I는 $\triangle ABC$의 내심이므로 $\angle IBC=\angle DBI$

$\overline{DE}/\!/\overline{BC}$이므로 $\angle IBC=\angle DIB$ (엇각)

$\therefore \angle IBC=\angle DBI=\angle DIB$

(2) 점 I는 $\triangle ABC$의 내심이므로 $\angle ICB=\angle ECI$

$\overline{DE}/\!/\overline{BC}$이므로 $\angle ICB=\angle EIC$ (엇각)

$\therefore \angle ICB=\angle ECI=\angle EIC$

(3) $\triangle DBI$는 $\overline{DB}=\overline{DI}$인 이등변삼각형이고, $\triangle EIC$는

$\overline{EI}=\overline{EC}$인 이등변삼각형이므로

$\overline{DE}=\overline{DI}+\overline{EI}=\overline{DB}+\overline{EC}=4+6=10$ (cm)

06 점 I는 $\triangle ABC$의 내심이므로

$\angle DBI=\angle IBC$, $\angle ECI=\angle ICB$

이때 $\overline{DE}/\!/\overline{BC}$이므로

$\angle DIB=\angle IBC$ (엇각), $\angle EIC=\angle ICB$ (엇각)

$\therefore \angle DBI=\angle DIB$, $\angle ECI=\angle EIC$

따라서 $\triangle DBI$는 $\overline{DB}=\overline{DI}$인 이등변삼각형이고, $\triangle EIC$는

$\overline{EI}=\overline{EC}$인 이등변삼각형이므로

$\overline{DB}=\overline{DI}=\overline{DE}-\overline{EI}=\overline{DE}-\overline{EC}=16-7=9$ (cm)

07 $\angle x+15°+40°=90°$이므로 $\angle x=35°$

$\angle y=\angle ABI=15°$

$\therefore \angle x-\angle y=35°-15°=20°$

08 $\angle IAB=\dfrac{1}{2}\angle BAC=\dfrac{1}{2}\times 66°=33°$이므로

$33°+30°+\angle x=90°$ $\therefore \angle x=27°$

09 $\angle BIC=90°+\dfrac{1}{2}\angle BAC$이므로

$120°=90°+\angle x$ $\therefore \angle x=30°$

10 $\angle AIB=90°+\dfrac{1}{2}\angle C$이므로

$122°=90°+\dfrac{1}{2}\angle x$, $\dfrac{1}{2}\angle x=32°$ $\therefore \angle x=64°$

$24°+\angle y+\dfrac{1}{2}\times 64°=90°$이므로 $\angle y=34°$

$\therefore \angle x-\angle y=64°-34°=30°$

11 $\angle B=180°\times\dfrac{4}{3+4+3}=180°\times\dfrac{2}{5}=72°$

$\therefore \angle AIC=90°+\dfrac{1}{2}\angle B$

$=90°+\dfrac{1}{2}\times 72°=126°$

12 (1) $\angle AIC=360°\times\dfrac{7}{9+8+7}=360°\times\dfrac{7}{24}=105°$

$\angle AIC=90°+\dfrac{1}{2}\angle ABC$이므로

$105°=90°+\angle x$ $\therefore \angle x=15°$

(2) $\angle AIB=360°\times\dfrac{9}{9+8+7}=360°\times\dfrac{3}{8}=135°$

$\angle AIB=90°+\dfrac{1}{2}\angle ACB$이므로

$135°=90°+\angle y$ $\therefore \angle y=45°$

13 $\triangle ABC$의 넓이에서

$\dfrac{1}{2}\times 4\times(\triangle ABC$의 둘레의 길이$)=90$

$\therefore (\triangle ABC$의 둘레의 길이$)=45$ (cm)

14 $\triangle ABC$의 내접원의 반지름의 길이를 r cm라 하면

$\triangle ABC$의 넓이에서

$\dfrac{1}{2}\times r\times(20+16+12)=\dfrac{1}{2}\times 16\times 12$이므로

$24r=96$ $\therefore r=4$

$\therefore \triangle IAB=\dfrac{1}{2}\times 20\times 4=40$ (cm^2)

15 $\overline{AD}=\overline{AF}=5$ cm이므로

$\overline{BD}=\overline{AB}-\overline{AD}=12-5=7$ (cm)

$\overline{BE}=\overline{BD}=7$ cm이므로

$\overline{CE}=\overline{BC}-\overline{BE}=16-7=9$ (cm)

$\therefore \overline{CF}=\overline{CE}=9$ cm

16 $\overline{AD}=\overline{AB}-\overline{BD}=8-5=3$ (cm)이므로

$\overline{AF}=\overline{AD}=3$ cm

$\overline{CF}=\overline{AC}-\overline{AF}=7-3=4$ (cm)이므로

$\overline{CE}=\overline{CF}=4$ cm $\therefore x=4$

17 점 I는 $\triangle ABC$의 내심이므로

$\angle BIC=90°+\dfrac{1}{2}\angle A$에서

$125°=90°+\dfrac{1}{2}\angle x$, $\dfrac{1}{2}\angle x=35°$ $\therefore \angle x=70°$

따라서 점 O는 $\triangle ABC$의 외심이므로

$\angle y=2\angle x=2\times 70°=140°$

18 (1) 점 O는 $\triangle ABC$의 외심이므로

$\angle BOC=2\angle A=2\times 44°=88°$

$\triangle OBC$는 $\overline{OB}=\overline{OC}$인 이등변삼각형이므로

$\angle OBC=\dfrac{1}{2}\times(180°-88°)=46°$

(2) $\triangle ABC$는 $\overline{AB}=\overline{AC}$인 이등변삼각형이므로

$\angle ABC=\dfrac{1}{2}\times(180°-44°)=68°$

따라서 점 I는 $\triangle ABC$의 내심이므로

$\angle IBC=\dfrac{1}{2}\angle ABC=\dfrac{1}{2}\times68°=34°$

(3) $\angle OBI=\angle OBC-\angle IBC=46°-34°=12°$

실력 확인하기 ──────── 17쪽

| 01 36π cm^2 | 02 122° | 03 10° | 04 23 cm |
| 05 128° | 06 145° | 07 24 cm^2 |

01 ($\triangle AOC$의 둘레의 길이)$=\overline{OA}+\overline{OC}+7=19$(cm)

이때 $\overline{OA}=\overline{OC}$이므로

$2\overline{OA}+7=19$ $\therefore \overline{OA}=6$(cm)

따라서 $\triangle ABC$의 외접원의 반지름의 길이가 6 cm이므로

외접원의 넓이는 $\pi\times6^2=36\pi$(cm^2)

02 $\triangle OAB$는 $\overline{OA}=\overline{OB}$인 이등변삼각형이므로

$\angle OAB=\dfrac{1}{2}\times(180°-80°)=50°$

$\triangle OCA$는 $\overline{OA}=\overline{OC}$인 이등변삼각형이므로

$\angle OAC=\dfrac{1}{2}\times(180°-36°)=72°$

$\therefore \angle BAC=\angle OAB+\angle OAC=50°+72°=122°$

03 $2\angle x+3\angle x+4\angle x=90°$이므로

$9\angle x=90°$ $\therefore \angle x=10°$

이때 $\triangle OAB$는 $\overline{OA}=\overline{OB}$인 이등변삼각형이므로

$\angle y=2\angle x=2\times10°=20°$

$\therefore \angle y-\angle x=20°-10°=10°$

04 점 I는 $\triangle ABC$의 내심이므로

$\angle IAD=\angle IAC, \angle ICE=\angle ICA$

이때 $\overline{DE}/\!\!/\overline{AC}$이므로

$\angle DIA=\angle IAC$(엇각),

$\angle EIC=\angle ICA$(엇각)

$\therefore \angle IAD=\angle DIA, \angle ICE=\angle EIC$

즉, $\triangle ADI$는 $\overline{DI}=\overline{DA}$인 이등변삼각형이고, $\triangle IEC$는 $\overline{EI}=\overline{EC}$인 이등변삼각형이다.

따라서 $\triangle DBE$의 둘레의 길이는

$\overline{BD}+\overline{DE}+\overline{EB}=\overline{BD}+(\overline{DI}+\overline{IE})+\overline{EB}$
$=\overline{BD}+\overline{DA}+\overline{EC}+\overline{EB}$
$=\overline{AB}+\overline{BC}=13+10=23$(cm)

05 $\triangle ABC$는 $\overline{AB}=\overline{AC}$인 이등변삼각형이므로

$\angle C=\dfrac{1}{2}\times(180°-28°)=76°$

$\therefore \angle x=90°+\dfrac{1}{2}\angle C=90°+\dfrac{1}{2}\times76°=128°$

06 점 I는 $\triangle ABC$의 내심이므로

$\angle BIC=90°+\dfrac{1}{2}\angle A=90°+\dfrac{1}{2}\times40°=110°$

점 I$'$은 $\triangle IBC$의 내심이므로

$\angle BI'C=90°+\dfrac{1}{2}\angle BIC=90°+\dfrac{1}{2}\times110°=145°$

07 사각형 IECF는 정사각형이므로

$\overline{EC}=\overline{FC}=\overline{IE}=2$ cm

이때 $\overline{AD}=\overline{AF}=\overline{AC}-\overline{FC}=6-2=4$(cm),

$\overline{BE}=\overline{BD}=\overline{AB}-\overline{AD}=10-4=6$(cm)이므로

$\overline{BC}=\overline{BE}+\overline{EC}=6+2=8$(cm)

$\therefore \triangle ABC=\dfrac{1}{2}\times8\times6=24$(cm^2)

실전! 중단원 마무리 ──────── 18쪽 ~ 19쪽

01 ②, ④	02 30 cm	03 116°	04 18 cm
05 40°	06 80°	07 ②, ④	08 7 cm
09 ②	10 11 cm		

서술형 문제 ─────

| 11 30° | 12 $(24-4\pi)$ cm^2 |

01 ② 삼각형의 외심에서 세 꼭짓점에 이르는 거리는 모두 같다.

④ 삼각형의 외심은 세 변의 수직이등분선의 교점이다.

따라서 점 O가 $\triangle ABC$의 외심인 것은 ②, ④이다.

02 $\overline{AD}=\overline{BD}=5$ cm, $\overline{BE}=\overline{CE}=6$ cm, $\overline{AF}=\overline{CF}=4$ cm

따라서 $\triangle ABC$의 둘레의 길이는

$\overline{AB}+\overline{BC}+\overline{CA}=2\times(5+6+4)=30$(cm)

03 $\triangle OBC$는 $\overline{OB}=\overline{OC}$인 이등변삼각형이므로

$\angle BOC=180°-2\times16°=148°$

$\therefore \angle AOB=360°-(148°+96°)=116°$

04 직각삼각형의 외심은 빗변의 중점이므로

$\overline{OA}=\overline{OB}=\overline{OC}=\dfrac{1}{2}\overline{AC}=\dfrac{1}{2}\times12=6$(cm)

이때 $\triangle ABC$에서 $\angle C=180°-(30°+90°)=60°$이고,

$\triangle OBC$는 $\overline{OB}=\overline{OC}$인 이등변삼각형이므로

$\angle BOC=180°-2\times60°=60°$

따라서 $\triangle OBC$는 정삼각형이므로 둘레의 길이는

$\overline{OB}+\overline{BC}+\overline{OC}=6+6+6=18$(cm)

05 $\angle x+20°+30°=90°$이므로 $\angle x=40°$

06 $\angle ABC=180°\times\dfrac{2}{3+2+4}=180°\times\dfrac{2}{9}=40°$

$\therefore \angle AOC=2\angle ABC=2\times40°=80°$

07 ② $\overline{IA}=\overline{IB}=\overline{IC}$는 점 I가 외심일 때 성립한다.

④ $\angle BIE=\angle CIE$는 점 I가 외심일 때 성립한다.

따라서 옳지 않은 것은 ②, ④이다.

08 오른쪽 그림과 같이 $\overline{BI}$, $\overline{CI}$를 그으면 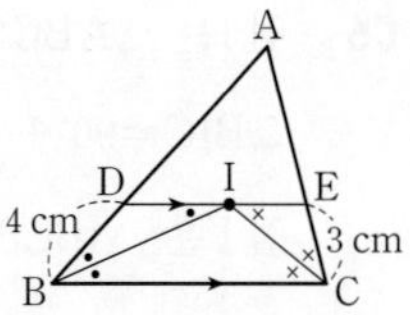
점 I는 △ABC의 내심이므로
$\angle DBI = \angle IBC$, $\angle ECI = \angle ICB$
이때 $\overline{DE}//\overline{BC}$이므로
$\angle DIB = \angle IBC$ (엇각),
$\angle EIC = \angle ICB$ (엇각)
$\therefore \angle DBI = \angle DIB$, $\angle ECI = \angle EIC$
즉, △DBI는 $\overline{DB} = \overline{DI}$인 이등변삼각형이고, △EIC는
$\overline{EI} = \overline{EC}$인 이등변삼각형이다.
$\therefore \overline{DE} = \overline{DI} + \overline{EI} = \overline{DB} + \overline{EC} = 4 + 3 = 7(cm)$

09 $25° + \angle ABI + 30° = 90°$이므로 $\angle ABI = 35°$
$\therefore \angle AIC = 90° + \dfrac{1}{2}\angle ABC = 90° + \angle ABI$
$\qquad\qquad\quad = 90° + 35° = 125°$

다른풀이
$\angle IAC = \angle IAB = 25°$, $\angle ICA = \angle ICB = 30°$이므로
△AIC에서 $\angle AIC = 180° - (25° + 30°) = 125°$

10 $\overline{CE} = \overline{CF} = 5$ cm이므로 $\overline{BE} = 9 - 5 = 4(cm)$
$\overline{BD} = \overline{BE} = 4$ cm이므로 $\overline{AD} = 10 - 4 = 6(cm)$
따라서 $\overline{AF} = \overline{AD} = 6$ cm이므로
$\overline{AC} = \overline{AF} + \overline{CF} = 6 + 5 = 11(cm)$

11 점 O는 △ABC의 외심이므로
$\angle BOC = 2\angle A = 2 \times 20° = 40°$
△OBC는 $\overline{OB} = \overline{OC}$인 이등변삼각형이므로
$\angle OBC = \dfrac{1}{2} \times (180° - 40°) = 70°$ ...... ❶
△ABC는 $\overline{AB} = \overline{AC}$인 이등변삼각형이므로
$\angle ABC = \dfrac{1}{2} \times (180° - 20°) = 80°$
점 I는 △ABC의 내심이므로
$\angle IBC = \dfrac{1}{2}\angle ABC = \dfrac{1}{2} \times 80° = 40°$ ...... ❷
$\therefore \angle OBI = \angle OBC - \angle IBC = 70° - 40° = 30°$ ...... ❸

채점 기준	배점
❶ $\angle OBC$의 크기 구하기	3점
❷ $\angle IBC$의 크기 구하기	3점
❸ $\angle OBI$의 크기 구하기	1점

12 △ABC의 내접원의 반지름의 길이를 r cm라 하면
△ABC의 넓이에서
$\dfrac{1}{2} \times r \times (10 + 8 + 6) = \dfrac{1}{2} \times 8 \times 6$이므로
$12r = 24$ $\therefore r = 2$ ...... ❶
$\therefore$ (색칠한 부분의 넓이)
$= △ABC - (△ABC의 내접원의 넓이)$
$= \dfrac{1}{2} \times 8 \times 6 - \pi \times 2^2 = 24 - 4\pi(cm^2)$ ...... ❷

채점 기준	배점
❶ △ABC의 내접원의 반지름의 길이 구하기	3점
❷ 색칠한 부분의 넓이 구하기	3점

1 | 평행사변형의 성질

01 평행사변형의 성질

한번 더 개념 확인문제 ─ 20쪽 ─

01 (1) ○ (2) ○ (3) × (4) ○ (5) × (6) ○
(7) ○

02 (1) $x = 4$, $y = 6$ (2) $x = 80$, $y = 100$
(3) $x = 5$, $y = 8$ (4) $x = 70$, $y = 14$
(5) $x = 55$, $y = 35$ (6) $x = 115$, $y = 35$

03 (1) $\overline{AD}$ (2) $\overline{BC}$ (3) $\angle ABC$ (4) $\overline{OC}$
(5) $\overline{DC}$, $\overline{DC}$

04 (1) × (2) ○ (3) ○ (4) ○ (5) ×

05 (1) 6 cm² (2) 3 cm²

02 (2) $\angle C = \angle A = 100°$이므로 $y = 100$
$\angle B = 180° - 100° = 80°$이므로 $x = 80$
(4) $\angle BCD = 180° - 70° = 110°$이므로
$\angle ACD = 110° - 40° = 70°$ $\therefore x = 70$
$\overline{AC} = 2\overline{OA} = 2 \times 7 = 14(cm)$이므로 $y = 14$
(5) $\angle DAC = \angle BCA = 55°$(엇각)이므로 $x = 55$
$\angle ADB = \angle CBD = 35°$(엇각)이므로 $y = 35$
(6) $\angle A = \angle C = 115°$이므로 $x = 115$
△BCD에서 $\angle CBD = 180° - (115° + 30°) = 35°$이므로
$\angle ADB = \angle CBD = 35°$(엇각) $\therefore y = 35$

04 (2) 두 쌍의 대변의 길이가 각각 같으므로 평행사변형이 된다.
(3) 두 대각선이 서로 다른 것을 이등분하므로 평행사변형이 된다.
(4) 두 쌍의 대각의 크기가 각각 같으므로 평행사변형이 된다.

05 (1) $△ABC = \dfrac{1}{2}\square ABCD = \dfrac{1}{2} \times 12 = 6(cm^2)$
(2) $△OCD = \dfrac{1}{4}\square ABCD = \dfrac{1}{4} \times 12 = 3(cm^2)$

개념 완성하기 ─ 21쪽 ~ 22쪽 ─

01 7 cm	**02** 50 cm	**03** 126°	**04** 144°
05 30°	**06** 55°	**07** 22 cm	**08** 40 cm
09 ④	**10** ③	**11** ④	**12** 46 cm
13 25 cm²	**14** 56 cm²	**15** 17 cm²	**16** 42 cm²

01 $\overline{BC} = \overline{AD} = 12$ cm이므로 $\overline{BE} = \overline{BC} - \overline{EC} = 12 - 5 = 7(cm)$
$\angle BEA = \angle DAE$ (엇각)이고, $\angle BAE = \angle DAE$이므로
$\angle BAE = \angle BEA$
즉, △ABE는 이등변삼각형이므로 $\overline{BA} = \overline{BE} = 7$ cm
$\therefore \overline{CD} = \overline{BA} = 7$ cm

02 ∠CEB=∠ABE (엇각)이고, ∠ABE=∠CBE이므로
∠CBE=∠CEB
즉, △BCE는 이등변삼각형이므로
$\overline{CB}=\overline{CE}=10+5=15$(cm)
따라서 □ABCD의 둘레의 길이는
$2\times(15+10)=50$(cm)

03 ∠A+∠B=180°이고, ∠A : ∠B=7 : 3이므로
$\angle A=180°\times\dfrac{7}{7+3}=180°\times\dfrac{7}{10}=126°$
∴ ∠C=∠A=126°

04 ∠C+∠D=180°이고, ∠C=4∠D이므로
$4\angle D+\angle D=180°$, $5\angle D=180°$ ∴ ∠D=36°
이때 ∠A+∠D=180°이므로 ∠A=180°−36°=144°

05 ∠ADC=∠B=60°이므로
$\angle ADE=\dfrac{1}{2}\angle ADC=\dfrac{1}{2}\times60°=30°$
∴ ∠DEC=∠ADE=30° (엇각)

06 ∠C+∠ADC=180°이므로
∠ADC=180°−110°=70°
∴ $\angle ADE=\dfrac{1}{2}\angle ADC=\dfrac{1}{2}\times70°=35°$
따라서 △AED에서
∠EAD=180°−(90°+35°)=55°

07 △AOD의 둘레의 길이는
$\overline{OA}+\overline{OD}+\overline{AD}=\overline{OA}+\overline{OD}+10=24$(cm)이므로
$\overline{OA}+\overline{OD}=24-10=14$(cm)
따라서 △OCD의 둘레의 길이는
$\overline{OC}+\overline{OD}+\overline{CD}=\overline{OA}+\overline{OD}+\overline{AB}=14+8=22$(cm)

08 $(\overline{OA}+\overline{OC})+(\overline{OB}+\overline{OD})=44$(cm)이므로
$2\overline{OA}+24=44$ ∴ $\overline{OA}=10$(cm)
따라서 △AOD의 둘레의 길이는
$\overline{OA}+\overline{OD}+\overline{AD}=\overline{OA}+\overline{OB}+\overline{BC}$
$=10+12+18$
$=40$(cm)

09 ④ 오른쪽 그림과 같이 한 쌍의 대변이 평행하고, 다른 한 쌍의 대변의 길이가 같을 때, 평행사변형이 아닌 경우도 있다.

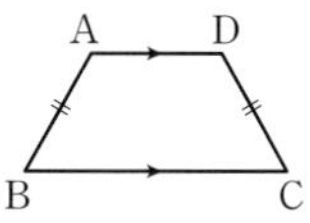

10 ③ 두 쌍의 대각의 크기가 각각 같으므로 평행사변형이다.

11 ① $\overline{AD}\,/\!/\,\overline{BC}$이므로 $\overline{MD}\,/\!/\,\overline{BN}$
② $\overline{MD}=\dfrac{1}{2}\overline{AD}=\dfrac{1}{2}\overline{BC}=\overline{BN}$
③ △ABM과 △CDN에서
∠A=∠C, $\overline{AB}=\overline{CD}$, $\overline{AM}=\overline{CN}$
이므로 △ABM≡△CDN (SAS 합동)

⑤ 한 쌍의 대변이 평행하고, 그 길이가 같으므로 □MBND는 평행사변형이다.
따라서 옳지 않은 것은 ④이다.

12 평행사변형 ABCD에서
$\overline{OA}=\overline{OC}$, $\overline{OE}=\overline{OB}-\overline{BE}=\overline{OD}-\overline{DF}=\overline{OF}$
즉, 두 대각선이 서로 다른 것을 이등분하므로 □AECF는 평행사변형이다.
따라서 □AECF의 둘레의 길이는
$2\times(10+13)=46$(cm)

13 △OAE와 △OCF에서
$\overline{OA}=\overline{OC}$, ∠EAO=∠FCO (엇각),
∠AOE=∠COF (맞꼭지각)
이므로 △OAE≡△OCF (ASA 합동)
∴ (색칠한 부분의 넓이)=△ODE+△OCF
$=$△ODE+△OAE
$=$△AOD
$=\dfrac{1}{4}$□ABCD
$=\dfrac{1}{4}\times100=25$(cm²)

14 △OAE와 △OCF에서
$\overline{OA}=\overline{OC}$, ∠EAO=∠FCO (엇각),
∠AOE=∠COF (맞꼭지각)
이므로 △OAE≡△OCF (ASA 합동)
△OCD=△OCF+△ODF=△OAE+△ODF
$=5+9=14$(cm²)
∴ □ABCD=4△OCD=4×14=56(cm²)

15 △PDA+△PBC=△PAB+△PCD이므로
$16+10=9+$△PCD
∴ △PCD=17(cm²)

16 △PAB의 넓이가 6 cm²이고,
△PAB : △PCD=2 : 5이므로
$\triangle PCD=\dfrac{5}{2}\triangle PAB=\dfrac{5}{2}\times6=15$(cm²)
이때 $\triangle PAB+\triangle PCD=\dfrac{1}{2}$□ABCD이므로
□ABCD=2×(△PAB+△PCD)
$=2\times(6+15)$
$=42$(cm²)

한번더! **실력** 확인하기 ————23쪽

01 ③   **02** 56 cm   **03** 3 cm   **04** 34°
05 ①, ③   **06** 20 cm²

01 $\angle CAD = \angle ACB = 35°$ (엇각)이고,
$\angle BAD + \angle ADC = 180°$이므로
$(\angle x + 35°) + (25° + \angle y) = 180°$
$\therefore \angle x + \angle y = 180° - (35° + 25°) = 120°$

02 $\angle BEA = \angle DAE$ (엇각)이고, $\angle BAE = \angle DAE$이므로
$\angle BAE = \angle BEA$
즉, $\triangle BEA$는 이등변삼각형이므로 $\overline{BA} = \overline{BE} = 11$ cm
또, $\angle DFA = \angle BAF$ (엇각)이고, $\angle DAF = \angle BAF$이므로
$\angle DAF = \angle DFA$
즉, $\triangle DAF$는 이등변삼각형이므로
$\overline{DA} = \overline{DF} = \overline{DC} + \overline{CF}$
$\quad\quad = \overline{AB} + \overline{CF} = 11 + 6 = 17\text{(cm)}$
따라서 $\square ABCD$의 둘레의 길이는
$2 \times (11 + 17) = 56\text{(cm)}$

03 $\angle BEA = \angle DAE$ (엇각)이고, $\angle BAE = \angle DAE$이므로
$\angle BAE = \angle BEA$
즉, $\triangle BEA$는 이등변삼각형이므로 $\overline{BE} = \overline{BA} = 7$ cm
또, $\angle CFD = \angle ADF$ (엇각)이고, $\angle CDF = \angle ADF$이므로
$\angle CDF = \angle CFD$
즉, $\triangle CDF$는 이등변삼각형이므로 $\overline{CF} = \overline{CD} = 7$ cm
이때 $\overline{BC} = \overline{AD} = 11$ cm이므로
$\overline{FE} = \overline{BE} + \overline{CF} - \overline{BC}$
$\quad\quad = 7 + 7 - 11 = 3\text{(cm)}$

04 $\angle BAC = \angle DCA = 32°$ (엇각)
$\angle DAB + \angle B = 180°$이므로
$\angle DAB = 180° - 80° = 100°$
$\therefore \angle DAC = 100° - 32° = 68°$
이때 $\angle AEC = \angle DAE$ (엇각)이므로
$\angle AEC = \angle DAE = \dfrac{1}{2}\angle DAC = \dfrac{1}{2} \times 68° = 34°$

05 ① 두 쌍의 대각의 크기가 각각 같으므로 평행사변형이다.
③ 엇각의 크기가 같으므로 한 쌍의 대변이 평행하다.
 이때 그 평행한 대변의 길이가 같으므로 평행사변형이다.

06 $\overline{AM} /\!\!/ \overline{BN}$, $\overline{AM} = \overline{BN}$이므로 $\square ABNM$은 평행사변형이다.
$\therefore \triangle PNM = \dfrac{1}{4}\square ABNM = \dfrac{1}{4} \times \dfrac{1}{2}\square ABCD$
$\quad\quad = \dfrac{1}{8} \times 80 = 10\text{(cm}^2)$
또, $\overline{MD} /\!\!/ \overline{NC}$, $\overline{MD} = \overline{NC}$이므로 $\square MNCD$도 평행사변형이다.
$\therefore \triangle MNQ = \dfrac{1}{4}\square MNCD = \dfrac{1}{4} \times \dfrac{1}{2}\square ABCD$
$\quad\quad = \dfrac{1}{8} \times 80 = 10\text{(cm}^2)$
$\therefore \square MPNQ = \triangle PNM + \triangle MNQ$
$\quad\quad\quad = 10 + 10 = 20\text{(cm}^2)$

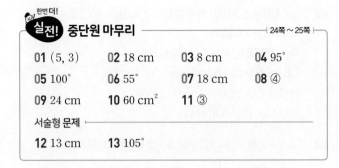

24쪽 ~ 25쪽

01 (5, 3)　　**02** 18 cm　　**03** 8 cm　　**04** 95°
05 100°　　**06** 55°　　**07** 18 cm　　**08** ④
09 24 cm　　**10** 60 cm²　　**11** ③
서술형 문제
12 13 cm　　**13** 105°

01 $\overline{BC}$의 길이는 $3 - (-1) = 4$이고, $\overline{AD} = \overline{BC}$이므로
점 D의 x좌표는 $1 + 4 = 5$
따라서 점 D의 좌표는 $(5, 3)$이다.

02 $\overline{AB} = \overline{DC}$, $\overline{AD} = \overline{BC}$이므로
$2(\overline{AB} + \overline{AD}) = 60$　$\therefore \overline{AB} + \overline{AD} = 30\text{(cm)}$
이때 $\overline{AB} : \overline{AD} = 2 : 3$이므로 $\overline{AD} = 30 \times \dfrac{3}{2+3} = 18\text{(cm)}$
$\therefore \overline{BC} = \overline{AD} = 18$ cm

03 $\triangle ABE$와 $\triangle FCE$에서
$\overline{BE} = \overline{CE}$, $\angle AEB = \angle FEC$ (맞꼭지각),
$\angle ABE = \angle FCE$ (엇각)
이므로 $\triangle ABE \equiv \triangle FCE$ (ASA 합동)
$\therefore \overline{FC} = \overline{AB} = 4$ cm
이때 $\overline{DC} = \overline{AB} = 4$ cm이므로
$\overline{DF} = \overline{DC} + \overline{CF} = 4 + 4 = 8\text{(cm)}$

04 $\angle BAD = \angle C = 120°$이므로
$\angle BAE = 120° - 25° = 95°$
$\therefore \angle AED = \angle BAE = 95°$ (엇각)

05 $\angle A + \angle B = 180°$이므로
$\angle A = 180° \times \dfrac{5}{5+4} = 180° \times \dfrac{5}{9} = 100°$
$\therefore \angle C = \angle A = 100°$

06 $\angle BAD = \angle BCD = 110°$이므로
$\angle BAF = \dfrac{1}{2}\angle BAD = \dfrac{1}{2} \times 110° = 55°$
$\therefore \angle FEC = \angle BAF = 55°$ (엇각)

07 $\overline{OC} = \dfrac{1}{2}\overline{AC} = \dfrac{1}{2} \times 10 = 5\text{(cm)}$
$\overline{OD} = \dfrac{1}{2}\overline{BD} = \dfrac{1}{2} \times 12 = 6\text{(cm)}$
따라서 $\triangle OCD$의 둘레의 길이는
$\overline{OC} + \overline{CD} + \overline{OD} = 5 + 7 + 6 = 18\text{(cm)}$

08 ④ 두 쌍의 대변의 길이가 각각 같으므로 평행사변형이다.

09 $\overline{AD} /\!\!/ \overline{BC}$이므로 $\overline{AF} /\!\!/ \overline{EC}$
$\angle BEA = \angle DAE$ (엇각)이고, $\angle BAE = \angle DAE$이므로
$\angle BAE = \angle BEA$
이때 $\angle B = 60°$이므로 $\triangle ABE$는 정삼각형이다.
즉, $\overline{BE} = \overline{AE} = \overline{BA} = 8$ cm이고,

$\overline{BC}=\overline{AD}=12$ cm이므로
$\overline{EC}=\overline{BC}-\overline{BE}=12-8=4$(cm)
같은 방법으로 △DFC는 정삼각형이고, $\overline{DC}=\overline{AB}=8$ cm
이므로 $\overline{DF}=\overline{FC}=\overline{DC}=8$ cm
∴ $\overline{AF}=\overline{AD}-\overline{DF}=12-8=4$(cm)
즉, $\overline{AF}/\!/\overline{EC}$이고, $\overline{AF}=\overline{EC}$이므로 □AECF는 평행사변
형이다.
따라서 □AECF의 둘레의 길이는
$2\times(\overline{AF}+\overline{AE})=2\times(4+8)=24$(cm)

10 △AOE와 △COF에서
$\overline{AO}=\overline{CO}$, ∠AOE=∠COF (맞꼭지각),
∠EAO=∠FCO (엇각)
이므로 △AOE≡△COF (ASA 합동)
∴ △AOD=△AOE+△EOD
$\qquad$ =△COF+△EOD
$\qquad$ =15(cm^2)
∴ □ABCD=4△AOD=4×15=60(cm^2)

11 $\triangle PAB+\triangle PCD=\dfrac{1}{2}\square ABCD$
$\qquad\qquad\qquad\qquad =\dfrac{1}{2}\times 20=10$(cm^2)

12 ∠BEA=∠DAE (엇각)이고, ∠BAE=∠DAE이므로
∠BAE=∠BEA
즉, △BEA는 이등변삼각형이므로
$\overline{BE}=\overline{BA}=7$ cm
이때 $\overline{BC}=\overline{AD}=10$ cm이므로
$\overline{CE}=\overline{BC}-\overline{BE}=10-7=3$(cm) $\quad$ …… ❶
또, ∠DFA=∠BAF (엇각)이고, ∠DAF=∠BAF이므로
∠DAF=∠DFA
즉, △DAF는 이등변삼각형이므로
$\overline{DF}=\overline{DA}=10$ cm $\quad$ …… ❷
∴ $\overline{CE}+\overline{DF}=3+10=13$(cm) $\quad$ …… ❸

채점 기준	배점
❶ $\overline{CE}$의 길이 구하기	3점
❷ $\overline{DF}$의 길이 구하기	3점
❸ $\overline{CE}+\overline{DF}$의 길이 구하기	1점

13 $\overline{EO}=\overline{BO}-\overline{BE}=\overline{DO}-\overline{DF}=\overline{FO}$
즉, $\overline{AO}=\overline{CO}$, $\overline{EO}=\overline{FO}$에서 두 대각선이 서로 다른 것을
이등분하므로 □AECF는 평행사변형이다. $\quad$ …… ❶
△AEC에서
∠AEC=180°-(40°+35°)=105° $\quad$ …… ❷
따라서 평행사변형 AECF에서
∠AFC=∠AEC=105° $\quad$ …… ❸

채점 기준	배점
❶ □AECF가 평행사변형임을 알기	2점
❷ ∠AEC의 크기 구하기	1점
❸ ∠AFC의 크기 구하기	2점

2 | 여러 가지 사각형

01 여러 가지 사각형

한번 더 개념 확인문제 ──┤ 26쪽 ├─

01 (1) $x=55$, $y=35$ $\qquad$ (2) $x=4$, $y=8$
02 (1) 90 $\quad$ (2) $\overline{BD}$ $\quad$ (3) $\overline{OB}$
03 (1) $x=5$, $y=65$ $\qquad$ (2) $x=7$, $y=62$
04 (1) 9 $\quad$ (2) 12 $\quad$ (3) 90
05 (1) $x=90$, $y=5$ $\qquad$ (2) $x=45$, $y=6$
06 (1) 6 $\quad$ (2) 90 $\qquad$ **07** (1) 10 $\quad$ (2) 90
08 (1) $x=56$, $y=124$ $\qquad$ (2) $x=7$, $y=11$

01 (1) △OAB는 $\overline{OA}=\overline{OB}$인 이등변삼각형이므로
$\qquad$ ∠OBA=∠OAB=55° $\qquad$ ∴ $x=55$
$\qquad$ △ABC는 직각삼각형이므로
$\qquad$ ∠ACB=180°-(55°+90°)=35° $\qquad$ ∴ $y=35$

03 (1) $\overline{AD}=\overline{AB}=5$ cm이므로 $x=5$
$\qquad$ ∠ODA=∠OBC=25° (엇각)이고, △AOD는 직각삼각
$\qquad$ 형이므로
$\qquad$ ∠OAD=180°-(90°+25°)=65° $\qquad$ ∴ $y=65$

05 (2) △ABC는 직각이등변삼각형이므로
$\qquad$ ∠BAC=$\dfrac{1}{2}\times(180°-90°)=45°$ $\qquad$ ∴ $x=45$
$\qquad$ $\overline{BO}=\dfrac{1}{2}\overline{BD}=\dfrac{1}{2}\overline{AC}=\dfrac{1}{2}\times 12=6$(cm)이므로 $y=6$

08 (1) ∠C=∠B=56°이므로 $x=56$
$\qquad$ ∠A+∠B=180°이므로 ∠A=180°-56°=124°
$\qquad$ ∴ $y=124$
$\qquad$ (2) $\overline{DC}=\overline{AB}=7$ cm이므로 $x=7$
$\qquad$ $\overline{AC}=\overline{DB}=11$ cm이므로 $y=11$

개념 완성하기

┤ 27쪽~28쪽 ├─

01 18 cm $\qquad$ **02** 50° $\qquad$ **03** ③ $\qquad$ **04** 직사각형
05 10 $\qquad$ **06** 240 cm^2 $\qquad$ **07** ①, ⑤ $\qquad$ **08** 마름모
09 50 cm^2 $\qquad$ **10** 90° $\qquad$ **11** ㄱ, ㄴ $\qquad$ **12** ㄷ, ㄹ
13 3 cm $\qquad$ **14** ③ $\qquad$ **15** 120°

01 $\overline{OA}=\overline{OB}=\overline{OC}=\overline{OD}=\dfrac{1}{2}\overline{AC}=\dfrac{1}{2}\times 10=5$(cm)
$\qquad$ 또, $\overline{BC}=\overline{AD}=8$ cm이므로 △OBC의 둘레의 길이는
$\qquad$ $\overline{OB}+\overline{OC}+\overline{BC}=5+5+8=18$(cm)

02 △OBC는 $\overline{OB}=\overline{OC}$인 이등변삼각형이므로
$\qquad$ ∠OCB=∠OBC=50°
$\qquad$ ∠x=50°+50°=100°, ∠y=∠OCB=50° (엇각)

$$\therefore \angle x - \angle y = 100° - 50° = 50°$$

다른풀이

$\angle OCB = \angle OAD = \angle y$ (엇각)이므로

$\triangle OBC$에서 $\angle OBC + \angle OCB = \angle DOC$

$50° + \angle y = \angle x$ $\therefore \angle x - \angle y = 50°$

03 ①, ④ 두 대각선의 길이가 같은 평행사변형은 직사각형이다.

②, ⑤ 한 내각의 크기가 90°인 평행사변형은 직사각형이다.

③ 이웃하는 두 변의 길이가 같은 평행사변형은 마름모이다.

따라서 평행사변형 ABCD가 직사각형이 되지 않는 것은 ③이다.

04 오른쪽 그림과 같이 평행사변형 ABCD의 두 대각선의 교점을 O라 하면 $\angle OBC = \angle OCB$이므로 $\triangle OBC$는 이등변삼각형이다.

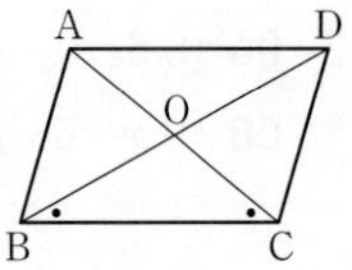

$\therefore \overline{OB} = \overline{OC}$

이때 $\square ABCD$는 평행사변형이므로

$\overline{BD} = 2\overline{OB} = 2\overline{OC} = \overline{AC}$

따라서 $\square ABCD$는 두 대각선의 길이가 같은 평행사변형이므로 직사각형이다.

05 $\overline{OD} = \dfrac{1}{2}\overline{BD}$이므로 $3x + 6 = \dfrac{1}{2} \times 24$에서 $3x = 6$ $\therefore x = 2$

$\overline{AB} = \overline{AD}$이므로 $13 = 2y - 3$에서 $2y = 16$ $\therefore y = 8$

$\therefore x + y = 2 + 8 = 10$

06 $\overline{AC} = 2\overline{AO} = 2 \times 8 = 16(cm)$

$\overline{BD} = 2\overline{BO} = 2 \times 15 = 30(cm)$

$\therefore \square ABCD = \dfrac{1}{2} \times \overline{AC} \times \overline{BD} = \dfrac{1}{2} \times 16 \times 30 = 240(cm^2)$

다른풀이

$\square ABCD = 4\triangle ABO = 4 \times \left(\dfrac{1}{2} \times 15 \times 8\right) = 240(cm^2)$

07 ① 이웃하는 두 변의 길이가 같은 평행사변형은 마름모이다.

⑤ 두 대각선이 서로 수직인 평행사변형은 마름모이다.

08 $\angle ADB = \angle CBD$ (엇각)이고, $\angle ABD = \angle CBD$이므로

$\angle ABD = \angle ADB$

즉, $\triangle ABD$는 $\overline{AB} = \overline{AD}$인 이등변삼각형이다.

따라서 $\square ABCD$는 이웃하는 두 변의 길이가 같은 평행사변형이므로 마름모이다.

09 $\overline{BD} = \overline{AC} = 2\overline{OA} = 2 \times 5 = 10(cm)$이므로

$\square ABCD = 2\triangle ABD = 2 \times \left(\dfrac{1}{2} \times \overline{BD} \times \overline{OA}\right)$

$\qquad\qquad = 2 \times \left(\dfrac{1}{2} \times 10 \times 5\right) = 50(cm^2)$

10 $\triangle ABE$와 $\triangle BCF$에서

$\angle ABE = \angle BCF = 90°$, $\overline{AB} = \overline{BC}$, $\overline{BE} = \overline{CF}$

이므로 $\triangle ABE \equiv \triangle BCF$ (SAS 합동)

$\therefore \angle BAE = \angle CBF$

이때 $\angle CBF + \angle BEA = \angle BAE + \angle BEA = 90°$이므로

$\triangle BEG$에서 $\angle BGE = 180° - 90° = 90°$

$\therefore \angle AGF = \angle BGE = 90°$ (맞꼭지각)

---

11 ㄱ. 이웃하는 두 변의 길이가 같은 직사각형은 정사각형이다.

ㄴ. 두 대각선이 서로 수직인 직사각형은 정사각형이다.

12 ㄷ. 두 대각선의 길이가 같은 마름모는 정사각형이다.

ㄹ. 한 내각의 크기가 90°인 마름모는 정사각형이다.

13 오른쪽 그림과 같이 점 D에서 $\overline{BC}$에 내린 수선의 발을 F라 하면

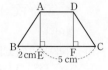

$\triangle ABE$와 $\triangle DCF$에서

$\angle AEB = \angle DFC = 90°$,

$\overline{AB} = \overline{DC}$, $\angle B = \angle C$

이므로 $\triangle ABE \equiv \triangle DCF$ (RHA 합동)

$\therefore \overline{CF} = \overline{BE} = 2 cm$

$\square AEFD$는 직사각형이므로

$\overline{AD} = \overline{EF} = \overline{EC} - \overline{CF} = 5 - 2 = 3(cm)$

14 오른쪽 그림과 같이 점 D를 지나고 $\overline{AB}$에 평행한 직선을 그어 $\overline{BC}$와 만나는 점을 E라 하면 $\square ABED$는 평행사변형이므로 $\overline{BE} = \overline{AD} = 7 cm$

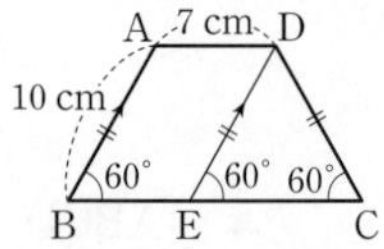

또, $\angle B = \angle C = 60°$이므로 $\angle DEC = \angle B = 60°$ (동위각)

즉, $\triangle DEC$는 정삼각형이므로 $\overline{EC} = \overline{DE} = \overline{AB} = 10 cm$

$\therefore \overline{BC} = \overline{BE} + \overline{EC} = 7 + 10 = 17(cm)$

15 오른쪽 그림과 같이 점 D를 지나고 $\overline{AB}$에 평행한 직선을 그어 $\overline{BC}$와 만나는 점을 E라 하면 $\square ABED$는 평행사변형이고, $\overline{AB} = \overline{AD}$이므로 $\square ABED$는 마름모이다.

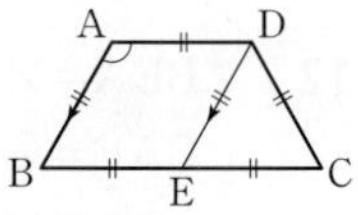

$\therefore \overline{AB} = \overline{BE} = \overline{DE} = \overline{AD}$

$\overline{BC} = 2\overline{AD}$이므로 $\overline{EC} = \overline{BE} = \overline{AB}$

즉, $\triangle DEC$는 정삼각형이므로 $\angle DEC = 60°$

$\therefore \angle A = \angle DEB = 180° - \angle DEC = 180° - 60° = 120°$

02 여러 가지 사각형 사이의 관계

한번 더 개념 확인문제 ─── 29쪽

01 (1) 마름모　(2) 직사각형　(3) 직사각형
　(4) 마름모　(5) 정사각형　(6) 정사각형

02 (1) ㄷ　(2) ㄱ, ㄷ　(3) ㄴ, ㄷ　(4) ㄱ, ㄴ, ㄷ　(5) ㄱ

03 (1) 평행사변형　(2) 평행사변형　(3) 마름모
　(4) 평행사변형　(5) 마름모　(6) 직사각형
　(7) 정사각형

04 20 cm²

05 (1) △ACD　(2) △DBC　(3) △DOC

06 24 cm²　**07** 28 cm²

---

04 $\triangle DBC = \triangle ABC = 20 cm^2$

05 (3) $\triangle ABO = \triangle ABC - \triangle OBC = \triangle DBC - \triangle OBC = \triangle DOC$

06 $\triangle ABE = \triangle ABC + \triangle ACE = \triangle ABC + \triangle ACD$
$\qquad = \square ABCD = 24 (cm^2)$

07 $\overline{BD} : \overline{DC} = 2 : 1$이므로 $\triangle ABD : \triangle ADC = 2 : 1$
$\qquad \therefore \triangle ABD = \dfrac{2}{2+1} \times \triangle ABC = \dfrac{2}{3} \times 42 = 28 (cm^2)$

개념 완성하기 ├─30쪽 ~ 31쪽─┤

01 ①, ⑤ **02** ④, ⑤ **03** 9 **04** ①, ③
05 ②, ④ **06** 20 cm **07** ⑤ **08** 19 cm²
09 ③ **10** 21 cm² **11** 27 cm² **12** 13 cm²
13 12 cm² **14** ④

01 ②, ⑤ $\overline{AC} = \overline{BD}$ 또는 $\angle A = 90°$
③, ④ $\overline{AB} = \overline{BC}$ 또는 $\overline{AC} \perp \overline{BD}$
따라서 옳은 것은 ①, ⑤이다.

02 ④ 마름모는 아랫변의 양 끝 각의 크기가 같지 않으므로 등변
사다리꼴이 아니다.
⑤ 등변사다리꼴은 한 쌍의 대변만 평행하므로 평행사변형
이 아니다.

03 두 대각선이 서로 다른 것을 이등분하는 사각형은
ㄱ, ㄴ, ㄷ, ㅂ의 4개이므로 $a = 4$
두 대각선이 서로 수직인 사각형은 ㄷ, ㅂ의 2개이므로 $b = 2$
두 대각선의 길이가 같은 사각형은 ㄴ, ㅁ, ㅂ의 3개이므로
$c = 3$
$\therefore a + b + c = 4 + 2 + 3 = 9$

04 두 대각선의 길이가 같은 사각형은 직사각형, 정사각형, 등
변사다리꼴이므로 보기 중 두 대각선의 길이가 같지 않은 것
은 ①, ③이다.

05 각 변의 중점을 연결하여 만든 사각형을 짝 지으면
① 평행사변형 – 평행사변형 ② 직사각형 – 마름모
③ 마름모 – 직사각형 ④ 등변사다리꼴 – 마름모
⑤ 사다리꼴 – 평행사변형
따라서 각 변의 중점을 연결하여 만든 사각형이 마름모인 것
은 ②, ④이다.

06 $\square EFGH$는 마름모이므로 둘레의 길이는 $5 \times 4 = 20 (cm)$

07 $\square EFGH$는 직사각형이므로 직사각형의 성질로 옳지 않은
것은 ⑤이다.

08 $\overline{AC} /\!/ \overline{DE}$이므로 $\triangle ACD = \triangle ACE$
$\therefore \square ABCD = \triangle ABC + \triangle ACD = \triangle ABC + \triangle ACE$
$\qquad\qquad = 12 + 7 = 19 (cm^2)$

09 $\overline{AC} /\!/ \overline{DE}$이므로 $\triangle ACD = \triangle ACE$
$\therefore \square ABCD = \triangle ABC + \triangle ACD = \triangle ABC + \triangle ACE$
$\qquad\qquad = \triangle ABE = \dfrac{1}{2} \times (5+3) \times 6 = 24 (cm^2)$

10 $\overline{BD} : \overline{DC} = 1 : 1$이므로 $\triangle ABD : \triangle ADC = 1 : 1$
$\therefore \triangle ADC = \dfrac{1}{2} \triangle ABC = \dfrac{1}{2} \times 60 = 30 (cm^2)$
$\overline{AE} : \overline{EC} = 7 : 3$이므로 $\triangle ADE : \triangle EDC = 7 : 3$
$\therefore \triangle ADE = \dfrac{7}{7+3} \times \triangle ADC = \dfrac{7}{10} \times 30 = 21 (cm^2)$

11 $\overline{AQ} : \overline{QC} = 2 : 1$이므로 $\triangle APQ : \triangle QPC = 2 : 1$
$\therefore \triangle APQ = \dfrac{2}{2+1} \times \triangle APC = \dfrac{2}{3} \triangle APC$
$\therefore \triangle APC = \dfrac{3}{2} \triangle APQ = \dfrac{3}{2} \times 12 = 18 (cm^2)$
$\overline{BP} : \overline{PC} = 1 : 2$이므로 $\triangle ABP : \triangle APC = 1 : 2$
$\therefore \triangle APC = \dfrac{2}{1+2} \times \triangle ABC = \dfrac{2}{3} \triangle ABC$
$\therefore \triangle ABC = \dfrac{3}{2} \triangle APC = \dfrac{3}{2} \times 18 = 27 (cm^2)$

12 오른쪽 그림과 같이 $\overline{BD}$를 그으면
$\overline{AD} /\!/ \overline{BC}$이므로
$\triangle EBD = \triangle ECD = 11 \ cm^2$
또, $\triangle ABD = \triangle DBC = \triangle EBC$
$\qquad = 24 \ cm^2$
$\therefore \triangle ABE = \triangle ABD - \triangle EBD = 24 - 11 = 13 (cm^2)$

13 오른쪽 그림과 같이 $\overline{AC}$를 그으면
$\overline{DE} : \overline{EC} = 3 : 2$이므로
$\triangle AED : \triangle ACE = 3 : 2$
이때 $\triangle ABC = \triangle ACD$이므로
$\triangle AED = \dfrac{3}{3+2} \times \triangle ACD = \dfrac{3}{5} \times \dfrac{1}{2} \square ABCD$
$\qquad = \dfrac{3}{10} \times 40 = 12 (cm^2)$

14 $\overline{EF} /\!/ \overline{BD}$이므로 $\triangle EBD = \triangle FBD$
$\triangle ABD$에서 $\overline{AF} : \overline{FD} = 1 : 3$이므로
$\triangle ABF : \triangle FBD = 1 : 3$
이때 $\triangle ABD = \triangle DBC$이므로
$\triangle EBD = \triangle FBD = \dfrac{3}{1+3} \times \triangle ABD = \dfrac{3}{4} \times \dfrac{1}{2} \square ABCD$
$\qquad = \dfrac{3}{8} \times 48 = 18 (cm^2)$

실력 확인하기 ├─32쪽─┤

01 8 cm² **02** 90° **03** ⑤ **04** ①
05 20 cm² **06** 10 cm² **07** ②

01 $\overline{BO} = \overline{CO} = \dfrac{1}{2} \overline{BD} = \dfrac{1}{2} \times 8 = 4 (cm)$
이때 $\angle BOC = 90°$이므로 $\triangle OBC = \dfrac{1}{2} \times 4 \times 4 = 8 (cm^2)$

02 $\angle ADB = \angle DBC = 30°$ (엇각)
$\triangle ABD$는 이등변삼각형이므로 $\angle ABD = \angle ADB = 30°$

이때 $\angle C=\angle ABC=30°+30°=60°$이므로
$\triangle DBC$에서 $\angle BDC=180°-(30°+60°)=90°$

03 ⑤ 한 내각의 크기가 90°인 평행사변형은 직사각형이다.

04 $\square EFGH$는 마름모이므로 마름모의 성질로 옳지 않은 것은 ①이다.

05 $\overline{BE}:\overline{ED}=2:3$이므로 $\triangle BCE:\triangle ECD=2:3$
$\therefore \triangle ECD=\dfrac{3}{2+3}\times\triangle BCD=\dfrac{3}{5}\triangle BCD$
즉, $\triangle BCD=\dfrac{5}{3}\triangle ECD=\dfrac{5}{3}\times6=10(cm^2)$
$\therefore \triangle ABC=2\triangle BCD=2\times10=20(cm^2)$

06 $\triangle ACD=\dfrac{1}{2}\square ABCD=\dfrac{1}{2}\times60=30(cm^2)$이므로
$\triangle AED=\dfrac{1}{2}\triangle ACD=\dfrac{1}{2}\times30=15(cm^2)$
이때 $\overline{AF}:\overline{FE}=2:1$이므로 $\triangle AFD:\triangle DFE=2:1$
$\therefore \triangle AFD=\dfrac{2}{2+1}\times\triangle AED=\dfrac{2}{3}\times15=10(cm^2)$

07 $\overline{BO}:\overline{OD}=3:2$이므로 $\triangle OBC:\triangle DOC=3:2$
$\therefore \triangle DOC=\dfrac{2}{3+2}\times\triangle DBC=\dfrac{2}{5}\times30=12(cm^2)$
$\overline{AD}/\!/\overline{BC}$이므로 $\triangle ABC=\triangle DBC$
$\therefore \triangle ABO=\triangle ABC-\triangle OBC=\triangle DBC-\triangle OBC$
$=\triangle DOC=12(cm^2)$

한번 더!
실전! 중단원 마무리 ————— 33쪽~34쪽

01 $x=6$, $y=40$ **02** 60°   **03** 75°
04 ⑤   **05** ②, ⑤   **06** ②   **07** ①, ③
08 4 cm²   **09** 16 cm²   **10** 12 cm²

서술형 문제 ————

11 70°   **12** 18 cm²

---

01 $\overline{AC}=\overline{BD}=2\overline{OB}=2\times3=6(cm)$ $\therefore x=6$
$\triangle DBC$에서 $\angle DBC=180°-(50°+90°)=40°$
$\therefore y=40$

02 $\triangle ABE$에서 $\angle B=180°-(30°+90°)=60°$
$\therefore \angle D=\angle B=60°$

03 $\triangle PBC$가 정삼각형이므로 $\angle PBC=60°$
$\therefore \angle ABP=90°-60°=30°$
이때 $\overline{BA}=\overline{BC}=\overline{BP}$이므로 $\triangle ABP$는 이등변삼각형이다.
$\therefore \angle APB=\dfrac{1}{2}\times(180°-30°)=75°$

04 ① $\overline{BD}=\overline{AC}=12$ cm
② $\angle DCB=\angle ABC=70°$
③ $\overline{DC}=\overline{AB}=8$ cm

---

④ $\overline{AD}/\!/\overline{BC}$이고, $\angle ABC=\angle DCB$이므로
$\angle ADC=180°-\angle DCB=180°-70°=110°$
⑤ $\angle AOD=90°$인지는 알 수 없다.
따라서 옳지 않은 것은 ⑤이다.

05 ② 마름모는 한 내각이 직각인 경우에만 정사각형이 된다.
⑤ 등변사다리꼴은 네 내각의 크기가 모두 같지 않으므로 직사각형이 아니다.

06 두 대각선이 서로 다른 것을 수직이등분하는 사각형은 마름모, 정사각형이다.

07 $\square EFGH$는 마름모이므로 마름모의 성질로 옳은 것은 ①, ③이다.

08 $\triangle ACD=\square ABCD-(\triangle ABO+\triangle OBC)$
$=64-(12+36)=16(cm^2)$
이때 $\overline{AD}/\!/\overline{BC}$이므로 $\triangle ABD=\triangle ACD=16$ cm²
$\therefore \triangle AOD=\triangle ABD-\triangle ABO=16-12=4(cm^2)$

09 $\overline{AC}/\!/\overline{DE}$이므로 $\triangle ACE=\triangle ACD$
$\therefore \triangle ABE=\triangle ABC+\triangle ACE=\triangle ABC+\triangle ACD$
$=\triangle ABC+(\triangle AOC+\triangle AOD)$
$=8+(3+5)=16(cm^2)$

10 $\overline{BP}:\overline{PC}=1:2$이므로 $\triangle ABP:\triangle APC=1:2$
$\therefore \triangle APC=\dfrac{2}{1+2}\times\triangle ABC$
$=\dfrac{2}{3}\times\dfrac{1}{2}\square ABCD=\dfrac{1}{3}\times36=12(cm^2)$

11 $\triangle ABP$와 $\triangle CBP$에서
$\overline{AB}=\overline{CB}$, $\overline{PB}$는 공통, $\angle ABP=\angle CBP$
이므로 $\triangle ABP\equiv\triangle CBP$ (SAS 합동) ······ ❶
$\therefore \angle PCB=\angle PAB=25°$ ······ ❷
$\triangle PBC$에서 $\angle PBC=45°$이므로
$\angle DPC=45°+25°=70°$ ······ ❸

채점 기준	배점
❶ $\triangle ABP\equiv\triangle CBP$임을 알기	3점
❷ $\angle PCB$의 크기 구하기	1점
❸ $\angle DPC$의 크기 구하기	2점

12 오른쪽 그림과 같이 $\overline{AE}$를 그으면
$\overline{AC}/\!/\overline{DE}$이므로
$\triangle ACD=\triangle ACE$ ······ ❶
$\therefore \triangle ABE=\triangle ABC+\triangle ACE$
$=\triangle ABC+\triangle ACD$
$=\square ABCD=30(cm^2)$ ······ ❷
이때 $\overline{BC}:\overline{CE}=3:2$이므로 $\triangle ABC:\triangle ACE=3:2$
$\therefore \triangle ABC=\dfrac{3}{3+2}\times\triangle ABE=\dfrac{3}{5}\times30=18(cm^2)$ ······ ❸

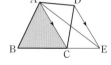

채점 기준	배점
❶ $\triangle ACD=\triangle ACE$임을 알기	1점
❷ $\triangle ABE$의 넓이 구하기	2점
❸ $\triangle ABC$의 넓이 구하기	2점

1 | 도형의 닮음

01 닮은 도형

한번 더 **개념 확인문제** ├─────────────35쪽 ~ 36쪽 ┤

01 (1) 점 H   (2) ∠C   (3) $\overline{EF}$

02 (1) ○   (2) ×   (3) ○   (4) ×   (5) ×

03 (1) 2 : 3   (2) 6 cm   (3) 30°

04 (1) 5 : 3   (2) 6 cm   (3) 135°

05 (1) 3 : 4   (2) 12 cm   (3) 16 cm

06 (1) 3 : 5   (2) 15 cm

07 (1) 1 : 2   (2) 1 : 2   (3) 1 : 4   (4) 20 cm
    (5) 16 cm²

08 (1) 4 : 5   (2) 4 : 5   (3) 16 : 25   (4) 24 cm
    (5) 32 cm²

09 (1) 3 : 5   (2) 250 cm²   (3) 250 cm³

10 (1) 2 : 3   (2) 200 cm²   (3) 160 cm³

03 (1) 닮음비는 $\overline{BC}:\overline{EF}=8:12=2:3$
   (2) $\overline{AB}:\overline{DE}=2:3$이므로
      $\overline{AB}:9=2:3$ ∴ $\overline{AB}=6$(cm)
   (3) ∠E=∠B=30°

04 (1) 닮음비는 $\overline{AB}:\overline{EF}=5:3$
   (2) $\overline{BC}:\overline{FG}=5:3$이므로
      $10:\overline{FG}=5:3$ ∴ $\overline{FG}=6$(cm)
   (3) ∠B=∠F=75°이므로
      □ABCD에서 ∠A=360°−(75°+80°+70°)=135°

05 (1) 닮음비는 $\overline{FG}:\overline{F'G'}=6:8=3:4$
   (2) $\overline{AB}:\overline{A'B'}=3:4$이므로
      $9:\overline{A'B'}=3:4$ ∴ $\overline{A'B'}=12$(cm)
   (3) $\overline{BF}:\overline{B'F'}=3:4$이므로
      $12:\overline{B'F'}=3:4$ ∴ $\overline{B'F'}=16$(cm)

06 (1) 닮음비는 모선의 길이의 비와 같으므로 12 : 20=3 : 5
   (2) 원뿔 (나)의 밑면의 반지름의 길이를 r cm라 하면
      $9:r=3:5$ ∴ $r=15$
      따라서 원뿔 (나)의 밑면의 반지름의 길이는 15 cm이다.

07 (1) 닮음비는 $\overline{AC}:\overline{DF}=3:6=1:2$
   (2) 닮음비가 1 : 2이므로 둘레의 길이의 비도 1 : 2
   (3) 닮음비가 1 : 2이므로 넓이의 비는 $1^2:2^2=1:4$
   (4) △DEF의 둘레의 길이를 x cm라 하면
      $10:x=1:2$ ∴ $x=20$
      따라서 △DEF의 둘레의 길이는 20 cm이다.
   (5) △DEF의 넓이를 x cm²라 하면
      $4:x=1:4$ ∴ $x=16$
      따라서 △DEF의 넓이는 16 cm²이다.

08 (1) 닮음비는 $\overline{BC}:\overline{FG}=8:10=4:5$
   (2) 닮음비가 4 : 5이므로 둘레의 길이의 비도 4 : 5
   (3) 닮음비가 4 : 5이므로 넓이의 비는 $4^2:5^2=16:25$
   (4) □ABCD의 둘레의 길이를 x cm라 하면
      $x:30=4:5$ ∴ $x=24$
   (5) □ABCD의 넓이를 x cm²라 하면
      $x:50=16:25$ ∴ $x=32$
      따라서 □ABCD의 넓이는 32 cm²이다.

09 (1) 닮음비는 $\overline{AB}:\overline{A'B'}=3:5$
   (2) 닮음비가 3 : 5이므로 겉넓이의 비는 $3^2:5^2=9:25$
      직육면체 (나)의 겉넓이를 x cm²라 하면
      $90:x=9:25$ ∴ $x=250$
      따라서 직육면체 (나)의 겉넓이는 250 cm²이다.
   (3) 닮음비가 3 : 5이므로 부피의 비는 $3^3:5^3=27:125$
      직육면체 (나)의 부피를 x cm³라 하면
      $54:x=27:125$ ∴ $x=250$
      따라서 직육면체 (나)의 부피는 250 cm³이다.

10 (1) 닮음비는 밑면의 반지름의 길이의 비와 같으므로
      $6:9=2:3$
   (2) 닮음비가 2 : 3이므로 옆넓이의 비는 $2^2:3^2=4:9$
      원뿔 (가)의 옆넓이를 x cm²라 하면
      $x:450=4:9$ ∴ $x=200$
      따라서 원뿔 (가)의 옆넓이는 200 cm²이다.
   (3) 닮음비가 2 : 3이므로 부피의 비는 $2^3:3^3=8:27$
      원뿔 (가)의 부피를 x cm³라 하면
      $x:540=8:27$ ∴ $x=160$
      따라서 원뿔 (가)의 부피는 160 cm³이다.

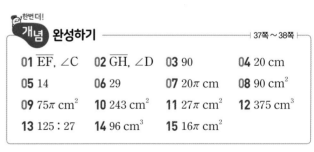

한번더! **개념 완성하기** ├─────────────37쪽 ~ 38쪽 ┤

01 $\overline{EF}$, ∠C	**02** $\overline{GH}$, ∠D	**03** 90	**04** 20 cm
05 14	**06** 29	**07** 20π cm	**08** 90 cm²
09 75π cm²	**10** 243 cm²	**11** 27π cm²	**12** 375 cm³
13 125 : 27	**14** 96 cm³	**15** 16π cm²	

01 △ABC∽△DEF이므로 $\overline{BC}$의 대응변은 $\overline{EF}$이고 ∠F의 대응각은 ∠C이다.

02 □ABCD∽□EFGH이므로 $\overline{CD}$의 대응변은 $\overline{GH}$이고 ∠H의 대응각은 ∠D이다.

03 △ABC와 △DEF의 닮음비는
   $\overline{AB}:\overline{DE}=6:12=1:2$이므로
   $\overline{BC}:\overline{EF}=1:2$에서 $x:10=1:2$ ∴ $x=5$
   또, ∠E=∠B=43°이므로
   △DEF에서 ∠F=180°−(52°+43°)=85°   ∴ $y=85$
   ∴ $x+y=5+85=90$

04 $\overline{AD} : \overline{EH} = 3 : 2$에서

$9 : \overline{EH} = 3 : 2$ ∴ $\overline{EH} = 6(cm)$

따라서 □EFGH의 둘레의 길이는

$2 \times (6+4) = 20(cm)$

05 두 삼각기둥의 닮음비는 $\overline{AD} : \overline{A'D'} = 12 : 18 = 2 : 3$이므로

$\overline{EF} : \overline{E'F'} = 2 : 3$에서 $x : 12 = 2 : 3$ ∴ $x = 8$

$\overline{DE} : \overline{D'E'} = 2 : 3$에서 $4 : y = 2 : 3$ ∴ $y = 6$

∴ $x + y = 8 + 6 = 14$

06 두 삼각뿔의 닮음비는 $\overline{VA} : \overline{V'A'} = 12 : 8 = 3 : 2$이므로

$\overline{BC} : \overline{B'C'} = 3 : 2$에서 $x : 4 = 3 : 2$ ∴ $x = 6$

또, $\angle CAB = \angle C'A'B' = 35°$이므로 $y = 35$

∴ $y - x = 35 - 6 = 29$

07 두 원기둥 ㈎, ㈏의 높이의 비는 $9 : 15 = 3 : 5$이므로

닮음비는 $3 : 5$

원기둥 ㈏의 밑면의 반지름의 길이를 r cm라 하면

$6 : r = 3 : 5$ ∴ $r = 10$

따라서 원기둥 ㈏의 밑면의 둘레의 길이는

$2\pi \times 10 = 20\pi(cm)$

08 △ABC와 △DEF의 둘레의 길이의 비가 $3 : 4$이므로

닮음비는 $3 : 4$이고, 넓이의 비는 $3^2 : 4^2 = 9 : 16$

△ABC의 넓이를 x cm²라 하면

$x : 160 = 9 : 16$ ∴ $x = 90$

따라서 △ABC의 넓이는 90 cm²이다.

09 두 원 O, O′의 반지름의 길이의 비가 $2 : 5$이므로

닮음비는 $2 : 5$이고, 넓이의 비는 $2^2 : 5^2 = 4 : 25$

원 O′의 넓이를 x cm²라 하면

$12\pi : x = 4 : 25$ ∴ $x = 75\pi$

따라서 원 O′의 넓이는 75π cm²이다.

10 두 사각뿔 ㈎, ㈏의 닮음비가 $6 : 9 = 2 : 3$이므로

겉넓이의 비는 $2^2 : 3^2 = 4 : 9$

사각뿔 ㈏의 겉넓이를 x cm²라 하면

$108 : x = 4 : 9$ ∴ $x = 243$

따라서 사각뿔 ㈏의 겉넓이는 243 cm²이다.

11 두 구 O, O′의 닮음비가 $3 : 5$이므로

겉넓이의 비는 $3^2 : 5^2 = 9 : 25$

구 O의 겉넓이를 x cm²라 하면

$x : 75\pi = 9 : 25$ ∴ $x = 27\pi$

따라서 구 O의 겉넓이는 27π cm²이다.

12 두 정사면체의 모서리의 길이의 비가 $4 : 5$이므로

닮음비는 $4 : 5$이고, 부피의 비는 $4^3 : 5^3 = 64 : 125$

큰 정사면체의 부피를 x cm³라 하면

$192 : x = 64 : 125$ ∴ $x = 375$

따라서 큰 정사면체의 부피는 375 cm³이다.

13 두 원기둥 ㈎, ㈏의 겉넓이의 비가 $25 : 9 = 5^2 : 3^2$이므로

닮음비는 $5 : 3$이고, 부피의 비는 $5^3 : 3^3 = 125 : 27$

14 두 삼각기둥 ㈎, ㈏의 밑넓이의 비가 $1 : 4 = 1^2 : 2^2$이므로

닮음비는 $1 : 2$이고, 부피의 비는 $1^3 : 2^3 = 1 : 8$

삼각기둥 ㈏의 부피를 x cm³라 하면

$12 : x = 1 : 8$ ∴ $x = 96$

따라서 삼각기둥 ㈏의 부피는 96 cm³이다.

15 두 원뿔 ㈎, ㈏의 부피의 비가 $24\pi : 81\pi = 8 : 27 = 2^3 : 3^3$이므로 닮음비는 $2 : 3$이고, 옆넓이의 비는 $2^2 : 3^2 = 4 : 9$

원뿔 ㈎의 옆넓이를 x cm²라 하면

$x : 36\pi = 4 : 9$ ∴ $x = 16\pi$

따라서 원뿔 ㈎의 옆넓이는 16π cm²이다.

실력 확인하기 ───── 39쪽

01 ③	02 ②, ⑤	03 13	04 75 cm²
05 32 cm³	06 ④		

01 ③ 서로 닮은 두 평면도형에서 대응각의 크기는 각각 같다.

02 ① $\angle G = \angle C = 65°$

② $\angle H = \angle D = 360° - (110° + 85° + 65°) = 100°$

③ □ABCD와 □EFGH의 닮음비는

$\overline{BC} : \overline{FG} = 6 : 4 = 3 : 2$

④ $\overline{AD}$의 대응변은 $\overline{EH}$이다.

⑤ $\overline{DC} : \overline{HG} = 3 : 2$이므로 $5 : \overline{HG} = 3 : 2$

∴ $\overline{HG} = \dfrac{10}{3}(cm)$

따라서 옳은 것은 ②, ⑤이다.

03 두 원뿔의 닮음비는 $5 : 15 = 1 : 3$이므로

$x : 12 = 1 : 3$ ∴ $x = 4$

$3 : y = 1 : 3$ ∴ $y = 9$

∴ $x + y = 4 + 9 = 13$

04 △ABC와 △DEC의 닮음비가

$\overline{AC} : \overline{DC} = 4 : (14-4) = 2 : 5$

이므로 넓이의 비는 $2^2 : 5^2 = 4 : 25$

△DEC의 넓이를 x cm²라 하면

$12 : x = 4 : 25$ ∴ $x = 75$

따라서 △DEC의 넓이는 75 cm²이다.

05 정사면체 ABCD와 정사면체 EBFG의 닮음비가

$1 : \dfrac{2}{3} = 3 : 2$이므로 부피의 비는 $3^3 : 2^3 = 27 : 8$

정사면체 EBFG의 부피를 x cm³라 하면

$108 : x = 27 : 8$ ∴ $x = 32$

따라서 정사면체 EBFG의 부피는 32 cm³이다.

06 채워진 물과 그릇의 닮음비가 $\dfrac{3}{4}:1=3:4$이므로 부피의 비는

$3^3:4^3=27:64$

이때 채워진 물의 부피를 $x\,\text{cm}^3$라 하면

$x:320=27:64$ $\therefore x=135$

따라서 채워진 물의 부피는 $135\,\text{cm}^3$이므로 그릇의 빈 공간의 부피는 $320-135=185(\text{cm}^3)$

02 삼각형의 닮음 조건

한번 더 ┃ 개념 확인문제 ──────────────40쪽┃

01 (1) △MNO∽△FDE, SAS 닮음
(2) △PQR∽△IHG, SSS 닮음
(3) △STU∽△JLK, SAS 닮음
(4) △VWX∽△CAB, AA 닮음

02 (1) △CBD (2) 6 **03** (1) 18 (2) 12

04 (1) △DAC (2) 9 **05** (1) 9 (2) 4

06 (1) 5 (2) 12 (3) 4 (4) 15

07 1 km

01 (1) △MNO와 △FDE에서
$\overline{MN}:\overline{FD}=4:6=2:3$
$\overline{MO}:\overline{FE}=6:9=2:3$
∠M=∠F=65°
$\therefore$ △MNO∽△FDE (SAS 닮음)

(2) △PQR과 △IHG에서
$\overline{PQ}:\overline{IH}=5:10=1:2$
$\overline{QR}:\overline{HG}=3:6=1:2$
$\overline{PR}:\overline{IG}=4:8=1:2$
$\therefore$ △PQR∽△IHG (SSS 닮음)

(3) △STU와 △JLK에서
$\overline{SU}:\overline{JK}=3:6=1:2$
$\overline{TU}:\overline{LK}=4:8=1:2$
∠U=∠K=70°
$\therefore$ △STU∽△JLK (SAS 닮음)

(4) △VWX와 △CAB에서
∠X=∠B=45°
∠V=180°-(70°+45°)=65°=∠C
$\therefore$ △VWX∽△CAB (AA 닮음)

02 (1) △ABC와 △CBD에서
$\overline{AB}:\overline{CB}=(6+2):4=2:1$
$\overline{BC}:\overline{BD}=4:2=2:1$, ∠B는 공통
$\therefore$ △ABC∽△CBD (SAS 닮음)

(2) △ABC와 △CBD의 닮음비가 2:1이므로
$\overline{AC}:\overline{CD}=2:1$에서 $\overline{AC}:3=2:1$ $\therefore \overline{AC}=6$

03 (1) △ABC와 △AED에서
$\overline{AB}:\overline{AE}=(15+9):18=4:3$
$\overline{AC}:\overline{AD}=(18+2):15=4:3$, ∠A는 공통
$\therefore$ △ABC∽△AED (SAS 닮음)
△ABC와 △AED의 닮음비가 4:3이므로
$\overline{BC}:\overline{ED}=4:3$에서 $24:x=4:3$
$\therefore x=18$

(2) △ABC와 △ACD에서
$\overline{AB}:\overline{AC}=(4+12):8=2:1$
$\overline{AC}:\overline{AD}=8:4=2:1$, ∠A는 공통
$\therefore$ △ABC∽△ACD (SAS 닮음)
△ABC와 △ACD의 닮음비가 2:1이므로
$\overline{BC}:\overline{CD}=2:1$에서 $x:6=2:1$
$\therefore x=12$

04 (1) △ABC와 △DAC에서
∠ABC=∠DAC, ∠C는 공통
$\therefore$ △ABC∽△DAC (AA 닮음)

(2) △ABC와 △DAC의 닮음비가
$\overline{AC}:\overline{DC}=6:4=3:2$이므로
$\overline{BC}:\overline{AC}=3:2$에서 $\overline{BC}:6=3:2$
$\therefore \overline{BC}=9$

05 (1) △ABC와 △ACD에서
∠ABC=∠ACD, ∠A는 공통
$\therefore$ △ABC∽△ACD (AA 닮음)
△ABC와 △ACD의 닮음비가
$\overline{AB}:\overline{AC}=16:12=4:3$이므로
$\overline{AC}:\overline{AD}=4:3$에서 $12:x=4:3$
$\therefore x=9$

(2) △ABC와 △EBD에서
∠ACB=∠EDB, ∠B는 공통
$\therefore$ △ABC∽△EBD (AA 닮음)
△ABC와 △EBD의 닮음비가
$\overline{BC}:\overline{BD}=(5+7):6=2:1$이므로
$\overline{AB}:\overline{EB}=2:1$에서 $(x+6):5=2:1$
$x+6=10$ $\therefore x=4$

06 (1) $\overline{AB}^2=\overline{BD}\times\overline{BC}$이므로
$6^2=4\times(4+x)$, $36=16+4x$
$4x=20$ $\therefore x=5$

다른풀이

△ABC∽△DBA (AA 닮음)이므로
$\overline{AB}:\overline{DB}=\overline{BC}:\overline{BA}$에서
$6:4=(4+x):6$, $16+4x=36$
$4x=20$ $\therefore x=5$

(2) $\overline{AD}^2=\overline{DB}\times\overline{DC}$이므로
$6^2=3\times x$ $\therefore x=12$

다른풀이

△DBA∽△DAC (AA 닮음)이므로

$\overline{DB}:\overline{DA}=\overline{DA}:\overline{DC}$에서

$3:6=6:x$, $3x=36$ ∴ $x=12$

(3) $\overline{AC}^2=\overline{CD}\times\overline{CB}$이므로

$2^2=1\times x$ ∴ $x=4$

다른풀이

△ABC∽△DAC (AA 닮음)이므로

$\overline{BC}:\overline{AC}=\overline{AC}:\overline{DC}$에서

$x:2=2:1$ ∴ $x=4$

(4) $\overline{AC}^2=\overline{CD}\times\overline{CB}$이므로

$10^2=(20-x)\times20$, $20-x=5$ ∴ $x=15$

다른풀이

△ABC∽△DAC (AA 닮음)이므로

$\overline{BC}:\overline{AC}=\overline{AC}:\overline{DC}$에서

$20:10=10:(20-x)$, $2:1=10:(20-x)$

$40-2x=10$, $2x=30$ ∴ $x=15$

07 $10\div\dfrac{1}{10000}=10\times10000$

$=100000\,(\text{cm})=1\,(\text{km})$

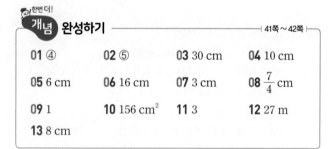

개념 완성하기 ├41쪽~42쪽┤

01 ④	**02** ⑤	**03** 30 cm	**04** 10 cm
05 6 cm	**06** 16 cm	**07** 3 cm	**08** $\dfrac{7}{4}$ cm
09 1	**10** 156 cm²	**11** 3	**12** 27 m
13 8 cm			

01 ④ 두 쌍의 대응변의 길이의 비는 일정하지만 ∠A와 ∠A′ 은 끼인각이 아니므로 닮음이 아니다.

02 ⑤ △ABC에서 ∠B=40°이면

∠A=180°−(40°+90°)=50°

따라서 △ABC와 △DEF에서

∠A=∠D=50°, ∠B=∠E=40°

이므로 △ABC∽△DEF (AA 닮음)

03 △ABC와 △EBD에서

$\overline{AB}:\overline{EB}=\overline{BC}:\overline{BD}=5:3$, ∠B는 공통

∴ △ABC∽△EBD (SAS 닮음)

따라서 $\overline{AC}:\overline{ED}=5:3$이므로

$\overline{AC}:18=5:3$ ∴ $\overline{AC}=30\,(\text{cm})$

04 △ABC와 △DBA에서

$\overline{AB}:\overline{DB}=\overline{BC}:\overline{BA}=3:2$, ∠B는 공통

∴ △ABC∽△DBA (SAS 닮음)

따라서 $\overline{AC}:\overline{DA}=3:2$이므로

$15:\overline{DA}=3:2$ ∴ $\overline{AD}=10\,(\text{cm})$

05 △ABC와 △AED에서

∠ABC=∠AED, ∠A는 공통

∴ △ABC∽△AED (AA 닮음)

이때 닮음비는 $\overline{AB}:\overline{AE}=(3+5):4=2:1$이므로

$\overline{AC}:\overline{AD}=2:1$에서 $\overline{AC}:3=2:1$ ∴ $\overline{AC}=6\,(\text{cm})$

06 △ABE와 △CDE에서

∠AEB=∠CED (맞꼭지각), ∠BAE=∠DCE (엇각)

∴ △ABE∽△CDE (AA 닮음)

이때 닮음비는 $\overline{BE}:\overline{DE}=10:8=5:4$이고

$\overline{CE}=x$ cm라 하면 $\overline{AE}=(36-x)$ cm이므로

$\overline{AE}:\overline{CE}=5:4$에서 $(36-x):x=5:4$

$5x=144-4x$, $9x=144$ ∴ $x=16$

∴ $\overline{CE}=16$ cm

07 △ABC와 △DEC에서

∠ABC=∠DEC=90°, ∠C는 공통

∴ △ABC∽△DEC (AA 닮음)

따라서 $\overline{AB}:\overline{DE}=\overline{AC}:\overline{DC}$이므로

$5:\overline{DE}=10:6$ ∴ $\overline{DE}=3\,(\text{cm})$

08 △ABC와 △MBD에서

∠BAC=∠BMD=90°, ∠B는 공통

∴ △ABC∽△MBD (AA 닮음)

따라서 $\overline{AB}:\overline{MB}=\overline{BC}:\overline{BD}$이고,

$\overline{MB}=\dfrac{1}{2}\overline{BC}=\dfrac{1}{2}\times10=5\,(\text{cm})$이므로

$8:5=10:\overline{BD}$ ∴ $\overline{BD}=\dfrac{25}{4}\,(\text{cm})$

∴ $\overline{AD}=\overline{AB}-\overline{BD}=8-\dfrac{25}{4}=\dfrac{7}{4}\,(\text{cm})$

09 $\overline{AD}^2=\overline{DB}\times\overline{DC}$이므로 $12^2=x\times9$ ∴ $x=16$

$\overline{AC}^2=\overline{CD}\times\overline{CB}$이므로 $y^2=9\times(16+9)=225=15^2$

이때 $y>0$이므로 $y=15$

∴ $x-y=16-15=1$

10 $\overline{AD}^2=\overline{DB}\times\overline{DC}$이므로

$12^2=\overline{DB}\times8$ ∴ $\overline{DB}=18\,(\text{cm})$

∴ △ABC$=\dfrac{1}{2}\times(18+8)\times12=156\,(\text{cm}^2)$

11 $\overline{AD}=\overline{BC}=5$ cm이고, $\overline{AD}^2=\overline{DH}\times\overline{DB}$이므로

$5^2=4\times(4+\overline{BH})$, $4\overline{BH}=9$ ∴ $\overline{BH}=\dfrac{9}{4}\,(\text{cm})$

$\overline{AH}^2=\overline{HB}\times\overline{HD}$이므로 $x^2=\dfrac{9}{4}\times4=9=3^2$

이때 $x>0$이므로 $x=3$

12 45 m=4500 cm이므로 △ABC와 △A′B′C′의 닮음비는

$\overline{BC}:\overline{B'C'}=4500:5=900:1$

즉, $\overline{AB}:\overline{A'B'}=900:1$에서 $\overline{AB}:3=900:1$

∴ $\overline{AB}=2700$ cm=27 m

13 400 km=40000000 cm이므로

기상 위성 지도에서 태풍의 반경은

$40000000\times\dfrac{1}{5000000}=8\,(\text{cm})$

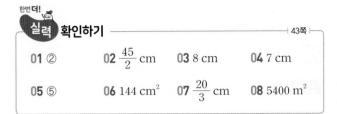

실력! 확인하기 ─── 43쪽

01 ②	**02** $\dfrac{45}{2}$ cm	**03** 8 cm	**04** 7 cm
05 ⑤	**06** 144 cm²	**07** $\dfrac{20}{3}$ cm	**08** 5400 m²

01 △ABC와 △ACD에서

$\overline{AB}:\overline{AC}=\overline{AC}:\overline{AD}=2:1$, ∠A는 공통

∴ △ABC∽△ACD (SAS 닮음)

따라서 $\overline{BC}:\overline{CD}=2:1$이므로 $26:\overline{CD}=2:1$

∴ $\overline{CD}=13(cm)$

02 △ABC와 △BCD에서

∠CAB=∠DBC, ∠ACB=∠BDC

∴ △ABC∽△BCD (AA 닮음)

이때 닮음비는 $\overline{BC}:\overline{CD}=30:40=3:4$이므로

$\overline{AB}:\overline{BC}=3:4$에서 $\overline{AB}:30=3:4$ ∴ $\overline{AB}=\dfrac{45}{2}(cm)$

03 △BFE와 △CDE에서

∠BFE=∠CDE (엇각), ∠FEB=∠DEC (맞꼭지각)

∴ △BFE∽△CDE (AA 닮음)

이때 $\overline{CD}=\overline{AB}=8$ cm이므로 △BFE와 △CDE의 닮음비는

$\overline{BF}:\overline{CD}=4:8=1:2$

$\overline{CE}=x$ cm라 하면 $\overline{BE}=(12-x)$ cm이므로

$\overline{BE}:\overline{CE}=1:2$에서

$(12-x):x=1:2$, $x=24-2x$, $3x=24$ ∴ $x=8$

∴ $\overline{CE}=8$ cm

04 △ADC와 △BEC에서

∠ADC=∠BEC=90°, ∠C는 공통

∴ △ADC∽△BEC (AA 닮음)

이때 닮음비는 $\overline{AC}:\overline{BC}=14:16=7:8$이고

$\overline{AE}:\overline{EC}=3:4$에서 $\overline{EC}=14\times\dfrac{4}{3+4}=8(cm)$이므로

$\overline{CD}:\overline{CE}=7:8$에서 $\overline{CD}:8=7:8$ ∴ $\overline{CD}=7(cm)$

05 ∠ACB=∠ECA=∠EAB

　　　=∠DAE=∠DEB=90°

이고 ∠ABC+∠BAC=90°이므로

∠ABC=∠EAC=∠DEA,

∠BAC=∠AEC=∠EDA

∴ △ABC∽△DBE∽△DEA∽△EAC∽△EBA

　　　　　　　　　　　　　　　(AA 닮음)

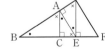

따라서 △ABC와 서로 닮은 삼각형이 아닌 것은 ⑤ △FBD 이다.

06 △ADE와 △ABC에서

∠ADE=∠ABC (동위각), ∠A는 공통

∴ △ADE∽△ABC (AA 닮음)

이때 닮음비는 $\overline{DE}:\overline{BC}=18:30=3:5$이므로

넓이의 비는 $3^2:5^2=9:25$

즉, △ADE : △ABC=9 : 25이므로

81 : △ABC=9 : 25 ∴ △ABC=225(cm²)

∴ □DBCE=△ABC−△ADE=225−81=144(cm²)

07 △EBG와 △GCH에서

∠EBG=∠GCH=90°

∠BEG=90°−∠EGB=∠CGH

∴ △EBG∽△GCH (AA 닮음)

이때 닮음비는 $\overline{BE}:\overline{CG}=3:4$이고

$\overline{EG}=\overline{EA}=5$ cm이므로 $\overline{EG}:\overline{GH}=3:4$에서

$5:\overline{GH}=3:4$ ∴ $\overline{GH}=\dfrac{20}{3}(cm)$

08 지도에서의 길이와 실제 거리의 비가 1 : 3000이므로 넓이의

비는 $1^2:3000^2=1:9000000$

따라서 이 땅의 실제 넓이는

$6\times9000000=54000000(cm^2)=5400(m^2)$

실전! 중단원 마무리 ─── 44쪽 ~ 45쪽

01 ③, ⑤	**02** ③	**03** 54 cm	**04** 1 : 7 : 19
05 ④	**06** 6 cm	**07** 2 cm	**08** 10 cm
09 7 cm	**10** 78 cm²		

서술형 문제

11 (1) 27 : 64	(2) 111 mL	**12** 9 cm

02 ① $\overline{BC}:\overline{QR}=6:4=3:2$이므로 닮음비는 3 : 2이다.

② $\overline{AB}:\overline{PQ}=3:2$이므로 $4:\overline{PQ}=3:2$

　　∴ $\overline{PQ}=\dfrac{8}{3}(cm)$

③ ∠P=∠A=360°−(75°+80°+90°)=115°

④ ∠Q=∠B=75°

⑤ ∠R=∠C=80°

따라서 옳지 않은 것은 ③이다.

03 닮음비가 2 : 3이므로 $\overline{AD}:\overline{EH}=2:3$에서

$6:\overline{EH}=2:3$ ∴ $\overline{EH}=9(cm)$

따라서 정사면체 ㈏의 한 모서리의 길이는 9 cm이고, 모서

리는 6개이므로 모든 모서리의 길이의 합은

$9\times6=54(cm)$

04 세 원뿔 A, (A+B), (A+B+C)의 닮음비가 1 : 2 : 3이

므로 부피의 비는 $1^3:2^3:3^3=1:8:27$

따라서 세 입체도형 A, B, C의 부피의 비는

$1:(8-1):(27-8)=1:7:19$

05 주어진 삼각형에서 나머지 한 각의 크기는

$180°−(85°+40°)=55°$

④ 주어진 삼각형과 두 쌍의 대응각의 크기가 각각 같으므로

　　AA 닮음이다.

06 $\triangle ABC$와 $\triangle DBA$에서

$\overline{AB} : \overline{DB} = \overline{BC} : \overline{BA} = 3 : 2$, $\angle B$는 공통

$\therefore \triangle ABC \backsim \triangle DBA$ (SAS 닮음)

따라서 $\overline{AC} : \overline{DA} = 3 : 2$이므로

$9 : \overline{DA} = 3 : 2$ $\therefore \overline{AD} = 6(cm)$

07 $\triangle ABC$와 $\triangle AED$에서

$\angle ABC = \angle AED$, $\angle A$는 공통

$\therefore \triangle ABC \backsim \triangle AED$ (AA 닮음)

이때 닮음비는 $\overline{AB} : \overline{AE} = 12 : 6 = 2 : 1$이므로

$\overline{AC} : \overline{AD} = 2 : 1$에서

$\overline{AC} : 4 = 2 : 1$ $\therefore \overline{AC} = 8(cm)$

$\therefore \overline{CE} = \overline{AC} - \overline{AE} = 8 - 6 = 2(cm)$

08 $\triangle ADF$와 $\triangle ECF$에서

$\angle ADF = \angle ECF = 90°$, $\angle AFD = \angle EFC$ (맞꼭지각)

$\therefore \triangle ADF \backsim \triangle ECF$ (AA 닮음)

이때 닮음비는 $\overline{DF} : \overline{CF} = 12 : 8 = 3 : 2$이므로

$\overline{AF} : \overline{EF} = 3 : 2$에서 $15 : \overline{EF} = 3 : 2$ $\therefore \overline{EF} = 10(cm)$

09 $\overline{AC}^2 = \overline{CD} \times \overline{CB}$이므로

$12^2 = 9 \times \overline{CB}$ $\therefore \overline{BC} = 16(cm)$

$\therefore \overline{BD} = \overline{BC} - \overline{DC} = 16 - 9 = 7(cm)$

10 $\triangle ABD$에서 $\overline{AH}^2 = \overline{HB} \times \overline{HD}$이므로

$6^2 = \overline{HB} \times 9$ $\therefore \overline{HB} = 4(cm)$

$\triangle ABD = \dfrac{1}{2} \times (4+9) \times 6 = 39(cm^2)$

$\therefore \square ABCD = 2\triangle ABD = 2 \times 39 = 78(cm^2)$

11 (1) 물이 채워진 부분과 전체 그릇의 닮음비가 $15 : 20 = 3 : 4$

이므로 물의 부피와 전체 그릇의 부피의 비는

$3^3 : 4^3 = 27 : 64$ ⋯⋯ ❶

(2) 그릇에 물이 가득 찼을 때의 물의 양을 x mL라 하면

$81 : x = 27 : 64$ $\therefore x = 192$ ⋯⋯ ❷

따라서 더 부어야 하는 물의 양은

$192 - 81 = 111(mL)$ ⋯⋯ ❸

채점 기준	배점
❶ 물의 부피와 전체 그릇의 부피의 비 구하기	2점
❷ 그릇에 물이 가득 찼을 때의 물의 양 구하기	2점
❸ 더 부어야 하는 물의 양 구하기	2점

12 $\triangle ADE$와 $\triangle MBE$에서

$\angle ADE = \angle MBE$ (엇각), $\angle AED = \angle MEB$ (맞꼭지각)

$\therefore \triangle ADE \backsim \triangle MBE$ (AA 닮음)   ⋯⋯ ❶

이때 닮음비는 $\overline{DA} : \overline{BM} = 2 : 1$이고

$\overline{BE} = x$ cm라 하면 $\overline{DE} = (27-x)$ cm이므로

$\overline{DE} : \overline{BE} = 2 : 1$에서 $(27-x) : x = 2 : 1$

$2x = 27 - x$, $3x = 27$ $\therefore x = 9$

$\therefore \overline{BE} = 9$ cm   ⋯⋯ ❷

채점 기준	배점
❶ $\triangle ADE \backsim \triangle MBE$임을 알기	3점
❷ $\overline{BE}$의 길이 구하기	3점

2 | 닮음의 활용

01 삼각형과 평행선

한번 더 개념 확인문제 ─────────────── 46쪽

01 (1) 12 (2) 3 (3) 18 (4) 12 (5) 16
　　(6) 10 (7) 4 (8) 12 (9) 24 (10) 12

02 (1) × (2) ○ (3) × (4) ○

03 (1) 6 (2) 6 **04** (1) 15 (2) 4

01 (1) $\overline{AB} : \overline{AD} = \overline{AC} : \overline{AE}$에서

$18 : 12 = x : 8$이므로

$3 : 2 = x : 8$, $2x = 24$ $\therefore x = 12$

(2) $\overline{AB} : \overline{AD} = \overline{BC} : \overline{DE}$에서

$4 : x = 8 : 6$이므로

$4 : x = 4 : 3$, $4x = 12$ $\therefore x = 3$

(3) $\overline{AB} : \overline{BD} = \overline{AC} : \overline{CE}$에서

$x : 9 = 12 : 6$이므로

$x : 9 = 2 : 1$ $\therefore x = 18$

(4) $\overline{AD} : \overline{DB} = \overline{AE} : \overline{EC}$에서

$4 : 8 = 6 : x$이므로

$1 : 2 = 6 : x$ $\therefore x = 12$

(5) $\overline{AC} : \overline{AE} = \overline{BC} : \overline{DE}$에서

$12 : (12+6) = x : 24$이므로

$2 : 3 = x : 24$, $3x = 48$ $\therefore x = 16$

(6) $\overline{AC} : \overline{AE} = \overline{BC} : \overline{DE}$에서

$16 : 8 = 20 : x$이므로

$2 : 1 = 20 : x$, $2x = 20$ $\therefore x = 10$

(7) $\overline{AB} : \overline{AD} = \overline{AC} : \overline{AE}$에서

$8 : x = 4 : 2$이므로

$8 : x = 2 : 1$, $2x = 8$ $\therefore x = 4$

(8) $\overline{AE} : \overline{AC} = \overline{DE} : \overline{BC}$에서

$2 : 3 = 8 : x$, $2x = 24$ $\therefore x = 12$

(9) $\overline{AB} : \overline{BD} = \overline{AC} : \overline{CE}$에서

$6 : 18 = 8 : x$이므로

$1 : 3 = 8 : x$ $\therefore x = 24$

(10) $\overline{AB} : \overline{BD} = \overline{AC} : \overline{CE}$에서

$x : 21 = 8 : (8+6)$이므로

$x : 21 = 4 : 7$, $7x = 84$ $\therefore x = 12$

02 (1) $\overline{AD} : \overline{AB} = 8 : 12 = 2 : 3$, $\overline{AE} : \overline{AC} = 6 : 10 = 3 : 5$

즉, $\overline{AD} : \overline{AB} \ne \overline{AE} : \overline{AC}$이므로 $\overline{BC}$와 $\overline{DE}$는 평행하지

않다.

(2) $\overline{AD} : \overline{DB} = 16 : 4 = 4 : 1$, $\overline{AE} : \overline{EC} = 8 : 2 = 4 : 1$

즉, $\overline{AD} : \overline{DB} = \overline{AE} : \overline{EC}$이므로 $\overline{BC} /\!/ \overline{DE}$

(3) $\overline{AD} : \overline{DB} = 10 : 8 = 5 : 4$, $\overline{AE} : \overline{EC} = 8 : (14-8) = 4 : 3$

즉, $\overline{AD} : \overline{DB} \ne \overline{AE} : \overline{EC}$이므로 $\overline{BC}$와 $\overline{DE}$는 평행하지

않다.

(4) $\overline{AD}:\overline{DB}=3:9=1:3$, $\overline{AE}:\overline{EC}=4:(4+8)=1:3$

즉, $\overline{AD}:\overline{DB}=\overline{AE}:\overline{EC}$이므로 $\overline{BC}/\!\!/\overline{DE}$

03 (1) $\overline{AB}:\overline{AC}=\overline{BD}:\overline{CD}$에서

$12:10=x:5$이므로

$6:5=x:5$, $5x=30$ ∴ $x=6$

(2) $\overline{AB}:\overline{AC}=\overline{BD}:\overline{CD}$에서

$9:x=(10-4):4$이므로

$9:x=3:2$, $3x=18$ ∴ $x=6$

04 (1) $\overline{AB}:\overline{AC}=\overline{BD}:\overline{CD}$에서

$8:6=20:x$이므로

$4:3=20:x$, $4x=60$ ∴ $x=15$

(2) $\overline{AB}:\overline{AC}=\overline{BD}:\overline{CD}$에서

$5:x=20:(20-4)$이므로

$5:x=5:4$, $5x=20$ ∴ $x=4$

개념 완성하기 ─────────────── 47쪽 ~ 48쪽 ├

01 ③	02 $\frac{16}{3}$ cm	03 12 cm	04 24 cm
05 ①, ⑤	06 ④	07 4 cm	08 ②
09 ③	10 ②	11 ①	12 60 cm²

01 $\overline{AD}:\overline{DB}=\overline{AE}:\overline{EC}$에서

$10:x=15:12$이므로

$10:x=5:4$ ∴ $x=8$

$\overline{AE}:\overline{AC}=\overline{DE}:\overline{BC}$에서

$15:(15+12)=15:y$이므로

$5:9=15:y$ ∴ $y=27$

∴ $x+y=8+27=35$

02 △ABH에서 $\overline{DG}:\overline{BH}=\overline{AG}:\overline{AH}$

△AHC에서 $\overline{AG}:\overline{AH}=\overline{GE}:\overline{HC}$

즉, $\overline{DG}:\overline{BH}=\overline{GE}:\overline{HC}$이므로

$4:6=\overline{GE}:8$ ∴ $\overline{GE}=\frac{16}{3}$(cm)

03 $\overline{AC}:\overline{AE}=\overline{BC}:\overline{DE}$에서

$5:(15-5)=6:\overline{DE}$이므로

$1:2=6:\overline{DE}$ ∴ $\overline{DE}=12$(cm)

04 $\overline{AB}:\overline{AD}=\overline{AC}:\overline{AE}$에서

$4:\overline{AD}=3:6$이므로

$4:\overline{AD}=1:2$ ∴ $\overline{AD}=8$(cm)

$\overline{AC}:\overline{AE}=\overline{BC}:\overline{DE}$에서

$3:6=5:\overline{DE}$이므로

$1:2=5:\overline{DE}$ ∴ $\overline{DE}=10$(cm)

따라서 △AED의 둘레의 길이는

$\overline{AE}+\overline{ED}+\overline{AD}=6+10+8=24$(cm)

---

05 ① $\overline{AD}:\overline{AB}=\overline{AE}:\overline{AC}=1:3$이므로 $\overline{BC}/\!\!/\overline{DE}$

② $\overline{AD}:\overline{AB}=3:8$, $\overline{AE}:\overline{AC}=2:4=1:2$

즉, $\overline{AD}:\overline{AB}\neq\overline{AE}:\overline{AC}$이므로 $\overline{BC}$와 $\overline{DE}$는 평행하지 않다.

③ $\overline{AD}:\overline{DB}=10:3$, $\overline{AE}:\overline{EC}=6:2=3:1$

즉, $\overline{AD}:\overline{DB}\neq\overline{AE}:\overline{EC}$이므로 $\overline{BC}$와 $\overline{DE}$는 평행하지 않다.

④ $\overline{AD}:\overline{DB}=8:4=2:1$, $\overline{AE}:\overline{EC}=4:3$

즉, $\overline{AD}:\overline{DB}\neq\overline{AE}:\overline{EC}$이므로 $\overline{BC}$와 $\overline{DE}$는 평행하지 않다.

⑤ $\overline{AD}:\overline{AB}=\overline{AE}:\overline{AC}=1:2$이므로 $\overline{BC}/\!\!/\overline{DE}$

따라서 $\overline{BC}/\!\!/\overline{DE}$인 것은 ①, ⑤이다.

06 ① $\overline{AD}:\overline{DB}=\overline{AE}:\overline{EC}$이므로 $\overline{BC}/\!\!/\overline{DE}$

②, ④ $\overline{BC}:\overline{DE}=\overline{AC}:\overline{AE}=(3+5):3=8:3$이므로

$16:\overline{DE}=8:3$ ∴ $\overline{DE}=6$(cm)

③ $\overline{AD}:\overline{AB}=\overline{AE}:\overline{AC}=3:(3+5)=3:8$

⑤ △ABC와 △ADE에서

$\overline{AB}:\overline{AD}=\overline{AC}:\overline{AE}$, ∠A는 공통이므로

△ABC∽△ADE (SAS 닮음)

따라서 옳지 않은 것은 ④이다.

07 $\overline{AB}:\overline{AC}=\overline{BD}:\overline{CD}$에서

$15:6=(14-\overline{CD}):\overline{CD}$, $5:2=(14-\overline{CD}):\overline{CD}$

$5\overline{CD}=28-2\overline{CD}$, $7\overline{CD}=28$

∴ $\overline{CD}=4$(cm)

08 점 I가 △ABC의 내심이므로 $\overline{AD}$는 ∠BAC의 이등분선이다.

$\overline{AB}:\overline{AC}=\overline{BD}:\overline{CD}$에서

$6:10=3:\overline{CD}$이므로

$3:5=3:\overline{CD}$ ∴ $\overline{CD}=5$(cm)

09 $\overline{AB}:\overline{AC}=\overline{BD}:\overline{CD}$에서

$10:8=15:\overline{CD}$이므로

$5:4=15:\overline{CD}$ ∴ $\overline{CD}=12$(cm)

10 $\overline{AC}:\overline{AB}=\overline{CD}:\overline{BD}$에서

$12:8=(5+\overline{DB}):\overline{DB}$이므로

$3:2=(5+\overline{DB}):\overline{DB}$, $3\overline{DB}=10+2\overline{DB}$

∴ $\overline{DB}=10$(cm)

11 △ABD : △ADC $=\overline{BD}:\overline{CD}=\overline{AB}:\overline{AC}$

$\qquad\qquad\qquad =9:12=3:4$

∴ △ABC $=\frac{7}{4}$△ADC $=\frac{7}{4}\times24=42$(cm²)

12 △ABD : △ACD $=\overline{BD}:\overline{CD}=\overline{AB}:\overline{AC}$

$\qquad\qquad\qquad =15:9=5:3$

∴ △ACD $=\frac{3}{5}$△ABD $=\frac{3}{5}\times150=90$(cm²)

∴ △ABC $=$△ABD$-$△ACD

$\qquad\quad =150-90=60$(cm²)

01 (1) 5   (2) 16

02 (1) 2 cm   (2) 3 cm   (3) 5 cm

03 (1) 8 cm   (2) 5 cm   (3) 3 cm

04 (1) 4   (2) 12

05 (1) 16   (2) 6   (3) 22

06 (1) 2 : 3   (2) 2 : 5   (3) $\dfrac{24}{5}$ cm

01 (1) $\overline{AM}=\overline{MB}$, $\overline{AN}=\overline{NC}$이므로

$x=\dfrac{1}{2}\overline{BC}=\dfrac{1}{2}\times 10=5$

(2) $\overline{AM}=\overline{MB}$, $\overline{AN}=\overline{NC}$이므로

$x=2\overline{MN}=2\times 8=16$

02 (1) △ABD에서 $\overline{AM}=\overline{MB}$, $\overline{AD}/\!/\overline{MP}$이므로

$\overline{MP}=\dfrac{1}{2}\overline{AD}=\dfrac{1}{2}\times 4=2(cm)$

(2) △DBC에서 $\overline{DN}=\overline{NC}$, $\overline{PN}/\!/\overline{BC}$이므로

$\overline{PN}=\dfrac{1}{2}\overline{BC}=\dfrac{1}{2}\times 6=3(cm)$

(3) $\overline{MN}=\overline{MP}+\overline{PN}=2+3=5(cm)$

03 (1) △ABC에서 $\overline{AM}=\overline{MB}$, $\overline{MQ}/\!/\overline{BC}$이므로

$\overline{MQ}=\dfrac{1}{2}\overline{BC}=\dfrac{1}{2}\times 16=8(cm)$

(2) △ABD에서 $\overline{AM}=\overline{MB}$, $\overline{AD}/\!/\overline{MP}$이므로

$\overline{MP}=\dfrac{1}{2}\overline{AD}=\dfrac{1}{2}\times 10=5(cm)$

(3) $\overline{PQ}=\overline{MQ}-\overline{MP}=8-5=3(cm)$

04 (1) $3 : 9=x : 12$이므로

$1 : 3=x : 12$ $\therefore x=4$

(2) $4 : (x-4)=6 : 12$이므로

$4 : (x-4)=1 : 2$, $x-4=8$ $\therefore x=12$

05 (1) △ABC에서 $\overline{AE} : \overline{AB}=\overline{EG} : \overline{BC}$이므로

$8 : (8+4)=\overline{EG} : 24$

$2 : 3=\overline{EG} : 24$ $\therefore \overline{EG}=16$

(2) $\overline{DF} : \overline{FC}=\overline{AE} : \overline{EB}=8 : 4=2 : 1$이므로

△ACD에서 $\overline{CF} : \overline{CD}=\overline{GF} : \overline{AD}$

$1 : (1+2)=\overline{GF} : 18$

$1 : 3=\overline{GF} : 18$ $\therefore \overline{GF}=6$

(3) $\overline{EF}=\overline{EG}+\overline{GF}=16+6=22$

06 (1) △ABE∽△CDE (AA 닮음)이므로

$\overline{BE} : \overline{DE}=\overline{AB} : \overline{CD}=8 : 12=2 : 3$

(2) △BCD에서 $\overline{EF}/\!/\overline{DC}$이므로

$\overline{EF} : \overline{DC}=\overline{BE} : \overline{BD}=2 : (2+3)=2 : 5$

(3) $\overline{EF} : \overline{DC}=2 : 5$이므로

$\overline{EF} : 12=2 : 5$ $\therefore \overline{EF}=\dfrac{24}{5}(cm)$

다른 풀이

$\overline{EF}=\dfrac{8\times 12}{8+12}=\dfrac{24}{5}(cm)$

01 26   **02** 72 cm² **03** 9 cm   **04** 10 cm

05 19 cm   **06** 30 cm   **07** 8 cm   **08** ⑤

09 ③   **10** 192   **11** 16   **12** 21

13 6 cm   **14** 20 cm²

01 $\overline{AM}=\overline{MB}$, $\overline{MN}/\!/\overline{BC}$이므로

$\overline{NC}=\overline{AN}=10$ cm $\therefore x=10$

$\overline{BC}=2\overline{MN}=2\times 8=16(cm)$ $\therefore y=16$

$\therefore x+y=10+16=26$

02 $\overline{AM}=\overline{MB}$, $\overline{MN}/\!/\overline{BC}$이므로

$\overline{NC}=\dfrac{1}{2}\overline{AC}=\dfrac{1}{2}\times 16=8(cm)$

$\overline{MN}=\dfrac{1}{2}\overline{BC}=\dfrac{1}{2}\times 12=6(cm)$

$\therefore \square MBCN=\dfrac{1}{2}\times(6+12)\times 8=72(cm^2)$

03 △AFC에서 $\overline{AE}=\overline{EF}$, $\overline{AD}=\overline{DC}$이므로 $\overline{ED}/\!/\overline{FC}$

$\therefore \overline{FC}=2\overline{ED}=2\times 6=12(cm)$

△BDE에서 $\overline{BF}=\overline{FE}$, $\overline{FG}/\!/\overline{ED}$이므로 $\overline{BG}=\overline{GD}$

$\therefore \overline{FG}=\dfrac{1}{2}\overline{ED}=\dfrac{1}{2}\times 6=3(cm)$

$\therefore \overline{GC}=\overline{FC}-\overline{FG}=12-3=9(cm)$

04 △ABF에서 $\overline{AD}=\overline{DB}$, $\overline{AE}=\overline{EF}$이므로 $\overline{DE}/\!/\overline{BF}$

$\overline{DE}=x$ cm라 하면 $\overline{BF}=2\overline{DE}=2x(cm)$

△DCE에서 $\overline{CF}=\overline{FE}$, $\overline{GF}/\!/\overline{DE}$이므로 $\overline{CG}=\overline{GD}$

$\therefore \overline{GF}=\dfrac{1}{2}\overline{DE}=\dfrac{1}{2}x(cm)$

이때 $\overline{BG}=\overline{BF}-\overline{GF}=2x-\dfrac{1}{2}x=\dfrac{3}{2}x=15$이므로 $x=10$

$\therefore \overline{DE}=10$ cm

05 $\overline{AD}=\overline{DB}$, $\overline{BE}=\overline{EC}$, $\overline{CF}=\overline{FA}$이므로

$\overline{DE}=\dfrac{1}{2}\overline{AC}=\dfrac{1}{2}\times 10=5(cm)$

$\overline{EF}=\dfrac{1}{2}\overline{AB}=\dfrac{1}{2}\times 12=6(cm)$

$\overline{FD}=\dfrac{1}{2}\overline{BC}=\dfrac{1}{2}\times 16=8(cm)$

따라서 △DEF의 둘레의 길이는

$\overline{DE}+\overline{EF}+\overline{FD}=5+6+8=19(cm)$

다른풀이

($\triangle$DEF의 둘레의 길이)$=\dfrac{1}{2}\times$($\triangle$ABC의 둘레의 길이)

$\qquad\qquad\qquad\qquad=\dfrac{1}{2}\times(12+16+10)=19\,(\text{cm})$

06 $\overline{\text{AD}}=\overline{\text{DB}}$, $\overline{\text{BE}}=\overline{\text{EC}}$, $\overline{\text{CF}}=\overline{\text{FA}}$이므로

$\overline{\text{AB}}=2\overline{\text{EF}}=2\times6=12\,(\text{cm})$

$\overline{\text{BC}}=2\overline{\text{DF}}=2\times5=10\,(\text{cm})$

$\overline{\text{CA}}=2\overline{\text{DE}}=2\times4=8\,(\text{cm})$

따라서 $\triangle$ABC의 둘레의 길이는

$\overline{\text{AB}}+\overline{\text{BC}}+\overline{\text{CA}}=12+10+8=30\,(\text{cm})$

다른풀이

($\triangle$ABC의 둘레의 길이)$=2\times$($\triangle$DEF의 둘레의 길이)

$\qquad\qquad\qquad\qquad=2\times(5+4+6)=30\,(\text{cm})$

07 $\overline{\text{AD}}/\!/\overline{\text{BC}}$, $\overline{\text{AM}}=\overline{\text{MB}}$, $\overline{\text{DN}}=\overline{\text{NC}}$이므로 $\overline{\text{AD}}/\!/\overline{\text{MN}}/\!/\overline{\text{BC}}$

$\triangle$ABC에서 $\overline{\text{AM}}=\overline{\text{MB}}$, $\overline{\text{MQ}}/\!/\overline{\text{BC}}$이므로

$\overline{\text{MQ}}=\dfrac{1}{2}\overline{\text{BC}}=\dfrac{1}{2}\times14=7\,(\text{cm})$

$\therefore\ \overline{\text{MP}}=\overline{\text{MQ}}-\overline{\text{PQ}}=7-3=4\,(\text{cm})$

따라서 $\triangle$ABD에서 $\overline{\text{AM}}=\overline{\text{MB}}$, $\overline{\text{AD}}/\!/\overline{\text{MP}}$이므로

$\overline{\text{AD}}=2\overline{\text{MP}}=2\times4=8\,(\text{cm})$

08 ① $\overline{\text{AD}}/\!/\overline{\text{BC}}$, $\overline{\text{AM}}=\overline{\text{MB}}$, $\overline{\text{DN}}=\overline{\text{NC}}$이므로

$\overline{\text{AD}}/\!/\overline{\text{MN}}/\!/\overline{\text{BC}}$

② $\triangle$ABD에서 $\overline{\text{AM}}=\overline{\text{MB}}$, $\overline{\text{AD}}/\!/\overline{\text{MP}}$이므로

$\overline{\text{MP}}=\dfrac{1}{2}\overline{\text{AD}}=\dfrac{1}{2}\times20=10\,(\text{cm})$

③ $\triangle$DBC에서 $\overline{\text{DN}}=\overline{\text{NC}}$, $\overline{\text{PN}}/\!/\overline{\text{BC}}$이므로

$\overline{\text{PN}}=\dfrac{1}{2}\overline{\text{BC}}=\dfrac{1}{2}\times30=15\,(\text{cm})$

④ $\overline{\text{MN}}=\overline{\text{MP}}+\overline{\text{PN}}=10+15=25\,(\text{cm})$

⑤ $\triangle$ACD에서 $\overline{\text{DN}}=\overline{\text{NC}}$, $\overline{\text{AD}}/\!/\overline{\text{QN}}$이므로

$\overline{\text{QN}}=\dfrac{1}{2}\overline{\text{AD}}=\dfrac{1}{2}\times20=10\,(\text{cm})$

$\therefore\ \overline{\text{PQ}}=\overline{\text{PN}}-\overline{\text{QN}}=15-10=5\,(\text{cm})$

따라서 옳지 않은 것은 ⑤이다.

09 $9:x=6:(6+8)$이므로 $9:x=3:7$ $\qquad\therefore\ x=21$

$6:8=y:10$이므로 $3:4=y:10$ $\qquad\therefore\ y=\dfrac{15}{2}$

$\therefore\ x+y=21+\dfrac{15}{2}=\dfrac{57}{2}$

10 $x:9=10:(16-10)$이므로 $x:9=5:3$ $\qquad\therefore\ x=15$

$10:16=8:y$이므로 $5:8=8:y$ $\qquad\therefore\ y=\dfrac{64}{5}$

$\therefore\ xy=15\times\dfrac{64}{5}=192$

11 $\overline{\text{GF}}=\overline{\text{HC}}=\overline{\text{AD}}=10\,\text{cm}$이므로

$\overline{\text{BH}}=18-10=8\,(\text{cm})$

$\triangle$ABH에서 $\overline{\text{EG}}/\!/\overline{\text{BH}}$이므로

$\overline{\text{AE}}:\overline{\text{AB}}=\overline{\text{EG}}:\overline{\text{BH}}$

$6:(6+10)=x:8$, $3:8=x:8$ $\qquad\therefore\ x=3$

$\overline{\text{EF}}=\overline{\text{EG}}+\overline{\text{GF}}=3+10=13\,(\text{cm})$이므로 $y=13$

$\therefore\ x+y=3+13=16$

12 $\overline{\text{AD}}/\!/\overline{\text{EF}}/\!/\overline{\text{BC}}$이므로 $\overline{\text{AE}}:\overline{\text{EB}}=\overline{\text{DF}}:\overline{\text{FC}}$에서

$x:5=(12-4):4$, $x:5=2:1$ $\qquad\therefore\ x=10$

오른쪽 그림과 같이 $\overline{\text{AC}}$를 그어

$\overline{\text{EF}}$와 만나는 점을 G라 하자.

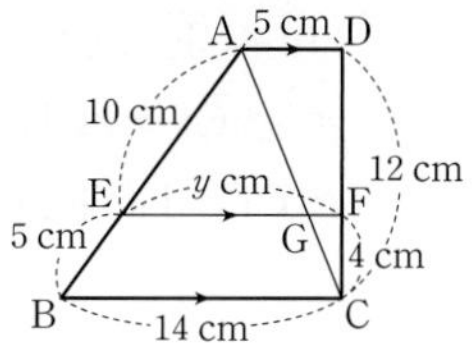

$\triangle$ABC에서 $\overline{\text{EG}}/\!/\overline{\text{BC}}$이므로

$\overline{\text{AE}}:\overline{\text{AB}}=\overline{\text{EG}}:\overline{\text{BC}}$

$10:(10+5)=\overline{\text{EG}}:14$

$2:3=\overline{\text{EG}}:14$ $\qquad\therefore\ \overline{\text{EG}}=\dfrac{28}{3}\,(\text{cm})$

$\triangle$ACD에서 $\overline{\text{AD}}/\!/\overline{\text{GF}}$이므로

$\overline{\text{CF}}:\overline{\text{CD}}=\overline{\text{GF}}:\overline{\text{AD}}$

$4:12=\overline{\text{GF}}:5$, $1:3=\overline{\text{GF}}:5$ $\qquad\therefore\ \overline{\text{GF}}=\dfrac{5}{3}\,(\text{cm})$

$\overline{\text{EF}}=\overline{\text{EG}}+\overline{\text{GF}}=\dfrac{28}{3}+\dfrac{5}{3}=11\,(\text{cm})$이므로 $y=11$

$\therefore\ x+y=10+11=21$

13 $\triangle$ABE∽$\triangle$CDE (AA 닮음)이므로

$\overline{\text{AE}}:\overline{\text{CE}}=\overline{\text{AB}}:\overline{\text{CD}}=6:9=2:3$

$\triangle$ABC에서 $\overline{\text{AB}}/\!/\overline{\text{EF}}$이므로

$\overline{\text{CE}}:\overline{\text{CA}}=\overline{\text{CF}}:\overline{\text{CB}}$

$3:(3+2)=\overline{\text{CF}}:10$, $3:5=\overline{\text{CF}}:10$ $\qquad\therefore\ \overline{\text{CF}}=6\,(\text{cm})$

14 $\triangle$ABE∽$\triangle$CDE (AA 닮음)이므로

$\overline{\text{AE}}:\overline{\text{CE}}=\overline{\text{AB}}:\overline{\text{CD}}=5:10=1:2$

$\triangle$ABC에서 $\overline{\text{AB}}/\!/\overline{\text{EF}}$이므로

$\overline{\text{CE}}:\overline{\text{CA}}=\overline{\text{EF}}:\overline{\text{AB}}$

$2:(2+1)=\overline{\text{EF}}:5$, $2:3=\overline{\text{EF}}:5$ $\qquad\therefore\ \overline{\text{EF}}=\dfrac{10}{3}\,(\text{cm})$

$\therefore\ \triangle$EBC$=\dfrac{1}{2}\times12\times\dfrac{10}{3}=20\,(\text{cm}^2)$

다른풀이

$\overline{\text{EF}}=\dfrac{5\times10}{5+10}=\dfrac{10}{3}\,(\text{cm})$이므로

$\triangle$EBC$=\dfrac{1}{2}\times12\times\dfrac{10}{3}=20\,(\text{cm}^2)$

한번더! 실력 확인하기 ──────┤52쪽├

01 ⑤	**02** 24 cm	**03** 27	**04** 12 cm
05 38	**06** 10 cm	**07** 8 cm	

01 $\triangle$ABF에서 $\overline{\text{DG}}:\overline{\text{BF}}=\overline{\text{AG}}:\overline{\text{AF}}$ ······ ㉠

$\triangle$AFC에서 $\overline{\text{GE}}:\overline{\text{FC}}=\overline{\text{AG}}:\overline{\text{AF}}$ ······ ㉡

㉠, ㉡에서 $\overline{\text{DG}}:\overline{\text{BF}}=\overline{\text{GE}}:\overline{\text{FC}}$이므로

$(12-\overline{\text{GE}}):5=\overline{\text{GE}}:10$

$120-10\overline{\text{GE}}=5\overline{\text{GE}}$, $15\overline{\text{GE}}=120$ $\qquad\therefore\ \overline{\text{GE}}=8\,(\text{cm})$

02 $\overline{AD}$가 ∠A의 이등분선이므로

$\overline{BD}:\overline{CD}=\overline{AB}:\overline{AC}=18:12=3:2$

$\therefore \overline{CD}=\dfrac{2}{5}\overline{BC}=\dfrac{2}{5}\times10=4(\text{cm})$

또, $\overline{AE}$가 ∠A의 외각의 이등분선이므로

$\overline{BE}:\overline{CE}=\overline{AB}:\overline{AC}=3:2$

$(10+\overline{CE}):\overline{CE}=3:2$

$20+2\overline{CE}=3\overline{CE}$ $\therefore \overline{CE}=20(\text{cm})$

$\therefore \overline{DE}=\overline{DC}+\overline{CE}=4+20=24(\text{cm})$

03 △AEG≡△CEF(ASA 합동)이므로

$\overline{GE}=\overline{FE}=6\text{ cm}$

이때 △DBF에서 $\overline{DA}=\overline{AB}$, $\overline{AG}\,/\!/\,\overline{BF}$이므로

$\overline{DG}=\overline{GF}=6+6=12(\text{cm})$

즉, $\overline{DE}=\overline{DG}+\overline{GE}=12+6=18(\text{cm})$이므로 $x=18$

또, $\overline{AG}=\dfrac{1}{2}\overline{BF}=\dfrac{1}{2}\times18=9(\text{cm})$이고

$\overline{CF}=\overline{AG}=9\text{ cm}$이므로 $y=9$

$\therefore x+y=18+9=27$

04 △ABD에서 $\overline{AP}=\overline{PD}$, $\overline{BQ}=\overline{QD}$이므로

$\overline{PQ}=\dfrac{1}{2}\overline{AB}=\dfrac{1}{2}\times12=6(\text{cm})$

△DBC에서 $\overline{BR}=\overline{RC}$, $\overline{BQ}=\overline{QD}$이고

$\overline{DC}=\overline{AB}=12\text{ cm}$이므로

$\overline{QR}=\dfrac{1}{2}\overline{DC}=\dfrac{1}{2}\times12=6(\text{cm})$

$\therefore \overline{PQ}+\overline{QR}=6+6=12(\text{cm})$

05 △ABC에서 $\overline{EG}\,/\!/\,\overline{BC}$이므로

$\overline{AE}:\overline{AB}=\overline{EG}:\overline{BC}$

$12:(12+6)=x:24$, $2:3=x:24$ $\therefore x=16$

또, $\overline{CF}:\overline{FD}=\overline{BE}:\overline{EA}=6:12=1:2$이고

△ACD에서 $\overline{AD}\,/\!/\,\overline{GF}$이므로

$\overline{CF}:\overline{CD}=\overline{GF}:\overline{AD}$

$1:(1+2)=\overline{GF}:18$, $1:3=\overline{GF}:18$ $\therefore \overline{GF}=6(\text{cm})$

이때 $\overline{EF}=\overline{EG}+\overline{GF}=16+6=22(\text{cm})$이므로 $y=22$

$\therefore x+y=16+22=38$

06 △ABC에서 $\overline{EH}\,/\!/\,\overline{BC}$이므로

$\overline{AE}:\overline{AB}=\overline{EH}:\overline{BC}$

$8:(8+6)=\overline{EH}:28$, $4:7=\overline{EH}:28$ $\therefore \overline{EH}=16(\text{cm})$

△ABD에서 $\overline{AD}\,/\!/\,\overline{EG}$이므로

$\overline{BE}:\overline{BA}=\overline{EG}:\overline{AD}$

$6:(6+8)=\overline{EG}:14$, $3:7=\overline{EG}:14$ $\therefore \overline{EG}=6(\text{cm})$

$\therefore \overline{GH}=\overline{EH}-\overline{EG}=16-6=10(\text{cm})$

07 △AEB∽△DEC(AA 닮음)이므로

$\overline{BE}:\overline{CE}=\overline{AB}:\overline{DC}=12:18=2:3$

따라서 △BCD에서 $\overline{EF}\,/\!/\,\overline{CD}$이므로

$\overline{BE}:\overline{BC}=\overline{BF}:\overline{BD}$

$2:(2+3)=\overline{BF}:20$, $2:5=\overline{BF}:20$ $\therefore \overline{BF}=8(\text{cm})$

한번 더 개념 확인문제 ──────────────| 53쪽 |

01 25 cm^2

02 (1) $x=12, y=18$ (2) $x=7, y=8$
     (3) $x=8, y=12$ (4) $x=10, y=6$

03 (1) 6 cm (2) 2 cm

04 (1) 2 cm^2 (2) 4 cm^2 (3) 4 cm^2 (4) 8 cm^2

05 (1) 16 cm (2) 8 cm

06 4 cm^2

01 $\overline{AD}$가 △ABC의 중선이므로

$\triangle ABD=\dfrac{1}{2}\triangle ABC=\dfrac{1}{2}\times50=25(\text{cm}^2)$

02 (1) $x:6=2:1$ $\therefore x=12$

$y:9=2:1$ $\therefore y=18$

(2) $\overline{BD}=\overline{CD}$이므로 $x=7$

$y:12=2:3$이므로 $3y=24$ $\therefore y=8$

(3) $\overline{AE}=\dfrac{1}{2}\overline{AB}$이므로 $x=\dfrac{1}{2}\times16=8$

$8:y=2:3$이므로 $2y=24$ $\therefore y=12$

(4) $x:5=2:1$ $\therefore x=10$

$y:9=2:3$이므로 $3y=18$ $\therefore y=6$

03 (1) 점 G는 △ABC의 무게중심이므로

$\overline{GD}=\dfrac{1}{2}\overline{AG}=\dfrac{1}{2}\times12=6(\text{cm})$

(2) 점 G'은 △GBC의 무게중심이므로

$\overline{G'D}=\dfrac{1}{3}\overline{GD}=\dfrac{1}{3}\times6=2(\text{cm})$

04 (1) $\triangle GFB=\dfrac{1}{6}\triangle ABC=\dfrac{1}{6}\times12=2(\text{cm}^2)$

(2) $\triangle GCA=\dfrac{1}{3}\triangle ABC=\dfrac{1}{3}\times12=4(\text{cm}^2)$

(3) $\triangle GDC=\triangle GCE=\dfrac{1}{6}\triangle ABC=\dfrac{1}{6}\times12=2(\text{cm}^2)$

따라서 색칠한 부분의 넓이는 $2+2=4(\text{cm}^2)$

(4) $\triangle ABG=\triangle GBC=\dfrac{1}{3}\triangle ABC=\dfrac{1}{3}\times12=4(\text{cm}^2)$

따라서 색칠한 부분의 넓이는 $4+4=8(\text{cm}^2)$

05 (1) 두 점 P, Q는 각각 △ABC, △ACD의 무게중심이므로

$\overline{BP}:\overline{PO}=2:1$, $\overline{DQ}:\overline{QO}=2:1$

이때 $\overline{BO}=\overline{DO}$이므로 $\overline{BP}=\overline{PQ}=\overline{QD}$

$\therefore \overline{QD}=\dfrac{1}{3}\overline{BD}=\dfrac{1}{3}\times48=16(\text{cm})$

(2) $\overline{BO}=\overline{DO}=\dfrac{1}{2}\overline{BD}=\dfrac{1}{2}\times48=24(\text{cm})$

점 Q는 △ACD의 무게중심이므로

$\overline{OQ}=\dfrac{1}{3}\overline{DO}=\dfrac{1}{3}\times24=8(\text{cm})$

06 점 P는 △ABC의 무게중심이므로

$$\triangle APO = \frac{1}{6}\triangle ABC = \frac{1}{6}\times\frac{1}{2}\square ABCD$$
$$= \frac{1}{12}\square ABCD = \frac{1}{12}\times 48 = 4(\text{cm}^2)$$

한번더!
개념 완성하기 ──────────────── |54쪽~56쪽|

01 8 cm²	**02** 66 cm²	**03** ⑤	**04** ③
05 6 cm	**06** 12 cm	**07** 8 cm	**08** 18 cm
09 ①	**10** ②	**11** 39 cm²	**12** 3 cm²
13 7 cm²	**14** ④	**15** 14 cm	**16** 12 cm
17 ③	**18** 16 cm²		

01 $\overline{BD}$가 △ABC의 중선이므로

$$\triangle ABD = \frac{1}{2}\triangle ABC = \frac{1}{2}\times 32 = 16(\text{cm}^2)$$

$\overline{DE}$가 △ABD의 중선이므로

$$\triangle EBD = \frac{1}{2}\triangle ABD = \frac{1}{2}\times 16 = 8(\text{cm}^2)$$

02 $\overline{DE}=\overline{EF}=\overline{FC}$이므로

$$\triangle ADC = 3\triangle AEF = 3\times 11 = 33(\text{cm}^2)$$

$\overline{CD}$가 △ABC의 중선이므로

$$\triangle ABC = 2\triangle ADC = 2\times 33 = 66(\text{cm}^2)$$

03 점 G는 △ABC의 무게중심이므로

$\overline{BM}=\overline{MC}$ ∴ $x=12$

△AGE∽△AMC (AA 닮음)이므로

$\overline{AG}:\overline{AM}=\overline{GE}:\overline{MC}$에서

$2:3=y:12$ ∴ $y=8$

∴ $x+y=12+8=20$

04 점 G는 △ABC의 무게중심이므로

$$\overline{MC}=\frac{1}{2}\overline{BC}=\frac{1}{2}\times 36 = 18(\text{cm})$$

△AGE∽△AMC (AA 닮음)이므로

$\overline{AG}:\overline{AM}=\overline{GE}:\overline{MC}$에서

$2:3=x:18$ ∴ $x=12$

$\overline{AG}:\overline{GM}=\overline{AE}:\overline{EC}$에서

$2:1=y:5$ ∴ $y=10$

∴ $x+y=12+10=22$

05 점 G는 △ABC의 무게중심이므로

$$\overline{BE}=3\overline{GE}=3\times 4=12(\text{cm})$$

△BCE에서 $\overline{BD}=\overline{DC}$, $\overline{BE}\,/\!/\,\overline{DF}$이므로

$$\overline{DF}=\frac{1}{2}\overline{BE}=\frac{1}{2}\times 12=6(\text{cm})$$

06 점 G는 △ABC의 무게중심이므로

$$\overline{AD}=\frac{3}{2}\overline{AG}=\frac{3}{2}\times 16 = 24(\text{cm})$$

△ABD에서 $\overline{BE}=\overline{EA}$, $\overline{BF}=\overline{FD}$이므로

$$\overline{EF}=\frac{1}{2}\overline{AD}=\frac{1}{2}\times 24=12(\text{cm})$$

07 직각삼각형 ABC에서 빗변의 중점 D는 △ABC의 외심이므로 $\overline{AD}=\overline{BD}=\overline{CD}=\frac{1}{2}\overline{BC}=\frac{1}{2}\times 24 = 12(\text{cm})$

이때 점 G는 △ABC의 무게중심이므로

$$\overline{AG}=\frac{2}{3}\overline{AD}=\frac{2}{3}\times 12=8(\text{cm})$$

08 점 G는 △ABC의 무게중심이므로

$$\overline{BD}=\frac{3}{2}\overline{BG}=\frac{3}{2}\times 6=9(\text{cm})$$

직각삼각형 ABC에서 빗변의 중점 D는 △ABC의 외심이므로 $\overline{AD}=\overline{CD}=\overline{BD}=9\,\text{cm}$

∴ $\overline{AC}=2\overline{AD}=2\times 9=18(\text{cm})$

09 점 G는 △ABC의 무게중심이므로

$$\overline{GD}=\frac{1}{3}\overline{AD}=\frac{1}{3}\times 45 = 15(\text{cm})$$

또, 점 G′은 △GBC의 무게중심이므로

$$\overline{G'D}=\frac{1}{3}\overline{GD}=\frac{1}{3}\times 15=5(\text{cm})$$

10 점 G′은 △GBC의 무게중심이므로

$$\overline{GD}=3\overline{G'D}=3\times 2=6(\text{cm})$$

또, 점 G는 △ABC의 무게중심이므로

$$\overline{AG}=2\overline{GD}=2\times 6=12(\text{cm})$$

11 오른쪽 그림과 같이 $\overline{BG}$를 그으면

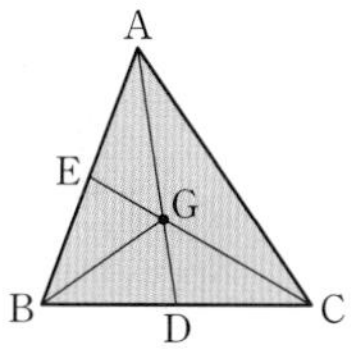

$\square EBDG = \triangle EBG + \triangle GBD$

$$= \frac{1}{6}\triangle ABC + \frac{1}{6}\triangle ABC$$
$$= \frac{1}{3}\triangle ABC$$

∴ $\triangle ABC = 3\square EBDG = 3\times 13 = 39(\text{cm}^2)$

12 점 G는 △ABC의 무게중심이므로

$$\triangle GBC = \frac{1}{3}\triangle ABC = \frac{1}{3}\times 54 = 18(\text{cm}^2)$$

점 G′은 △GBC의 무게중심이므로

$$\triangle G'BD = \frac{1}{6}\triangle GBC = \frac{1}{6}\times 18 = 3(\text{cm}^2)$$

13 점 G는 △ABC의 무게중심이므로

$\overline{BG}:\overline{GE}=2:1$에서

$$\triangle EGC = \frac{1}{2}\triangle GBC = \frac{1}{2}\times 28 = 14(\text{cm}^2)$$

또, $\overline{CG}:\overline{GD}=2:1$이므로

$$\triangle DGE = \frac{1}{2}\triangle EGC = \frac{1}{2}\times 14 = 7(\text{cm}^2)$$

14 점 G는 △ABC의 무게중심이므로

$\overline{BG}:\overline{GE}=2:1$에서

$$\triangle GBD = 2\triangle GDE = 2\times 3 = 6(\text{cm}^2)$$

∴ $\triangle ABC = 6\triangle GBD = 6\times 6 = 36(\text{cm}^2)$

15 $\triangle BCD$에서 $\overline{BM}=\overline{MC}$, $\overline{DN}=\overline{NC}$이므로

$\overline{BD}=2\overline{MN}=2\times21=42(cm)$

오른쪽 그림과 같이 $\overline{AC}$를 그어

$\overline{BD}$와 만나는 점을 O라 하면

두 점 P, Q는 각각 $\triangle ABC$,

$\triangle ACD$의 무게중심이므로

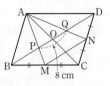

$\overline{BP}:\overline{PO}=2:1$, $\overline{DQ}:\overline{QO}=2:1$

이때 $\overline{BO}=\overline{DO}$이므로 $\overline{BP}=\overline{PQ}=\overline{QD}$

$\therefore \overline{PQ}=\dfrac{1}{3}\overline{BD}=\dfrac{1}{3}\times42=14(cm)$

16 오른쪽 그림과 같이 $\overline{AC}$를 그어

$\overline{BD}$와 만나는 점을 O라 하면

두 점 P, Q는 각각 $\triangle ABC$, $\triangle ACD$

의 무게중심이므로

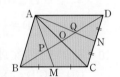

$\overline{BP}:\overline{PO}=2:1$, $\overline{DQ}:\overline{QO}=2:1$

이때 $\overline{BO}=\overline{DO}$이므로 $\overline{BP}=\overline{PQ}=\overline{QD}$

$\therefore \overline{BD}=3\overline{PQ}=3\times8=24(cm)$

$\triangle BCD$에서 $\overline{BM}=\overline{MC}$, $\overline{DN}=\overline{NC}$이므로

$\overline{MN}=\dfrac{1}{2}\overline{BD}=\dfrac{1}{2}\times24=12(cm)$

17 오른쪽 그림과 같이 $\overline{AC}$를 그어

$\overline{BD}$와 만나는 점을 O라 하면

두 점 P, Q는 각각 $\triangle ABC$,

$\triangle ACD$의 무게중심이므로

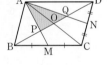

$\overline{BP}:\overline{PO}=2:1$, $\overline{DQ}:\overline{QO}=2:1$

이때 $\overline{BO}=\overline{DO}$이므로 $\overline{BP}=\overline{PQ}=\overline{QD}$

$\therefore \square ABCD=2\triangle ABD=2\times3\triangle APQ$

$\qquad =6\triangle APQ=6\times14=84(cm^2)$

18 오른쪽 그림과 같이 $\overline{AC}$를 그어 $\overline{BD}$

와 만나는 점을 O라 하면

두 점 P, Q는 각각 $\triangle ABC$, $\triangle ACD$

의 무게중심이므로

$\overline{BP}:\overline{PO}=2:1$, $\overline{DQ}:\overline{QO}=2:1$

이때 $\overline{BO}=\overline{DO}$이므로 $\overline{BP}=\overline{PQ}=\overline{QD}$

$\therefore \triangle APQ=\dfrac{1}{3}\triangle ABD$

$\qquad =\dfrac{1}{3}\times\dfrac{1}{2}\square ABCD$

$\qquad =\dfrac{1}{6}\square ABCD=\dfrac{1}{6}\times96=16(cm^2)$

한번 더! 실력 확인하기 ──────── 57쪽

01 ④	**02** 6 cm	**03** ②	**04** 3 cm²
05 ③	**06** ④		

01 점 G는 $\triangle ABC$의 무게중심이므로

$\overline{DC}=\overline{BD}=15 cm$

$\triangle AGF\backsim\triangle ADC$ (AA 닮음)이므로

$\overline{AG}:\overline{AD}=\overline{GF}:\overline{DC}$에서

$2:3=x:15$ $\therefore x=10$

$\overline{AG}:\overline{GD}=\overline{AF}:\overline{FC}$에서

$2:1=18:y$ $\therefore y=9$

$\therefore xy=10\times9=90$

02 두 점 G, G'은 각각 $\triangle ABD$, $\triangle ADC$의 무게중심이므로

$\overline{MN}=\overline{MD}+\overline{DN}=\dfrac{1}{2}\overline{BD}+\dfrac{1}{2}\overline{DC}$

$\qquad =\dfrac{1}{2}\times8+\dfrac{1}{2}\times10=4+5=9(cm)$

$\triangle AGG'$과 $\triangle AMN$에서

$\overline{AG}:\overline{AM}=\overline{AG'}:\overline{AN}=2:3$, $\angle GAG'$은 공통

$\therefore \triangle AGG'\backsim\triangle AMN$ (SAS 닮음)

따라서 $\overline{GG'}:\overline{MN}=\overline{AG}:\overline{AM}=2:3$이므로

$\overline{GG'}:9=2:3$ $\therefore \overline{GG'}=6(cm)$

03 $\triangle AED$에서 $\overline{AG}:\overline{GD}=2:1$이므로

$\triangle EDG=\dfrac{1}{2}\triangle AEG=\dfrac{1}{2}\times20=10(cm^2)$

$\triangle ABD$에서 $\overline{AE}:\overline{EB}=\overline{AG}:\overline{GD}=2:1$이므로

$\triangle EBD=\dfrac{1}{2}\triangle AED$

$\qquad =\dfrac{1}{2}(\triangle AEG+\triangle EDG)$

$\qquad =\dfrac{1}{2}\times(20+10)=15(cm^2)$

04 $\triangle GBD=\dfrac{1}{6}\triangle ABC=\dfrac{1}{6}\times72=12(cm^2)$

$\triangle GBD$와 $\triangle GEF$에서

$\angle BGD=\angle EGF$ (맞꼭지각), $\angle GBD=\angle GEF$ (엇각)

$\therefore \triangle GBD\backsim\triangle GEF$ (AA 닮음)

$\triangle GBD$와 $\triangle GEF$의 닮음비는 $\overline{GB}:\overline{GE}=2:1$이므로

넓이의 비는 $2^2:1^2=4:1$

따라서 $12:\triangle FGE=4:1$이므로 $\triangle FGE=3(cm^2)$

05 ① $\overline{AG}=2\overline{GD}=2\times3\overline{G'D}=6\overline{G'D}$

$\qquad \therefore \overline{AG}:\overline{G'D}=6:1$

② $\overline{GG'}=\dfrac{2}{3}\overline{GD}$이므로 $\overline{GG'}:\overline{GD}=2:3$

③, ④ $\overline{GG'}=\dfrac{2}{3}\overline{GD}=\dfrac{2}{3}\times\dfrac{1}{3}\overline{AD}=\dfrac{2}{9}\overline{AD}$

$\qquad \therefore \overline{AD}:\overline{GG'}=\overline{AD}:\dfrac{2}{9}\overline{AD}=9:2$

즉, $\triangle ABD:\triangle GBG'=9:2$이므로

$\triangle GBG'=\dfrac{2}{9}\triangle ABD$

⑤ $\triangle G'BD=\dfrac{1}{6}\triangle GBC=\dfrac{1}{6}\times\dfrac{1}{3}\triangle ABC=\dfrac{1}{18}\triangle ABC$

따라서 옳지 않은 것은 ③이다.

Self 코칭

점 G가 △ABC의 무게중심이고 점 G′이
△GBC의 무게중심일 때

① $\overline{GD}=\dfrac{1}{3}\overline{AD}$

② $\overline{GG'}=\dfrac{2}{3}\overline{GD}=\dfrac{2}{9}\overline{AD}$

06 ① 두 점 M, N은 각각 $\overline{BC}$, $\overline{CD}$의 중점이므로 $\overline{BD}\,/\!/\,\overline{MN}$

②, ⑤ 두 점 P, Q는 각각 △ABC, △ACD의 무게중심이므로
$\overline{BP}=\overline{PQ}=\overline{QD}$, $\overline{PQ}:\overline{MN}=\overline{AP}:\overline{AM}=2:3$

③ $\square OCNQ=\dfrac{1}{3}\triangle ACD=\dfrac{1}{3}\times\dfrac{1}{2}\square ABCD$

$\qquad\qquad=\dfrac{1}{6}\square ABCD$

$\therefore 6\square OCNQ=\square ABCD$

따라서 옳지 않은 것은 ④이다.

실전! 중단원 마무리 ───58쪽~59쪽───

01 22	**02** 2 cm	**03** ②	**04** 2 cm
05 ④	**06** ④	**07** ③	**08** ③

09 36 cm

서술형 문제 ─────

10 18 cm   **11** 4 cm²

01 $\overline{AG}:\overline{AE}=\overline{AF}:\overline{AD}$이므로

$8:12=12:x$, $2:3=12:x$ ∴ $x=18$

또, $\overline{AD}:\overline{DB}=\overline{AE}:\overline{EC}$이므로

$18:6=12:y$, $3:1=12:y$ ∴ $y=4$

$\therefore x+y=18+4=22$

02 $\overline{AB}:\overline{AC}=\overline{BD}:\overline{CD}$이므로

$7:6=(\overline{BC}+12):12$, $6\overline{BC}+72=84$

$6\overline{BC}=12$ ∴ $\overline{BC}=2(cm)$

03 $\triangle ABC=\dfrac{1}{2}\times12\times9=54(cm^2)$

이때 $\overline{BD}:\overline{CD}=\overline{AB}:\overline{AC}=15:9=5:3$이므로

$\triangle ABD=\dfrac{5}{8}\triangle ABC=\dfrac{5}{8}\times54=\dfrac{135}{4}(cm^2)$

04 △ABC에서 $\overline{AM}=\overline{MB}$, $\overline{MN}\,/\!/\,\overline{BC}$이므로

$\overline{BC}=2\overline{MN}=2\times12=24(cm)$

△DBC에서 $\overline{DQ}=\overline{QC}$, $\overline{PQ}\,/\!/\,\overline{BC}$이므로

$\overline{PQ}=\dfrac{1}{2}\overline{BC}=\dfrac{1}{2}\times24=12(cm)$

$\therefore \overline{PR}=\overline{PQ}-\overline{RQ}=12-10=2(cm)$

05 $6:18=5:x$이므로 $1:3=5:x$ ∴ $x=15$

$6:18=y:12$이므로 $1:3=y:12$ ∴ $y=4$

$\therefore x+y=15+4=19$

06 ①, ② △AOD와 △COB에서

$\angle OAD=\angle OCB$(엇각), $\angle ODA=\angle OBC$(엇각)

$\therefore \triangle AOD\backsim\triangle COB$(AA 닮음)

③ $\overline{OD}:\overline{OB}=\overline{AD}:\overline{CB}=10:15=2:3$

④ △ABC에서

$\overline{AO}:\overline{AC}=\overline{EO}:\overline{BC}$이므로

$2:(2+3)=\overline{EO}:15$ ∴ $\overline{EO}=6(cm)$

⑤ △ACD에서

$\overline{CO}:\overline{CA}=\overline{OF}:\overline{AD}$이므로

$3:(3+2)=\overline{OF}:10$ ∴ $\overline{OF}=6(cm)$

$\therefore \overline{EF}=\overline{EO}+\overline{OF}=6+6=12(cm)$

따라서 옳지 않은 것은 ④이다.

07 $\overline{CN}$이 △AMC의 중선이므로

$\triangle AMC=2\triangle NMC=2\times8=16(cm^2)$

$\overline{AM}$이 △ABC의 중선이므로

$\triangle ABC=2\triangle AMC=2\times16=32(cm^2)$

08 ③ △ABC가 정삼각형일 때만 $\overline{AG}=\overline{BG}=\overline{CG}$이다.

09 △AGG′과 △AEF에서

$\overline{AG}:\overline{AE}=\overline{AG'}:\overline{AF}=2:3$, ∠GAG′은 공통

$\therefore \triangle AGG'\backsim\triangle AEF$(SAS 닮음)

$\overline{GG'}:\overline{EF}=\overline{AG}:\overline{AE}$이므로

$12:\overline{EF}=2:3$ ∴ $\overline{EF}=18(cm)$

$\therefore \overline{BD}=2\overline{EF}=2\times18=36(cm)$

10 $\square ARSD$에서

$\overline{PQ}=\dfrac{1}{2}(\overline{AD}+\overline{RS})=\dfrac{1}{2}\times(9+15)=12(cm)$ ⋯⋯❶

또, $\square PBCQ$에서 $\overline{RS}=\dfrac{1}{2}(\overline{PQ}+\overline{BC})$이므로

$15=\dfrac{1}{2}\times(12+\overline{BC})$, $12+\overline{BC}=30$

$\therefore \overline{BC}=18(cm)$ ⋯⋯❷

채점 기준	배점
❶ $\overline{PQ}$의 길이 구하기	3점
❷ $\overline{BC}$의 길이 구하기	3점

11 $\triangle ADC=\dfrac{1}{2}\triangle ABC=\dfrac{1}{2}\times36=18(cm^2)$ ⋯⋯❶

△ADC에서

$\overline{AF}:\overline{FC}=\overline{AG}:\overline{GD}=2:1$이므로

$\triangle ADF=\dfrac{2}{3}\triangle ADC=\dfrac{2}{3}\times18=12(cm^2)$ ⋯⋯❷

따라서 △ADF에서 $\overline{AG}:\overline{GD}=2:1$이므로

$\triangle GDF=\dfrac{1}{3}\triangle ADF=\dfrac{1}{3}\times12=4(cm^2)$ ⋯⋯❸

채점 기준	배점
❶ △ADC의 넓이 구하기	2점
❷ △ADF의 넓이 구하기	2점
❸ △GDF의 넓이 구하기	2점

01 피타고라스 정리

한번 더 개념 확인문제 ———————60쪽

01 (1) 3　(2) 12　(3) 15　(4) 8

02 (1) 9 cm²　(2) 16 cm²　(3) 25 cm²

03 ㄴ, ㄷ

04 (1) 80　(2) 36　(3) 44

05 (1) 58　(2) 25　(3) 33

06 (1) 16 cm²　(2) 12 cm²

---

01 (1) $5^2=4^2+x^2$, $x^2=9$

　　　이때 $x>0$이므로 $x=3$

　(2) $13^2=x^2+5^2$, $x^2=144$

　　　이때 $x>0$이므로 $x=12$

　(3) $x^2=12^2+9^2=225$

　　　이때 $x>0$이므로 $x=15$

　(4) $17^2=x^2+15^2$, $x^2=64$

　　　이때 $x>0$이므로 $x=8$

02 (1) □ACDE$=3\times3=9(\text{cm}^2)$

　(2) □BHIC$=4\times4=16(\text{cm}^2)$

　(3) □AFGB$=$□ACDE$+$□BHIC$=9+16=25(\text{cm}^2)$

03 ㄱ. $5^2\ne2^2+4^2$이므로 직각삼각형이 아니다.

　ㄴ. $5^2=3^2+4^2$이므로 직각삼각형이다.

　ㄷ. $10^2=6^2+8^2$이므로 직각삼각형이다.

　ㄹ. $13^2\ne8^2+12^2$이므로 직각삼각형이 아니다.

　따라서 직각삼각형인 것은 ㄴ, ㄷ이다.

04 (1) $(\overline{AD}^2+\overline{AE}^2)+(\overline{AB}^2+\overline{AC}^2)=\overline{DE}^2+\overline{BC}^2=4^2+8^2=80$

　(2) $\overline{AB}^2+\overline{AE}^2=\overline{BE}^2=6^2=36$

　(3) $\overline{CD}^2=\overline{AD}^2+\overline{AC}^2$

　　　$=(\overline{AD}^2+\overline{AE}^2+\overline{AB}^2+\overline{AC}^2)-(\overline{AB}^2+\overline{AE}^2)$

　　　$=80-36=44$

05 (1) $\overline{AO}^2+\overline{BO}^2+\overline{CO}^2+\overline{DO}^2$

　　　$=(\overline{AO}^2+\overline{BO}^2)+(\overline{CO}^2+\overline{DO}^2)$

　　　$=\overline{AB}^2+\overline{CD}^2=3^2+7^2=58$

　(2) $\overline{AO}^2+\overline{DO}^2=\overline{AD}^2=5^2=25$

　(3) $\overline{BC}^2=\overline{OB}^2+\overline{OC}^2$

　　　$=(\overline{AO}^2+\overline{BO}^2+\overline{CO}^2+\overline{DO}^2)-(\overline{AO}^2+\overline{DO}^2)$

　　　$=58-25=33$

06 (1) (색칠한 부분의 넓이)

　　　$=(\overline{AB}$를 지름으로 하는 반원의 넓이)

　　　$=(\overline{BC}$를 지름으로 하는 반원의 넓이)

　　　　　　$+(\overline{AC}$를 지름으로 하는 반원의 넓이)

　　　$=10+6=16(\text{cm}^2)$

---

　(2) (색칠한 부분의 넓이)

　　　$=(\overline{AC}$를 지름으로 하는 반원의 넓이)

　　　$=(\overline{BC}$를 지름으로 하는 반원의 넓이)

　　　　　　$-(\overline{AB}$를 지름으로 하는 반원의 넓이)

　　　$=30-18=12(\text{cm}^2)$

개념 완성하기 ———————61쪽~62쪽

01 $x=12$, $y=5$　　**02** $x=6$, $y=17$

03 12 cm　**04** 18 cm　**05** 7 cm　**06** 9 cm²

07 100 cm²　**08** 289 cm²　**09** ㄴ, ㄹ　**10** ③, ④

11 8 cm　**12** 27　**13** 13　**14** 12 cm

15 25π　**16** 24 cm²

---

01 △ABD에서 $20^2=x^2+16^2$, $x^2=144$

　이때 $x>0$이므로 $x=12$

　△ADC에서 $13^2=12^2+y^2$, $y^2=25$

　이때 $y>0$이므로 $y=5$

02 △ADC에서 $10^2=8^2+x^2$, $x^2=36$

　이때 $x>0$이므로 $x=6$

　△ABC에서 $y^2=(9+6)^2+8^2=289$

　이때 $y>0$이므로 $y=17$

03 오른쪽 그림과 같이 점 A에서 $\overline{BC}$에 내린 수선의 발을 H라 하면

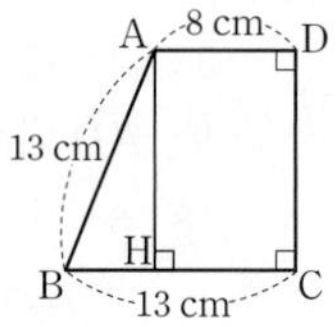

　$\overline{HC}=\overline{AD}=8$ cm이므로

　$\overline{BH}=\overline{BC}-\overline{HC}=13-8=5(\text{cm})$

　△ABH에서 $13^2=\overline{AH}^2+5^2$, $\overline{AH}^2=144$

　이때 $\overline{AH}>0$이므로 $\overline{AH}=12(\text{cm})$

　∴ $\overline{DC}=\overline{AH}=12$ cm

04 오른쪽 그림과 같이 점 D에서 $\overline{BC}$에 내린 수선의 발을 H라 하면

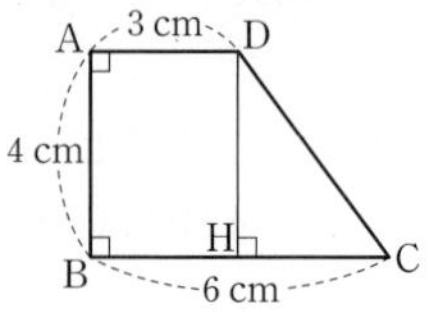

　$\overline{DH}=\overline{AB}=4$ cm,

　$\overline{BH}=\overline{AD}=3$ cm이므로

　$\overline{HC}=\overline{BC}-\overline{BH}=6-3=3(\text{cm})$

　△DHC에서 $\overline{DC}^2=4^2+3^2=25$

　이때 $\overline{DC}>0$이므로 $\overline{DC}=5(\text{cm})$

　따라서 사다리꼴 ABCD의 둘레의 길이는

　$4+6+5+3=18(\text{cm})$

05 □BFGC$=$□BADE$+$□CHIA

　　　$=32+17=49(\text{cm}^2)$

　□BFGC는 한 변의 길이가 $\overline{BC}$인 정사각형이므로

　$\overline{BC}^2=49$

　이때 $\overline{BC}>0$이므로 $\overline{BC}=7(\text{cm})$

06 △ABC에서 $5^2=4^2+\overline{AB}^2$, $\overline{AB}^2=9$

이때 $\overline{AB}>0$이므로 $\overline{AB}=3(cm)$

따라서

△EBA=△EBC=△ABF=△LBF

이므로

□BFML=□EBAD=$3^2=9(cm^2)$

07 △AEH에서 $\overline{EH}^2=6^2+8^2=100$

이때 $\overline{EH}>0$이므로 $\overline{EH}=10(cm)$

□EFGH는 한 변의 길이가 10 cm인 정사각형이므로

□EFGH=$10^2=100(cm^2)$

08 □EFGH가 정사각형이므로 $\overline{EH}^2=169$

△AEH에서 $\overline{EH}^2=5^2+\overline{AE}^2$이므로

$169=25+\overline{AE}^2$, $\overline{AE}^2=144$

이때 $\overline{AE}>0$이므로 $\overline{AE}=12(cm)$

따라서 □ABCD는 한 변의 길이가 $12+5=17(cm)$인 정사각형이므로 □ABCD=$17^2=289(cm^2)$

09 ㄱ. $6^2\neq3^2+5^2$ ㄴ. $13^2=5^2+12^2$

ㄷ. $13^2\neq6^2+8^2$ ㄹ. $17^2=8^2+15^2$

따라서 직각삼각형의 세 변의 길이가 될 수 있는 것은 ㄴ, ㄹ이다.

10 ① $5^2=3^2+4^2$ ② $10^2=6^2+8^2$

③ $13^2\neq7^2+12^2$ ④ $15^2\neq8^2+12^2$

⑤ $41^2=9^2+40^2$

따라서 직각삼각형이 아닌 것은 ③, ④이다.

11 $\angle C=90°$이므로 가장 긴 변의 길이는 $\overline{AB}=17\ cm$

나머지 한 변의 길이를 $x\ cm$라 하면

$17^2=15^2+x^2$, $x^2=64$

이때 $x>0$이므로 $x=8$

따라서 나머지 한 변의 길이는 8 cm이다.

12 $\overline{AP}^2+\overline{CP}^2=\overline{BP}^2+\overline{DP}^2$이므로

$6^2+4^2=5^2+\overline{DP}^2$ ∴ $\overline{DP}^2=27$

13 $\overline{AP}^2+\overline{CP}^2=\overline{BP}^2+\overline{DP}^2$이므로

$\overline{AP}^2+6^2=\overline{BP}^2+7^2$

∴ $\overline{AP}^2-\overline{BP}^2=13$

14 ($\overline{BC}$를 지름으로 하는 반원의 넓이)$=7\pi+11\pi=18\pi(cm^2)$

$\frac{1}{2}\times\pi\times\left(\frac{\overline{BC}}{2}\right)^2=18\pi$에서 $\frac{\overline{BC}^2}{8}=18$, $\overline{BC}^2=144$

이때 $\overline{BC}>0$이므로 $\overline{BC}=12(cm)$

15 $P+Q=R=\frac{1}{2}\times\pi\times\left(\frac{10}{2}\right)^2=\frac{25}{2}\pi$

∴ $P+Q+R=R+R=\frac{25}{2}\pi+\frac{25}{2}\pi=25\pi$

16 △ABC에서 $10^2=8^2+\overline{AC}^2$, $\overline{AC}^2=36$

이때 $\overline{AC}>0$이므로 $\overline{AC}=6(cm)$

∴ (색칠한 부분의 넓이)$=$△ABC$=\frac{1}{2}\times8\times6=24(cm^2)$

실력 확인하기 ─────── 63쪽

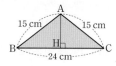

01 $108\ cm^2$ **02** $25\ cm$ **03** $17\ cm$ **04** $6\ cm^2$

05 ②   **06** $20\ cm$

01 오른쪽 그림과 같이 점 A에서 $\overline{BC}$에 내린 수선의 발을 H라 하면

$\overline{BH}=\overline{CH}=\frac{1}{2}\overline{BC}$

$=\frac{1}{2}\times24=12(cm)$

△ABH에서

$15^2=12^2+\overline{AH}^2$, $\overline{AH}^2=81$

이때 $\overline{AH}>0$이므로 $\overline{AH}=9(cm)$

∴ △ABC$=\frac{1}{2}\times24\times9$

$=108(cm^2)$

02 □ABCD의 넓이가 $225\ cm^2$이므로 $\overline{BC}^2=225$

이때 $\overline{BC}>0$이므로 $\overline{BC}=15(cm)$

□ECGF의 넓이가 $25\ cm^2$이므로 $\overline{CG}^2=25$

이때 $\overline{CG}>0$이므로 $\overline{CG}=5(cm)$

$\overline{AB}=\overline{BC}=15\ cm$이므로

△ABG에서

$\overline{AG}^2=15^2+(15+5)^2=625$

이때 $\overline{AG}>0$이므로 $\overline{AG}=25(cm)$

03 오른쪽 그림과 같이 두 점 A, D에서 $\overline{BC}$에 내린 수선의 발을 각각 H, H′이라 하면

$\overline{BH}=\overline{CH'}$

$=\frac{1}{2}\times(21-9)=6(cm)$

△ABH에서

$10^2=6^2+\overline{AH}^2$, $\overline{AH}^2=64$

이때 $\overline{AH}>0$이므로 $\overline{AH}=8(cm)$

$\overline{HC}=21-6=15(cm)$이므로

△AHC에서

$\overline{AC}^2=8^2+15^2=289$

이때 $\overline{AC}>0$이므로 $\overline{AC}=17(cm)$

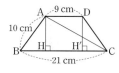

04 $\overline{BC}^2=$□BHIC$=16\ cm^2$이므로 $\overline{BC}^2=16$

이때 $\overline{BC}>0$이므로 $\overline{BC}=4(cm)$

$\overline{AB}^2=$□AFGB$=25\ cm^2$이므로 $\overline{AB}^2=25$

이때 $\overline{AB}>0$이므로 $\overline{AB}=5(cm)$

△ABC에서

$5^2=4^2+\overline{AC}^2$, $\overline{AC}^2=9$

이때 $\overline{AC}>0$이므로 $\overline{AC}=3(cm)$

∴ △ABC$=\frac{1}{2}\times4\times3=6(cm^2)$

05 $\angle A > 90°$이므로 가장 긴 변의 길이는 x cm이다.

삼각형이 되려면 가장 긴 변의 길이가 나머지 두 변의 길이의 합보다 작아야 하므로

$x < 5+6$에서 $x < 11$ ...... ㉠

또, $\angle A > 90°$이므로 $x^2 > 5^2+6^2$ ∴ $x^2 > 61$ ...... ㉡

㉠, ㉡에서 자연수 x는 8, 9, 10이므로 구하는 합은

$8+9+10=27$

06 $\overline{BC}$를 지름으로 하는 반원의 넓이가 32π cm²이므로

$\dfrac{1}{2} \times \pi \times \left(\dfrac{\overline{BC}}{2}\right)^2 = 32\pi$에서

$\dfrac{\overline{BC}^2}{8} = 32$, $\overline{BC}^2 = 256$

이때 $\overline{BC} > 0$이므로 $\overline{BC} = 16$(cm)

△ABC에서

$\overline{AC}^2 = 12^2 + 16^2 = 400$

이때 $\overline{AC} > 0$이므로 $\overline{AC} = 20$(cm)

![한번데! 실전! **중단원 마무리**] ────────── 64쪽~65쪽

01 96π cm³ **02** $x=5$, $y=4$ **03** ④ **04** 169 cm²

05 12 **06** 60 cm² **07** 134 **08** 23

09 72π cm² **10** ②

── 서술형 문제 ──

11 4 **12** 15 cm

01 회전체는 오른쪽 그림과 같은 원뿔이다.

△AOB에서

$10^2 = \overline{AO}^2 + 6^2$, $\overline{AO}^2 = 64$

이때 $\overline{AO} > 0$이므로 $\overline{AO} = 8$(cm)

따라서 회전체의 부피는

$\dfrac{1}{3} \times (\pi \times 6^2) \times 8 = 96\pi$(cm³)

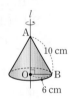

02 △ABC에서 $13^2 = x^2 + 12^2$, $x^2 = 25$

이때 $x > 0$이므로 $x = 5$

△ACD에서 $5^2 = y^2 + 3^2$, $y^2 = 16$

이때 $y > 0$이므로 $y = 4$

03 △ABC에서 $9^2 = \overline{AB}^2 + 5^2$,

$\overline{AB}^2 = 56$

즉, 정사각형 BADE의 넓이는

56 cm²이다.

∴ △ABF = △EBC = △EBA

$= \dfrac{1}{2}$□BADE

$= \dfrac{1}{2} \times 56 = 28$(cm²)

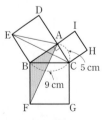

04

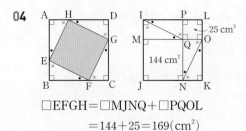

□EFGH = □MJNQ + □PQOL

$= 144 + 25 = 169$(cm²)

05 가장 긴 변의 길이가 15이므로 직각삼각형이 되려면

$15^2 = 9^2 + x^2$, $x^2 = 144$

이때 $x > 0$이므로 $x = 12$

06 $17^2 = 8^2 + 15^2$이므로 세 변의 길이가

8 cm, 15 cm, 17 cm인 삼각형은 빗변의 길이가 17 cm인 직각삼각형이다.

따라서 삼각형의 넓이는 $\dfrac{1}{2} \times 8 \times 15 = 60$(cm²)

07 △DBE에서 $\overline{DE}^2 = 5^2 + 3^2 = 34$

∴ $\overline{AE}^2 + \overline{CD}^2 = \overline{DE}^2 + \overline{AC}^2 = 34 + 10^2 = 134$

08 $\overline{AB}^2 + \overline{DC}^2 = \overline{AD}^2 + \overline{BC}^2$이므로

$6^2 + 6^2 = \overline{AD}^2 + 7^2$ ∴ $\overline{AD}^2 = 23$

09 $S_1 + S_2 = $(빗변을 지름으로 하는 반원의 넓이)

$= \dfrac{1}{2} \times \pi \times \left(\dfrac{24}{2}\right)^2 = 72\pi$(cm²)

10 색칠한 부분의 넓이는 △ABC의 넓이와 같으므로

$\dfrac{1}{2} \times 16 \times \overline{AC} = 96$ ∴ $\overline{AC} = 12$(cm)

△ABC에서

$\overline{BC}^2 = 16^2 + 12^2 = 400$

이때 $\overline{BC} > 0$이므로 $\overline{BC} = 20$(cm)

11 △PBA에서 $\overline{PB}^2 = 2^2 + 2^2 = 8$ ...... ❶

△PCB에서 $\overline{PC}^2 = \overline{PB}^2 + 2^2 = 8 + 2^2 = 12$ ...... ❷

△PDC에서 $\overline{PD}^2 = \overline{PC}^2 + 2^2 = 12 + 2^2 = 16$ ...... ❸

이때 $\overline{PD} > 0$이므로 $\overline{PD} = 4$ ...... ❹

채점 기준	배점
❶ $\overline{PB}^2$의 값 구하기	1점
❷ $\overline{PC}^2$의 값 구하기	1점
❸ $\overline{PD}^2$의 값 구하기	1점
❹ $\overline{PD}$의 길이 구하기	2점

12 오른쪽 전개도에서 구하는 최단 거리는 $\overline{AG}$의 길이이다. ...... ❶

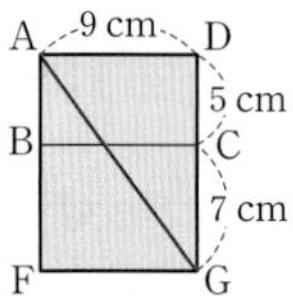

△AGD에서

$\overline{AG}^2 = \overline{AD}^2 + \overline{DG}^2 = 9^2 + (5+7)^2 = 225$

이때 $\overline{AG} > 0$이므로 $\overline{AG} = 15$(cm)

따라서 최단 거리는 15 cm이다. ...... ❷

채점 기준	배점
❶ 선이 지나는 면의 부분의 전개도 그리기	3점
❷ 최단 거리 구하기	3점

1 | 경우의 수

01 경우의 수

한번 더 개념 확인문제 ─── 66쪽 ─

01 (1) 3   (2) 3   (3) 2   (4) 2   (5) 3   (6) 2

02 (1) 6   (2) 2   (3) 8   **03** (1) 7   (2) 4

04 (1) 3   (2) 3   (3) 9   **05** (1) 4   (2) 36   (3) 12

06 (1) 6   (2) 6   (3) 12

---

01 (1) 1, 3, 5의 3가지
　(2) 2, 3, 5의 3가지
　(3) 1, 2의 2가지
　(4) 5, 6의 2가지
　(5) 1, 2, 4의 3가지
　(6) 3, 6의 2가지

02 (1) 3, 6, 9, 12, 15, 18의 6가지
　(2) 7, 14의 2가지
　(3) 6+2=8

03 (1) 3+4=7
　(2) 3 이하의 눈이 나오는 경우는 1, 2, 3의 3가지,
　　5보다 큰 수의 눈이 나오는 경우는 6의 1가지
　　따라서 구하는 경우의 수는
　　3+1=4

04 (1) 가위, 바위, 보의 3가지
　(2) 가위, 바위, 보의 3가지
　(3) 3×3=9

05 (1) 동전 1개를 던질 때 나오는 경우는 앞면, 뒷면의 2가지이
　　므로 구하는 경우의 수는
　　2×2=4
　(2) 주사위 1개를 던질 때 나오는 경우는 1, 2, 3, 4, 5, 6의
　　6가지이므로 구하는 경우의 수는
　　6×6=36
　(3) 동전 1개를 던질 때 나오는 경우는 2가지, 주사위 1개를 던
　　질 때 나오는 경우는 6가지이므로 구하는 경우의 수는
　　2×6=12

06 (1) 3×2=6
　(2) 처음 나오는 눈의 수가 2의 배수인 경우는 2, 4, 6의 3가지
　　이고 그 각각에 대하여 나중에 나오는 눈의 수가 3의 배수
　　인 경우는 3, 6의 2가지이다.
　　따라서 구하는 경우의 수는 3×2=6
　(3) A 지점에서 B 지점으로 가는 경우는 3가지이고, 그 각각에
　　대하여 B 지점에서 C 지점으로 가는 경우는 4가지이다.
　　따라서 구하는 경우의 수는 3×4=12

한번더! 개념 완성하기 ─── 67쪽 ~ 68쪽 ─

01 3   **02** 2   **03** ③   **04** 6가지

05 6가지   **06** 10   **07** 17   **08** 10

09 8   **10** 18   **11** 24   **12** 12

13 20   **14** 3   **15** 12   **16** 15

---

01 3의 배수가 적힌 카드가 나오는 경우는 3, 6, 9의 3가지이다.

02 두 주사위에서 나오는 눈의 수를 순서쌍으로 나타내면
　두 눈의 수의 차가 5인 경우는
　(1, 6), (6, 1)의 2가지이다.

03 ① 2, 4, 6의 3가지
　② 1, 2의 2가지
　③ 1, 2, 3, 4, 5, 6의 6가지
　④ 1, 2의 2가지
　⑤ 5의 1가지
　따라서 경우의 수가 가장 큰 것은 ③이다.

04 500원을 지불하는 각 경우의 동전의 개수를 순서쌍
　(100원짜리, 50원짜리, 10원짜리)로 나타내면
　(5, 0, 0), (4, 2, 0), (4, 1, 5), (3, 4, 0), (3, 3, 5),
　(2, 5, 5)
　따라서 돈을 지불하는 방법은 6가지이다.

> **Self 코칭**
>
> 다음과 같이 액수가 큰 동전의 개수부터 정하여 표를 그리면
> 편리하다.
>
> | 100원(개) | 5 | 4 | 4 | 3 | 3 | 2 |
> |---|---|---|---|---|---|---|
> | 50원(개) | 0 | 2 | 1 | 4 | 3 | 5 |
> | 10원(개) | 0 | 0 | 5 | 0 | 5 | 5 |

05 1200원을 지불하는 각 경우의 동전의 개수를 순서쌍
　(500원짜리, 100원짜리, 50원짜리)로 나타내면
　(2, 2, 0), (2, 1, 2), (2, 0, 4), (1, 7, 0), (1, 6, 2), (1, 5, 4)
　따라서 돈을 지불하는 방법은 6가지이다.

다른 풀이

500원(개)	2	2	2	1	1	1
100원(개)	2	1	0	7	6	5
50원(개)	0	2	4	0	2	4

따라서 돈을 지불하는 방법은 6가지이다.

06 기차를 타고 가는 방법이 6가지이고, 비행기를 타고 가는 방
　법이 4가지이다.
　따라서 구하는 경우의 수는 6+4=10

07 예술 책을 선택하는 경우가 8가지이고, 과학 책을 선택하는
　경우가 9가지이다.
　따라서 구하는 경우의 수는 8+9=17

08 5의 배수가 나오는 경우는 5, 10, 15, 20의 4가지이고, 12의 약수가 나오는 경우는 1, 2, 3, 4, 6, 12의 6가지이다.
따라서 구하는 경우의 수는 4+6=10

09 두 주사위에서 나오는 눈의 수를 순서쌍으로 나타내면
두 눈의 수의 합이 4인 경우는 (1, 3), (2, 2), (3, 1)의 3가지이고,
두 눈의 수의 합이 8인 경우는 (2, 6), (3, 5), (4, 4), (5, 3), (6, 2)의 5가지이다.
따라서 구하는 경우의 수는 3+5=8

10 두 주사위에서 나오는 눈의 수를 순서쌍으로 나타내면
두 눈의 수의 차가 1인 경우는 (1, 2), (2, 3), (3, 4), (4, 5), (5, 6), (2, 1), (3, 2), (4, 3), (5, 4), (6, 5)의 10가지이고, 두 눈의 수의 차가 2인 경우는 (1, 3), (2, 4), (3, 5), (4, 6), (3, 1), (4, 2), (5, 3), (6, 4)의 8가지이다.
따라서 구하는 경우의 수는 10+8=18

11 티셔츠를 고르는 경우는 6가지이고, 그 각각에 대하여 바지를 고르는 경우는 4가지이다.
따라서 구하는 경우의 수는 6×4=24

12 자음이 적힌 카드를 한 장 고르는 경우는 4가지이고, 그 각각에 대하여 모음이 적힌 카드를 한 장 고르는 경우는 3가지이다.
따라서 만들 수 있는 글자의 개수는 4×3=12

13 등산로를 한 가지 선택하여 올라가는 방법은 5가지이고, 그 각각에 대하여 다른 등산로를 선택하여 내려오는 방법은 4가지이다.
따라서 구하는 방법의 수는 5×4=20

> **Self 코칭**
> 올라갈 때 선택한 등산로로는 내려올 수 없음에 주의한다.

14 주사위 1개를 던졌을 때, 소수의 눈이 나오는 경우는 2, 3, 5의 3가지이고, 동전 1개를 던졌을 때, 앞면이 나오는 경우는 1가지이다.
따라서 구하는 경우의 수는
3×1=3

15 주사위 A에서 4 미만의 수의 눈이 나오는 경우는 1, 2, 3의 3가지, 주사위 B에서 3 이상의 수의 눈이 나오는 경우는 3, 4, 5, 6의 4가지이다.
따라서 구하는 경우의 수는
3×4=12

16 처음에 2의 배수의 눈이 나오는 경우는 2, 4, 6의 3가지, 나중에 1 초과의 눈이 나오는 경우는 2, 3, 4, 5, 6의 5가지이다.
따라서 구하는 경우의 수는
3×5=15

---

02 여러 가지 경우의 수

한번 더 개념 확인문제 ─────────────────────┤ 69쪽 ├

01 (1) 6   (2) 6
02 (1) 30   (2) 120   (3) 120
03 (1) 12   (2) 12   **04** (1) 12   (2) 24
05 (1) 9   (2) 18
06 (1) 30   (2) 120   (3) 15   (4) 20

01 (1) 3×2×1=6
(2) 3×2=6

02 (1) 6×5=30
(2) 6×5×4=120
(3) A를 맨 앞에 세우고, 남은 5명을 한 줄로 세우는 경우의 수는 5×4×3×2×1=120

03 (1) A, D를 한 묶음으로 생각하고 3명을 한 줄로 세우는 경우의 수는 3×2×1=6
이때 묶음 안에서 A, D가 자리를 바꾸는 경우의 수는 2
따라서 구하는 경우의 수는 6×2=12
(2) A, B, C를 한 묶음으로 생각하고 2명을 한 줄로 세우는 경우의 수는 2×1=2
이때 묶음 안에서 A, B, C가 자리를 바꾸는 경우의 수는 3×2×1=6
따라서 구하는 경우의 수는 2×6=12

04 (1) 십의 자리에 올 수 있는 숫자는 1, 3, 5, 7의 4개, 일의 자리에 올 수 있는 숫자는 십의 자리에 놓인 숫자를 제외한 3개이다. 따라서 구하는 자연수의 개수는 4×3=12
(2) 백의 자리에 올 수 있는 숫자는 1, 3, 5, 7의 4개, 십의 자리에 올 수 있는 숫자는 백의 자리에 놓인 숫자를 제외한 3개, 일의 자리에 올 수 있는 숫자는 백의 자리와 십의 자리에 놓인 숫자를 제외한 2개이다. 따라서 구하는 자연수의 개수는 4×3×2=24

05 (1) 십의 자리에 올 수 있는 숫자는 0을 제외한 2, 4, 6의 3개, 일의 자리에 올 수 있는 숫자는 십의 자리에 놓인 숫자를 제외하고 0을 포함한 3개이다.
따라서 구하는 자연수의 개수는 3×3=9
(2) 백의 자리에 올 수 있는 숫자는 0을 제외한 2, 4, 6의 3개, 십의 자리에 올 수 있는 숫자는 백의 자리에 놓인 숫자를 제외하고 0을 포함한 3개, 일의 자리에 올 수 있는 숫자는 백의 자리와 십의 자리에 놓인 숫자를 제외한 2개이다.
따라서 구하는 자연수의 개수는 3×3×2=18

06 (1) 6명 중에서 회장 1명을 뽑는 경우는 6가지, 회장을 뽑고 난 후 부회장 1명을 뽑는 경우는 5가지이므로 구하는 경우의 수는 6×5=30

(2) 6명 중에서 회장 1명을 뽑는 경우는 6가지, 회장을 뽑고 난 후 부회장 1명을 뽑는 경우는 5가지, 회장, 부회장을 뽑고 난 후 총무 1명을 뽑는 경우는 4가지이므로 구하는 경우의 수는 $6 \times 5 \times 4 = 120$

(3) 6명 중에서 자격이 같은 임원 2명을 뽑는 경우의 수는
$$\frac{6 \times 5}{2} = 15$$

(4) 6명 중에서 자격이 같은 임원 3명을 뽑는 경우의 수는
$$\frac{6 \times 5 \times 4}{3 \times 2 \times 1} = 20$$

Self 코칭

n명 중에서 대표 3명을 뽑는 경우의 수
(1) 자격이 다른 경우 : $n \times (n-1) \times (n-2)$
(2) 자격이 같은 경우 : $\dfrac{n \times (n-1) \times (n-2)}{6}$

한번 더!
개념 완성하기
70쪽 ~ 71쪽

01 24	**02** 120	**03** 240	**04** 12
05 36	**06** 144	**07** 8	**08** 9
09 9	**10** 12	**11** 72	**12** 36
13 84	**14** 6	**15** 24	**16** 120

01 특수 문자 &를 가운데에 놓고 남은 특수 문자 4개를 한 줄로 나열하면 되므로 구하는 경우의 수는
$4 \times 3 \times 2 \times 1 = 24$

Self 코칭

특정한 문자의 자리를 고정하여 한 줄로 나열하는 경우의 수는 특정한 문자를 제외한 남은 문자를 한 줄로 나열하는 경우의 수와 같다.

02 B를 가장 앞에, F를 가장 뒤에 세운 후 남은 5명을 한 줄로 세우면 되므로 구하는 경우의 수는
$5 \times 4 \times 3 \times 2 \times 1 = 120$

03 (i) 기현이가 첫 번째로 뛰는 경우
나머지 5명을 한 줄로 세우면 되므로 경우의 수는
$5 \times 4 \times 3 \times 2 \times 1 = 120$
(ii) 기현이가 마지막으로 뛰는 경우
나머지 5명을 한 줄로 세우면 되므로 경우의 수는
$5 \times 4 \times 3 \times 2 \times 1 = 120$
(i), (ii)에서 구하는 경우의 수는 $120 + 120 = 240$

04 아버지, 어머니를 한 묶음으로 생각하고 3명이 한 줄로 앉는 경우의 수는 $3 \times 2 \times 1 = 6$
이때 묶음 안에서 아버지와 어머니가 자리를 바꾸는 경우의 수는 2
따라서 구하는 경우의 수는 $6 \times 2 = 12$

05 남학생 3명을 한 묶음으로 생각하고 3명을 한 줄로 세우는 경우의 수는 $3 \times 2 \times 1 = 6$
이때 묶음 안에서 남학생 3명이 자리를 바꾸는 경우의 수는
$3 \times 2 \times 1 = 6$
따라서 구하는 경우의 수는 $6 \times 6 = 36$

06 국어, 수학, 영어 교과서를 한 묶음으로 생각하고 4권을 한 줄로 꽂는 경우의 수는 $4 \times 3 \times 2 \times 1 = 24$
이때 묶음 안에서 국어, 수학, 영어 교과서의 자리를 바꾸는 경우의 수는 $3 \times 2 \times 1 = 6$
따라서 구하는 경우의 수는 $24 \times 6 = 144$

07 □2인 경우 : 12, 32, 42, 52의 4개
□4인 경우 : 14, 24, 34, 54의 4개
따라서 짝수의 개수는 $4 + 4 = 8$

08 6□인 경우 : 65, 67, 68의 3개
7□인 경우 : 75, 76, 78의 3개
8□인 경우 : 85, 86, 87의 3개
따라서 60보다 큰 자연수의 개수는 $3 + 3 + 3 = 9$

다른풀이
십의 자리에 올 수 있는 숫자는 6, 7, 8의 3개이고, 일의 자리에 올 수 있는 숫자는 십의 자리에 놓인 숫자를 제외한 3개이다.
따라서 60보다 큰 자연수의 개수는 $3 \times 3 = 9$

09 □0인 경우 : 10, 20, 30, 40, 50의 5개
□5인 경우 : 15, 25, 35, 45의 4개
따라서 5의 배수의 개수는 $5 + 4 = 9$

10 2□인 경우 : 20, 24, 26, 28의 4개
4□인 경우 : 40, 42, 46, 48의 4개
6□인 경우 : 60, 62, 64, 68의 4개
따라서 70 미만의 자연수의 개수는 $4 + 4 + 4 = 12$

다른풀이
십의 자리에 올 수 있는 숫자는 2, 4, 6의 3개이고, 일의 자리에 올 수 있는 숫자는 십의 자리에 놓인 숫자를 제외한 4개이다.
따라서 70 미만의 자연수의 개수는 $3 \times 4 = 12$

11 선민이를 내레이션으로 뽑고 난 후 남은 9명 중에서 주연 1명, 조연 1명을 뽑으면 되므로 구하는 경우의 수는
$9 \times 8 = 72$

12 초등학생 1명을 제외한 6명 중에서 회장 1명을 뽑는 경우의 수는 6
회장 1명을 뽑고 난 후 남은 6명 중에서 부회장 1명을 뽑는 경우의 수는 6
따라서 구하는 경우의 수는 $6 \times 6 = 36$

13 지호를 복도 청소 당번으로 뽑고 난 후 남은 9명 중에서 자격이 같은 대표 3명을 뽑는 경우의 수와 같으므로
$$\frac{9 \times 8 \times 7}{3 \times 2 \times 1} = 84$$

14 A를 제외한 4명 중에서 자격이 같은 대표 2명을 뽑는 경우의 수와 같으므로 $\dfrac{4\times3}{2}=6$

15 4가지 색을 한 줄로 나열하는 경우의 수와 같으므로 색칠하는 경우의 수는 $4\times3\times2\times1=24$

16 5가지 색 중에서 4가지 색을 골라 한 줄로 나열하는 경우의 수와 같으므로 색칠하는 경우의 수는 $5\times4\times3\times2=120$

실력 확인하기 ──────────── 72쪽

실력 확인하기 ──────── 72쪽

01 2	02 11가지	03 27	04 ④
05 36	06 28회	07 30	08 320

01 $3x+y=7$에서 x, y의 값은 6 이하의 자연수이다.
$3x+y=7$을 만족시키는 x, y의 값을 순서쌍으로 나타내면
$(1,\ 4)$, $(2,\ 1)$이므로 구하는 경우의 수는 2이다.

02

500원(개) 100원(개)	0	1	2
0	0원	500원	1000원
1	100원	600원	1100원
2	200원	700원	1200원
3	300원	800원	1300원

따라서 지불할 수 있는 금액은 0원을 제외한 100원, 200원, 300원, 500원, 600원, 700원, 800원, 1000원, 1100원, 1200원, 1300원의 11가지이다.

03 한 사람이 낼 수 있는 경우는 가위, 바위, 보의 3가지이므로 구하는 경우의 수는 $3\times3\times3=27$

04 A, B, C 3명을 한 줄로 세우는 경우의 수는 $3\times2\times1=6$
이때 맨 뒤에 D, E를 한 줄로 세우는 경우의 수는 $2\times1=2$
따라서 구하는 경우의 수는 $6\times2=12$

05 5의 배수가 되려면 일의 자리의 숫자가 0 또는 5이어야 한다.
　(i) □□0인 경우
　　백의 자리에 올 수 있는 숫자는 0을 제외한 1, 2, 3, 4, 5의 5개, 십의 자리에 올 수 있는 숫자는 0과 백의 자리에 놓인 숫자를 제외한 4개이므로 $5\times4=20$(개)
　(ii) □□5인 경우
　　백의 자리에 올 수 있는 숫자는 5와 0을 제외한 1, 2, 3, 4의 4개, 십의 자리에 올 수 있는 숫자는 5와 백의 자리에 놓인 숫자를 제외한 4개이므로 $4\times4=16$(개)
　(i), (ii)에서 5의 배수의 개수는 $20+16=36$

06 2명이 악수를 한 번씩 하므로 구하는 악수의 횟수는 8명 중에서 자격이 같은 대표 2명을 뽑는 경우의 수와 같다.
따라서 총 $\dfrac{8\times7}{2}=28$(회)의 악수를 해야 한다.

07 회장 후보 3명 중에서 회장 1명을 뽑는 경우의 수는 3이다.
부회장 후보 5명 중에서 부회장 2명을 뽑는 경우의 수는
$\dfrac{5\times4}{2}=10$
따라서 회장 1명과 부회장 2명을 뽑는 경우의 수는
$3\times10=30$

08 A에 칠할 수 있는 색은 5가지, B에 칠할 수 있는 색은 A에 칠한 색을 제외한 4가지, C에 칠할 수 있는 색은 B에 칠한 색을 제외한 4가지, D에 칠할 수 있는 색은 C에 칠한 색을 제외한 4가지이므로 구하는 방법의 수는
$5\times4\times4\times4=320$

실전! 중단원 마무리 ──────── 73쪽 ~ 74쪽

01 ④	02 4	03 12	04 11
05 ⑤	06 32	07 360	08 ⑤
09 ②	10 ⑤	11 56	12 36

서술형 문제 ──────────

13 7	14 48

01 ① 2, 4, 6의 3가지
② 2, 3, 5의 3가지
③ 1, 2의 2가지
④ 4의 1가지
⑤ 1, 5의 2가지
따라서 경우의 수가 가장 작은 사건은 ④이다.

02 점심값을 지불하는 각 경우의 지폐의 장수, 동전의 개수를 순서쌍 (1000원짜리, 500원짜리, 100원짜리)로 나타내면
$(6,\ 2,\ 0)$, $(6,\ 1,\ 5)$, $(5,\ 4,\ 0)$, $(5,\ 3,\ 5)$
따라서 점심값을 지불하는 방법의 수는 4이다.

03 선택된 학생의 혈액형이 AB형인 경우의 수는 7, O형인 경우의 수는 5이므로 구하는 경우의 수는 $7+5=12$

04 소수가 적힌 공이 나오는 경우는 2, 3, 5, 7, 11, 13, 17, 19의 8가지
6의 배수가 적힌 공이 나오는 경우는 6, 12, 18의 3가지
따라서 구하는 경우의 수는 $8+3=11$

05 첫 번째에 홀수의 눈이 나오는 경우는 1, 3, 5의 3가지
두 번째에 6의 약수의 눈이 나오는 경우는 1, 2, 3, 6의 4가지
따라서 구하는 경우의 수는 $3\times4=12$

06 열람실에서 복도로 나오는 방법은 4가지
복도에서 화장실로 들어가는 방법은 2가지
화장실에서 복도로 나오는 방법은 2가지
복도에서 도서관 밖으로 나가는 방법은 2가지
따라서 구하는 방법의 수는 $4\times2\times2\times2=32$

94 정답 및 풀이

07 6명 중에서 4명을 뽑아 한 줄로 세우는 경우의 수와 같으므로 구하는 경우의 수는
$6 \times 5 \times 4 \times 3 = 360$

08 부모님을 제외한 4명의 가족이 한 줄로 서는 경우의 수는
$4 \times 3 \times 2 \times 1 = 24$
이때 부모님이 자리를 바꾸는 경우의 수는 2
따라서 구하는 경우의 수는 $24 \times 2 = 48$

09 E를 맨 앞에 세우고 난 후 남은 5명 중에서 B, C를 한 묶음으로 생각하고 4명을 한 줄로 세우는 경우의 수는
$4 \times 3 \times 2 \times 1 = 24$
이때 묶음 안에서 B, C가 자리를 바꾸는 경우의 수는 2
따라서 구하는 경우의 수는 $24 \times 2 = 48$

10 5□인 경우 : 51, 52, 53, 54의 4개
4□인 경우 : 41, 42, 43, 45의 4개
따라서 10번째로 큰 수는 십의 자리의 숫자가 3인 두 자리의 자연수 중 두 번째로 큰 수인 34이다.

11 정호를 100 m 달리기 선수로 뽑고 난 후 남은 8명 중에서 100 m, 200 m 달리기 선수를 각각 1명씩 뽑으면 되므로 구하는 경우의 수는 $8 \times 7 = 56$

12 A에 칠할 수 있는 색은 4가지, B에 칠할 수 있는 색은 A에 칠한 색을 제외한 3가지, C에 칠할 수 있는 색은 B에 칠한 색을 제외한 3가지이므로 구하는 방법의 수는
$4 \times 3 \times 3 = 36$

13 점 P가 꼭짓점 E에 위치하려면 두 눈의 수의 합이 4 또는 9가 되어야 한다. ⋯⋯⋯ ❶
주사위에서 나오는 눈의 수를 순서쌍으로 나타내면
(i) 두 눈의 수의 합이 4인 경우
　(1, 3), (2, 2), (3, 1)의 3가지 ⋯⋯⋯ ❷
(ii) 두 눈의 수의 합이 9인 경우
　(3, 6), (4, 5), (5, 4), (6, 3)의 4가지 ⋯⋯⋯ ❸
(i), (ii)에서 점 P가 꼭짓점 E에 위치하는 경우의 수는
$3 + 4 = 7$ ⋯⋯⋯ ❹

채점 기준	배점
❶ 점 P가 꼭짓점 E에 위치할 조건 구하기	3점
❷ 두 눈의 수의 합이 4인 경우의 수 구하기	1점
❸ 두 눈의 수의 합이 9인 경우의 수 구하기	1점
❹ 점 P가 꼭짓점 E에 위치하는 경우의 수 구하기	1점

14 백의 자리에 올 수 있는 숫자는 0을 제외한 1, 2, 3의 3개,
십의 자리에 올 수 있는 숫자는 0, 1, 2, 3의 4개,
일의 자리에 올 수 있는 숫자는 0, 1, 2, 3의 4개이다.
⋯⋯⋯ ❶

따라서 만들 수 있는 세 자리의 자연수의 개수는
$3 \times 4 \times 4 = 48$ ⋯⋯⋯ ❷

채점 기준	배점
❶ 세 자리의 자연수의 각 자리에 올 수 있는 숫자의 개수 구하기	3점
❷ 0, 1, 2, 3의 숫자를 중복 사용하여 만들 수 있는 세 자리의 자연수의 개수 구하기	3점

2 | 확률

01 확률의 뜻과 성질

한번 더 **개념 확인문제** ─── 75쪽 ─

01 (1) 8　(2) 4　(3) $\dfrac{1}{2}$

02 (1) $\dfrac{1}{4}$　(2) $\dfrac{1}{2}$

03 (1) $\dfrac{1}{2}$　(2) $\dfrac{1}{2}$　(3) $\dfrac{2}{3}$

04 (1) $\dfrac{1}{6}$　(2) 0　(3) 1

05 (1) 0　(2) 1

06 (1) 0.3　(2) $\dfrac{2}{3}$　(3) $\dfrac{22}{25}$

07 (1) $\dfrac{1}{8}$　(2) $\dfrac{7}{8}$

01 (1) 일어나는 모든 경우는 1, 2, 3, 4, 5, 6, 7, 8의 8가지
(2) 소수가 적힌 카드가 나오는 경우는 2, 3, 5, 7의 4가지
(3) 소수가 적힌 카드가 나올 확률은
$\dfrac{(소수가\ 적힌\ 카드가\ 나오는\ 경우의\ 수)}{(모든\ 경우의\ 수)} = \dfrac{4}{8} = \dfrac{1}{2}$

02 모든 경우의 수는 $2 \times 2 = 4$
(1) 모두 뒷면이 나오는 경우를 순서쌍으로 나타내면
(뒤, 뒤)의 1가지이므로 구하는 확률은 $\dfrac{1}{4}$
(2) 뒷면이 한 개만 나오는 경우를 순서쌍으로 나타내면
(앞, 뒤), (뒤, 앞)의 2가지이므로 구하는 확률은 $\dfrac{2}{4} = \dfrac{1}{2}$

03 모든 경우의 수는 6
(1) 짝수는 2, 4, 6의 3가지이므로 구하는 확률은 $\dfrac{3}{6} = \dfrac{1}{2}$
(2) 소수는 2, 3, 5의 3가지이므로 구하는 확률은 $\dfrac{3}{6} = \dfrac{1}{2}$
(3) 6의 약수는 1, 2, 3, 6의 4가지이므로 구하는 확률은
$\dfrac{4}{6} = \dfrac{2}{3}$

04 (1) 모든 경우의 수는 $6 \times 6 = 36$
두 눈의 수가 서로 같은 경우를 순서쌍으로 나타내면
(1, 1), (2, 2), (3, 3), (4, 4), (5, 5), (6, 6)의 6가지
따라서 구하는 확률은 $\dfrac{6}{36} = \dfrac{1}{6}$
(2) 두 개의 주사위를 동시에 던질 때 두 눈의 수의 곱이 37인 경우는 없으므로 구하는 확률은 0
(3) 두 개의 주사위를 동시에 던질 때 두 눈의 수의 곱은 항상 37 미만이므로 구하는 확률은 1

05 (1) 상자 속에 노란 공은 없으므로 구하는 확률은 0
(2) 동전 한 개를 던질 때, 항상 앞면 또는 뒷면이 나오므로 구하는 확률은 1

06 (1) (비가 오지 않을 확률)

$\quad$ $=1-$(비가 올 확률)

$\quad$ $=1-0.7=0.3$

(2) 3의 배수의 눈이 나오는 경우는 3, 6의 2가지이므로 3의

$\quad$ 배수의 눈이 나올 확률은 $\dfrac{2}{6}=\dfrac{1}{3}$

$\quad$ $\therefore$ (3의 배수의 눈이 나오지 않을 확률)

$\qquad$ $=1-$(3의 배수의 눈이 나올 확률)

$\qquad$ $=1-\dfrac{1}{3}=\dfrac{2}{3}$

(3) 당첨 제비를 뽑을 확률은 $\dfrac{6}{50}=\dfrac{3}{25}$

$\quad$ $\therefore$ (당첨 제비를 뽑지 못할 확률)

$\qquad$ $=1-$(당첨 제비를 뽑을 확률)

$\qquad$ $=1-\dfrac{3}{25}=\dfrac{22}{25}$

07 (1) 모든 경우의 수는 $2\times2\times2=8$이고, 세 개 모두 뒷면이 나

$\quad$ 오는 경우는 1가지이므로 구하는 확률은 $\dfrac{1}{8}$이다.

(2) (적어도 한 개는 앞면이 나올 확률)

$\quad$ $=1-$(모두 뒷면이 나올 확률)

$\quad$ $=1-\dfrac{1}{8}=\dfrac{7}{8}$

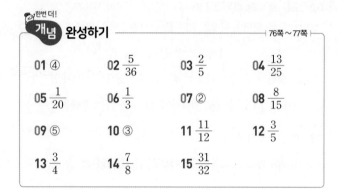

개념 완성하기 | 76쪽~77쪽 |

01 ④	**02** $\dfrac{5}{36}$	**03** $\dfrac{2}{5}$	**04** $\dfrac{13}{25}$
05 $\dfrac{1}{20}$	**06** $\dfrac{1}{3}$	**07** ②	**08** $\dfrac{8}{15}$
09 ⑤	**10** ③	**11** $\dfrac{11}{12}$	**12** $\dfrac{3}{5}$
13 $\dfrac{3}{4}$	**14** $\dfrac{7}{8}$	**15** $\dfrac{31}{32}$	

01 모든 경우의 수는 $6+3=9$

흰 공이 나오는 경우의 수는 6

따라서 구하는 확률은 $\dfrac{6}{9}=\dfrac{2}{3}$

02 모든 경우의 수는 $6\times6=36$

두 눈의 수의 합이 6인 경우를 순서쌍으로 나타내면

$(1,\,5),\,(2,\,4),\,(3,\,3),\,(4,\,2),\,(5,\,1)$의 5가지

따라서 구하는 확률은 $\dfrac{5}{36}$

03 두 자리의 자연수를 만드는 모든 경우의 수는 $5\times4=20$

두 자리의 자연수가 40 이상인 경우는

4□인 경우 : 41, 42, 43, 45의 4가지

5□인 경우 : 51, 52, 53, 54의 4가지

이므로 $4+4=8$(가지)

따라서 구하는 확률은 $\dfrac{8}{20}=\dfrac{2}{5}$

04 세 자리의 자연수를 만드는 모든 경우의 수는

$5\times5\times4=100$

세 자리의 자연수가 짝수가 되는 경우는

(i) □□0인 경우

$\quad$ 백의 자리에 올 수 있는 숫자는 0을 제외한 5개, 십의 자

$\quad$ 리에 올 수 있는 숫자는 0과 백의 자리에 놓인 숫자를 제

$\quad$ 외한 4개이므로 $5\times4=20$(가지)

(ii) □□2인 경우

$\quad$ 백의 자리에 올 수 있는 숫자는 2와 0을 제외한 4개, 십

$\quad$ 의 자리에 올 수 있는 숫자는 2와 백의 자리에 놓인 숫자

$\quad$ 를 제외한 4개이므로 $4\times4=16$(가지)

(iii) □□4인 경우 : (ii)와 같은 방법으로 $4\times4=16$(가지)

이므로 $20+16+16=52$(가지)

따라서 구하는 확률은 $\dfrac{52}{100}=\dfrac{13}{25}$

05 5명을 한 줄로 세우는 모든 경우의 수는

$5\times4\times3\times2\times1=120$

정환이가 맨 앞에 서고 덕재가 맨 뒤에 서는 경우의 수는 정

환이와 덕재를 제외한 3명을 한 줄로 세우는 경우의 수와 같

으므로 $3\times2\times1=6$

따라서 구하는 확률은 $\dfrac{6}{120}=\dfrac{1}{20}$

06 6개의 문자를 한 줄로 나열하는 경우의 수는

$6\times5\times4\times3\times2\times1=720$

U, E를 한 묶음으로 생각하고 5개의 문자를 한 줄로 나열하

는 경우의 수는 $5\times4\times3\times2\times1=120$이고,

묶음 안에서 U, E의 자리를 바꾸는 경우의 수는 2이므로

U와 E를 이웃하게 나열하는 경우의 수는 $120\times2=240$

따라서 구하는 확률은 $\dfrac{240}{720}=\dfrac{1}{3}$

07 7명 중에서 대표 2명을 뽑는 모든 경우의 수는 $\dfrac{7\times6}{2}=21$

2명 모두 여학생이 뽑히는 경우의 수는 $\dfrac{4\times3}{2}=6$

따라서 구하는 확률은 $\dfrac{6}{21}=\dfrac{2}{7}$

08 10명 중에서 임원 2명을 뽑는 모든 경우의 수는 $\dfrac{10\times9}{2}=45$

남학생과 여학생이 각각 1명씩 뽑히는 경우의 수는 $4\times6=24$

따라서 구하는 확률은 $\dfrac{24}{45}=\dfrac{8}{15}$

09 ⑤ 사건 A가 반드시 일어나는 사건이면 $p=1$이고 $q=0$이다.

10 ① 파란 공이 나올 확률은 $\dfrac{10}{15}=\dfrac{2}{3}$

② 검은 공이 나올 확률은 0이다.

③ 빨간 공이 나올 확률은 $\dfrac{5}{15}=\dfrac{1}{3}$

④ 주머니 속의 공은 모두 빨간 공 또는 파란 공이므로 구하

$\quad$ 는 확률은 1이다.

⑤ 빨간 공이 나올 확률은 $\frac{1}{3}$, 파란 공이 나올 확률은 $\frac{2}{3}$로 서로 같지 않다.

따라서 옳은 것은 ③이다.

11 모든 경우의 수는 $6 \times 6 = 36$

두 눈의 수의 합이 4인 경우를 순서쌍으로 나타내면

$(1, 3)$, $(2, 2)$, $(3, 1)$의 3가지이므로 그 확률은 $\frac{3}{36} = \frac{1}{12}$

∴ (두 눈의 수의 합이 4가 아닐 확률)

$\quad = 1 - ($두 눈의 수의 합이 4일 확률$) = 1 - \frac{1}{12} = \frac{11}{12}$

12 1부터 20까지의 자연수 중 소수는 2, 3, 5, 7, 11, 13, 17, 19의 8개이므로 소수가 나올 확률은 $\frac{8}{20} = \frac{2}{5}$

∴ (소수가 아닌 수가 나올 확률) = 1 - (소수가 나올 확률)

$\qquad\qquad = 1 - \frac{2}{5} = \frac{3}{5}$

13 모든 경우의 수는 $4 \times 3 \times 2 \times 1 = 24$

A가 맨 뒤에 서는 경우의 수는 나머지 3명을 한 줄로 세우는 경우의 수와 같으므로 $3 \times 2 \times 1 = 6$이고, 그 확률은 $\frac{6}{24} = \frac{1}{4}$

∴ (A가 맨 뒤에 서지 않을 확률)

$\quad = 1 - ($A가 맨 뒤에 설 확률$) = 1 - \frac{1}{4} = \frac{3}{4}$

14 모든 경우의 수는 $2 \times 2 \times 2 = 8$

세 개 모두 앞면이 나오는 경우를 순서쌍으로 나타내면

(앞, 앞, 앞)의 1가지이므로 그 확률은 $\frac{1}{8}$

∴ (적어도 한 개는 뒷면이 나올 확률)

$\quad = 1 - ($세 개 모두 앞면이 나올 확률$) = 1 - \frac{1}{8} = \frac{7}{8}$

15 모든 경우의 수는 $2 \times 2 \times 2 \times 2 \times 2 = 32$

다섯 문제를 모두 맞히는 경우는 1가지이므로 그 확률은 $\frac{1}{32}$

∴ (적어도 한 문제를 틀릴 확률)

$\quad = 1 - ($다섯 문제를 모두 맞힐 확률$) = 1 - \frac{1}{32} = \frac{31}{32}$

02 확률의 계산

한번 더 개념 확인문제 ——78쪽

01 (1) $\frac{1}{10}$ (2) $\frac{1}{2}$ (3) $\frac{3}{5}$

02 (1) $\frac{1}{2}$ (2) $\frac{1}{3}$ (3) $\frac{1}{6}$

03 (1) $\frac{3}{5}$ (2) $\frac{3}{5}$ (3) $\frac{9}{25}$

04 (1) $\frac{9}{100}$ (2) $\frac{21}{100}$ (3) $\frac{21}{100}$

05 (1) $\frac{2}{7}$ (2) $\frac{1}{7}$ (3) $\frac{2}{7}$

06 (1) $\frac{1}{6}$ (2) $\frac{1}{2}$ (3) $\frac{2}{3}$

01 (1) 7의 배수는 7의 1가지이므로 구하는 확률은 $\frac{1}{10}$

(2) 짝수는 2, 4, 6, 8, 10의 5가지이므로 구하는 확률은

$\frac{5}{10} = \frac{1}{2}$

(3) $\frac{1}{10} + \frac{1}{2} = \frac{3}{5}$

02 (1) 동전이 앞면이 나올 확률은 $\frac{1}{2}$

(2) 5의 약수는 1, 5의 2가지이므로 구하는 확률은 $\frac{2}{6} = \frac{1}{3}$

(3) $\frac{1}{2} \times \frac{1}{3} = \frac{1}{6}$

03 (3) $\frac{3}{5} \times \frac{3}{5} = \frac{9}{25}$

04 (1) 첫 번째에 당첨 제비를 뽑을 확률은 $\frac{3}{10}$

뽑은 제비를 다시 넣으므로 두 번째에 당첨 제비를 뽑을 확률도 $\frac{3}{10}$

따라서 구하는 확률은 $\frac{3}{10} \times \frac{3}{10} = \frac{9}{100}$

(2) 첫 번째에 당첨 제비를 뽑을 확률은 $\frac{3}{10}$

두 번째에 당첨 제비를 뽑지 않을 확률은 $1 - \frac{3}{10} = \frac{7}{10}$

따라서 구하는 확률은 $\frac{3}{10} \times \frac{7}{10} = \frac{21}{100}$

(3) 첫 번째에 당첨 제비를 뽑지 않을 확률은 $1 - \frac{3}{10} = \frac{7}{10}$

두 번째에 당첨 제비를 뽑을 확률은 $\frac{3}{10}$

따라서 구하는 확률은 $\frac{7}{10} \times \frac{3}{10} = \frac{21}{100}$

05 (1) 첫 번째에 빨간 공을 꺼낼 확률은 $\frac{4}{7}$

꺼낸 공을 다시 넣지 않으므로 두 번째에 빨간 공을 꺼낼 확률은 $\frac{3}{6} = \frac{1}{2}$

따라서 구하는 확률은 $\frac{4}{7} \times \frac{1}{2} = \frac{2}{7}$

(2) 첫 번째에 파란 공을 꺼낼 확률은 $\frac{3}{7}$

꺼낸 공을 다시 넣지 않으므로 두 번째에 파란 공을 꺼낼 확률은 $\frac{2}{6} = \frac{1}{3}$

따라서 구하는 확률은 $\frac{3}{7} \times \frac{1}{3} = \frac{1}{7}$

(3) 첫 번째에 빨간 공을 꺼낼 확률은 $\frac{4}{7}$

꺼낸 공을 다시 넣지 않으므로 두 번째에 파란 공을 꺼낼 확률은 $\frac{3}{6} = \frac{1}{2}$

따라서 구하는 확률은 $\frac{4}{7} \times \frac{1}{2} = \frac{2}{7}$

06 (1) 5는 전체 6칸 중에서 1칸을 차지하므로 구하는 확률은 $\frac{1}{6}$

② 홀수는 1, 3, 5로 전체 6칸 중에서 3칸을 차지하므로 구하는 확률은 $\frac{3}{6}=\frac{1}{2}$

③ 6의 약수는 1, 2, 3, 6으로 전체 6칸 중에서 4칸을 차지하므로 구하는 확률은 $\frac{4}{6}=\frac{2}{3}$

개념 완성하기

79쪽~80쪽

01 $\frac{5}{9}$ **02** ② **03** $\frac{1}{6}$ **04** $\frac{1}{12}$

05 ⑤ **06** $\frac{11}{15}$ **07** $\frac{11}{25}$ **08** $\frac{2}{5}$

09 ① **10** ④ **11** ③ **12** ②

13 ③ **14** $\frac{25}{64}$

01 2의 배수는 2, 4, 6, 8의 4가지이므로 그 확률은 $\frac{4}{9}$

5의 배수는 5의 1가지이므로 그 확률은 $\frac{1}{9}$

따라서 구하는 확률은 $\frac{4}{9}+\frac{1}{9}=\frac{5}{9}$

02 모든 경우의 수는 $6\times6=36$

두 주사위에서 나오는 눈의 수를 순서쌍으로 나타내면

두 눈의 수의 합이 4인 경우는 (1, 3), (2, 2), (3, 1)의 3가지이므로 그 확률은 $\frac{3}{36}$

두 눈의 수의 합이 11인 경우는 (5, 6), (6, 5)의 2가지이므로 그 확률은 $\frac{2}{36}$

따라서 구하는 확률은 $\frac{3}{36}+\frac{2}{36}=\frac{5}{36}$

03 A 주머니에서 빨간 공이 나올 확률은 $\frac{2}{8}=\frac{1}{4}$

B 주머니에서 빨간 공이 나올 확률은 $\frac{4}{6}=\frac{2}{3}$

따라서 구하는 확률은 $\frac{1}{4}\times\frac{2}{3}=\frac{1}{6}$

04 영만이가 합격하지 못할 확률은 $1-\frac{2}{3}=\frac{1}{3}$

따라서 구하는 확률은 $\frac{1}{4}\times\frac{1}{3}=\frac{1}{12}$

05 A, B가 명중시키지 못할 확률은 각각

$1-\frac{4}{5}=\frac{1}{5}$, $1-\frac{5}{7}=\frac{2}{7}$

이므로 두 명 모두 명중시키지 못할 확률은 $\frac{1}{5}\times\frac{2}{7}=\frac{2}{35}$

∴ (적어도 한 명은 명중시킬 확률)

 $=1-$(두 명 모두 명중시키지 못할 확률)$=1-\frac{2}{35}=\frac{33}{35}$

06 종국, 지효가 약속 장소에 나오지 못할 확률은 각각

$1-\frac{3}{5}=\frac{2}{5}$, $1-\frac{1}{3}=\frac{2}{3}$

이므로 두 사람 모두 약속 장소에 나오지 못할 확률은

$\frac{2}{5}\times\frac{2}{3}=\frac{4}{15}$

∴ (적어도 한 사람은 약속 장소에 나올 확률)

 $=1-$(두 사람 모두 약속 장소에 나오지 못할 확률)

 $=1-\frac{4}{15}=\frac{11}{15}$

07 (i) A, B 두 주머니에서 모두 파란 공이 나올 확률은

$\frac{1}{5}\times\frac{3}{5}=\frac{3}{25}$

(ii) A, B 두 주머니에서 모두 노란 공이 나올 확률은

$\frac{4}{5}\times\frac{2}{5}=\frac{8}{25}$

(i), (ii)에서 구하는 확률은 $\frac{3}{25}+\frac{8}{25}=\frac{11}{25}$

08 민수, 현희가 문제를 맞히지 못할 확률은 각각

$1-\frac{1}{3}=\frac{2}{3}$, $1-\frac{1}{5}=\frac{4}{5}$

(i) 민수가 맞히고, 현희가 맞히지 못할 확률은 $\frac{1}{3}\times\frac{4}{5}=\frac{4}{15}$

(ii) 민수가 맞히지 못하고, 현희가 맞힐 확률은 $\frac{2}{3}\times\frac{1}{5}=\frac{2}{15}$

(i), (ii)에서 구하는 확률은 $\frac{4}{15}+\frac{2}{15}=\frac{2}{5}$

09 3의 배수는 3, 6, 9, 12, 15의 5가지이므로 그 확률은 $\frac{5}{15}=\frac{1}{3}$

6의 배수는 6, 12의 2가지이므로 그 확률은 $\frac{2}{15}$

따라서 구하는 확률은 $\frac{1}{3}\times\frac{2}{15}=\frac{2}{45}$

10 첫 번째에 흰 공을 꺼낼 확률은 $\frac{6}{8}=\frac{3}{4}$

두 번째에 흰 공을 꺼낼 확률은 $\frac{6}{8}=\frac{3}{4}$

따라서 구하는 확률은 $\frac{3}{4}\times\frac{3}{4}=\frac{9}{16}$

11 첫 번째에 당첨 제비를 뽑을 확률은 $\frac{3}{15}=\frac{1}{5}$

두 번째에 당첨 제비를 뽑을 확률은 $\frac{2}{14}=\frac{1}{7}$

따라서 구하는 확률은 $\frac{1}{5}\times\frac{1}{7}=\frac{1}{35}$

12 첫 번째에 빨간 공을 꺼낼 확률은 $\frac{5}{7}$

두 번째에 빨간 공을 꺼낼 확률은 $\frac{4}{6}=\frac{2}{3}$

따라서 구하는 확률은 $\frac{5}{7}\times\frac{2}{3}=\frac{10}{21}$

13 원판 전체의 넓이는 $\pi\times4^2=16\pi$

색칠한 부분의 넓이는 $\pi\times4^2-\pi\times3^2=7\pi$

따라서 구하는 확률은 $\frac{7\pi}{16\pi}=\frac{7}{16}$

14 화살을 한 번 쏠 때 색칠한 부분을 맞힐 확률은 $\frac{10}{16}=\frac{5}{8}$

따라서 구하는 확률은 $\frac{5}{8}\times\frac{5}{8}=\frac{25}{64}$

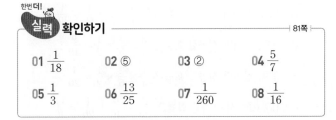

한번데!
실력 확인하기

$01 \ \dfrac{1}{18}$ $02 \ ⑤$ $03 \ ②$ $04 \ \dfrac{5}{7}$

$05 \ \dfrac{1}{3}$ $06 \ \dfrac{13}{25}$ $07 \ \dfrac{1}{260}$ $08 \ \dfrac{1}{16}$

01 모든 경우의 수는 $6 \times 6 = 36$

두 눈의 수의 차가 5인 경우를 순서쌍으로 나타내면

$(1, 6), (6, 1)$의 2가지

따라서 구하는 확률은 $\dfrac{2}{36} = \dfrac{1}{18}$

02 8명 중에서 회장 1명, 부회장 1명을 뽑는 모든 경우의 수는

$8 \times 7 = 56$

회장, 부회장이 모두 여학생이 뽑히는 경우의 수는

$5 \times 4 = 20$

따라서 구하는 확률은 $\dfrac{20}{56} = \dfrac{5}{14}$

03 ① 7의 눈은 나올 수 없으므로 그 확률은 0이다.

② 주사위의 눈의 수는 모두 6 이하이므로 그 확률은 1이다.

③ 9의 약수의 눈이 나오는 경우는 1, 3의 2가지이므로

그 확률은 $\dfrac{2}{6} = \dfrac{1}{3}$

④ 모든 경우의 수는 $2 \times 2 = 4$이고, 모두 뒷면이 나오는 경우를 순서쌍으로 나타내면 (뒤, 뒤)의 1가지이므로

그 확률은 $\dfrac{1}{4}$

⑤ 모든 경우의 수는 $6 \times 6 = 36$이고, 두 눈의 수의 합이 12 이상인 경우를 순서쌍으로 나타내면 $(6, 6)$의 1가지이므로

그 확률은 $\dfrac{1}{36}$

따라서 확률이 1인 것은 ②이다.

04 7명 중에서 대표 2명을 뽑는 경우의 수는 $\dfrac{7 \times 6}{2} = 21$

2명 모두 남학생이 뽑히는 경우의 수는 $\dfrac{4 \times 3}{2} = 6$이므로

그 확률은 $\dfrac{6}{21} = \dfrac{2}{7}$

∴ (적어도 한 명은 여학생이 뽑힐 확률)

= 1 - (모두 남학생이 뽑힐 확률)

$= 1 - \dfrac{2}{7} = \dfrac{5}{7}$

05 첫 번째에 6의 약수의 눈이 나오는 경우는 1, 2, 3, 6의 4가지이므로 그 확률은 $\dfrac{4}{6} = \dfrac{2}{3}$

두 번째에 소수의 눈이 나오는 경우는 2, 3, 5의 3가지이므로 그 확률은 $\dfrac{3}{6} = \dfrac{1}{2}$

따라서 구하는 확률은 $\dfrac{2}{3} \times \dfrac{1}{2} = \dfrac{1}{3}$

06 (i) A 주머니에서 빨간 공, B 주머니에서 파란 공이 나올 확률은

$\dfrac{2}{5} \times \dfrac{2}{5} = \dfrac{4}{25}$

(ii) A 주머니에서 파란 공, B 주머니에서 빨간 공이 나올 확률은

$\dfrac{3}{5} \times \dfrac{3}{5} = \dfrac{9}{25}$

(i), (ii)에서 구하는 확률은 $\dfrac{4}{25} + \dfrac{9}{25} = \dfrac{13}{25}$

07 첫 번째 검사한 제품이 불량품일 확률은 $\dfrac{3}{40}$

두 번째 검사한 제품이 불량품일 확률은 $\dfrac{2}{39}$

따라서 구하는 확률은 $\dfrac{3}{40} \times \dfrac{2}{39} = \dfrac{1}{260}$

08 4의 배수는 4, 8로 전체 8칸 중 2칸을 차지하므로 화살을 한 번 쏠 때 4의 배수가 적힌 부분을 맞힐 확률은

$\dfrac{2}{8} = \dfrac{1}{4}$

따라서 구하는 확률은 $\dfrac{1}{4} \times \dfrac{1}{4} = \dfrac{1}{16}$

Self 코칭

$$(\text{도형에서의 확률}) = \dfrac{(\text{사건에 해당하는 부분의 넓이})}{(\text{도형 전체의 넓이})}$$

한번데!
실전! 중단원 마무리

$01 \ \dfrac{3}{14}$ $02 \ \dfrac{1}{9}$ $03 \ ②, ⑤$ $04 \ ①$

$05 \ ④$ $06 \ \dfrac{3}{4}$ $07 \ ②$ $08 \ \dfrac{13}{15}$

$09 \ ⑤$ $10 \ \dfrac{17}{40}$ $11 \ \dfrac{3}{16}$ $12 \ \dfrac{1}{6}$

서술형 문제

$13 \ \dfrac{7}{10}$ $14 \ \dfrac{25}{63}$

01 모든 경우의 수는 $8 \times 7 = 56$

홀수는 1, 3, 5, 7이므로 십의 자리의 숫자와 일의 자리의 숫자가 모두 홀수인 경우의 수는 $4 \times 3 = 12$

따라서 구하는 확률은 $\dfrac{12}{56} = \dfrac{3}{14}$

02 모든 경우의 수는 $6 \times 6 = 36$

$2x + y < 6$을 만족시키는 경우를 순서쌍 (x, y)로 나타내면

$(1, 1), (1, 2), (1, 3), (2, 1)$의 4가지

따라서 구하는 확률은 $\dfrac{4}{36} = \dfrac{1}{9}$

03 ② $0 \leq p \leq 1$

⑤ 사건 A가 반드시 일어나는 사건이면 $p = 1$이다.

04 ① 소수는 2이므로 소수가 적힌 카드가 나올 확률은 $\dfrac{1}{5}$이다.

② 모두 짝수이므로 짝수가 적힌 카드가 나올 확률은 1이다.

③ 홀수는 없으므로 홀수가 적힌 카드가 나올 확률은 0이다.

④ 모두 10 이하의 수이므로 10 이하의 수가 적힌 카드가 나올 확률은 1이다.

⑤ 한 자리의 자연수는 2, 4, 6, 8이므로 한 자리의 자연수가 적힌 카드가 나올 확률은 $\frac{4}{5}$이다.

따라서 옳지 않은 것은 ①이다.

05 모든 경우의 수는 $5 \times 4 \times 3 \times 2 \times 1 = 120$

D와 E를 한 묶음으로 생각하고 4명을 한 줄로 세우는 경우의 수는 $4 \times 3 \times 2 \times 1 = 24$이고, D와 E가 자리를 바꾸는 경우의 수는 2이므로

D와 E가 이웃하여 서는 경우의 수는 $24 \times 2 = 48$

즉, D와 E가 이웃하여 설 확률은 $\frac{48}{120} = \frac{2}{5}$

∴ (D와 E가 이웃하여 서지 않을 확률)

= 1 − (D와 E가 이웃하여 설 확률)

$= 1 - \frac{2}{5} = \frac{3}{5}$

06 모든 경우의 수는 $6 \times 6 = 36$

3보다 큰 수는 4, 5, 6이므로 모두 3보다 큰 수의 눈이 나오는 경우의 수는 $3 \times 3 = 9$

즉, 모두 3보다 큰 수의 눈이 나올 확률은 $\frac{9}{36} = \frac{1}{4}$

∴ (적어도 하나는 3 이하의 눈이 나올 확률)

= 1 − (모두 3보다 큰 수의 눈이 나올 확률)

$= 1 - \frac{1}{4} = \frac{3}{4}$

07 5의 배수는 5, 10, 15, 20, 25, 30의 6개이므로

선생님이 5의 배수인 번호를 택할 확률은 $\frac{6}{32}$

8의 배수는 8, 16, 24, 32의 4개이므로

선생님이 8의 배수인 번호를 택할 확률은 $\frac{4}{32}$

따라서 구하는 확률은 $\frac{6}{32} + \frac{4}{32} = \frac{5}{16}$

08 A, B가 풍선을 맞히지 못할 확률은 각각

$1 - \frac{3}{5} = \frac{2}{5}$, $1 - \frac{2}{3} = \frac{1}{3}$

두 사람 모두 풍선을 맞히지 못할 확률은

$\frac{2}{5} \times \frac{1}{3} = \frac{2}{15}$

∴ (풍선이 터질 확률)

= 1 − (두 사람 모두 풍선을 맞히지 못할 확률)

$= 1 - \frac{2}{15} = \frac{13}{15}$

09 (i) 동전은 뒷면이 나오고, 주사위는 소수, 즉 2, 3, 5가 나올 확률은 $\frac{1}{2} \times \frac{3}{6} = \frac{1}{4}$

(ii) 동전은 앞면이 나오고, 주사위는 4의 약수, 즉 1, 2, 4가 나올 확률은 $\frac{1}{2} \times \frac{3}{6} = \frac{1}{4}$

(i), (ii)에서 구하는 확률은 $\frac{1}{4} + \frac{1}{4} = \frac{1}{2}$

10 지효, 승찬, 진이가 자유투를 성공하지 못할 확률은 각각

$1 - \frac{3}{4} = \frac{1}{4}$, $1 - \frac{2}{5} = \frac{3}{5}$, $1 - \frac{1}{2} = \frac{1}{2}$

(i) 지효, 승찬이만 성공할 확률은 $\frac{3}{4} \times \frac{2}{5} \times \frac{1}{2} = \frac{3}{20}$

(ii) 지효, 진이만 성공할 확률은 $\frac{3}{4} \times \frac{3}{5} \times \frac{1}{2} = \frac{9}{40}$

(iii) 승찬, 진이만 성공할 확률은 $\frac{1}{4} \times \frac{2}{5} \times \frac{1}{2} = \frac{1}{20}$

(i), (ii), (iii)에서 구하는 확률은 $\frac{3}{20} + \frac{9}{40} + \frac{1}{20} = \frac{17}{40}$

11 지영이가 당첨 제비를 뽑을 확률은 $\frac{5}{20} = \frac{1}{4}$

선호가 당첨 제비를 뽑지 못할 확률은 $\frac{15}{20} = \frac{3}{4}$

따라서 구하는 확률은 $\frac{1}{4} \times \frac{3}{4} = \frac{3}{16}$

12 원판의 반지름의 길이를 r이라 하면 원판 전체의 넓이는 πr^2

색칠한 부분의 넓이는

$\pi r^2 \times \frac{30}{360} + \pi r^2 \times \frac{30}{360} = \frac{1}{6}\pi r^2$

따라서 구하는 확률은 $\frac{1}{6}\pi r^2 \div \pi r^2 = \frac{1}{6}$

다른풀이

색칠한 두 부채꼴의 중심각의 크기의 합은 $30° + 30° = 60°$

따라서 구하는 확률은 $\frac{60}{360} = \frac{1}{6}$

13 모든 경우의 수는 $\frac{5 \times 4 \times 3}{3 \times 2 \times 1} = 10$ ...... ❶

준서, 세인이가 모두 대표로 뽑히는 경우의 수는 준서, 세인이를 대표로 뽑고 남은 3명 중에서 대표 1명을 뽑는 경우의 수와 같으므로 3이다.

즉, 준서, 세인이가 모두 대표로 뽑힐 확률은 $\frac{3}{10}$ ...... ❷

∴ (준서 또는 세인이가 대표로 뽑히지 않을 확률)

= 1 − (준서, 세인이가 모두 대표로 뽑힐 확률)

$= 1 - \frac{3}{10} = \frac{7}{10}$ ...... ❸

채점 기준	배점
❶ 모든 경우의 수 구하기	2점
❷ 준서, 세인이가 모두 대표로 뽑힐 확률 구하기	2점
❸ 준서 또는 세인이가 대표로 뽑히지 않을 확률 구하기	2점

14 (i) A 주머니에서 검은 공 1개를 꺼내 B 주머니에 넣은 후, B 주머니에서 검은 공을 꺼낼 확률은

$\frac{4}{7} \times \frac{4}{9} = \frac{16}{63}$ ...... ❶

(ii) A 주머니에서 흰 공 1개를 꺼내 B 주머니에 넣은 후, B 주머니에서 검은 공을 꺼낼 확률은

$\frac{3}{7} \times \frac{3}{9} = \frac{1}{7}$ ...... ❷

(i), (ii)에서 구하는 확률은 $\frac{16}{63} + \frac{1}{7} = \frac{25}{63}$ ...... ❸

채점 기준	배점
❶ A 주머니에서 검은 공을 꺼낸 후, B 주머니에서 검은 공을 꺼낼 확률 구하기	3점
❷ A 주머니에서 흰 공을 꺼낸 후, B 주머니에서 검은 공을 꺼낼 확률 구하기	3점
❸ B 주머니에서 검은 공을 꺼낼 확률 구하기	1점

01 90°	**02** 36°	**03** 풀이 참조
04 $\overline{BE}$	**05** 3 cm	**06** 3 cm
07 130°		

08 △PAH≡△PBH≡△PCH≡△PDH≡△PEH
　　≡△PFH,

　　RHS 합동

09 풀이 참조	**10** 26 cm	**11** 25°
12 40°	**13** ㄱ, ㄹ	**14** 풀이 참조
15 26 cm	**16** 70°	**17** 24
18 평행사변형, 117°		**19** 16 cm²
20 34°	**21** 10 cm²	**22** 30°
23 ∠x=72°, ∠y=27°		**24** 75°
25 $\frac{1}{4}$배	**26** ㄹ	**27** 직사각형
28 (다), 1 : 3	**29** (1) 2 : 1	(2) 8 : 1
30 1000000명	**31** 78분	**32** 30 cm
33 8 m	**34** $\frac{35}{4}$ cm	**35** $\frac{4}{3}$ cm
36 풀이 참조	**37** 2	**38** 55 cm
39 x=20, y=5	**40** 6	**41** 14 cm²
42 20	**43** 4 cm	**44** 507 cm²
45 $\frac{225}{2}$ cm²	**46** 9 cm²	**47** 8
48 9	**49** 100	**50** 81가지
51 36가지	**52** 9	**53** 8
54 (1) 6번　(2) 48번		**55** $\frac{1}{4}$
56 $\frac{1}{2}$	**57** $\frac{1}{9}$	**58** $\frac{41}{50}$
59 $\frac{1}{4}$	**60** $\frac{1}{4}$	**61** $\frac{7}{36}$
62 0.256		

01　△ABM과 △ACM에서
　　$\overline{AB}$=$\overline{AC}$, $\overline{BM}$=$\overline{CM}$, $\overline{AM}$은 공통
　　∴ △ABM≡△ACM (SSS 합동)
　　즉, ∠AMB=∠AMC이고, ∠AMB+∠AMC=180°이므
　　로 $\overline{AM}$⊥$\overline{BC}$이다.
　　따라서 $\overline{AM}$과 $\overline{BC}$가 이루는 각의 크기는 90°이다.

02　△ADE와 △AEF에서
　　$\overline{AD}$=$\overline{AE}$, $\overline{AE}$=$\overline{AF}$, $\overline{DE}$=$\overline{EF}$
　　∴ △ADE≡△AEF (SSS 합동)
　　같은 방법으로 △ADE≡△AFG (SSS 합동),
　　△AEF≡△AFG (SSS 합동)
　　△DBE에서 ∠DBE=∠x라 하면 ∠DEB=∠DBE=∠x
　　∴ ∠ADE=∠x+∠x=2∠x

이때 ∠AED=∠AEF=∠ADE=2∠x이므로
∠DEB+∠AED+∠AEF=180°에서
∠x+2∠x+2∠x=180°　∴ ∠x=36°

03　△CAB에서 ∠ACB+∠CAB=50°이므로
　　∠ACB=50°-∠CAB=50°-25°=25°
　　즉, △CAB의 두 밑각의 크기가 같으므로 △CAB는
　　$\overline{BC}$=$\overline{BA}$인 이등변삼각형이다.
　　따라서 $\overline{BC}$의 길이는 $\overline{AB}$의 길이와 같다.

04　△ABD에서 ∠DAB+∠ADB=70°이므로
　　∠ADB=70°-∠DAB=70°-25°=45°
　　△ABE에서 ∠EAB+∠AEB=70°이므로
　　∠AEB=70°-∠EAB=70°-35°=35°
　　△ABF에서 ∠FAB+∠AFB=70°이므로
　　∠AFB=70°-∠FAB=70°-45°=25°
　　즉, ∠EAB=∠AEB이므로 △ABE는 $\overline{BA}$=$\overline{BE}$인 이등
　　변삼각형이다.
　　따라서 강의 폭 $\overline{AB}$와 길이가 같은 선분은 $\overline{BE}$이다.

05　∠ABC=∠CBD(접은 각), ∠ACB=∠CBD(엇각)이므
　　로 ∠ABC=∠ACB
　　따라서 △ABC는 $\overline{AB}$=$\overline{AC}$인 이등변삼각형이므로
　　$\overline{AB}$=$\overline{AC}$=3 cm

06　△ABD와 △CAE에서
　　∠ADB=∠CEA=90°, $\overline{AB}$=$\overline{CA}$,
　　∠ABD=90°-∠DAB=∠CAE
　　∴ △ABD≡△CAE (RHA 합동)
　　따라서 $\overline{AD}$=$\overline{CE}$=4 cm, $\overline{AE}$=$\overline{BD}$=7 cm이므로
　　$\overline{DE}$=$\overline{AE}$-$\overline{AD}$=7-4=3(cm)

07　△ADM과 △CEM에서
　　∠ADM=∠CEM=90°, $\overline{AM}$=$\overline{CM}$, $\overline{MD}$=$\overline{ME}$
　　∴ △ADM≡△CEM (RHS 합동)
　　따라서 ∠DAM=∠ECM=25°이므로
　　△ABC에서 ∠B=180°-2×25°=130°

08　△PAH, △PBH, △PCH, △PDH, △PEH, △PFH에서
　　∠PHA=∠PHB=∠PHC=∠PHD=∠PHE=∠PHF
　　　　=90°,
　　나무 막대기의 길이가 모두 같으므로
　　$\overline{PA}$=$\overline{PB}$=$\overline{PC}$=$\overline{PD}$=$\overline{PE}$=$\overline{PF}$,
　　$\overline{PH}$는 공통
　　∴ △PAH≡△PBH≡△PCH≡△PDH≡△PEH≡△PFH
　　　　　　　　　　　　　　　　　　　(RHS 합동)

09　세 지점 A, B, C를 꼭짓점으로 하는
　　삼각형 ABC의 외심을 O라 하면
　　$\overline{OA}$=$\overline{OB}$=$\overline{OC}$이므로 점 O가 부품
　　공급 센터의 위치이다. 즉, 세 변 AB,
　　BC, CA의 수직이등분선의 교점이다.

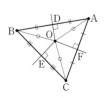

10 $\overline{DB}=\overline{AD}=4$ cm, $\overline{EC}=\overline{BE}=4$ cm, $\overline{CF}=\overline{FA}=5$ cm

따라서 $\triangle ABC$의 둘레의 길이는

$$\begin{aligned}\overline{AB}+\overline{BC}+\overline{CA}&=\overline{AD}+\overline{DB}+\overline{BE}+\overline{EC}+\overline{CF}+\overline{FA}\\&=2(\overline{AD}+\overline{BE}+\overline{FA})\\&=2\times(4+4+5)=26(\text{cm})\end{aligned}$$

11 $\triangle OAC$는 $\overline{OA}=\overline{OC}$인 이등변삼각형이므로

$\angle OAC=\angle OCA=30°$

$\triangle OAB$는 $\overline{OA}=\overline{OB}$인 이등변삼각형이므로

$\angle OBA=\angle OAB=30°+35°=65°$

$\triangle OBC$는 $\overline{OB}=\overline{OC}$인 이등변삼각형이므로

$\angle OBC=\angle OCB=30°+\angle x$

$\triangle ABC$에서

$35°+(65°+30°+\angle x)+\angle x=180°$

$2\angle x=50°$ $\therefore \angle x=25°$

12 $\triangle ABC$의 외심이 $\overline{BC}$ 위에 있으므로 $\angle BAC=90°$

점 O'이 $\triangle AOC$의 외심이므로 $\overline{O'O}=\overline{O'C}$

$\triangle O'OC$에서 $\angle O'OC=\angle O'CO=40°$이므로

$\angle OO'C=180°-2\times40°=100°$

$\angle OAC=\dfrac{1}{2}\angle OO'C=\dfrac{1}{2}\times100°=50°$

$\therefore \angle OAB=\angle BAC-\angle OAC$

$\qquad\qquad=90°-50°=40°$

13 ㄱ. $\overline{AB}$와 $\overline{AC}$를 겹쳤으므로 $\angle BAP=\angle CAP$

ㄴ. $\overline{PA}=\overline{PB}$인지 알 수 없다.

ㄷ. 점 P는 $\triangle ABC$의 세 내각의 이등분선의 교점이므로 $\triangle ABC$의 내심이다.

ㄹ. 점 P가 $\triangle ABC$의 내심이므로 점 P에서 세 변에 이르는 거리는 모두 같다.

따라서 알 수 있는 사실은 ㄱ, ㄹ이다.

14 삼각형의 세 내각의 이등분선의 교점을 I라 하면 점 I가 삼각형의 내접원의 중심이므로 점 I에 시곗바늘을 꽂아야 한다.

15 점 I가 $\triangle ABC$의 내심이므로 $\angle DBI=\angle IBC$

$\overline{DE}/\!/\overline{BC}$이므로 $\angle DIB=\angle IBC$ (엇각)

즉, $\angle DBI=\angle DIB$이므로 $\overline{DB}=\overline{DI}$

같은 방법으로 $\angle ECI=\angle EIC$이므로 $\overline{EC}=\overline{EI}$

따라서 $\triangle ADE$의 둘레의 길이는

$$\begin{aligned}\overline{AD}+\overline{DE}+\overline{EA}&=\overline{AD}+\overline{DI}+\overline{IE}+\overline{EA}\\&=\overline{AD}+\overline{DB}+\overline{EC}+\overline{EA}\\&=\overline{AB}+\overline{AC}\\&=12+14=26(\text{cm})\end{aligned}$$

16 $\angle B+\angle C=180°$이므로

$\angle B=180°-110°=70°$

$\triangle ABE$는 이등변삼각형이므로

$\angle AEB=\angle B=70°$

이때 $\overline{AD}/\!/\overline{BC}$이므로

$\angle DAE=\angle AEB=70°$ (엇각)

17 네 점 A, B, C, D를 꼭짓점으로 하는 평행사변형을 그리려면 점 D의 위치는 다음과 같이 D_1, D_2, D_3이 될 수 있다.

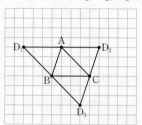

따라서 $\triangle D_1D_2D_3$의 넓이는 밑변의 길이가 8, 높이가 6이므로

$\dfrac{1}{2}\times8\times6=24$

18 $\square ABCD$가 평행사변형이므로 $\overline{AO}=\overline{CO}$, $\overline{BO}=\overline{DO}$

이때 $\overline{BE}=\overline{DF}$이므로 $\overline{EO}=\overline{BO}-\overline{BE}=\overline{DO}-\overline{DF}=\overline{FO}$

따라서 $\square AECF$는 두 대각선이 서로 다른 것을 이등분하므로 평행사변형이다.

$\overline{AF}/\!/\overline{EC}$이므로 $\angle FAO=\angle ECO=28°$ (엇각)

$\overline{AE}/\!/\overline{FC}$이므로 $\angle FCO=\angle EAO=35°$ (엇각)

$\triangle FAC$에서 $\angle AFC=180°-(28°+35°)=117°$

19 오른쪽 그림과 같이 $\overline{MN}$을 그으면 $\square ABNM$과 $\square MNCD$는 모두 평행사변형이므로

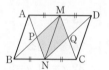

$$\begin{aligned}\square MPNQ&=\triangle MPN+\triangle MNQ\\&=\dfrac{1}{4}(\square ABNM+\square MNCD)\\&=\dfrac{1}{4}\square ABCD\\&=\dfrac{1}{4}\times64=16(\text{cm}^2)\end{aligned}$$

> **Self 코칭**
>
> 두 점 M과 N을 선분으로 연결하여 $\square ABNM$과 $\square MNCD$에서 평행사변형의 넓이를 이용한다.

20 $\triangle BCE$는 정삼각형이므로 $\angle EBC=\angle ECB=60°$

이때 $\angle ABC+\angle BCD=180°$이므로

$(26°+60°)+(60°+\angle ECD)=180°$ $\therefore \angle ECD=34°$

> **Self 코칭**
>
> 마름모는 평행사변형이므로 평행사변형의 성질을 모두 만족시킨다.

21 $\overline{AC}$와 $\overline{BD}$는 서로 다른 것을 수직이등분하므로

$\angle EFD=90°$, $\overline{FD}=\dfrac{1}{2}\overline{BD}=\dfrac{1}{2}\times8=4(\text{cm})$,

$\overline{AF}=\dfrac{1}{2}\overline{AC}=\dfrac{1}{2}\times6=3(\text{cm})$

즉, $\square EFDG$는 한 변의 길이가 4 cm인 정사각형이다.

$\therefore \square EADG=\square EFDG-\triangle AFD$

$\qquad\qquad=4\times4-\dfrac{1}{2}\times4\times3=16-6=10(\text{cm}^2)$

> **Self 코칭**
>
> 마름모의 두 대각선은 서로 다른 것을 수직이등분한다.

22 △ABE와 △ADF에서

$\overline{AB}=\overline{AD}$, $\overline{BE}=\overline{DF}$, ∠ABE=∠ADF

∴ △ABE≡△ADF (SAS 합동)

따라서 $\overline{AE}=\overline{AF}$이므로 △AEF는 정삼각형이다.

△ABE에서 ∠BAE+∠ABE=60°이고,

∠BAE=∠ABE이므로 ∠BAE=$\frac{1}{2}$×60°=30°

23 △BDE는 $\overline{BE}=\overline{BD}$인 이등변삼각형이므로

∠BED=∠BDE=$\frac{1}{2}$×(180°−36°)=72°

∴ ∠x=∠BED=72°

이때 ∠ADB=45°이므로

∠y=∠BDE−∠ADB=72°−45°=27°

24 △PCB와 △PCD에서

$\overline{CB}=\overline{CD}$, ∠PCB=∠PCD=45°, $\overline{PC}$는 공통

∴ △PCB≡△PCD(SAS 합동)

따라서 ∠PDC=∠PBC=30°이고, ∠PCD=45°이므로

△PCD에서

∠x=∠PDC+∠PCD=30°+45°=75°

Self 코칭

정사각형의 성질을 이해하고, △PCB와 △PCD의 관계를 생각해 본다.

25 □ABCD는 정사각형이므로 $\overline{OC}=\overline{OD}$, ∠DOC=90°

△OHC와 △OID에서

$\overline{OC}=\overline{OD}$, ∠OCH=∠ODI=45°,

∠HOC=90°−∠COI=∠IOD

이므로 △OHC≡△OID (ASA 합동)

∴ □OHCI=△OHC+△OCI

   =△OID+△OCI

   =△OCD=$\frac{1}{4}$□ABCD

따라서 겹쳐진 부분의 넓이는 정사각형 ABCD의 넓이의 $\frac{1}{4}$배이다.

Self 코칭

정사각형의 뜻과 성질을 이용하여 △OHC와 △OID의 관계를 생각해 본다.

27 ∠BAD+∠ABC=180°이므로

△ABE에서

∠EAB+∠EBA=$\frac{1}{2}$(∠BAD+∠ABC)

   =$\frac{1}{2}$×180°=90°

∠AEB=180°−(∠EAB+∠EBA)=180°−90°=90°

∴ ∠HEF=∠AEB=90° (맞꼭지각)

같은 방법으로 △AFD, △BHC, △CGD에서

∠EFG=∠EHG=∠FGH=90°

따라서 □EFGH는 네 내각의 크기가 모두 같으므로 직사각형이다.

Self 코칭

평행사변형의 성질을 이용하여 □EFGH의 네 내각의 크기 사이의 관계를 생각해 본다.

28 각 사진의 가로, 세로 칸의 개수를 구하면 다음과 같다.

	원본	㈎	㈏	㈐
가로(칸)	2	3	4	6
세로(칸)	3	2	8	9

이때 원본 사진과 ㈐ 사진의 가로와 세로의 비는

2:6=3:9=1:3으로 같으므로 원본 사진과 닮음인 것은 ㈐이고 닮음비는 1:3이다.

29 ⑴ [1단계]에서 지운 정삼각형의 한 변의 길이는 처음 정삼각형의 한 변의 길이의 $\frac{1}{2}$이므로 두 정삼각형의 닮음비는

1:$\frac{1}{2}$=2:1

⑵ [3단계]에서 지운 한 정삼각형의 한 변의 길이는 처음 정삼각형의 한 변의 길이의 $\frac{1}{2^3}=\frac{1}{8}$이므로 두 정삼각형의

닮음비는 1:$\frac{1}{8}$=8:1

30 (유리의 식사량):(소인국 1인의 식사량)

=(유리의 부피):(소인국 1인의 부피)

=1^3:$\frac{1}{100^3}$=1000000:1

따라서 유리의 한 끼 식사량은 소인국 사람 1000000명의 한 끼 식사량과 같다.

31 그릇에 물을 가득 채우는 데 걸리는 시간의 비는 부피의 비와 같다.

물이 채워진 부분과 그릇의 닮음비가

2:(2+4)=1:3이므로 부피의 비는

1^3:3^3=1:27

(빈 그릇에 물을 가득 채우는 데 걸리는 시간)

=3×27=81(분)

따라서 그릇에 물을 가득 채우려면 81−3=78(분) 동안 더 넣어야 한다.

Self 코칭

닮은 도형의 부피의 비를 생각해 본다.

32 지면에 생긴 고리 모양의 그림자의 넓이가 원기둥의 밑넓이의 3배이므로 작은 원뿔과 큰 원뿔의 밑넓이의 비는

1:(1+3)=1:4=1^2:2^2

이때 작은 원뿔과 큰 원뿔은 서로 닮음이므로 닮음비는 1:2이다.

작은 원뿔의 높이 $\overline{AO}$를 h cm라 하면

큰 원뿔의 높이는 $(h+30)$ cm이므로

$h:(h+30)=1:2$, $h+30=2h$ $\therefore h=30$
따라서 작은 원뿔의 높이 $\overline{AO}$는 30 cm이다.

33 $\triangle ABC \backsim \triangle ADE$이므로
$\overline{AC}:\overline{AE}=\overline{BC}:\overline{DE}$에서
$2:10=1.6:\overline{DE}$ $\therefore \overline{DE}=8(m)$
따라서 나무의 높이는 8 m이다.

34 $\overline{DA}=\overline{DE}=7$ cm이므로 $\overline{AB}=7+8=15(cm)$
$\triangle ABC$는 정삼각형이므로 $\overline{BC}=\overline{AB}=15$ cm
한편, $\overline{EC}=2\overline{BE}$이므로
$\overline{EC}=15\times\dfrac{2}{1+2}=10(cm)$
$\triangle DBE$와 $\triangle ECF$에서
$\angle DBE=\angle ECF=60°$ …… ㉠
$\angle BDE=180°-(\angle DBE+\angle BED)$
$\quad\quad\quad=180°-(\angle DEF+\angle BED)$
$\quad\quad\quad=\angle CEF$ …… ㉡
㉠, ㉡에서 $\triangle DBE \backsim \triangle ECF$ (AA 닮음)
따라서 $\overline{DB}:\overline{EC}=\overline{DE}:\overline{EF}$이므로
$8:10=7:\overline{EF}$ $\therefore \overline{EF}=\dfrac{35}{4}(cm)$
$\therefore \overline{AF}=\overline{EF}=\dfrac{35}{4}$ cm

35 $\triangle ABC$와 $\triangle DEF$에서
$\angle BAC=\angle BAD+\angle CAF=\angle BAD+\angle ABD=\angle EDF$
$\angle ABC=\angle ABD+\angle CBE=\angle BCE+\angle CBE=\angle DEF$
$\therefore \triangle ABC\backsim\triangle DEF$ (AA 닮음)
따라서 $\overline{AB}:\overline{DE}=\overline{BC}:\overline{EF}$이므로
$4:\overline{DE}=6:2$ $\therefore \overline{DE}=\dfrac{4}{3}(cm)$

36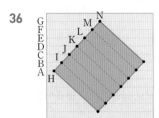
위의 그림에서 $\overline{AH}$ ∥ $\overline{BI}$ ∥ $\overline{CJ}$ ∥ $\overline{DK}$ ∥ $\overline{EL}$ ∥ $\overline{FM}$ ∥ $\overline{GN}$,
$\overline{AB}=\overline{BC}=\overline{CD}=\overline{DE}=\overline{EF}=\overline{FG}$이므로

$\overline{HI}:\overline{IJ}:\overline{JK}:\overline{KL}:\overline{LM}:\overline{MN}$
$=\overline{AB}:\overline{BC}:\overline{CD}:\overline{DE}:\overline{EF}:\overline{FG}$
$=1:1:1:1:1:1$
따라서 ❷와 ❸에서 표시한 점은 색종이의 양쪽 변을 각각 6등분하는 점이므로 ❹에서 색종이를 접어서 생긴 선들은 색종이를 6등분한다.

37 $\overline{AB}:\overline{AC}=\overline{BD}:\overline{CD}$이므로
$16:12=2x:(x+1)$에서 $4:3=2x:(x+1)$
$6x=4x+4$, $2x=4$ $\therefore x=2$

38 오른쪽 그림과 같이 8개의 점 A~H의 위치를 정하자.
점 E를 지나고 $\overline{AD}$에 평행한 직선이 $\overline{BF}$, $\overline{CG}$, $\overline{DH}$와 만나는 점을 각각 I, J, K라 하면
$\overline{DK}=\overline{AE}=45$ cm이므로
$\overline{KH}=\overline{DH}-\overline{DK}=60-45=15(cm)$
$\triangle EKH$에서 $\overline{EF}=\overline{FG}=\overline{GH}$이고, $\overline{JG}$ ∥ $\overline{KH}$이므로
$\overline{EG}:\overline{EH}=\overline{JG}:\overline{KH}$에서
$2:3=\overline{JG}:15$, $3\overline{JG}=30$ $\therefore \overline{JG}=10(cm)$
이때 $\overline{CJ}=\overline{AE}=45$ cm이므로 새로 만들어야 할 다리의 길이는 $\overline{CG}=\overline{CJ}+\overline{JG}=45+10=55(cm)$

39 점 G는 $\triangle ABC$의 무게중심이므로 $\overline{BD}=\overline{CD}$
$\overline{BC}=2\overline{BD}=2\times10=20(cm)$ $\therefore x=20$
또, $\overline{AG}:\overline{GD}=2:1$이므로
$\overline{GD}=\dfrac{1}{2}\overline{AG}=\dfrac{1}{2}\times10=5(cm)$ $\therefore y=5$

40 오른쪽 그림과 같이 $\overline{AB}$와 x축이 만나는 점을 C라 하면 $\overline{OC}$는 $\triangle AOB$의 중선이 므로 $\triangle AOB$의 무게중심은 $\overline{OC}$, 즉 x축 위에 있다.
$\triangle AOB$의 무게중심을 G라 하면
$\overline{OG}=\dfrac{2}{3}\overline{OC}=\dfrac{2}{3}\times9=6$
따라서 $\triangle AOB$의 무게중심의 x좌표는 6이다.

41 오른쪽 그림과 같이 $\overline{AG}$를 그으면 점 G가 $\triangle ABC$의 무게중심이므로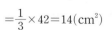
$\triangle ABG=\triangle ACG=\dfrac{1}{3}\triangle ABC$
$\quad\quad\quad\quad\quad\quad=\dfrac{1}{3}\times42=14(cm^2)$
$\triangle ABG$에서 $\overline{AE}$는 중선이므로
$\triangle AEG=\dfrac{1}{2}\triangle ABG=\dfrac{1}{2}\times14=7(cm^2)$

같은 방법으로 △ACG에서 $\overline{AF}$는 중선이므로

$\triangle AFG = \dfrac{1}{2}\triangle ACG = \dfrac{1}{2}\times 14 = 7\,(\mathrm{cm}^2)$

따라서 색칠한 부분의 넓이는

$\triangle AEG + \triangle AFG = 7+7 = 14\,(\mathrm{cm}^2)$

42 오른쪽 그림과 같이 $\overline{AC}$를 긋고 두 대각선 AC, BD의 교점을 E라 하면 $\overline{AE} = \overline{CE}$이므로 점 P는 △ABC의 무게중심이다.

$\therefore \triangle ABP = \dfrac{1}{3}\triangle ABC = \dfrac{1}{3}\times\dfrac{1}{2}\square ABCD = \dfrac{1}{6}\times 60 = 10$

같은 방법으로 점 Q는 △ACD의 무게중심이다.

$\therefore \triangle AQD = \dfrac{1}{3}\triangle ACD = \dfrac{1}{3}\times\dfrac{1}{2}\square ABCD = \dfrac{1}{6}\times 60 = 10$

따라서 색칠한 부분의 넓이는

$\triangle ABP + \triangle AQD = 10+10 = 20$

43 △ABC에서

$\overline{AC}^2 = \overline{AB}^2 + \overline{BC}^2 = 2^2 + 2^2 = 8$

△DAC에서

$\overline{AD}^2 = \overline{AC}^2 + \overline{CD}^2 = 8 + 2^2 = 12$

△EAD에서

$\overline{AE}^2 = \overline{AD}^2 + \overline{DE}^2 = 12 + 2^2 = 16$

이때 $\overline{AE} > 0$이므로 $\overline{AE} = 4\,(\mathrm{cm})$

> **Self 코칭**
>
> 피타고라스 정리를 이용하여 직각삼각형의 주어진 변의 길이의 제곱의 합을 생각해 본다.

44 오른쪽 그림과 같이 색칠한 부분의 넓이를 각각 S_1, S_2, S_3, S_4, S_5, S_6, S_7이라 하면

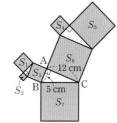

△ABC에서

$\overline{BC}^2 = \overline{AB}^2 + \overline{AC}^2 = 5^2 + 12^2 = 169$

이므로 $S_7 = 169$이고,

$S_1 + S_2 = S_3$, $S_4 + S_5 = S_6$,

$S_3 + S_6 = S_7$이므로 색칠한 부분의 넓이는

$S_1 + S_2 + S_3 + S_4 + S_5 + S_6 + S_7 = S_3 + S_3 + S_6 + S_6 + S_7$

$= S_7 + S_7 + S_7 = 3S_7$

$= 3\times 169 = 507\,(\mathrm{cm}^2)$

45 $\triangle ABC \equiv \triangle BDE$이므로 $\overline{EB} = \overline{CA} = 12\ \mathrm{cm}$

△BDE에서 $\overline{DB}^2 = 9^2 + 12^2 = 225$

이때 $\overline{DB} > 0$이므로 $\overline{DB} = 15\,(\mathrm{cm})$

$\therefore \overline{AB} = \overline{BD} = 15\ \mathrm{cm}$

$\therefore \triangle ABD = \dfrac{1}{2}\times 15\times 15 = \dfrac{225}{2}\,(\mathrm{cm}^2)$

> **Self 코칭**
>
> 피타고라스 정리와 삼각형의 합동을 이용하여 삼각형의 넓이를 생각해 본다.

46 $\overline{AB}$, $\overline{BC}$, $\overline{AD}$를 각각 한 변으로 하는 세 정사각형의 넓이가 각각 25 cm², 16 cm², 18 cm²이므로

$\overline{AB}^2 = 25$, $\overline{BC}^2 = 16$, $\overline{AD}^2 = 18$

이때 $\overline{AB}^2 + \overline{CD}^2 = \overline{AD}^2 + \overline{BC}^2$이므로

$25 + \overline{CD}^2 = 18 + 16$ $\therefore \overline{CD}^2 = 9$

따라서 $\overline{CD}$를 한 변으로 하는 정사각형의 넓이는 9 cm²이다.

> **Self 코칭**
>
> 두 대각선이 직교하는 사각형에서 두 대변의 길이의 제곱의 합은 서로 같음을 이용한다.

47 한 걸음에 1계단씩 올라가는 경우를 1, 한 걸음에 2계단씩 올라가는 경우를 2라 하고 순서쌍으로 나타내면

$(1, 1, 1, 1, 1)$, $(1, 1, 1, 2)$, $(1, 1, 2, 1)$, $(1, 2, 1, 1)$, $(2, 1, 1, 1)$, $(1, 2, 2)$, $(2, 1, 2)$, $(2, 2, 1)$의 8가지이므로 5개의 계단을 모두 오르는 방법의 수는 8이다.

48 수요일에 가는 경우는 1일, 8일, 15일, 22일, 29일의 5가지, 토요일에 가는 경우는 4일, 11일, 18일, 25일의 4가지이다.

따라서 구하는 경우의 수는 $5+4 = 9$

49 빈칸에 0부터 9까지의 숫자가 들어갈 수 있으므로 두 번째 자리에 들어갈 수 있는 숫자와 마지막 자리에 들어갈 수 있는 숫자는 각각 10가지이다.

따라서 가능한 번호판의 모든 경우의 수는 $10\times 10 = 100$

50 A 홈, B 홈, C 홈, D 홈의 깊이를 선택할 수 있는 경우는 각각 3가지이므로 만들 수 있는 열쇠의 종류는

$3\times 3\times 3\times 3 = 81\,(가지)$

51 열람실에서 휴게실로 나오는 방법은 3가지,
휴게실에서 화장실로 들어가는 방법은 2가지,
화장실에서 휴게실로 나오는 방법은 2가지,
휴게실에서 도서관 밖으로 나가는 방법은 3가지이다.

따라서 구하는 방법은 $3\times 2\times 2\times 3 = 36\,(가지)$

52 경하가 준우의 연필을 가져가고 준우, 현지, 태형이가 다른 사람의 연필을 가져가는 경우는 다음과 같이 3가지이다.

경하	준우	현지	태형
준우	경하	태형	현지
준우	현지	태형	경하
준우	태형	경하	현지

경하가 현지 또는 태형이의 연필을 가져가는 경우도 마찬가지로 3가지씩이므로 구하는 경우의 수는 $3\times 3 = 9$

53 십의 자리에 올 수 있는 숫자는 4, 5의 2가지, 일의 자리에 올 수 있는 숫자는 십의 자리에 놓인 숫자를 제외한 4가지이다.

따라서 구하는 모든 경우의 수는 $2\times 4 = 8$

> **Self 코칭**
>
> 두 자리의 자연수에서 십의 자리와 일의 자리에 각각 올 수 있는 숫자를 생각해 본다.

54 (1) 4명 중 대표 2명을 뽑는 경우의 수와 같으므로 $\dfrac{4\times3}{2}=6$

따라서 한 조에 속한 4팀은 6번의 경기를 치른다.

[다른풀이]

한 조에 속한 팀을 A, B, C, D라 하면 다음과 같이 경기를 치를 수 있다.

따라서 한 조에 속한 4팀은 6번의 경기를 치른다.

(2) 8개의 조 각각에서 6번씩 경기를 치르므로 모두 $8\times6=48$(번)의 경기를 치른다.

55 한 손씩 뺐을 때 남은 손의 경우를 표로 나타내면 다음과 같다.

A	B	이긴 사람
보	보	없음
	바위	A
가위	보	A
	바위	B

따라서 B가 이길 확률은 $\dfrac{1}{4}$이다.

> **Self 코칭**
> A가 한 손을 빼고 남은 손의 경우가 보일 때와 가위일 때로 나누어 생각해 본다.

56 아버지의 혈액형이 AB형, 어머니의 혈액형이 B형(유전자형 BO)일 때, 자녀의 유전자형을 표로 나타내면 다음과 같다.

모(B형) \ 부(AB형)		A	B
BO	B	AB	BB
	O	AO	BO

따라서 자녀의 혈액형이 B형인 경우는 BB, BO의 2가지이므로 구하는 확률은 $\dfrac{2}{4}=\dfrac{1}{2}$

57 모든 경우의 수는 $6\times6=36$

주어진 그래프는 기울기가 -1이고, y절편이 5인 직선이므로 직선의 방정식은 $y=-x+5$이다.

$y=-x+5$를 만족시키는 순서쌍 $(x,\ y)$는

$(1,\ 4),\ (2,\ 3),\ (3,\ 2),\ (4,\ 1)$의 4가지이므로 구하는 확률은

$\dfrac{4}{36}=\dfrac{1}{9}$

> **Self 코칭**
> 주어진 직선의 방정식을 구해 보고, 이를 주사위의 눈의 수와 연관지어 생각해 본다.

58 전체 정육면체의 개수는 $5\times4\times5=100$

색칠한 면이 하나도 없는 정육면체의 개수는 $3\times2\times3=18$이므로 한 개의 정육면체를 선택했을 때, 색칠한 면이 하나도 없는 정육면체일 확률은 $\dfrac{18}{100}=\dfrac{9}{50}$

따라서 구하는 확률은 $1-\dfrac{9}{50}=\dfrac{41}{50}$

> **Self 코칭**
> 색칠한 면이 하나도 없는 정육면체의 개수는 겉에서 어느 한 면도 보이지 않는 정육면체의 개수와 같다.

59 공이 C로 들어가려면 오른쪽 그림의 세 지점 D, E, F를 지나야 한다.

이때 D 지점에서 어느 방향으로 빠지든지 공은 E 지점을 지나게 된다.

공이 E 지점에서 오른쪽으로 빠지고 F 지점에서 C로 들어갈 확률은

$\dfrac{1}{2}\times\dfrac{1}{2}=\dfrac{1}{4}$

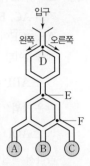

> **Self 코칭**
> 공이 왼쪽과 오른쪽으로 빠질 때의 확률을 각각 생각해 본다.

60 1반과 5반이 결승에서 만나기 위해서는 5반과 6반의 준결승에서 5반이 이기고, 1반이 준결승에서 어느 반과 경기하든지 상관없이 1반이 이기면 된다.

5반이 6반을 이길 확률은 $\dfrac{1}{2}$, 1반이 2반 또는 7반을 이길 확률은 $\dfrac{1}{2}$이므로 1반과 5반이 결승에서 만날 확률은

$\dfrac{1}{2}\times\dfrac{1}{2}=\dfrac{1}{4}$

> **[참고]** 다음과 같이 1반이 결승에 올라올 확률을 구할 수도 있다.
> 준결승에 2반이 올라오고, 1반이 이길 확률은 $\dfrac{1}{2}\times\dfrac{1}{2}=\dfrac{1}{4}$
> 준결승에 7반이 올라오고, 1반이 이길 확률은 $\dfrac{1}{2}\times\dfrac{1}{2}=\dfrac{1}{4}$
> 따라서 준결승에서 1반이 2반 또는 7반을 이길 확률은
> $\dfrac{1}{4}+\dfrac{1}{4}=\dfrac{1}{2}$

> **Self 코칭**
> 1반과 5반이 결승에서 만나려면 다른 반의 승패가 어떻게 될지 생각해 본다.

61 (i) 채은이가 주사위를 던져 나온 눈의 수가 6일 때, 채은이의 말은 9의 위치에 도달하므로 그 확률은 $\dfrac{1}{6}$

(ii) 채은이가 주사위를 던져 나온 눈의 수가 3일 때, 준우의 말을 잡으므로 주사위를 한 번 더 던질 수 있다. 이때 한 번 더 던져 나온 눈의 수가 3이면 채은이의 말이 9의 위치에 도달하므로 그 확률은 $\dfrac{1}{6}\times\dfrac{1}{6}=\dfrac{1}{36}$

(i), (ii)에서 구하는 확률은 $\dfrac{1}{6}+\dfrac{1}{36}=\dfrac{7}{36}$

> **Self 코칭**
> 채은이가 주사위를 한 번 또는 두 번 던져서 말이 9의 위치에 도달할 확률을 생각해 본다.

62 5점 이상을 받으려면 자유투를 2번 연속으로 성공하여 5점을 받거나 3번 연속으로 성공하여 8점을 받아야 한다.

(i) 5점을 받는 경우

첫 번째와 두 번째에 성공하고, 세 번째에 성공하지 못할 확률은 $0.4 \times 0.4 \times (1-0.4) = 0.096$

첫 번째에 성공하지 못하고, 두 번째와 세 번째에 성공할 확률은 $(1-0.4) \times 0.4 \times 0.4 = 0.096$

따라서 5점을 받을 확률은 $0.096 + 0.096 = 0.192$

(ii) 8점을 받는 경우

3번 연속으로 성공할 확률은 $0.4 \times 0.4 \times 0.4 = 0.064$이므로 8점을 받을 확률은 0.064이다.

(i), (ii)에서 구하는 확률은 $0.192 + 0.064 = 0.256$

MEMO